BERICHT
15. TONMEISTERTAGUNG
MAINZ 1988

Internationaler Kongreß mit Fachausstellung
in der Rheingoldhalle und im Hotel Hilton
vom 16. bis 19. November 1988

Herausgegeben vom
BILDUNGSWERK DES
VERBANDES DEUTSCHER TONMEISTER

Verlag K. G. Saur, München, London, New York, Oxford, Paris

Veranstalter

BILDUNGSWERK DES
VERBANDES DEUTSCHER TONMEISTER
- Gemeinnützige Gesellschaft mbH. -
Masurenallee 8 - 14, 1000 Berlin 19

Planung und Durchführung

Reinhold Brunotte, NDR
Rudolf Constantin, ZDF
Christian Dalchow, STUDIO HAMBURG
Dr. Michael Dickreiter, SRT
Peter Eichenseher, Tonmeisterinstitut Detmold
Dieter Frobeen
Günter Griewisch, SFB
Theodor Przybilla, ICC Berlin
Joseph Rapp
Ernst Rothe, EMI ELECTROLA
Dr. Wilhelm Schlemm, SFB
Erich Vogl, EMT-Franz
Günther Wollersheim, NDR

Sekretariat: Marion Knipp

Redaktion

Dr. Michael Dickreiter

Die Beschallung des Goldsaals und des Watfordsaals erfolgte unter Leitung des Landesstudios Rheinland-Pfalz des Südwestfunks mit Geräten der Firma d&b Audiotechnik in Zusammenarbeit mit Studenten der Robert-Schumann-Hochschule Düsseldorf und den Firmen Neumann + Müller-Veranstaltungstechnik und Yamaha Deutschland. Die Beschallung während des Festabends im Eltzer Hof übernahm die Firma Jürgen Dudda.

Verlag K. G. Saur, München 1989

ISBN 3-598-20356-X

Eröffnung

Georg Plenge,
wissenschaftlicher Tagungsleiter der
8. ITG-Fachtagung Hörrundfunk

Wilhelm Schlemm,
Präsident des Verbandes Deutscher Tonmeister

Grußworte

Herman-Hartmut Weyel,
Oberbürgermeister der Stadt Mainz

Albrecht Ziemer,
Technischer Direktor des
Zweiten Deutschen Fernsehens, Mainz

INHALTSVERZEICHNIS

Eröffnungsvorträge

Subjektive Bewertungen

Digitaler Terrestrischer Hörrundfunk - DAB

Technik und Ästhetik der Tonaufnahme

Analoge und digitale Tonbearbeitung

Tonwiedergabe

Hanns-Eberhard Schleyer:

Aktuelle Medienpolitik - der Rundfunkauftrag in einer neuen Medienlandschaft

ich möchte mich zunächst für Ihre freundliche Einladung zu Ihrer 15. Tonmeistertagung bedanken. Mit Mainz als Veranstaltungsort haben Sie ein Medienzentrum gewählt. Hier wurde nicht nur die Buchdruckkunst erfunden; hier befindet sich auch die größte Fernsehanstalt Europas und hier hat sich auch der erste private Anbieter eines bundesweiten Fernsehprogramms niedergelassen. Hier wurde aber auch das erste Gesetz in der Bundesrepublik Deutschland über die Zulassung privaten Rundfunks geschaffen. Dies war im Jahre 1980. Seitdem befindet sich die Rundfunklandschaft im Umbruch. Wir stehen erst am Anfang nationaler und internationaler Entwicklungen, die nicht zuletzt vom medienkünstlerischen Produktionsbereich beeinflußt werden. Ich freue mich deshalb ganz besonders, in Ihrem Fachkreis einige Entwicklungslinien aufzeigen zu dürfen.

Neben Film und Presse ist der Rundfunk das bedeutendste Massenkommunikationsmittel der Welt. Durch den technischen Fortschritt vermittelt er umfassend wie kein anderes Medium Information, Kultur, Bildung und Unterhaltung. Damit hat der Rundfunk auch hervorragende gesellschaftspolitische Funktionen. Gleichzeitig hat er existentielle Bedeutung für eine freiheitlich-demokratische Gesellschaftsordnung. Er wird aber auch mehr und mehr zum Mittel der Völkerverständigung. Schließlich steht er in einem engen Bezug zur Wirtschafts-, Arbeitsmarkt- und Gesellschaftspolitik. Daraus wiederum ergeben sich vielfältige Wechselbeziehungen zu fast allen Lebensbereichen.

Das Grundgesetz hat deshalb als Basis für jede medienpolitische Orientierung das Postulat nach Meinungsfreiheit und Meinungsvielfalt gestellt. Dazu gehört vor allem Konkurrenz. Um nicht mißverstanden zu werden: Unter Konkurrenz verstehe ich nicht einen auf Gewinnmaximierung gerichteten Wettbewerb, sondern einen kontrastreichen Meinungsmarkt. Die von der britischen Regierung eingesetzte Kommission zur Untersuchung des dualen Rundfunksystems in England hat in ihrem sogenannten Annanreport ein plastisches Beispiel dafür gebracht, daß selbst Spielfilme mit ein und demselben Inhalt zur Bereicherung der Pluralität beitragen. Sie hat gesagt: "Es ist doch sicherlich richtig, daß es nicht nur eine Inszenierung von Hamlet geben soll. Wettbewerb besteht eben darin, daß es mehrere Inszenierungen von Hamlet geben soll." (Zitatende).

Sie wissen es besser als ich, daß schon die Art und Qualität des Tones oder der Belichtung unterschiedliche Eindrücke erzeugen können.

Mit dem Inkrafttreten des Rundfunkstaatsvertrages im Dezember 1987 wurde das sichtbare rechtliche Zeichen gesetzt, das Monopol des öffentlich-rechtlichen Rundfunks in der Bundesrepublik Deutschland durch ein duales Rundfunksystem abzulösen. Durch die Zulassung bundesweit empfangbarer privater Satellitenveranstalter - ich nenne nur SAT 1, RTL Plus, Tele 5 und Eureka - sowie der Schaffung länderweiter privater UKW-Hörfunkketten wurde ein programmlicher und wirtschaftlicher Wettbewerb eingeführt. Daraus ergeben sich neue wirtschaftliche Betätigungsfelder und Marktchancen.

Auf Ihr Gebiet bezogen bedeutet dies: Mehr Veranstalter, Vermehrung von Studios, Erweiterung der Produktionskapazitäten, zusätzlicher Bedarf an Personal im Bereiche der Rundfunkproduktion.

Der Rundfunkstaatsvertrag hat die notwendige Planungssicherheit hierfür geschaffen. Mittel- und langfristige Investitions- und Personalentscheidungen können seit dem vergangenen Jahr getroffen werden. Die rechtliche Seite der Einführung eines dualen Rundfunksystems in der Bundesrepublik Deutschland ist gesichert.

Der Rundfunkstaatsvertrag geht jedoch über die bloße rechtliche Absicherung eines dualen Rundfunksystems weit hinaus.

Beide Systeme, das öffentlich-rechtliche wie das private, sollen in der Lage sein, "den Anforderungen des künftigen nationalen und internationalen Wettbewerbs zu entsprechen". Dahinter steht der gesetzgeberische Auftrag, neben der rechtlichen Komponente auch flankierende Maßnahmen zu treffen, die tatsächlich zu einem gleichgewichtigen und gleichwertigen Nebeneinander dieser beiden Systeme führen. Es geht darum, daß beide Systeme aufgrund gesicherter wirtschaftlicher, aber auch übertragungstechnischer Voraussetzungen in der Lage sein müssen, ihren Programmauftrag eigenständig zu erfüllen. Dies umfaßt alternative Programmangebote ebenso wie Konkurrenzprogramme in der gleichen Programmart.

Von dieser Gleichgewichtigkeit und Gleichwertigkeit beider Systeme sind wir indessen noch weit entfernt. Und ich füge hinzu: sie werden in diesem Jahrzehnt auch nicht erreicht werden können. Der Vorsprung des öffentlich-rechtlichen Rundfunks auf finanziellem, organisatorischem, personellem, vor allem aber auf übertragungstechnischem Gebiet, ist gewaltig. Die terrestrischen Senderketten von ARD und ZDF versorgen nahezu 100 % der Bevölkerung. Große, Funkhäuser bieten hervorragende Produktions- und Abspielmöglichkeiten. Korrespondenten aus aller Welt dienen der umfassenden internationalen Nachrichtenbeschaffung. Europäische Zusammenschlüsse - ich nenne hier die EBU -, in denen das gesamte Filmnachrichtenmaterial unter den vorwiegend öffentlich-rechtlichen Anstalten verteilt wird, unterstützen das aktuelle Programmangebot.

Diese Voraussetzungen fehlen den privaten Anbietern noch. Auch wenn sie heute neben Satellitenkanälen über zusätzliche terrestrische Frequenzen verfügen, erreichen sie mit ihrer Programmverteilung noch weniger als die Hälfte der Bevölkerung.

Einen internationalen Zusammenschluß privater Anbieter mit entsprechendem Programmaustausch gibt es nicht. Korrespondentennetze sind gegenwärtig nicht finanzierbar. Vor dem Hintergrund dieser Ausgangslage stellt sich daher die Frage, welche mittel- und langfristigen Überlegungen angestellt werden müssen, um ein allseits leistungsfähiges, ausgewogenes duales Rundfunksystem zu verwirklichen.

Der öffentlich-rechtliche Rundfunk hat den gesetzlichen Programmauftrag, die Bevölkerung mit allen klassischen Sparten des Rundfunks, die ich eingangs nannte, zu versorgen. Diese Programmischung bildet die inhaltliche Komponente, die vom Bundesverfassungsgericht als Grundversorgung bezeichnet wird.

Entscheidend ist dabei, daß die vorrangige Finanzierung von ARD und ZDF aus der Rundfunkgebühr die Erfüllung dieses Programmauftrags unabhängig von den Einschaltquoten und damit vom wirtschaftlichen Programmerfolg sichert. Einnahmen aus zeitlich begrenzter Werbung dienen als subsidiäre Finanzierungsquelle, um die Rundfunkgebühr nicht unangemessen anheben zu müssen. Werbeeinnahmen dürfen jedoch nicht dazu verführen, das Programm selbst nur noch massenattraktiv und damit werbespezifisch auszurichten.

Es wäre eine Fehlinterpretation des Programmauftrags des öffentlich-rechtlichen Rundfunks, wenn er im Umfeld von Werbesendungen vorwiegend durch Unterhaltung mit privaten Angeboten konkurrieren würde. Damit vertrete ich keineswegs die Auffassung, der öffentlich-rechtliche Rundfunk sei aus dem Unterhaltungsbereich, und sei es auch einer anspruchsloseren Unterhaltung, zugunsten privater Veranstalter auszuschließen.

Auch Unterhaltungsangebote für jedermann gehören zum klassischen Rundfunkangebot. Auch Unterhaltungsfilme können wesentlich zur Bildung beitragen. Auch sie sind Bestandteil unserer Kultur, aber sie machen nicht alleine den Programmauftrag aus.

Der öffentlich-rechtliche Rundfunk darf ferner nicht der Versuchung unterliegen, zur Sicherung seiner bisherigen Marktführerschaft alle, eine breite Öffentlichkeit interessierende Ereignisse zu Lasten eines ausgewogenen Programmangebots auf sich vereinen zu wollen. Vor allem diese Intention steckt hinter der aktuellen Diskussion um Sportübertragungsrechte. Obwohl ARD und ZDF zunehmend die steigenden Preise dieser Veranstaltungen beklagen, versuchen sie systematisch sich solche Rechte zu sichern und die Sendezeiten hierfür auszudehnen.

Tennis, Fußball, Olympische Spiele, sind nur Beispiele. Wenn gefordert wird, für wichtige Veranstaltungen Exklusivrechte nicht zuzulassen oder wenn kostenlose 3 Minuten-Kurzberichte aus Artikel 5 Grundgesetz abgeleitet werden , so stehen dahinter nicht zuletzt auch massive wirtschaftliche Interessen:

Ein Terrain, das bislang ausschließlich von ARD und ZDF besetzt war und das nun privaten Anbietern mehr Zuschauerresonanz ermöglichen würde, soll gehalten bzw. zurückgewonnen werden.

Die Gebührenpflicht für den öffentlich-rechtlichen Rundfunk in der Bundesrepublik Deutschland knüpft an das Bereithalten eines Empfangsgeräts an. Im Zuge des durch Satelliten und Kabel vermehrten Programmangebots in- und ausländischer Veranstalter ist dieser Anknüpfungspunkt in die Kritik geraten. Es wird nicht als einleuchtend empfunden, warum man für ARD- und ZDF-Programme bezahlen soll, obwohl man nur private Programme, wie SAT 1 und RTL-Plus, sehen will. Die Monopolkommission hat diesen Gedanken kürzlich in ihrem Sondergutachten aufgegriffen.

Sie hat gebeten zu prüfen, ob nicht nach dem Stand der Technik eine getrennte Erfassung von öffentlich-rechtlichen und privaten Programmen möglich ist. Dieser Vorschlag wäre in seiner konsequenten Durchführung von großer medienpolitischer Tragweite.

Während die öffentlich-rechtlichen Anstalten bisher von allen Rundfunkteilnehmern (rd. 21,3 Mio Fernsehgeräte, 23,8 Mio Hörfunkgeräte) eine Gebühr in Form einer Pflichtabgabe von jährlich ca. 4,3 Mrd. DM erhalten, würden sie bei der vorgeschlagenen Lösung in die Rolle eines Pay-TV-Anbieters rücken. Sie müßten also erst um ihr Programm werben, damit sich Abonennten anmelden. Die Gebühreneinnahmen - das läßt sich schon jetzt prognostizieren - würden drastisch sinken.

Gleichzeitig wäre auch die Werbung bei ARD und ZDF in Frage gestellt. Internationale Erfahrungen haben gezeigt, daß Abonennten nicht bereit sind, in den von Ihnen gesondert bezahlten Programmen noch Werbung hinzunehmen. Die Folge wäre letztlich, daß der öffentlich-rechtliche Rundfunk insgesamt in Frage gestellt wäre.

Ich sehe daher kurz- und mittelfristig in dem Vorschlag der Monopolkommission keine geeignete Lösung. Er - oder auch andere Alternativen - könnten sich gleichwohl aufdrängen, wenn der öffentlich-rechtliche Rundfunk seine expansive Programmpolitik fortsetzt. Daß die Landesrundfunkanstalten vierte oder fünfte Hörfunkprogramm einrichten, daß möglichst jeder neue Satellitenkanal programmlich gefüllt werden muß, dafür fehlt es an jeglicher Rechtfertigung. Es würde auch dazu führen, daß die Programmkosten mit den entsprechenden Auswirkungen auf die Rundfunkgebühr ständig ausgedehnt würden. Private

Rundfunkveranstalter könnten in einem solchen auf Kosten des Gebührenzahlers geführten Wettbewerb auf Dauer nicht bestehen, ein duales Rundfunksystem ließe sich nicht aufrechterhalten.

Ebenso bedenklich wäre es, wenn einem Vorlagebeschluß des Bayerischen Verwaltungsgerichtshofs an das Bundesverfassungsgericht gefolgt würde, in welchem die Auffassung vertreten wird, der öffentlich-rechtliche Rundfunk selbst solle seine Gebühr festsetzen.

Eine auf diese Weise auch immer höher steigende Rundfunkgebühr würde zu einer unerträglichen Zugangsbarriere für alle Programmangebote werden. Die allgemeine Rundfunkgebühr in der gegenwärtigen Form wird daher auch in Zukunft nur dann Bestand haben können, wenn damit öffentlich-rechtliche Programme in angemessener begrenzter Zahl der Bevölkerung eine inhaltliche Grundversorgung - aber keine Überversorgung - gewährleisten. Sie wird Bestand haben, wenn eine ausreichende parlamentarische Festsetzung ihrer Höhe gesichert bleibt.

Gleichfalls in der Diskussion ist immer wieder ein Werbeverbot für den öffentlich-rechtlichen Rundfunk. Dies wäre die konsequenteste Trennung der Einnahmequellen in einem dualen Rundfunksystem: der öffentlich-rechtliche Rundfunk würde ausschließlich aus Gebühren, der private Rundfunk allein aus Werbung finanziert.

In England wird dieses Modell zwischen BBC und ITV erfolgreich praktiziert. Der Rundfunkstaatsvertrag behält dagegen für ARD und ZDF die Mischfinanzierung bei. Auf diese Weise fließen jährlich neben 4,3 Mrd DM Gebühren, rd. 1,6 Mrd DM Werbeeinnahmen in die Kasse des öffentlich-rechtlichen Rundfunks.

Dieser Teil des "Werbekuchens" fehlt den Privaten, die allein auf Werbeeinnahmen angewiesen sind und deren finanzielle Basis sich erst mit erheblich vergrößerten Reichweiten verbessern läßt.

Auch wenn ein Wegfall der Werbung zu einer Erhöhung der Rundfunkgebühr um monatlich 6 bis 8 DM führen würde, sollte man nach meinem Dafürhalten im Interesse einer klaren Trennung von Finanzierungsgrundlagen eine solche Lösung zumindest mittelfristig ansteuern. Dies wäre auch deshalb wünschenswert, weil sich die für die Erhaltung privater Rundfunkveranstalter notwendige Begrenzung öffentlich-rechtlicher Werbezeiten zunehmend weniger kontrollieren läßt.

Die Zunahme von Product Placement und Sponsorsendungen. ist hierfür ein deutlicher Hinweis. Diese Sonderwerbeformen können wegen ihrer besonderen Erscheinungsformen auch durch ein Werbeverbot im öffentlich-rechtlichen Rundfunk nicht ausgeschlossen werden.

Schleichwerbung bei Sportveranstaltungen, aber auch die Freizeitmode - ohne Werbeaufdrucke fast schon nicht mehr zu haben - mögen als Beispiel dienen.

Keinesfalls kann aber in diesem Zusammenhang akzeptiert werden, daß die Deutsche Werbewirtschaft mit Blick auf die Reichweiten des öffentlich-rechtlichen Rundfunks die Beibehaltung, ja sogar eine Ausdehnung der Werbezeiten fordert.

Damit würde die finanzielle Ausgangsposition privater Rundfunkveranstalter noch schwieriger werden, Werbemöglichkeiten in privaten Programmen würden gegebenenfalls wegfallen.

Eine kurzsichtige Forderung also, denn spätestens mit Einführung der sog. zweiten Satellitengeneration Mitte der neunziger Jahre wird die Versorgung der Bevölkerung mit privaten Programmen ebenso gut sein wie heute mit den Programmen von ARD und ZDF.

Auch der private Rundfunk steht vor der Aufgabe, seinen Beitrag zu leisten, um ein gleichgewichtiges und gleichwertiges duales Rundfunksystem zu erreichen.

Neue drahtlose terrestrische Fernsehfrequenzen haben und werden noch zu deutlichen Reichweitenverbesserungen führen. Die Zukunft liegt aber, nicht zuletzt aus wirtschaftlichen Gründen, in der Satellitentechnik.

So betragen die Kosten für die terrestrische flächendeckende Übertragung eines Fernsehprogramms ca. 180 Mio DM, die für die Abstrahlung über direktstrahlende Satelliten 50 Mio DM und selbst diese Kosten werden beim Einsatz der neuen Satellitengeneration um mehr als die Hälfte sinken.

Inhaltlich wird es darauf ankommen, daß der private Rundfunk ein Angebot unterbreitet, in welchem neben der Unterhaltung auch Information und Kultur nicht nur einen angemessenen Platz haben, sondern auch in qualitativer Hinsicht im Wettbewerb mit dem öffentlich-rechtlichen Rundfunk bestehen können. Dazu bieten sich Vollprogramme traditioneller Art an aber etwa auch ein eigener "News Channel" nach amerikanischem Vorbild.

Daneben gehe ich davon aus, daß etwa Spielfilme oder Sport in Pay-TV-Kanälen übertragen werden.

Entscheidend wird es sein, daß sich der private Rundfunk auch auf europäischer Ebene organisiert. Nicht zuletzt wird er am internationalen Nachrichtenaustausch beteiligt sein müssen.

Der öffentlich-rechtliche Rundfunk ist derzeit der Hauptträger der Finanzierung des Films. Die deutschen Film- und Fernsehproduzenten sind in hohem Maße von den Aufträgen des Rundfunks abhängig.

Auch im Bereiche des privaten Rundfunks sollte jetzt über eine Beteiligung an der Filmförderung konkret nachgedacht werden. Die privaten Veranstalter könnten dadurch dem auch bei ihnen wachsenden Bedarf deutschsprachiger Filme besser gerecht werden.

Vor allem aber ist die Schaffung einer eigenen deutsch-europäischen Programmindustrie notwendig.

Die wachsenden Zahlen von Rundfunkveranstaltern aus dem In- und Ausland, deren Programme länderübergreifend empfangbar sind, wird die wirtschaftlichen Grundlagen des Rundfunks in hohem Maße verändern. Der steigende Programmbedarf wird zu erhöhten Programmaufwendungen führen. Dies gilt für Kosten in der Programmherstellung ebenso wie für den Erwerb von Rechten zur Übertragung internationaler Veranstaltungen.

Die Verführung liegt deshalb nahe, in noch stärkerem Maße als bisher auf ausländische Billigproduktionen zurückzugreifen. Die Versuchung ist umso größer, als auf dem amerikanischen Markt bereits amortisierte Produktionen in Europa immer günstiger angeboten werden. Eine solche Entwicklung wäre fatal.

Es gilt vielmehr, im länderübergreifenden Rundfunk eine eigene europäische Programmidentität zu entwickeln und zu fördern und das Kulturgut im deutschsprachigen Raum in seiner Gesamtheit, also die kulturelle Vielfalt der Staaten, Länder und Regionen, zu bewahren. Nicht die Masse, sondern die Klasse und die Wahl der Schwerpunkte wird ausschlaggebend für unsere künftige Stellung im internationalen Rundfunkmarkt sein.

Um diese Ziele zu erreichen, bedarf es offensiver Anstrengungen aller Verantwortlichen. Jetzt werden die Weichen gestellt. Die staatliche Medienpolitik kann, darf und soll aber nicht mit staatlichen Reglementierungen in Programminhalte, in die Programmgestaltung und in Programmstrukturen eingreifen.

Sie ist aber gefordert, im Rahmen der verfassungsrechtlich verbürgten Rundfunkfreiheit Wege zu ebnen. Einen Markstein hierfür haben die Länder mit dem am 1. Dezember 1987 in Kraft getretenen Rundfunkstaatsvertrag gesetzt. Er bietet die Grundlage, den Anforderungen des künftigen nationalen und internationalen Wettbewerbs zu entsprechen. Bestand, Entwicklung und damit auch die Finanzierung des öffentlich-rechtlichen Rundfunks wurden gesichert. Dem privagen Rundfunk wurde ein gleichrangiger Programmauftrag erteilt.

Er erhält hierfür ausreichende Sendekapazitäten und er kann angemessene Einnahmequellen erschließen. Für neue länderübergreifende Satellitenprogramme wurden ARD und ZDF verpflichtet, kulturelle Schwerpunkte zu setzen. Gegenüber dem privaten Rundfunk wurde die Forderung erhoben, zur Darstellung der Vielfalt im deutschsprachigen und europäischen Raum mit einem angemessenen Anteil an Information, Kultur und Bildung beizutragen. Private Rundfunkvollprogramme müssen ferner einen wesentlichen Anteil an Eigen- und Auftragsproduktionen einschließlich Gemeinschaftsproduktionen aus dem deutschsprachigen und europäischen Raum enthalten.

Im Rahmen der im Oktober 1988 beschlossenen Rundfunkgebührenerhöhung haben die Ministerpräsidenten der Länder den kulturellen Anspruch des deutschen Rundfunks eingehend gewürdigt und berücksichtigt und in einer Protokollnotiz die Erwartung ausgesprochen, daß ein erheblicher Teil der Gebührenerhöhung für zusätzliche Auftrags- und Koproduktionen deutscher und europäischer Fernseh- und Filmproduzenten verwendet wird. Ich halte dies für ein vollauf berechtigtes Anliegen. Bisher haben ARD und ZDF 920 Mio DM jährlich an Leistungen für die deutsche Film- und Fernsehwirtschaft aufgebracht, davon 634 Mio DM für Auftragsproduktionen. Daneben haben sich die Anstalten an Gemeinschaftsproduktionen beteiligt. Ich bin sicher, daß dieses Volumen aufgrund des Petitums der Ministerpräsidenten nach der Gebührenerhöhung um 2,40 DM zum 1. Januar 1990 die Milliardengrenze übersteigen wird.

Die gegenwärtig 50.000 Arbeitsplätze der Film- und Fernsehproduzenten dürften damit gesichert sein. Und mehr noch: Auch der private Rundfunk wird nach Abschluß seiner Aufbauphase in den nächsten 3 bis 4 Jahren ein wesentlicher zusätzlicher Auftraggeber sein, ao daß mit einer spürbaren Zunahme an Aufträgen gerechnet werden kann.

Wir werden aber darüber hinaus auch dafür eintreten, daß zur Schaffung gleicher Wettbewerbsbedingungen im Hinblick auf den europäischen Binnenmarkt das europäische Kartell- und Wirtschaftsrecht harmonisiert wird. Es darf ferner keine unterschiedliche steuerliche Behandlung des öffentlich-rechtlichen und des privaten Rundfunks geben.

Unabhängig von gesetzgeberischen Aktivitäten wird es auch Aufgabe der Staaten sein, flankierende Maßnahmen zu ergreifen.

So gilt es z.B., Sprachbarrieren abzubauen, wozu insbesondere Schule und Erwachsenenbildung aber auch ein verstärkter Schüler- und Studentenaustausch wesentlich beitragen können. Der Staat wird auch seine tatkräftige Mitwirkung nicht versagen, wenn es darum geht, die Zusammenarbeit öffentlich-rechtlicher und privater Rundfunkveranstalter auf internationaler Ebene zu verbessern, Koproduktionen zu fördern und einen Meinungs- und Informationsaustausch im Aus- und Fortbildungsbereich zu unterstützen. Beim Aufbau einer eigenen privaten, deutsch-europäischen Programmindustrie sind jedoch in erster Linie der private Rundfunk, aber auch die Film- und Fernsehproduzenten gefordert. Sie werden sich dieser Aufgabe stellen müssen. Sonst ist mit dem Vorwurf zu rechnen, lediglich Vertriebs- und Verteilstelle von alten oder ausländischen Produktionen zu sein.

Die Satellitentechnik führt zu einer länderübergreifenden Versorgung. Nationaler Rundfunk wird damit zunehmend auch zu internationalem Rundfunk. Diese Erkenntnis hat dazu geführt, daß sich sowohl Europarat als auch EG darum bemühen, eine Harmonisierung des europäischen Rundfunkrechts herbeizuführen. Durch eine Harmonisierung, vor allem in den Bereichen Werbung, Programmgrundsätzen einschließlich des Jugendschutzes, Gegendarstellungs- und Urheberrecht, sollen zwei Dinge erreicht werden:

(1) Der free flow of information soll gewährleistet werden, indem alle Programme, die diesen Grundsätzen entsprechen, in Kabelnetze eingespeist und verbreitet werden müssen.

(2) Weil in Zukunft der Direktempfang überwiegen wird, sollen die Empfangsstaaten davor geschützt werden, daß jugendgefährdende Programme aus dem Ausland eingestrahlt werden oder diese Programme unter Umgehung von Werberegelungen unzulässige Marktvorteile erlangen.

Die Länder wehren sich gegen die Verabschiedung einer Richtlinie über den Rundfunk auf der Ebene der EG. Sie lehnen den ausschließlich wirtschaftlichen Ansatz der EG-Kommission ab und sehen den Rundfunk primär als einen kulturellen Faktor an. Die Annahme einer EG-Kompetenz für den Rundfunk würde aber nicht nur die Rundfunkhoheit der deutschen Bundesländer aushöhlen. Sie würde in letzter Konsequenz zu einem zentral aus Brüssel gestalteten und verwalteten Rundfunk führen.

Der Vorteil einer Europaratsvereinbarung liegt hingegen darin, daß sie die notwendigen Mindeststandards regelt, die Ausführung jedoch weiterhin bei den Mitgliedsstaaten beläßt. Außerdem werden durch eine Regelung auf europäischer Ebene auch Staaten erfaßt, die nicht Mitglieder der EG sind.

Wir werden in den neunziger Jahren einen europäischen Medienmarkt haben. Sprachraumbezogene Programme wie ARD Eins-Plus, 3 SAT, aber auch SAT 1 und RTL-Plus (Schweiz, Österreich) kennen wir schon. Mit dem Projekt eines deutsch-französischen Fernsehkulturkanals sollen darüber hinaus Sprachbarrieren überwunden werden. Die Fortentwicklung der Technik - Satellit und Mehrkanalton - wird es aber in absehbarer Zeit auch erlauben, europäische Programme in verschiedenen Sprachen zu senden.

Durch Zusammenlegung von Ressourcen einzelner Staaten wird es gelingen, solche kostenintensiven Programme auch finanzierbar zu gestalten. All dies sind nur wenige Beispiele für die anstehenden Aufgaben eines Medienmarkts der Zukunft, die bereits die gewaltigen gesellschaftspolitischen, kulturellen und wirtschaftlichen Dimensionen erkennen lassen, die hinter diesem Medienmarkt stehen. Sie werden bei der Bewältigung dieser Aufgaben einen wichtigen Beitrag übernehmen müssen.

Ich wünsche Ihrer Tagung einen guten Verlauf und viel Erfolg. Lassen Sie sich aber trotz Ihres umfangreichen Arbeitsprogramms nicht die Zeit nehmen, einige schöne und fröhliche Stunden in unserer Landeshauptstadt Mainz zu verbringen, die nicht nur - wie ich eingangs sagte - eine Medienstadt sondern auch eine Stadt des Weins ist. In diesem Sinne wünsche ich Ihnen einen angenehmen Aufenthalt.

Friedmar Lüke:

Anpassen? - Ausdünnen? - Aufgeben?
Öffentlich-rechtliches Radio zwischen Programmauftrag, kommerzieller Konkurrenz und finanzieller Einengung

Eine 83-jährige Engländerin fuhr vor einiger Zeit nach London, um sich bei der BBC zu beschweren. An ihrem Wohnort hatte sie nämlich große Schwierigkeiten, Channel 4, ihr Lieblingsprogramm, zu empfangen. Bei der BBC war man freundlich zu der alten Dame, mußte ihr aber sagen, daß die Empfangsverhältnisse in absehbarer Zeit nicht zu verbessern seien. Daraufhin verlangte sie den Technischen Direktor zu sprechen. Dies wurde ihr abgeschlagen. Daraufhin zog sie kurzerhand eine Pistole aus der Handtasche und schoß auf einen BBC-Angestellten. Er wurde Gott sei Dank nur leicht verletzt.

Wenn ich vor einem Jahr zu Ihnen gesprochen hätte, meine Damen und Herren, dann hätte ich mein Referat möglicherweise mit Berichten über Begebenheiten solcher Art eingeleitet. Und der Schilderung dieser Begebenheit hätte ich vielleicht noch die Frage hinterhergeschickt, woran es wohl liegen mag, daß solch leidenschaftliche Sympathiekundgebungen für ein Programm nur aus England gemeldet werden.

Heute mit Kuriositäten aufzuwarten, verbietet sich nahezu von selbst. Zu vieles hat sich in den letzten Monaten geändert. Lassen Sie mich drei Erfahrungen an den Anfang stellen, von denen ich meine, daß sie die neue Situation schlaglichtartig beleuchten:

Die erste Erfahrung machte ich während der Gladbecker Geiselaffäre. Vielleicht erinnern Sie sich: Als noch niemand ahnen konnte, wie dramatisch sich die Ereignisse entwickeln würden, wählte ein privater Sender die Bank in Gladbeck an, sprach mit einem der Geiselnehmer und strahlte dieses "Interview" auch aus, und zwar live. Ein Kollege mit langjähriger Erfahrung im öffentlich-rechtlichen Rundfunk bedauerte damals lebhaft, daß die Redakteure in den Landesrundfunkanstalten nicht vor den Privaten auf die Idee gekommen waren, in der Bank anzurufen. Nicht nur an Aktualität, auch an Attraktivität dürften wir uns, so meinte er, nicht übertreffen lassen.

Sollen - müssen - wir uns anpassen?

Meine zweite Erfahrung ist gerade zwei Wochen alt. Ich traf eine Bekannte wieder, von der ich wußte, daß sie zu unseren treuesten Hörern gehört. Seit unserer letzten Begegnung hatten wir einiges im Programm verändert, und ich war nun natürlich gespannt zu erfahren, was sie davon hielt. Sie winkte jedoch nur ab und erklärte, dazu könne sie überhaupt nichts sagen. Inzwischen sei sie nämlich bei "Radio Regenbogen" gelandet, wie alle ihre Freundinnen und Freunde. Ich fragte nach dem Grund. Antwort: "Dort kann ich Musik hören, wann immer ich will. Ihr redet zu viel!" -

Sollen - müssen - wir ausdünnen?

Meine dritte Erfahrung machte ich im Frühjahr, als sich abzuzeichnen begann, daß es zum 1. Januar 1989 nicht zu der in Aussicht gestellten und auf unserer Seite fest einkalkulierten Gebührenanpassung kommt, daß wir also nicht fünfeinhalb, sondern sechseinhalb Jahre von der jetzigen Gebühr den größten Teil unserer Ausgaben bestreiten müssen. Der Verwaltungsrat des Süddeutschen Rundfunks beschloß daraufhin, auf Vorschlag der Geschäftsleitung, einschneidende Sparmaßnahmen für das Haushaltsjahr 1988 wie das Haushaltsjahr 1989. Die Folge davon war, daß ich dem Hörfunk eine fünfprozentige Kürzung aller bereits zugeteilten Etatmittel auferlegen mußte. Fünf Prozent, wird mancher von Ihnen denken, sind nicht so viel Geld, daß sich Katastrophenstimmung ausbreiten müßte. Richtig, nur waren einige Redaktionen bereits an ihrem finanziellen Existenzminimum angelangt, so daß eine prozentuale Kürzung bei ihnen nicht mehr in Frage kam. Daher war ich am Ende gezwungen, sieben Wortsendungen zum 15. August einzustellen und sie durch Musik aus dem Archiv zu ersetzen. Auch die weiteren Aussichten sind schlecht. Denn die nächste Gebührenanpassung kommt zu spät, und sie reicht nicht einmal aus, unsere jetzigen Ausgaben zu bestreiten, von den zukünftigen Aufgaben wie dem Satellitenhörfunk zum Beispiel ganz zu schweigen. -

Sollen - müssen - wir aufgeben?

I.

Vor fünf Jahren ereignete sich das, was man den "Urknall in der Medienszene" nennt: Am 1. Januar 1984 ging in Ludwigshafen das private Fernsehen an den Start. Und damit begann in der Bundesrepublik bei den elektronischen Medien der Wettbewerb zweier Systeme, die Konkurrenz der "Privaten" mit den "Öffentlich-Rechtlichen". Bis dahin hatten die "Privaten" bei uns keinen Zugang zum Rundfunk, weder zum Fernsehen noch zum Radio. Jetzt haben wir ein "duales System", eine "duale Ordnung". Diesen Begriff wählte das Bundesverfassungsgericht im vorletzten seiner Rundfunkurteile, um das Nebeneinander, das gleichzeitige Existieren von privat-rechtlichem und öffentlich-rechtlichem Rundfunk zu bezeichnen. Mit anderen Worten: Wir, die Öffentlich-Rechtlichen, haben Konkurrenz bekommen, im Fernsehen wie im Hörfunk.

Von Kiel bis München, von Saarbrücken bis Nürnberg funken inzwischen über hundert private Anbieter. Die genaue Zahl ist schwer zu ermitteln, weil beinahe täglich neue hinzukommen - und einige auch schon wieder aufgegeben haben. Die Landesbehörden, die für die Frequenzvergaben zuständig sind, können gar nicht schnell genug arbeiten. Allein in Baden-Württemberg sind 73 lokale und regionale Hörfunklizenzen ausgeschrieben worden, von denen bislang 54 vergeben sind. Erst 29 Stationen senden allerdings schon; die anderen haben noch mit juristischen oder technischen Problemen zu kämpfen oder sind einfach noch nicht so weit mit ihren Vorbereitungen.

Kein Zweifel, die Medienlandschaft ist heute vielgestaltiger als je zuvor, im Hörfunk besonders. Große Flächen finden sich darin genauso wie enge, versteckte Seitentäler. Es gibt Anbieter, deren Programm nur in einem sehr kleinen geographischen Bereich zu hören ist, und dies auch nur für zwei, drei Stunden am Tag, und es gibt Anbieter mit landesweiten Programmen, die rund um die Uhr senden und auch in den benachbarten Bundesländern noch ihr Auditorium haben. Es gibt Sender für Regionen, Subregionen und Stadtregionen.

In manchen Städten wetteifern mehrere Privatradios auf verschiedenen Frequenzen um die Gunst der Hörerinnen und Hörer - München, Nürnberg, auch Hamburg scheinen hier besonders gute Nährböden zu sein -, in anderen Städten steht den neuen Radiomachern nur eine Frequenz zur Verfügung. "Partagieren" heißt die Zauberformel für solche Fälle, und da und dort kommen auf diese Weise auch Anbieter zusammen, die ursprünglich nicht im Traum daran dachten, gemeinsame Sache zu machen. In Karlsruhe zum Beispiel sind die Stunden von 8.30 bis 5.30 Uhr am anderen Morgen zwei privaten Veranstaltern zugestanden worden, während die Zeit von 5.30 bis 8.30 Uhr dem Süddeutschen Rundfunk für sein Regionalprogramm "Badenradio" zur Verfügung steht. Privat und öffentlich-rechtlich auf einer Frequenz - ein Kollege kommentierte diese

Entscheidung ungläubig mit den Worten: "Ich soll also meinen Wagen jeden Morgen um halb neun auf den Parkplatz stellen, den Schlüssel stecken lassen und am anderen Morgen um halb sechs wieder einsteigen, ohne Rücksicht darauf, in welchem Zustand ich das Auto vorfinde?"

Was die Akzeptanz der Programme anbelangt, so stehen beachtliche Erfolge einiger privater Anbieter einem insgesamt noch deutlich dominierenden öffentlich-rechtlichen Rundfunk gegenüber. Es zeigt sich, daß Größe und Einheitlichkeit des Versorgungsgebiets wichtige Faktoren sind. Bei den Privaten haben nämlich vor allem die landesweiten, große Flächen versorgenden Radios im Norden Erfolg: RSH, Radio Hamburg und ffn haben schon verhältnismäßig kurze Zeit nach ihrem jeweiligen Start dem alteingesessenen NDR erheblich zugesetzt und unerwartet viele Hörer abgewonnen. Beachtlich sind auch die Werbeumsätze und die Gewinne, die sie erzielen: Alle schreiben bereits schwarze Zahlen.

Im Süden der Republik gibt es bis zur Stunde erst zwei landesweite Radioprogramme, in Rheinland-Pfalz und in Bayern, wo seit dem 5. September die "Antenne Bayern" sendet.

Hessen will in Kürze diesen Beispielen folgen, und selbst in Baden-Württemberg, wo keine landesweite Kette der Privaten vorgesehen ist, wird sich vermutlich bald etwas in diese Richtung bewegen - durch Zusammenschlüsse kleiner und kleinster Stationen, vielleicht aber auch durch Initiativen von Konzernen. Denn diese bieten ihre Mantelprogramme vor allem den lokalen und regionalen Sendern an, die ihre wirtschaftlichen Ziele noch nicht erreicht haben.

Im Juni haben die Privatradios in Baden-Württemberg die Ergebnisse einer Umfrage veröffentlicht, derzufolge sie inzwischen an jedem durchschnittlichen Werktag rund 1,2 Millionen Hörerinnen und Hörer erreichen. Dabei ist allerdings zu berücksichtigen, daß sich nicht weniger als 22 Stationen diese 1,2 Millionen unter sich aufteilen müssen. Die Anteile sind unterschiedlich groß: einige erreichen gerade 70.000 Hörer, was auf die Dauer wohl kaum ausreichen dürfte; andere kommen auf 150- bis 300.000 pro Tag. "Schwarzwaldradio", "Welle Fidelitas", "Radio Regenbogen", "RT 4", "Radio 7" und "Radio regional" heißen die erfolgreichsten unter ihnen. Es ist ein relativer Erfolg, den sie verzeichnen können: Denn allein SDR 1 hat an jedem durchschnittlichen Werktag zweieinhalb mal so viele Hörer wie alle Privaten in Baden-Württemberg zusammen.

Selbst die Erfolge von RSH, RH und ffn relativieren sich, wenn man sich anschaut, welche Anteile die Privaten und die Öffentlich-Rechtlichen an der Radionutzung im Bundesgebiet haben. Im September wurden die Ergebnisse der Media-Analyse veröffentlicht, die bei rund 10.000 Befragten im 1. Halbjahr 1988 im Bundesgebiet und in West-Berlin erhoben wurden. Die Media-Analyse gilt als die "härteste Währung" der Medienforschung. Und sie besagt, daß noch immer 85 Prozent der Radionutzung auf die öffentlich-rechtlichen Programme entfallen. Gewiß können wir uns angesichts dieser Prozentzahl beruhigt zurücklehnen. Es wäre jedoch falsch, in dieser Haltung zu verharren und die Konkurrenz aus den Augen zu lassen. Aus zwei Gründen: Erstens wird der Anteil der Privaten an der Radionutzung zunehmen, je gezielter, professioneller und konzentrierter ihre Angebote werden. Und zweitens haben unsere Konkurrenten ja auch bei uns einige Veränderungen bewirkt, wovon ich meine, daß wir sie noch längst nicht genügend reflektiert haben. Mit anderen Worten: Wir dürfen nicht nur auf unseren Anteil an der Radionutzung schauen und uns, je nach Entwicklung, freuen oder ärgern - wir müssen vor allem auf unsere Programme achten, mit denen wir versuchen, der Konkurrenz standzuhalten.

II.

"Konkurrenz belebt das Geschäft!". Dieser Satz ist oft zu hören, wenn die Rede auf die privaten Programmveranstalter kommt. Dagegen ist im Grunde auch nicht viel einzuwenden. Ja, wenn wir ehrlich sind, dann müssen wir einräumen, daß das Aufkommen der Privaten uns Öffentlich-rechtlichen in der einen oder anderen Hinsicht sogar genützt hat - zum Beispiel beim Überwinden von Routine, Stagnation und Selbstgefälligkeit, die sich da und dort eingenistet hatten, zum Beispiel beim Beachten neuer Trends in der Radionutzung, zum Beispiel bei der Weiterentwicklung unserer Programmformen.

Fragwürdig ist gewiß manches von dem, was die Privaten ihren Hörerinnen und Hörern bieten, Sendungen wie "Bettgeflüster" im Schamoni-Radio in Berlin, durch die das Unternehmen bundesweit bekannt geworden ist, kann ich mir in dieser Form im öffentlich-rechtlichen Programm nicht vorstellen. Oder sollte ich sagen: noch nicht? Bestimmte Präsentationsformen - epd/Kirche und Rundfunk hat herausragende Beispiele veröffentlicht - kann ich unseren Moderatorinnen und Moderatoren beim besten Willen nicht als nachahmenswert empfehlen, um es einmal so auszudrücken. Und nicht selten mischen sich Werbung und andere Programminhalte bei Privaten auf eine Weise, die bei uns die Aufsichtsgremien auf den Plan rufen würde.

So bedenklich diese und andere Beobachtungen in kommerziellen Programmen uns aber auch erscheinen mögen - ich möchte ihnen dennoch hier nicht weiter nachgehen. Sie sind nämlich nur Marginalien im Vergleich zu dem Hauptproblem, vor das uns die Privaten stellen.
Zur Einführung eine kleine Anleihe beim Fernsehen:

Partner- und Arbeitsvermittlung, Telebörse und Teleshopping haben dem privaten Fernsehen zusätzliche Aufmerksamkeit gebracht. Die meisten Punkte aber haben sie mit anderen Programmelementen gesammelt, mit Quizsendungen, Gewinnspielen aller Art, mit amerikanischen Fernseh-Serien und - dies vor allem - mit

Spielfilmen, mit möglichst attraktiven Spielfilmen, die mit Vorliebe dann angeboten wurden, wenn die Öffentlich-rechtlichen Nachrichten brachten, ein Magazin oder eine Dokumentation. Die Privaten profitierten damit von einer Erfahrung, die auch ARD und ZDF schon gemacht hatten, als sie noch unter sich waren: die Mehrheit zieht die Unterhaltung, zieht Spannung und Gefühl allem anderen bei weitem vor, was zu Erscheinungen wie dem berühmten "Unterhaltungsslalom" geführt hat: Wenn in dem einen Programm der Krimi zu Ende und etwas Anspruchsvolleres angesagt war, schalteten Millionen um auf das andere, auch wenn der Film dort schon eine Viertelstunde lief.

ARD und ZDF hielten dagegen, mit Denver und Dallas, mit Traumschiff und Schwarzwaldklinik und vielem anderen, was ihnen den Vorwurf der "Selbstkommerzialisierung" eintrug. Immer wieder gerieten die öffentlich-rechtlichen Anstalten unter Beschuß, wobei sich nicht selten seltsame Allianzen ergaben: Viele Kritiker nämlich bekämpften das Unterhaltungsangebot in den Programmen von ARD und ZDF genau so heftig, wie es die kommerziellen Konkurrenten und die sie unterstützenden Politiker taten. Sie alle wurden nicht müde, die Öffentlich-rechtlichen an ihren "Kulturauftrag" zu erinnern.

Bei uns im Hörfunk stellt sich das gleiche Problem, auch wenn die Diskussion darüber in der breiten Öffentlichkeit nicht so viel Aufmerksamkeit findet. Was im Fernsehen die attraktiven Unterhaltungsserien sind, ist im Radio die U-Musik, Unterhaltungsmusik in allen ihren Spielarten. Sie ist am meisten gefragt von allem, was wir in unseren Programmen anbieten. Ja, die Entscheidung für oder gegen ein Programm wird heute überwiegend aufgrund der Musik getroffen, die in dem betreffenden Programm ausschließlich oder überwiegend erklingt.

Kein Wunder, daß die Privatradios vor allem auf populäre unterhaltende Musik setzen, und zwar mit weitem Abstand vor allen anderen Programminhalten. Wer U-Musik anbietet, liegt richtig, und wer die richtige Musik anbietet, hat auch Erfolg. Wenn es noch eines Belegs dafür bedurft hätte, dann hat ihn unlängst die F.A.Z. in einem Porträt Helmut Markworts geliefert, des Chefredakteurs der Programmzeitschrift "Gong", in der Branche respektvoll "King Gong" genannt. Markwort, in München für "Radio Gong 2ooo" und "Antenne Bayern" tätig, Markwort hat der F.A.Z. anvertraut, was ein Privatsender für ihn ist: Vor allem nämlich "ein Musikunternehmen, ein Berieselungsunternehmen, ein Sekundärmedium".

Die Rundfunkanstalten haben reagiert und in den letzten Jahren so manches öffentlich-rechtliche Radioprogramm verändert - zumeist in der Weise, daß sie den Anteil des Worts verringert und den der Musik erhöht haben. Das hat auch den Hörfunk in die Schußlinie der Kritiker gebracht und ihm den Vorwurf eingetragen, seinen kulturellen Auftrag partiell nicht mehr zu erfüllen.

In den Rundfunkgesetzen und Staatsverträgen ist den Anstalten des öffentlichen Rechts jedoch nicht nur ein Kulturauftrag erteilt. Überall heißt es fast gleichlautend: Informieren, bilden und - unterhalten. Dies ist der vielzitierte Programmauftrag, und von Anteilen - etwa in der Weise, daß die Unterhaltung höchstens ein Viertel oder ein Drittel des Programmangebots ausmachen dürfe - von derartigen Quoten ist in keinem Rundfunkgesetz oder Staatsvertrag die Rede.

Dennoch stecken die öffentlich-rechtlichen Anstalten in einem Dilemma: Sie müssen auf Unterhaltung setzen, nicht nur, weil sie es ihrem Programmauftrag schuldig sind, sondern auch, um sich der Konkurrenz gegenüber zu behaupten. Folgten sie nämlich dem Rat ihrer Kritiker und zögen sich auf Information und Bildung, auf Kultur im weitesten Sinne zurück, so verlören sie die Mehrheiten. Verlören sie die Mehrheiten, gerieten sie ins Abseits, in Reservate. Und dann wäre in kurzer Zeit in unseren Landtagen eine Debatte entbrannt, gegenüber der

die jüngste Auseinandersetzung über die Erhöhung der Rundfunkgebühren wie ein freundlicher Plausch bei Kaffee und Kuchen wirken würde. Denn dann würde gefragt: Warum überhaupt noch Gebühren für ein System, dem die Zuschauer und Zuhörer in Scharen davongelaufen sind? Die Antwort darauf wäre eindeutig, und vor ihrem politischen Vollzug würde die Öffentlich-rechtlichen auch keine Besitzstandsgarantie mehr schützen.
Klaus Hardt, ein kundiger, aber unverdächtiger Beobachter als Vorsitzender des Bundesverbandes Deutscher Fernsehproduzenten und ehemaliger Mehrheitseigner der Münchener Lokalfernsehfirma "tv weiß blau", Claus Hardt beschrieb das Problem vor kurzem in einem SPIEGEL-Interview mit den Worten: "Ich weiß, man wirft den Öffentlich-rechtlichen vor, sie seien zu kommerziell geworden. Aber da kommt die ganze Unehrlichkeit raus, denn die sind doch gezwungen, das Wettrennen um Einschaltquoten mitzumachen. Täten sie es nicht, würde man ihnen vorwerfen, daß sie keine Zuschauer mehr haben."

Aber auch das Wettrennen um Einschaltquoten oder - im Hörfunk - um Reichweiten kann uns in Gefahr bringen. Denn wenn wir, unter Berufung auf den Unterhaltungsauftrag in den Rundfunkgesetzen und Staatsverträgen, uns allzusehr in diese Richtung begeben, wenn wir die Programme zu sehr ausdünnen, dann vernachlässigen wir Information und Bildung, die anderen Teile des Programmauftrags. Und damit provozieren wir mit Sicherheit eine öffentliche Diskussion darüber, ob denn das öffentlich-rechtliche Radio noch Gebühren beanspruchen kann, wenn es sich mit seinen Programmen so sehr den Angeboten der Privaten nähert.
Was tun?

III.

Soviel ist wohl deutlich geworden: Es gibt für unser Problem keine einfache Lösung nach dem "entweder - oder"-Schema. Meines Erachtens kann die Lösung nur ein "sowohl - als auch" sein: Sowohl den Programmauftrag erfüllen als auch den Wettbewerb aufnehmen, sowohl informieren und bilden als auch unterhalten, sowohl Minderheiten- als auch Mehrheitenprogramme.

Das öffentlich-rechtliche Radio setzt das "sowohl als auch" heute auf zweifache Weise in die Praxis um:
- durch ein breites Angebot von Programmen, in dem die Interessen von Minderheiten ebenso berücksichtigt sind wie die von Mehrheiten, und
- durch das Plazieren von Informationen vor allem aus Politik und Kultur in populären, hauptsächlich Musik enthaltenden Programmen,

horizontal wie vertikal also, sowohl quer durch die gesamte Angebotspalette als auch innerhalb der einzelnen Programme.

Jede öffentlich-rechtliche Rundfunkanstalt sendet nach wie vor ein Kulturprogramm - der Bayerische Rundfunk sendet sogar zwei solcher Programme -, obwohl die Reichweiten fast überall beklagenswert niedrig sind. Die Intensität des Hörens (im Gegensatz zum "Nebenbeihören"), die qualifizierte Reaktion auf das Gebotene muß den Mitarbeiterinnen und Mitarbeitern das Echo ersetzen, das in einem Massenmedium eigentlich zu erwarten wäre. Neben dem Kulturprogramm bietet jede Rundfunkanstalt mindestens zwei populäre Programme an:
- eines für ein Auditorium, das sich in erster Linie aus den mittleren und älteren Jahrgängen rekrutiert, das eher national als international denkt, das konservativer reagiert als der Durchschnitt und das z.B. gerne deutsche Schlager hört

- und eines, das sich hauptsächlich an Menschen wendet, die insgesamt offener eingestellt sind, gern Grenzen überschreiten und Neuland erkunden, alle und alles etwas hemdsärmeliger, etwas autoritäts-ungläubiger angehen und der vorwiegend vom Rhythmus bestimmten Rock- und Popmusik in der Regel mehr abgewinnen als einer Musik, bei der die Melodie das Charakteristische ist.

Die Kunst der "Macher" populärer Programme im öffentlich-rechtlichen Radio besteht heute vor allem darin, so viel Information darin unterzubringen, daß auch in diesem Fall der Programmauftrag als erfüllt gelten kann, nicht so viel Information jedoch, daß die Popularität und damit die Konkurrenzfähigkeit darüber verloren geht. Immer von neuem stellt sich also heute die Frage, wie weit der öffentlich-rechtliche Hörfunk sich veränderten Verhältnissen anpassen muß, um in der Konkurrenz mit den Privaten bestehen zu können. Wie weit können wir äußerstenfalls nachgeben, ohne uns selbst aufzugeben?

Dies ist die Frage, von der ich vorhin meinte, sie sei noch zu wenig bedacht worden. Schaut man genauer hin, so erkennt man dahinter eine schon recht alte Frage, eine Frage, die unser Medium von Anfang an begleitet hat. Sie lautet: Wie kann Radio für viele und für wenige zugleich dasein, oder, zugespitzter: Wie kann ein Massenmedium die Interessen von Minderheiten berücksichtigen?

Bei der Aufgabe, die sich uns hier stellt, habe ich ein Parallelogramm vor Augen, ein Kräfteparallelogramm. Eine Kraft in diesem Parallelogramm sind wir, die Redakteure, Autoren und Produzenten, die Moderatoren, Interviewer und Reporter. Wir nehmen den Programmauftrag ernst und bieten die Sendungen an, die wir für richtig und wichtig halten - selbst dann, wenn wir wissen, daß nur eine kleine Schar von Hörerinnen und Hörern sicn interessiert, ja die Mehrheit vielleicht sogar Anstoß daran nehmen wird. Die andere im Parallelogramm wirkende Kraft geht von den Hörern aus, von ihren Interessen und Wünschen. Denn wir sind ein Massenmedium, für das Millionen Gebühren zahlen. Und wer Gebühren zahlt, darf erwarten, daß auch seine Programmvorstellungen respektiert und, soweit vertretbar, auch angemessen berücksichtigt werden. Die Vorstellungen der "Macher" können nicht allein das Programm bestimmen, dann wären wir zu elitär, aber auch die der Mehrheit können es nicht. Die Kräfte müssen sich addieren, wie im Parallelogramm, und das Resultat muß in eine dritte Richtung weisen. Programm ist für mich das Ergebnis eines Prozesses wechselseitiger Beeinflussung, vergleichbar der Resultante im Kräfte-Parallelogramm.

Schaut man noch genauer hin, so wird hinter dem bisher Gesagten sogar noch ein weiteres Begriffspaar sichtbar: das Begriffspaar Attraktivität und Qualität. Ich spreche nicht von einem Gegensatz. Denn Attraktivität schließt Qualität ja nicht aus. Und auch umgekehrt gilt: Qualität läßt sich durchaus mit Attraktivität vereinbaren.

Damit bin ich bei dem letzten Punkt angelangt, den ich heute ansprechen möchte. Qualität erfordert eine ausreichende finanzielle Ausstattung. Ich bin nicht sicher, ob dies überall erkannt worden ist. In den letzten Monaten häuften sich jedenfalls die Anzeichen, daß unsere Ausgaben immer öfter mit dem Aufwand der privaten Konkurrenz verglichen und entsprechend beurteilt werden. So beklagte ein Ministerpräsident unlängst, daß das öffentlich-rechtliche Fernsehen stets mit drei oder vier Mann zu ihm komme, während die private Konkurrenz nur einen schicke, wenn ein Statement aufzunmehmen ist. Weiß er, was bestenfalls dabei herauskommen kann, wenn ein Mitarbeiter für Bild, Licht, Text und Ton zu sorgen hat? Ist es ihm egal, wie er auf dem Bildschirm erscheint? Überall werden wir gemessen und gewogen. Dagegen ist im Grunde nichts einzuwenden, solange es mit Sachkunde geschieht und auch die Qualität der Billigprodukte wahrgenommen wird. Nur wird leider oft das Kind mit dem Bade ausgeschüttet. Schade, denke ich dann, daß die, die über unsere finanzielle Ausstattung zu entscheiden haben, in aller Regel nicht wissen, was es bedeutet, eine Sinfonie oder ein Streichquartett aufzunehmen, ein Hörspiel oder ein Feature zu produzieren.

Qualität hat ihren Preis. Ihnen brauche ich dies nicht zu sagen; sie gehören zu den Garanten der Qualität unserer Arbeit in den Funkhäusern. Wie aber können wir dieses Wissen weitergeben, vor allem an die, die über die Zukunft des öffentlich-rechtlichen Rundfunks zu befinden haben?

Bei den zweiten Münchner Medientagen im vergangenen Monat war so mancher kritische Unterton zu vernehmen, wenn von den Privaten die Rede war. Am kritischsten äußerte sich einer, von dem dies wohl niemand erwartet hätte: Edmund Stoiber, am Tag der Eröffnung der Medientage noch Leiter der Staatskanzlei. Die Frage nach der Qualität der privaten Programme erfülle ihn mit Sorge, sagte Stoiber (ich zitiere nach epd/Kirche und Rundfunk). "Muß es denn wirklich sein, daß immer wieder die gleichen Musikteppiche das Bild der Privatradios bestimmen? Muß es denn wirklich sein, daß etwa "Antenne Bayern" die Information bis auf ein Minimum zurückgedrängt hat?" Radio sei (auch) Kultur. Und wenn die Privaten diese Seite zu stark vernachlässigten, könnten sie auf Dauer in diesem Land nicht das werden, was sie werden wollten. Soweit Edmund Stoiber, wiedergegeben nach epd. In ähnlich kritischer Weise hat sich auch Ministerpräsident Vogel im Frühjahr in Düsseldorf geäußert. Und sein Kollege Späth hat Anfang Juni in seiner Regierungserklärung im Stuttgarter Landtag Sätze gesprochen, die als ein Bekenntnis zum öffentlich-rechtlichen Rundfunk aufgefaßt worden sind.
Anpassen? Ausdünnen? Aufgeben? - Ich glaube, wir warten noch ein bißchen, vor allem mit dem Aufgeben.

Frank Müller-Römer:

Zur künftigen Entwicklung des Hörfunks

Mit dem Satellitenradio erschließen sich dem Hörfunk weitere Kanäle, deren Programme überall in der Bundesrepublik Deutschland in hervorragender technischer Qualität empfangbar sein werden und die für die Hörer zu einem wesentlich größeren Programmangebot - hoffentlich auch zu einer größeren Programm**vielfalt** - führen werden.

Bereits heute werden dem Rundfunkteilnehmer auf dem Audiomarkt Musik- und Wortbeiträge in bester technischer Qualität zum Abspielen mit der Compact-Disc (CD) angeboten. In den nächsten Jahren kommen die selbst bespielbare digitale Platte (MOD) und das digitale Tonbandgerät (DAT) hinzu.

Wie werden die Rundfunkanstalten darauf reagieren, wenn in zehn Jahren die UKW-Programme sich ihre Kunden in hörbar schlechterer technischer Qualität und im Wettbewerb zu Satellitenradio und CD suchen müssen? Welche Möglichkeit wird es dann für eine terrestrische Verbreitung technisch hochwertiger Hörfunkprogramme der Rundfunkanstalten geben? Verbesserungen bei UKW oder sogar ein Nachfolge-System dafür?

Der hiermit vorgelegte Beitrag, dem ein Vortrag anläßlich der 15. Tonmeistertagung am 16. November 1988 in Mainz zugrundeliegt, soll zur Diskussion um die künftige Entwicklung des Hörfunks einige Anregungen und Informationen liefern.

1. Wo steht der Hörfunk heute?

Seit mehreren Jahren ist eine stetige Zunahme der Akzeptanz des Hörfunks zu verzeichnen. Insbesondere in den Morgenstunden und am Mittag finden Radioprogramme immer mehr Anklang. Sicherlich hat dazu auch die Entwicklung kleiner und sehr preisgünstiger Hörfunkempfänger beigetragen, die heute weit verbreitet sind. Jeder Haushalt verfügt über mehr als einen Rundfunkempfänger. Und ein großer Teil der heute neu zugelassenen Kraftfahrzeuge wird schon vom Hersteller mit einem Autoradio ausgerüstet. Das **Überallradio** ist heute Wirklichkeit.

Als Programmangebot stehen dieser enormen Zunahme der Empfangsgeräte nahezu unverändert nur vier oder fünf flächendeckende Hörfunkprogramme gegenüber. In einzelnen Bundesländern senden in Ballungszentren darüber hinaus oft mehrere Lokalradios.

Die in den vergangen Jahren erlassenen Landesmediengesetze gestatten es auch neuen, privaten Hörfunkveranstaltern, Programme drahtlos über UKW auszustrahlen. Das duale Rundfunksystem zwischen öffentlich-rechtlichem und privaten Rundfunk ist beim Hörfunk besonders deutlich zu erkennen.

Diese Radioprogramme der Rundfunkanstalten bieten eine mehr oder minder große inhaltliche Vielfalt, jedoch mit dem Nachteil, daß der einzelne Hörer "seine" Musik nur zeitweise und nicht immer zu dem von ihm gewünschten Zeitpunkt hören kann. Durch das Abspielen gekaufter und selbst mitgeschnittener Programme bietet der inzwischen weitverbreitete Recorder dem einzelnen Teilnehmer die Möglichkeit, für sich selbst die Programm**vielfalt** erheblich auszuweiten. Damit wird das Bedürfnis nach einer individuell gestaltbaren Programmform erfüllt. Und mit dem "Walkman" ist dies sogar auf der Straße, beim Radfahren, Skilaufen usw. möglich, wenn auch nicht immer sinnvoll.

Hörfunk ist heute, im Vergleich zum Fernsehen, ein außerordentlich preisgünstiges Massenkommunikationsmittel. Die Produktionskosten betragen nur einen geringen Teil der für das Fernsehen benötigten Mittel.

2. Qualitätssprung durch Digitaltechnik

Die Digitaltechnik hat in den letzten 5 bis 10 Jahren im Hörfunk vielerorts Einzug gehalten; weitere Einsatzfälle bei der Übertragung digitaler Signale sind zu erwarten:

2.1 Programmproduktion:

Der Einsatz der in den letzten zehn Jahren auf der Basis der Digitaltechnik entwickelten Studio-Produktionseinrichtungen erfolgt weitgehend für qualitativ hochwertige Programme. Dabei nahm die Zahl der Produktionen in den Rundfunkanstalten stark zu: Wurden zum Beispiel beim Bayerischen Rundfunk 1980 erst 30 digitale Aufnahmen archiviert, sind es im Herbst 1988 über 800 digitale Archiv-Produktionen. Hinzu kommen etwa 100 Aufnahmen, die noch nachbearbeitet werden müssen. Eine ähnliche Entwicklung hat sich bei den anderen Rundfunkanstalten vollzogen.

Verschiedene Gerätehersteller beschäftigen sich mit der Entwicklung **digitaler Aufzeichnungsanlagen**. Bisher werden zwei Verfahren der digitalen Magnetbandaufzeichnung angewendet:

o Einsatz auf eigentlich für Fernsehaufzeichnungen entwickelten Recordern (U-matic der Firma Sony) mit 3/4"-Band.

o Einsatz auf der Basis der Analogtechnik entwickelter Bandmaschinen (1/4"-Band) mit Longitudinalaufzeichnung. Dieses Verfahren bietet einige Vorteile, die mit denen der Analogtechnik vergleichbar sind: Feststehende Tonköpfe, Hinterbandkontrolle, kurze Hochlaufzeit und mechanischer Schnitt. Letzterer erlaubt eine kostengünstige und schnelle Bearbeitung auch ohne elektronischen Schnittplatz.

  Zwei Firmengruppen bieten je ein unterschiedliches System mit Longitudinalaufzeichnung an. Die von den Anwendern seit Jahren gewünschte **Einigung auf ein einziges Aufzeichnungsformat** kam bisher nicht zustande.

Insgesamt gesehen hat sich die digitale Magnetbandaufzeichnung bisher im großen Umfang nicht durchsetzen können. Der Grund liegt sicherlich mit darin, daß es für vorstehend erwähnte Entwicklungen keine "Konsumer-Basis" gibt: Spezielle Entwicklungen für eine kleine Zahl von Anwendern, wie es die Rundfunkanstalten im Vergleich zur großen Masse des Konsumermarktes sind, werden künftig immer weniger vorgenommen werden. Der Rundfunk wird zunehmend darauf angewiesen sein, aus einem Massenprodukt mit digitaler Signalverarbeitung und in Folge der hohen Stückzahl auch mit großer Zuverlässigkeit seine eigenen, für einen professionellen Einsatz geeigneten Geräte, weiter zu entwickeln bzw. für die Einsätze im Rundfunk zu adaptieren. Erst dann ergeben sich auch Investitionskosten, die mit den Geräten der heutigen Analogtechnik vergleichbar sind oder sogar noch unter den Kosten für diese liegen. DAT (Digital-Audio-Tape) und CD stehen dafür als Beispiele.

Daher geht auch die Entwicklung der Geräte für eine **digitale Mehrspuraufzeichnung** sowie für **digitale Tonmischpulte** nur sehr zögerlich voran. Bei sehr hohen Stückpreisen und noch einer noch nicht ausgereiften Geräteserie ist die verkaufte Stückzahl recht klein.

Mit der **Compact-Disc (CD)** und dem **Digital-Audio-Tape (DAT)** bieten sich dem Hörfunk zwei Gerätefamilien an, die bei hervorragender Aufzeichnungs- und Wiedergabequalität Investitions- und Betriebskosten verursachen, die weit unter denen herkömmlicher Studiorichtungen liegen. DAT wird daher künftig - ausgehend von Einsatzfällen bei der Außenübertragung und Außenproduktion - im gesamten Produktionsbereich Anwendung finden. Dabei steht die Frage geringerer mechanischer Zuverlässigkeit als bei herkömmlichen rundfunktechnischen Einrichtungen in keinem Verhältnis zu dem um ein mehrfaches günstigeren Anschaffungspreis.

Darüber hinaus ist demnächst mit der relativ kostengünstigeren durch Programmproduzenten selbst ("einmal") zu beschreibenden CD zu rechnen ("Schreib"-Gerät ca. 25 000 DM; Preis je beschreibbarer Platte ca. 12 DM). Damit bietet sich für die Rundfunkanstalten die Compact-Disc als qualitativ hochwertiges Produktionsmittel für die Aufzeichnung eines komplett bearbeiteten Programmbeitrages und damit auch für die Archivierung an. Insbesondere für das Archiv sind die Vorteile der CD (schneller und wahlfreier Zugriff zu einzelnen auf der CD aufgezeichneten Programmbeiträgen) von besonderer Bedeutung. Als weitere Alternative steht neben der CD auch das Format der Video-Platten zur Verfügung. Dabei wären auch Aufzeichnungsverfahren mit beliebiger Taktfrequenz und 18 bit mit einer Spieldauer von etwa 4 Stunden (stereo) denkbar. Die Entwicklung wird mit Interesse zu verfolgen sein.

Dagegen liegt die Chance der digitalen Tonbandkassette DAT beim Hörfunk vermutlich mehr bei Außenproduktionen, da die Geräte selbst kleine Abmessungen haben und durch die hohe technische Qualität vielfältig einsetzbar sind, von der aktuellen Reportage bis zum Mitschnitt hochwertiger Musikproduktionen.

Mit großem Interesse wird aber auch eine Entwicklung der europäischen Industrie (Thomson) für eine beschreibbare CD als Massenprodukt für den Konsummarkt zu beobachten sein: Dabei handelt es es sich um ein aufwendiges Alternativprojekt zu DAT ("Die europäische Alternative zu DAT").

Dieses Konzept ist in zweierlei Hinsicht bemerkenswert innovativ: Zum einen verwendet es eine speziell beschichtete Disc ähnlich der Compact-Disc mit einer berührungslosen Lese- und Schreibtechnik (Laser) und zum anderen eine spezielle datenreduzierende Codierung des aufzuzeichnenden Audio-Signals, wofür unter anderem das vom Institut für Rundfunktechnik (IRT), München, entwickelte Verfahren MASCAM besonders interessant erscheint.

Bereits 1987 stellte Thomson seinen **M**agneto-**o**ptischen **D**isc-Recorder (**MOD-Recorder**) vor, der eigenes Aufnehmen und Löschen von digitalen Audiosignalen auf einer der herkömmlichen CD entsprechenden Platte mit 12 cm Durchmesser ermöglicht. Thomson erhielt für dieses Konzept der Speicherung und Löschbarkeit und für die bereits vorgestellte produktfähige Realisierung eines Kombinationsgerätes für CD-Aufnahme und für die Abspielung gekaufter CD's Anfang dieses Jahres den Innovationspreis der deutschen Wirtschaft. Diese Lösung einer löschbaren CD besticht bereits von ihrem Konzept her: Der Träger ist genauso handlich wie die bisherige CD, ebenso verschleißfrei und kann jedem Trend der CD-Anwendung (z. B. CD-Single, CD-Rom, CD-Video) folgen. Der Teilnehmer wird künftig für das Abspielen gekaufter CD's und für die Aufnahme hochwertiger Programme mittels CD nur ein einziges Gerät einsetzen müssen.

Darüber hinaus trägt der Disc-Recorder (MOD) aufgrund seiner einfachen Mechanik ein so offensichtliches Miniaturisierungspotential in sich, das ein Aufnahme- und Wiedergabegerät in den Abmessungen eines heutigen, nur für Wiedergabe geeigneten "Disc-man" ohne große Phantasie vorstellbar ist. Allerdings liegt die Spielzeit einer Platte beim MOD-Recorder bei gleicher Speicherdichte wie bei der herkömmlichen CD mit nur etwa 70 Minuten deutlich unter der Konsumentenerwartung für ein eigenes Aufnahmesystem und ebenfalls deutlich unter den Werten für eine DAT-Cassette mit etwa zwei bis drei Stunden Spieldauer. Durch Einsatz einer speziellen Datenreduktion, der hörphysiologische Grundsätze zugrundeliegen, ist es z. B. bei Einsatz des Systems MASCAM denkbar, die Spielzeit der löschbaren CD, die übrigens beliebig oft genutzt werden kann, auf etwa 280 Minuten - also über vier Stunden - auszudehnen. Natürlich würde sich die Spielzeit einer DAT-Cassette bei Einsatz des gleichen Datenreduktionsverfahrens ebenfalls verlängern. Die Frage ist nur, ob eine Spielzeit einer Cassette mit 8 bis 12 Stunden sinnvoll ist, wenn man die Zugriffszeit zu einzelnen Beiträgen berücksichtigt.

Das Magneto-optische Aufzeichnungsverfahren des MOD-Recorders arbeitet nach dem Prinzip, daß ein Wärme-Laser die Magnetspuren der Platte der zu beschreibenden digitalen Information entsprechend polarisiert. Diese bleibt dann erhalten und kann mit einem Laserstrahl sehr geringere Intensität (wesentlich kälter) später abgetastet und damit gelesen werden.

In dieser europäischen Konzeption wird dann das Magneto-optische Disc-System des MOD-Recorders dem japanischen DAT-System in allen Eigenschaften konkurrenzfähig oder sogar überlegen sein. Bei einem Markterfolg wird auch für den Rundfunk der MOD-Recorders von großem Interesse für die Produktion von Hörfunksendungen, gegebenenfalls mit abschaltbarer Datenreduktion, sein.

2.2 Terrestrische Leitungsverbindungen

Bereits 1987 haben sich die Rundfunkanstalten der ARD entschieden, eine Erneuerung des seit vielen Jahren bestehenden Hörfunkdauerleitungsnetzes in digitaler Technik (DS 1) vorzunehmen. Diese Entscheidung wurde insbesondere mit Blick auf die zunehmende Bedeutung der Digitaltechnik in der Programmproduktion, der Qualitätsverbesserung der Übertragungsstrecke und der Unempfindlichkeit gegenüber Störungen auf der Übertragungsstrecke getroffen. Damit wird es künftig möglich, digital produzierte Beiträge anderen Anstalten zu überspielen und auch der Bodenstation für den Rundfunksatelliten, über den digitaler Hörfunk abgestrahlt werden wird, die entsprechenden Programme zuzuführen.

2.3 Modulationszuführung über Satelliten

Die meisten Landesrundfunkanstalten nutzen heute für die Zuführung der Programme zu den einzelnen Sendern eines UKW-Sendernetzes das Prinzip des "Ballempfangs": Das Programm wird über einen Sender, der eine Verbindung zum Studio hat, abgestrahlt; die anderen Sender empfangen dieses Programm über Luft und senden es anschließend auf einer anderen Frequenz neu aus. Die immer dichter werdende Belegung des UKW-Frequenzbereiches in den letzten Jahren - nicht zuletzt durch die Einplanung vieler kleiner Lokal-Frequenzen für neue, private Programmveranstalter - hat dazu geführt, daß die Modulationszuführung nach diesem Prinzip des Ballempfangs nur noch sehr eingeschränkt, streckenweise kaum noch möglich ist, ohne daß es zu Qualitätsverlusten kommt.

Die Deutsche Bundespost bietet daher seit Mitte 1988 die **Modulationszuführung zu UKW-Sendern über Satelliten** als neuen Fernmeldedienst an. Dabei wird ein digitales Übertragungsverfahren verwendet. Digitale Übertragungsverfahren bieten eine große Übertragungssicherheit durch eingebaute Fehlerkorrekturen. Auch für den deutschen Rundfunksatelliten TV SAT 2 ist für die Ausstrahlung von Stereo-Hörfunkprogrammen ein in der Bundesrepublik Deutschland entwickeltes digitales Übertragungsverfahren vorgesehen.

Der Bayerische Rundfunk beabsichtigt, nach einem Versuch (Ende 1988/Anfang 1989) seine vier UKW-Programme zu den Grundnetzsendern über von der Deutschen Bundespost zu mietende Satellitenverbindungen ("Leitungen") zuzuführen, um die Beibehaltung der technischen Qualität der UKW-Programme auch künftig sicherzustellen. Die Ausstrahlung der Programme wird dabei über den ab Mitte 1989 zu Verfügung stehenden deutschen Fenrmeldesatelliten **Kopernikus** erfolgen, über den dann auch verschiedene Fernsehprogramme (Bayerisches Fernsehen, Westdeutsches Fernsehen, Tele 5 und Eureka TV) abgestrahlt werden. Die Programmzuführung zu den UKW-Sendern über terrestrische digitale Leitungen (siehe 2.2) kommt aus Kostengründen (im Vergleich zur Zuführung über Satelliten) nicht in Frage.

2.4 Modulationsübertragung im künftigen ISDN-Netz

In den vergangen Monaten wurde vom Institut für Rundfunktechnik (IRT), München, ein **Datenreduktionsverfahren (MASCAM)** entwickelt, welches die Übertragung eines Stereo-Hörfunkprogramms in einem Kanal mit einer Übertragungsrate von 384 kbit/sec. ermöglicht. Damit wird es - in Abhängigkeit des Ausbaus des künftigen ISDN-Netzes der Deutschen Bundespost - möglich sein, Hörfunkprogramme in bester technischer Qualität von vielen Orten außerhalb einer Rundfunkanstalt zu dieser über das öffentliche ISDN-Wählnetz zu übertragen (z. B. Außenaufnahmen, Reportagen, Live-Zuspielungen). Durch den Einsatz des künftigen digitalisierten Fernmeldenetzes ergeben sich damit auch kostengünstige und zum Teil völlig neue Übertragungswege für die Rundfunkanstalten.

Eine **Bestandsaufnahme der** künftigen Einsatzmöglichkeiten der **Digitaltechnik** im Rundfunk zeigt: Für Aufzeichnung, Bearbeitung und Wiedergabe von Hörfunksendungen stehen künftig technisch ausgereifte Geräte zur Verfügung. Auch für die Übertragung digitaler Signale - über Satellit und über terrestrische Leitungen - ergeben sich viele neue Möglichkeiten.

Andererseits ermöglicht die **Analogtechnik** heute ein außerordentlich preisgünstiges Herstellen von Programmbeiträgen. Durch die kontinuierliche Verbesserung der Geräte und insbesondere des Bandmaterials in den vergangen Jahren hat heute die analoge Aufzeichnungstechnik einen Qualitätsstand erreicht, der für viele Programmarten (Reportage, aktuelle Berichterstattung, Unterhaltungsmusik etc.) alle Anforderungen voll erfüllt. Künftig werden daher Anschaffungspreis und Betriebskosten darüber entscheiden, ob auch für diese Anwendungsfälle die Digitaltechnik zum Einsatz kommt. Vieles spricht dafür.

3. UKW im Wettbewerb

Seit nunmehr fast 40 Jahren bietet die Ultrakurzwelle (UKW) die Möglichkeit, Radioprogramme in sehr guter Qualität an jedermann zu übertragen. Am 28. Februar 1989 jährt sich der Beginn des UKW-Zeitalters mit der ersten Sendung durch den Bayerischen Rundfunk zum 40. Mal. Wir empfinden es inzwischen als selbstverständlich, daß UKW-Programme überall empfangen werden können.

Mit der Compact-Disc hat UKW erstmals eine Konkurrenz bekommen, die eine Wiedergabe von Musik in noch besserer technischer Qualität ermöglicht. Der digitale Kassettenrecorder (DAT) und die beschreibbare CD (MOD) werden bald folgen und auch die Aufnahme (und Überspielung) digital produzierter Beiträge durch jedermann erlauben. Und selbstverständlich wird der Handel dann auch bespielte DAT-Kassetten in der bisher bekannten CD-Qualität anbieten.

Durch Compact-Disc und digitalen Kassettenrecorder (DAT) werden **Qualitätsmaßstäbe** für Programme gesetzt, die weit über denen des UKW-Hörfunks liegen.

Auch der Satellitenhörfunk (Abschnitt 6) wird in einer der CD vergleichbaren hervorragenden technischen Qualität empfangen werden können - gleichgültig ob über den deutschen Rundfunksatelliten TV SAT 2 oder über den französischen Satelliten TDF 1.

Damit wird sich mittelfristig für die UKW-Programme die Situation ergeben, daß die "Konkurrenten" CD und DAT auf der einen Seite und Satellitenradio auf der anderen Seite in hörbar besserer Qualität nutzbar sind. Verstärkt wird diese Tendenz durch eine zunehmende Verschlechterung der Qualität der UKW-Sendernetze durch Inbetriebnahme weiterer Frequenzen (Lokalfunk, private Veranstalter). Eine flächendeckende Versorgung mit UKW-Programmen im Bereich oberhalb 100 MHz ist ohnehin nur mit Qualitätsabstrichen gegenüber den Senderketten im Bereich unterhalb 100 MHz möglich.

Für die Rundfunkanstalten ergibt sich damit die Konsequenz, nach neuen Wegen zur Programmverbreitung in verbesserter Qualität Ausschau zu halten. Einen Unterschied zwischen "gesendeter" und vom Teilnehmer auf den freien Markt "gekaufter" Programm-Software darf es nicht geben. Die Rundfunkteilnehmer haben Anspruch darauf, daß die Radioprogramme in bestmöglicher technischer Qualität gesendet werden. Die Hörfunkprogramme der öffentlich rechtlichen Rundfunkanstalten, die der Grundversorgung der gesamten Bevölkerung dienen und die diese sicherstellen sollen, dürfen von einer technischen Weiterentwicklung und von einem Qualitätsstandard, der bald dem Stand der Technik entspricht, nicht ausgeschlossen werden.

Die Rundfunkanstalten müssen daher Überlegungen anstellen, welche Verbesserungen im UKW-System selbst noch möglich sind und ob es Möglichkeiten gibt, für UKW ein Nachfolgesystem zu konzipieren, zu entwickeln und einzuführen. Die Technische Kommission ARD/ZDF hat daher Anfang November 1988 eine **Strategiegruppe Hörfunk** (unter der Federführung des Technischen Direktors des Bayerischen Rundfunks) ins Leben gerufen, deren Aufgabe es ist, alle technischen Aspekte der künftigen Entwicklung des Hörfunks zu untersuchen und mögliche Entwicklungslinien für die Rundfunkanstalten aufzuzeigen, damit anschließend bei den Rundfunkanstalten die entsprechenden Weichenstellungen vorgenommen werden können.

4. Möglichkeiten einer verbesserten Programmaustrahlung in vorhandenen UKW-Sendernetzen

Die Verwendung der Digitaltechnik in der Programmproduktion und das Abspielen von CD-Platten in den Programmen sowie der Einsatz digitaler Leitungen für den Programmaustausch und die Programmzuführungen führten schon vor Jahren zu Überlegungen der Rundfunkanstalten, wie die Übertragungsstrecke UKW-Sender - Teilnehmer, die in ihrer Qualität nicht den digital produzierten Programmen entspricht, verbessert werden könnte.

4.1 High-Com-FM-Rauschunterdrückungsverfahren

Das von Telefunken entwickelte und zur Einführung vorgeschlagene **High-Com-FM-Rauschunterdrückungsverfahren** wurde 1983/84 durch die Rundfunkanstalten getestet. Eine Entscheidung für die Einführung konnte jedoch nicht getroffen werden: Die Versuche ergaben, daß die Vergrößerung der Dynamik (also die Verbesserung des Signal-/Rauschabstandes) subjektiv geringer als erwartet war und auch nur für einen Teil des jeweiligen Versorgungsgebietes eines Senders zutraf. Auch die Verminderung von Gleich- und Nachbarkanalstörungen trat in wesentlich geringerem Maße als erhofft ein. Insbesondere ergab sich jedoch für das High-Com-Verfahren bei Programmen mit Ernster Musik und bei hochwertigen Wortsendungen eine **unzureichende Kompatibilität.**

Unter Berücksichtigung und Bewertung aller Aspekte, die für oder gegen eine Einführung des Systems High-Com-FM-Rauschunterdrückungsverfahren sprachen, kam 1984 die Technische Kommission ARD/ZDF einheitlich zu der Auffassung, daß die erheblichen Nachteile (insbesondere Inkompatibilität) beim Einsatz dieses Systems den begrenzten Nutzen nicht aufwiegen.

4.2 Variable Dynamik

Seit längerer Zeit stellt das Institut für Rundfunktechnik (IRT) in München Überlegungen an, wie die Übertragungsqualität im UKW-Hörfunk verbessert werden kann. Ansätze dazu sind eine möglichst optimale Nutzung des zugelassenen Frequenzhubes, wie sie z. B. durch die variable Preemphase nahezu erreicht ist oder ein von den Mängeln automatisch arbeitender Kompander befreites Rauschminderungssystem, wie es die Anwendung des Systems **"Variable Dynamik"** neben anderen Vorteilen ermöglicht.

Anfang 1986 wurde vom IRT das System der **Variablen Dynamik** vorgestellt, das es gestattet, die Programmdynamik zu verändern, um sie an die beim Hörer unterschiedlichen Wiedergabebedingungen individuell anpassen zu können. Heute werden Hörfunkprogramme unter sehr unterschiedlichen Bedingungen abgehört: Kopfhörer, Stereoanlage im Wohnzimmer, Kofferradio im Freien und Autoradio. Damit unter diesen verschiedenen Abhörbedingungen die leisen Programmpassagen nicht durch das Geräusch der Umgebung überdeckt werden, müßte die Dynamik des Programmsignals, d. h. der Lautstärkeunterschied zwischen den lautesten und den leisesten Programmpassagen innerhalb einer Sendung den Umgebungsgeräuschen angepaßt werden. Im ruhigen Einfamilienhaus ist eine Dynamik von über 50 dB erwünscht; im fahrenden Auto sind überhaupt nur 25 - 15 dB sinnvoll.

Die Rundfunkanstalten sind aber bisher gezwungen, für die zu sendenden Programmbeiträge einen möglichst guten Kompromiß für die Dynamik zu finden, der die unterschiedlichen Abhörbedingungen berücksichtigt. Bei dem vom IRT vorgeschlagenen System der **Variablen Dynamik** wird auf der Senderseite automatisch ein **Dynamik-Stellsignal** gewonnen, welches zusätzlich (unhörbar) im Tieftonbereich des Stereo-Seitensignals digital übertragen wird. Vom Beginn der Systemüberlegungen an galt es zu bedenken, daß die Erzeugung, Weiterleitung und das "Managament" des Steuersignals im Studiobereich der Rundfunkanstalten ohne nennenswerte Belastung des Personals durch zusätzliche Bedienung von Geräten möglich sein muß. Hierfür ist eine automatische Gewinnung der Steuergröße durch einen Rechner innerhalb möglichst kurzer Zeit zwingende Voraussetzung. Entwicklung und Test eines geeigneten Algorythmus konnten im Herbst 1988 in enger Zusammenarbeit zwischen dem Institut für Rundfunktechnik, dem Bayerischen Rundfunk und dem Lehrstuhl für Kommunikationstechnik an der Technischen Universität Berlin (Professor Krause) erfolgreich abgeschlossen werden. Hörversuche ergaben, daß die automatische Erzeugung des Stellsignals in der gleichen "Qualität" erfolgt, in der ein Tonmeister die Regelung vornehmen kann.

Entsprechend der heutigen Praxis wird die Dynamik des Programms für die Aussendung auf einen Wert eingeengt, der dem Übertragungsweg entspricht und auch von allen vorhandenen UKW-Empfängern kompatibel empfangen werden kann. Das Dynamikstellsignal ermöglicht es dann, an beliebiger Stelle der Übertragungsstrecke genutzt zu werden: Auf der Senderseite zur automatischen Dynamikanpassung an an den Übertragungsweg (Mittelwelle, UKW und Rundfunksatellit) und beim Hörer zur individuellen Dynamikwahl. Das vom IRT entwickelte System arbeitet stufenlos im Dynamikbereich 20 - 55 dB, wobei für die Dynamik des Sendesignals 30 dB gewählt wurden.

Das System der Variablen Dynamik verbessert auf diese Weise auch den Störabstand der Übertragungsstrecke um maximal 25 dB entsprechend der vom Hörer eingestellten Expansion. Eine abhörgerechte Lautstärkebalance zwischen Musik und Sprache ist außerdem individuell einstellbar.

Das System der Variablen Dynamik kann nicht nur für die Programmproduktion und für die Übertragung von Hörfunkprogrammen, sondern auch für Tonverbesserungen bei Fernseh- und bei Schallplattenproduktionen eingesetzt werden.

Die Rundfunkanstalten sind an einer **Erprobung des Systems der variablen Dynamik** mit dem Ziel einer späteren Einführung außerordentlich interessiert. Zuerst muß jedoch noch durch einen umfangreichen Feldversuch erprobt werden, ob die Übertragung des Stellsignals für die variable Dynmaik als unhörbares Zusatzsignal im ausgestrahlten UKW-Programm selbst und ohne Verfälschung des Originalsignals problemlos möglich ist. Der

Bayerische Rundfunk wird - wie bei früheren Feldversuchen - seine sendertechnischen Einrichtungen für einen praktischen Großversuch in der ersten Hälfte des Jahres 1989 zur Verfügung stellen.

Die Ermittlung des Dynamik-Stellsignals durch den Rechner erfordert je nach Programminhalt eine gewisse Zeit (ein - zwei - fünf Sekunden), um hörbare Dynamiksprünge beim Programm und damit Inkompatibiliät bei der Programmübertragung zu vermeiden. Die automatische Erzeugung des Stellsignals bedingt daher eine generelle Zeitverzögerung bei der Sendung der Programme. Die bei Live-Sendungen damit zusammenhängenden Fragen müssen im einzelnen noch beraten werden.

Um den weiteren Vorteil des Systems der Variablen Dynamik, nämlich die Verbesserung des Störabstandes auf der Übertragungsstrecke nutzen zu können, muß auch ständig das Dynamik-Stellsignal mitgesendet werden. Dafür wäre es sehr von Nutzen, wenn künftig alle Programmträger - sowohl die von den Rundfunkanstalten selbst produzierten Beiträge als auch die "abgespielten" Programmteile (CD, DAT etc.) - ein entsprechendes Stellsignal bereits enthielten. Die mit der Industrie dafür notwendigen Gespräche wurden begonnen.

Das System der Variablen Dynamik ist ein wesentlicher und entscheidender Schritt zur Verbesserung der Empfangsqualitat im UKW-Hörfunk für jeden einzelnen Hörer. Diese Bemühungen um eine Verbesserung der Programmübertragung müssen auch im Hinblick auf die bereits erwähnte sich ständig verschlechternde Situation bei der Nutzung des UKW-Frequenzbereichs gesehen werden.

Weitere Verschlechterungen im UKW-Bereich könnten künftig zum Teil vermieden werden, wenn bei Frequenzplanungen und den dafür notwendigen nationalen und internationalen Koordinierungen nicht mehr nur der **Frequenzhub** sondern auch die **mittlere Energiedichte (Kompression)** mit berücksichtigt würden. Gerade eine starke Erhöhung der Energiedichte durch zwischenzeitlich angewandte Kompressionsverfahren führt in einer Reihe von Fällen zu einer weiteren Verschlechterung des Hochfrequenz-Störabstandes.

5. Terrestrische Programmausstrahlung nach einem digitalen Übertragungsverfahren

5.1 Erste Überlegungen und Untersuchungen 1981 - 1985

Bereits 1980 wurden beim Institut für Rundfunktechnik (IRT), München, erste Überlegungen und Untersuchungen zur Frage einer **terrestrischen Hörfunkausstrahlung mit digitaler Codierung** angestellt. Mußte bei Beginn der Überlegungen davon ausgegangen werden, daß eine große Kanalbandbreite, die im UKW-Frequenzraster nicht unterzubringen gewesen wäre, benötigt würde, so ergaben sich mit zunehmender Verbesserung der Quellencodierung durch bitsparende Kompadierung, d. h. durch eine Verbesserung der digitalen Signalverarbeitung und die damit verbundene Datenreduktion, erneut Ansatzpunkte, ob es nicht auch im UKW-Frequenzbereich Möglichkeiten für eine digitale Übertragung geben könnte. Auf Einladung des Bayerischen Rundfunks fand im Jahr 1981 eine Diskussionsveranstaltung zu diesem Thema statt, bei der auch die DFVLR (Porz) ausgiebig über ihre Überlegungen zu diesem Thema berichtete (Dr. Klimek) Eine Grobabschätzung zeige, daß es im Prinzip möglich sein müsse, im UKW-Bereich anstelle eines FM-Kanals heutiger Definition auch ein digital codiertes Hörfunksignal (Stereo) zu übertragen. Grundvoraussetzung für derartige Überlegungen (aus damaliger Sicht unter Einbeziehung des noch nicht geplanten UKW-Frequenzbereiches zwischen 104 und 108 MHz) war, daß

- die Übertragungsqualität merklich über der eines herkömmlichen UKW-Senders liegen müsse und
- Beeinträchtigungen von Gleich- und Nachbarkanalsendern nicht über den für einen entsprechenden UKW-Sender geltenden Werten liegen dürften.

Natürlich müßte auch das Versorgungsgebiet eines digitalen Senders mindestens dem eines herkömmlichen UKW-Senders entsprechen.

Im Jahr 1985 führte das Institut für Rundfunktechnik (IRT) gemeinsam mit dem Bayerischen Rundfunk Ausstrahlungsversuche am Sender Gelbelsee nördlich von Ingolstadt durch. Dabei konnten

Nachbar- und Gleichkanalbeeinflussungen sowie Reichweiten im Vergleich zu Programmen, die auf herkömmliche Art und Weise vom gleichen Senderstandort aus abgestrahlt wurden, meßtechnisch verglichen werden. Leider stellte sich dabei heraus, daß die Idee, einzelne Kanäle im UKW-Bereich für die Ausstrahlung digitaler Modulation zu verwenden, nicht realisierbar ist. Entgegen der ursprünglichen Erwartung werden herkömmlich FM-modulierte Signale von digital modulierten Signalen mehr gestört, als dies durch ein rein analog moduliertes Signal der Fall ist. Die Leistung eines digital modulierten Senders müßte daher erheblich reduziert werden, was zu wesentlich verkleinerten Versorgungsgebieten führen würde. Die Ausstrahlungsversuche zeigten daher, welche **Voraussetzungen für** die **Einführung eines terrestrischen digitalen Hörrundfunks** erfüllt sein müssen:

- Ausschließliche Nutzung eines Frequenzbereiches allein durch den digitalen terrestrischen Hörfunk.

- Teilweise Aufbau eines neuen Sendernetzes.

5.2 Digital Audio Braodcast (DAB)

Obwohl zum damaligen Zeitpunkt kein anderer Frequenzbereich erkennbar war, der ausschließlich für eine digitale Hörfunkübertragung verwendet werden könnte, verabredeten die Rundfunkanstalten der ARD und das IRT, das Projekt des digitalen terrestrischen Hörfunks **(Digital Audio Broadcast - DAB)** weiterzuführen. Anfang 1986 fand beim BMFT eine Sitzung mit Vertretern der deutschen, französischen und holländischen Industrie sowie mit weiteren deutschen Forschungsinstituten mit dem Ziel statt, ein großes, möglichst europäisches Forschungs- und Entwicklungsprojekt vorzubereiten, welches sich mit Entwicklung und Erprobung von DAB beschäftigen solle.

Anfang 1987 wurde dann ein **Eureka-Projekt** (147) **Digital Audio Broadcast (DAB)** mit auf vier Jahren konzepierten Untersuchungen und Entwicklungen (ca. 360 Mannjahre) sowie einem Aufwand von ca. 80 Millionen DM begonnen. Die Bundesrepublik Deutschland stellt als Initiator das größte Forschungskontingent:

AEG, ANT, Bosch-Blaupunkt, DFVLR (Federführung), Fraunhofer-Gesellschaft, Forschungsinstiut der DBP, Grundig, Intermetall, Institut für Rundfunktechnik, Institut für theoretische Nachrichtentechnik der TU Hannover und Deutsche Thomson-Brand. Frankreich beteiligt sich mit dem Forschungszentrum für Rundfunk- und Fernmeldetechnik (CCETT), Holland mit Philips und Großbritanien mit der BBC.

Die **Anforderungen an DAB** wurden wie folgt formuliert:

- uneingeschränkter **mobiler** und **portabler Empfang**; der Systemplanung soll keine stationäre Antennenanlage (wie bei UKW) zugrunde gelegt werden.

- **stationärer Empfang**

- genügend Übertragungskapazität für **Zusatzinformationen** und **-signale**

- nationale, regionale und lokale **Versorgungsgebiete** müssen möglich sein.

Die **Zielsetzung** für die Entwicklung des Systems **DAB** als **Ersatzsystem für UKW** bei deutlich besserer technischer Übertragungs- und Empfangsqualität und auch einer großen Übertragungsquantität ist damit vorgegeben.

In das Eureka-Projekt DAB wurden von zwei Instituten wesentliche **Systemvorschläge** eingebracht: **CCETT** und **IRT**. Beide Vorschläge sind in verschiedenen Einzelpunkten unter Einbeziehung der jeweiligen Vorteile gut geeignet, die im Zusammenhang mit DAB anstehenden Probleme zu lösen:

Quellencodierung - IRT (MASCAM)

Neuere, zwischenzeitlich entwickelte Toncodierverfahren erlauben es, digitale Programme bandbreitendsparend, d. h. mit hoher Datenreduktion, zu übertragen, ohne Qualitätsabstriche machen zu müssen. Dabei berücksichtigt man unter anderem auch

"Analyseeigenschaften" des menschlichen Ohres, die psychoakustische Phänomene ausnutzen. Forschungsarbeiten beim Institut für Rundfunktechnik (IRT) haben ergeben, daß eine Verschlüsselung mit 64 Kbit/s je Monokanal eine für die menschliche Wahrnehmung zur CD-Qualität nicht mehr unterscheidbare Tonqualität liefert. Diese Verringerung der Bitrate um den Faktor 6 gegenüber dem bei der Compact-Disc angewendeten Verfahren wird als "Irrelevanz-Reduktion" bezeichnet. Durch diese Irrelevanzminderung erreicht das Verfahren **MASCAM** einen Wert von nur noch 1,4 bit/Abtastwert. Mit einer derartigen bitsparenden Quellencodierung kann man beim digitalen Hörfunk für einen Stereokanal (einschließlich Fehlerschutz und Zusatzinformationen) mit einer Datenrate weit unter 384 Kbit/s auskommen und im künftigen Ho-Kanal der ISDN-Hierarchie übertragen.

Kanalcodierung	CCITT und IRT
Modulation	CCITT
Demodulation	CCITT
Decodierung	IRT
Empfängerkonzeption	

Die im Eurekaprojekt DAB zusammengeschlossenen Partner gaben als anzustrebendes **Ziel** für das **DAB-System** weiterhin vor:

- **16 Stereokanäle** (mit einer Bandbreite eines Fernsehkanals)

- **Gleichwellennetz.**

Die bisherigen Untersuchungen ergaben, daß für ein Programmpaket (Multiplex-Signal) mit etwa 12 bis 16 Stereo-Programmen bei großflächiger Vorbereitung nur etwa 4 MHz Bandbreite benötigt werden. Die Programmausstrahlung erfolgt dabei als **ein** Datenpaket. Bei einer Ausstrahlung auf Bundesländerebene reduziert sich die Zahl der möglichen Programme; Abschätzungen zeigen, daß bei einer Bandbreite von etwa 7 MHz sieben Stereo-Hörfunkprogramme mit einem Verbreitungsgebiet, das dem der heutigen Landesrundfunkanstalten entspricht, gesendet werden können. Darüber hinaus ist eine größere Zahl von Lokalsendern möglich. Mit einer Bandbreite von 6 bis 7 MHz ließen sich daher sicherlich die heute im UKW-Bereich von 87,5 bis 108 MHz gesendeten Programme unterbringen.

Nachdem kein ungenutzter geeigneter Frequenzbereich für DAB zur Verfügung steht, wurde verabredet, die Untersuchungen auf alle heute dem Rundfunk zur Verfügung stehender Frequenzbereiche zwischen 47 und 790 MHz auszudehnen. Die Untersuchungen wurden zweigeteilt: In einen unteren Frequenzbereich bis 150 MHz und in einen oberen bis 790 MHz. Grundsätzlich ist der untere Frequenzbereich für digitalen terrestrischen Hörfunk besser geeignet. Im Rahmen des Eureka-Projektes werden sowohl herkömmliche Sendernetzstrukturen als auch Zellular-Netzstrukturen in die Betrachtungen einbezogen (Gleichwellennetze). Dabei muß davon ausgegangen werden, daß Gleichwellennetze mit leistungsschwächeren Sendern insgesamt bessere Empfangsmöglichkeiten bieten dürften.

Die Rundfunkanstalten von ARD haben bereits vor einiger Zeit der Deutschen Bundespost ihr Interesse an DAB mitgeteilt und um Überlegungen für einen künftig dafür zu verwendenden Frequenzbereich gebeten. Entsprechende Vorüberlegungen werden im Bundesministerium für das Post- und Fernmeldewesen angestellt.

Bei der dichten Belegung der einzelnen Frequenzbänder unterhalb 1 GHz in Mitteleuropa und bei dem großen Frequenzbedarf - insbesondere für die mobilen Funkdienste - erscheint es außerordentlich schwierig, dem Rundfunk einen weiteren Frequenzbereich über die heutigen Rundfunkbereiche hinaus zuzuweisen. Der im vergangenen Jahr diskutierte Vorschlag, den ab etwa dem Jahr 2000 zum Teil frei werdenden Frequenzbereich 108 bis 112 MHz, der sich unmittelbar an den UKW-Frequenzbereich anschließt, dem Rundfunk (zumindest teilweise) zuzuweisen, scheint nicht realisierbar zu sein. Der Vorteil einer solchen Frequenzzuweisung könnte darin liegen, daß relativ preiswert kombinierte UKW- und Digitalempfänger gebaut werden könnten. Es wäre auch denkbar, einen Teil des Frequenzbereiches 104 bis 108 MHz, der heute noch relativ wenig genutzt wird, mit für DAB zu verwenden.

Bei realistischer Betrachtung ist aber wohl davon auszugehen, daß ein für DAB notwendiger Frequenzbereich mit einer Bandbreite von etwa 6 bis 7 MHz nur in einem dem Rundfunk heute ohnehin zugewiesenen Frequenzbereich gefunden werden kann. Nachdem Frequenzen unterhalb etwa 200 MHz besser für DAB geeignet sind als darüber liegende (u.a. auch für schnell fahrende Kraftfahrzeuge wegen des Dopplereffekts), bietet sich für die Bundesrepublik Deutschland auch der **Bereich I** (Fernsehkanäle 2 bis 4) an, der von relativ wenigen Fernsehsendern benutzt wird und der parallel zu diesen in einer Kombination von allen drei Kanälen über das Bundesgebiet gesehen überall die Nutzung von etwa 6 bis 7 MHz für DAB ermöglichen könnte. Damit würde dieser Rundfunkbereich **ohne** Beeinträchtigung der darin heute eingesetzten Fernsehsender besser genützt.

DAB als System mit umfangreicher digitaler Signalverarbeitung ist für die europäische Industrie (Halbleiter- und gerätebauende Industrie) von großer Bedeutung. Innovative Massenprodukte in der Unterhaltungsindustrie, die heute zu einem beachtlichen Teil Domäne fernöstlicher Hersteller ist, sind künftig für Europa lebenswichtig. Andere "Frequenzinteressenten" für das doch dem Rundfunkdienst als primären Nutzer zugewiesenen Band I müssen zurückstehen.

Grundsätzlich wäre im Rahmen des Eureka-Projektes DAB aber auch zu überlegen, ob anstelle des heutigen Stereotones (2-Kanal-Stereophonie) nicht auch ein Tonsystem mit einer größeren Kanalzahl, z. B. vier, (ähnlich wie bei High Definition Television - HDTV) in Betracht gezogen werden sollte, um noch bessere Darstellungsmöglichkeiten für den Ton zu ermöglichen.

Nach Vorliegen der Ergebnisse des Eureka-Projektes 147 müssen im Rahmen der internationalen Fernmeldeunion (ITU) intensive Überlegungen für die Nutzung eines Frequenzbereiches für DAB angestellt werden. Parallel dazu muß die internationale Normung eines einheitlichen Verfahrens für digitalen terrestrischen Hörfunk begonnen werden. Auf der Schlußtagung des CCIR im kommenden Frühjahr sollte daher eine Interms-Working-Party (IWP) mit dem Ziel gegründet werden, alle mit DAB zusammenhängenden Fragen in der nächsten Sitzungsperiode des CCIR zu untersuchen und gegebenenfalls Lösungsvorschläge zu unterbreiten.

Zusammenfassend kann festgestellt werden:

- Digitaler terrestrischer Rundfunk (DAB) kann Hörfunkempfang überall durch Jedermann, ähnlich wie heute UKW, sicherstellen. Auch für den mobilien Empfang werden keine Einschränkungen erwartet. Durch eine Verzögerung der beiden Stereokanäle gegeneinander um etwa 1 sec. können Signalunterbrechungen durch kurzzeitige Beeinträchtigungen der Übertragungsstrecke (z. B. Unterführungen) weitgehend vermieden werden. Dabei ist ein "weicher" Übergang von Stereo zu Mono vorgesehen.

- Der große Vorteil bei DAB liegt in einer hervorragenden technischen Übertragungsqualität, wie sie von der CD her bekannt ist.

- Das Abstimmen und Suchen einzelner Frequenzen entfällt; die Programmwahl erfolgt durch Tastendruck.

- Nachdem es sich jedoch um kein zu UKW kompatibles Übertragungsgungsverfahren handelt, sind für DAB **neue** Empfangsgeräte erforderlich. Es wird also eine lange Übergangszeit (Parallelausstrahlung) vom heutigen UKW-Rundfunk zu DAB geben müssen, bevor eines Tages der digitale terrestrische Hörfunk den UKW-Rundfunk, zumindest zum Teil, ablösen und ersetzen kann.

- Mit Blick auf die in Abschnitt 4 geschilderte Wettbewerbssituation müssen die Rundfunkanstalten bereits heute mit Vorüberlegungen und Entwicklungsarbeiten für **DAB als Nachfolgesystem für** den **UKW-Hörfunk** beginnen.

6. Satellitenhörfunk

Eine völlig neuartige Verbreitungsmöglichkeit für Hörfunkprogramme wird künftig der **deutsche Rundfunksatellit TV SAT 2** bieten: Ab der 2. Jahreshälfte 1989 stehen fünf Kanäle zur Programmausstrahlung zur Verfügung. Entsprechend den bisher getroffenen Erklärungen und Festlegungen der Ministerpräsidenten der Bundesländer sind diese fünf Kanäle jedoch für die Ausstrahlung von Fernsehprogrammen vorgesehen. Lediglich in der fernsehfreien Zeit des Kanals, über den das neue Satellitenprogramm der ARD (ARD 1 plus) abgestrahlt wird, können in der Zeit von 1 Uhr nachts bis 18 Uhr am kommenden Tag sechzehn Hörfunkprogramme in digitaler Qualität abgestrahlt werden. Eine Festlegung, welche Programmveranstalter diese Kanäle nutzen können, gibt es bisher nicht.

Die vielfach geäußerte Idee, einen Kanal des deutschen Rundfunksatelliten ausschließlich und über 24 Stunden für die Ausstrahlung von Hörfunkprogrammen in einer der digitalen Schallplatte vergleichbaren Qualität zu verwenden, kann damit aller Voraussicht nach auf dem deutschen Rundfunksatelliten nicht verwirklicht werden. Verhandlungen der Deutschen Bundespost mit Frankreich über die Anmietung eines Kanals auf dem inzwischen erfolgreich gestarteten französischen Rundfunksatelliten TDF 1 konnten immer noch nicht abgeschlossen werden.

Es ist bedauerlich, daß zugunsten von fünf Fernsehprogrammen kein eigener Kanal für die Ausstrahlung von Hörfunkprogrammen über den deutschen Rundfunksatelliten zur Verfügung stehen wird. Als Teil unserer Kultur besteht der Rundfunk aus Fernsehen **und** Hörfunk. Der kulturelle Auftrag der Rundfunkanstalten der ARD - und die **öffentlich-rechtlichen** Rundfunkanstalten haben einen "Rundfunkauftrag" - würde nicht erfüllt, wenn über den Rundfunksatelliten nur Fernsehprogramme und nicht auch Hörfunkprogramme abgestrahlt würden. Die Möglichkeit, für weite Teile Europas deutschsprachige Hörfunkprogramme in bester Qualität zu verbreiten, ist die eigentliche **medienpolitische Innovation** beim Rundfunksatelliten. Preisgünstig und mit einfachen Antennen könnte der Satellitenhörfunk, insbesondere in den Urlaubsgebieten, bald eine große Verarbeitung finden. Außerdem ist zu berücksichtigen, daß Deutschlandfunk, Deutsche Welle und RIAS vom Programmauftrag her auf eine großflächige (und qualitativ hochwertige) Verbreitung ihrer Programme angewiesen sind. Die Verwendung eines Satellitenkanals des TV SAT 2, der in den Hauptsendezeiten für das Fernsehen genutzt wird und tagsüber für den Hörfunk zur Verfügung steht (so wie es die Ministerpräsidenten vorsehen), wäre nur ein technischer oder betrieblicher Versuch. Kaum ein Teilnehmer würde sich wohl eine Empfangsanlage kaufen, um nur am Vormittag Hörfunksatellitenprogramme empfangen zu können.

Der Satellitenhörfunk bietet daher die Möglichkeit, in der Bundesrepublik Deutschland gestaltete Hörfunkprogramme in ganz Mitteleuropa zum Empfang anzubieten. Damit kann ein Beitrag (vielleicht auch ein Gegengewicht) zu den vielen Satellitenprogrammen, die künftig in Europa empfangbar sein werden, geleistet bzw. hergestellt werden. Die Ausstrahlung von 16 Stereo-Hörfunkprogrammen über den Rundfunksatelliten bietet mittel- und langfristig die einmalige Chance, deutsche Programme als "deutsche Visitenkarte" zu verbreiten. Der deutsche Rundfunksatellit trägt daher ganz entscheidend dazu bei, daß Informationen über die Bundesrepublik Deutschland, ihrer Kultur sowie ihre politische und ihre gesellschaftliche Struktur, in weiten Teilen Europas - auch in der gesamten DDR - empfangbar sein werden. Allein schon aus diesem Grund müssen die öffentlich-rechtlichen Rundfunkanstalten mit ihren "Programmen für jedermann" auch die Sendemöglichkeiten des deutschen Rundfunksatelliten nutzen können. Dabei sollten auch Überlegungen für ein repräsentatives deutsches Programm für Europa mit berücksichtigt werden. Es ist zu bezweifeln, ob von Verlegern und Privatfirmen aus wirtschaftlichen Gründen (Gewinnerzielung) produzierte und über den Satelliten abgestrahlte Hörfunkprogramme eine Visitenkarte Deutschlands und dessen kultureller Werte sein werden.

In ihrem Vorschlag für die Nutzung der sechzehn Stereo-Hörfunkprogramme sieht die ARD eine echte **Erhöhung der Vielfalt**: Neben vorhandenen Programmen einzelner Landesrundfunkanstalten ist daran gedacht, auch verschiedene **Spartenprogramme** (Nachrichten,

Sport, Kultur, Unterhaltungsmusik, Ernste Musik etc.) abzustrahlen. Programmangebote also, die bisher kaum existieren und einen echten Zuwachs an Vielfalt bedeuten würden.

Mit kleinen Parabol-Empfangsantennen von 25 - 30 cm Durchmesser werden diese 16 Hörfunkprogramme dann in ganz Mitteleuropa in bester Qualität empfangbar sein. Bereits heute zeichnet sich ab, daß in einigen Jahren auch Flachantennen in der Größe der Rückwand eines heutigen Koffergerätes und schwenkbar am Gehäuse angeordnet den Empfang ermöglichen werden. Darüber hinaus ist selbstverständlich der Empfang dieser Hörfunkprogramme über die "Antennensteckdose", an der auch die Satellitenfernsehprogramme empfangen werden können, möglich. Ob es eines Tages einen Empfang auch im Kraftfahrzeug geben wird, ist allerdings mehr als fraglich.

Zum Empfang dieser 16 Stereo-Hörfunkprogramme wird der Teilnehmer ein neues Empfangsgerät kaufen müssen. Die Industrie, die sich zum Teil bereits intensiv auf die Fertigung sowohl der kleinen Empfangsantennen als auch der neuen Empfangsgeräte vorbereitet hatte, nennt Preise von etwa 700 DM für das Empfangsgerät bei Fertigung großer Stückzahlen. Technisch ist das von Telefunken entwickelte System ausgereift. Die endgültige Spezifikation wurde gemeinsam von Industrie, Deutscher Bundespost, den Rundfunkanstalten sowie dem IRT Anfang Oktober 1984 verabschiedet. Dabei ist auch die Aussendung von Zusatzinformationen möglich und vorgesehen. So kann der Teilnehmer später z. B. unter 16 verschiedenen Programmarten wählen.

Ein weiterer Vorteil dieses Systems liegt in der einfachen Bedienung. Eine Senderabstimmung entfällt; der Teilnehmer wählt nur die Programmtasten 1 - 16.

Das System selbst ermöglicht außerdem eine vom Teilnehmer individuell einstellbare unterschiedliche Lautstärke für Sprache und Musik.

Einem Vorschlag von Blaupunkt zufolge wäre es auch denkbar, jedem der 16 Stereo-Hörfunkprogramme einen weiteren schmalbandigen Datenkanal zuzuordnen. Darüber wäre die Übertragung von Verkehrsinformationen möglich: Alle Verkehrsdurchsagen für die Bundesrepublik würden in einen Datenbus eingespeist und könnten individuell entsprechend dem jeweiligen geographischen Gebiet abgerufen und über Vocoder ausgegeben bzw. auch auf einem Display im Auto angezeigt werden. Der Empfang dieser schmalbandigen Kanäle ist mit einer Stabantenne von etwa 5 cm Länge möglich. Nachdem der Datenbus alle Verkehrsinformationen ständig wiederholt, spielt auch eine kurzzeitige Abschattung der Stabantenne im Schatten eines Hochhauses oder unter einer Brücke keine Rolle.

Dieser Systemvorschlag ist außerordentlich interessant. Bei Einführung würde der große Nachteil der heutigen Verkehrsdurchsagen vermieden werden: Der Teilnehmer empfängt bzw. hört künftig nur **die** Information, die sein gewünschtes "Reisegebiet" betrifft.

Den **Vorteilen** des Satellitenhörfunks (große Reichweite, Erhöhung der Programmvielfalt durch 16 bundesweit zu empfangende Programme und durch Spartenprogramme, der hohen technischen Qualität und der einfachen Programmwahl) stehen aber auch **Nachteile** gegenüber:

- Für den Empfang ist immer der Anschluß an eine **Antennensteckdose** oder die Verwendung einer **eigenen Empfangsantenne** notwendig.

- Beschränkung auf "größere" tragbare Empfänger

- **Kein mobiler Empfang**

Der Satellitenhörfunk bietet daher **keine** mit dem UKW-Hörfunk (**Überallradio**) vergleichbaren Empfangsbedingungen. Er kann immer **nur** als **Ergänzung** zu **der terrestrischen Basisversorgung** gesehen werden. Durch die ständigen Verzögerungen bei Entwicklung, Bau und Start des deutschen Rundfunksatelliten sowie durch das Versagen des TV SAT 1 ist die Zeit etwas über die Idee des digitalen Satellitenhörfunks im 12 GHz-Bereich hinweg gegangen. Er muß sich heute an der Konzeption für den digitalen terrestrischen

Hörfunk (DAB) messen lassen. Die **entscheidende Frage** wird für jeden Programmanbieter sein: "Wird ein sehr großes Versorgungsgebiet (deutschsprachiger Raum Mitteleuropas) oder ein Empfang durch jedermann ähnlich UKW angestrebt?" **Europaweite Empfangsmöglichkeit oder mobiler Empfang?** Die einzelnen Rundfunkanstalten werden nicht umhin kommen, entsprechende Prioritäten für die Verbreitung ihrer Programme zu setzen.

Der Nachteil des Satellitenhörfunks im 12 GHz-Bereich für einen mobilen Empfang hat daher zu Überlegungen des Instituts für Rundfunktechnik (IRT) und des französischen Forschungsinstituts CCETT geführt, das für DAB angedachte System des digitalen Hörfunks auch für eine Satellitenausstrahlung im Frequenzbereich um 1 GHz vorzusehen und zu erproben.

Im September 1988 fand dazu anläßlich einer Internationalen Konferenz in Genf eine Demonstration mit einer Frequenz von 837 MHz statt. Mittels eines "terrestrischen" Senders wurde eine Satellitenausstrahlung nachgebildet. Durch Meßfahrten in speziellen Straßen und Gegenden, die einer entsprechenden "Satellitenabschattung" entsprachen, konnte gezeigt werden, daß auch der ausschließliche Empfang von Reflexionssignalen zu einem einwandfreien (Satelliten-) Hörfunkempfang im Auto führt. Ein großer Erfolg für die Überlegung und Experimente von IRT und CCETT!

Damit bietet sich erstmals eine Möglichkeit, Satellitenhörfunk auch im Kraftfahrzeug zu empfangen. Hauptschwierigkeit wird auch dabei die internationale Zuweisung eines entsrechenden Frequenzbereiches zwischen 500 MHz und 2 GHz an den Satellitenhörfunk sein.

7. Ausblick

Die Entwicklung der Mikroelektronik verbunden mit der Hochintegration und die geringen Kosten für die Herstellung sehr komplexer Chips für die digitale Signalverarbeitung ermöglichen es heute, über Zukunftssysteme nachzudenken und entsprechende Entwicklungen umzusetzen, die dem gesamten Audiobereich völlig neue Qualitäten ermöglichen. Der Rundfunk darf dabei nicht Abseits stehen.

Im Interesse Europas, seiner Industrie, den damit verbundenen Arbeitsplätzen und unser aller Wohlstand ist es unumgänglich, der künftigen Schlüsselindustrie "Chip" große Massenmärkte zu erschließen. Die Einführung neuer Systeme im Audiobereich und im Hörfunk kann dafür wichtige Impulse geben. Neue Systeme bieten riesige Absatzmärkte für moderne Produkte.

Die skizzierten künftigen technischen Entwicklungen auf dem Gebiet des Hörfunks werden sowohl öffentlich-rechtliche als auch private Rundfunkanstalten betreffen. Ohne Berührungsängste sollten diese Fragen miteinander besprochen werden, um - im Interesse der Zuhörer - gemeinsam die richtigen Weichenstellungen für die kommenden Jahre anzugehen und die notwendigen Entscheidungen zu treffen.

Veröffentlichungen des Bayerischen Rundfunks
zur **Rundfunktechnik:**

- **50 Jahre Großsenderanlage Ismaning**
  Dezember 1982

- **40 Jahre Kurzwelle**
  März 1986

- **Neue Fernsehbetriebszentrale Freimann**
  Oktober 1987

Veröffentlichungen der Technischen Direktion des Bayerischen Rundfunks zu Fragen der **zukünftigen Medientechnik:**

- **Technik beim Bayerischen Rundfunk**
  Dezember 1980

- **Neue Technologien - neuer Rundfunk?**
  Weiterentwicklung der Elektronik - Konsequenzen für den Rundfunk; September 1981

- **Breitbandiges integriertes Fernmeldenetz in Glasfasertechnik;**
  Januar 1982

- **Verbesserungsmöglichkeiten für Fernsehbild und Fernsehton;**
  September 1982

- **Kabelrundfunk;** Februar 1983

- **Breitbandiges integriertes Glasfaser-Ortsnetz BIGFON;**
  März 1983

- **Elektronische Medien im Umbruch -**
  die neuen technischen Möglichkeiten und ihre Konsequenzen; August 1983

- **Sender Wendelstein** - 30 Jahre Fernsehen in Bayern
  November 1984

- **Satellitenrundfunk;** September 1985

- **Zukunftschancen des Hörfunks;**
  November 1986

- **Hochauflösendes Fernsehen (HDTV);**
  Januar 1987

Außerdem liegen vor:

- **Die Medienpolitik der Post**
  Frank Müller-Römer, März 1984

- **Pay TV**
  Frank Müller-Römer, November 1984

- **Zur künftigen Aufgabe des Rundfunks** -
  Vielzahl oder Vielfalt der Programme?
  Frank Müller-Römer, März 1985

- **Satelliten- und Kabelrundfunk** -
  Verbreitung von Rundfunkprogrammen und neuen Rundfunkdiensten
  Frank Müller-Römer, 1988
  (Sonderdruck aus dem Internationalen Handbuch für Rundfunk und Fernsehen, 1988/89)

- **Satellitenrundfunk** -
  Gedanken zum weiteren Vorgehen
  Frank Müller-Römer, Februar 1988

- **HD MAC oder wirkliches HDTV?**
  Gedanken zum weiteren Vorgehen
  Frank Müller-Römer, September 1988

- **Überlegungen für ein Rundfunksatellitensystem der zweiten Generation**
  Frank Müller-Römer, September 1988
  (Sonderdruck aus Fernseh- und Kinotechnik, 42. Jahrgang, Nr. 9/1988)

Leo Danilenko:

Wie künstlich ist der künstliche Nachhall? -
Vergleiche der Nachhallzeitverlängerung "vor" und "hinter dem Mikrofon"

Die unüberschaubare Vielfalt der Möglichkeiten zur künstlichen Nachhallerzeugung mit elektronischen Mitteln wirft die Frage auf nach der optimalen Auswahl und optimaler Parametrierung dieser elektronischen Nachhallgeräte. Um diese Geräte miteinander zu vergleichen, muß ein Bezugspunkt gefunden werden, der als natürlicher Nachhall eines Raumes bezeichnet werden kann. Im Vergleich zu diesem natürlichen Nachhall können dann die einzelnen künstlichen oder synthetischen Nachhallbilder miteinander verglichen werden. Der Begriff 'natürlicher Nachhall' soll hier nicht als besserer Nachhall, schönerer Nachhall verstanden werden. Gemeint ist einfach das diffuse Schaltfeld des Aufführungsraumes, welches verbessert, korrigiert, ergänzt, verändert werden soll, um den Gestaltungsvorstellungen des Toningenieurs und des Tonmeisters zu entsprechen. Zur Klärung dieser Fragestellung wurden in den vergangen Jahren an der Fachhochschule Düsseldorf, Studiengang Ton- und Bildtechnik, unter Betreuung von Herrn Professor Levente Zorkoczy, drei Diplomarbeiten durchgeführt. Zwei dieser Arbeiten wurden vom Westdeutschen Rundfunk betreut, eine dritte entstand in Zusammenarbeit mit dem Südwestfunk Baden-Baden. Es handelt sich um die Diplomarbeiten von Frau Barbara Rübsam /1/, Frau Frauke Schulz /2/ und Herrn Manfred Schwegler /3/. In allen diesen Arbeiten wurden Tonaufnahmen beurteilt, die in akustisch sehr unterschiedlichen Räumen entstanden sind, mit unterschiedlichen Nachhallgeräten bearbeitet und durch unterschiedliche Gruppen von Hörexperten beurteilt wurden. Gemeinsam allen drei Arbeiten ist die Tatsache, daß als Bezugspunkt für die Vergleiche des künstlichen Nachhalls das diffuse Schaltfeld des Aufnahmeraumes und somit der sogenannte natürliche Nachhall gewählt wurde. Gemeinsam allen drei Arbeiten ist auch die Tatsache, daß die gehörmäßigen Vergleiche meßtechnisch verifiziert wurden. Manfred Schwegler formuliert dieses Problem wie folgt: "Die Problematik von Tests dieser Art besteht im Fehlen einer Bezugsgröße bzw. eines Vergleichmaßstabes. Es liegt also nahe, das Raummikrophonsignal als Referenz zu benutzen. Wichtig ist hierbei eine Mischung aus Haupt- und Raummikrophonsignal mit einer Mischung aus Hauptmikrophonsignal und Hallgerät vergleichen zu lassen und nicht direkt den Klang der Raummikrophone mit dem der Hallgeräte".

Als in einem Seminar die Ergebnisse dieser drei Arbeiten vorgestellt wurden, entstand eine Erwartungshaltung, die vergleichbar mit der Erwartungshaltung gegenüber dem Testergebnis der Stiftung Warentest war. Um nun die Hersteller und Benutzer bestimmter Hallerzeuger von vornherein zu beruhigen, wird hier nochmal die Zusammenfassung der Testergebnisse aus der Arbeit von Manfred Schwegler in etwas verallgemeinerter Form wiedergeben. Dieses Ergebnis gilt für alle drei Arbeiten und lautet wie folgt:

- 1. Nachhallmessung der Aufnahmeräume und Hallgeräte lassen keine Übereinstimmung mit den gehörmäßig ermittelten Ergebnissen erkennen.
- 2. Die Unterschiede zwischen dem nachzubildenden Referenzsignal und den Nachbildungen durch die Hallgeräte waren deutlich wahrnehmbar. Mit keinem der Hallgeräte war also eine perfekte Nachbildung des Originals möglich.
- 3. Die Unterschiede zwischen den Hallgeräten untereinander waren gering, aber noch wahrnehmbar.

Wegen der Unterschiedlichkeit der Versuchsbedingungen und Fragestellungen läßt sich somit keinerlei Reihenfolge bezüglich der Eignung einzelner elektronischer Nachhallerzeuger zur Nachbildung des diffusen Schallfeldes eines Aufnahmeraumes herleiten. Im einzelnen wurden folgende Nachhallerzeuger untersucht: QRS der Firma Quantec, REV 7 der Firma Yamaha, PCM 70 der Firma Lexikon, 224 XL der Firma Lexikon, DRE 2000 der Firma SONY, DSP-Reverperator als Software-Algorithmus im digitalen Mischpult der Firma NEVE und MCR-Nachhallverlängerungsanlage der Firma Philips.

Wer sich für die erwähnten geringfügigen Unterschiede der einzelnen Verhallungsgeräte interessiert, sei an die drei erwähnten Arbeiten verwiesen, die bei der Fachhochschule Düsseldorf erhältlich sind. Hier soll lediglich auf einen besonderen Aspekt der Nachhallzeitbeeinflussung eingegangen werden, nämlich auf die Verhallung "vor"- und "hinter dem Mikrophon".

Der grundsätzliche Unterschied zwischen den beiden Verfahren zur Nachhallzeitverlängerung liegt in der Tatsache, daß bei der Nachhallzeitverlängerung im Aufnahmeraum der Künstler während der Produktion die Akustik der Aufnahme erlebt, wogegen die Nachhallzeitverlängerung im Wiedergabeweg sozusagen "ohne Wissen des Künstlers" vorgenommen wird.

Haben diese unterschiedlichen Verhallungsverfahren eine Auswirkung auf die Leistung des Künstlers?

Falls ein solcher Unterschied existiert, wird er nur vom Künstler oder auch vom kritischen Hörer wahrgenommen, der die Aufzeichnungen beider Aufnahmen unter sonst gleichen Bedingungen abhört?

Als technische Grundlage für diese Untersuchungen dienten die elektroakustischen und die elektronischen Verhallungseinrichtungen, die der WDR in seinem neuen Hörspiel-Produktionskomplex benutzt. Die elektroakustische Verhallungsmethode beruht auf dem Prinzip des "Multi-Chanal-Reverberation" nach Franssen und de Koning /4/. Die entsprechende Anlage wurde von der Firma Philips in einem 1200 m^3 großem Hörspielstudio des WDR installiert. Die Anlage besteht aus 80 rückgekoppelten Mikrophon- und Lautsprecherkreisen. Die Nachhallzeit des Studios konnte durch die MCR-Anlage von 0,7 auf 1,35 Sek. erhöht werden, also fast auf das Doppelte. Die elektronischen Verhallungseinrichtungen in diesem Produktionskomplex bestehen aus dem digitalen Hallgerät "DRE 2000" der Firma Sony und dem digitalen Raumsimulator "QRS" der Firma Quantec.

Zunächst wurde in einem Orientierungsversuch die Vergleichbarkeit der Raumeindrükke bei verschiedenen Verhallungseinrichtungen nach der Herstellungsmethode durchgeführt. Impulsartige Signale (Metronom) wurden im Studio erzeugt und im Regieraum mit Kopfhörern abgehört.

Bei dieser Art der impulsartigen Anregung konnte die Veränderung der Parameter an elektronischen Verhallungsgeräten nicht den optimierten Klang der MCR-Anlage nachbilden. Der Raum mit MCR-Hall klang bei impulsartiger Anregung stets weicher und wärmer als die Hallgeräte.

Eine genaue meßtechnische Untersuchung der Nachhallgeräte konnte einige Aufschlüsse über die Ursachen dieser gehörmäßigen Klangbeanstandungen geben. Bereits diese Messungen lassen eine unerwünschte Periodizität der Reflektionsstruktur vermuten.

Bei den Reflektogrammen aus dem Studio mit MCR-Unterstützung ist diese Periodizität nicht so deutlich erkennbar.

Als nächste meßtechnische Untersuchung der digitalen Nachhall-Erzeugnisgeräte wurde eine Fourier-Transformation des Abklingvorgangs durchgeführt. Die dabei entstandenen Teilspektren wurden mittels eines Plotters zu einem dreidimensionalen Zerfallspektrum zusammengefügt.

Der Software-Algorithmus für die Erstellung der Zerfallspektren ist im Rahmen einer weiteren Diplomarbeit an der Fachhochschule Köln unter Betreuung des WDR von Herrn Heinz Karp /5/ entwickelt worden. Im Rahmen dieser Tagung wird Herr Karp über diesen Algorithmus ausführlich berichten.

Die Zerfallspektren verschiedener Parametrierungen des Reverberators zeigen einen deutlichen Kammfiltercharakter des Abklingvorganges.

Die Untersuchung der Zerfallspektren zeigt, daß die Ursachen der Klangunterschiede zwischen der MCR-Verhallung und dem digitalen Reverberator weniger bei einer eventuell zu geringen Eigentondichte als vielmehr bei den deutlich erkennbaren Kammfilterstrukturen zu suchen ist.

Trotz dieser Unterschiede bei den Reflektogrammen war die Frequenzabhängigkeit der Nachhallzeit zwischen MCR und den elektronischen Nachhallerzeugern relativ gut angleichbar.

Obwohl bei Impulsanregung immer noch Klangunterschiede zwischen MCR und den elektronischen Hallerzeugern bestanden, gelang es, bei Einspielung von Musik und Sprache, einen Raumeindruck zu erreichen, der von der MCR-Verhallung nur nach längerem Einhören unterscheidbar war.

Nachdem im Orientierungsversuch eine weitgehende *Übereinstimmung der Raumeindrücke* bei den beiden Verhallungsmethoden vor und hinter dem Mikrophon *gehörmäßig gefunden* und *meßtechnisch überprüft* wurde, konnte zum *künstlerischen Vergleich* übergegangen werden. Für diesen Vergleich wurden kurze Instrumentalstücke aus dem Kammermusik-Repertoire solo oder mit Klavierbegleitung aufgenommen. Beim Interpretationsvergleich wurden zwei Aspekte abgefragt:

- Für den Käufer einer Schallplatte oder für den Radiohörer ist ja nur die Qualität des Endproduktes wichtig, nicht der Weg dorthin.
- Dagegen können für einen Künstler oder für das Aufnahme-Team ganz andere Kriterien wichtig sein. Deshalb sollen die *Aussagen der Künstler* zunächst zitiert werden.

Die Musiker wurden über den Zeitpunkt der Aufschaltung der MCR-Anlage nicht informiert. In der Regel bemerkten sie jedoch schon nach wenigen Takten die plötzliche Änderung der akustischen Situation. Sie unterbrachen dann meistens ihr Spiel, prüften die Raumantwort mit ein paar Tönen oder Klängen und setzten erst dann erneut an.

Oft kommentierten die Musiker die Veränderung. Eine Nachhallverlängerung wurde immer sehr lobend bewertet, dagegen rief das Abschalten der MCR-Anlage oft einen schweren Seufzer des Künstlers hervor.

Bei einer späteren Befragung bevorzugten die Künstler allgemein die längere Nachhallzeit. Die Musiker, es handelte sich dabei überwiegend um Studenten des Konservatoriums, behaupteten, sie fühlten sich dann "nicht so allein", "nicht so hilflos und nackt", sondern "freier", "leichter", "offener" und "einfach besser". Sie bräuchten sich nicht übermäßig zu konzentrieren und kämen "nicht so leicht aus der Puste". Letzteres war eine sehr typische Bemerkung der Bläser. Immer wieder erklärten die Künstler, ihnen hätte das Musizieren im halligen Raum viel mehr Spaß gemacht. Sie hätten das Gefühl gehabt, besser spielen zu können. Die Musik käme nicht nur aus dem Instrument, sondern von überall her.

Auf die Frage, was an einer kurzen Nachhallzeit so unangenehm gewesen sei, antworteten die Musiker, daß ihre ganze Konzentrationsfähigkeit von der Spieltechnik beansprucht würde, so daß sie auf die Interpretation nicht genügend hätten achten können.

Bläser behaupteten, sie bekämen schneller einen trockenen Mund. Die Oboistin erklärte sogar, ihr Rohrblatt trockne bei einem akustisch trockenen Raum schneller aus. Also ziehen die Musiker die Nachhallzeitverlängerung im Aufnahmeraum der Nachverhallung stets vor.

Was sagen aber die Hörer, die bei der Aufnahme nicht dabei waren, sondern nur das Ergebnis hören?

Bei Hörerversuchen zum *Interpretationsvergleich* bekamen die Versuchspersonen nacheinander zwei Versionen eines Stücks vorgespielt, die sie mit Kopfhörer abhörten. Eine der beiden Versionen wurde im MCR-verhallten Raum aufgenommen, die andere stammte aus dem gleichen Raum und wurde mit dem Quantec-Raumsimulator nachverhallt. Die Parametrierung des Raumsimulators entsprach der im Vorversuch gefundenen. Die Reihenfolge der Darbietungspaare war zufällig und der Versuchsperson nicht bekannt. Bei diesem Versuch wurden als Testpersonen ausschließlich Musikstudenten ausgewählt, da auf ein kritisches Urteilsvermögen Wert gelegt wurde. Sie erhielten über den Unterschied der Aufnahmen keine Informationen, sondern wurden nur gebeten, zwischen den beiden vorgespielten Versionen eines Stückes diejenige anzugeben, die ihnen interpretatorisch besser gefiel, und für ihr Urteil eine Begründung anzugeben. Sie konnten sich die Aufnahmen so oft anhören, wie sie es wünschten.

Die Ergebnisse sind in folgender Tabelle dargestellt:

	Verhallung der bevorzugten Aufnahme			
Instrumente	MCR-Anlage	Quantec	Enthaltung	Gesamt
Blockflöte	10	2	1	13
Trompete a	6	6	-	12
Trompete b	8	5	-	13
Klavier	9	3	1	13
Flöte, Klavier	1	11	-	12
Oboe, Klavier	8	5	-	13

Stimmenverteilung auf die bevorzugten Aufnahmen

Die Tendenzen der Beurteilungen unterscheiden sich von Stück zu Stück. Es gibt insgesamt eine Präferenz für die MCR-Verhallung, die jedoch keineswegs so überwältigend ist wie bei den Musikern.

Die Begründungen für die Präferenzen lauteten im einzelnen wie folgt:

Blockflöte solo:

Die Versuchspersonen beurteilten die hallig aufgenommene Version als zusammenhängender, flüssiger und dynamisch besser differenziert. Der Spannungsbogen sei besser ausgeführt.

Trompete solo, 1. Stück:

Hier war überhaupt keine bevorzugte Aufnahme festzustellen. Zugunsten der hallig aufgenommenen Version wurde angeführt, die Intonation sei sauberer, das Piano schöner, die Dynamik größer und Töne kämen sicherer. Bei der *nachverhallten* Version tauchten wiederholt die Argumente auf, die Trompete klinge größer, freier und klarer, und das Stück werde rhythmisch freier interpretiert.

Trompete solo, 2. Stück:

Es war eine leichte Bevorzugung der hallig aufgenommenen Version zu verzeichnen. Die *hallig* aufgenommene Trompete wurde als strahlender bezeichnet, die Dynamik wäre größer. Die *nachverhallte* Version wurde als weicher und interpretatorisch ausgefeilter bezeichnet.

Klavier solo:

Das Spiel des Pianisten in halligem Raum wurde als leichter, rhythmisch exakter und ausgefeilter im Ausdruck bezeichnet. Andere Versuchspersonen begründeten mit gleichen Argumenten die Bevorzugung der nachverhallten Version.

Querflöte mit Klarvierbegleitung:

Ganz eindeutig bevorzugten die Versuchspersonen die *nachverhallte* Version. Sie behaupteten, hier sei die Musik gleichförmiger und flüssiger, der Zusammenklang zwischen Flöte und Klavier wäre besser und die Flöte selbst runder und weicher im Klang. In der *hallig* aufgenommenen Version dagegen sei die Flöte zwar möglicherweise besser gespielt, aber zu forsch, zu unruhig, zu aggressiv.

Oboe mit Klavierbegleitung:

Hier konnte eine leichte Bevorzugung der *hallig* aufgenommenen Version verzeichnet werden. Bei der hallig aufgenommenen Version sei der Klang der Oboe voller und schöner. Allerdings sei das Klavier zu kräftig. Dagegen sei bei der nachverhallten Aufnahme das Zusammenspiel besser.

Ein eindeutiges Ergebnis ist aus dem Vergleich nicht herauszulesen. Es ist anzunehmen, daß der persönliche Geschmack des Hörers mit in das Urteil einging. Was dem einen als positiv auffiel, empfand der andere als weniger schön und zog aus genau den gleichen Gründen die andere Version vor.

Literaturverzeichnis

/1/ Barabara Rübsam

Gehörmäßiger Vergleich und meßtechnische Erfassung von Software- und Hardwarelösungen zur elektronischen Nachhallerzeugung

Fachhochschule Düsseldorf, 1987

/2/ Frauke Schulz

Vergleich von Verfahren zur Nachhallzeitverlängerung in Aufnahmeraum und Wiedergabeweg

Fachhochschule Düsseldorf, 1986

/3/ Manfred Schwegler

Vergleichende Untersuchung digitaler Nachhallgeräte

Fachhochschule Düsseldorf, 1987

/4/ S. H. de Koning

Konzertsäle mit variablem Nachhall

in Funkschau 14, 1985

/5/ Heinz Karp

Meßtechnische Untersuchungen an digitalen Systemen zur Simulation der akustischen Eigenschaften von Räumen

Fachhochschule Köln, 1986

Günther Theile:

Wie natürlich kann das stereofone Klangbild in Zukunft sein?

1. Einleitung

Während der letzten Jahre sind besonders viele Untersuchungen veröffentlicht worden, die eine Steigerung der Leistungsfähigkeit der heute gebräuchlichen Stereofonie zum Ziel haben. Das betrifft sowohl die Mikrofontechnik, die Abmischtechnik als auch die Wiedergabetechnik, und es sind in der Summe beachtliche Fortschritte zu erwarten. Im folgenden sollen solche Entwicklungsmöglichkeiten der stereofonen Übertragungstechnik beschrieben werden, die geeignet sind, die "Natürlichkeit" des sterefonen Klangbildes zu steigern sowie die Hörzone ("Stereofläche" /1/) im Wiedergaberaum zu vergrößern.

Zunächst : Wie läßt sich die angestrebte Natürlichkeit des stereofonen Klangbildes definieren ? Der einfachste Ansatz würde lauten : das reproduzierte Klangbild muß mit dem originalen Klangbild übereinstimmen. Diese Definition erscheint problematisch, denn Identität kann sicherlich nicht prinzipiell als Zielvorgabe für die Optimierung der stereofonen Übertragungstechnik postuliert werden. Sie wäre möglicherweise angemessen für kopfbezogene Stereofonie, vielleicht auch für die Reproduktion eines Sprechers über Lautsprecher, aber wohl nur bedingt für die Wiedergabe eines großen Orchesters über Lautsprecher. Ästhetische Unstimmigkeiten des Klangkörpers, schlechte raumakustische Verhältnisse, sowie die Notwendigkeit, ein "wohnzimmergerechtes" Klangbild zu schaffen, die wesentlichen Probleme der Lautsprecher-Stereofonie also, erzwingen gerade die Abkehr von Identität. Das angestrebte natürliche stereofone Klangbild sollte daher zwei Forderungen genügen : es soll ästhetisch befriedigen und gleichzeitig der klanglichen und räumlichen Beschaffenheit des originalen Klangbildes entsprechen.
Beide Forderungen werden sich sicherlich in vielen Situationen widersprechen. Der Kompromiß, d.h. die Optimierung durch den Tonmeister gelingt aber umso besser, je flexibler die stereofone Aufnahmetechnik ist und je genauer die psychoakustischen Gesetzmäßigkeiten beim räumlichen Hören verstanden und technisch/künstlerisch berücksichtigt werden.

Unter diesen Gesichtspunkten sind in den folgenden Abschnitten Möglichkeiten zur Steigerung der Leistungsfähigkeit der Lautsprecher-Stereofonie aufgezeigt. Optimierungen für das stereofone Hauptmikrofon sowie für die Stütztechnik sind bereits während der vorangegangenen Tonmeistertagungen 1984 und 1986 vorgeschlagen worden /2/, /3/. Erste praktische Untersuchungsergebnisse liegen vor /4/, /5/. Wie sich aber auch aufgrund theoretischer Überlegungen gezeigt hat, sind bestimmte Mängel der konventionellen Lautsprecher-Stereofonie nicht überwindbar, ohne die Anzahl der Wiedergabekanäle zu erhöhen. Es wird deshalb auch die Frage aufgeworfen, ob die sehr hohe Datenreduktion moderner Quellencodierverfahren (eine CD könnte bei gleicher Spieldauer und Tonqualität mindestens 16 Tonkanäle bereithalten) und die ernormen Möglichkeiten heutiger Chip-Technologie nicht auch dazu genutzt werden sollten, die Leistungsfähigkeit der Lautsprecher-Stereofonie durch den Einsatz zusätzlicher Wiedergabekanäle erheblich steigern.

2. Lautsprecherstereofonie mit zwei Wiedergabekanälen

2.1 Was kann sie leisten ?

Welche stereofonen Lautsprechersignale benötigt das Gehör, damit ein natürliches Klangbild erreicht wird ? Welche Qualität der stereofonen Darstellung von Richtung, Entfernung und Raumeindruck[/F] ist überhaupt grundsätzlich möglich bei der gebräuchlichen zweikanaligen Lautsprecherwiedergabe. Mit Hilfe des Assoziationsmodells /6/ für das räumliche Hören sind in früheren Arbeiten bereits grundsätzliche Aussagen abgeleitet worden :

1. Die Entfernung der Phantomschallquelle /6/ ist gleich der (mittleren) Entfernung der beiden Stereolautsprecher. Phantomschallquellen außerhalb der stereofonen Lautsprecherbasis sind nicht möglich /7/. Verfahren, welche durch Kompensation der interauralen Übersprechanteile ("bifone Verfahren" /10/) kopfbezogene Stereofonie über Lautsprecher anstreben, arbeiten nicht mit Phantomschallquellen /7/.

/F Der Begriff "Raumeindruck" umfaßt zwei Attribute des Klangbildes /8/, /9/ : Das erste ist "Halligkeit" (eine zeitliche Verwischung des Hörereignisses), verursacht von späten Reflexionen und Nachhall. Das zweite ist "Räumlichkeit" (eine räumliche Verbreiterung des Hörereignisses), verursacht durch frühe Reflexionen im Bereich 10... 80 ms Verzögerung. Siehe auch /1/.

2. Die Darstellung der räumlichen Perspektive kann nur lautsprecherbezogen, d.h. in der Simulationsebene zwischen den Lautsprechern erfolgen, ähnlich der perspektivischen Darstellung im visuellen Bereich /2/, /3/. Die reale Entfernung der Lautsprecher entspricht der realen Entfernung des Bildes.

3. Die Darstellung der räumlichen Perspektive in der Simulationsebene gelingt umso besser, je genauer die interauralen Signaldifferenzen beim natürlichen Hören durch die Lautsprechersignalunterschiede nachgebildet werden /11/. Das Gehör erkennt infolge der inversen Filterung /6/ die Beziehungen zwischen linkem und rechtem Lautsprechersignal und wertet sie gemäß der Hörerfahrung aus.

Es sind also die von einem Kunstkopf erzeugten stereofonen Signaldifferenzen, welche die Darstellung von Richtung, Entfernung und Raumeindruck in der Simulationsebene optimal erlauben /11/. Ein Kunstkopfsignal, welches bei Kopfhörerwiedergabe die kopfbezogene, dreidimensionale Wahrnehmung des Raumes hervorruft, erzeugt bei Lautsprecherwiedergabe/F eine äquivalente lautsprecherbezogene Darstellung der räumlichen Perspektive in der Simulationsebene, vergleichbar mit der räumlichen Perspektive einer photographischen Aufnahme.

Zur Überprüfung dieser wichtigen Aussage lassen sich geeignete Experimente relativ leicht durchführen. Vergleicht man Kunstkopfsignale mit stereofonen Signalen, welche die kopfspezifischen interauralen Signaldifferenzen nicht genau genug nachbilden, so stellt man bei Kopfhörerwiedergabe eine relativ hohe Empfindlichkeit des Gehörs für derartige interaurale "Unstimmigkeiten" fest : die Qualität der räumlichen Wahrnehmung leidet in bestimmter Weise und in bestimmtem Maße. Überraschend und eindrucksvoll zugleich ist das Ergebnis desselben Hörvergleichs bei Lautsprecherwiedergabe; die Qualität der wahrzunehmenden räumlichen Perspektive (Simulationsebene) leidet in derselben Weise und nahezu demselben Maße ! Ein geeignetes Testsignal ist beispielsweise die Aufnahme eines Sprechers, genauer seitlich des Kunstkopfes. Vergrößert man mit

---

F/ Unter "Lautsprecherwiedergabe" fällt hier nicht die Technik der "bifonen Wiedergabe", d.h. Lautsprecherwiedergabeverfahren, die durch Kompensation der interauralen Übersprechanteile eine Simulation der Kopfhörerwiedergabe anstreben (eine Übersicht befindet sich in /10/). Die bifonen Wiedergabeverfahren kommen nicht als Möglichkeit zur Steigerung der Leistungsfähigkeit der Lautsprecherstereofonie in Betracht, weil die Hörzone prinzipiell minimal ist.

Hilfe eines Verzögerungsgerätes die natürliche interaurale Zeitdifferenz von 0,74 ms auf den schon unnatürlichen Wert von etwa 1 ms, so sinkt die stereofone Qualität deutlich - auch bei Lautsprecherwiedergabe. Der Sprecher wird zwar in beiden Fällen in Richtung eines der beiden Lautsprecher abgebildet, jedoch verschwommener und breiter im Fall der unnatürlichen interauralen Zeitdifferenz von 1 ms.

Das Gehör interpretiert die Unterschiede zwischen linkem und rechten Lautsprechersignal gemäß der Hörerfahrung. Entsprechen die Lautsprechersignaldifferenzen bestimmten natürlichen interauralen Signaldifferenzen, so gilt deshalb beispielsweise hinsichtlich der Richtungswahrnehmung ein Zusammenhang gemäß Bild 1. Die Schalleinfallsrichtung Ω am Kunstkopf führt zur interauralen Signaldifferenz S; diese erzeugt bei Kopfhörerwiedergabe die Hörereignisrichtung $\varphi = \Omega$. Bei Lautsprecherwiedergabe ruft die Signaldifferenz S eine seitliche Auslenkung D der Phantomschallquelle hervor, wobei $D \approx \sin\Omega$ ist. Hieraus ergibt sich für die Aufnahme mit Kunstkopf (oder einem äquivalenten Mikrofon, z.B. Kugelflächenmikrofon /3/) und Lautsprecherwiedergabe die Abbildungsgleichung

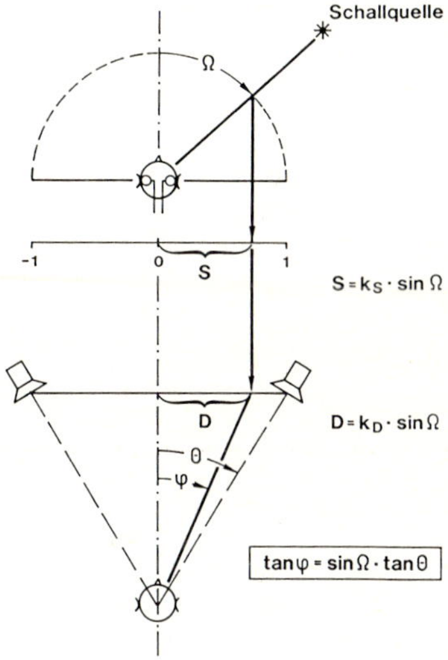

Fig. 1
Lautsprecherwiedergabe von Kunstkopfsignalen

$$\tan\varphi = \sin\Omega \cdot \tan\Theta$$

mit

$\pm\varphi$ = Richtung der Phantomschallquelle

$\pm\Omega$ = Schalleinfallsrichtung am Mikrofon

$\pm\theta$ = Abbildungsbereich

Fig. 2
Richtungsabbildung des Kunstkopfes bei Lautsprecherwiedergabe

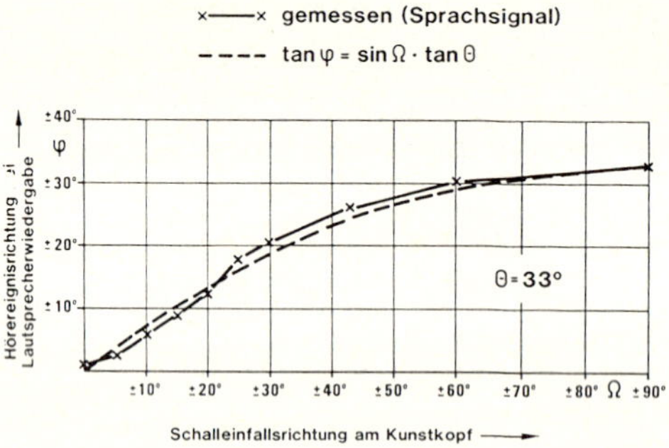

Bild 2 zeigt die Ergebnisse entsprechender Messungen für $\theta = \pm 33°$ (Kunstkopf-Testaufnahmen im reflexionsarmen Raum). Sie stimmen mit der Abbildungsgleichung recht gut überein. Messungen mit Kunstkopf-Testaufnahmen im Konzertsaal führen zum gleichen Ergebnis (vgl. /2/, Fig. 5). Eine genauere Überprüfung der Abbildungsgleichung, insbesondere in Abhängigkeit vom Abbildungsbereich θ, vom Typ des Äquivalenzmikrofones sowie vom Testsignal, steht noch aus. Besonders interessant wären Untersuchungen zur Lokalisationsschärfe, denn auch in diesem Punkt sind Vorteile zu erwarten, wenn die Phantomschallquelle nicht durch reine Pegel- oder Laufzeitdifferenzen ausgelenkt wird, sondern durch natürliche interaurale Signaldifferenzen /2/.

Zusammenfassend beruht die lautsprecherbezogene stereofone Abbildung (Lautsprecherstereofonie) nach dem Assonationsmodell auf direkter Auswertung der Lautsprechersignal-Beziehungen: Nicht die resultierende Ohrsignal-Differenz beim Hörer im Wiedergaberaum, sondern die stereofone Lautsprechersignal-Differenz muß die natürlichen interauralen Merkmale enthalten. Reine Intensitäts- oder Laufzeitstereofonie erfüllen diese Forderung nicht.

Auf dieser Grundlage ergeben sich Ansätze und Möglichkeiten zur Optimierung der stereofonen Darstellung von Richtung, Entfernung und Raumeindruck über zwei Lautsprecher. Das Kugelflächenmikrofon /3/ und die raumbezogene Stütztechnik /2,5/ stellen für die Aufnahmeseite entsprechende Optimierungsvorschläge dar. Praktische Untersuchungen haben bereits gezeigt, daß die Aufnahmetechnik sich auf diesem Wege verbessern läßt /4,5/. Mit Hilfe einer raumbezogenen Signalverarbeitung in künftigen Regieeinrichtungen können die für das Kugelflächenmikrofon gefundenen vorteilhaften stereofonen Abbildungseigenschaften für die Stützsignale zur Wirkung kommen. Möglicherweise kann eine derartige Verarbeitung der Mikrofonsignale auch die Leistungsfähigkeit der Multimikrofonie steigern (vgl. Abschnitt 3.3).

2.2 Was ist nicht möglich mit zwei Lautsprechern?

Die Theorie zeigt aber nicht nur Möglichkeiten zur Steigerung der Natürlichkeit eines stereofonen Klangbildes auf, sondern es werden gleichzeitig die Grenzen der Lautsprecherstereofonie deutlich: Der Direktschall erzeugt das stereofone Klangbild in dem kleinen Abbildungsbereich von $0 = \pm 30°$ und der Entfernung der Lautsprecher. Das akustische Umfeld des Hörers ist allein durch den Wiedergaberaum festgelegt und für die Darstellung des Originalraumes nur sehr bedingt geeignet /12/. Daher begrenzt eine Einschränkung auf zwei Wiedergabekanäle in mehrfacher Hinsicht die Leistungsfähigkeit der Lautsprecher-Stereofonie. Die prinzipiellen Schwächen der zweikanaligen Wiedergabe sind:

1. Wie im Abschnitt 2.1 dargestellt, kann die natürliche Wahrnehmung des Raumeindruckes und der räumlichen Tiefe nicht hervorgerufen werden, sondern es erfolgt eine Darstellung der räumlichen Perspektive in der Simulationsebene /2, 11/.

2. Reflexionen und Nachhall des Wiedergaberaumes entsprechen selten denjenigen des Originalraumes, erzeugen aber alleine das akustische Umfeld des Hörers /12/. Ein durch den Wiedergaberaum hervorgerufener widersprüchlicher Raumeindruck beeinträchtigt die Abbildung des Originalraumes.

3. Die Darstellung lokalisierbarer Hörereignisse mit beliebigen Richtungen außerhalb des Abbildungsbereiches $\Theta = \pm 30°$ (z.B. echte Rundumabbildung) ist nicht möglich.

4. Die Hörzone ist äußerst schmal, insbesondere bei Lautsprechern mit hohem Bündelungsgrad /13/ und bei Wiedergabeanordnungen, welche eine hohe Lokalisationsschärfe gewährleisten /14/.

Durch Erweiterung der Wiedergabeanordnung auf 2+n Kanäle läßt sich die Leistungsfähigkeit der Lautsprecher-Sterofonie bezüglich aller vier Punkte grundsätzlich steigern. Im folgenden Abschnitt wird versucht, nach praktischen und theoretischen Gesichtspunkten den Nutzen verschiedener zusätzlicher Wiedergabekanäle abzuschätzen.

3. Lautsprecherstereofonie mit 2+n Wiedergabekanälen

Es sind diverse Tonübertragungssysteme bekannt und teilweise auch praktisch erprobt, welche durch Einsatz von mehr als zwei Wiedergabekanälen einen oder mehrere der vier Mängel zu vermeiden suchen. Einige dieser Systeme sind:

Ambiofonie	(1960) /15/	ABC-Trapezsystem	(1982) /19/
Quadrofonie	(1969) /16/	Triphonic	(1982) /20/
Tetrafonie	(1971) /17/	Ambisonic	(1983) /21/
Eidophonie	(1977) /18/	Dolby-Surround	(1985) /22/

Die Aufzählung ist unvollständig; insbesondere in der Kinotechnik gibt es seit etwa 35 Jahren Filmtonsysteme, die mit 4 .... 7 Tonkanälen arbeiten (CINERAMA, CINEMASCOPE, TODD-AO, DOLBY-STEREO). Jedoch steht bei Tonsystemen des Films sicherlich nicht das eingangs definierte Ziel im Vordergrund, eine optimale Natürlichkeit des Klangbildes zu erreichen. Sie sind primär danach ausgelegt, für ein großes Auditorium möglichst überzeugende Richtungs- und Raumeffekte auf möglichst ökonomischen Wege produzieren zu können, wobei Tonträgereigenschaften, beschallungstechnische und betriebstechnische Gesichtspunkte den Spielraum stark einengen. Filmtonsysteme haben anderen Anforderungen zu genügen als Heimtonsysteme.

Aber auch die für das Heim vorgesehenen mehrkanaligen Tonsysteme (im wesentlichen die oben aufgezählten /15 .... 22/) können nur sehr begrenzt einige der Schwächen der zweikanaligen Lautsprecherstereofonie überwinden. In vielen Fällen werden mit den gewonnenen Vorteilen systemspezifische Beeinträchtigungen der stereofonen Qualität in Kauf genommen, beispielsweise bezüglich Lokalisationsschärfe, Richtungsstabilität oder Richtungsauflösung. Die Ursache dafür liegt in dem Bestreben, Kompatibilität mit den vorhandenen zwei Übertragungskanälen (Hörfunk, Fernsehen, Speicherung) zu gewährleisten. Vorwiegend werden mit Hilfe von Matrizierungen drei, vier oder mehr Lautsprechersignale zu einem konventionellen Stereosignal zusammengefaßt und nach der Übertragung zurückgewonnen (3-2-3, 4-2-4), wobei die resultierende mangelhafte Kanaltrennung entweder Qualitätseinbußen zur Folge hat oder den Anwendungsbereich einschränkt (z.B. auf Effektdarstellung). Auch psychoakustisch günstige Matrizierungen und aufwendige Decoder gewährleisten keine zufriedenstellende Qualität, vgl. z.B. /23/.

3.1 Der Einfluß des Filmtons auf zukünftige Heimtonsysteme

Insbesondere die Randbedingung "zweikanalige, kompatibible Übertragung" hat sicherlich dazu beigetragen, daß mehrkanalige Wiedergabesysteme sich bisher nicht durchsetzen konnten. Eine Ausnahme bildet das Dolby-Surround-System (es wurden bereits mehr als eine halbe Million Decoder verkauft), weil es dazu dient, die im Fernsehen ausgestrahlten Dolby-Stereo-codierten Kinofilme zu Hause zu decodieren und damit die für das Kino vorgesehenen Richtungs- und Raumeffekte sowie die "stabile Mitte" zu reproduzieren.[/F] Infolge der Matrizierung läßt sich mit diesem System aber nicht die gewünschte Natürlichkeit des Klangbildes erreichen. Es ist daher als Heimtonsystem ungeeignet.

Der Einfluß der Filmtontechnik auf die Auslegung der Tonsysteme zukünftiger Fernseh-Standards ist unverkennbar. Für "Advanced Television" (ATV) in Nordamerika ist bereits das Dolby-Surround-System vorgeschlagen worden /24/, für HDTV u.a. ein Verfahren mit vier diskreten Kanälen und Wiedergabeanordnung wie Dolby-Surround /25/ sowie das "Ersatzschallquellen-Verfahren" /12, 26/, welches allein für die bildbezogene Tondarstellung fünf Kanäle vorsieht (vgl. /27/). Wie in der Filmtontechnik legt man auch für zukünftige Fernsehstandards besonderen Wert darauf, den bildbezogenen Ton richtungsstabil im Bildbereich darstellen zu können. Das läßt die schmale Hörzone der Zweikanal-Stereofonie nicht zu. Darüber hinaus ist man bestrebt, die Möglichkeiten des Kinotones bezüglich der Tondarstellung außerhalb des Bildbereiches (Off-Quellen, akustische Atmosphäre) zu erhalten. Die zur Zeit weltweit laufenden Entwicklungsarbeiten lassen erwarten, daß HDTV-Heimwiedergabe mit großem Bild und mindestens vierkanaligem Ton schon bald möglich sein wird (geplanter Start in Japan: 1990).

[/F] Die Dolby-Surround Wiedergabeanordnung besteht aus den beiden üblichen Stereo-Lautsprechern, einem Center-Lautsprecher (Mitte vorn), sowie einem oder mehreren hinteren bzw. seitlichen Lautsprechern /22/.

3.2 Ein neuer Wiedergabe-Standard?

Das Fernsehgerät wird also in einigen Jahren von einem "Heimkino" abgelöst werden, das neben dem Bild-Display eine relativ aufwendige Tonwiedergabe-Einrichtung einschließt. Die Lautsprecheranlage wird geeignet sein, einige Schwächen der konventionellen Stereoanlage zu überwinden oder zu mildern. Da wohl kaum sowohl die konventionellen Stereolautsprecher als auch die Lautsprecher für den Fernsehton nebeneinander in der Wohnung stehen werden, stehen wir vor einer überraschenden "Wende": Nicht der Fernsehton, sondern der Stereoton von Hörfunk, Schallplatte und CD nutzt die Leistungsfähigkeit einer zukünftigen Heimtonanlage nicht vollständig aus! Dies gilt zumindest bezüglich des oben erwähnten Merkmales "Richtungsstabilität", und wohl auch bezüglich der Möglichkeit, das akustische Umfeld des Hörers mit Hilfe sogenannter "Surround-Kanäle"/F gestalten zu können.

Es bedarf sorgfältiger Untersuchungen, um zu klären, ob und in welcher Weise zusätzliche Lautsprecher in der Lage sind, die Hörzone zu vergrößern und gleichzeitig die eingangs definierte Natürlichkeit des stereofonen Klangbildes zu erhöhen. Mit anderen Worten, es gilt festzustellen, welche HDTV-Lautsprecheranordnung im Hinblick auf hochwertige Musikübertragung (mit und ohne Bild) vorteilhaft ist.

Dabei bildet die Zahl der Tonkanäle für die HDTV-Übertragung praktisch kein Problem. Die modernen Datenreduktionsverfahren ermöglichen es, mit nur etwa 10 ... 12% der Bitrate eines CD-Tonsignales auszukommen, ohne die Qualität subjektiv zu beeinträchtigen /28, 29/. Zehn Tonkanäle würden nur etwa 0,7% der für die Bildübertragung vorgesehenen Bitrate (125 Mbit/s) ausmachen. Auch die Kosten für einen Decoder-Chip werden gering sein - besonders im Verhältnis zum Bild-Decoder - . Ähnlich günstig

---

/F Der Begriff "Surround-Kanäle" kommt aus der Kinotechnik und dient dort im wesentlichen zur Darstellung der akustischen Umgebung außerhalb des Bildbereichs. Surround-Lautsprecher seien auch hier als Lautsprecher außerhalb des vorderen stereofonen Abbildungsbereiches definiert.

liegen die Verhältnisse bei den zukünftigen Speichermedien; bereits eine heutige CD wäre in der Lage, eine zweistündige 10-Kanal-Musikaufnahme zu speichern. Allein betriebstechnische Probleme werden die Anzahl der Wiedergabekanäle begrenzen.

Wegen der bitsparenden Übertragung und Speicherung dürfte eine 2+n kanalige Tondarstellung zudem wenig Probleme bezüglich der Abwärtskompatibilität bereiten: Es erscheint durchaus sinnvoll, zwei zusätzliche Tonkanäle für die gleichzeitige Übertragung eines konventionellen Stereosignals für Einfachempfänger und Kopfhörerwiedergabe zu reservieren. Die Ableitung dieses Zweikanal-Stereosignals aus dem Mehrkanal-Stereosignal könnte dann im Studio optimal durch höheren technischen Aufwand erfolgen. Der Aufwand im Einfachempfänger wäre dadurch besonders niedrig.

Im folgenden wird auf die beiden Leistungsmerkmale "Hörzonengröße" und "Raumabbildung" etwas näher eingegangen. Es ist das Ziel, die Qualität der räumlichen Darstellung für Hörer innerhalb einer ausreichend großen Hörzone zu optimieren.

3.3 Hörzonengröße

Durch seitliche Versetzung des Hörers aus der Mitte entstehen Verzerrungen der Richtungsdarstellung ("Abbildungsverzerrungen"[/F]) in der Simulationsebene. Sie lassen sich mit den resultierenden Zeitdifferenzen der Lokalisationsreize /6/ erklären. Bei nur 10 cm seitlicher Abweichung des Hörers aus der Mitte der konventionellen Stereo-Lautsprecheranordnung ergibt sich eine Zeitdifferenz von 300 µs und daraus eine Richtungsverschiebung der Mitten-Phantomschallquelle von etwa 12°, was einer Abbildungsverzerrung von V = 20% entspricht.

[/F] Die Abbildungsverzerrung V sei die Richtungsabweichung eines Hörereignisses vom Sollwert, bezogen auf die gesamte Abbildungsbreite B, in %.

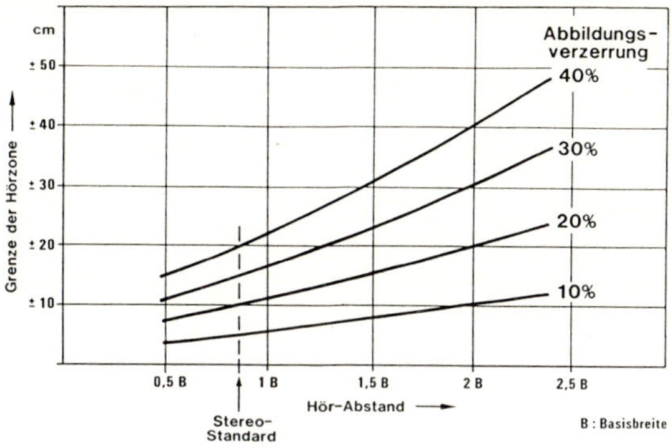

Fig. 3
Seitliche Grenzen der Hörzone bei Stereofonie.
Abbildungsbereich $\Theta = \pm 30°$
Parameter: zulässige Abbildungsverzerrung

Fig. 3 zeigt berechnete Kurven (Grundlage: Phantomschallquellen-Verschiebung 4°/100 µs) für die maximale Hörzonenbreite bei unterschiedlichen zulässigen Abbildungsverzerrungen V in Abhängigkeit von der Abbildungsbreite B. Man erkennt, daß z.B. in der Stereo-Anordnung für eine zulässige Abbildungsverzerrung von V = 10% die Hörzonenbreite nur ± 5 cm beträgt, und zwar unabhängig davon, ob die Abbildungsbreite B = 1 m, 2 m oder 3 m aufweist.

Eine kleinere Lautsprecherbasis führt theoretisch nicht zu einer entsprechend schmäleren Hörzone (vgl. Fig. 4). Dies scheint der praktischen

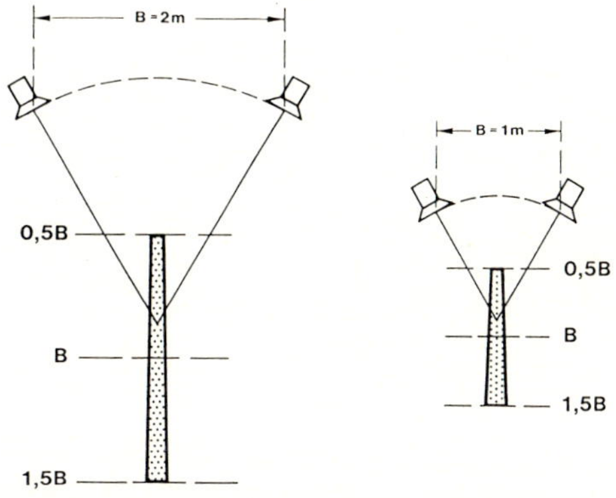

Fig. 4
Hörzonen bei Zweikanal-Stereofonie

Erfahrung (z.B. mit "nearfield"-Lautsprechern) zu widersprechen. Doch liegt die Ursache in der Wirkung des reflektierten Schalls im Wiedergaberaum auf die Ausdehnung der Phantomschallquelle. Die Lokalisationsschärfe ist im Nahfeld der Lautsprecher besonders groß /30/, und daher ebenso die Empfindlichkeit des Gehörs für Abbildungsverzerrungen /13, 14/.

Es wäre sicherlich der falsche Weg, die Hörzone mit Hilfe besonders ungerichtet strahlender Lautsprecher zu ungunsten der Lokalisationsschärfe zu verbreitern. Hierdurch würde der reflektierte Schall die Abbildung des Originalraumes in den meisten Fällen beeinträchtigen.

Ein naheliegender Ansatz zur Verbreiterung der Hörzone ist die Aufteilung des gesamten Abbildungsbereichs in "stereofone Teilbereiche"/F. Wendet man auf die Teilbereiche den Zusammenhang zwischen Hörzonenbreite und Abbildungsverzerrungen gemäß Fig. 3 an, so ergeben sich brauchbare Hörzonenbreiten bereits für zwei oder drei Teilbereiche. In Fig. 5 sind die resultierenden Hörzonen für eine maximale Abbildungsverzerrung V = 10% dargestellt, vergleichbar mit den Hörzonen in Fig. 4.

/F Wird der stereofone Abbildungsbereich durch 2+n Lautsprecher gebildet, so entstehen 1+n stereofone Teilbereiche entsprechend Fig. 5. Die in Abschnitt 2.1 dargestellten psychoakustischen Grundlagen der Lautsprecherstereofonie gelten sinngemäß. Die hierfür geeigneten Aufnahmeverfahren sind denkbar, jedoch noch nicht entwickelt. Möglich ist z.B. die Anwendung der raumbezogenen Stütztechnik auf die Multimikrofonie /1/ und Abmischung in Teilbereichen.

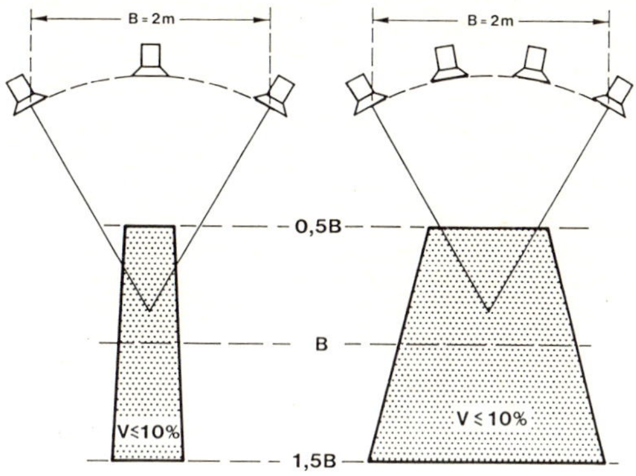

Fig. 5
Hörzonen bei Mehrkanal-Stereofonie

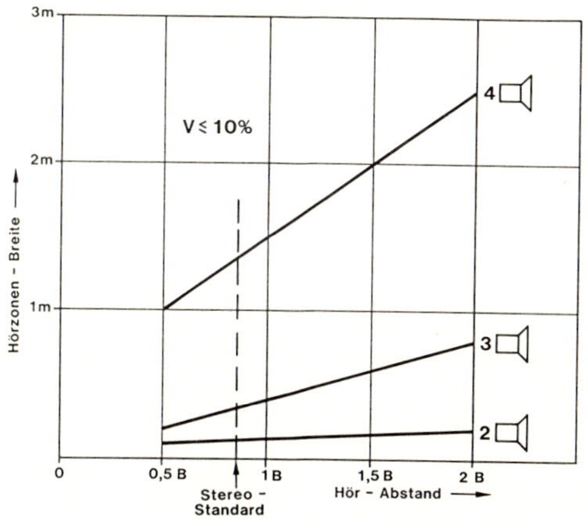

Fig. 6
Hörzonenbreite für Stereofonie mit 2, 3 oder 4 Lautsprechern. Abbildungsbereich $\Theta = \pm 30°$

Fig. 6 zeigt die entsprechenden Kurven. Man erkennt, daß die Hörzonenbreite überproportional mit der Lautsprecheranzahl wächst. Da die Hörzonenbreite theoretisch nicht von der Abbildungsbreite B abhängt (vgl. Fig. 4), müßte die Lautsprecheranzahl mit B wachsen, wenn das Verhältnis Abbildungsbreite/Hörzonenbreite etwa konstant sein sollte.

In der Praxis sind die Hörzonen etwas breiter, weil der Raumanteil im stereofonen Signal die Ausdehnung der Phantomschallquelle vergrößert (Darstellung der Räumlichkeit /8, 9/, vgl. Abschnitt 2.1 und Abschnitt 3.4). Die damit verbundene Verringerung der Lokalisationsschärfe entspricht dem natürlichen Klangbild und ist gewollt. Demgegenüber ist die "Abbildungsschärfe" /30/ der Wiedergabeanordnung, verursacht durch den indirekten Schall im Wiedergaberaum /14/, unerwünscht.

Darüber hinaus liegt die mit V = 10% angenommene zulässige Abbildungsverzerrung möglicherweise ziemlich weit unterhalb der Toleranzschwelle, besonders, wenn die stereofone Abbildung ohne Bild bzw. nicht bildbezogen erfolgt. Die Erfahrung zeigt, daß normalerweise der Hörer den Kopf nicht mit einer Genauigkeit von ± 5 cm (vgl. Fig. 3 und 4) in der Mitte hält. - Hinzu kommt ferner, daß der Grenzwert der Abbildungsverzerrung V = 10% sich auf den kritischsten Fall der Phantomschallquelle in der Mitte eines stereofonen Teilbereiches bezieht. Alle anderen Hörereignisrichtungen, insbesondere diejenigen in der Nähe der Lautsprecher, sind stabiler.

Insgesamt ist also abzuschätzen, daß bereits mit vier Lautsprechern innerhalb einer Hörzonenbreite von mindestens 1,5 m eine Abbildungsverzerrung V = 10% nicht überschritten wird. Es muß praktischen Untersuchungen vorbehalten bleiben, um die Toleranzschwelle des Hörers gegenüber Abbildungsverzerrungen zu erfassen, und um auf dieser Basis die Zahl der Lautsprecher im vorderen Abbildungsbereich festzulegen. Der kritische Fall ist die bildbezogene Tondarstellung. Hier sind bereits Untersuchungen zur Wahrnehmbarkeit von Richtungsunterschieden zwischen Seh- und Hörereignis durchgeführt worden /26/, jedoch noch nicht zur Toleranzschwelle des Hörers bei normalen Programmaterial (d.h. unter Einbeziehung der Ablenkung durch den Programminhalt, der assoziativen Verknüpfung von Seh- und Hörereignis, der Quellenausdehnung).

Die Zahl der stereofonen Teilbereiche sollte nicht nur aus ökonomischen und betriebstechnischen Gründen so klein wie möglich sein, sondern auch im Hinblick auf Optimierung der stereofonen Qualität, wie in Abschnitt 2.1 beschrieben. Zunächst gibt es aber keine Untersuchungen zur Optimierung der Aufnahmetechnik für Wiedergabeanordnungen nach Fig. 5, und keine speziellen Mischpulte mit entsprechend ausgelegten Audioprozessoren.

3.4 Raumabbildung

Durch den Einsatz zusätzlicher Surround-Lautsprecher läßt sich das akustische Umfeld des Hörers gestalten. Damit muß die Darstellung des Raumeindrucks und der Raumtiefe nicht ausschließlich als räumliche Perspektive in der Simulationsebene erfolgen. Durch Wiedergabe von Reflexionen und Nachhall ("Raumschall", z.B. mit Hilfe von Raummikrofonen erzeugt, vgl. /1/) über Lautsprecher außerhalb des stereofonen Abbildungsbereiches kann ein weitgehend natürlicher, realer Raumeindruck hervorgerufen werden, und die stereofone Darstellung der räumlichen Tiefe eines Klangkörpers kann unterstützt werden.

Diese Erfahrungen wurden bereits früher mit einigen Tonsystemen (z.B. Ambiofonie /15/, Quadrofonie /31/, Tetrafonie /17/, Trapezanordnung /32/) gemacht und haben auch immer wieder zu neuen Versuchen geführt. Die Anwendung der Quadrofonie für die Übertragung ernster Musik wird beispielsweise in /31/ und /33/ diskutiert und positiv bewertet. Über vierkanalige Versuchs-

sendungen im DRS (Schweiz) - der Raumschall wird über einen zweiten Sender übertragen - wird in /34/ berichtet. Eine Untersuchung zur Auslegung des HDTV-Tonsystems wurde in Japan durchgeführt /25/; u.a. über die Wirkung eines Surround-Lautsprecherpaares auf die Beurteilung des stereofonen Klangbildes bei Musikwiedergabe (Beurteilungsaspekt: "sensation of reality").
Die Ergebnisse zeigt Fig. 7

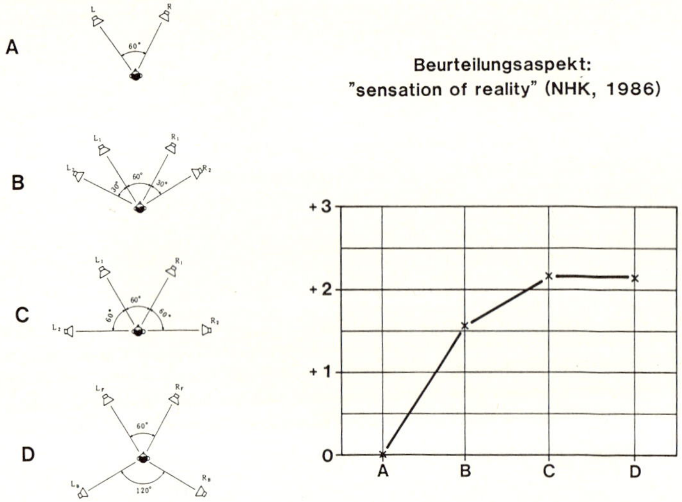

Fig. 7
Wirkung unterschiedlicher Anordnungen von zwei Surround-Lautsprechern, nach /25/

Der Einfluß der Aufnahmetechnik und des Programmaterials auf die Beurteilung der Surround-Lautsprecher ist natürlich bedeutend. Hierüber werden in /25/ jedoch keine ausreichenden Angaben gemacht. In einer eigenen Untersuchung wurden deshalb spezielle Musikaufnahmen gemacht mit dem Ziel, die Wirkung unterschiedlicher Surround-Lautsprecheranordnungen auf das Klangbild erfassen zu können, und zwar im direkten Vergleich mit der Wirkung sehr verschiedener Hauptmikrofone auf das Klangbild (Beurteilungsaspekt: "Abbildung der akustischen Atmosphäre im Konzertsaal"). Wie in /25/ erfolgte die Beurteilung auf der siebenstufigen Bewertungsskala -3 ... +3. Die Aufnahmeanordnung, Wiedergabeanordnungen, sowie Meßergebnisse zeigt Fig. 8.

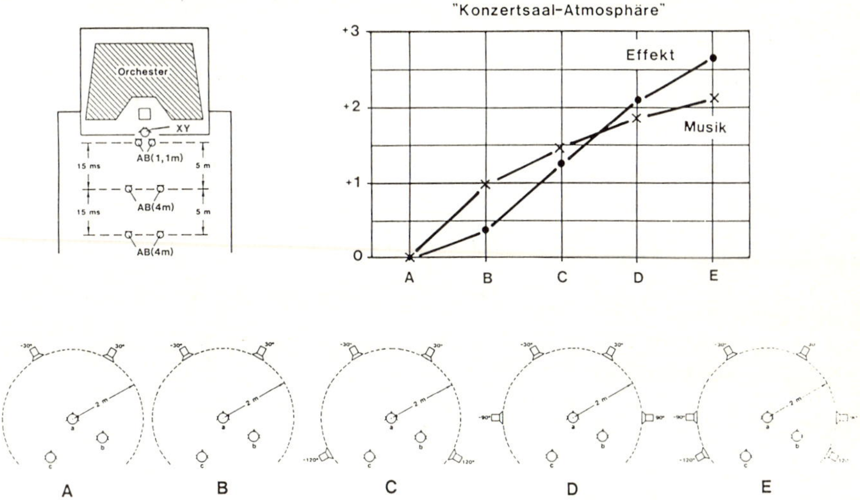

Fig. 8
Aufnahmeanordnung, Wiedergabeanordnungen und Ergebnisse des Hörvergleichs

Die fünf miteinander verglichenen Klangbilder A .... E sind:

A: Nur Stereolautsprecher ± 30°, Signal: Hauptmikrofon XY (120°-Öffnungswinkel)

B: Nur Stereolautsprecher ± 30°, Signal: Hauptmikrofon AB (1,1 m)

C: wie B, plus Surround-Lautsprecher ± 120° mit Raummikro 2 (10 m hinter Hauptmikro)

D: wie B, plus Surround-Lautsprecher ± 90° mit Raummikro 1 (5 m hinter Hauptmikro)

E: wie B, plus Surround-Lautsprecher ± 90° mit Raummikro 1, plus Surround-Lautsprecher ± 120° mit Raummikro 2.

Das Ergebnis läßt die Bevorzugung der Klangbilder C, D, E erkennen, d.h. die Surround-Lautsprecher erzielen eine deutlich verbesserte Abbildung der akustischen Atmosphäre im Konzertsaal im Vergleich zur konventionellen Technik (Klangbilder A, B). Die Bevorzugung ist bei den Surround-Konstellationen D, E besonders stark. Die Konzertsaal-Atmosphäre war in dem Restsignal "Musik" (Solo-Horn und Orchester) durch den Raumeindruck, im Testsignal "Effekt" (Auditorium während der Pause) durch die akustische Umgebung vorhanden. Beim Vergleich A mit B zeigt sich wieder die Überlegenheit des Hauptmikrofones AB gegenüber XY (vgl. /4/).

Die Abbildungseigenschaften der Lautsprecher-Stereofonie lassen sich deutlich verbessern durch zusätzliche Surround-Wiedergabekanäle. Für die Darstellung des Raumeindrucks muß jedoch aufnahmeseitig sichergestellt sein, daß die Surround-Lautsprecher nicht lokalisiert werden. Das ist durch geeignete Verzögerung der Surround-Signale gegenüber der Hauptmikrofon-Signale leicht möglich und erfolgte bei den verwendeten Testsignalen bereits durch die Wahl der Raummikrofon-Positionen (vgl. Fig. 9).

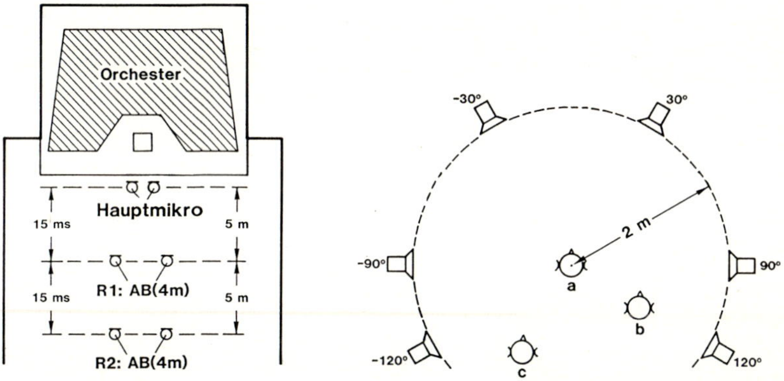

Fig. 9
Aufnahme- und Wiedergabeanordnung zur verbesserten Darstellung des Raumeindrucks

Infolge der Verzögerungen wirken die Surround-Signale wie seitliche Reflexionen aus dem Saal, im Fall E sind es vier. Gleichzeitig erzeugen alle beteiligten, räumlich verteilten Lautsprecher ein natürlich-diffuses Schallfeld am Hörort, denn die Mikrofonsignale sind wegen der großen Abstände zueinander unkorreliert.

Eine Aufnahme-Wiedergabeanordnung gemäß Fig. 9 ermöglicht also eine verbesserte Abbildung des Raumdruckes, wenn die aufgenommenen Raumsignale dem stereofonen Klangbild so hinzugefügt werden, daß sie als Reflexionen und Nachhall des Saales wirken. Das bedeutet psychoakustisch, daß die Schallsignale an den Ohren des Hörers sich bei geeigneter Surround-Beschallung in weitaus natürlicherer Weise voneinander unterscheiden als bei konventioneller Stereobeschallung, und daß sich demzufolge der Effekt der auditiven Räumlichkeit /8, 9/ einstellt. Der Hörer nimmt nicht nur eine räumliche Perspektive in der vorderen Abbildungsebene wahr, sondern er fühlt sich in das akustische Geschehen einbezogen.

Im Prinzip gelten für die Gestaltung des "Surround-Schalles" die bekannten psychoakustischen Gesetzmäßigkeiten für die Wahrnehmung der Räumlichkeit im Konzertsaal (vgl. z.B. /35/). Besonders wichtig ist neben dem Nachhall der sogenannte "frühe Seitenschall", der die Ohren des Hörers aus seitlichen Richtungen etwa 10 bis 80 ms nach dem Direktschall trifft. Er erzeugt eine raumspezifische interaurale Dekorrelation der beiden Ohrsignale und damit auditive Räumlichkeit /35/. Optimal für die natürliche Darstellung der Räumlichkeit sind mehrere Seitenreflexionen im Bereich 20 ... 30 ms, die beispielsweise mit Hilfe der Aufnahme-Wiedergabeanordnung gemäß Fig. 9 reproduziert werden.

Die Reproduktion der Seitenreflexionen führt darüber hinaus zur Wahrnehmung von räumlicher Tiefe. Bereits bei den Untersuchungen zur raumbezogenen Stütztechnik /5/ hat sich gezeigt, daß die Darstellung von Entfernungen in der Simulationsebene /2,3/ schon gelingt, wenn eine linke und eine rechte Seitenreflexion - zeitlich versetzt - nachgebildet werden. Die stereofone Qualität der Simulation räumlicher Tiefe (vgl. Absch. 2.1) geht über in eine Qualität der realen Wahrnehmung räumlicher Tiefe, wenn die Seitenreflexionen über Surround-Lautsprecher abgestrahlt werden und tatsächlich aus seitlichen Richtungen eintreffen.

Für die raumbezogene Stütztechnik /2,5/ ergibt sich damit die Möglichkeit, Stützreflexionen und Stützhall nicht oder nicht nur dem Stereosignal zuzumischen, sondern den Raumsignalen. Es ist zu erwarten, daß eine solche Simulation der seitlichen Stützreflexionen eine vorteilhafte Form der raumbezogenen Stütztechnik darstellt.

Die Anordnung in Fig. 9 vergrößert also nicht den stereofonen Abbildungsbereich O = ± 30°, sondern es wird der stereofonen Darstellung von Richtungen und Entfernungen (Simulationsebene) ein akustisches Umfeld hinzugefügt, welches vom Tonmeister gestaltet werden kann, beispielsweise im Sinne einer optimalen Reproduktion des Raumeindrucks, oder zur Erzeugung eines neuen künstlichen Raumes /31/.

Die Anordnung der Surround-Lautsprecher ist unkritisch. Sie können sich irgendwo im seitlichen hinteren Bereich der Hörzone befinden, gemäß den Verhältnissen des Wiedergaberaumes. Ebenso begrenzen die Surround-Lautsprecher nicht die Hörzone, denn die zeitliche Folge von Direktschall (Lokalisation vorne) und Indirektschall (Reflexionen und Nachhall) bleibt an den Grenzen der Hörzone ausreichend genau erhalten. Auch im Fall der Effektdarstellung (z.B. Publikum im Saal), in dem ein Surround-Lautsprecher den ersten Lokalisationsreiz erzeugt und damit die Richtungswahrnehmung für eine "Off-Schallquelle" festlegt, gibt es keine Probleme mit der Hörzonenbreite, denn die Richtungsdarstellung erfolgt nicht durch Phantomschallquellen, sondern durch die "Ersatzschallquellenorte" /12/ (Lautsprecherorte).

Dieses Konzept der 2+n kanaligen Lautsprecherstereofonie stellt eine Weiterentwicklung der Stereofonie gemäß Abschnitt 2.1 dar. Das akustische Umfeld wird ergänzt zur Verbesserung des Raumeindrucks; es wird kein stereofoner Abbildungsbereich hinzugefügt. Damit besteht große Ähnlichkeit zur Stereo-Ambiofonie /15/ und auch zum ABC-Trapezsystem /19, 32/, jedoch nicht zur Quadrofonie /16/.

Eine vollständige stereofone Rundum-Abbildung wäre zwar möglich mit mindestens sechs Lautsprechern in kreisförmiger Anordnung /36/, jedoch würde dies nur mit dem Nachteil einer sehr kleinen Hörzone gelingen. Eine vollständige Rundum-Abbildung ist weder praktikabel noch sinnvoll.

4. Zusammenfassung

Die Natürlichkeit des Klangbildes bei Stereofonie mit zwei Lautsprechern läßt sich optimieren, indem sowohl das Hauptmikrofon als auch die Verarbeitung der Stützsignale möglichst natürliche interaurale Signaldifferenzen erzeugt. Reine Intensitäts- oder Laufzeitmikrofone sowie die gebräuchliche Intensitäts-Stütztechnik ("panpot") erfüllen diese Forderung nicht.

Eine bedeutende Steigerung dieser stereofonen Qualität läßt sich darüber hinaus erreichen, wenn man anstelle der Darstellung der räumlichen Perspektive in der Simulationsebene einen natürlichen, realen Raumeindruck erzeugt, d.h. wenn die stereofone Abbildungsebene zwischen den vorderen Lautsprechern durch zusätzliche Surround-Lautsprecher seitlich der Hörzone ergänzt wird. Hiermit kann durch zweckdienliche Gestaltung des Surround-Schallanteiles der frühe Seitenschall und Nachhall eines Konzertsaales so reproduziert werden, daß eine natürliche Dekorrelation der beiden Ohrsignale und damit auditive Räumlichkeit /8, 34/ eintritt. Der eigentliche stereofone Abbildungsbereich vergrößert sich dadurch nicht.

Die Größe der Hörzone ergibt sich aus der maximal zulässigen Abbildungsverzerrung in der vorderen stereofonen Abbildungsebene, nicht aus der Anordnung der Surround-Lautsprecher. Durch Aufteilung des vorderen Abbildungsbereichs in stereofone Teilbereiche ergibt sich eine Verbreiterung der Hörzone, die mit der Zahl der Teilbereiche überproportional wächst. Innerhalb der Hörzone wird ein zulässiger Wert der Abbildungsverzerrung nicht überschritten. Es läßt sich abschätzen, daß für drei Teilbereiche die Hörzone theoretisch mindestens 1,5 m breit ist, dagegen bei konventioneller Stereofonie nur etwa 10 cm, wenn die zulässige Abbildungsverzerrung 10% beträgt.

Es wäre zu klären, ob bzw. mit welchem Aufwand eine raumbezogene Signalverarbeitung in zukünftigen Regieeinrichtungen in der Lage ist, die mit der Zwei-Lautsprecher-Stereofonie erreichbare Natürlichkeit des Klangbildes zu erhalten, wenn der Abbildungsbereich in mehrere Teilbereiche gegliedert ist. Insgesamt hat sich aber bereits gezeigt, daß die Leistungsfähigkeit der Lautsprecher-Stereofonie sich bezüglich Raumabbildung und Hörzonengröße beachtlich gesteigert werden kann, wenn zusätzliche Surround-Kanäle und Abbildungs-Kanäle vorhanden sind. Dies gilt nicht nur für die E-Musik, sondern ebenso für U-Musik, denn die räumliche Darstellung des Klangbildes bildet auch hier eine wichtige Komponente der künstlerischen Gestaltung.

Spätestens zu Beginn des HDTV-Heimempfangs wird es einen neuen Tonwiedergabe-Standard geben, der wesentlich leistungsfähiger ist als der bisher gebräuchliche. Er sollte optimal für die hochwertige Wiedergabe von Musik nutzbar sein. Denn es dauert sicherlich nicht mehr allzulange, bis auch neue Speichermedien zur Verfügung stehen, die mehr als zwei Kanäle enthalten. Angesichts dieser Aussicht sollte auch bei der Planung eines zukünftigen digitalen Hörrundfunks /37/ noch einmal sorgfältig überlegt werden, ob die langfristige Festlegung auf zwei Übertragungskanäle wirklich zweckmäßig oder notwendig ist.

Literatur

/1/ Dickreiter, M.: Handbuch der Tonstudiotechnik, Band 1. Hrsg. Schule für Rundfunktechnik, 1987, ISBN 3 - 598 - 10588 - 6

/2/ Theile, G.: Hauptmikrofone und Stützmikrofone - neue Gesichtspunkte für ein bewährtes Aufnahmeverfahren. 13. Tonmeistertagung 1984, Tagungsband S. 170 - 184

/3/ Theile, G.: Das Kugelflächenmikrofon. 14. Tonmeistertagung 1986, Tagungsband S. 277 - 293

/4/ Wöhr, M.; Nellesen, B.: Untersuchungen zur Wahl des Hauptmikrofonverfahrens. 14. Tonmeistertagung 1986, Tagungsband S. 106 - 120

/5/ Wöhr, M.; Goeres, J.; Pösselt, C.; Theile, G.: Raumbezogene Stütztechnik - Möglichkeit zur Optimierung der Aufnahmequalität. 15. Tonmeistertagung 1988, Vortrag D 5

/6/ Theile, G.: Über die Lokalisation im überlagerten Schallfeld. Dissertation TU Berlin, 1980

/7/ Theile, G.: Zur Theorie der optimalen Wiedergabe von stereofonen Signalen über Lautsprecher und Kopfhörer. Rundfunktechn. Mitt. 25, 1981, S. 155 - 170

/8/ Kuhl, W.: Räumlichkeit als Komponente des Höreindrucks. Acustica (40), 1978, S. 167 - 181

/9/ Blauert, J.: Spatial Hearing - The Psychophysics of Human Sound Localisation. The MIT-Press, Cambridge, Mass., 1983. ISBN 0 - 262 - 02190 - 0

/10/ Steinke, G.: Stand und Entwicklungstendenzen der Stereofonie, Teil 1 und 2. Techn. Mitt. des RFZ 28, 1984, S. 1 - 10 und 25 - 32

/11/ Theile, G.: On the stereophon imaging of natural spatial perspective via loudspeakers: theory. In: Perception of Reproduced Sound, 1987, ISBN 87 - 982562-1-1, S. 135 - 146

/12/ Plenge, G.: Überlegungen zur Stabilität und Leistungsfähigkeit verschiedener stereofoner Übertragungsverfahren. 13. Tonmeistertagung 1984, Tagungsband S. 158 - 169

/13/ Kuhl, W.: Über eine Lautsprecheranordnung zur Wiedergabe stereofoner Schallaufnahmen. Rundfunktechn. Mitt., 1959, S. 170 ff.

/14/ Gaäl, D.: Calculation of the Stereophonical Localisation Area. 53. AES-Convention 1976, Preprint B - 4

/15/ Keibs, L.: Möglichkeiten der Stereo-Ambifonen Schallübertragung auf 2 Kanälen. Acustica, 1962, S. 118 ... 124

/16/ AES: An anthology of articles on Quadrophonic Sound of the J. Audio Eng. Soc. Vol. 17 - Vol. 23 (1969 - 1975), Okt. 1975

/17/ Gerzon, M.A.: Experimental Tetrahedral Recording (3 parts). Studio Sound; Aug., Sept., Okt. 1971)

/18/ Scherer, P.: Ein neues Verfahren der raumbezogenen Stereophonie mit verbesserter Übertragung der Rauminformation. Rundfunktechn. Mitteilungen, 1977, 196 ... 204

/19/ Kowalgin, J.A.: Stereofonie: Entwicklungsprobleme und -richtungen. Technika Kino i Televidenja 26, 1982, S. 3 ... 11

/20/ Torick, E.: Triphonic Sound System for Television Broadcasting. 124th Techn. Conf. of the SMPTE, New York, Nov. 1982

/21/ Gerzon, M.A.: Ambisonics in multichannel broadcasting and video. J. Audio Eng. Soc. (33), 1985, S. 859 - 871

/22/ Julstrom, S.: A High-Performance Surround Sound Process for Home Video. J. Audio Eng. Soc. (35), 1987, S. 536 - 549

/23/ Theile, G.: Quadrophonie mit dem SQ-System? Funktechnik (29), 1974, S. 315 - 320

/24/ Dolby Laboratories Information. Audio System Description for the FCC Advisory Committee on Advanced Television Service, 1988

/25/ Ohgushi, K.; Komiyama, S.; Kurozumi, K.; Morita, A.; Ujihara, J.: Subjective evaluation of multi-channel stereophony for HDTV. IEEE Transactions on Broadcasting (33), 1987, S. 197 - 202

/26/ Thomas, M.; Plenge, G.: Probleme der bildbezogenen Tondarstellung bei HDTV-Großbildwiedergabe. 14. Tonmeistertagung 1986, Tagungsband S. 338 - 350

/27/ CCIR-Report 1072 (I): Suitable sound systems to accompany high-definition and enhanced television systems

/28/ Theile, G.; Stoll, G.; Link, M.: Low bit-rate coding of high-quality audio Signals. An introduction to the MASCAM System. EBU Review-Technical No. 230, 1988, S. 158 - 181

/29/ Stoll, G.; Theile, G.: Terrestrischer digitaler Hörrundfunk. Optimierung der Quellencodierung im Hinblick auf eine effektive Übertragung durch Berücksichtigung der Gehöreigenschaften. 15. Tonmeistertagung 1988, Vortrag B 2

/30/ Ripka, v.A.; Theile, G.: Die Beurteilung verschiedener stereofoner Wiedergabeeinrichtungen bezüglich der Abbildungsschärfe. Fortschritte der Akustik, DAGA'87, Bad Honnef: DPG-GmbH 1987, S. 585 - 588

/31/ Rothe, E.: Anwendung der Quadrofonie bei der Übertragung ernster Musik. Fernseh- und Kinotechnik (30), 1976, S. 89 - 91

/32/ Condamines, R.: Microphone and loudspeaker arrangements for tetraphony. E.B.U. Review-Technical, No. 143, 1974, S. 12 - 18

/33/ Jecklin, J.: Quadrofonie. Electronic Sound Nr.6, 1984, S. 34 - 36

/34/ Breh, K.: Es steht im Raum. Stereoplay 11, 1985, S. 42 - 45

/35/ Blauert, J.: Some fundamentals of auditory spacionsness. In: Perception of Reproduced Sound, 1987, ISBN 87 - 982562 - 1 - 1, S. 33 - 40

/36/ Theile, G.; Plenge, G.: Localization of lateral phantom - s o u r c e s. J. Audio Eng. Soc. (25), 1977, S. 196 - 200

/37/ Meier-Engelen, E.: Das Hörrundfunksystem im DAB-Projekt EUREKA 147. 15. Tonmeistertagung 1988, Vortrag B 1

Gerhard Spikowski:

SQAM - eine UER-CD zur subjektiven Qualitätsbeurteilung von Audiosignalen

1. Einführung

In der analogen Audiotechnik konnten sich in den letzten Jahrzehnten Meßmethoden etablieren und basierend auf diesen Meßmethoden Parameter festgelegt werden, die die Anforderungen an High-Quality-Audiosysteme definieren , z. B. in [1]. Der Begriff High-Quality wird dabei in dem Sinne verwendet, daß das entsprechende Audiosystem eine Tonsignalübertragung ohne eine wahrnehmbare Qualitätsbeeinflussung gewährleistet. Die festgelegten Parameter basieren entweder auf den Ergebnissen psychoakustischer Experimente oder sind das Ergebnis jahrzehntelanger praktischer Erfahrung mit den Meßmethoden der analogen Audiotechnik. So gestatten es die z. B. in [1] standardisierten Audioqualitätsparameter in vielen Fällen, Audiosysteme in Bezug auf wahrnehmbare Qualitätsbeeinflussungen zu beurteilen, ohne psychoakustische Messungen bzw. Hörversuche durchführen zu müssen.

Jedoch verlieren die Meßergebnisse dieser 'klassischen' Meßtechnik bereits bei speziellen analogen Audiosystemen, z. B. Begrenzern, Kompressoren oder Kompandern an Aussagekraft. Dies gilt insbesondere bei der Beurteilung digitaler Audiosysteme. Betrachtet man neue digitale Audiosysteme mit Redundanz- und Irrelevanzreduktion, z. B. [2, 3], so gewährleisten diese Systeme unter Ausnutzung der Gehöreigenschaften eine hochqualitative Tonsignalübertragung, obwohl die 'klassische' Meßtechnik eine minderwertige Qualität bestätigt.

Die Qualitätsbeurteilung durch psychoakustische Messungen ist deshalb unumgänglich, speziell in Bezug auf digitale Audiosysteme. Möglicherweise können auch in der digitalen Audiotechnik in den nächsten Jahren entsprechende neue Meßmethoden entwickelt und standardisiert werden und darauf basierend Parameter für High-Quality-Audiosysteme definiert werden, so daß in vielen Fällen auf Hörtests verzichtet werden kann. Erläuternd bezieht sich diese Aussage nur auf die absolute Wahrnehmbarkeit einer Qualitätsbeeinflussung durch ein Audiosystem. Betrachtet man die subjektive qualitative Beurteilung von wahrnehmbaren Störungen -also bei Systemen, die nicht als High-Quality-Systeme bezeichnet werden können, - oder betrachtet man Fälle, bei denen Geschmacksfragen eine Rolle spielen, so sind Hörversuche weiterhin unumgänglich.

Um die Ergebnisse von Hörtests, die an verschiedenen Orten, mit verschiedenen Testpersonen, mit verschiedenem Wiedergabeequipment etc. gewonnen wurden, miteinander vergleichen zu können, müssen die Versuchsbedingungen weitestgehend übereinstimmen. Dies läßt sich nur erreichen, wenn Absprachen über die Durchführung von Hörtests getroffen werden, worin die Einflußgrößen auf das Testergebnis soweit wie möglich festgelegt werden. Es seien hier nur einige wesentliche Einflußgrößen genannt:

- Wiedergabeeinrichtung (Lautsprecher, Kopfhörer)
- Wiedergaberaum
- Abhörposition
- Schalldruckpegel der Darbietung
- Länge der Testbeispiele
- Art der Testsequenzen (z. B. A-B-A-B)
- Dauer des Hörtests
- Anzahl der Testpersonen
- Testmaterial etc.

---

* SQAM = Sound Quality Assessment Material

2. Standardisierung subjektiver Qualitätsbeurteilung von Audiosystemen

Die große Anzahl von Einflußgrößen auf die Ergebnisse subjektiver Hörtests zeigt, daß es nicht möglich ist, alle Einflußgrößen exakt zu beschreiben und bei der Standardisierung zu berücksichtigen. Einige wesentliche Einflußparameter, die die Durchführung von Hörtests betreffen, sind in der CCIR-Rec. 562 [4] standardisiert. Neben der Festlegung von zwei Bewertungsskalen (5-stufige Qualitäts- bzw. Störungsskala sowie 7-stufige Vergleichsskala) befinden sich im Anhang der o. g. Empfehlung Hinweise für die Durchführung von Hörtests. Diese Hinweise beziehen sich auf die folgenden Einflußparameter:

- Auswahl der Testhörer
- Auswahl des Test-Programmaterials (allgemeine Kriterien)
- Testprozedur
- Wahl der Wiedergabeeinrichtung (Lautsprecher / Kopfhörer)
- Schallpegel
- Abhörbedingungen.

Unter Bezug auf CCIR-Rec. 562 können zwar keine identischen Testbedingungen erreicht werden, jedoch wird die Variationsbreite der Testbedingungen durch diese Empfehlung wesentlich eingeschränkt.

Das verwendete Ton-Testmaterial ist als besonders wichtiger Parameter subjektiver Hörtests anzusehen. Diesem Parameter muß deshalb in Bezug auf die Vergleichbarkeit von Testergebnissen besondere Beachtung geschenkt werden.In der CCIR-Rec. 562 werden zur Auswahl des Ton-Testmaterials nur allgemeine Kriterien angegeben. Dementsprechend sollte die Auswahl des Testmaterial abhängen von dem zu beurteilenden Audiosystem . Das Testmaterial sollte entweder eine repräsentative Auswahl des typischen Programmaterials darstellen oder spezielle Sequenzen beinhalten, die sich besonders kritisch verhalten in Bezug auf die Störungen, die durch das zu testende System hevorgerufen werden. Bei High-Quality-Systemen sollte entsprechend CCIR-Rec. 562 die zweite Kategorie von Testsignalen verwendet werden. Diese allgemeinen Kriterien für die Auswahl des Testmaterials - so beweist die Praxis - sind nicht ausreichend, um eine Vergleichbarkeit von Testergebnissen zu gewährleisten.

2.2 Testmaterial

In der EBU-Untergruppe V3 (Neue Systeme und Dienste - Tonsignale) wurde deshalb angestrebt, eine Sammlung von geeignetem Programmaterial anzulegen und diese Sammlung als Standard-Testmaterial zu empfehlen, ähnlich wie im Videobereich erfolgreich seit vielen Jahren ein Satz von Testdias [5] Basis aller durchgeführten subjektiven Qualitätsbeurteilungen ist. In der Ad-hoc-Gruppe V3/SQAM (Sound Quality Assessment Material), in der Vertreter von BBC, ITCA, UKIBA, TDF, CCETT und IRT tätig waren, wurde daraufhin eine Sammlung von Tonsignalen betrieben, die geeignet war, unterschiedliche Defekte analoger und digitaler Audiosysteme aufzudecken.

An diese Signale wurden besonders hohe Anforderungen gestellt. Damit Fehler, die durch ein Testobjekt verursacht werden, wahrgenommen werden können, und damit die Hörer nicht von ihrer Aufgabe abgelenkt oder in ihrer Entscheidung fehlgeleitet werden, sollten die Testsignale selbst möglichst frei von Fehlern sein. Ein Teil der Sammlung sollte aus Testsignalen bestehen, die sich in entsprechenden Qualitätsuntersuchungen analoger und digitaler Audiosysteme bereits als kritisch erwiesen hatten. Darüber hinaus wurde eine große Variationsbreite der Testsignale angestrebt.

Die höchste technische Qualität gespeicherter Ton-Programmsignale gewährleistet zur Zeit die digitale Speichertechnik, z. B. in Form der Compact Disc (CD). Mit einer Audio-Bandbreite von 20 kHz und einer Auflösung von 16 bit/Abtastwert bietet die CD die qualitativen Voraussetzungen. Sie gewährleistet ferner eine gute

Handhabung, insbesondere einen schnellen Zugriff zu den einzelnen Testsignalen, und es sind preiswerte qualitativ hochwertige Abspielgeräte auf dem Markt.

Eine der diskutierten Möglichkeiten war, eine Liste von ausgewählten Ausschnitten aus verschiedenen CDs herauszugeben, die geeignetes kritisches Testmaterial für unterschiedliche Anwendungen darstellt. Die Diskussion zeigte jedoch, daß dies einerseits zu sehr schwer handzuhabenden Arbeitsweise führen würde (jeder, der einen Hörtest durchführen will, hätte sich eine große Anzahl von CDs beschaffen müssen, deren Bezug u. U. nicht immer und überall gewährleistet ist), andererseits wären spezielle Signale, die sich in der Vergangenheit als sehr geeignet erwiesen haben, in dieser Liste nicht zu finden.

So wurde von der Ad-hoc-Gruppe V3/SQAM beschlossen eine eigene EBU-CD herauszugeben, die ausschließlich Tonsignale für Hörtests enthält. Der Titel dieser CD lautet: "SQAM - Sound Quality Assessment Material - Recordings for Subjective Tests". Die SQAM-CD ist Bestandteil einer EBU-Publikation [6], die außer der CD ein erläuterndes Dokument sowie eine Veröffentlichung über dasselbe Thema [7] in englischer und französischer Sprache enthält.

3. EBU-SQAM-CD

3.1 Inhaltsübersicht

Neben Aufnahmen, die speziell für die SQAM-CD produziert wurden mit Beiträgen von BBC, CCETT, TDF und IRT in Zusammenarbeit mit dem Bayerischen Rundfunk, enthält die CD Ausschnitte aus anderen CDs. Diese wurden in der digitalen Ebene kopiert. Die Ausschnitte, die eine Peemphasis enthielten, wurden bei dem Kopiervorgang mit einer Deemphasis in Form einer digitalen Filterung versehen, so daß einerseits die digitale Ebene beim Kopiervorgang nicht verlassen werden mußte und andererseits das gesamte Testmaterial der CD ohne Preemphasis vorliegt. Bei den speziell für die SQAM-CD produzierten Aufnahmen handelt es sich um kurze Passagen von etwa 10 bis 15 s Dauer, die geeignet sind für die A-B-A-B-Testprozedur entsprechend CCIR-Rec. 562. Die übrigen Testsignale sind etwas länger und mehr für die allgemeine subjektive Beurteilung von Audiosystemen gedacht.

Das gesamte Inhaltsverzeichnis der SQAM-CD, das zusammen mit Erläuterungen im EBU-Dokument Tech. 3253 [6] enthalten ist, wird im Anhang angegeben. Die auf der SQAM-CD enthaltenen Testsignale sind in die folgenden Gruppen eingeteilt (vergl. Anhang):

- Meßsignale	Track	1 - 2
- Künstliche Signale	Track	3 - 7
- Einzelinstrumente (Arpeggien und melodische Phrasen)	Track	8 - 43
- Sprache	Track	44 - 48
- Gesang (a capella)	Track	49 - 54
- Soloinstrumente (mit Orchester)	Track	55 - 60
- Gesang (mit Orchester)	Track	61 - 64
- Orchester	Track	65 - 68
- Popmusik	Track	69 - 70

Zum Auffinden der einzelnen Testsignale werden in der Begleitinformation zur CD die jeweiligen Track- und Indexnummern angegeben. Ferner ist dort eine Angabe über die Dauer der einzelnen Testsignale zu finden. In dieser Zeitangabe ist in jedem Fall eine Pause von etwa 4 Sekunden am Ende der jeweiligen Aufzeichnung mit eingeschlossen. In der Gruppe der `künstlichen Signale`, die mit Hilfe eines Computers berechnet wurden, sind innerhalb der angegebenen Zeit vier identische Aufnahmen zeitlich so angeordnet, daß sie unmittelbar als Ausgangsmaterial für einen A-B-A-B-Vergleich entsprechend [4] herangezogen werden können. In der weitaus größten Gruppe der `Einzelinstrumente` (36 verschiedene Musikinstrumente mit jeweils meist mehreren Klangbeispielen) und in der Gruppe `Gesang` sind alle

Passagen zweimal aufgezeichnet und können somit durch entsprechende Programmierung des Abspielgerätes ebenfalls zum Aufbau einer A-B-A-B-Testsequenz dienen. In den restlichen Gruppen ist das Material jeweils nur einmal aufgezeichnet.

Die speziell für die SQAM-CD aufgenommen Testsignale aus den Gruppen `Einzelinstrumente`, `Gesang (a capella)` und `Sprache` werden im folgenden im Hinblick auf die Aufnahmebedingungen erläutert.

3.2 Einzelinstrumente und Gesang

Aufnahmen von Einzelinstrumenten sind in Bezug auf die subjektive Beurteilung von Audiosystemen als sehr kritisch anzusehen. `Akustische` Instrumente spielen als Soloinstrumente oder als `Klangbausteine` kleiner Ensembles oder des Symphonieorchesters in der Tonsignalbearbeitung und -übertragung eine wichtige Rolle. Durch die Darbietung nur eines einzelnen Instrumentes kann die Konzentration des Hörers in Bezug auf die Wahrnehmung von Übertragungsfehlern durch ein Audiosystem gesteigert werden. Eine Ablenkung des Hörers, die daraus entstehen kann, daß er sich z. B. bei zwei Instrumenten entweder auf das eine oder das andere Instrument konzentriert, läßt sich weitgehend vermeiden.

Weitere Eigenschaften einer Aufnahme, die eine Ablenkung des Hörers hervorrufen können, sind z. B. musikalische Mängel, Geräusche, die durch das Instrument oder den Musiker verursacht werden oder Störgeräusche, eine Mikrofontechnik, die eine unnatürliche Reproduktion des Instrumentes bewirkt. Die aufgezählten negativen Eigenschaften einer Aufnahme sind in besonderer Weise bei Testsignalen zu vermeiden. Diese hohen Anforderungen konnten nur erfüllt werden, indem die Testaufnahmen mit eigenem Konzept neu produziert wurden.

Es wurde für die Aufnahmen der Einzelinstrumente und Gesangstimmen die folgende Mikrofontechnik gewählt: 2 Kugelmikrofone (BRÜEL und KJAER 4006) mit einem Abstand von 35 cm voneiander. Die Mikrofonsignale wurden verstärkt (NEUMANN PMV 70) und direkt aufgezeichnet (SONY PCM 1630 / U-matic VO 5850). Um die Qualität der CD voll zu nutzen, wurde auf einen Headroom bei der PCM-Aufnahme verzichtet, d. h. die Verstärkung wurde für jedes Instrument so verändert, daß die Quantisierung von 16 bit jeweils voll genutzt wurde. Die verwendete Mikrofontechnik gewährleistet eine weitgehend natürliche stereofone Reproduktion, da die Mikrofonsignale den Ohrsignalen entsprechende Beziehungen aufweisen, insbesondere für das Verhältnis zwischen direkten, indirekten und diffusen Schallanteilen, und die Stereoabbildung adäquat genutzt wird [8]. Ein wichtiger Vorteil dieser Aufnahmetechnik besteht darin, daß für eine Untersuchung mit monofonen Signalen ein optimales monofones Signal zur Verfügung steht, wenn entweder das rechte oder linke Mikrofonsignal verwendet wird. Es ist also nicht erforderlich, es sollte sogar vermieden werden, zur Bildung eines monofonen Signals, das linke und rechte Mikrofonsignal zu addieren.

Die Beurteilung von Probeaufnahmen in den drei großen Musikaufnahmestudios des Bayerischen Rundfunks (Volumen: 6800 / 3600 / 1000 m3 ; Nachhallzeit: 1.7 / 1.0 / 1.6 s) mit unterschiedlichen Entfernungen Mikrofon - Instrument ergab, daß das kleinste der Studios mit einem Volumen von 1000 m3 und einer Nachhallzeit von 1,6 s als das günstigste anzusehen und ein Mikrofonabstand von 1 - 2 m anzustreben war. Eine Ausnahme stellt die Orgel dar. Sie wurde in einem Konzertsaal (Herkules-Saal der Residenz, München) mit einem Abstand Mikrofon - Instrument von etwa 10 m aufgenommen. Die Probeaufnahmen haben darüber hinaus gezeigt, daß bei dem angestrebten hohen Aufnahmestandard der Testsignale die Grenzen der Aufnahmerealität deutlich werden. Der angestrebte größere Abstand Mikrofon - Instrument von ca. 2 - 5 m, der sich in Bezug auf die Natürlichkeit der Reproduktion günstig ausgewirkt hätte, mußte zugunsten eines ausreichenden Signal-Störabstandes aufgegeben werden. Der Grund waren einerseits Geräusche der Klimaanlage - das Abschalten der Anlage führte zu `Knacken` der Holzverkleidung - andererseits erzeugten die meisten Instrumente einen zu geringen Schallpegel.

Bei den Aufnahmen zeigte sich, daß auch an die Musiker sehr hohe Anforderungen gestellt wurden. Es wurde ein hohes Maß an Musikalität bei ihrer

Darbietung gefordert, die Vermeidung von Nebengeräuschen, speziell am Anfang und Ende der Takes erforderte große Konzentration und Disziplin. Teilweise mußte die Spielweise den Erfordernissen der Aufnahme angepaßt werden, daß z. B. bei Bläsern das Einatmen nicht unmittelbar vor Beginn des Takes sondern einige Sekunden vorher erfolgte. Ein ebenso hohes Maß an Konzentration wurde auch vom Aufnahmeteam verlangt. Bei den gegebenen Abhörbedingungen im Regieraum waren für die Detektion von Störungen hochwertige geschlossene Kopfhörer zusätzlich erforderlich.

Die Aufnahmesituation wird anhand des Bildes (Abb. 1) für die beiden Instrumente Klavier und Violine veranschaulicht.

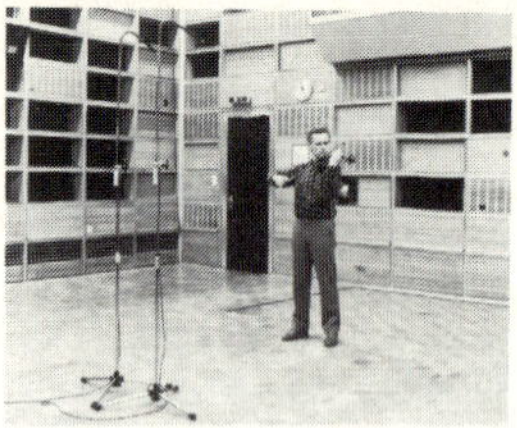

Abb. 1: Aufnahmesituation bei den speziell für die SQAM-CD produzierten Aufnahmen

Es wurden von jedem der ausgewählten 36 Einzelinstrumente und den Sängern ca. 25 Takes aufgenommen. Aus dem resultierenden Material von ca. 1000 Takes wurde in zeitaufwendigen Abhörsitzungen eine Vorauswahl getroffen. Die endgültige Auswahl der Takes für die SQAM-CD erfolgte durch die Ad-hoc-Arbeitsgruppe SQAM. Im allgemeinen wurde für jedes Einzelinstrument ein Arpeggio und eine melodische Phrase ausgewählt.

Die erforderlichen Editierarbeiten bei den speziell für die SQAM-CD produzierten sowie den übrigen Aufnahmen wurden mit einem digitalen Schneidesystem (SONY DAE-1100 / U-matic DMR 4000) durchgeführt. Speziell das Editieren der Aufnahmen der Einzelinstrumente und Gesangstimmen war wegen der großen Anzahl der ausgewählten Takes (75), der für jeden Take erforderlichen Blendvorgänge und der Erstellung der Sequenz A-A mit definierten Pausen als Hilfe für die Durchführung von A-B-A-B-Vergleichen sehr zeitintensiv. Dabei erwiesen sich die Ausblendvorgänge, die bei dem verwendeten Schneidesystem mit einem digitalen Pegelsteller realisiert werden, als besonders kritisch. Die Ausblendvorgänge mußten in den meistens Fällen sehr schnell nach dem Abklingen des Signals erfolgen, da sonst Geräusche (`Rauschfahnen`), die durch das Ausblenden des Raumgeräusches entstanden, wahrnehmbar wurden. Auch bei diesen Arbeiten war das Abhören mit hochwertigen geschlossenen Kopfhörern unerläßlich.

3.3 Sprache

Sprachaufnahmen gehören zu den wichtigsten Testsignalen. Da uns der Klang der menschlichen Stimme besonders vertraut ist, sind Spachaufnahmen sehr gut geeignet, um damit Veränderungen des Signals durch eine Übertragung wahrzunehmen. Bei den Sprachaufnahmen der SQAM-CD - in den 3 Sprachen Englisch, Französisch und Deutsch, jeweils weibliche und männliche Sprache gesprochen von einer professionellen Sprecherin bzw. einem professsionellem Sprecher - wurde deutlich, daß die Aufnahme selbst schon ein nicht zu unterschätzendes Problem darstellt. Alle Sprachaufnahmen mußten ein zweites Mal aufgenommen werden, da sie Qualität der ersten Aufnahme als nicht ausreichend angesehen wurde. Erst nachdem vereinbahrt worden war, die Sprache unter Bezug auf [9] einheitlich in einem nachhallarmen Studio unter Verwendung eines Mikrofons mit möglichst nierenförmiger Richtcharakteristik mit einem Abstand Mikrofon-Sprecher von ca. 40 cm aufzunehmen, entstanden die auf der SQAM-CD enthaltenen Sprachaufnahmen. Im Falle der deutschen Sprache wurden die Aufnahmen sogar in einem reflexionsarmen Raum durchgeführt. Der Sprecherin und dem Sprecher wurden dadurch eine große Sprechanstengung abverlangt.

4. Einsatz der SQAM-CD

4.1 Wiedergabelautstärke

Bei vielen Hörtests ist der Schallpegel, mit dem die Testsignale dargeboten werden, als Einflußparameter anzusehen. Es ist deshalb von großer Bedeutung, den dargebotenen Schallpegel im Rahmen der Versuchsbedingungen anzugeben. Bei Einzelinstrumenten, Gesangstimmen, Sprache und kleineren Ensembles ist anzustreben, diese mit der Originallautstärke bzw. dem Originalschallpegel zu reproduzieren. Das sind die Lautstärke, bzw. der Schallpegel, die an einem fiktiven Hörerort im Aufnahmeraum geherrscht haben und bei der Reproduktion am Abhörort wiederhergestellt werden. Bei der Reproduktion von Orchesteraufnahmen in kleineren Räumen läßt sich die Originallautstärke meistens nicht realisieren; bei vorwiegend synthetischer Musik, z. B. Popmusik, ist die Originallautstärke schwer definierbar. Für die Einzelinstrumente und den Gesang der SQAM-CD sind Hörerort und Mikrofonort etwa gleichzusetzen; bei der Sprache wurde eine Umrechnung auf einen Abstand zum Sprecher von etwa 2 m vorgenommen.

Um die Reproduktion der auf der SQAM-CD enthaltenen Aufnahmen von Einzelinstrumenten, Gesangstimmen und Sprache in Originallautstärke zu ermöglichen, wird für jedes Testsignal ein Dämpfungswert in der Zusatzinformation [6] angegeben (vergl. Anhang), der bei der Reproduktion dieses Signals einzustellen ist. Diese Dämpfungswerte entsprechen den unterschiedlichen Verstärkungswerten bei der Aufnahme der einzelnen Instrumente, die gewählt wurden, um den zur Verfügung stehenden Systemdynamikbereich voll zu nutzen (vergl. 3.2). Durch die Einstellung der entsprechenden Dämpfungswerte bei der Reproduktion können zunächst die originalen Lautstärkeunterschiede zwischen den Instrumenten am Ort des Aufnahmemikrofons wiederhergestellt werden.

Der Bezug zur Originallautstärke wird durch das bandbegrenzte rosa Rauschen der SQAM-CD (Track 2) hergestellt. Wird die Wiedergabeeinrichtung – bezogen auf einen Dämpfungswert von 0 dB – so eingepegelt, daß bei der Reproduktion des Rauschens am Abhörort ein Schalldruckpegel von 60 dB(A) gemessen wird, erfolgt die Reproduktion der Einzelinstrumente, Gesangstimmen und der Sprache – bei Einstellung der entsprechenden Dämpfungswerte – mit einem Schallpegel am Abhörort, der etwa dem entsprechenden Schallpegel der jeweiligen Schallquelle bei der Aufnahme im Aufnahmeraum am Ort des Mikrofons entspricht, also mit Originallautstärke. Dies bezieht sich auf die Lautsprecherwiedergabe. Erfolgt die Darbietung mit Kopfhörern, so ist der Bezug anhand eines ausgewählten Testbeispiels mit Hilfe eines Lautstärkevergleichs entsprechend [4] herzustellen.

Das Rauschsignal der SQAM-CD gestattet es darüber hinaus, einen Bezug zur Abhörlautstärke bei Verwendung beliebiger in subjektiven Tests verwendeten CD-Ausschnitten herzustellen. Dazu ist bei der gewählten Wiedergabelautstärke eines beliebigen CD-Ausschnittes das Rauschen der SQAM-CD zu reproduzieren und der am Abhörort gemessene Schallpegel z. B. in dB(A) zu messen und anzugeben. Bei Kenntnis dieses Wertes läßt sich unter Verwendung der SQAM-CD und der CD, aus der ein spezielles Testsignal gewählt wurde, die Abhörlautstärke exakt reproduzieren.

4.2 Empfohlene Applikationen

Die EBU-Publikation [6] gibt Hinweise für die Auswahl von Testsignalen im Hinblick auf die Detektion von speziellen Störungen, die durch ein zu untersuchendes Audiosystem erzeugt werden können (vergl. Anhang). Diese Hinweise basieren auf Erfahrungen, die mit den entsprechenden Testsignalen in Hörtests gewonnen wurden. Es sollte darauf hingewiesen werden, daß andere Anwendungen denkbar sind. Es ist auch nicht auszuschließen, daß ein Audiosystem, das bei Verwendung des gesamtem Testmaterials der SQAM-CD keine wahrnehmbare Beeinträchtigung zeigt, nicht auf andere - auf der SQAM-CD nicht enthaltene Testsignale - empfindlich reagiert. Die in der EBU-Publikation [6] aufgeführten und erläuterten Qualitätsparameter sind:

- A/D- und D/A-Linearität
- Aliasing-Verzerrungen
- Bitfehler
- Bitratenreduktion
- Dynamikbereich
- Frequenzgang
- Übersteuerung nach Processing
- Programm-moduliertes Rauschen
- Stereofone Abbildung

5. Schlußbemerkung

Erste Erfahrungen mit der EBU-SQAM-CD haben gezeigt, daß das darauf gespeicherte Testmaterial den hohen Anforderungen an Testsignale für subjektive Tests gerecht wird. Spezielle Signale haben sich z. B. als besonders kritisch erwiesen bei der Beurteilung von D/A-Wandlern in CD-Spielern, bei der Qualitätsbeurteilung von digitalen Audiosystemen unter Verwendung von Bitratenreduktionstechniken oder in der Raumakustik bei der Beurteilung von frühen Raumreflexionen.

Beim Einsatz der SQAM-CD sollte insbesondere bei den speziell für diese CD produzierten Aufnahmen (Einzelinstrumente, Gesang und Sprache) beachtet werden, daß diese Testsignale wegen der Pegelanpassung bei der Aufnahme separat zu betrachten sind. Das heißt, in der Regel werden einzelne Testsignale für einen bestimmten Anwendungsfall ausgewählt. Diese werden, nachdem sie das Testobjekt durchlaufen haben, mit individuellem Abhörpegel im Hörtest dargeboten. Es sollte vermieden werden, die SQAM-CD als Signalquelle zu benutzen und eine fortlaufende Qualitätbeurteilung eines Audiosystems vorzunehmen, ohne den Abhörpegel jeweils zu korrigieren. Für einen solchen Anwendungsfall oder für den Fall, daß keine definierte Pegelkorrektur während einer Darbietung möglich ist, wäre als Ergänzung zur SQAM-CD eine CD wünschenswert mit identischem Testmaterial, bei dem die Korrektur der Abhörpegel bereits berücksichtigt wurde. Dies entspräche einer Aufnahme mit jeweils konstanter Verstärkung der Mikrofonsignale.

Es sollte angestrebt werden, die SQAM-CD als Standard-Testmaterial in die CCIR-Rec. 562 aufzunehmen. Damit könnte ein wesentlicher Beitrag geleistet werden, die Ergebnisse von Hörtests vergleichbar und reproduzierbar zu machen

Literaturverzeichnis:

[1] Recommendation 644: Audio quality parameters for the performance of a high-quality sound-programme transmissionchain. In: ITU/CCIR: Recommendations and reports of the CCIR, 1986. - Dubrovnik, 1986. - Vol. 10 - pt. 1, S. 292-298

[2] THEILE, G. ; LINK, M. ; STOLL, G.: Low-bit rate coding of high quality audio signals. AES < 82nd convention 1987 March 10-13 London > : Preprint 2432 (C-1)

[3] KRAHE, D.: Ein Verfahren zur Datenreduktion bei qualitativ hochwertigen digitalen Audiosignalen. In: Tonmeistertagung < 14, 1986, München > : Bericht, hrsg. vom Bildungswerk des Verbandes deutscher Tonmeister. K. G. Saur München, London, New York, Oxford, Paris, 1986, S. 434-445

[4] Recommendation 562-2: Subjective assessment of sound quality. In: ITU/CCIR: Recommendations and reports of the CCIR, 1986 - Dubrovnik, 1986. - Vol. 10 - pt. 1, S. 275 -279

[5] BERNATH, K. ; KRETZ, F. ; WOOD, D.: The EBU method of organising subjective tests of television picture quality. In: EBU Rev. Tech. No. 186 (April 1981), S. 66–75

[6] Sound quality assessment material. Recordings for subjective tests. – CD + User's handbook for the EBU-SQAM Compact Disc. – Doc. Tech. 3252, Brüssel, EBU Technical Center, 1988

[7] JAKUBOWSKI, H. ; SPIKOFSKI, G.: SQAM – Eine UER-CD zur subjektiven Qualitätsbeurteilung von Audiosignalen. In: Rundfunktech. Mitt. 32 (1988), H. 1, S. 1–5

= JAKUBOWSKI, H. ; SPIKOFSKI, G.: SQAM – The EBU Compact Disc for subjective assessments of audio systems. In: EBU Rev. Tech. No. 227 (Februar 1988), S. 3–7

[8] THEILE, G.: Hauptmikrofon und Stützmikrofone – neue Gesichtspunkte für ein bewährtes Aufnahmeverfahren. In: Tonmeistertagung < 13, 1984, München > : Bericht, hrsg. vom Bildungswerk des Verbandes deutscher Tonmeister. Berlin 1984, S. 170–184

[9] SPIKOFSKI, G. ; HILBIG, A.: Beurteilung von Mono- und Stereoaufnahmen aus unterschiedlichen Sprecherstudios. In: Tonmeistertagung < 14, 1986, München > : Bericht, hrsg. vom Bildungswerk des Verbandes deutscher Tonmeister. K. G. Saur München, London, New York, Oxford, Paris, 1986, S. 203–215

Anhang

Inhalt der EBU-SQAM-CD [6]

Track information								Suggested Applications (see p.13)								
Track number	Index number	Duration	Contents	Number of takes	Mono (M)/Stereo (S)	Attenuation (dB)	Notes (see p.10)	A/D & D/A conversion	Aliasing distortion	Bit errors	Bit-rate reduction	Dynamic range	Frequency response	Overload after processing	Programme-modulated noise	Stereophonic image
Alignment signals																
01	01	0:34	Sine wave, 1 kHz -20 dB	1	M		1	.	.	.	.	.	.	.	.	.
01	02	0:34	Sine wave, 1 kHz -10 dB	1	M		1	.	.	.	.	.	.	.	.	.
01	03	0:34	Sine wave, 1 kHz 0 dB	1	M		1	.	.	.	.	.	.	.	.	.
02	01	0:49	Band-limited pink noise	1	S	0	2 & 3	.	.	.	.	.	.	.	.	.
Artificial signals																
03	01	0:27	Electronic gong 100 Hz	4	M		1	X	.	.	X	.	.	.	.	.
04	01	0:27	Electronic gong 400 Hz	4	M		1	X	.	.	X	.	.	.	.	.
05	01	0:28	Electronic gong 5 kHz	4	M		1	X	.	.	X	.	.	X	.	.
06	01	0:23	Electronic gong 500 Hz, vibrato	4	M		1	X	.	.	X	.	.	X	X	.
07	01	0:35	Electronic tune (Frère Jacques)	4	M		2	X	.	.	X	.	.	.	X	.

Abbreviations:

arp. : arpegio
m.p. : melodious phrase
s.t. : single tone

Track information								Suggested Applications (see p.13)								
Track number	Index number	Duration	Contents	Number of takes	Mono (M)/Stereo (S)	Attenuation (dB)	Notes (see p.10)	A/D & D/A conversion	Aliasing distortion	Bit errors	Bit-rate reduction	Dynamic range	Frequency response	Overload after processing	Programme-modulated noise	Stereophonic image
Single instruments																
08	01	0:29	Violin arp.	2	S	21	4	.	.	.	.	.	.	.	.	.
08	02	0:42	Violin m.p.	2	S	21	4	.	.	.	.	.	.	.	.	.
09	01	0:30	Viola arp.	2	S	27	4	.	.	.	.	.	.	.	.	.
09	02	0:26	Viola m.p.	2	S	27	4	.	.	.	.	.	.	.	.	.
10	01	0:37	Violoncello arp.	2	S	15	4	.	.	.	.	.	.	.	.	.
10	02	0:37	Violoncello m.p.	2	S	15	4	.	.	.	.	.	.	.	.	.
11	01	0:31	Double-bass arp.	2	S	21	4	.	.	.	.	.	.	.	X	.
11	02	0:35	Double-bass m.p.	2	S	21	4	.	.	.	.	.	.	.	X	.
12	01	0:27	Piccolo m.p.	2	S	15	4	.	.	.	.	.	.	.	.	.
13	01	0:17	Flute arp.	2	S	21	4	.	.	.	.	.	.	.	.	.
13	02	0:29	Flute m.p.	2	S	21	4	.	.	.	.	.	.	.	.	.
14	01	0:24	Oboe arp.	2	S	21	4	.	.	.	.	.	.	.	.	.
14	02	0:25	Oboe m.p.	2	S	21	4	.	.	.	.	.	.	.	.	.
15	01	0:24	Cor anglais arp.	2	S	21	4	.	.	.	.	.	.	.	.	.
16	01	0:19	Clarinet arp.	2	S	21	4	.	X	.	.	.	.	.	.	.
16	02	0:20	Clarinet m.p.	2	S	21	4	.	X	.	.	.	.	.	.	.
17	01	0:23	Bass-clarinet arp.	2	S	21	4	.	.	.	.	.	.	.	.	.
18	01	0:19	Bassoon arp.	2	S	21	4	.	.	.	.	.	.	.	.	.
18	02	0:19	Bassoon m.p.	2	S	21	4	.	.	.	.	.	.	.	.	.
19	01	0:22	Contra-bassoon arp.	2	S	21	4	.	.	.	.	.	.	.	.	.
20	01	0:15	Saxophone arp.	2	S	12	4	.	.	.	.	.	.	.	.	.
20	02	0:24	Saxophone m.p.	2	S	12	4	.	.	.	.	.	.	.	.	.
21	01	0:13	Trumpet arp.	2	S	6	4	.	X	.	.	.	.	.	.	.
21	02	0:23	Trumpet m.p.	2	S	6	4	.	X	.	.	.	.	.	.	.
22	01	0:17	Trombone arp.	2	S	9	4	.	.	.	.	.	.	.	.	.
22	02	0:23	Trombone m.p.	2	S	9	4	.	.	.	.	.	.	.	.	.
23	01	0:13	Horn arp.	2	S	12	4	.	.	.	.	.	.	.	.	.
23	02	0:31	Horn m.p.	2	S	12	4	.	.	.	.	.	.	.	.	.
24	01	0:26	Tuba arp.	2	S	12	4	.	.	.	.	.	.	.	.	.
24	02	0:23	Tuba m.p.	2	S	12	4	.	.	.	.	.	.	.	.	.
25	01	0:34	Harp arp.	2	S	21	4	.	.	.	.	.	.	.	.	.
25	02	0:34	Harp m.p.	2	S	21	4	.	.	.	.	.	.	.	.	.
26	01	0:18	Claves s.t.	2	S	6	4	.	.	.	.	.	.	.	.	.
26	02	0:21	Claves s.t., rhythm	2	S	6	4	.	.	.	.	.	.	.	X	.
27	01	0:20	Castanets s.t., rhythm	2	S	6	4	.	.	.	.	.	.	.	.	.
28	01	0:18	Side drum s.t.	2	S	6	4	.	.	.	.	.	.	.	.	.
28	02	0:19	without snares roll	2	S	6	4	.	.	.	.	.	.	.	.	.
28	03	0:17	Side drum s.t.	2	S	6	4	.	.	.	.	.	.	.	.	.
28	04	0:22	with snares roll	2	S	6	4	.	.	.	.	.	.	.	.	.
29	01	0:24	Bass drum s.t.	2	S	0	4	.	.	.	.	.	.	.	.	.
30	01	0:26	Kettle-drums s.t.	2	S	0	4	.	.	.	.	.	.	.	.	.
31	01	0:34	Cymbal-soft stick s.t.	2	S	9	4	.	.	.	.	.	.	.	X	.
31	02	0:33	Cymbal-hard stick s.t.	2	S	9	4	.	.	.	.	.	.	.	X	.
31	03	0:35	Cymbal-soft stick roll	2	S	9	4	.	.	.	.	.	.	.	X	.
31	04	0:22	Cymbal s.t.	2	S	3	4	.	.	.	.	.	.	.	X	.
32	01	0:43	Triangles	2	S	18		.	X	X	X	.	.	.	.	.
32	02	0:31	Triangle roll	2	S	15	4	.	X	X	X	.	.	.	.	.
33	01	1:46	Gong s.t. (forte)	2	S	6	4	.	.	.	.	.	.	.	X	.
33	02	1:42	Gong s.t. (piano)	2	S	30	4	.	.	.	.	.	.	.	X	.
33	03	0:58	Gong roll	2	S	6	4	.	.	.	.	.	.	.	.	.
34	01	0:27	Tubular bells m.p.	2	S	15	4	.	.	.	.	.	.	.	.	.
35	01	0:35	Glockenspiel arp.	2	S	15	4	.	.	.	X	.	.	.	.	.
35	02	0:24	Glockenspiel m.p.	2	S	15	4	.	.	.	X	.	.	.	.	.
36	01	0:26	Xylophone s.t.	2	S	9	4	.	.	.	.	.	.	.	.	.
36	02	0:24	Xylophone m.p.	2	S	9	4	.	.	.	.	.	.	.	.	.
37	01	0:15	Vibraphone arp.	2	S	18	4	.	.	.	.	.	.	.	.	.
38	01	0:21	Marimba s.t.	2	S	6	4	.	.	.	.	.	.	.	.	.

Track number	Index number	Duration	Contents		Number of takes	Mono (M)/Stereo (S)	Attenuation (dB)	Notes (see p 10)	A/D & D/A conversion	Aliasing distortion	Bit errors	Bit-rate reduction	Dynamic range	Frequency response	Overload after processing	Programme-modulated noise	Stereophonic image
Track information									**Suggested Applications** (see p 13)								
39	01	0:20	Grand piano	arp.	2	S	15	4	.	.	.	X	.	.	.	X	.
39	02	0:42	Grand piano	s.t. (mez. forte)	2	S	15	4	X	.	.	X	.	.	.	X	.
39	03	0:48	Grand piano	s.t. (fortissimo)	2	S	15	4	X	.	.	X	.	.	.	X	.
39	04	0:27	Grand piano	m.p.	2	S	15	4	.	.	.	X	.	.	.	X	.
40	01	0:23	Harpsichord	arp.	2	S	21	4	.	.	.	.	.	.	.	.	.
40	02	0:30	Harpsichord	m.p.	2	S	21	4	.	.	.	.	.	.	.	.	.
41	01	0:16	Celesta	arp.	2	S	21	4	.	.	.	.	.	.	.	.	.
41	02	0:28	Celesta	s.t.	2	S	21	4	.	.	.	.	.	.	.	.	.
41	03	0:22	Celesta	m.p.	2	S	21	4	.	.	.	.	.	.	.	.	.
42	01	0:22	Accordion	m.p.	2	S	15	4	.	.	.	.	.	.	.	.	.
43	01	0:26	Organ	arp.	2	S	18	4	.	.	.	.	.	.	.	.	.
43	02	0:26	Organ	m.p.	2	S	18	4	.	.	.	.	.	.	.	.	.
43	03	0:36	Organ	m.p. (full organ)	2	S	12	4	.	.	.	.	.	.	.	.	.
Vocal																	
44	01	0:28	Soprano		2	S	21	4	.	.	.	.	.	.	.	.	.
45	01	0:30	Alto		2	S	21	4	.	.	.	.	.	.	.	.	.
46	01	0:29	Tenor		2	S	21	4	.	.	.	.	.	.	.	.	.
47	01	0:30	Bass		2	S	21	4	.	.	.	.	.	.	.	.	.
48	01	0:28	Quartet		2	S	21	4	.	.	.	.	.	.	.	.	.
Speech																	
49	01	0:23	Female speech	English	1	M	25	5	.	.	.	.	.	.	.	.	.
50	01	0:22	Male speech	English	1	M	25	5	.	.	.	.	.	.	.	.	.
51	01	0:21	Female speech	French	1	M	25	6	.	.	.	.	.	.	.	.	.
52	01	0:24	Male speech	French	1	M	25	6	.	.	.	.	.	.	.	.	.
53	01	0:21	Female speech	German	1	M	25	7	.	.	.	.	.	.	.	.	.
54	01	0:21	Male speech	German	1	M	25	7	.	.	.	.	.	.	.	.	.
Solo instruments																	
55	01	0:32	Trumpet	Haydn	1	S		9	.	.	X	.	.	.	.	.	.
56	01	0:34	Organ	Handel	1	S		10	.	.	.	.	.	.	.	.	.
57	01	0:20	Organ	Bach	1	S		11	.	X	.	.	.	.	.	.	.
58	01	0:16	Guitar	Sarasate	1	S		12	.	X	.	.	.	.	X	X	.
59	01	0:29	Violin	Ravel	1	S		13	.	.	.	.	.	.	.	.	.
60	01	1:32	Piano	Schubert	1	S	9	4	X	.	X	X	X	.	.	X	.
Vocal & Orchestra																	
61	01	2:59	Soprano	Mozart	1	S		14	.	.	.	.	.	X	X	.	.
62	01	0:31	Soprano	Spiritual	1	S		15	.	.	.	.	.	X	.	.	.
63	01	0:57	Soloists	Verdi	1	S		16	.	.	.	.	.	X	.	.	X
64	01	0:31	Choir	Orff	1	S		17	.	.	.	.	.	X	.	.	.
Orchestra																	
65	01	1:52	Orchestra	R. Strauss	1	S		18	.	.	.	X	X	X	.	.	.
66	01	0:18	Wind ensemble	Stravinsky	1	S		19	.	X	.	X	.	X	.	.	.
67	01	1:22	Wind ensemble	Mozart	1	S		20	.	.	.	.	.	.	.	.	.
68	01	2:44	Orchestra	Baird	1	S		2&8	.	.	.	.	X	.	.	.	.
Pop Music																	
69	01	0:33	ABBA		1	S		21	.	.	.	X	.	.	.	.	X
70	01	0:21	Eddie Rabbitt		1	S		22	.	.	.	.	.	.	X	X	.

Wolfram Gerber und Horst Jakubowski:

Störpegelverhalten analoger Tonstudiomischpulte - Gedanken zu einem neuen ARD-Pflichtenheft 3/5

1. Allgemeines

In Anbetracht des gestiegenen Signal/Rauschabstandes moderner Tonträgerverfahren - analoge Magnettonaufzeichnung mittels Kompander und digitale Tonsignalspeicherung auf Magnetband oder Compact Disc - ist es an der Zeit, die Anforderungen an Tonstudiomischpulte neu zu untersuchen und zu definieren. Dies hat sich die "ARD-Arbeitsgruppe 3/5" zum Ziel gesetzt, die sich z.Zt. darüberhinaus mit der gesamten Problematik von Tonregieanlagen auseinandersetzt und erste Entwürfe für ein neues Pflichtenheft 3/5 "Tonregieanlagen" vorgelegt hat. Zwei Parameter daraus sollen näher betrachtet werden, da sie besonders geeignet sind, die Übertragungsqualität von Tonregieanlagen zu beschreiben: "Betriebskennlinie" und "Systemrauschen".

Zunächst soll für den allgemeinen Nachrichtentechniker erwähnt werden, daß in der Tonstudiotechnik der Signal/Rauschabstand der Geräte und Anlagen einer standardisierten Bewertung nach CCIR-Rec. 468-3 bzw. DIN 45405 unterzogen wird, der dann als Störpegelabstand (früher: Geräuschspannungsabstand) bezeichnet wird.

Zur Festlegung des zu fordernden Störpegelabstandes für Tonregieanlagen ist es notwendig, sich mit dem Störpegelverhalten der einzelnen Komponenten eines Mischpultes zu befassen, um dann eine Aussage über das Gesamtverhalten dieser Anlage zu ermöglichen. Für die Untersuchungen ist es dabei von sekundärer Bedeutung, ob die Mischpulte manuell oder digital gesteuert, ob diskrete Bauelemente, Operationsverstärker, VCAs u.a. verwendet werden. Maßgebend sollte immer die Erzielung bester Qualität sein, wobei allerdings die aus solchen Untersuchungen abgeleiteten Pflichtenheftsforderungen mit wirtschaftlichen Fertigungsmethoden verträglich sein müssen.

Um dem Entwickler eines Mischpultes für sein Konzept keine Zwänge aufzuerlegen, ist der bisherige Aufbau des Pflichtenheftes 3/5 (AK3-Konzept) verlassen worden. Das Tonstudiomischpult wird nun trotz seines komplexen Aufbaues als eine Art "Black-Box" angesehen, d.h. es werden alle Messungen, Beurteilungen und Berechnungen nur auf die Eingänge und Ausgänge des Mischpultes bezogen.

2. Definitionen

Das Störpegelverhalten eines Tonstudiomischpultes läßt sich qualitativ recht gut durch zwei Kriterien beschreiben, nämlich das Systemrauschen und die Betriebskennlinie.

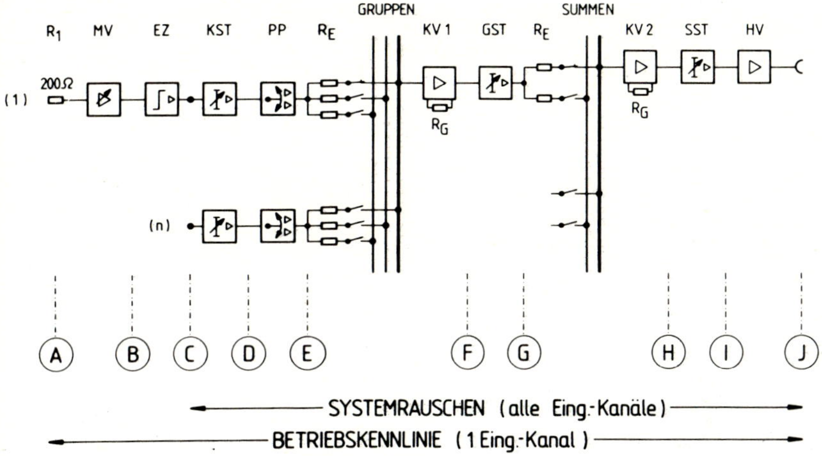

Bild 1: Hauptsignalweg einer Tonregieanlage (Blockbild, Prinzip). Störpegeladdition von A (Mikrofonverstärker) bis J (Mischpultausgang).

Anhand von Bild 1 sollen die beiden Definitionen erläutert werden:
Das Bild zeigt als Beispiel ein mögliches Konzept mit Signalweg und Komponenten einer Tonregieanlage. Es ist lediglich ein Mikrofon-Eingangskanal dargestellt. Der Signalweg führt weiter über eine aufgeschaltete Gruppe und eine aufgeschaltete Summe zum Ausgang des Mischpultes. Das Störpegelverhalten dieses Signalweges wird durch die Betriebskennlinie dargestellt, die jedoch anders definiert ist als im jetzt noch gültigen Pflichtenheft 3/5:

Der Mikrofonverstärker MV ist mit R_1 = 200 Ohm abgeschlossen. Alle Steller dieses einen durchzuschaltenden Signalweges (z.B. mit Kanalsteller KST, Gruppensteller GST und Summensteller SST) befinden sich in Normalstellung (v = 0 dB). Das Pan.-Pot (PP) wird auf den zu messenden Kanal geschaltet, Entzerrer (EZ), Limiter usw. werden auf "linear" gestellt, aber nicht überbrückt. Der zu betrachtende Kanal der Tonregieanlage hat somit einschließlich Mikrofonverstärker eine Gesamtverstärkung von v = 0 dB. Von dieser Position ausgehend wird die Verstärkung des Mikrofonverstärkers sukzessive erhöht und der Störpegel am Ausgang des Mischpultes gemessen. Die punktweise ermittelte Kurve wird als Betriebskennlinie bezeichnet.

Das Systemrauschen einer Tonregieanlage dagegen soll das Störpegelverhalten a l l e r Eingangskanäle vom Kanalsteller an erfassen. Dazu werden alle Eingangskanäle des Mischpultes auf einen Ausgangskanal geführt, wobei die Kanalsteller auf maximale Dämpfung gebracht werden, ohne daß eine eventuell vorhandene "Mute"-Schaltung in Funktion tritt. Alle Pan.-Pots werden auf den zu messenden Ausgangskanal geführt. Die weiteren Komponenten im Signalweg sind wie bei der Ermittlung der Betriebskennlinie einzustellen.

In praxi wird das Störpegelverhalten analoger Tonstudiomischpulte entscheidend durch Mikrofonverstärker und Knotenpunkte bestimmt. Aus diesem Grunde soll im folgenden auf diese beiden Einzelkomponenten besonders eingegangen werden, weil sich aus ihnen ganz wesentlich auch die Anforderungen an ein analoges Tonstudiomischpult ableiten lassen.
Für alle Betrachtungen gilt die Pflichtenheftforderung einer Aussteuerungsreserve von 16 dB, was entscheidenden Einfluß auf den erzielbaren Störpegelabstand hat.

3. Knotenpunkt

Qualität und Aufwand von Tonregieanlagen konnte durch die Einführung von 0-Ohm-Knotenpunktverstärkern entscheidend verbessert werden. Die Firma ANT (vormals Telefunken) kam als erste etwa im Jahre 1968 mit der Entwicklung eines 0-Ohm-Verstärkers auf den Markt. Sie stellte die Vorteile und die theoretischen Zusammenhänge dieser neuen Technik überzeugend heraus. Inzwischen gibt es eine Vielzahl von Tonmischpulten in 0-Ohm-Knotenpunkt-Technik verschiedenster Hersteller. Im Rahmen dieser Arbeit soll nur das Störpegelverhalten von Mischpulten in 0-Ohm-Technik erörtert werden.

Bild 2 zeigt das Grundprinzip eines 0-Ohm-Verstärkers. Sein Rauschverhalten wird wesentlich durch seinen Verstärkungsfaktor bestimmt.

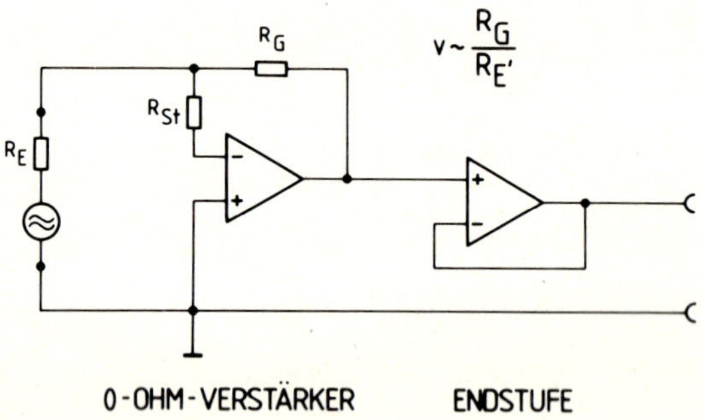

Bild 2: Prinzip eines 0-Ohm-Verstärkers (vereinfachte Darstellung)

Für die Verstärkung v gilt:

$$v \sim \frac{R_G}{R_E'} \quad , \qquad (1)$$

wobei $R_E' = R_E/n$ ist, wenn n die Zahl der aufgeschalteten Kanäle darstellt.

Die Zuschaltung von Eingangskanälen wirkt sich als entsprechende Parallelschaltung weiterer Widerstände R_E aus.
Zur Darstellung des Rauschverhaltens eines Verstärkers wird hier das Verstärkerrauschen - wie häufig üblich - auf den Eingang bezogen und durch einen äquivalenten Rauschwiderstand R_{st} ersetzt (siehe Bild 2). R_{st} rauscht nach Nyquist mit

$$U_r = \sqrt{4 \cdot K \cdot T \cdot \Delta f \cdot R_{st}} \quad , \qquad (2)$$

wobei K die Boltzmann-Konstante, T die absolute Temperatur und Δf die Bandbreite ist. Bezogen auf 0 dB_u = 0.775 V und unter Berücksichtigung eines Korrekturfaktors von + 13 dB für die Bewertung des Rauschens nach CCIR-Rec. 468-3 ergibt sich bei $R_E = R_G$ für die Eingangsstufe des 0-Ohm-Verstärkers bei n rauschfreien Quellen ein bewerteter Störpegel in dBqp von:

$$p_{stb} = \left\{ 10 \cdot \lg \left[\frac{4 \cdot K \cdot T \cdot \Delta f}{0{,}775^2} \cdot (n + 1)(R_G + R_{st}(n + 1)) \right] \right\} + 13 \qquad (3)$$

Der Index "q" steht für "Quasi-Peak" und das "p" für "ponderé" = bewertet.

Die nächsten beiden Bilder zeigen das Störpegelverhalten eines 0-Ohm-Verstärkers mit R_{st} (Bild 3) und $R_E = R_G$ (Bild 4) als Parameter in Abhängigkeit von der Kanalzahl n.

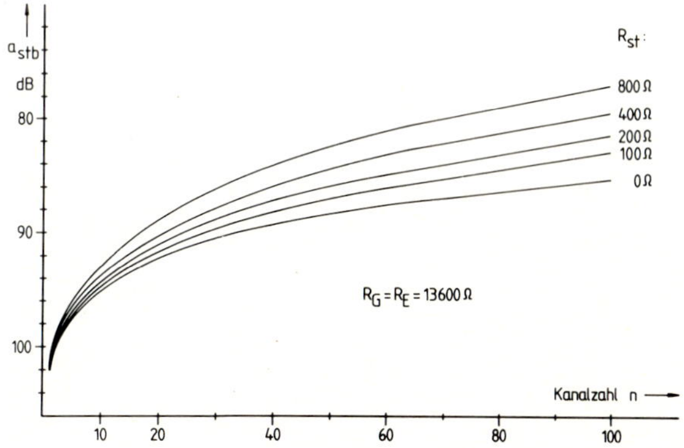

Bild 3: Störpegelverhalten eines 0-Ohm-Verstärkers ohne Ausgangsstufe als Funktion der Kanalzahl n. Parameter: R_{st}

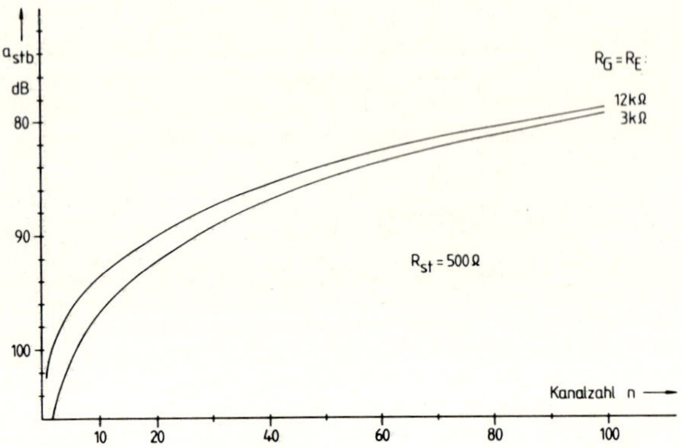

Bild 4: Störpegelverhalten eines 0-Ohm-Verstärkers ohne Ausgangsstufe als Funktion der Kanalzahl n. Parameter: $R_E = R_G$

Für die Praxis ist ferner das zusätzliche Rauschen der Ausgangsstufe des 0-Ohm-Verstärkers zu berücksichtigen, was sich bei guten Verstärkern nur im Bereich von sehr kleinem n auswirkt.

4. Systemrauschen

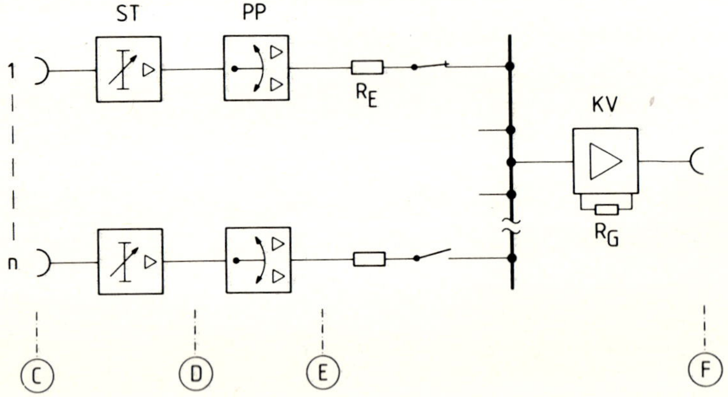

Bild 5: 0-Ohm-Knotenpunkt (Blockbild, Prinzip) Störpegeladdition von D bis F in Abhängigkeit von der Kanalzahl n.

Gemäß Bild 5 setzt sich das Gesamtrauschen im Knotenpunkt aus dem 0-Ohm-Verstärkerrauschen und dem Rauschen der aufgeschalteten Kanäle zusammen. Es wirkt somit beim Systemrauschen die Ausgangsstufe des aktiven Kanalstellers (KST) und möglicherweise des aktiven Pan.-Pot. (PP) eines jeden Eingangskanals auf den Eingang des 0-Ohm-Verstärkers (KV 1) für die Gruppenzuordnung.

Bei n gleichen Eingangskanälen tritt hierbei eine Störpegelzunahme gegenüber dem einzelnen Eingangskanal von $\Delta p = 10 \cdot \lg n$ auf. Dieser Störpegel der Eingangskanäle addiert sich zu dem Störpegel des 0-Ohm-Verstärkers mit n rauschfreien Quellen. Maßgebend ist der Störpegel am Ausgang des Mischpultes, so daß noch weitere Komponenten im Signalweg ihren Beitrag leisten. Der Gesamtstörpegel des in Bild 1 dargestellten Mischpultkonzeptes ergibt sich somit in dBqp zu

$$\sum p_{stb} = 10 \lg \left[(10^{\frac{p_D}{10}} + 10^{\frac{p_E}{10}}) n + (10^{\frac{p_{F(n)}}{10}} + 10^{\frac{p_G}{10}} + \ldots + 10^{\frac{p_J}{10}}) \right] \tag{4}$$

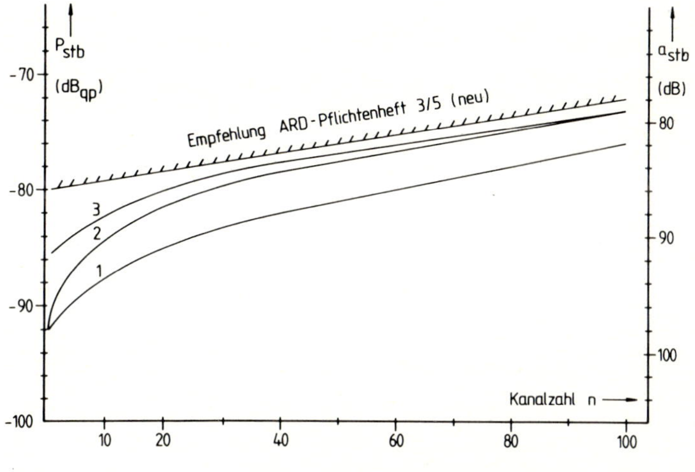

Bild 6: Systemrauschen einer Tonregieanlage (gemessen und berechnet) sowie empfohlene Pflichtenheft-Grenzkurve.
Kurve 1: Bewerteter Störpegel eines 0-Ohm-Verstärkers mit n rauschfreien Eingängen (1. Knotenpunkt)
Kurve 2: wie 1, aber mit aktiven Stellern und Pan.-Pots
Kurve 3: wie 2, jedoch am Ausgang des Mischpultes.

Damit ist das Systemrauschen mathematisch beschrieben. Bild 6 stellt den Bezug zur Praxis her:
Kurve 1 zeigt das gemessene Störpegelverhalten eines 0-Ohm-Verstärkers mit n rauschfreien Eingängen. Kurvenform und -verlauf stimmen recht gut mit den Berechnungen entsprechend Gleichung (3) überein. Kurve 2 ergibt sich aus der Addition von Kurve 1 und dem mit 10 · lg n ansteigenden Störpegel der zugeschalteten Eingangskanäle. Kurve 3 schließlich stellt das Rauschen am Ausgang des Mischpultes dar, d.h. es sind die Störpegel der nach dem 1. Knotenpunkt folgenden Komponenten wie Gruppensteller, Summenknotenpunkt (n = 1), Summensteller und Hauptverstärker des Signalweges aufaddiert.

Kurve 3 zeigt ferner, daß bei guter Studioqualität der größte Störpegel am 1. Knotenpunkt (Gruppenanwahl) entsteht (Kurve 2) und die danach folgenden Mischpultkomponenten nur bei kleinen Kanalzahlen n den Gesamtstörpegel des Mischpultes merkbar beeinflussen. In Bild 6 ist außerdem die von der Arbeitsgruppe vorgeschlagene Grenzkurve dargestellt. Diese Grenzkurve gibt kein physikalisches Verhalten wieder, sondern gesteht Mischpulten mit niedriger Kanalzahl bewußt einen größeren Systemrauschwert zu. Durch Master-Slave-Technik können Baugruppen im Signalweg eingespart werden, womit sich die Möglichkeiten zur Einhaltung der Pflichtenheftforderungen weiter verbessern.

5. Mikrofonverstärker

Wie beim 0-Ohm-Verstärker so wird auch beim Mikrofonverstärker der Störpegel auf den Eingang bezogen, um so eine bessere qualitative Aussage machen zu können. Bei der Störpegelmessung wird der Mikrofonverstärker - wie bereits erwähnt - definitionsgemäß mit R_1 = 200 Ohm abgeschlossen.
Nach Nyquist und unter Berücksichtigung eines Korrekturwertes für die Bewertung ergibt sich der Störpegel in dBqp zu

$$p_{1stb} = (10 \cdot \lg \frac{4 \cdot K \cdot T \cdot \Delta f \cdot R_1}{0{,}775^2}) + 13 \qquad (5)$$

Mit R_1 = 200 Ohm, t = 21° C und Δf = 15 kHz erhält man einen bewerteten Störpegel von $p_{1stb\ 200} = -118\ dB_{qp}$.

Dies ist die physikalische Grenze. Da die Messung des Störpegels am Verstärkerausgang erfolgt, gilt:

$$p_{2stb} = p_{1stb} + v_{(dB)} \qquad (6)$$

Auf den Eingang bezogen wird dann entsprechend:

$$p_{1stb} = p_{2stb} - v_{(dB)} \qquad (6a)$$

Der theoretische Grenzwert von p_{1stb} = - 118 dBqp entsprechend Gleichung (6a) wird nur bei großer Verstärkung annähernd erreicht, da dann das durch den Eingangsabschlußwiderstand (R_1) von 200 Ohm ausgelöste Rauschen gegenüber dem verstärkereigenen Rauschen überwiegt. Somit wird nach höheren Verstärkungen hin der Störpegel einer Tonregieanlage maßgeblich durch die Mikrofonverstärkung bestimmt.
Die Qualität guter Mikrofonverstärker zeigt sich aber insbesondere bei geringerer Verstärkung, wie sie in praxi heute vorwiegend genutzt wird. In diesem Bereich dominiert das verstärkereigene Rauschen. Ein meist vorhandener Verstärkungsfeinsteller, der im allgemeinen eine Verstärkungsänderung in der Endstufe des Mikrofonverstärkers bewirkt, hebt dann den Störpegel zusätzlich noch an.

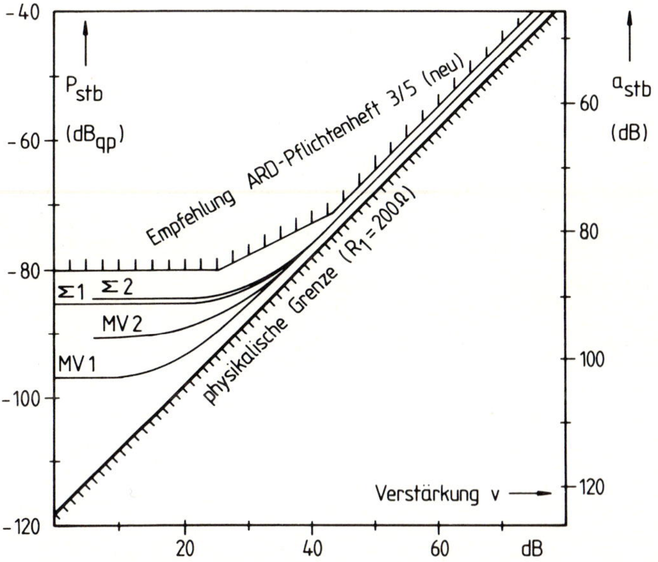

Bild 7: Betriebskennlinie einer Tonregieanlage (gemessen und berechnet) sowie empfohlene Pflichtenheft-Grenzkurve und physikalische Grenze
Kurve MV 1: Minimaler Störpegel des Mikrofonverstärkers
" MV 2: Maximaler Störpegel des Mikrofonverstärkers (angen. max. Feinverstärkung: 6 dB)
Kurve Σ 1: Betriebskennlinie, Gesamtstörpegel am Mischpultausgang mit MV 1
Kurve Σ 2: Betriebskennlinie, Gesamtstörpegel am Mischpultausgang mit MV 2.

Kurve MV 1 in Bild 7 zeigt das Störpegelverhalten eines guten Mikrofonverstärkers in Abhängigkeit von der Mikrofonverstärkung v, Kurve MV 2 dagegen das Störpegelverhalten, wenn ein vorhandener Verstärkungsfeinsteller auf bespielsweise 6 dB geschaltet ist.

Heute sind Störpegelabstände bei guten Mikrofonverstärkern von $a_{stb} \geq 100$ dB (bei v = 0 dB) realisierbar. Eine überschlägige Berechnung zeigt, daß ein wesentlich besserer Störabstand von Mikrofonverstärkern in analogen Mischpulten kaum noch nutzbar ist, weil sie nur e i n e von etlichen Störquellen innerhalb eines Mischpultes darstellen.

6. Betriebskennlinie

Das gesamte Rauschen eines Kanales vom Mikrofonverstärker über Gruppe und Summe bis hin zum Mischpultausgang ergibt die anfangs erläuterte Betriebskennlinie. Sie errechnet sich aus dem Störpegel der Einzelkomponenten eines Mischpultes entsprechend Bild 1 zu

$$\sum p_{stb} = 10 \cdot \lg(10^{\frac{p_{B(v)}}{10}} + 10^{\frac{p_C}{10}} + \ldots + 10^{\frac{p_J}{10}}) \qquad (7)$$

Die einzige Veränderliche in dieser Kette ist in P_B zu finden, dem verstärkungsabhängigen Rauschen des Mikrofonverstärkers. In den Knotenpunkten für Gruppen- und Summenbildung ist definitionsgemäß n = 1. Für hochqualitative Tonmischpulte werden ohne größere Mühe vom Entzerrer-Eingang bis zum Mischpult-Ausgang (p_C bis p_J) bewertete Störpegel von etwa - 86 dB_{qp} erreicht. Wenn man diese Werte berücksichtigt, erhält man die in Bild 7 dargestellten Kurven Σ 1 und Σ 2. Die empfohlenen Grenzwerte für die Betriebskennlinie sind ebenfalls in Bild 7 dargestellt.

7. Schlußbemerkung

Die Qualität analoger Tonstudiomischpulte hinsichtlich Störabstand läßt sich - bei sorgfältiger Entwicklung und bei rechtzeitigem Erkennen neuralgischer Punkte - in vielen Fällen verbessern. Die Vorschläge für ein neues ARD-Pflichtenheft 3/5 hinsichtlich Anforderungen an Systemrauschen und Betriebskennlinie sind ohne erhöhten Kostenaufwand realisierbar.
Die aus der Erfüllung dieser Anforderungen resultierende Qualität muß auch für digitale Tonregieanlagen Maßstab sein.

Die technologischen Probleme bei den Digitalwandlern führen dazu, daß die Qualität analoger Produktions-Tonstudiomischpulte noch für einige Jahre hinaus "tonangebend" bleiben wird.

Egon Meier-Engelen:

Das Hörrundfunksystem im DAB-Projekt EUREKA 147

Mit der überaus erfolgreichen Einführung der Compact Disc ist eine neue Dimension der hochqualitativen Schallaufzeichnung und -wiedergabe erreicht worden, die im bestehenden FM-Hörrundfunk dem Hörer nicht übermittelt werden kann. Dort lassen Frequenzumfang und Dynamik wie auch die Störfestigkeit sehr zu wünschen übrig. Der mobile Empfang, für den das FM-Rundfunksystem zunächst gar nicht ausgelegt war, ist in besonderem Maße durch das nichtideale Verhalten des Übertragungskanals beeinträchtigt. Die Entwicklung eines besseren Hörrundfunksystems ist somit eine dringende Aufgabe. Entscheidende Durchbrüche zur Erfüllung höchster Qualitätsansprüche sind wie bei der Compact Disc nur durch konsequenten Übergang zu digitalen Verfahren zu erwarten. Erste Schritte in dieser Richtung wurden bereits mit der Entwicklung des digitalen Satelliten-Hörrundfunks getan, jedoch sind mit diesem System nicht alle Aspekte der Rundfunkversorgung erfüllbar - so z. B. die regionale und lokale Versorgung wie auch der mobile Empfang. Außerdem erfordert das dort gewählte Verfahren eine so erhebliche Bandbreite, wie sie im knappen Funkfrequenzspektrum nicht beansprucht werden sollte. Ein terrestrischer digitaler Hörrundfunk höchster Qualität und bester Spektrumsökonomie ist folglich aus allen diesen Gründen notwendig. Im DAB-Projekt (Digital Audio Broadcasting) wird hierfür ein Standardisierungsvorschlag erarbeitet. Nachfolgend werden in einer Projektübersicht Gegenstand und Zielsetzung sowie die Systemanforderungen und die Projektbeteiligten benannt. Sodann wird der Forschungsbedarf mit Problemstellung und Lösungsansätzen erläutert. Eine Wertung der industriepolitischen Chancen beschließt den Überblick über das laufende Vorhaben.

1. Projektübersicht

Ein neues Hörrundfunksystem kann nicht in nationalem Alleingang entwickelt und durchgesetzt werden, da einerseits die Komplexität der Aufgabe zu hohe Aufwendungen für die Entwicklung erfordert und andrerseits die Unterhaltungselektronikindustrie im nationalen Rahmen nur viel zu kleine Märkte vorfindet. Aus dieser Einsicht haben sich die wesentlichen Firmen der europäischen UE-Industrie mit einigen renommierten Instituten zusammengefunden, um einen europäischen Standardisierungsvorschlag für ein neues terrestrisches digitales Hörrundfunksystem zu erabeiten. Angestrebt wird darüberhinaus die weltweite Anerkennung dieses neuen Standards. Die Regierungen der Staaten, aus denen die Beteiligten an diesem Projekt kommen, unterstützen und fördern das Vorhaben sowohl administrativ wie auch finanziell. Auf der europäischen Ministerkonferenz in Stockholm 1986 ist es als EUREKA-Projekt 147 anerkannt worden.

1.1 Grundanforderungen an das System

Bevor die Zielsetzungen für das Projekt benannt werden, sollen zunächst die Grundanforderungen an das System dargelegt werden. Im Rahmen der bereits erwähnten Ansprüche an die Wiedergabequalität sollen mobiler, portabler und stationärer Empfang gleichwertig möglich sein. Mobiler Empfang ist hier bewußt an die erste Stelle gestellt worden, da Radiohören heute überwiegend im Kraftfahrzeug stattfindet und die störungsfreie Übertragung ins schnellfahrende Fahrzeug technisch auch die meisten Schwierigkeiten aufwirft. Autoradios sind in jüngster Zeit fast schon generell mit einem Wiedergabeteil für Compact Kassetten, einige sogar bereits mit Compact Disc Spielern ausgerüstet. Daher soll das neu zu entwickelnde System die Möglichkeit der digitalen Aufzeichnung und Wiedergabe von Programmen und auch das Abspielen digitaler Tonträger gestatten. Auf die Verfügbarkeit einer großen Softwarebasis (bespielte Bänder oder Platten) ist bei der Auswahl des Aufzeichnungsverfahrens besonderes Augenmerk zu richten.- Die Übertragung von Zusatzinformationen, die entweder programmbezogen oder auch völlig programmunabhängig sein können, muß von Anfang an in weitaus größerem Maße als z. B. bei RDS möglich sein. Datenströme von 4 bis 8 kbit/s pro Programmkanal werden als untere Grenze angesehen.- Als letzte Grundanforderung sei eine optimale Eignung des Systems zur Gestaltung von Rundfunkversorgungnetzen für nationale, regionale und lokale Programmangebote aufgeführt.

1.2 Zielsetzungen

In seiner Zielsetzung strebt das Projekt einen neuen Standard an, der zu einer grundlegenden Modernisierung des Hörrundfunksystems führen soll. Ausgelöst wurde dieses Vorhaben durch den neuen Qualitätsanspruch, den die Compact Disc und neuerdings auch die DAT-Aufzeichnungen an den Hörrundfunk herangetragen haben. Die herkömmliche analoge FM-Rundfunkübertragung ist qualitativ kaum mehr zu verbessern. Wie auf Platte und Band sind auch hier die analogen Verfahren am Ende. Nur durch den Übergang zu rein digital arbeitenden Übertragungssystemen ist der erforderliche Qualitätssprung zu schaffen. Verbunden damit ist jedoch zunächst einmal ein drastisches Anwachsen der erforderlichen Übertragungsbandbreite. Nun ist das Funkfrequenzspektrum eine sehr knappe und auch nicht vermehrbare Ressource. Deshalb ist sparsamste Nutzung des Spektrums unerläßlich. Für die digitale Rundfunkübertragung bedeutet das, auf eine lineare Quantisierung und Kodierung in der erforderlichen Auflösung verzichten zu müssen. Nur durch eine hochwirksame Datenreduktion kann die Bandbreitenanforderung so verringert werden, daß eine ökonomische Frequenznutzung erzielt wird. Dabei muß aber die ursprüngliche Qualität des Tonsignals voll erhalten bleiben!- Wünschenswert ist eine gleichzeitige Übertragung von mindestens 16 Stereoprogrammen über einen Sender in der Bandbreite eines Fernsehkanals. Sofern machbar, sollte ein Gleichwellenbetrieb ganzer Senderketten möglich sein, da in einem solchen Fall die beste Frequenzökonomie erzielt würde. Auch die Flexibilität in der Gestaltung von nationalen, regionalen und lokalen Rundfunkdiensten wurde schon genannt. Dazu muß sich das Verfahren günstig in einem weiten Frequenzbereich realisieren lassen, die Spanne von 50 MHz bis 1 GHz ist den Entwicklungen zugrunde gelegt. Nimmt man einen möglichen Direktempfang von Satelliten hinzu, ist eine Tauglichkeit des Verfahrens bis 3 GHz zu fordern.

Mit dem neuen System müssen leistungsfähige Datenkanäle zur Übertragung von Zusatzinformationen bereitgestellt werden. Die Programme sollten wieder von langdauernden Durchsagen wie z.B. Verkehrsmeldungen, Wasserständen, Börsenberichten etc. befreit werden. Diese Informationen können - zu weitaus nutzerfreundlicherer Auswertung formatiert - über den Datenkanal übermittelt werden. Darüberhinaus sind ergänzende Informationen zum Programminhalt von großem Interesse. Zum einen ließe sich damit die gezielte Anwahl spezieller Programmarten (Nachrichten, Konzert, Politik, Sport usw.) durchführen, andrerseits könnten zum laufenden Programm kontinuierlich erklärende Hinweise auf Autoren, Komponisten, Titel, Spieldauer, Satzbezeichnungen usw. gegeben werden. Die hohe verfügbare Datenrate des Systems läßt noch weitere Dienste wie Personenruf und Meldungen an bestimmte Nutzergruppen zu.

Eine weitere Anforderung an das zu entwickelnde System besteht in einer möglichst weitgehenden Kompatibilität zu den relevanten Standards im Integrated Services Digital Network (ISDN). Der Rundfunk benötigt stets auch die leitungsgebundene Übertragung zwischen Studios und Sendern. Sie ist heute, da auf speziellen Leitungen durchgeführt, aufwendig und teuer. Ein neues System, das mit seinen reduzierten Datenraten in die unteren Hierarchiestufen des ISDN einfügbar ist, kann hier erhebliche Einsparungen an Leitungskosten erbringen. Umgekehrt ist bei geeigneter Kanalauslegung auch die Überleitung von Daten aus der leitungsgebundenen Kommunikation (ISDN) in Rundfunknetze denkbar. Man betrachte nur einmal die frei verfügbare Datenübertragungskapazität, wenn in den Nachtstunden von den 16 Stereoprogrammkanälen eines Senders mehr als die Hälfte ihr Programm einstellen. Ganz neue, nächtliche Datenverteildienste ließen sich hier einrichten, denen zusammen mehrere Mbit/s als Datenrate zur Verfügung stünden.

Die Aufzeichnungsmöglichkeit der Rundfunksendungen auf Tonträger ist von Anfang an in die Systemkonzeption mit aufzunehmen. Magnetband und magneto-optische Platte stehen als Tonträger zur Wahl. Wird bei der Verwendung von Bändern ein Längsspurverfahren mit stillstehenden Tonköpfen gewählt, so muß in jedem Fall mit einer datenreduzierten Aufzeichnung gearbeitet werden, da sonst die hohen Datenraten nicht beherrschbar sind. Der Vorteil läge in der Möglichkeit, auf der Basis der herkömmlichen Compact Kassetten mit einem sehr preisgünstigen Laufwerk auskommen zu können. Die Schrägspuraufzeichnung mit rotierenden Tonköpfen (R-DAT) würde keine Datenreduktion erfordern, gleiches gilt für die Aufzeichnung auf der magneto-optischen Platte. Jedes gewählte System muß jedoch die Abspielbarkeit und Verfügbarkeit einer großen Software-Basis mit sich bringen, um für den Konsumenten attraktiv zu sein. Im Falle der Compact Kassette hieße dies, die herkömmlichen, analog aufgezeichneten Bänder wiedergeben zu müssen und damit auf Quellen mäßiger Tonqualität zurückzugreifen. R-DAT verspricht zumindest heute noch nicht, die gewünschte große Software-Basis zu bieten. Die magneto-optische Aufzeichnung auf Platte könnte mit Wiedergabemöglichkeiten für die Compact Disc vereint werden, womit ein breites Software Angebot höchster Qualität zur Verfügung stünde. Nimmt man die dem DAB-System innewohnende Datenreduktion auch für die Aufzeichnung in Anspruch, so kann man selbst auf der zur Zeit angekündigten Mini-CD (8 cm Plattendurchmesser) Aufzeichnungszeiten von über einer Stunde realisieren, was diesen Tonträger zu einem sehr attraktiven Medium macht.

1.3 Projektbeteiligte

Ein Projekt mit dieser Vielzahl von technologischen Herausforderungen kann nur noch in vernünftiger Arbeitsteilung von den hierzu bestgeeigneten Partnern in Angriff genommen werden. Daher haben sich die stärksten Firmen der europäischen UE-Industrie aus den Ländern Bundesrepublik Deutschland, Frankreich, Großbritannien und der Niederlande zu diesem Vorhaben zusammengefunden. Unterstützt werden sie durch namhafte Institute und Hochschulen. Die Regierungen der beteiligten Länder haben die entsprechenden Ministerien mit der Begleitung und Förderung des Vorhabens betraut. Als Projektpartner arbeiten zusammen:

AEG Olympia (D), BBC (UK), Bosch (D), CCETT (F),
Deutsche Thomson-Brandt (D), Fraunhofer Ges. (D),
Forschungsinstitut der DBP (D), Grundig AG (D),
Intermetall (D), Institut für Rundfunktechnik (D),
Philips (NL), RTIC La Radiotechnique (F),
Universität Hannover (D)

Die Koordination des Projekts liegt in den Händen der DFVLR, Köln. Obwohl in den folgenden Vorträgen dieser Veranstaltung nur das IRT Ergebnisse aus den Entwicklungsarbeiten vorträgt, sei an dieser Stelle besonders betont, daß alle Beteiligten am Vorhaben mit hervorragenden Beiträgen zum Vorankommen des Projekts beitragen. Es stehen ferner nicht nur die in den weiteren Berichten dargelegten Lösungsvorschläge zur Auswahl für den zu findenden Standardisierungsvorschlag. Insbesondere auf dem Sektor der Quellenkodierung sind vier verschiedene Verfahren mit bisher ähnlich guten Ergebnissen in Arbeit. Dies ist ein Hinweis darauf, daß die Auswahl des bestgeeigneten Systemvorschlags für den gesuchten Standard sicher noch viel Mühe erfordern wird, aber eben doch aus einer Fülle guter Ideen und Resultate schöpfen kann. Noch steht das Projekt im frühen Stadium seines Ablaufs. Seine Dauer ist auf 4 Jahre angesetzt, die zwischen 1987 und 1991 liegen. Der Gesamtumfang der zu erbringenden Leistungen ist von den Beteiligten mit etwa 360 Mannjahren eingeplant worden. Das entspricht Aufwendungen von etwa 80 Millionen DM. Zu einem erheblichen Anteil (ca. 30 Millionen DM) wird das Vorhaben vom BMFT gefördert.

2. Forschungsbedarf

Untersuchen wir nun, worin die wesentlichen technisch-wissenschaftlichen Herausforderungen in der Erarbeitung des Standardisierungsvorschlags bestehen. Drei Felder sind hier in erster Linie zu nennen:

I. Eine fehlerfreie Signalübertragung über den stark durch Mehrwegeempfang gestörten Funkkanal ist bei geringstmöglichem Bandbreitenbedarf zu verwirklichen. Hier stoßen zwei schwierig zu vereinbarende Anforderungen aufeinander. Hohe Übertragungssicherheit läßt sich im allgemeinen nur bei großer verfügbarer Bandbreite erreichen, die wiederum abträglich für eine ökonomische Nutzung des Spektrums ist. Also muß zunächst schon das digital zu übertragende Tonsignal in seinem Bandbreitenbedarf eingeschränkt werden. Folglich ist

II. eine hochwirksame Datenkompression für die digitalisierten Tonsignale erforderlich, die allerdings ohne jede wahrnehmbare Minderung der Hörqualität erzielt werden muß. Die Datenrate der CD-Platte liegt netto - d. h. ohne Fehlerschutzkodierung - bei 1,4 Mbit/s. Für DAB wird eine Datenrate von nur 0,2 Mbit/s für ein Stereokanalpaar angestrebt. Dies zu erreichen erfordert einen beachtlichen Aufwand an elektronischer Signalverarbeitung, der ohne die heutigen und zukünftigen Möglichkeiten der Mikroelektronik nicht realisierbar wäre. Es ist also

III. die Bewältigung der Komplexität der Signalverarbeitungaufgabe ein wesentlicher Bestandteil des Projekts. Die Integrationsfähigkeit der erforderlichen hochkomplexen Schaltungsbausteine in wenigen kostengünstigen VLSI-Schaltkreisen muß erkennbar sein, wenn das gesamte Projekt Aussicht auf Verwirklichung haben soll. Immerhin entspricht die Rechenleistung in der benötigten Signalverarbeitung der Leistungsfähigkeit heutiger Großrechenanlagen.

2.1 Problemstellung und Lösungsansätze

Jetzt sollen über eine etwas genauere Darlegung der Problemstellung Ausblicke auf die untersuchten Lösungsansätze und die eingeschlagenen Lösungswege gegeben werden. Weshalb ist das schnelle und fehlerfreie Übertragen von Digitalsignalen auf dem Funkwege so schwierig? Nun, das liegt an den signalbeeinflussenden Eigenschaften des Funkkanals selbst, der Mehrwegeausbreitung, Reflexionen, Interferenzen und Schwund aufweist. Alle diese Eigenschaften bewirken, daß das empfangene Signal verzerrt ist und nicht mehr eindeutig erkannt werden kann. Besonders störend wirkt sich der Mehrwegeempfang aus, durch den aufeinanderfolgende Zeichen sich gegenseitig überlagern. Wird zudem der Empfänger schnell im Funkfeld bewegt wie beim Radioempfang im fahrenden Auto, so ergeben sich ortsabhängig schnell schwankende Empfangsverhältnisse, die das Empfangsgerät fehlerfrei verkraften sollte. Aus den möglichen Lösungen für diese Aufgabe seien hier zwei Verfahren genannt.

Ein Weg besteht darin, dem Empfangsgerät gar nicht erst die schwierige und komplexe Aufgabe einer geeigneten Entzerrung zuzumuten, sondern schon das gesendete Signal so zu gestalten, daß die Auswirkungen der Mehrwegeausbreitung gering bleiben. Das kann dann erreicht werden, wenn die Symboldauer der digital zu übertragenden Nachricht lang gegenüber der maximal auftretenden Umweglaufzeit im Kanal gemacht wird. Damit sinkt natürlich die erzielbare Übertragungsrate. Um dennoch den gesamten Datenfluß zum Empfänger zu bringen, müssen entsprechend viele, sich gegenseitig nicht beeinflussende Kanäle parallel zur Übertragung herangezogen werden (COFDM-Verfahren, Coded Orthogonal Frequency Division Multiplex). Durch geeignete Ausgestaltung dieses Verfahrens - verbunden mit einer guten Fehlerschutzkodierung - kann so eine sehr robuste und auch frequenzökonomische Übertragung verwirklicht werden, wie Feldversuche bereits bewiesen haben.

Ein zweites Verfahren setzt auf eine adaptive Entzerrung des Breitbandkanals im Empfangsgerät. Durch laufende Ermittlung der augenblicklichen Mehrwegesituation im Funkfeld mit einem Prüfsignal (z.B. Pseudorandom-Sequenz, die dem Empfänger bekannt ist) werden die zur Einstellung des adaptiven Entzerrers notwendigen Parameter gewonnen. Der Entzerrer fügt die auf verschiedenen Pfaden zum Empfänger gelangten Signalanteile nach jeweils passender Verzögerung amplituden- und phasenrichtig wieder zusammen. Ein bestimmter Anteil der verfügbaren Übertragungskapazität muß für die Übermittlung des Prüfsignals abgezweigt werden und ist damit für die eigentliche Nutzung verloren. Mit steigender Sendefrequenz muß zudem die Häufigkeit der Aussendung der Prüfsequenz erhöht werden, was die nutzbare Kanalkapazität weiter vermindert. Aller Aufwand zur Beherrschung des Mehrwegeempfangs wird dem Empfänger zugeordnet, was sich ungünstig auf seine Herstellkosten auswirken muß.

Nicht ein technisches, wohl aber ein administratives Problem ist die Bereitstellung von Funkfrequenzen für einen zukünftigen terrestrischen digitalen Hörrundfunkdienst. Freie Frequenzen gibt es nicht. Eine Neuzuweisung von Rundfunkbändern ist im interessierenden Frequenzbereich kaum zu erwarten. Also kann der digitale Hörrundfunk nur die Nutzung freiwerdender Rundfunkbänder anstreben oder durch Umschichtungen innerhalb oder e v e n t u e l l auch außerhalb der Rundfunkbänder seinen Platz finden. Diese Einschätzung wird von allen Partnern geteilt, und deshalb werden gemeinsam folgende Lösungsmöglichkeiten als gangbar angesehen und verfolgt: Das Fernsehband I wird nicht überall für das Fernsehen genutzt oder seine Nutzung für diesen Dienst nimmt ab. Trotz des starken Interesses der Militärs an diesem Band sollte alles daran gesetzt werden, dieses Band für den Rundfunk zu erhalten. In diesem Bereich wäre für DAB die Einrichtung von nationalen Gleichwellennetzen gut durchführbar.- Anschließend an das UKW-FM-Rundfunkband (Band II) liegt oberhalb 108 MHz ein Flugnavigationsband, das in späterer Zukunft nach Einführung des Microwave Landing Systems von diesem Dienst entbehrt werden könnte. Auch hier ließen sich Gleichwellennetze mit sparsamer Nutzung des Spektrums einrichten.- Der obere Teil des Fernsehbandes V, ebenfalls heute vorzugsweise vom Militär genutzt, ist ideal geeignet für regionale und lokale DAB-Rundfunkdienste.- Da die tatsächliche Nutzung der hier angesprochenen Frequenzbänder in Europa nicht einheitlich ist, kann durchaus die Situation eintreten, daß DAB-Dienste innerhalb Europas - je nach Land - nur in verschiedenen Segmenten des Spektrums eingerichtet werden können.

Prinzipiell kann gesagt werden, daß mit geeigneter Ausgestaltung des DAB völlig neue Möglichkeiten der Sendernetzplanung eröffnet werden. Ein großer Vorzug liegt in der Durchführbarkeit eines echten Gleichwellenbetriebs, wenn das Verfahren der Aufteilung des Signals auf viele Teilkanäle (COFDM) gewählt wird. In einem DAB-Gleichwellennetz kann eine Frequenzersparnis um den Faktor 3 gegenüber der Versorgung bei FM-Rundfunk erreicht werden. Außerdem weist das COFDM-Verfahren durch die Wahl seiner entscheidenden Parameter spektral eine große Ähnlichkeit mit dem Spektrum eines Fernsehsignals auf. Das ermöglicht - unter Beachtung der erforderlichen Störschutzabstände - eine gute Koexistenz von Fernsehen und DAB im selben Frequenzband, zumal DAB mit geringen Signal-zu-Störabständen auskommt. Mehr zu diesen neuen Aspekten der Sendernetzplanung enthalten die nachfolgenden Berichte.

Die Datenreduktion für Audiosignale mußte völlig neuartige Wege beschreiten, um die hohen Datenraten bei linearer Quantisierung von HiFi-Signalen zu vermeiden. Die ersten Ansätze zur Datenkompression erfolgten durch redundanzmindernde Verfahren im Zeitbereich. Von der bei der Compact Disc gewählten Auflösung von 16 Bit pro Abtastwert konnte durch verfeinerte Methoden bei DPCM (Diff. Pulse Code Modulation) eine Verringerung der Quantisierungswortlänge auf 6 Bit pro Abtastwert erzielt werden. Dabei war allerdings die Wiedergabetreue schon beeinträchtigt und das Signal wurde sehr störempfindlich.

Erst ganz andere Erkenntnisse aus der Physiologie des Gehörsinns und der Erforschung psychoakustischer Phänomene eröffneten weitere Fortschritte im Bemühen um geringere Datenraten. Maßgebend ist, daß der Gehörsinn nicht alle gleichzeitig vorhandenen Schallereignisse erfassen und verarbeiten kann. Es kommt zu Verdeckungseffekten, bei denen "laute" Tonfrequenzen die benachbarten "leiseren" Tonfrequenzen "übertönen". Das Gehör kann die verdeckten Tonsignale nicht wahrnehmen, folglich können sie bei einer Übertragung auch unberücksichtigt bleiben. Auch zeitliche Verdeckungseffekte spielen eine Rolle. So haben laute Töne eine ca. 100 ms dauernde Nachwirkung, in der leise Töne verdeckt werden. Nutzt man alle diese Effekte, so erlaubt diese "Irrelevanzreduktion" eine Verringerung der Quantisierung im Mittel auf etwa 2 bis 3 Bit pro Abtastwert. Besonders hervorzuheben ist, daß dabei keine wahrnehmbare Qualitätsbeeinflussung auftritt und das reduzierte Signal eine gute Störfestigkeit zeigt.

Die Signalverarbeitung kann jedoch nicht mehr im Zeitbereich erfolgen, sondern muß im Frequenzbereich durchgeführt werden. Zum Übergang in die Frequenzebene bieten sich die Verfahren der Fourier Transformation und der Teilbandfilterung an. Beide sind digital durchführbar und werden im DAB-Projekt eingehend untersucht. Entscheidend für die Qualität des Kodierungs- und Dekodierungsprozesses sind die Strategien, nach denen die Verdeckungsschwellen bestimmt und die verfügbaren Bits den relevanten Signalanteilen zugeteilt werden. Ausgiebige Hörversuche haben inzwischen gezeigt, wie hervorragend mit diesen Verfahren selbst anspruchsvollste Musikstücke bei geringen Bitraten kodiert werden können. Während zunächst alle untersuchten Verfahren nur über stundenlange Simulationen auf Großrechnern einer Erprobung zugänglich waren, sind inzwischen Hardware-Lösungen in Echtzeit realisiert worden, die mit erstaunlich geringem Aufwand - an allerdings modernsten Signalprozessoren - auskommen. Es kann heute schon gesagt werden, daß die in den Zielvorgaben mit 0,2 Mbit/s pro Stereokanal angestrebte Bitrate mit Sicherheit erreicht wird.

Ein wichtiger Punkt bleibt die Qualitätsbeurteilung der Kodierverfahren. Meßtechnisch läßt sich dieser Punkt nur schwer klären, da ja das subjektive Gehörempfinden die entscheidenden Voraussetzungen für die Datenreduktion liefert und es letztlich auch wieder voll befriedigt werden muß. Also werden letzlich nur umfangreiche Hörversuche und -vergleiche die Entscheidung bei der Auswahl des besten Verfahrens herbeiführen können. Sie sind im Vorhaben mit entsprechender Ausführlichkeit eingeplant.

3. Industriepolitische Chancen

Nicht nur in den technologischen Herausforderungen dokumentieren sich die Zielsetzungen dieses europäischen Verbundvorhabens. Mit dem Projekt eröffnet sich in Zukunft ein neuer Handlungsrahmen für industrielle Aktivitäten. Heute stellen wir eine deutliche Dominanz der fernöstlichen Anbieter auf dem Sektor der Unterhaltungselektronik fest. Die europäische Industrie dieses Bereichs braucht dringend Impulse zur Stärkung ihrer Wettbewerbsfähigkeit, die nur durch neuentwickelte Systeme und durch europäische Zusammenarbeit erzielt werden kann. Die Mikroelektronik ist hier - wie auch für andere Bereiche - die Schlüsselindustrie. Ohne ihre höchstintegrierten Schaltkreise wäre die notwendigerweise komplexe Signalverarbeitung des DAB-Systems nicht beherrschbar. Im Gegenzuge bietet die UE-Industrie mit Projekten wie DAB hier aber künftig auch absatzstarke Märkte für die Mikroelektronik, denn nur mit der Herstellung von Halbleiterspeichern werden die in Europa entstehenden Fertigungszentren für höchstintegrierte Schaltkreise nicht auf Dauer ausgelastet bleiben. Das neue Know-how aus dem Projekt wird seine Synergie-Effekte mit Sicherheit auch für die Telekommunikation und andere elektronische Branchen wirksam werden lassen. Insgesamt verspricht dieses Entwicklungsprogramm somit einen breiten Nutzen technischer und wirtschaftlicher Art.

Gerhard Stoll und Günther Theile:

Terrestrischer Digitaler Hörrundfunk - Optimierung der Quellencodierung im Hinblick auf eine effektive Übertragung durch Berücksichtigung der Gehöreigenschaften

1. Einleitung

Ein digitales terrestrisches Hörrundfunksystem muß erhebliche Vorteile gegenüber dem bisherigen UKW-FM-Rundfunk aufweisen. Hierbei werden unter anderem sehr hohe Anforderungen an eine Quellencodierung des Audiosignals gestellt. Diese betreffen die folgenden wesentlichen Merkmale eines digitalen terrestrischen Hörrundfunksystems:

I. Audio-Qualität
Sie sollte dem heutzutage erreichbaren Standard entsprechen, wie er z.B. durch die Compact Disc gegeben ist.

II. Großes Programmangebot
Im UKW-FM-Rundfunk lassen sich nur 4 - 5 Programme flächendeckend verteilen. Ein Hörer kann neben diesen eventuell noch lokale Sender und - mit eingeschränkter Qualität - entferntere Sender aus anderen Versorgungsbereichen empfangen. Ein ausreichendes Programmangebot sollte eine Vielzahl von Programmen auch von entfernteren Programmanbietern in unterschiedslos gleich guter Qualität enthalten.

III. Mobiler Empfang
Der Empfang im fahrenden Kraftfahrzeug sollte wesentlich besser sein als der z.Z. mögliche Empfang beim UKW-FM-Rundfunk. Dazu gehört neben der Verbesserung des Signal-Rausch-Verhältnisses im Audiobereich auch die Unterdrückung kurzzeitiger Störungen durch z.B. mangelhafte Zündanlagen sowie die Überbrückung von längerfristigen Störungen, bzw. Ausfällen des Signales im Bereich von etwa 100 ms, wie sie z.B. bei extrem ungünstigen Empfangsbedingungen, wie Brückendurchfahrten, Mehrwegeempfang und extrem schwankenden Signal-Rausch-Verhältnis des HF-Signals gegeben sind.

Diese drei Merkmale erfordern eine Quellencodierung, die bei einer äußerst geringen Datenrate von nur etwa 100 kbit/s pro Monokanal eine gleiche subjektive Qualität ermöglicht, wie sie durch eine Abtastung des Audiosignals mit 44.1 kHz und einer Auflösung der einzelnen Abtastwerte von 16 Bit, d.h. bei einer Datenrate von 705 kbit/s gegeben ist (siehe 1. Merkmal).

Zusätzlich werden, vor allem durch das 3. Merkmal, hohe Anforderungen an eine im Verfahren selbst enthaltene Unempfindlichkeit gegenüber Übertragungsstörungen ("inhärenter Fehlerschutz") und an zusätzliche Maßnahmen zur Fehlerverschleierung gestellt.

Für eine digitale Übertragung, bzw. Speicherung von hochqualitativen Tonsignalen befinden sich derzeit mehrere Quellencodierverfahren in der Entwicklung, die eine bemerkenswerte Reduktion der Datenrate im Vergleich zu einer Codierung im 16-Bit-linear Format ermöglichen. Bei den derzeitigen Verfahren bewegen sich die typischen Datenraten für die Codierung eines Monokanals im Bereich von 64 - 136 kbit/s /1,2,3,4,5/.

Trotz einer erheblichen Reduktion der Datenrate sind meist keine, oder nur äußerst geringe Qualitätsverluste durch das Gehör wahrnehmbar. Einer der wichtigsten Aspekte all dieser Verfahren ist die **Reduktion der Irrelevanz** und **der Redundanz**, die mehr oder weniger in jedem Tonsignal enthalten sind. Diese Reduktion führt zu ganz spezifischen Fehlern, die dem originalen Tonsignal jedoch so überlagert werden, daß sie vom Gehör nicht wahrgenommen werden können. Diese Fehler werden spektral und zeitlich so geformt, daß sie durch das Originalsignal maskiert werden. Dies ist möglich, da das Gehör nur ein begrenztes spektrales und zeitliches Auflösungsvermögen besitzt.

Anhand des **MASCAM**-Verfahrens /1,6,7,8/ (**M**asking-pattern **A**dapted **S**ubband **C**oding **A**nd **M**ultiplexing) wird im folgenden gezeigt, daß die bezüglich des eigentlichen Empfängers "Gehör" geforderte Genauigkeit der Signaldarstellung abhängig vom spektralen und zeitlichen Verlauf des Tonsignals meist überraschend gering ist. Eine konsequente Berücksichtigung der Maskierungsverhältnisse führt in der Tat zu sehr geringen Datenraten, die in Abhängigkeit vom Tonsignal zeitlich schwanken.

Übliche PCM-Systeme erzeugen näherungsweise ein weißes Quantisierungsrauschen, das der Forderung "möglichst unhörbar" bei geringer Quantisierung nicht entspricht /9/. Aus diesem Grund ist mit breitbandig arbeitenden Kompandersystemen nur eine geringe Reduktion der Datenrate möglich, ohne daß Quantisierungsfehler vom Gehör wahrgenommen werden. Die neuen Quellencodierverfahren für hochwertige Tonsignalübertragung bei hoher Datenreduktion nutzen die Möglichkeit, die Quantisierungsfehler der Selektivität des Gehörs anzupassen.

Alle derzeitigen Verfahren beruhen auf einer spektralen und zeitlichen Zerlegung des Tonsignals mit einer anschließenden frequenz- und zeitabhängigen Zuweisung der Quantisierung. Diese spektrale Zerlegung kann sowohl durch eine digitale Filterbank (Teilbandcodierung), als auch durch eine diskrete Fourier- oder Cosinustransformation (Transformationscodierung) realisiert werden.

2. Transformationscodierung

Eine wesentliche Eigenschaft dieser Codierungsform besteht darin, daß ein Block zeitlich aufeinanderfolgender Abtastwerte mittels einer FFT (Fast Fourier Transform) oder DCT (Discrete Cosine Transform) in den Spektralbereich überführt werden /2,3,5/. Die Transformationscodierung an sich ist zunächst ein Verfahren, um die Redundanz eines Signales zu reduzieren. Der theoretische Gewinn an Signal/Rauschverhältnis gegenüber üblichen PCM-Systemen ist abhängig von den Eigenschaften des Tonsignals, der Transformationsform und ihrer Blocklänge, sowie von der verwendeten Fensterfunktion. Eine zusätzliche Datenreduktion kann in Form einer Verminderung der Irrelevanz erfolgen, indem die Quantisierung abhängig von der Maskierung des Quantisierungsrauschen vorgenommen wird.

Für die Übertragung mit einer geringen Übertragungsrate werden die Stützwerte der Amplitude und Phase von Block zu Block mit einer minimal erforderlichen Genauigkeit, die durch die Maskierungseffekte des Gehörs gegeben ist, aufgelöst. Dieser Prozeß wird als "dynamische Bitzuweisung" bezeichnet und ist sehr stark abhängig von der Beschaffenheit der zu übertragenden Musik- oder Sprachsignale.

3. Teilbandcodierung

Bei dieser Codierungsform wird das digitale Tonsignal mittels einer geeigneten digitalen Filterbank, z.B. QMF oder NWDF /10,11,12/ in eine gewisse Anzahl (typischerweise 12 bis 24) Teilbänder unterteilt. Nach der spektralen Zerlegung des Tonsignals wird für einen Block aufeinanderfolgender Abtastwerte ein sogenannter **Skalenfaktor** gebildet, der ein Maß für den maximalen Pegel in jedem Teilband darstellt. Die Abtastwerte aller Teilbänder werden anschließend einer Datenreduktion (Transcodierung) unterworfen.

Diese Reduktion erfolgt z.B. bei MASCAM aufgrund der Berechnung der Mithörschwelle /13/ des zu codierenden Signals. Der Grad der Reduktion wird für jedes Teilband und jeden Block aufeinanderfolgender Abtastwerte individuell von der Kontrollstufe "dynamische Bitzuweisung" (siehe Abb.1) gesteuert.

Empfangsseitig wird durch inverse Transcodierung und Filterung ein 16-Bit-linear-codiertes Tonsignal zurückgewonnen. Abb.2 zeigt den gesamten Prozeß, der zur Decodierung des Signals erforderlich ist. Die inverse Transcodierung erfolgt wie die empfangsseitige Transcodierung abhängig

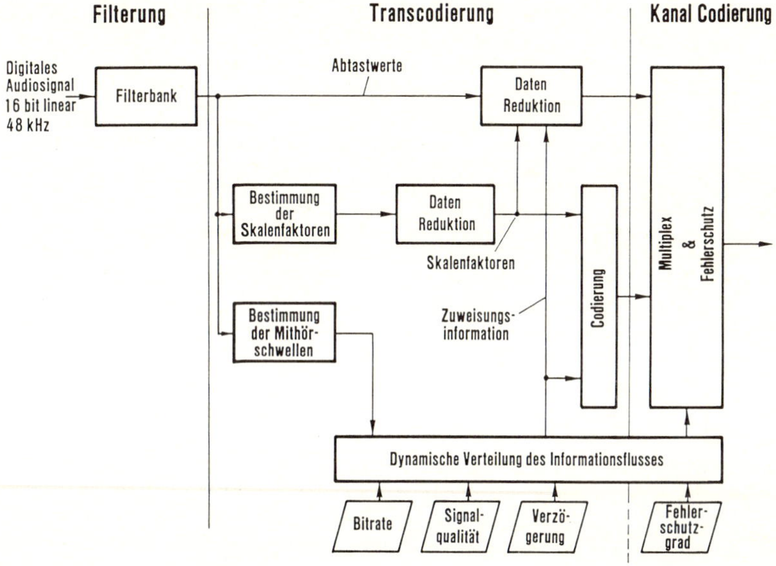

Abb.1. Funktionsschema des MASCAM-Coders mit dynamischer Bitzuweisung

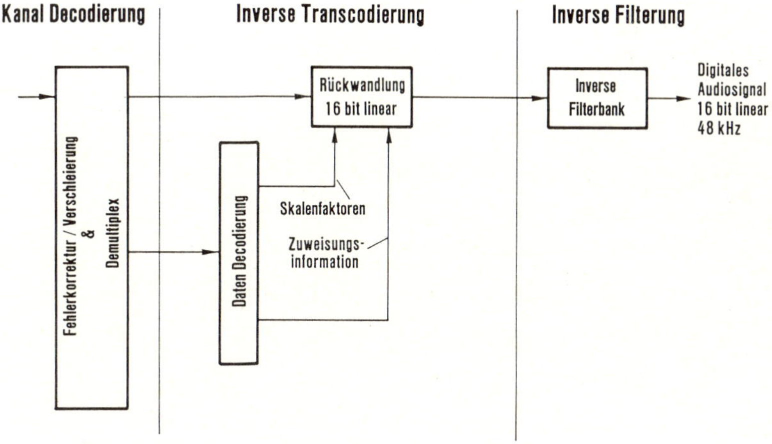

Abb.2. Funktionsschema des MASCAM-Decoders

von der Steuerinformation, die in der senderseitigen Kontrollstufe "dynamische Bitzuweisung" berechnet und zusammen mit den Skalenfaktoren als Nebeninformation übertragen wird. Aufgrund der Übertragung der Zuweisungsinformation vereinfacht sich der Aufwand im Decoder erheblich, d.h. die wesentliche Prozessorleistung bleibt auf die Filterbank beschränkt.

4. Dynamische Bitzuweisung

Die Grundlage der Irrelevanzreduktion ist die Berechnung der spektralen und zeitlichen Mithörschwellen des Gehörs aufgrund des aktuellen Tonsignals. Für das Beispiel eines Vokals /ə/ ist eine solche Schwelle für einen bestimmten Zeitpunkt in Abb.3 dargestellt. Die Teiltonpegel sind als Punkte, die Ruhehörschwelle gestrichelt, die Mithörschwelle als ausgezogene Kurve und die Teilbandgrenzen der Filterbank durch senkrechte Linien dargestellt. Der Effekt der Maskierung führt zu zwei Konsequenzen, die beim MASCAM-Verfahren wie folgt genutzt werden. Zum einen werden solche Teilbänder, die Teiltöne beinhalten, die unterhalb der Mithörschwelle liegen, nicht übertragen und beanspruchen somit keine Informationskapazität. Zum anderen kann die Quantisierung in den einzelnen Teilbändern so gesteuert werden, daß die auftretenden Verzerrungen sich immer unterhalb der aktuell wirksamen Mithörschwelle befinden, wie in Abb.3 beispielhaft dargestellt.

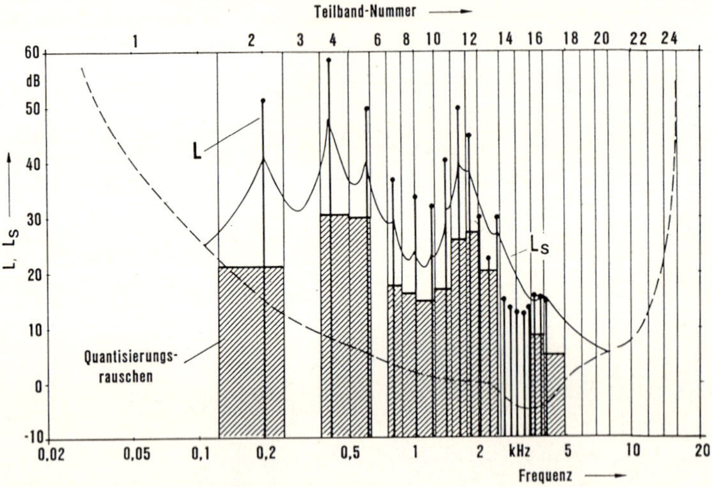

Abb.3. Amplitudenspektrum des Vokals /ə/, Mithörschwelle und Quantisierungsrauschen als Beispiel für ein MASCAM-codiertes Tonsignal

4.1 Signalabhängige Bitrate

Die dynamische Bitzuweisung für die notwendige Quantisierung in den einzelnen Teilbändern ist abhängig vom Signal- und Mithörschwellenverlauf. Diese Zuweisung ist normalerweise dadurch gekennzeichnet, daß der Abstand zwischen Mithörschwelle und Quantisierungsfehler in den Teilbändern möglichst gleich, d.h. frequenzunabhängig ist. Somit resultiert für die Codierung von zeitvarianten Tonsignalen eine dynamische Bitrate, die von der spektralen und zeitlichen Struktur des Tonsignals abhängt /8/. Schmalbandige Signale benötigen eine geringe Datenrate, da in einem solchen Fall viele Teilbandsignale nicht übertragen werden müssen. Im Gegensatz dazu benötigen breitbandige Signale, vor allem solche mit ausgeprägten Pegeln im Bereich höherer Frequenzen eine weitaus höhere Bitrate. Mit einer Bitrate von 110 kbit/s einschließlich der Nebeninformation können auch besonders kritische, d.h. stationäre, breitbandige tonale Signale, deren Teiltonabstand in etwa den Bandbreiten der Teilbänder entspricht, ohne subjektive Qualitätsverluste im Vergleich zu einer Codierung im 16-bit-Format übertragen werden. Im Falle von natürlichen Mikrofonsignalen ist die notwendige Bitrate jedoch meist erheblich geringer. Mit einem zusätzlichen Pufferspeicher können die kurzzeitig auftretenden maximalen Bitraten gemindert werden, d.h. der Bitratenverlauf über der Zeit wird mit zunehmender Speichertiefe ausgeglichener. Mit einer Verzögerungszeit von 40 ms verringert sich die maximale Datenrate um etwa 10 kbit/s.

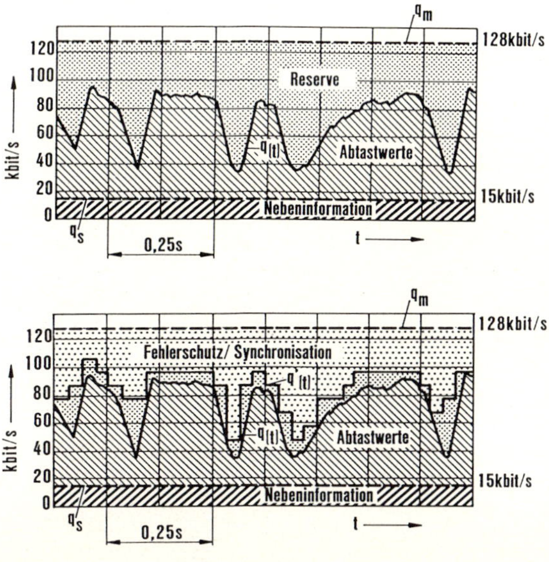

Abb.4. Zusammensetzung der Bitrate q_m des MASCAM-Multiplexsignals. Sie enthält die Bitrate der Skalenfaktoren (q_s), der Abtastwerte ($q(t)-q_s$) und die dynamische Bitflußreserve ($q_m-q(t)$). Oben: Dynamische Bitflußreserve mit einem Mittelwert von 60 kbit/s bei konstantem Multiplexsignal von q_m = 128 kbit/s. Unten: Nutzung der Bitflußreserve für einen dynamischen Fehlerschutz.

4.2 Dynamische Bitflußreserve: Anwendungsmöglichkeiten

Da einerseits die für die Codierung des Signals notwendige Datenrate signalabhängig schwankt, andererseits das Multiplexsignal am Ausgang des Coders jedoch einen konstanten Datenstrom erfordert, steht eine sogenannte "dynamische Bitflußreserve" /8/ zur freien Verfügung. In Abb.4 sind exemplarisch die benötigten Bitraten q(t) für die Abtastwerte (Beispiel: Sprache) und eine konstante Datenrate q_s = 15 kbit/s für die Nebeninformation dargestellt. Diese besteht aus der Quantisierungsinformation und den Skalenfaktoren für die einzelnen Teilbänder. Die Differenz aus q_m - q(t), dargestellt als punktierte Fläche, kennzeichnet die dynamische Bitflußreserve. Diese variiert in Abhängigkeit vom Tonsignal im Bereich von etwa 30....100 kBit/s, wenn die konstante Bitrate des MASCAM-codierten Signales mit q_m = 128 kBit/s angenommen wird. Mit dieser Reserve sind folgende Anwendungsmöglichkeiten denkbar:

Übertragung von zeitunkritischen Zusatzinformationen wie z.B. Programminformation, Radiotext oder Verkehrsfunk.

Höhere Quantisierung in den einzelnen Teilbändern, um einen größeren Abstand zwischen Quantisierungsrauschen und Mithörschwelle zu erreichen. Bei einer minimalen Quantisierung, d.h. Annäherung der Mithörschwelle durch das Quantisierungsrauschen, kann sich eine subjektive Beeinträchtigung eines codierten Signales aufgrund von Frequenzgangverzerrungen (z.B. Equalizer im Empfänger) ergeben, da die spektralen Maskierungsverhältnisse durch solche Maßnahmen verändert werden.

Dynamischer Bitfehlerschutz, um einen höheren Fehlerschutz von solchen Signalanteilen zu realisieren, die eine besonders hohe subjektive Störwirkung bei Übertragungsfehlern aufweisen. Ein Teil der Bitrate des Multiplexsignals läßt sich dabei für die Kanalcodierung, d.h. für den Bitfehlerschutz der übertragenen Daten benutzen. Die dynamische Bitflußreserve kann nun für die Kanalcodierung zur Verbesserung des Fehlerschutzgrades abhängig von der gerade zur Verfügung stehenden Reserve verwendet werden. Dies wird als **dynamischer Fehlerschutz** /6/ bezeichnet und ist in Abb.4 (unten) dargestellt. Typischerweise können besonders solche Signale, die eine relativ geringe Bitrate benötigen (in der Regel schmalbandige, bzw. leise Signale, bei denen Bitfehlerstörungen sehr stark wahrnehmbar sind), mit einem hohen Bitfehlerschutz versehen werden. Ein MASCAM-codiertes Signal enthält damit einen effektiven "inhärenten Fehlerschutz", weil empfindliche Signalanteile besonders wirksam geschützt werden, ohne dabei die Bitrate wesentlich zu erhöhen.

5. Optimierung des Übertragungsverhaltens bei Bitfehlern

Der mobile Empfang von digitalen Hörfunkprogrammen stellt sehr hohe Anforderungen an die Unempfindlichkeit eines Quellencodierverfahrens gegenüber Übertragungsstörungen. Hierbei müssen die Maßnahmen der Kanalcodierung sehr sorgfältig sowohl auf den Übertragungskanal mit seiner typischen Fehlerstruktur, als auch auf das verwendete Quellencodierverfahren abgestimmt werden /14/. Nur damit wird es möglich sein, eine minimale Gesamtübertragungsrate durch eine äußerst gezielte Einfügung der Redundanz für die Fehlerkorrektur und -verschleierung zu realisieren. Um die Unempfindlichkeit gegenüber Bitfehlern zu optimieren, sollten die folgenden drei Aspekte berücksichtigt werden.

5.1 Unempfindlichkeit der Abtastwerte gegenüber Bitfehlern

Beim MASCAM-Verfahren bewirken Bitfehler der Abtastwerte keine breitbandigen Knackstörungen, denn diese sind aufgrund der Unterteilung des Tonsignals in einzelne Teilbänder auf das Teilband beschränkt, in dem eine Bitfehlerstörung auftritt /6/. Da die Bandbreiten des MASCAM-Verfahrens näherungsweise den Frequenzgruppen des Gehörs entsprechen, ist zudem die Lautstärke der auftretenden Störungen optimal begrenzt. Darüberhinaus wird die maximale Amplitude eines Bitfehlers durch den Skalenfaktor unter der Voraussetzung eingeschränkt, daß allein die Skalenfaktoren der einzelnen Teilbänder so geschützt sind, um diese fehlerfrei übertragen zu können. Dies bedeutet, daß Bitfehler mit einer Fehlerrate von 10^{-3} zwar ein gerade eben wahrnehmbares Bitfehlerrauschen erzeugen, das jedoch noch nicht störend ist.

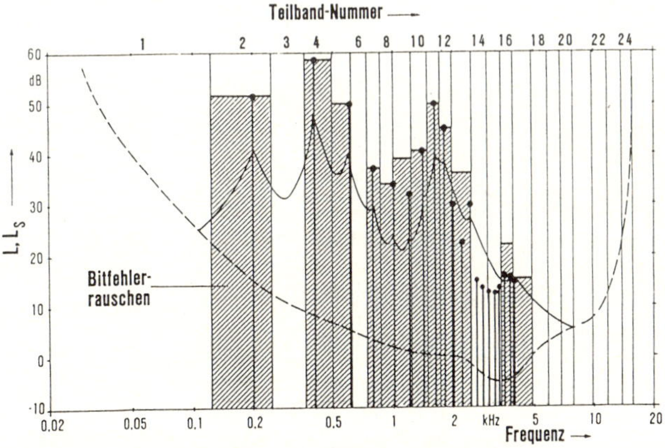

Abb.5. Amplitudenspektrum des Vokals /ə/ und das Bitfehlerrauschen für den Fall, daß sämtliche Abtastwerte gestört und nur die Skalenfaktoren geschützt sind.

Um dies zu verdeutlichen, wird eine Situation angenommen, in der alle Abtastwerte gänzlich gestört und nur die Skalenfaktoren einwandfrei übertragen werden. In diesem Fall ist zwar die tonale Information, d.h. die Information über die Tonhöhe, nicht mehr vorhanden, jedoch wird die spektrale Hüllkurve des Nutzsignals näherungsweise durch das Bitfehlerrauschen angeglichen (siehe Abb.5). In diesem Fall arbeitet das Verfahren ähnlich einem 24-Kanal-Vocoder mit amplitudenmoduliertem Teilbandrauschen und kann damit auch in einem sehr hohen Fehlerfall zumindest Sprachverständlichkeit garantieren. Die einzige Voraussetzung hierfür ist, daß während der gestörten Übertragung kein Verlust an Skalenfaktoren und Synchronbits auftreten darf.

5.2 Geringe Anzahl wichtiger Bits, die geschützt werden müssen

Durch einige Experimente wurde herausgefunden, daß zusätzlich zu den Skalenfaktoren und der Quantisierungsinformation für die einzelnen Teilbänder nur die wichtigsten Bits (MSBs) der unteren Teilbänder zu schützen sind. Das bedeutet, daß mit gezielten Maßnahmen ein für das Gehör äußerst effizienter Fehlerschutz zu realisieren ist.

Aus den Forschungsergebnissen zur Tonhöhen- und Sprachwahrnehmung ist bekannt, daß es sogenannte dominante Frequenzbereiche gibt. So unterscheidet man bei der Tonhöhe zwischen dem dominanten Frequenzbereich der Spektraltonhöhe (ca. 0.5 bis 1.5 kHz) und der Virtuellen Tonhöhe (bis ca. 0.5 kHz) /15/. Dies bedeutet, daß die wesentliche Information über die Tonhöhe eines Tonsignals im Frequenzbereich unter 2 kHz liegt. Verständlichkeitsmessungen mit hoch- und tiefpaßbegrenzten Sprachlauten /16/ zeigten ebenfalls, daß es für die Verständlichkeit von Sprache einen dominanten Frequenzbereich gibt, der ziemlich genau mit dem Bereich der Spektraltonhöhe übereinstimmt.

Aus diesem Grunde ist es sinnvoll, die für die Tonhöhenwahrnehmung und Verständlichkeit besonders wichtigen Bereiche stärker gegenüber Übertragungsfehler zu schützen als andere, unwichtigere Bereiche. Ein Schutz der beiden MSBs der Abtastwerte der Teilbandsignale im Bereich bis zu 1 kHz und nur des MSBs allein im Bereich von 1 .. 2 kHz erwies sich dabei als äußerst effektiv. In diesem Fall müssen nur 6 kbit/s zusätzlich mit Redundanz versehen werden.

Nachdem diese "wichtigen Bits" genauso geschützt wurden wie die Skalenfaktoren und die Quantisierungsinformation, konnte mit dieser Maßnahme die Bitfehlerrate von 10^{-3} auf über 10^{-2} erhöht werden, ohne daß aufgrund der höheren Fehlerrate eine stärkere Beeinträchtigung des Signals wahrnehmbar war.

Im Ganzen enthält das MASCAM-Multiplexsignal eine geringe Anzahl von nur etwa 20% sehr wichtiger und daher besonders schützenswerter Bits, während der überwiegende Teil der Daten kaum Redundanz für einen Fehlerschutz erfordert.

5.3 Verwendung der dynamischen Bitflußreserve für den Fehlerschutz

Wie schon in Kapitel 4.2 dargelegt wurde, stellt der dynamische Bitfehlerschutz eine wirksame Maßnahme dar, um die Bitfehlersicherheit zu vergrößern. Zunächst werden alle wichtigen Bits mit einem konstanten und sehr effektiven Schutz versehen, während die restlichen Bits mit einem dynamischen Schutz, in Abhängigkeit der Rangfolge der Wichtigkeit der Bits, versehen werden. Damit kann eine hohe subjektive Übertragungsqualität auch bei sehr hohen Bitfehlerstörungen erzielt werden.

5.4 Konsequenz: Eine quellenbezogene Kanalcodierung

Die Strategien zur Kanalcodierung sollten nicht nur den Übertragungskanal und das zu erwartende Störverhalten allein berücksichtigen, sondern sie sollten auch bezüglich der Eigenschaften des codierten Tonsignals ausgewählt werden. Das bedeutet, daß die Kanalcodierung ein Höchstmaß an Nutzen aus der Quellencodierung ziehen sollte. Wie schon zu Beginn von Kap. 5 gezeigt wurde, weisen MASCAM-codierte Tonsignale einen hohen Grad an Bitfehlerunempfindlichkeit auf. Untersuchungen zu einer quellenadaptiven Kanalcodierung für die Übertragung von Sprachsignalen liegen bereits vor /14/ und werden derzeit bezüglich einer Anwendung bei allgemeinen Tonsignalen weitergeführt /17/. Damit müßte es möglich sein, eine Kanalcodierung zu definieren, die bei einer höchstmöglichen Frequenzökonomie eine geringe Qualitätsbeeinträchtigung bei gleichzeitig hohem Störpegel im Übertragungskanal liefert. Bei der Optimierung eines solchen Prozesses wird dem mobilem Empfang besondere Aufmerksamkeit gewidmet.

Andere Konzepte zur Kanalcodierung /18/ lassen die Eigenschaften der Quelle unberücksichtigt und sehen einen **virtuell fehlerfreien Kanal** vor, der für die Übertragung allgemeiner Daten geeignet ist, wobei jedes Datenbit ohne Ansehen der Wichtigkeit gleich codiert wird. Das bedeutet, daß die zugefügte Redundanz für jedes Datenbit gleich groß ist. Damit wird die Möglichkeit einer minimalen Datenrate nicht ganz ausgeschöpft, da die Bandbreite des Kanals, die für eine bestimmte Übertragung notwendig ist, nicht minimiert werden kann. Dies bedeutet, daß ein transparenter Datenkanal zwar eine fehlerfreie Übertragung von irgendwelchen Daten sogar bei hohen Fehlerraten ermöglicht, daß jedoch bei einer Beschränkung auf die Übertragung von Tonsignalen dieser Weg bezüglich einer minimalen Kanalbitrate nicht optimal ist.

6. Fehlerverschleierung bei langdauernden Burstfehlern

Die Fehlerschutzmaßnahmen können auch darin bestehen, wichtige Teile der Quellencodierung zu wiederholen oder vorab zu senden. Auch in diesem Fall könnten die Maßnahmen der Quellencodierung zugeschlagen werden. Sie lassen sich aber auch als präventive Hilfen für eine Fehlerkorrektur oder -verschleierung von langdauernden Burstfehlern verstehen, auf die die eigentlichen Kanalcodierungen nicht zugeschnitten sind.

Im folgenden wird davon ausgegangen, daß bei der Decodierung nach einer Fehlererkennung im Empfänger die Fehlerkorrektur und -verschleierung einerseits auf der Basis üblicher Faltungs- und Blockcodes (z.B. Viterbi, Reed Solomon oder Golay Code) durchgeführt werden. Diese Korrekturen spielen sich in kurzen Signalabschnitten ab. Andererseits kann jedoch auch eine Fehlerverschleierung auf der Basis anderer Maßnahmen (z.B. durch Signalwiederholungen oder Nutzung der stereofonen Irrelevanz) durchgeführt werden. Diese sollen auch längere Signalstörungen in ihren Auswirkungen überbrücken oder mildern.

Starke Störungen einer Rundfunkübertragung können dazu führen, daß selbst nach Ausschöpfen aller Möglichkeiten der Fehlererkennung, Fehlerkorrektur und -verschleierung die gestörten Signalabschnitte nicht mehr decodierbar sind. Eine hieraus resultierende Stummschaltung des Empfängers würde jedoch als lästig empfunden werden und erfordert somit eine Maßnahme, welche eine Rekonstruktion des gestörten Tonsignals anhand störungsfrei übertragener Signalanteile ermöglicht.

6.1 Nutzung der stereofonen Irrelevanz

Störungen werden bei zeitsimultaner Übertragung von Stereosignalen im allgemeinen beide Stereokanäle gleichzeitig treffen. Dies bedeutet, daß bei starker Störung, z.B. durch Mehrwegeempfang, für eine Zeit lang das Signal komplett gestört ist, und somit eine Rekonstruktion nicht möglich ist. Mit der Verfügbarkeit des Signalanteils von wenigstens einem der beiden Kanäle ließe sich jedoch eine Rekonstruktion des gestörten Stereosignals unter der Voraussetzung, daß beide Kanäle eine gewisse Korrelation zueinander aufweisen, auf verhältnismäßig einfache Weise realisieren.

Voraussetzung hierbei ist, einen der beiden Kanäle um eine bestimmte Dauer, die etwa der maximal auftretenden Stördauer entsprechen sollte, zeitverzögert auszusenden (siehe Abb.6).

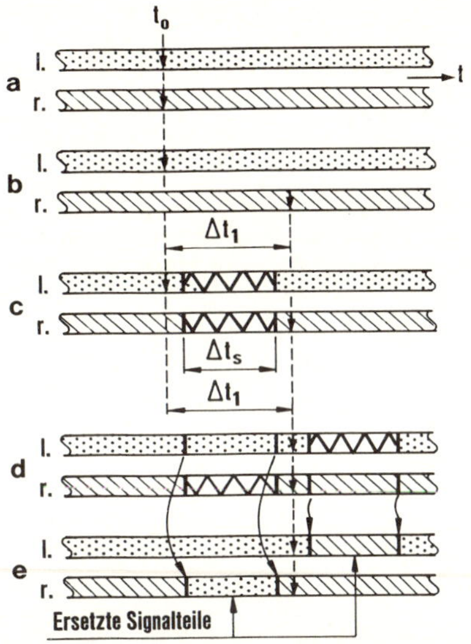

Nach einer anschließenden Resynchronisation im Empfänger kann gewährleistet werden, daß zu einem bestimmten Zeitpunkt stets nur einer der beiden Kanäle gestört wurde. Aufgrund der bei einer stereofonen Übertragung oft hohen Ähnlichkeit des Informationsgehalts der beiden Stereokanäle, besteht nun die Möglichkeit, den gestörten Signalabschnitt durch den ungestörten Signalabschnitt des anderen Kanals zu ersetzen.

Abb.6. Prinzip einer zeitversetzten Signalübertragung mit Substitution durch Nutzung der stereofonen Irrelevanz

Die Anwendung ist möglich aufgrund der Zeiteffekte des räumlichen Hörens, insbesondere der Trägheit des Gehörs beim Richtungs- und Entfernungshören /19,2Ø/. Unter dem Begriff "Trägheit des Gehörs beim räumlichen Hören" wird seine Eigenschaft verstanden, auf eine Veränderung des Ortes der Schallquelle nicht beliebig schnell mit einer Veränderung des Ortes des Hörereignisses zu reagieren. Diese Trägheit muß immer dann beachtet werden, wenn man es mit zeitlich schnell veränderlichen Schallereignisorten zu tun hat. Ein derartiges Phänomen ist für das beschriebene Substitutionsverfahren von großer Bedeutung. Untersuchungen zur Trägheit des Richtungshörens mit natürlichen Sprach- und Musiksignalen /21/ zeigen, daß auch geübte Hörer nicht in der Lage sind, kurzzeitige Vertauschungen der beiden Kanäle von stereofonem Programmmaterial unter 16Ø ms sicher zu erkennen. Die Experimente weisen jedoch eine gewisse Abhängigkeit vom verwendeten Programmaterial auf.

Eine Möglichkeit der Fehlerverschleierung bei lang andauernden Bitfehlerstörungen von äußerst schwach korrelierten Kanälen ist durch einen entsprechenden Ersatz aus demselben Kanal, d.h. durch Wiederholung eines Signalabschnittes gegeben. Abb.7 zeigt die beiden Kanäle eines Stereosignals, wie sie zunächst im Sender vorliegen (a, b). Auch in diesem Fall werden die beiden Kanäle um eine Zeit, die der maximal angenommenen Stördauer entspricht, gegeneinander verzögert. Prinzipiell arbeitet diese Substitutionsmethode auch ohne eine gegenseitige Verzögerung. Dennoch sprechen zwei Gründe für die Beibehaltung einer Verzögerung.

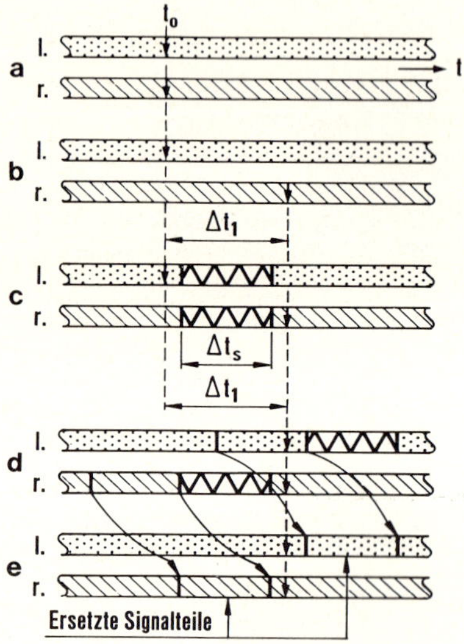

1. Diese Substitution sollte alternativ, d.h. nur bei geringer Korrelation der beiden Kanäle erfolgen.
2. Es bleibt dadurch gewährleistet, daß zu einem bestimmten Zeitpunkt jeweils nur in einem Kanal eine Rekonstruktion einer Störung auftritt, während das Signal des anderen Kanals ungestört weiterläuft. Auf einen Zeitsprung, der in beiden Kanälen gleichzeitig stattfindet, reagiert das Gehör empfindlicher, als auf einen Sprung in nur einem Kanal, dessen subjektive Störwirkung durch das kontinuierlich weiterlaufende Signal des ungestörten Kanals gemindert wird.

Abb.7. Prinzip einer zeitversetzten Signalübertragung mit Substitution durch Wiederholung von Signalanteilen

Untersuchungen mit beiden Substitutionsverfahren zeigten, daß es auch beim Versagen der Fehlerkorrektur aufgrund längerer Fehlerbursts möglich ist, durch Ausnutzung der Irrelevanz im stereofonen Signal, Störungen mit einer Dauer bis zu 160 ms zu überbrücken. Bei der Übertragung von Sprache ergibt sich der Vorteil, daß die Sprachverständlichkeit erhalten bleibt. Diese Untersuchungen wurden alle bei kritischen Abhörbedingungen, d.h. meist mit Kopfhörer durchgeführt. Wenn man davon ausgeht, daß solche Maßnahmen in erster Linie nur bei äußerst ungünstigen Empfangsbedingungen, d.h. entweder am Rand eines Versorgungsgebietes, oder im fahrenden KFZ bei starkem Mehrwegeempfang stattfinden, kann eine derartige kritische Form des Abhörens ausgeschlossen werden. Da zusätzlich mit einem gewissen Geräuschpegel im Fahrgastinnenraum zu rechnen ist, wird durch die verdeckende Wirkung eines solchen Störpegels erreicht, daß eine Rekonstruktion des gestört übertragenen Tonsignals durch eine Substitution entweder überhaut nicht, oder nur in äußerst geringem Maße wahrgenommen wird. Gegenüber einer einfachen "Stummschaltung" stellen diese Maßnahmen erhebliche Verbesserungen dar.

Störungen mit einer Dauer von weniger als 20 ms erweisen sich hinsichtlich ihrer Rekonstruierbarkeit generell als unkritisch. Bei längeren Störzeiten erlangt die Auswahl der auf das momentane Signal angepaßten Substitutionsmethode eine gewisse Bedeutung. Abhängig vom Signal müßte der Empfänger die Auswahl für das optimale Substitutionsverfahren treffen.

7. Zusammenfassung

Um bei der Codierung hochwertiger Tonsignale eine minimale Datenrate zu erzielen, müssen die Mithörschwellen des Gehörs konsequent berücksichtigt werden. Beim MASCAM-Verfahren wird die aktuelle, signalabhängige Mithörschwelle berechnet und danach die Quantisierung der einzelnen Teilbandsignale bemessen. Diese dynamische Bitzuweisung führt zu Datenraten, die signalabhängig schwanken. Die auftretenden Maxima haben einen Wert von ca. 100 kbit/s bei einer Abtastfrequenz von 48 kHz. Durch die signalabhängige Schwankung der Bitrate ergeben sich besondere Möglichkeiten der Anpassung der MASCAM-Codierung an unterschiedliche Anforderungen.

Bei zeitunkritischer Übertragung lassen sich die signalabhängigen Schwankungen des Bitflusses mithilfe eines Pufferspeichers mildern. Dadurch wird die maximal erforderliche Datenrate reduziert. Für Übertragungen, die nur kleine Signalverzögerungen erlauben, gleichzeitig aber eine konstante Datenrate erfordern, ergibt sich eine signalabhängig schwankende Bitflußreserve, die ebenfalls abhängig von der Anwendung nutzbar ist.

MASCAM-codierte Signale können damit Datenraten gewährleisten, die auch unter Berücksichtigung verschiedener Anforderungen und Kanaleigenschaften minimal sind. Der sendeseitige Coder muß diese Anforderungen erfüllen, sodaß hier ein relativ großer Aufwand an digitaler Hardware, bzw. Rechenleistung zur Verfügung gestellt werden muß. Demgegenüber ergibt sich der erforderliche Aufwand für den Decoder im wesentlichen durch die inverse Filterbank.

Es ist damit zu rechnen, daß beim mobilen Empfang digitaler Hörrundfunkprogramme ausgeprägte Schwankungen der Empfangsbedingungen auftreten. Im Falle eines ungenügenden Fehlerschutzes ist eine digitale Übertragung von Tonsignalen sehr empfindlich gegenüber Bitfehlerstörungen. Eine hohe inhärente Fehlersicherheit der codierten Signale gegenüber Übertragungsstörungen ist hierbei eine wichtige Eigenschaft des Codierverfahrens.

Um einen ausreichenden Fehlerschutz zu gewährleisten, ist daher eine möglichst ökonomische Nutzung einer nur begrenzt zur Verfügung stehenden Kanalkapazität notwendig. Ein optimales Quellencodierverfahren sollte zunächst die irrelevanten und redundanten Anteile des Tonsignals eliminieren, um somit eine sehr niedrige Datenrate für die Codierung des Tonsignals zu erreichen. Anschließend kann nun z.B. für die Auslegung des Fehlerschutzes ein Teil der frei gewordenen Datenrate gezielt eingesetzt werden. Durch eine **Berücksichtigung der Quellen- und Kanalcodierung** können somit die Erfordernisse des Gehörs bezüglichst einer optimalen Unterdrückung der Wahrnehmung von Bitfehlerstörungen berücksichtigt werden.

LITERATUR

/1/ Theile, G., Stoll, G., and Link, M.: Low bit-rate coding of high quality audio signals. 82nd AES Convention, 1987, Preprint No.2432.

/2/ Krahé, D.: Ein Verfahren zur Datenreduktion bei digitalen Audiosignalen unter Ausnutzung psychoakustischer Phänomene. Rundfunkt. Mitt. 3Ø, 1986, pp. 117-123.

/3/ Brandenburg, K.: High quality sound coding at 2.5 bit/sample. 84th AES Convention, 1988, Preprint No.2582.

/4/ Vörös, P.: High Quality Sound Coding within 2*64 kbit/s using Instantaneous Dynamic Bit-Allocation. Proc. ICASSP, New York, April 1988, pp. 2536-2539.

/5/ Johnston, J.: Transform Coding of Audio Signals Using Perceptual Noise Criteria. IEEE Journal on selected areas in communication, Vol.6, No.2, February 1988, pp. 314-323.

/6/ Theile, G., Stoll, G., and Link M.: Low bit-rate coding of high-quality audio signals. An introduction to the MASCAM system. EBU Review - Technical No. 23Ø, August 1988, pp. 158-181.

/7/ Stoll, G. and Theile, G.: Neue digitale Tonübertragungsverfahren: Wie erfolgt die Beurteilung der Tonqualität? Bericht 14. Tonmeistertagung, 1986, pp. 472-432.

/8/ Stoll, G., Link, M., and Theile, G.: Masking-pattern adapted subband coding: use of the dynamic bit-rate margin. 84th AES Convention, 1988, Preprint No. 2585.

/9/ Jakubowski, H. and Twietmeyer, H.: The German DBS Digital Sound Broadcasting System: Audio Coding Methods. 77th AES Convention, 1985, Preprint No. 2179.

/1Ø/ Crochiere, R.E.: Sub-band coding. The Bell Sys. Techn. J., Vol. 6Ø, No. 7, September 1981, pp. 1633-1653.

/11/ Jayant, N.S. and Noll,P.: Digital Coding of Waveforms. 1984 Prentice Hall, Inc. Englewood Cliffs, New Jersey Ø7632, 1984.

/12/ Spille, J. and Schröder, E.F.: Vergleich mehrerer für eine Teilbandcodierung geeigneter Filterfamilien unter besonderer Berücksichtigung der Wellendigitalfilter, in ITG-Fachbericht 1Ø6 "Hörrundfunk", Mainz 1988.

/13/ Zwicker, E. and Feldtkeller, R.: Das Ohr als Nachrichtenempfänger. S. Hirzel Verlag, Stuttgart, 1967.

/14/ Cox, R.V., Hagenauer, J., Seshadri, N. and Sundberg, C.E.: A Sub-Band Coder Designed for Combined Source and Channel Coding, in Proc.of the Int. Conf. on Acoust., Speech and Signal Proc. ICASSP 1988.

/15/ Terhardt, E., Stoll, G. and Seewann M.: Algorithm for extraction of pitch and pitch salience from complex tonal signals. J. Acoust. Soc. Am. 71(3), March 1982, pp. 679-688.

/16/ Fletcher, H. and Galt, R.H.: The perception of speech and its relation to telephony, J. Acoust. Soc. Am. 22, 1950, pp. 89-151.

/17/ Weck, Ch., and Theile, G.: Digital Audio Broadcasting: Optimizing of a combined concept of source and channel coding with respect of subjective criteria, in International Broadcasting Convention, Brighton, Sept. 1988, Conf. Publication No. 293, pp. 360-363.

/18/ Alard, M. and Lassalle, R.: Principles of modulation and channel coding for digital broadcasting for mobile receivers. EBU Review-Technical, No. 224, August 1987, pp. 168-190.

/19/ Blauert, J.: Ein Beitrag zur Trägheit des Richtungshörens in der Horizontalebene. Acustica Vol. 20, 1968, pp. 200-206.

/20/ Franssen, N.V.: Die Phänomenologie des Richtungshörens. Stereophonie. Eindhoven: Philips Technische Bibliothek, 1963.

/21/ Plenge, G.: On the Behaviour of Listeners to Stereophonic Sound Reproduction and the Consequences for the Theories of Sound Perception in a Stereophonic Sound Field. 83rd AES Convention, 1987, Preprint No. 2532.

Günter Schneeberger:

Modulationsverfahren für einen digitalen terrestrischen Hörfunk - Frequenzeffektive Bewältigung des Mehrwegeproblems

Zusammenfassung:

Der Mehrwegeempfang beeinflußt schmal- und breitbandige Übertragungen unterschiedlich. Schmalbandige Signale erleiden einen orts- bzw. zeitabhängigen Schwund, breitbandige werden stark verformt. Adaptiver Ausgleich breitbandiger Kanalverzerrungen ist möglich, jedoch bei schnell bewegten Empfängern aufwendig. Rundfunksignale benötigen eine Datenrate, die über Schmalbandkanäle nicht übertragbar ist. Ein erfolgversprechender Ansatz liegt im Aufteilen der Datenrate auf viele Schmalbandkanäle. Diese Technik wird als OFDM bezeichnet und ist bereits zusammen mit einer leistungsfähigen Kanalkodierung erfolgreich demonstriert worden. Da der Datenstrom eines Programmsignals über einen breiten Frequenzbereich gespreizt wird, erleiden die einzelnen Träger voneinander unabhängige Schwundeffekte, so daß ein völliger Ausfall der gesamten Empfangsenergie unwahrscheinlich ist. In der OFDM-Technik sind so die Vorteile von Schmalband- und Breitbandsystemen vereint. Für die Realisierung dieser Technik liegen bereits Lösungsmöglichkeiten mit integerierter Schaltungstechnik vor.

1. Die Mehrwegeausbreitung - der Rayleigh-Kanal

Digitale drahtlose Übertragung ist im Rundfunkbereich besonders durch Satellitensysteme bekannt geworden. Man verwendet dabei stationäre, stark bündelnde Empfangsantennen mit direkter "Sichtverbindung" zum Satelliten; dadurch kommt die Signalenergie auf nur einem Weg zur Empfangsantenne. Als Störung des Empfangs treten das Rauschsignal des Empfängers und eventuell Interferenzeinstrahlungen auf.

Bei einem terrestrischen System stammt die am Empfangsort eintreffende Energie von verschiedenen Ausbreitungswegen, wie es das Bild 1 schematisch zeigt. Der Sender strahlt seine Energie in verschiedene Richtungen ab; durch Reflexion an Bergen oder Gebäuden treffen Energieanteile aus unterschiedlichen Richtungen und mit unterschiedlichen Laufzeiten beim Empfänger ein. Dieser Ausbreitungsmechanismus tritt sehr häufig auf, dabei überwiegt oft die Energie des auf kürzestem Weg einfallenden direkten Strahls. Wird jedoch der energiereiche direkte Strahl durch ein Hindernis mehr oder weniger stark unterdrückt, so stehen dem Empfänger nur noch die schwachen Energieanteile der reflektierten Signale zur Verfügung.

In der Nähe des Empfangsortes werden die einzelnen Strahlen durch lokale Beugung und Reflexion in weitere Teile zerlegt, die mit leicht unterschiedler Verzögerung zur Empfangsantenne gelangen können.

Das übertragungstechnische Ersatzschaltbild der Mehrwegeausbreitung zeigt das Bild 2. Die Empfangsleistung wird auf verschiedenen Wegen mit verschiedenen Dämpfungen ai und Laufzeiten Ti übertragen; in der Empfangsantenne induzieren alle diese Anteile Teilspannungen.

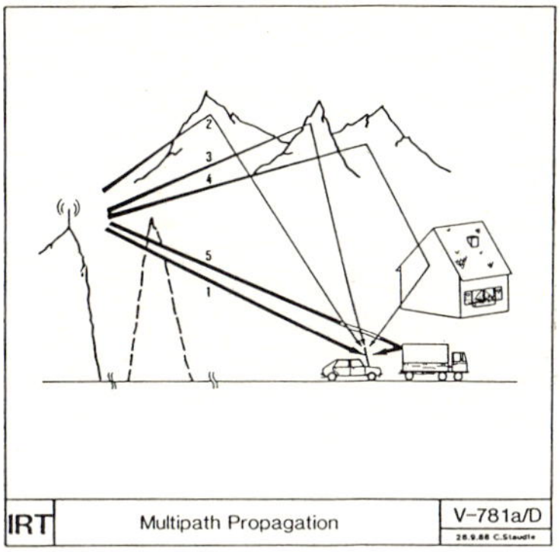

Bild 1

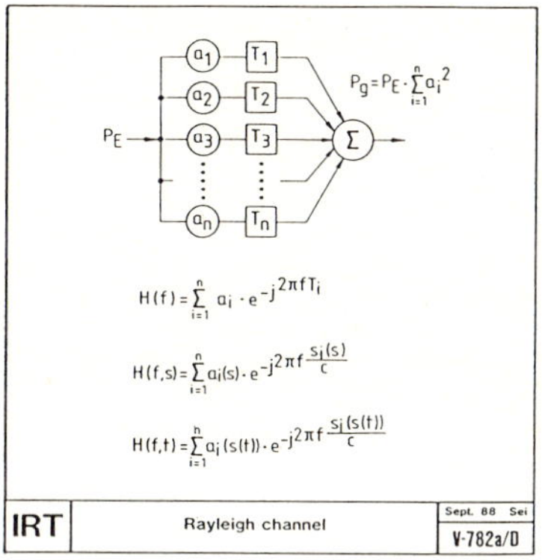

Bild 2

Die Übertragungsfunktion H(f) ist daher die Summe der Einzelübertragungsfunktionen mit den Dämpfungen ai und den Laufzeiten Ti. Diese beiden Parameter sind vom Ort s abhängig, so daß H(f) durch H(f,s) zu ersetzen ist. Bewegt sich ein Fahrzeug, so erfährt der Empfänger die ortsabhängige Übertragungsfunktion als zeitabhängig, also H(f,t).

Bei sehr schneller Bewegung wirkt sich u.U. der Dopplereffekt störend aus, da er für die verschiedenen Einfallsrichtungen unterschiedliche Werte annimmt. Eine einfache Beschreibung mit einer Übertragungsfunktion H(f,t) ist dann nicht mehr möglich. Darauf wird hier nicht weiter eingegangen, sondern auf Literatur /1/ verwiesen. Immerhin sei erwähnt, daß der Dopplereffekt Einfluß auf die zulässige Fahrzeuggeschwindigkeit und die maximale Trägerfreqeunz hat.

Wenn nur reflexionsbehaftete Ausbreitungswege beteiligt sind, so hat der Übertragungsfaktor als Funktion der Frequenz an einem festen Ort s0 bzw. zu einer festen Zeit t0 den im Bild 3 oben gezeigten typischen Verlauf. Die starken Schwankungen des Frequenzgangs stellen einen statistischen Prozeß dar, dessen Wahrscheinlichkeitsdichtefunktion nach Rayleigh benannt ist. Ein Übertragungskanal der sich so verhält, wird demnach als Rayleigh-Kanal bezeichnet. Er steht für die denkbar ungünstigste Situation und wird allen weiteren Betrachtungen zugrundegelegt. Ausbreitungssituationen mit einem Anteil eines direkten Signals sind damit abgedeckt, weil sie stets weniger kritisch sind.

Im Bild 3 sind die grundsätzlichen Auswirkungen eines stationären Rayleigh-Kanals demonstriert. Betrachtet man ein Signalspektrum, dessen Breite mehrere Einbrüche und Erhebungen des Frequenzgangs umfaßt, so wird sogleich klar, daß die ursprüngliche Signalform nicht mehr erhalten bleibt. Das Augendiagramm eines binären Digitalsignals wird für eine gewöhnliche Schwellenentscheidung unbrauchbar. Ein Breitbandsignal im Sinn der Mehrwegeausbreitung liegt dann vor, wenn die Symboldauer Tsym des Digitalsignals wesentlich kleiner ist als der Delayspread Tspread, der ein gewichtetes Maß für die Laufzeitunterschiede des Kanals darstellt /2/. Typisch große Werte für den Delayspread in Städten liegen bei 3 us; in Gebirgsnähe können sie nach Untersuchungen des IRT (Institut für Rundfunktechnik, München) auf 40 us anwachsen.

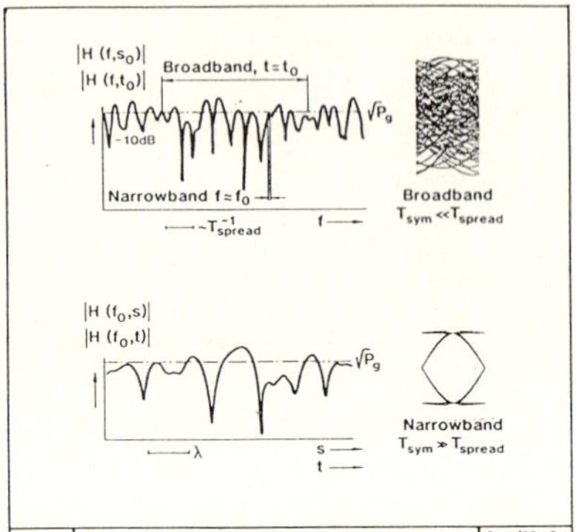

IRT | Selective and nonselective Rayleigh channel | Sept. '88 | V-783a/D

Bild 3

Ist das Signalspektrum dagegen so schmal, daß innerhalb seiner Breite der Übertragungsfrequenzgang nahezu konstant ist, so wird die Form des Signals erhalten bleiben. Allerdings wird die Signalamplitude abhängig von der Trägerfrequenz entsprechend der Rayleigh'schen Verteilung schwanken. Ein Schmalbandsignal im Sinn der Mehrwegeausbreitung liegt dann vor, wenn die Symboldauer Tsym wesentlich größer ist, als der Delayspread. Für die städtische Situation ergibt sich damit eine Symboldauer von etwa 30 us bei der die ursprüngliche Symbolform erhalten bleibt. Die daraus folgende Übertragungsrate von 33 kBaud erlaubt selbst bei mehrstufigen Modulationsverfahren nicht die für ein Stereoprogramm nötige Informationsrate von etwa 200 kBit/s zu erzielen. Zieht man die wesentlich größeren Delayspreadwerte der bergigen Lagen heran, so erscheint eine Digitalübertragung eines Rundfunkprogramms auf solch einfache Weise unmöglich.

2. Messung und Ausgleich der Kanalverzerrungen

Aus den Verzerrungen eines bekannten Signals kann auf den Frequenzgang des Kanals geschlossen werden. Ein solches Meßsignal muß eine gleichmäßige spektrale Belegung aufweisen und in seiner Dauer dem Delayspread des Kanals angepaßt sein. Mit der Kenntnis der Übertragungsfunktion des Kanals kann das Eingangssignal "entzerrt" werden. Es liegt nahe, hierzu einfach die reziproke Übertragungsfunktion heranzuziehen (siehe Bild 4). Bei der Kompensation der tiefen Einbrüche sind hohe Werte der entzerrenden Funktion nötig, die aber zugleich das Eingangsstörsignal anheben. Die ursprüngliche Signalform wird zwar wieder hergestellt, dabei aber der Signalstörabstand stark verringert. Solche Anordnungen sind bei Kabelübertragungen mit nicht zu kräftigen Reflexionen als Ausgleichsverstärker bekannt geworden.

Andere Methoden, die diese Störabstandsverschlechterung vermeiden sind in der Literatur beschrieben und arbeiten z.B. mit adaptiver Rückkopplung /3/ oder mit Spektrumsspreizung /4/. Besonders die zweite Methode wird häufig diskutiert, da sie bereits vor langer Zeit für die Mehrwegebewältigung vorgeschlagen wurde. Ihr Frequenzbedarf ist aber wegen der nötigen Spreizfaktoren von 6 und mehr derart hoch, daß eine Anwendung im Rundfunkbereich kaum sichtbar wird.

Bewegt sich ein Fahrzeug, so ändert sich der Übertragungsfaktor H(f,t), und zwar um so schneller, je höher die Geschwindigkeit und die Trägerfrequenz sind. Eine periodische Vermessung des Kanals muß daher so häufig erfolgen, daß die Übertragungsfunktion in der Zeit zwischen den Messungen als konstant betrachtet werden kann. Bei einer Fahrzeuggeschwindigkeit von 200 km und einer Trägerfrequenz um 100 MHz muß der Kanal mindestens nach jeder Millisekunde vermessen werden (siehe dazu die Test-Data-Sequenz in Bild 4). Da in gebirgigen Lagen Laufzeitunterschiede von mehr als 0,1 ms auftreten können und die Testsequenz meist doppelt so lang anzusetzen ist, erfordert die Kanalvermessung einen beträchtlichen Teil der zur Verfügung stehenden Kanalkapazität. Bei sehr hohen Trägerfrequenzen bleibt für die eigentliche Übertragung nur mehr ein geringer Teil.

Sollen bei den Methoden mit Kanalvermessung die nötigen Signaloperationen in digitaler Weise erfolgen, so führt dies besonders bei Breitbandsignalen zu einem heute in Konsumgeräten kaum verwirklichbaren Aufwand.

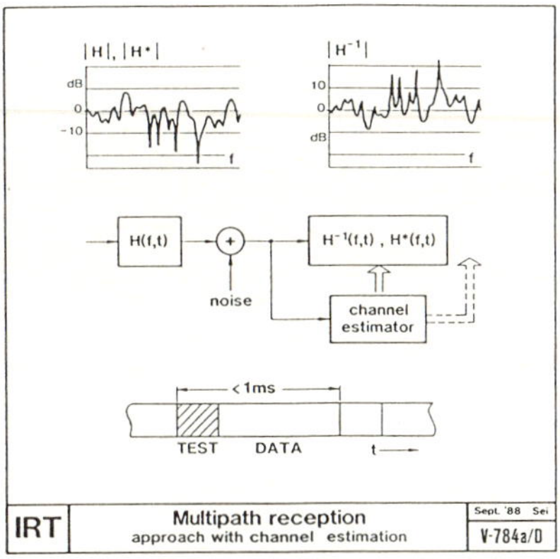

Bild 4

3. Übertragung im nichtselektiven Rayleigh-Kanal

Ein Weg zur Bewältigung des Mehrwegeproblems bei Breitbandsignalen, der ohne Kanalvermessung auskommt wird nun beschrieben. Hierzu muß zuerst die Schmalbandübertragung genauer betrachtet werden.

Im Bild 5 ist nochmal die Zeitabhängigkeit des Übertragungsfaktors für eine bestimmte Frequenz fo aufgetragen. Nehmen wir an, die mittlere Signalenergie sei so groß, daß sie während der meisten Zeit eine nahezu fehlerfreie Übertragung erlaube, so wäre doch während der tiefen Einbrüche die Energie vorübergehend so gering, daß alle betroffenen Bits verfälscht wären. Die Dauer der Einbrüche steigt mit sinkender Fahrzeuggeschwindigkeit und mit abnehmender Trägerfrequenz. Für die Dauer eines 20 dB tiefen Einbruchs bei 100 km/h und 100 MHz kann ein Wert von 5 ms zur Orientierung dienen /5/. Bei einer Rate von 60 kBit/s (etwa bei 4 PSK) wäre dabei ein Block von 300 Bit betroffen.

Da solch lange Fehlerblöcke von Fehlerkorrekturverfahren kaum zu bewältigen sind, wendet man eine sog. Verschachtelungstechnik an: die Bits werden nicht in ihrer natürlichen Folge übertragen, sondern umgeordnet. Beim empfangsseitigen Widerherstellen der richtigen Reihenfolge werden die Fehlerblöcke in einzeln stehende Fehler aufgespalten. Dies gilt, solange der Fehlerblock eine, durch die Verschachtelungstechnik vorgegebene Länge nicht überschreitet.

Bei der Mittelung der Fehler über eine lange Wegstrecke des Rayleigh-Kanals ergibt sich eine Abhängigkeit der Fehlerquote vom Signalstörverhältnis in der im Bild 5 gezeigten Weise. Offenbar bewirken die Signaleinbrüche so große Fehlerzahlen, daß selbst bei verhältnismäßig hohen Werten von S/N noch eine beträchtliche mittlere Fehlerquote auftritt. Zum Vergleich sei der Gauß-Kanal angeführt, wie er etwa beim Satellitenempfang mit einer Parabolantenne vorliegt. Die Fehlerquote von 0,001 wird im Rayleigh-Kanal erst bei einer etwa fünfzigfach größeren Signalleistung als im Gauß-Kanals erreicht.

Ein solches Verhalten ist für praktische Anwendungen unbrauchbar. Der Ausweg bietet sich in Form einer aufwendigen Kodierung, d.h. durch Hinzufügen von Redundanz zur Nutzinformation an. Die beiden Kurven mit den Parametern R=2/3 und R=1/2 kennzeichnen die beiden Fälle mit 50% und 100% Redundanz, die nun bereits besseres Verhalten als der Gauß-Kanal bieten. Die Kodierungsprinzipien und ihre Anwendung auf Tonsignale werden in /6/ beschrieben. Hier sei nur festgehalten, daß durch Verzicht auf etwa die Hälfte der prinzipiellen Übertragunggskapazität auch in einem Rayleigh-Kanal ein sehr gutes Verhalten der mittleren Fehlerquote bezüglich der mittleren Leistung erreicht werden kann. Eine ausreichende Verschachtelung ist dabei stets vorausgesetzt, kann aber zumindest im stehenden Fahrzeug nicht erreicht werden, da dann die Fehlerblöcke beliebig lang werden können.

Die geringe Datenkapazität eines nichtselektiven Rayleigh-Kanals und das Problem des stehenden oder sehr langsamen Fahrzeugs lassen die endgültige Lösung der digitalen Rundfunkübertragung noch offen.

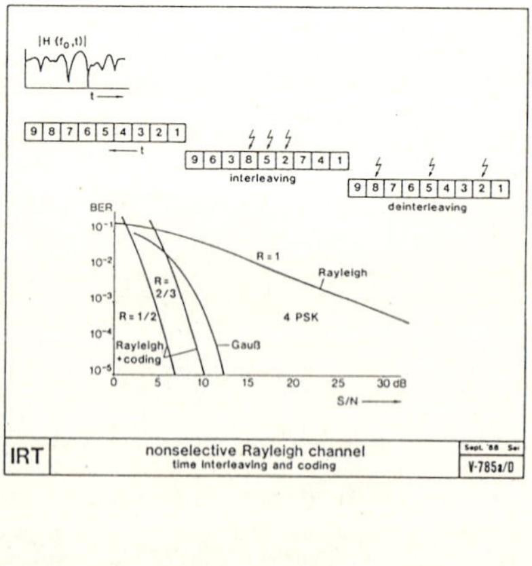

Bild 5

4. Verteilung der Datenrate auf viele Träger - Schmalband und Breitbandübertragung zugleich

Um die hohe Datenrate eines Stereosignals zu übertragen, bietet sich eine Aufteilung auf viele schmalbandige Kanäle an. Im Bild 6 ist eine solche Aneinanderreihung von modulierten Trägern (Frequency Division Multiplexing: FDM) gezeigt, wobei jedes Modulationsspektrum einen genügend frequenzunabhängigen Übertragungsfaktor vorfindet. Aus der Kabelübertragunstechnik ist schon länger bekannt, daß es möglich ist, die Lücken zwischen den Trägern auch mit modulierten Trägern zu besetzen. Werden nämlich bestimmte Bedingungen bezüglich Trägerabstand und Modulationsgeschwindigkeit eingehalten, so sind alle modulierten Träger zueinander orthogonal, d.h. ihre Information kann trotz der sich überlappenden Spektren ungestört wiedergewonnen werden. Diese Technik wird englisch als Orthogonal Frequency Division Multiplexing (OFDM) bezeichnet. Sie ist seit längerer Zeit bekannt /7,8/ und wurde vom CCETT (Centre Commun d'Etudes de Telediffusion et Telecommunication in Rennes/Frankreich) für die Hörfunkübertragung vorgeschlagen /9/. Eine konkrete Realisierung liegt ebenfalls von dieser Seite bereits vor und wurde erfolgreich demonstriert /10/.

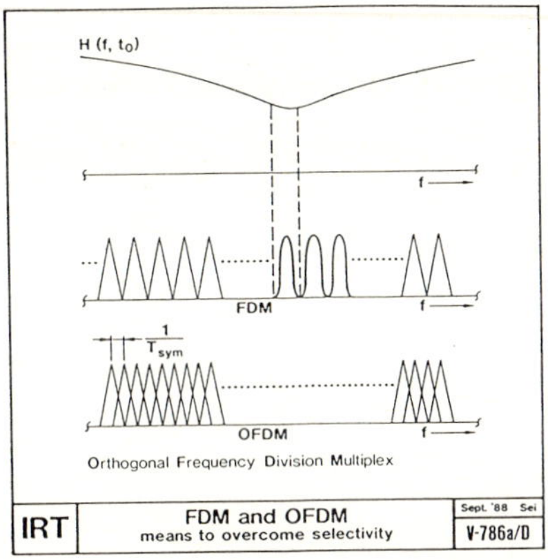

Bild 6

Sieht man vorerst von den praktischen Problemen der gleichzeitigen Modulation und Demodulation mehrerer Träger ab, so erscheint der hohe spektrale Wirkungsgrad und die Überwindung des Mehrwegeproblems durch die OFDM-Technik attraktiv.

Eng beieinanderliegende Träger erleiden gleiches Schicksal: entweder erfahren sie gemeinsam eine Anhebung oder sie erleiden gemeinsam einen starken Schwund. Es bietet sich daher an, so wie in Bild 7 gezeigt, den Bitfluß eines Programms nicht auf unmittelbar benachbarte Träger zu legen, sondern auf voneinander separierte. Die dazwischen befindlichen Träger werden für die Übertragung anderer Programme benützt. Spreizt man so die Information eines Programms über einen Frequenzbereich von mindestens 4 MHz, so wird meist nur ein geringer Anteil der Träger und damit der Information unter den starken Einbrüchen des Frequenzganges leiden. Damit kann ohne zeitliches Verschachteln bereits für viele Mehrwegesituationen das Auftreten von Fehlerblöcken selbst im stehenen Fahrzeug vermieden werden. Ein zusätzliches zeitliches Verschachteln kann darüberhinaus einen Schwund, der die ganze Bandbreite erfaßt zumindest im bewegten Fahrzeug unkritisch werden lassen. Das Bild 7 zeigt in einer zweidimensionalen Anordnung sowohl das zeitliche als auch das frequenzmäßige Verschachteln (time and frequency interleaving) in prinzipieller Weise. Die Zahlen geben die ursprüngliche Reihenfolge der Bits an; ihr Auftreten im Zeit-Frequenz-Plan zeigt die gewählte Verschachlung. Eine tatsächliche Frequenzverschachtelung wird (mehr noch als im Bild 7) ursprünglich aufeinanderfolgende Bits auf möglichst weit auseinanderliegende Träger zuweisen und ursprünglich zeitlich separierte Bits auf entsprechend näher benachbarte Träger.

OFDM erweist sich also bezüglich der Modulation der einzelnen Träger als ein Schmalbandsystem, bezüglich der Spreizung der Gesamtinformation als ein Breitbandsystem. Zur Demodulation werden nur die Träger mit dem gewünschten Programm herangezogen, so daß der hierfür notwendige empfängerseitige Aufwand beschränkt bleibt. Eine Kanalvermessung ist nicht erforderlich, so daß auch hierfür kein apparativer Aufwand nötig wird. Jedoch zeigt sich, daß bei Mehrwegeempfang die Orthogonalität beeinträchtigt wird. Diesem Efekt kann mit einem sog. Schutzintervall oder safeguard entgegengewirkt werden.

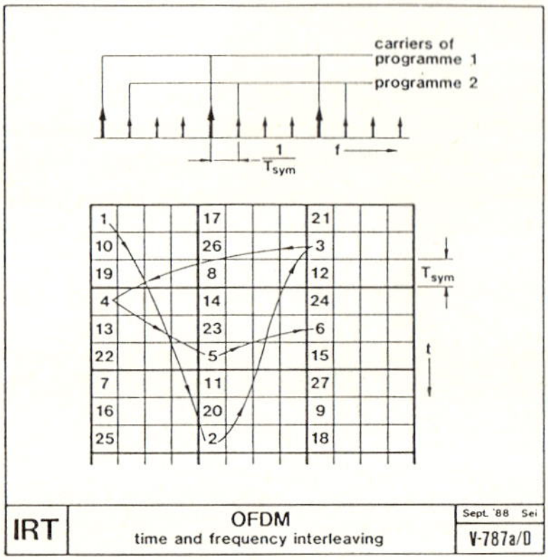

Bild 7

5. Schutzintervall gegen Signalüberlappungen

Wie die Modulation bei einem realen OFDM-System aussehen kann, zeigt das Bild 8. So wird als Modulation der einzelnen Träger nicht die bei Datenübertragung übliche Roll-off-Charakteristik verwendet, sondern der einzelne Träger wird lediglich in einer die Modulation darstellenden Phasenlage (also 4 verschiedene Werte bei 4PSK) hart ein- und ausgeschaltet. Damit ist die zeitliche Ausdehnung eines Modulationssymbols maximal beschränkt, dafür dehnt sich das Spektrum entsprechend einer Sin(x)/x-Funktion weit aus. Doch ist dies hier kein Nachteil, da sich die Spektrumsausläufer ohne die Orthogonalität zu stören den Nachbarspektren überlagern. Lediglich an den Rändern des Trägerblocks ergeben sich kleine Erweiterungen des belegten Frequenzbereichs.

Die einzelnen Modulationssymbole folgen nicht aufeinander, sondern haben einen gewissen Abstand zwischen sich. Wenn Mehrwegesignale höchstens um die Dauer dieses Schutzintervalls verspätet eintreffen, so stören sie nicht, sondern tragen zur auswertbaren Nutzenergie bei, oder anders ausgedrückt: die Orthogonalität ist gewahrt. Noch später eintreffende Signale stören in zunehmendem Maße die Übertragung. Die Dauer des Schutzintervalls muß also der Mehrwegesituation angepaßt sein. Die eigentliche Symboldauer Tsym muß sich an der Schutzintervalldauer ausrichten und sicher ein mehrfaches davon betragen. Die reziproke Symboldauer 1/Tsym ist zugleich der Abstand der einzelnen Träger.

Es ist anzumerken, daß also auch bei dieser Technik, ähnlich wie bei der Kanalvermessung ein gewisser Teil der Kapazität - etwa 20 Prozent - der Bewältigung des Mehrwegeproblems geopfert werden muß. Allerdings braucht OFDM dazu keine weitere Signalverarbeitung.

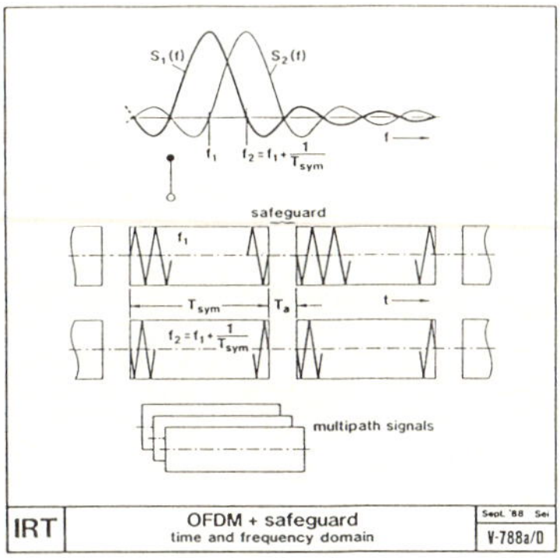

Bild 8

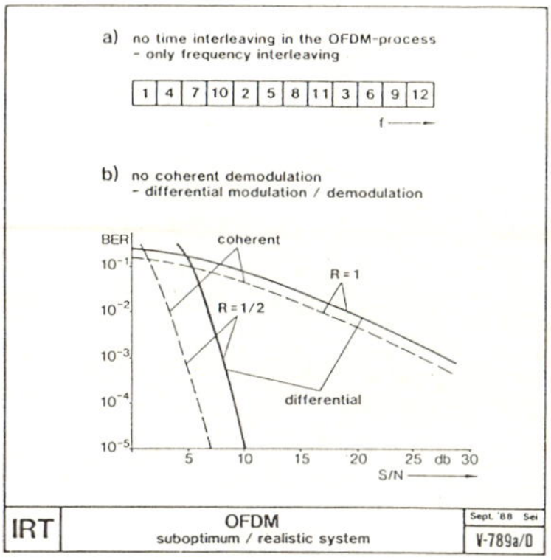

Bild 9

6. Realisierungsaspekte

Bisher war nur vom Prinzip der OFDM-Technik die Rede; Realisierungsaspekte sind nicht betrachtet worden. In Bild 9 sind zwei unterschiedlich wichtige Einschränkungen zum optimalen System aufgezeigt.

Unter a) wird auf das zeitliche Verschachteln verzichtet. Die praktischen Erfahrungen des CCETT zeigen, daß mit dem bloßen Frequenzinterleaving bereits in den meisten Situationen eine beträchtliche Güte des Empfangs erreicht werden kann. Ein zusätzliches Zeitinterleaving ist daher eine Frage der ökonomischen Abschätzung; für ein optimales Verhalten kann darauf nicht verzichtet werden.

Dagegen kann bisher die kohärente Demodulation für ein OFDM-System bei Mehrwegeausbreitung nicht realisiert werden. Man müßte für jeden einzelnen Träger eine Verfolgung seiner Phase individuell durchführen. Als Ausweg für eine einfache und robuste Technik bietet sich die differentielle Demodulation an. Darum ist unter b) angegeben, wie sich die Bitfehlerquoten bei kohärenter und differentieller Demodulation unterscheiden. Der Unterschied von etwa 3 dB muß im Hinblick auf die Realisierbarkeit hingenommen werden.

Es bleibt noch die Frage zu beantworten, wie die Modulation und vor allem die Demodulation von vielen Trägern, nämlich von etwa 500 oder noch wesentlich mehr durchgeführt werden können. Hierzu deutet das Bild 10 den Lösungsweg an. Die im oberen Teil des Bildes dargestellten Reihen von Modulatoren und Demodulatoren können für ein OFDM-Signal durch jeweils eine inverse oder direkte diskrete Fouriertransformation ersetzt werden/8/. Dieses verblüffende Ergebnis wird verständlicher, wenn man bedenkt, daß die diskrete Fouriertransformation einen Satz von Zahlen in einen anderen Satz von Zahlen umrechnet. Die beiden Zahlensätze können - wie oft üblich - als Zeitverlauf und Spektrum gedeutet werden, aber auch - wie hier - als die Umsetzung eines (komplexwertigen) Datenstroms in ein (komplexwertiges) Zeitsignal, das nach Digital/Analog-Wandlung und Frequenzumsetzung ein OFDM-Signal ergibt. Die entsprechend umgekehrte Reihenfolge gilt für die Demodulation.

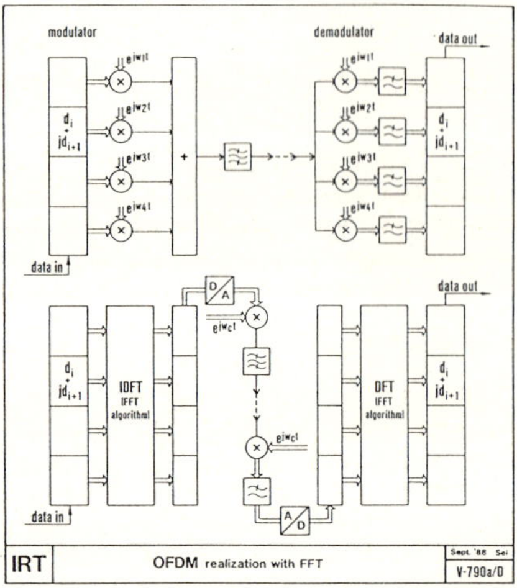

Bild 10

Weil die Zahl der Rechenoperationen der diskreten Fouriertransformation mit dem Algorithmus der schnellen Fouriertransformation (FFT) sehr verringert werden kann, ist mit der derzeitigen Halbleitertechnologie eine Einchip-Realisierung bereits möglich geworden. So können mit einem speziellen Vektorsignalprozessor 512 komplexe Werte in 1,3 ms umgesetzt werden. Dies reicht leicht aus, um die Datenmenge eines Stereosignals zu bewältigen.

Damit ist vor allem das Problem der Demodulation elegant gelöst; die schaltungstechnische Realsierung bevorzugt ja die Methoden der digitalen Signalverarbeitung.

Literatur:

/1/ Lorenz, R. W.: Zeit- und Frequenzabhängigkeit der Übertragungsfunktion eines Funkkanals bei Mehrwegeausbreitung mit besonderer Berücksichtigung des Mobilfunkkanals. Der Fernmelde-Ingenieur 39 (1985), S. 1 bis 45.

/2/ Debrunner, W. E. und Zoog, A.: Übertragungsfunktion bei Mehrwegeempfang in hügeligem Gelände. Technische Mitteilungen PTT (1987), S. 147 bis 151.

/3/ Leclert, A. und Vandamme, P.: Decision Feedback Equalization of Dispersive Radio Channels. IEEE Trans. on Communications 33 (1985), S. 676 bis 684.

/4/ Turin, G. L.: Introduction to spread-spectrum antimultipath techniques and their application to urban digital radio. Proceedings of the IEEE 68 (1980), S. 328 bis 353.

/5/ Kuchenbecker, H.: Statistische Eigenschaften von Schwund- und Verbindungsdauer beim Mobilfunk-Kanal. Frequenz 36 (1982), S. 138 bis 144.

/6/ Weck, Ch.: Digitaler Terrestrischer Hörfunk; Optimierung der Kanalcodierung im Hinblick auf eine effektive Übertragung durch Berücksichtigung der Gehöreigenschaften. Vortrag, gehalten auf der ITG-Tagung Hörfunk, Mainz Nov. 1988.

/7/ Saltzberg, B. R.: Performance of an efficient parallel data transmission system. IEEE Trans. on Communication Technology 15 (1967), S. 805 bis 811.

/8/ Weinstein, S. B. und Ebert, P. M.: Data transmission by frequency division multiplexing using the discrete Fourier transform. IEEE IEEE Trans. on Communication Technology 19 (1971), S. 628 bis 634.

/9/ Alard, M. und Lassalle R.: Principles of modulation and channel coding for digital broadcasting for mobile receivers. EBU REVIEW - TECHNICAL Nr. 224 (1987), S. 168 bis 190.

/10/ Dosch, Ch.: Erste Erfahrungen über den Empfang digitaler Tonsignale für terrestrische Ausstrahlung bei einer Demonstration anläßlich der WARC-ORB 1988. Vortrag, gehalten auf der ITG-Tagung Hörfunk, Mainz Nov. 1988.

Christfried Weck:

Digitaler Terrestrischer Hörrundfunk - Optimierung der Kanalcodierung im Hinblick auf eine effektive Übertragung durch Berücksichtigung der Gehöreigenschaften

Zusammenfassung:

Es wird ein Kanalcodierungsverfahren vorgestellt, womit sich bei einem digitalen terrestrischen Hörrundfunksystem der Fehlerschutz an die Belange der Quelle (z.B.: Daten oder Tonsignale) und die der Senke (z.B.: Gehöreigenschaften) anpassen läßt. Durch die zusätzliche Auswertung von Zustandsinformationen des Übertragungskanals, wird eine übergreifende Optimierung des gesamten digitalen Übertragungssystems, bestehend aus den Komponenten Quellencodierung, Kanalcodierung und Modulation, angestrebt. Das Kanalcodierungsverfahren gewährleistet eine ökonomische Verteilung der Redundanz und erlaubt eine Gestaltung des Ausstiegsverhaltens nach subjektiven und/oder objektiven Kriterien.

Schlagworte:

adaptiver, umschaltbarer Fehlerschutz, weiches Ausstiegsverhalten ("graceful degradation")

1. Einleitung

Ein neuer, digitaler terrestrischer Hörrundfunk ist nur dann vorstellbar, wenn der dafür erforderliche Frequenzbedarf und die damit verbundene Datenrate gering gehalten werden können. Gleichzeitig muß gegenüber dem herkömmlichen Rundfunk eine bedeutend höhere Übertragungsqualität, insbesondere beim mobilen Empfang im Kraftfahrzeug, gewährleistet werden. Gerade hier liegen aber teilweise extrem schlechte Empfangsverhältnisse vor. Deshalb kommt der Auswahl der Systemkomponenten der digitalen Übertragungsstrecke, wie Quellencodierung, Kanalcodierung und Modulation, eine große Bedeutung zu. Zum anderen genügt es nicht, die einzelnen Komponenten unabhängig voneinander zu optimieren, sondern die Übertragungskette muß als ganzes optimiert werden.

Das vorgestellte Kanalcodierungsverfahren bietet ein hohes Maß an Flexibilität in der Gestaltung des Fehlerschutzes. Durch die Kombination mit einem Quellencodierungsverfahren (hier mit dem IRT Teilband-Codierverfahren MASCAM: **M**asking-Pattern **A**dapted **S**ubband **C**oding **a**nd **M**ultiplexing /1/,/2/,/5/) ist es möglich, die Qualität eines, unter schlechten Übertragungsbedingungen empfangenen Tonsignals nach subjektiven Kriterien zu optimieren. Durch die decoderseitig realisierte Soft-Decision-Technik läßt das Kanalcodierungsverfahren auch eine enge Kopplung mit der Modulationsseite zu.

Bei der Entwicklung des vorgestellten Kanalcodierungsverfahrens wird von der Tatsache ausgegangen, daß bei der Übertragung von digitalen Tonsignalen die Störwirkung eines verfälschten Bits abhängig ist von der Wertigkeit oder der speziellen Bedeutung des verfälschten Bits. Das Ziel für die Optimierung des Fehlerschutzes ist damit nicht vorrangig die Minimierung der mittleren Bitfehlerrate sondern die Minimierung der Störwirkung nach objektiven und/oder subjektiven Kriterien. Dies macht eine umfassende Anpassung des Fehlerschutzes an die Bedeutung der einzelnen Bits eines Informationsblocks erforderlich.

Bei dem heute üblicherweise realisierten Fehlerschutz für digitale Tonsignale, werden insbesondere bei adaptiven Quellencodierungsverfahren, zwei verschiedene Gruppen von Informationsbits unterschieden: hochzuschützende Nebeninformation (beispielsweise Steuerinformationen, Skalenfaktoren) und hochzuschützende Hauptinformation (MSB's von Abtastwerten) und weniger zu schützende Hauptinformation. Die Nebeninformation wird daher zunächst mit einem eigenen Fehlerschutz versehen (äußerer Code) und die so geschützte Information zusammen mit der Hauptinformation mit dem eigentlichen Kanalcode (innerer Code) nochmals geschützt. Der verbesserte Fehlerschutz der Nebeninformation ist bei diesem Verfahren jedoch nur solange gewährleistet, solange der innere Code nicht überlastet ist. Eine Überlastung des inneren Codes führt durch die Vielzahl von Falschkorrekturen auch zu einer Überlastung des äußeren Codes. Dies wiederum bedeutet ein plötzliches Aussteigen des Kanalcodierungssystems (hartes oder sogenanntes "progressives" Ausstiegsverhalten). Günstiger wäre es jedoch, den höheren Fehlerschutz unabhängig von einer Überlastung des inneren Codes zu gestalten. Eine Möglichkeit der Realisierung eines derartig unterschiedlichen Fehlerschutzes bieten ratenkompatible punktierte Faltungscodes (RCPC-Codes) /3/. Diese wurden erfolgreich bei einer digitalen Sprachübertragung über Mobilfunkkanäle angewendet /4/. Bei dem vorgestellten Kanalcodierungsverfahren werden vergleichbare punktierte Faltungscodes verschiedener Coderaten so kombiniert, daß nahezu eine kontinuierliche Anpassung des Fehlerschutzes an die Bedeutung der einzelnen Bits eines Informationsblocks möglich wird. Das Kanalcodierungsverfahren gestattet außerdem, daß der Schutz von Informationsblock zu Informationsblock jeweils an die zur Verfügung stehende Kanalkapazität angepaßt wird, ohne daß der Aufwand für die Realisierung des Fehlerschutzes nennenswert erhöht wird. Dies kann bei Quellencodierungsverfahren mit einer dynamischen Bitrate, bei denen meist die obere Grenze der Übertragungskapazität nicht ausgenützt wird, zur Verbesserung des Fehlerschutzes genutzt werden.

2. Ausstiegsverhalten digitaler Übertragungssysteme

Bei den bekannten Kanalcodierungsverfahren werden alle Bits einer Informationseinheit (Informationsblock) gleichmäßig geschützt. Diese Vorgehensweise leitet sich von dem Fehlerschutz binärer Daten ab, bei denen ein Fehler in einer Binärstelle zu einer falschen Interpretation der übertragenen Information führt. Die Beschreibung der Leistungsfähigkeit eines solchen Kanalcodierungssystems oder die Beurteilung der Qualität des Übertragungskanals kann in erster Linie durch Angaben zur Bitfehlerrate geschehen. Bei der adaptiven Kanalcodierung von digitalen Tonsignalen, bei der der aufgewendete Fehlerschutz an die Bedeutung der einzelnen Bits angepaßt wird, ist die Angabe einer mittleren Rest-Bitfehlerrate nicht mehr sinnvoll. Ausschlaggebend ist hier die Qualität des decodierten Empfangssignals nach objektiven und/oder subjektiven Kriterien. Diese Kriterien sind dann auch ausschlaggebend für die Beurteilung der Qualität des Übertragungskanals (Bild 1). Der Bereich, in dem eine Verschlechterung der Qualität des Übertragungskanals auch zu einer Verschlechterung der Qualität des decodierten Empfangssignals führt, wird als Ausstiegsbereich (engl.: "degradation range") bezeichnet. Er wird begrenzt zum einen von der sogenannten Ausfallgrenze (engl.: "break down bound"). Diese Grenze kennzeichnet die Qualität des Übertragungskanals, wenn der Decoder nicht mehr in der Lage ist, die empfangenen Daten sinnvoll zu decodieren (z.B.: Synchronisationsfehler). Auf der anderen Seite wird der Ausstiegsbereich durch die sogenannte Ausstiegsschwelle begrenzt (engl.: "degradation bound"). Oberhalb dieser Schwelle ist der Empfang ohne Qualitätsverminderung möglich. Die Übertragung ist quasi fehlerfrei und man spricht von einem virtuell fehlerfreien Kanal.

Bei den meisten digitalen Übertragungssystemen geschieht der Übergang von einer qualitativ hochwertigen Übertragung zum Aussteigen des Übertragungssystems abrupt, d.h. die Ausstiegsschwelle und die Ausfallgrenze liegen direkt nebeneinander. Bei einem digitalen terrestrischen Rundfunk ist es insbesondere bei mobilem Empfang jedoch unvermeidbar, daß lokal schlechtere Empfangsbedingungen vorliegen, da es immer Grenzbereiche der Versorgung gibt. Im Bereich einer Versorgungsgrenze oder bei Abschattungen durch Häuser und in Unterführungen, führt ein hartes Ausstiegsverhalten zu einem ständigen Umschalten zwischen ausgezeichneter Übertragungsqualität und gestörter Übertragung, die in der Regel eine Signalausblendung nötig macht (Muting). In diesem Fall ist ein in der Qualität schwankendes aber empfangbares Signal eher akzeptierbar. Ein weiches Ausstiegsverhalten ("graceful degradation") ist für ein Rundfunkübertragungssystem auch deshalb vorteilhafter, weil die Ausfallgrenze durch die ökonomische Verteilung der Redundanz noch zu schlechterer Kanalqualität hinausgeschoben werden kann. Die Qualität des decodierten Empfangssignals bleibt auch hier bis zur Ausstiegsschwelle unverändert gut. Der Ausstiegsbereich kann durch die Kanalcodierungsstrategie bestimmt werden. Sowohl die Größe des Ausstiegsbereichs als auch das Ausstiegsverhalten, also die Art der Qualitätsverminderung bei abnehmender Kanalqualität, wird durch den angepaßten Fehlerschutz definiert.

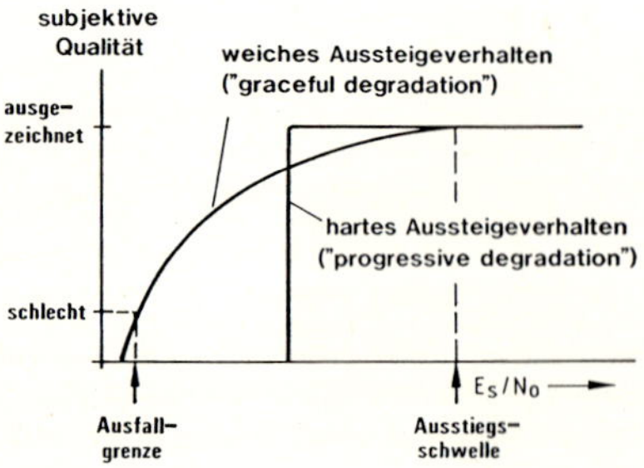

Bild 1: Ausstiegsverhalten von Übertragungssystemen

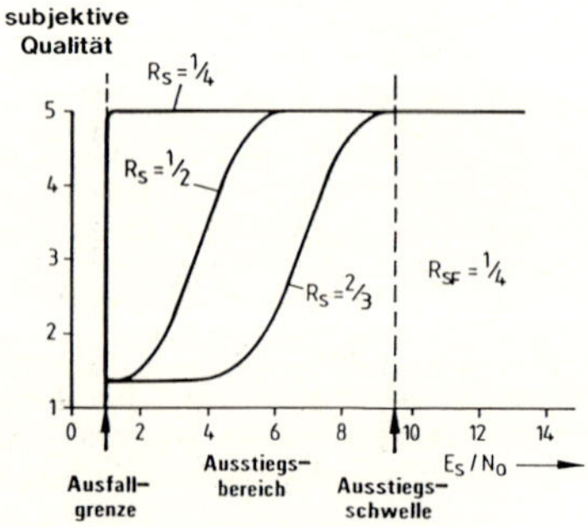

Bild 2: Ausstiegsverhalten bei MASCAM für verschiedene Coderaten (R_S) der Hauptinformation (Skalenf.: $R_{SF}=1/4$)

3. Störwirkung von Bitfehlern bei MASCAM

Ein weiches Ausstiegsverhalten durch unterschiedlichen Fehlerschutz kann schon an einem einfachen Beispiel mit nur zwei unterschiedlichen Fehlerschutzklassen erläutert werden (Bild 2). Bei dem IRT-Quellencodierungsverfahren MASCAM haben die Skalenfaktoren eine große Bedeutung für den Quellendecoder. Sie können beispielsweise mit einem Faltungscode der Coderate 1/4 geschützt werden. Wir nehmen großzügig die Ausfallgrenze bei einer Bitfehlerrate von 10^{-4} für die Nebeninformation an. Die Abtastwerte in den einzelnen Teilbändern sind bei einer korrekten Übertragung der Skalenfaktoren verhältnismäßig unempfindlich gegenüber Bitfehlern und werden beispielsweise mit einem Faltungscode der Coderate 2/3 geschützt. Aufgrund von Hörbeispielen wurde für unterschiedliche Bitfehlerraten der Abtastwerte ein subjektives Qualitätsmaß ermittelt. Damit läßt sich das Ausstiegsverhalten, also die subjektive Qualität des decodierten Empfangssignals in Abhängigkeit von der Qualität des Übertragungskanals angeben. Bis zur Ausstiegsschwelle ergibt sich keine Qualitätsverminderung und unterhalb davon vermindert sich die Qualität kontinuierlich. Selbst wenn alle Bits der Abtastwerte vollständig gestört sind, ist noch Sprachverständlichkeit gewährleistet. Dies ist auf die Formung des Frequenzspektrums durch die Skalenfaktoren zurückzuführen. Die Qualität des Empfangssignals ist dann mit der eines Vocoders[1] vergleichbar.

Die anderen Kurven in Bild 2 zeigen, daß die Größe des Ausstiegsbereichs abhängig ist von dem Redundanzunterschied zwischen hochgeschützten und weniger geschützten Bits. Wird anstelle des Codes mit Coderate 2/3 ein Code der Coderate 1/2 verwendet, verringert sich der Ausstiegsbereich in dem Beispiel um 3 dB. Für den gleichmäßigen Fehlerschutz (alles Coderate 1/4) würde sich auch hier ein progressives Ausstiegsverhalten ergeben.

In der Praxis wird der Fehlerschutz für das MASCAM-Signal mit wesentlich mehr Stufen bzw. quasi-kontinuierlich an die Bedeutung der einzelnen Bits angepaßt. Ein Abtastwert in einem Teilband ist bezüglich Bitfehlern mit einem Abtastwert eines pulscodemodulierten Tonsignals vergleichbar. Die Störwirkung hängt von der Wertigkeit des verfälschten Bits ab, ist jedoch im Gegensatz zu PCM bandbegrenzt. Bei den MASCAM-Abtastwerten unterscheiden sich außerdem die Anzahl der Bits und die Wertigkeit der Bits von Teilband zu Teilband. Diese Größen werden unter Berücksichtigung der Gehöreigenschaften (Verdeckungseffekte, Mithörschwellen) bestimmt. Das bedeutet, daß die Wertigkeit der LSB's in den Teilbändern so gewählt wird, daß das Quantisierungsrauschen unterhalb der Hörbarkeitsschwelle liegt. Für die Kanalcodierung leitet sich daraus eine neue Fehlerschutzstrategie ab. Wird beispielsweise durch angepaßten Fehlerschutz gewährleistet, daß nur die LSB's gestört sind und alle anderen Bits korrekt übertragen werden, so steigt das Quantisierungsrauschen in den einzelnen Teilbändern um jeweils 6 dB an. Das Rauschspektrum bleibt dabei jedoch an die Form der Mithörschwelle angepaßt, so daß auch die Störung optimal an die Gehöreigenschaften angepaßt sind. Die Qualität des Empfangssignals ist dann mit einem MASCAM-Signal geringerer Bitrate vergleichbar. Der Fehlerschutz der weiteren Bits wird dann entsprechend höher ausgelegt und zwar derart, daß das Störspektrum durch die LSB's und durch die nächst wichtigen Bits wieder gleichmäßig über die berechnete Mithörschwelle des Quellendecoders steigt. Bei dieser Fehlerschutzstrategie führt eine Verschlechterung der Kanalqualität zu einer Erhöhung der Bitfehlerrate, die zunächst nur die weniger wichtigen Bits betrifft und sich dann zu den wichtigsten Bits ausbreitet. Die resultierende Störwirkung kann mit einem Anwachsen einer Rauschstörung in den Teilbändern verglichen werden, die an die Gehöreigenschaften angepaßt ist.

4. Adaptives Kanalcodierungssystem

Die Kanalcodierung geschieht auf der Basis von punktierten Faltungscodes. Empfängerseitig wird ein Viterbi-Decoder mit Soft-Decision-Technik eingesetzt. Bei der Auslegung des Kanalcodierungssystems wird zunächst ein Faltungscode gesucht, der einen ausreichenden Fehlerschutz für die wichtigsten Bits (Steuer- und Synchronisationsinformationen) bietet. Dieser Code wird als Basiscode bezeichnet. Er bestimmt die Ausfallgrenze des Übertragungssystems, die je nach Redundanzaufwand und Synchronisationsverfahren bis in negative Signal/Rauschabstände des Übertragungskanals reichen kann. Das Blockschaltbild des adaptiven Faltungscoders ist in Bild 3 dargestellt. Zu jeder Zeiteinheit wird ein Informationsbit in das Schieberegister des Faltungscoders gegeben. Die Informationsblöcke werden so sequentiell abgearbeitet. Die Einflußlänge des Faltungscoders sowie die Generatorpolynome werden in einer Kombinationslogik definiert. Durch diese Kombinationslogik entstehen pro Zeiteinheit mehrere Codebits, das sogenannte Basiscode-Kanalsymbol, das sich aus verschiedenen Linearkombinationen der gespeicherten Informationsbits im Schieberegister

1 "voice coder": Parametrische Codierung von Sprachsignalen durch Grundfrequenz und Lautformung

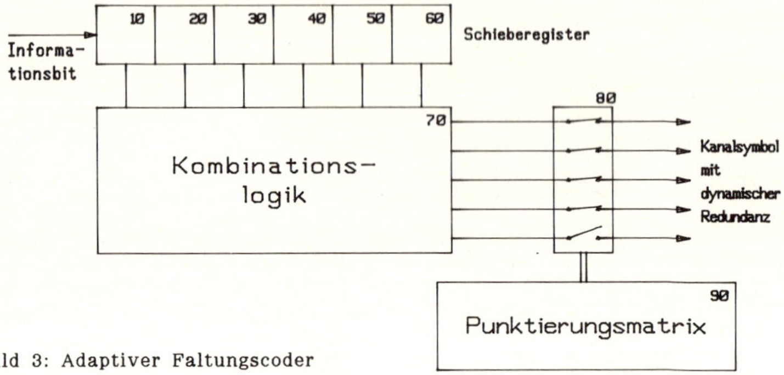

Bild 3: Adaptiver Faltungscoder

ergibt. Die Redundanz dieses Basiscode-Kanalsymbols kann durch Punktierung, das heißt eine nachträgliche Beschränkung der Anzahl von Codebits für die Übertragung, reduziert werden. Dies geschieht durch eine Torschaltung (Block 80 in Bild 3), die von einer sogenannten Punktierungsmatrix gesteuert wird. Die Punktierungsmatrix legt die Verteilung der Redundanz über einen Informationsblock fest. Sie umfaßt demnach genau so viele Spalten, wie Bits in einem Informationsblock enthalten sind. Die Anzahl der Zeilen der Punktierungsmatrix entspricht der Anzahl der Generatorpolynome des Basiscodes. Der angepaßte Fehlerschutz und damit die Charakteristik des Ausstiegsverhaltens wird bestimmt durch eine spezielle Punktierungsmatrix. Diese Punktierungsmatrix muß natürlich auch dem Empfänger vorliegen. Dies kann hardware- oder softwaremäßig geschehen. Der Decoder, der die Kanalsymbole mit unterschiedlicher Anzahl von Bits empfängt, betrachtet die punktierten Stellen wie ausgelöschte Bits, die keinen Beitrag zur Decodierungs-Entscheidung liefern.

In einem simulierten Beispiel enthält ein Informationsblock 64 Bits. Die Bits, die einen hohen Fehlerschutz benötigen werden am Anfang und am Ende des Informationsblocks plaziert. Zur Mitte hin werden die Bits nach abnehmender Bedeutung sortiert. Es wird ein Basiscode mit einer Einflußlänge von 4 gewählt und einer Coderate von 1/4 (d.h. 4 Codebits pro Informationsbit). Mit den Generatorpolynomen und der Punktierungsmatrix nach Bild 4a und 4b ergeben sich die Bitfehlerraten, die in Bild 5a und 5b für die einzelnen Bits des Informationsblocks dargestellt sind. Die Simulation für verschiedene Signal/Rauschverhältnisse auf einem Gauß'schen Kanal erstreckte sich jeweils über 16000 Informationsblöcke. Aus den Kurven erkennt man, daß die bedeutendsten Bits noch hochgeschützt sind, selbst wenn die weniger bedeutenden Bits eine hohe Fehlerrate aufweisen. Aus dem Vergleich der Bilder 5a und 5b wird deutlich, daß sich der Fehlerschutz bei gleicher effektiver Coderate sehr unterschiedlich gestalten läßt. Mit einer entsprechenden Punktierungsmatrix ist auch ein gleichmäßiger Fehlerschutz innerhalb eines Informationsblocks realisierbar. Die steilsten Übergänge von einem hohen Fehlerschutz zu einem geringen Fehlerschutz sind abhängig von der gewählten Einflußlänge des Basiscodes. Der Übergang geschieht kontinuierlich und erstreckt sich auf eine Anzahl von Bits, die der 4-fachen Einflußlänge entspricht.

Bild 4a :

Generatorpolynome:

111100 101100 110100 100100

Punktierungsmatrix:

```
1111111111111111111111101110111011101110111011111111111111111111
1111111111111101110111011101110111011101110111011101111111111111
1111111100000000000000000000000000000000000000000000000011111111
1111000000000000000000000000000000000000000000000000000000001111
0000000000000000000000000000000000000000000000000000000000000000
```

Bild 4b :

Generatorpolynome:

111100 101100 110100

Punktierungsmatrix:

```
1111111111111111111111111110111011101110111111111111111111111111
1111111111111111111111011101110111011101110111111111111111111111
1111111101000000000000000000000000000000000000000000010011111111
0000000000000000000000000000000000000000000000000000000000000000
0000000000000000000000000000000000000000000000000000000000000000
```

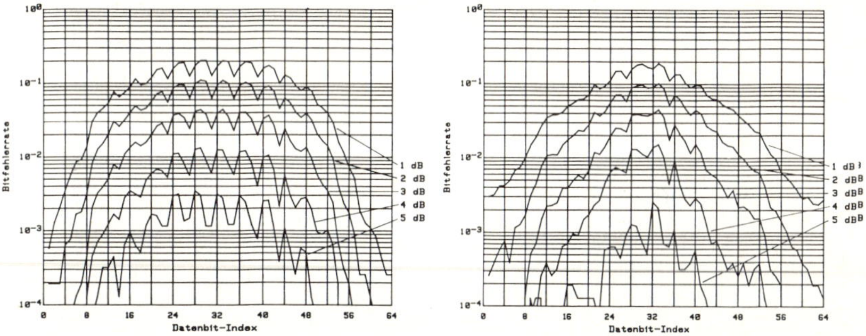

Bild 5a und 5b : Bitfehlerraten für die 64 Bits eines Informationsblocks bei verschieden Signal/Rauschverhältnissen auf dem Kanal. Mittlere Coderate R=0.47

Für die Dimensionierung des angepaßten Fehlerschutzes ist es vorteilhaft, für jedes Bit oder jede Gruppe von Bits die erforderliche relative Bitfehlerrate anzugeben, die auf die Bitfehlerrate der wichtigsten Bits bezogen ist. In den Bildern 6a und 6b sind zwei verschieden große Informationsblöcke dargestellt, wie sie beispielsweise bei dem Quellencodierungsverfahren MASCAM vorkommen können. Bei der Nebeninformation sowie bei der Hauptinformation werden mehrere Fehlerschutzklassen unterschieden. Die erforderliche relative Bitfehlerrate ist in dem Diagramm oberhalb des Informationsblocks dargestellt. Aus Simulationsergebnissen zum Bitfehlerverhalten verschiedener Coderaten werden für die einzelnen Gruppen von Informationsbits geeignete Coderaten ausgewählt und eine entsprechende Punktierungsmatrix erstellt. Dies ergibt einen kanalcodierten Informationsblock bestimmter Länge. Die Darstellungen in Bild 6a und 6b zeigen, wie zusätzlich verfügbare Kanalkapazität durch kürzere Informationsblöcke (z.B. bei der dynamischen Bitrate von MASCAM) für einen verbesserten Fehlerschutz genützt werden kann. Das Verhältnis der verschiedenen Fehlerschutzstrategien der Hauptinformation bleibt in dem gezeigten Beispiel erhalten. Die Länge des kanalcodierten Informationsblocks bleibt näherungsweise konstant und der Fehlerschutz wird so hoch wie möglich ausgelegt.

Für die Realisierung dieses dynamisch adaptierten Fehlerschutzes wird ein Satz von Punktierungsmatrizen erstellt, die für typische Informationsblöcke dimensioniert sind. Bei der Kanalcodierung wird davon jeweils die günstigste Punktierungsmatrix ausgewählt. Damit sich der Decoder auf die verwendete Punktierungsmatrix einstellt, muß zusätzlich eine Kennungsinformation übertragen werden. Diese Information ist verhältnismäßig klein, da sie nur von der Anzahl der verschiedenen Punktierungsmatrizen abhängt. Die Bedeutung und damit der Fehlerschutz für diese Information kann mit anderer Steuerinformation für den Decoder gleichgesetzt werden.

Bild 6a

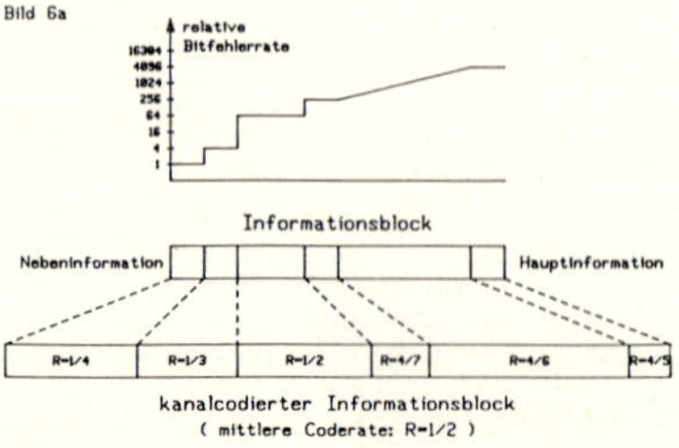

Bild 6b

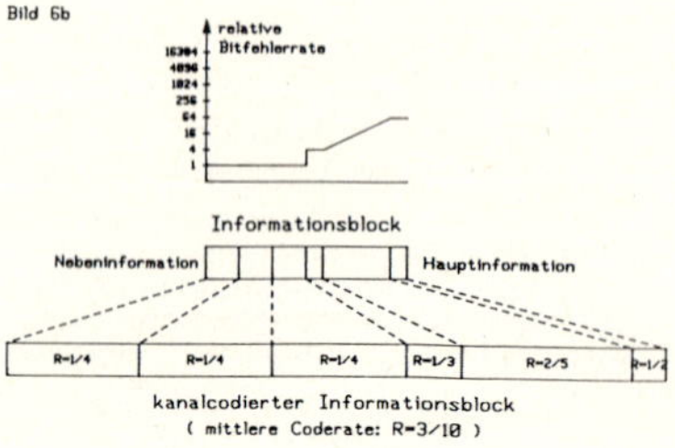

Bild 6a und 6b : Beispiele für dynamisch angepaßten Fehlerschutz.

5. Schlußbemerkungen

Das beschriebene Kanalcodierungssystem erlaubt durch die Steuerung der Redundanz eines Faltungscodes einen flexiblen Fehlerschutz. Der Fehlerschutz läßt sich zum einen an die Bedeutung der Informationsbits anpassen (um ein bestimmtes Ausstiegsverhalten des Übertragungssystems zu erhalten) und zum anderen kann er verschiedene Informationsblöcke und Informationsarten optimal schützen, indem zwischen verschiedenen Fehlerschutzstrategien umgeschaltet wird. Dies schließt die Möglichkeit der Datenübertragung mit gleichmäßig hohem oder gleichmäßig weniger hohem Fehlerschutz ein. Das Kanalcodierungssystem ist nicht an ein bestimmtes Quellencodierungsverfahren gebunden und kann auch für zukünftige Anwendungen einen optimalen Fehlerschutz ermöglichen, da die eigentliche Kanalcodierungsstrategie durch die Punktierungsmatrizen vorgegeben wird. Diese können für die verschiedensten Anwendungen softwaremäßig oder hardwaremäßig (EPROM) zur Verfügung gestellt oder auch mitübertragen werden. Bei einen neuen digitalen terrestrischen Hörrundfunk läßt dieses Kanalcodierungssystem auch für zukünftige Erweiterungen alle Möglichkeiten offen.

6. Literaturhinweise

/1/ G. Theile, M. Link, G. Stoll
Low Bit-Rate Coding of High Quality Audio Signals
82nd Conv. AES, 1987, Preprint No. 2432

/2/ G. Stoll, M. Link, G. Theile
Masking-Pattern Adapted Subband Coding: Use of the Dynamic Bit-Rate Margin
84nd Conv. AES, 1988, Preprint No. 2585

/3/ J. Hagenauer
Rate Compatible Punctured Convolutional Codes
Proc. ICC '87, pp.1032-1036, June 1987

/4/ R. V. Cox, J. Hagenauer, N. Seshadri, C.-E. Sundberg
A Sub-Band Coder Desinged for Combined Source and Channel Coding
to appear ICASSP '88, New York

/5/ H. Jakubowski, H, Twietmeyer
The German DBS Digital Sound Broadcasting System: Audio Coding Methods.
77th Conv. AES, 1985, Preptint No. 2179

Aussteuerungsmesser

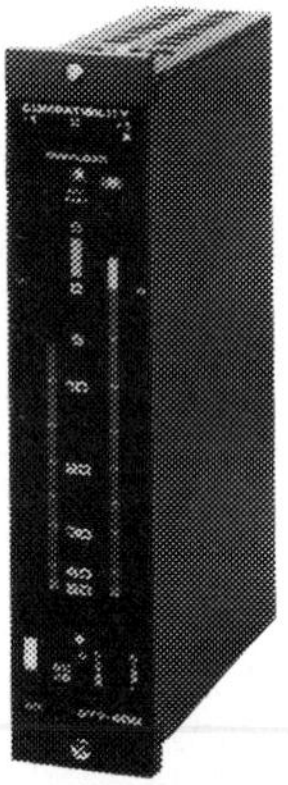

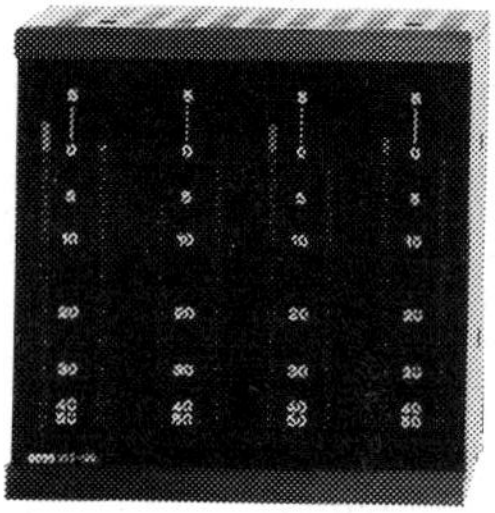

Stereo Aussteuerungs-messer, type 277-400

Besonderheiten:

- Kombinierter Spitzenpegelmesser mit Korrelationsgradmesser
- Wählbare Integrationszeit
- Unabhängige LED Übersteuerungsanzeige mit justierbarem Schwellwert
- Grosse Auflösung (200 segment Anzeige)
- Geregelte Anstiegszeit des Displays für verbesserten Anzeige-Komfort
- Frontplatten-Taster für +20db und Spitzenwertspeicher
- Digital Spitzenwertspeicher
- Helltastung der Skalenlinien

8-Kanal Aussteuerungs-messer, Typ 277-100

Besonderheiten:

- Kompaktes 8-Kanal Aussteuerungsmesser
- Grosse Auflösung (200 Segment Anzeige)
- Hochohmige balanzierte erdfreie Eingänge
- Helltastung der Skalenlinien
- Eingebaute LED's (für z.B. Übersteuerungs- Anzeige)
- Die Konstruktion passt mit Stereo Display Instrument, Typ 277-500, zusammen
- Preisgünstige Lösung bei Mehrkanalanzeige

NTP

NTP ELEKTRONIK A/S

Theklavej 44
DK-2400 Kopenhagen NV
Tel.: + 45 1 10 12 22

Reg. no. 32426
Telegram-Adresse Electrolab
Telex 16378 ntp dk

Gerd-Wolf Petke und Günther Schneeberger:

Sendernetze und Versorgungskonzepte in einem digitalen terrestrischen Hörrundfunnk

Zusammenfassung:

Zur Versorgung großer Flächen mit Rundfunkprogrammen dienen Sendernetze, die bei der herkömmlichen Plannungstechnik eine hohe Zahl von Frequenzkanälen benötigen. Auch bei Digitalsignalen muß für eine flächendeckende Versorgung von hohen Kanalzahlen ausgegangen werden. Digitale Techniken, die zur Bewältigung der Probleme des Mehrwegeempfangs entwickelt wurden, lassen jedoch an eine neue Sendernetztechnik denken: Ein Netz mit Sendern gleicher Frequenz und gleichem Modulationsinhalt versorgt bei effektiver Nutzung des Frequenzspektrums ein abgegrenztes Gebiet. Daß mit dieser Gleichwellentechnik die bisher geübte Versorgungspraxis weitgehend beibehalten werden kann, wird am Beispiel der Bundesrepublik gezeigt. Dabei wird auch der Frequenzbedarf bei konventioneller Planungstechnik und bei Gleichwellentechnik gegenübergestellt.

1. Versorgung großer Flächen mit Rundfunkprogrammen

Die Entwicklungsarbeit an einem digitalen Hörfunksystem ist mit der Wahl von Modulation und Kodierung noch nicht zu Ende, sondern es muß noch die Versorgung von großen Flächen betrachtet werden. Für herkömmliche Rundfunksysteme gelten folgende Überlegungen: Ein einzelner Sender kann eine gewisse Fläche ausreichend mit Energie versorgen, wie die punktierten Flächen in Bild 1 andeuten. Außerhalb dieser Flächen reicht die empfangbare Energie nicht mehr aus, um gegenüber dem Empfängerrauschen und vor allem gegenüber fast immer auftretenden Interferenzstörungen anderer Sender einen genügenden Abstand zu halten. So kann hier der Sender zwar nicht mehr empfangen werden, seine Energie würde aber bei herkömmlicher Modulationstechnik einen anderen Sender auf gleicher Frequenz stören. Erst außerhalb des großen, gestrichelten Kreises ist die Energie soweit abgesunken, daß wieder Sender mit gleicher Frequenz arbeiten können.

Die Fläche zwischen den punktierten Versorgungsflächen dieser Sender gleicher Frequenz muß mit Sendern anderer Frequenzen aufgefüllt werden. Das Bild 2 bringt ein Beispiel, bei dem insgesamt 13 verschiedene Trägerfrequenzen oder Kanäle zur 100%igen Versorgung einer großen Fläche mit einem Programm nötig sind. Die Zahl der nötigen Kanäle hängt von der Empfindlichkeit des modulierten Signals gegenüber Störern mit gleicher Modulationsart ab. Je empfindlicher das Signal ist, d. h. je höher der Schutzabstand ist, um so weiter müssen gleiche Kanäle voneinander entfernt sein und um so mehr Kanäle und Sender müssen zum Auffüllen der Fläche aufgebracht werden. Theoretische Untersuchungen haben gezeigt, daß man bei der UKW-FM-Stereo-Technik 31 verschiedene Kanäle im 100-kHz-Raster braucht. Daraus folgt eine entscheidende Größe zur Beurteilung eines Rundfunksystems: der Frequenzbedarf für die Flächenversorgung mit einem Programm. Für UKW-FM liegt dieser Wert bei einem regulären

Sendernetz bei 3,1 MHz. In der Praxis liegt er wegen topographischer Unregelmäßigkleiten etwas höher.

Wenn es gelingt, ein Rundfunksignal so zu gestalten, daß die Ausstrahlungen unmittelbar nebeneinander liegender Sender gleicher Frequenz sich nicht stören, dann kann die ganze Fläche mit nur einem Kanal versorgt werden. In der Tat scheinen mit digitalen Modulationsverfahren solche frequenzsparenden Netze möglich; man nennt sie Gleichwellennetze.

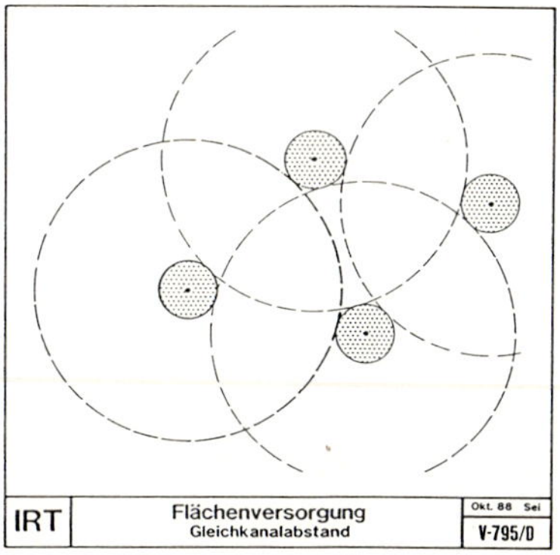

Bild 1

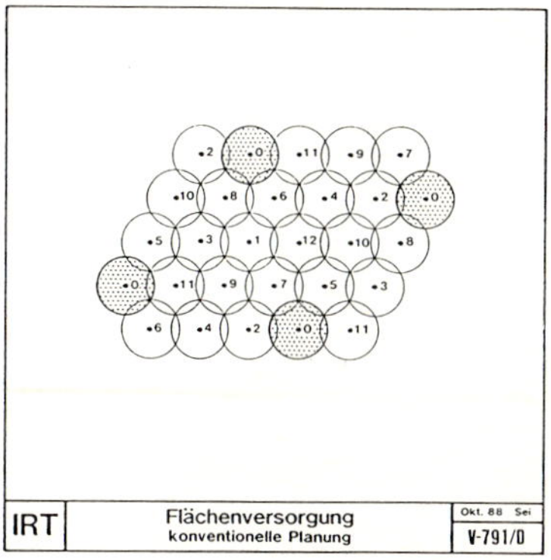

Bild 2

2. Kanalzahl bei Digitalmodulation mit konventioneller Planungstechnik

Bevor das Konzept des Gleichwellennetzes weiter verfolgt wird, sei noch die Überlegung angestellt, mit welcher Kanalzahl bei Digitalmodulation mit konventioneller Planungstechnik zu rechnen ist. Dies ist nötig, da scheinbar der niedrige Störabstandsbedarf auch einen geringen Schutzabstand als Planungsgröße und deshalb eine sehr niedrige Kanalzahl erlaubt.

Das Kriterium für die UKW-FM-Versorgung (siehe Bild 3) besagt, daß am Rand des Versorgungsgebiets zu 99% der Zeit an 50% der Orte der radiofrequente Störabstand (dort C/I benannt) mindestens 37 dB betragen muß /1/. Bei diesem Abstand ist eine Mindestqualität der Wiedergabe gewährleistet. Da es sich bei der Ausbreitung von Funkwellen um einen statistischen Prozeß handelt, ist dieser Abstand nicht durch die Netzkonfiguration und der Entfernung zum gewünschten Sender allein determiniert, sondern hängt auch von den topografischen Verhältnissen und den jeweiligen troposphärischen Ausbreitungsbedingungen ab. Nach den Prinzipien der Netzplanung ist also am Rand des Versorgungsgebiets an 50% der Orte die Mindestqualität garantiert. Auch im Innern des Versorgungsgebietes kann es Orte geben, die diese Qualität nicht erreichen; ihre Häufigkeit nimmt aber ab, je mehr man sich dem Sender nähert. Im Bild 3 links sind die nicht versorgten Flächen schwarz unterlegt. Es muß hervorgehoben werden, daß zu einem geringeren Prozentsatz der Zeit, z.B. 90% auch am Versorgungsrand wesentlich mehr als 50% der Orte die Mindestqualität erreichen.

Unser FM-System hat die vorteilhafte Eigenschaft, daß es auf zunehmende Störungen elastisch reagiert. Selbst bei Störabstandswerten weit unter 37 dB kommt noch ein erträglicher Empfang zustande. Bei einem Störabstand von nur 5 dB ist die Verständlichkeit der Sprache gerade noch gegeben. Ein solch niedriger Wert wird gemäß der statistischen Ausbreitungsmechanismen nur mit geringer Wahrscheinlichkeit unterschritten. Daraus kann man schließen, daß am Rande des Versorgungsgebietes die Sprachverständlichkeit nur an wenigen Orten nicht mehr gegeben sein wird. Im Bild 3 rechts sind solche Orte durch die kleinen schwarzen Flächen markiert. Dieses Verhalten trägt zumindest dazu bei, daß man beim Empfang im Auto auch am Rande des Versorgungsgebiets eine gesprochene Nachricht fast immer ohne Informationsverlust verfolgen kann.

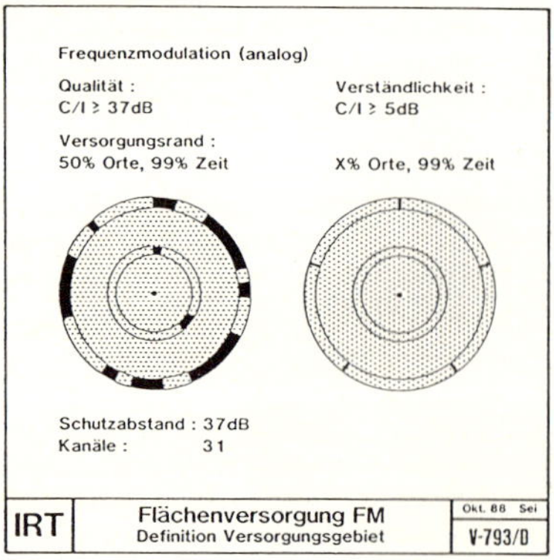

Bild 3

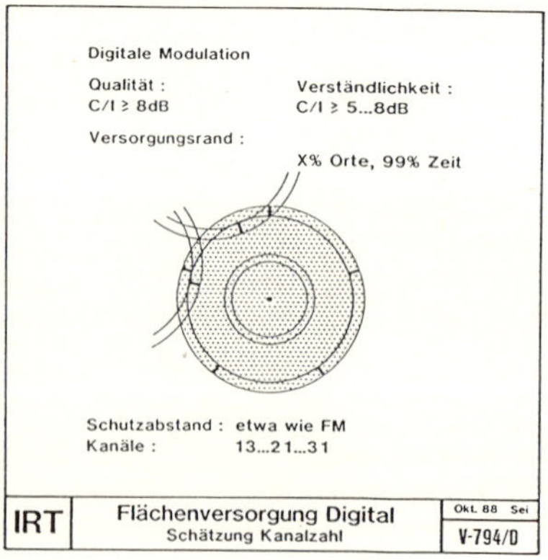

Bild 4

Von der Planung eines Netzes mit Digitaltechnik muß man verlangen, daß die Sprachverständlichkeit mindestens ebenso weitreichend wie bei FM aufrechterhalten wird. Bei digitalen Modulationen liegen die Grenzwerte der Störabstände für Qualität und Verständlichkeit nahe beieinander, wie es im Bild 4 angedeutet ist. Wählt man wieder 5 dB für den Ausfall der Verständlichkeit und verlangt die gleiche Ausfallwahrscheinlichkeit wie bei FM, so sind die Verhältnisse in beiden Netzen gleich. Deshalb folgt für den Schutzabstand, der die Grundlage der Netzplanung bildet, ein ebenso hoher Wert wie bei FM. Die Konsequenz davon wäre, daß Digitalnetze eine ebenso hohe Kanalzahl wie FM-Netze brauchten. Dieses Ergebnis steht im Widerspruch zu manchen Erwartungen an die digitale Übertragungstechnik.

Einige weitere Überlegungen zeigen, daß diese Zahl noch großen Veränderungen unterliegen kann:

- Da sich die Versorgungsgebiete benachbarter Sender überlappen, kann ein entsprechend informierter Empfänger im Fall eines Empfangsausfalls von sich aus auf den Nachbarsender umschalten. Es ist unwahrscheinlich, daß an einem Ort beide Sender nicht empfangen werden können. Die Ausfallwahrscheinlichkeit eines Senders darf darum beträchtlich vergrößert werden. Dies führt zu niedrigeren Schutzabständen und geringeren Kanalzahlen. Wie groß die durch eine solche Technik der alternativen Frequenzen erreichbare Einsparung sein wird, hängt von der genauen Auslegung des Systems ab und kann nicht pauschal vorhergesagt werden.

- Das UKW-FM-Netz wurde für stationären Emfang mit Richtantenne in 10 m Höhe geplant. Ein neues Netz für digitale Technik muß aber nach der Überzeugung vieler Fachleute besonders die Bedingungen des Autoempfangs berücksichtigen. Es ist also mit Rundempfang und niedriger Antennenhöhe zu rechnen und eine beträchtliche Steigerung der Kanalzahl bzw. des Frequenzbedarfs für die Flächenversorgung einzuplanen.

Diese beiden Überlegungen betreffen sich kompensierende Effekte. Welche Kanalzahl für ein spezielles Digitalsystem anzusetzen ist, kann nur mit individueller Analyse bestimmt werden. Als optimistische Kanalzahl kann 13 gelten; höhere Werte sind wahrscheinlicher. Der eigentliche Grund für diese vielleicht unerwartet hohe Kanalzahl ist letztlich in den geforderten hohen Zeit- und Ortswahrscheinlichkeiten zu suchen.

3. Flächenversorgung mit Gleichwellentechnik

Das Prinzip eines Gleichwellennetzes ist im Bild 5 gezeigt: alle Sender arbeiten auf der gleichen Frequenz. Da ein Gleichwellenbetrieb wegen seines geringen Frequenzbedarfs sehr attraktiv erscheint, stellt sich dringend die Frage nach seiner Realisierbarkeit.

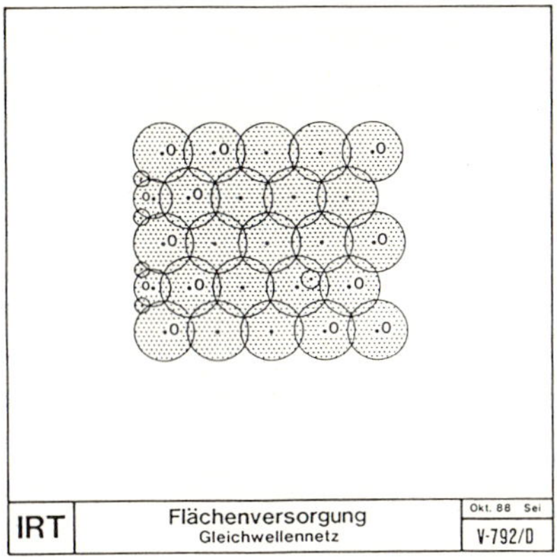

Bild 5

Ein Empfänger in der Nähe des Versorgungsrandes eines Senders empfängt Signale mehrerer Sender. Waren diese Signale bei ihrer Aussendung zeitlich synchron, so treffen sie entsprechend der Laufzeitunterschiede versetzt am Empfänger ein. Dort sind sie nicht von Reflexionen der Signale des nächstliegenden Senders zu unterscheiden, wenn die Modulation beider Sender exakt gleich ist. Ganz allgemein kann daher gefolgert werden, daß ein Modulationssystem dann tauglich für ein Gleichwellennetz ist, wenn es der Netzkonfiguration entsprechend große Signalverzögerungen verarbeiten kann. Da bei der digitalen terrestrischen Übertragung die Mehrwegeaubreitung das zentrale Problem ist, fällt die Gleichwellentauglichkeit prinzipiell mit ab. Setzt man ein Gleichwellennetz voraus, das auf den bisherigen Senderstandorten beruht, so liegen nur in extremen Fällen die topografisch bedingten Verzögerungen reflektierter Signale im gleicher Größenordnung wie die Laufzeitunterschiede der Signale unterschiedlicher Sender.

Weiter entfernt liegende Sender können die maximal zulässigen Laufzeitunterschiede nicht mehr einhalten. Sie tragen nur noch teilweise zum Nutzanteil der Empfangsleistung bei und werden mit zunehmender Entfernung mehr und mehr zum Störer. Durch sorgfältige Wahl der Signalparameter kann die Eigeninterferenz eines Gleichwellennetzes genügend klein gehalten werden.

Beim OFDM-System /2,3/ kann die Gleichwellentauglichkeit durch ein entsprechend großes Schutzintervall erreicht werden. Geht man von einem mittleren Senderabstand von 60 km aus, so muß das Schutzintervall etwa 250 us Dauer haben. Damit werden auch alle im Gelände vorkommenden Reflexionen sicher verarbeitet.

Allerdings bedingt diese Schutzintervalldauer eine Symboldauer von etwa 1 ms. Daraus resultiert wiederum ein Abstand der einzelnen OFDM-Träger von 1000 Hz. Bei einem solch geringen Trägerabstand setzt aber der Dopplereffekt Grenzen für die Anwendbarkeit der OFDM-Technik. In einem Rayleigh-Feld erfährt nämlich jeder Träger eine stochastische Frequenzmodulation, die um so stärker ist, je höher die Fahrzeuggeschwindigkeit und die Trägerfrequenz sind. Diese Frequenzmodulation stört die Orthogonalität der OFDM-Träger und kann zu einer beträchtlichen Bitfehlerquote führen, die unabhängig von den Interferenzstörungen des Sendernetzes ist. Es läßt sich schließlich für das Produkt aus Fahrzeuggeschwindigkeit, Trägerfrequenz und Senderabstand ein Maximalwert angeben, der nicht überschritten werden darf. Das Bild 6 zeigt Werte die einem System angepaßt sind, das auf dem vorhandenen Rundfunksendernetz aufbaut.

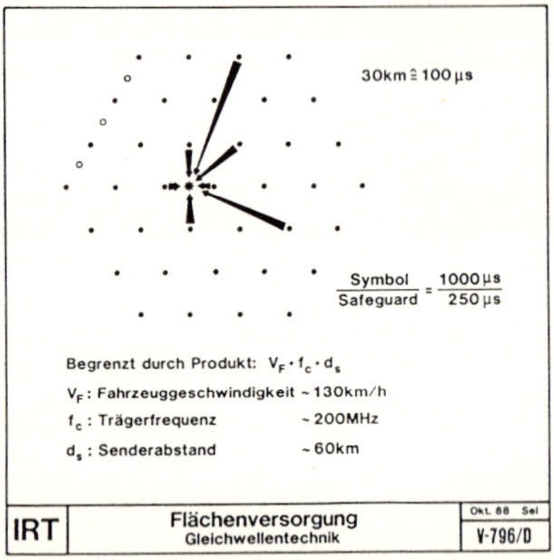

Bild 6

Bemerkenswert ist das Ergebnis, daß die verwendbare Trägerfrequenz auf Bereiche unter 200 MHz beschränkt ist. Dies bedeutet zwar keine scharfe Grenze, doch ist sicher, daß der UHF-Bereich nicht verwendbar ist, es sei denn, man verringert den Senderabstand entsprechend. Dabei ist aber zu bedenken, daß die Zahl der nötigen Sender quadratisch ansteigt.

Wenn bei einem regulären Gleichwellennetz Lücken im vorgesehenen Versorgungsgebiet bleiben, so können diese durch zusätzliche Sender auf gleicher Frequenz behoben werden. Ein Beispiel dafür ist im Bild 5 am linken Rand der Versorgungsfläche gegeben: durch Sender kleinerer Leistung läßt sich die Randkontur formen. Unzureichende Versorgung durch topografische Hindernisse, etwa durch die ein Tal umschließenden Berge, kann, wie in der konventionellen Netztechnik auch, durch Lückenfüllsender behoben werden. Allerdings braucht bei der Gleichwellentechnik hierzu keine neue Frequenz gesucht zu werden.

4. Versorgung der Bundesrepublik Deutschland durch Gleichwellennetze

Die Gleichwellentechnik ist nach der bisherigen Darlegung äußerst frequenzeffektiv: So können mit Einrechnung neuester Ergebnisse der Toncodierung in einem Band von 4 MHz Breite 16 Stereoprogramme untergebracht werden, und für die Versorgung eines Gebietes wird nur dieses Band gebraucht. In einem benachbarten Versorgungsgebiet mit einem anderen Programmangebot wird jedoch ein weiteres Band von 4 MHz benötigt, weil die Gleichwellentechnik ja voraussetzt, daß alle Sender exakt gleiche Modulation tragen. Alle irgendwie aneinandergrenzende Versorgungsgebiete müssen daher auf unterschiedlichen Frequenzbändern arbeiten. Beim Betrachten der Versorgungsgebiete der ARD-Rundfunkanstalten erkennt man, daß vier verschiedene Bänder gebraucht werden, um diese Bedingung zu erfüllen (siehe Bild 7). Die Zuweisung eines Frequenzbereichs von 4 mal 4 MHz für einen digitalen Hörfunk erscheint vorerst utopisch.

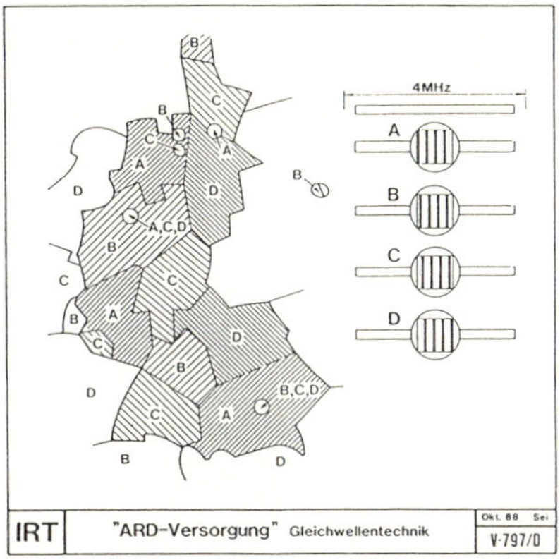

Bild 7

Darum soll ein Modell vorgestellt werden, wie auch mit einem einzigen Band von 4 MHz unter Ausnützung der Gleichwellentechnik für alle Beteiligten, nämlich Industrie, Rundfunk und nicht zuletzt die Hörer, ein interessantes System entstehen kann. Im Bild 7 rechts ist angedeutet, wie man die 16 Stereoprogramme des 4-MHz-Bandes durch frequenzmäßiges Aufspalten in 4 Programmgruppen A,B,C,D zerlegen kann. Den Gleichwellensendern eines Gebietes wird jeweils eine Programmgruppe zugeordnet; die anderen Programmgruppen dürfen in diesem Gebiet nicht für flächendeckende Versorgung verwendet werden. Die Karte von Bild 7 zeigt auch, daß große Versorgungsgebiete nochmals geteilt werden können. Darüberhinaus kann die Versorung im Ausland in ganz entsprechender Weise fortgesetzt werden.

Jede Rundfunkanstalt kann also in ihrem Bereich mindestens 4 verschiedene Programme flächendeckend verbreiten. Hörer an

Bereichsgrenzen haben Zugriff zu mehr Programmgruppen: im Idealfall also zu 16 verschiedenen Programmen. Diese Versorgungssituation ist der bei UKW-FM bezüglich Programmzahl und Empfangsmöglichkeiten verwandt und soll daher hier "ARD-Versorgung" genannt werden.

Die Tabelle im Bild 8 vergleicht ein solches Gleichwellennetz mit einem Netz konventionell geplanter Digitalsender und mit dem herkömmlichen UKW-FM-Netz. Die jeweils nötigen Kanalzahlen wurden schon behandelt. Für den zweiten Fall findet die optimistische Zahl 13 Verwendung, für das Gleichwellennetz ist die Kanalzahl gleich der Zahl der nötigen Programmgruppen, also 4. Die summarisch belegten Bandbreiten per Programm im Signal sind bei Digitaltechnik höher als das Kanalraster bei FM. Wegen der kleinen Kanalzahl ist der Frequenzbedarf pro Programm beim Gleichwellennetz aber nur ein Drittel des Bedarfs der beiden anderen Möglichkeiten. Ganz deutlich wird der Vorteil der Gleichwellentechnik beim Vergleich der in einem Band von 4 MHz Breite unterzubringenden Programme pro Versorgungsgebiet. Während die konventionelle Technik gerade ein flächendeckendes Programm erlaubt, sind es im Gleichwellennetz vier.

	Gleichwellen-Netz	konventionelles Netz	UKW-FM-Netz
Kanäle für "ARD-Versorgung"	4	13...	31
Frequenzbedarf pro Stereo-Programm Signal "ARD-Versorgung"	 0,25MHz 1,00MHz	 0,25MHz 3,25MHz ...	 0,1MHz 3,1MHz
Stereo-Programme pro Versorgungsgebiet in 4MHz	4	...1	1
Lokale Programme zeitweise Trennen minimaler Block	ja nein 4MHz (OFDM)	ja ja 4MHz (OFDM)	ja ja ~0,25MHz

IRT "ARD - Versorgung" Okt. 88 Sei V-798/D

Bild 8

Zwei Einschränkungen bedingt die Gleichwellentechnik: Zeitweises Auftrennen von Programmgruppen ist prinzipiell nicht möglich. Außerdem wird die OFDM-Technik kaum in kleineren Bandbreiten als 4 MHz arbeiten, weil die Energie jedes Programmsignals über etwa diesen Bereich verteilt sein muß, um bei selektiven Schwundeinbrüchen eine gewisse Unabhängigkeit der einzelnen Träger zu gewährleisten.

5. Zusätzliche lokale Versorgung

Die einem Versorgungsgebiet nicht zugewiesenen Programmgruppen können bei Gleichwellentechnik in seinem Inneren zur lokalen Versorgung herangezogen werden, falls zwei Bedingungen erfüllt sind: a) die Störwirkung lokaler Sender auf die Versorgung des benachbarten Gebiets muß vernachlässigbar sein und dabei muß b) trotzdem am Ort des lokalen Senders die Feldstärke ausreichende Größe haben. Die Gleichwellentechnik bietet nun selbst ein Mittel diese gegenläufigen Forderungen zu erfüllen:

Ein einzelner, rundstrahlender Sender wird eine vorgegebene Feldstärke mit einer gewissen Ortswahrscheinlichkeit in kreisförmigen Zonen erreichen. Im Bild 9 kann die weiße Zone z.B. als Grenze des Versorgungsgebietes angesehen werden. Ersetzt man nun diesen einen Sender durch drei mit jeweils nur einem Neuntel der Leistung, sodaß die drei Sender zusammen ein Drittel der ursprünglichen Leistung aufbringen, so ist die neue Versorgungsfläche (Bild 10) sogar noch etwas größer als zuvor (Siehe im Bild 10 wieder die weiße Zone). Dieses Aufteilen der Sendeleistung auf drei nahe beeinanderstehende Sender ist natürlich erlaubt, da die Laufzeitunterschiede im Vergleich zu denen, die beim Empfang der Grundnetzsender auftreten, gering sind .

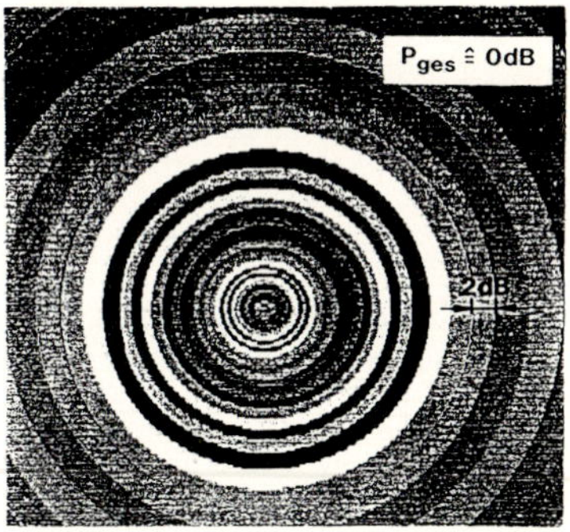

Bild 9

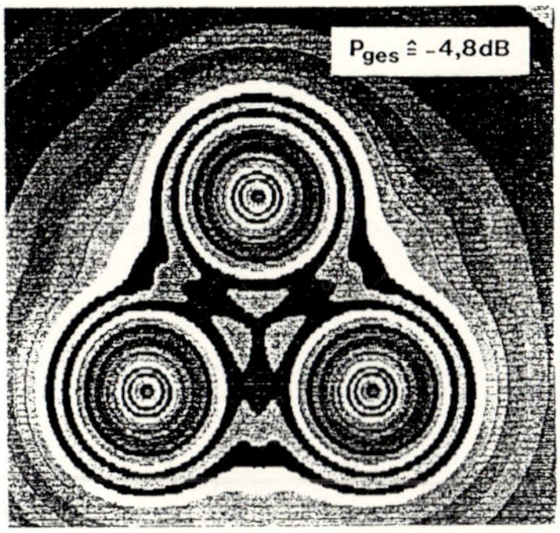

Bild 10

Die Versorgung einer kleinen Fläche, wie ihn etwa der Großraum einer Stadt bildet, kann also durch Einsatz mehrerer Sender mit einer wesentlich kleineren Gesamtleistung erfolgen, als mit nur einem Sender. Für die Störwirkung dieser lokalen Sender in großer Entfernung ist aber nur die Gesamtleistung maßgeblich. Eine realistischere Analyse wird für mehrere Sender nur eine verringerte Antennenhöhe ansetzen dürfen, da sich sonst die Kosten bei drei Sendern mindestens verdreifachen.

Außerdem müssen die Lokalsender zusätzlich die Regionalprogramme abstrahlen, damit alle gewünschten Programmsignale mit gleicher Stärke einfallen. Besonders in unmitttelbarer Nähe der Lokalsender könnte sonst der Empfänger nur die starken lokalen Signale erkennen. Da in Städten große Energieverluste durch Abschattung auftreten können, erscheint es ohnehin günstig, die regionale Versorgung gegebenenfalls mit Stützsendern zu ergänzen; die Gleichwellentechnik erlaubt dies ohne Probleme.

Literatur:

/1/ CCIR: Planning standards for FM sound broadcasting at VHF. Rec. 412, XVIth Plenary Assembly, Dubrovnik, 1986, Vol. X-1: Broadcasting Service (Sound). Hrsg. v. d. UIT, Genf.

/2/ Alard, M. und Lassalle R.: Principles of modulation and channel coding for digital broadcasting for mobile receivers. EBU REVIEW TECHNICAL Nr. 224 (1987), S. 168 bis 190.

/3/ Schneeberger, G.: Modulationsverfahren für einen digitalen terrestrischen Hörfunk - Frequenzeffektive Bewältigung des Mehrwegeproblems. Vortrag, gehalten auf der ITG-Tagung Hörfunk, Mainz Nov. 1988.

Christoph Dosch*:

Erste Erfahrungen über den Empfang digitaler Tonsignale für Mobilempfang - Bericht über eine terrestrische Ausstrahlung zur Simulation einer Rundfunksatellitenübertragung anläßlich der WARC-ORB(88)

Zusammenfassung

Die Weltweite Funkverwaltungskonferenz WARC-ORB(88)[1] behandelte u.a. die Frage einer möglichen Frequenzzuweisung für den Rundfunksatellitendienst (Ton) im Frequenzbereich 0,5 - 2 GHz. Um die Delegierten von der technischen Durchführbarkeit eines solchen Projektes zu überzeugen, organisierten CCETT[2] und IRT eine gemeinsame Vorführung eines sog. "advanced digital system II" (CCIR-Terminologie). Über einen terrestrischen Sender auf einem nahe Genf gelegenen Berg wurde ein COFDM/MASCAM-Signal abgestrahlt, das in einem Kraftfahrzeug empfangen und zu Gehör gebracht wurde. Eine Woche lang hatten die Delegierten Gelegenheit, sich bei Testfahrten durch Genf von der hervorragenden Empfangsqualität zu überzeugen. Die Leistungsfähigkeit des Systems wurde durch die Stellungnahmen der Testpersonen z.T. mit enthusiastischen Worten bestätigt. Zur Simulierung eines mobilen Satellitenempfangs durchgeführt, bewies diese technische Vorführung natürlich auch die prinzipielle Eignung des Verfahrens für terrestrische Ausstrahlung.

1. Einleitung

Bereits auf der Weltweiten Funkverwaltungskonferenz 1979 wurde eine Entschließung (Resolution 505) verabschiedet, die die Fernmeldeverwaltungen ermutigt, im Frequenzbereich 0,5 - 2 GHz Übertragungsversuche durchzuführen mit dem Ziel, Rundfunksatelliten für die Hörfunkübertragung speziell zu Mobilempfängern einzusetzen. Zudem sollte sich eine nachfolgende WARC mit einer möglichen Frequenzzuweisung an diesen Dienst beschäftigen. 1988 stand das Thema auf der Tagesordnung der WARC-ORB(88). Zwischenzeitlich hat der CCIR eine ganze Reihe von technischen Studien durchgeführt und dabei FM sowie einfache und sog. "advanced" digitale Systeme beschrieben /1/.

Um die Delegierten von der technischen Durchführbarkeit eines solchen "advanced digital system" zu überzeugen, wurde - getragen durch die Europäische Rundfunkunion - eine entsprechende technische Vorführung organisiert. Im Februar 1988 vereinbarten CCETT und IRT, die Vorführung gemeinsam zu organisieren, wobei für die Modulation/Kanalcodierung das von CCETT entwickelte COFDM-Verfahren (COFDM = Coded Orthogonal Frequency Division Multiplex) und für die Toncodierung das MASCAM-Verfahren des IRT herangezogen werden sollte (MASCAM = Masking-pattern Adapted Sound Coding And Multiplexing).

* Leiter der EBU Task Force zur Vorbereitung und Durchführung dieser technischen Vorführung

1) World Administrative Radio Conference on the Use of the Geostationary-Satellite Orbit and the Planning of Space Services Utilizing It, Genf, 29.8.-6.10.1988

2) Centre Commun d'Etudes de Télédiffusion et Télécommunications, Rennes

2. Vorbereitung der technischen Vorführung

Unter extremem Zeitdruck entwickelten die beiden Institute die für diese Vorführung nötigen Geräte einschließlich des neu definierten sog. Geneva-Interfaces für die Übergabe des digitalen MASCAM-Signales an den COFDM-Coder bzw. die Übernahme der MASCAM-Daten im Decoder (168 kbit/s einschl. quellenseitiger Maßnahmen zur Fehlerkorrektur und Fehlerverschleierungen). Am 12. Juli 1988 - ein Meilenstein in der Geschichte des digitalen Rundfunks - konnte die erste Testfahrt in Rennes absolviert werden, die die Funktionsfähigkeit der Geräte unter Beweis stellten. Mitte August wurden die Geräte dann nach Genf gebracht.

Auf dem Mont Salève (nahe Genf) wurde seitens TDF[1)] ein UHF-Sender installiert, über den das COFDM/MASCAM-Testprogramm abgestrahlt wurde. Das IRT hat hierfür das Demo-Band im R/DAT-Format vorbereitet. Neben verschiedenen Musikpassagen wurde ein kurzer englischer und französischer Sprachbeitrag aufgenommen, der den Versuchsteilnehmern kurz das Verfahren und den Ablauf der Vorführung erklärte.

In Genf wurde das Testsignal zum einen über eine an einem Rotor montierte Richtantenne auf dem Gebäude der UER empfangen. In der sog. statischen Vorführung wurde durch Rotation der Antenne Abschattung und Mehrwegeempfang simuliert. Zum anderen wurden zwei Fahrzeuge ausgerüstet, die jeweils vom CCETT und IRT bereitgestellt wurden. Leider waren letztendlich nicht genug Empfänger vorhanden, um beide Fahrzeuge parallel betreiben zu können. Alle Fahrten für die WARC-ORB wurden daher verabredungsgemäß mit dem Renault Espace durchgeführt, der Volkswagen-Bus von ARD/IRT diente als Reserve.

Tabelle 3 beschreibt die technischen Parameter der in Genf eingesetzten ersten MASCAM-Version mit fester Bitzuweisung[2)]. **Tabelle 2** gibt die Parameter des COFDM-Systems wieder, während **Tabelle 1** zusammen mit **Bild 1** die Übertragungsstrecke skizziert.

Die in **Tabelle 1** genannte Systemreserve von 30 dB bezieht sich auf den theoretischen Grenzwert der Feldstärke. Der Wert ist stark vom Empfangswinkel abhängig. Für Satellitenausstrahlungen im 1-GHz-Bereich (Elevation typisch 20-30 Grad) reduziert sich die nötige Systemreserve auf 15...10 dB, d.h. die Sendeleistung um den Faktor 30...100. Es sei hier angemerkt, daß für COFDM, unabhängig von der Echosituation, nur die lokale mittlere Feldstärke maßgebend ist, wie bei Freifeldempfang[3)]. Allerdings konnte die Marge von 30 dB in der Genfer Vorführung nicht komplett genutzt werden, da im experimentellen Übertragungssystem zwar die frequenzmäßige, nicht aber die zeitliche Verschachtelung (Interleaving) des Digitalsignals durchgeführt wurde. Letzteres wird durch CCETT z.Zt. implementiert. Hinzu kommt, daß das experimentelle Laborequipment noch nicht ganz die theoretischen Grenzwerte für E_b/N_o erreichte. In praxi standen etwa gut 20 dB an Reserve zur Verfügung.

1) Télédiffusion de France

2) Ein Hardware-Codec für MASCAM mit variabler Bitzuweisung wird z.Zt. im IRT implementiert; die Bitrate reduziert sich dabei von 136 kbit/s auf ca. 100 kbit/s, obwohl gleichzeitig die Abtastfrequenz von 32 auf 48 kHz erhöht wird. CCETT arbeitet an einem ähnlichen System, ebenfalls mit Teilbandcodierung. Eine erste Version mit 144 kbit/s diente in Genf als Reservesystem, wurde aber nicht eingesetzt.

3) Dies gilt für alle Echos, die die maximale Umweglänge, für die das System jeweils ausgelegt ist, nicht überschreiten.

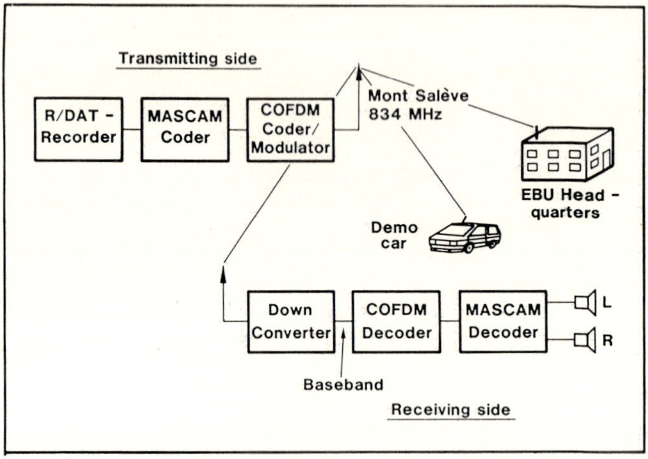

Bild 1

Übertragungsschema für die Genfer Vorführung

Den Tagungsteilnehmern wurde ein von IRT/CCETT entworfenes Faltblatt ausgehändigt, das COFDM und MASCAM jeweils kurz beschreibt und die Eignung des Systemvorschlages für einen Satellitenhörrundfunk wie folgt zusammenfaßt:

- hohe spektrale Effizienz (ungefähr 250 kHz pro Stereoprogramm)
- höchste Tonqualität (auch im Auto)
- niedrige Satellitensendeleistung
- niedrige und einheitliche Energiedichte des Sendespektrums (erleichtert "sharing", d.h. die gleichzeitige Frequenznutzung durch andere Dienste)
- geeignet für festen, mobilen und transportablen Empfang
- positiver Beitrag der Reflexionssignale zum Nutzsignal
- voll-digitaler Empfänger
- gut geeignet für kostengünstige Integration zur IC-Herstellung
- vielfältige Nutzungsmöglichkeiten (z.B. Mono, Stereo, Datenübertragung)
- hohe Bedienfreundlichkeit (keine Abstimmung, Zusatzinformation zur Sender- und Programmkennung, usw.)

In einer von der EBU herausgegebenen Broschüre /2/ wurden fünf Fachaufsätze mit einigen technischen Verlautbarungen der EBU zur Frequenzzuweisung zusammengefaßt und ebenso allen Tagungsteilnehmern ausgehändigt.

3. Ablauf und Auswertung der technischen Vorführungen

Von Montag, 5.9.1988 bis Mittwoch, 7.9.1988 fanden abends jeweils etwa einstündige Symposien statt, die Hintergründe und Technik der COFDM/MASCAM-Vorführungen erläuterten. Viele Delegierte der WARC-ORB nahmen diese Gelegenheit

Senderstandort	Mont Salève (Frankreich)
Antennen-Höhe	1307 m
Seehöhe Genf	368 m
Empfangswinkel (Elevation)	3 - 4° (je nach Empfangsort in Genf)
Übertragungsfrequenz	834 MHz
Systemreserve (im Vergleich zum Direktempfang)	ca. 30 dB*

* Dieser Wert ist stark vom Elevationswinkel abhängig. Für ein Satellitensystem bei ca. 1 GHz wären etwa 10 dB ausreichend, siehe CCIR-Bericht 955.

Tabelle 1 Allgemeine Angaben zur Genfer Vorführung

System characteristics of implemented COFDM version

Total carriers processed by FFT :		512
Total useful transmitted carriers :		448
Spacing between two successive carriers :		15625 Hz
Useful symbol period :		64 µs
Total bandwidth :		7 MHz
Modulation :		4 PSK
Interleaving :		
	- time domain :	(not yet available)
	- frequency domain :	7 MHz
Demodulation :		differential
Channel coding :	- convolutional code	
	- rate :	1/2
	- free distance :	10
Channel decoding :		maximum likelihood Viterbi decoder
Total useful bit-rate :		5,5 Mbits/s

Tabelle 2

Systemparameter der vorgeführten COFDM-Version

System characteristics of implemented MASCAM version

Bit-rate per mono channel :	- Total bit-stream	168 kbit/s
	- Samples	112 kbit/s
	- Scale-factors	24 kbit/s
	- Error protection	32 kbit/s
No. of sub-bands :	24	
Width of sub-bands :	500 Hz (up to 8 kHz) 1 kHz (above 8 kHz)	
Sampling rate :	32 kHz	
Block length :	8 ms (below 8 kHz) 4 ms (above 8 kHz)	
Codewords per block :	8 samples	
Length of samples :	1.56... 12 Bit/sample depending on the sub-band location	
Scale-factor length :	6 Bits	
Error protection :	Block code (Golay 24, 12) covering the scale-factors of all sub-bands and the 2 most important bits of sub-bands No. 1 and 2 as well as the most important bit of sub-bands No. 3, 4 and 5.	

Tabelle 3

Systemparameter der verwendeten MASCAM-Version

wahr, sich etwas ausführlich zu informieren, bevor sie an einer der Testfahrten im Auto teilnahmen. Letztere fanden täglich von Dienstag, 6.9.1988 bis Freitag, 9.9.1988 statt. Am Montag, den 12.9.1988 wurde das System der Hörfunkprogramm-Kommission der EBU und am 13.9.1988 den Beteiligten am Eureka-Projekt Nr. 147 (DAB = Digital Audio Broadcasting) vorgestellt.

Bild 2 zeigt einen Blick in den Kofferraum des Testfahrzeuges, in dem neben dem 220-V-Spannungswandler (rechts) der COFDM- und der MASCAM-Decoder eingebaut waren. Auf dem Armaturenbrett des Fahrzeuges war ein Oszilloskop befestigt (siehe **Bild 3**), auf dem das demodulierte Basisbandsignal dargestellt war und das während der Fahrt Aussagen über die aktuellen Frequenzeinbrüche zuließ. Als Empfangsantenne diente ein kurzer Stab von etwa 25 cm Länge, der auf dem Dach des Fahrzeuges angebracht und per Koaxialkabel mit dem Demodulator verbunden war.

Der Übertragungskanal selbst war äußerst komplex. Neben Rauschstörungen (Abschattungen) traten Reflexions- und Interferenzstörungen (z.B. durch vorbeifahrende Mopeds oder prellende Relaiskontakte an den Ampeln) auf. Das Fahrzeug befand sich praktisch stets in einem verwirbelten Feld. Am Standplatz vor dem Kongreßgebäude war nur Reflexionsempfang möglich (vgl. **Bild 4**, Fahrzeug bei der Abfahrt). Trotzdem war der Empfang praktisch überall einwandfrei. Nur sehr selten (z.B. in der 50 - 100 m langen Tunnelstrecke) kam es zu Klickstörungen oder gar Ansprechen der Muting-Schaltung. Einen gewissen Beitrag zu diesem guten Ergebnis erbrachte neben der besonderen Leistungsfähigkeit von COFDM das im MASCAM-Decoder eingebaute Interpolierverfahren sowie der zusätzliche Fehlerschutz für die Skalenfaktoren und die beiden MSB's (vgl. **Tabelle 3**).

Insgesamt nahmen über 200 Personen an den Testfahrten teil. Allein für die WARC-ORB wurden 59 Testfahrten mit insgesamt 169 Teilnehmern durchgeführt. Die Reaktion der Testteilnehmer war zumeist überschwenglich positiv, man war begeistert.

Als Organisatoren der Vorführungen nutzten wir die Gelegenheit, Menschen aus aller Herren Länder dieses Verfahren zeigen zu können, um uns selbst ein etwas genaueres Bild über die Reaktion dieser Testpersonen und damit über die Leistungsfähigkeit von COFDM/MASCAM zu verschaffen. Jeder Testteilnehmer wurde daher gebeten, einen einfachen Fragebogen auszufüllen.

Die Auswertung ergab folgendes Ergebnis (siehe auch **Tabelle 4**):

a) Empfangsqualität

70 % der Testteilnehmer hörten während der 20minütigen Testfahrt keine Unterbrechungen. 30 % der Teilnehmer notierten 1 - 4 "Clicks", "Beeps" oder Mutings, keiner mehr als 4 Stück.

b) Tonqualität

Hinsichtlich der Tonqualität wurde nur gefragt, ob sie "adäquat" sei oder nicht. Schließlich konnten die Testteilnehmer nicht immer genau unterscheiden, ob irgendwelche Verzerrungen (soweit überhaupt hörbar) auf die Toncodierung selbst (also auf MASCAM) zurückzuführen sind oder oder auf Restfehler unter schlechten Empfangsbedingungen, die nicht mehr ausreichend korrigiert oder verdeckt werden konnten.

A l l e Testpersonen (100 %) hielten die Tonqualität für adäquat. Viele ergänzten den Fragebogen von Hand mit Bemerkungen wie: exzellente oder außeror-

Bild 2

Empfangsgeräte (Laboraufbau) im Kofferraum des Testwagens

Über dem Spannungswandler rechts der D/A-Konverter, links oben der MASCAM-Decoder, links unten der COFDM-Demodulator/Decoder

Bild 3

Blick in das Fahrzeuginnere

Man beachte das Oszilloskop auf dem Armaturenbrett, auf dem das Basisband des empfangenen COFDM-Signals dargestellt wird. Am Steuer ist der Erfinder von COFDM, Daniel Pommier

Bild 4

Testfahrzeug bei der Abfahrt vor dem Kongreßgebäude

(Senderstandort im Bild markiert, vor dem Gebäude ist nur Reflexionsempfang möglich)

A. Over-all performance (5-grade scale)

- excellent	79 %
- good	21 %
	100 %

B. Sound quality (2-grade scale)

- adequate	100 %
- not adequate	0 %

C. Service Interruptions (20 min. trip)

- none	70 %
- 1 - 4	30 % *
- 4	0 %
	100 %

* includes technical problems with experimental receive equipment

Tabelle 4 Auswertung der Fragebogen

dentliche Tonqualität, Super Sound, wie CD, etc.

c) Gesamteindruck

Auf einer Fünferskala (nach CCIR-Empfehlung 500) gaben 79 % der Testteilnehmer die Bestnote "5", kein Fahrgast wertete die Vorführung schlechter als die zweitbeste Note "4". Eine ganze Reihe von ergänzenden Kommentaren spiegelte wieder, wie beeindruckt die Delegierten von der Gesamtqualität, dem guten Ton und der hervorragenden Resistenz des Signals gegenüber Mehrwegeempfang und Rauschen, waren. Viele drückten die Hoffnung aus, daß das System bald eingeführt werden könne.

4. Schlußbemerkungen

Die Genfer Vorführungen haben den Nachweis erbracht, daß ein voll-digitaler Satellitenhörrundfunk, aber auch eine terrestrische Versorgung, technisch machbar ist, selbst für Mobilempfang. Zwar wurde auf der WARC-ORB(88) eine Frequenzzuweisung noch nicht erreicht, doch wurde eine Resolution verabschiedet (COM 5/3-ORB(88)), die explizit die technische Realisierbarkeit als Ergebnis der Vorführungen anerkennt und die nächste WARC[1] beauftragt, die Frage der möglichen Frequenzzuweisung erneut zu diskutieren. Wegen der starken Nutzung durch andere Dienste ist diese Frage nur zu lösen, wenn eine Verschiebung bestehender Dienste erreicht werden kann. Der digitale Satellitenhörfunk für Mobilempfang

1) Diese wird wahrscheinlich für 1992 einberufen werden; der mögliche Bereich hierfür wurde auf 0,5 - 3 GHz erweitert, doch sind Frequenzen über 2 GHz für einen Satellitenrundfunk eher ungeeignet (vgl. /1/ und /2/).

benötigt etwa 50 MHz Bandbreite, wenn für die Planung nationale Versorgung jedes einzelnen Landes unterstellt wird.

Die Vorführungen fanden sehr großen Anklang, z.B. auch in Indien und Australien, wo konkret an Konzepten für eine Rundfunkversorgung über Satellit (etwa bei 1,5 GHz) gearbeitet wird. Ein Entwickler von Autoradios in Europa drückte es so aus: Excellent performance, I hope you get the frequency band.

Es ist noch festzuhalten, daß die Vorführung zwar die Eignung von COFDM/MASCAM für den Mobilempfang voll-digitaler Signale erbracht hat, daß aber speziell für die terrestrische Ausstrahlung, insbesondere wenn sie bei tieferen Frequenzen (VHF) erfolgen oder gar Betrieb in Gleichwellennetzen ermöglichen soll, einige Parameter, z.B. die Berücksichtigung der max. Umweglänge (das sog. "delay spread"), noch angepaßt werden müssen /3/. Das prinzipielle Problem des Mehrwegeempfangs bei gleichzeitiger Bitratenreduktion für die Tonsignale ist mit COFDM/MASCAM jedoch gelöst.

Hinzuzufügen wäre noch, daß Gebiete, die tatsächlich so große Abschattung erleiden, daß ein Empfang nicht mehr möglich ist (z.B. in langen Tunnels), durch einfache lokale Ausstrahlung des Signals (Antenne, Verstärker, Antenne) auf billigste Art und Weise versorgt werden können. Schließlich kann der Empfänger nicht zwischen "passiven" und "aktiven" Echos unterscheiden.

Danksagung

Die Vorführung wäre nicht möglich gewesen, wenn nicht eine ganze Reihe von Personen und Institutionen zum Gelingen beigetragen hätten. In erster Linie ist Dank zu sagen den CCETT- und IRT-Kollegen, die mit vielen Überstunden an manchen langen Abenden und Wochenenden die Geräte rechtzeitig fertiggestellt und ausgetestet hatten. TDF und ARD stellten je einen Testwagen zur Verfügung, TDF zusätzlich den UHF-Sender auf dem Mont Salève. Besonderer Dank gilt der EBU, in deren Arbeitsgruppen die Idee der Vorführung initiiert und organisatorisch vorbereitet wurde. Das Techn. Zentrum der EBU publizierte nicht nur die zitierte Broschüre, sondern druckte auch Einladungen und Fragebögen und half in hohem Maße bei der organisatorischen Durchführung vor Ort. Für die abendlichen Kolloquien stellte die EBU in Genf ihren Hörsaal zur Verfügung und sorgte auch für den Transport der Delegierten. Dank gebührt auch der Schweizer Fernmeldeverwaltung, die uns die Genehmigung für die Testausstrahlung erteilte und der ITU, die uns den Standort in der Einfahrt des Kongreßgebäudes ermöglichte.

Das IRT möchte zudem speziell der Fraunhofer-Gesellschaft in Erlangen danken, von der das Entwicklungssystem für die im MASCAM-Coder eingesetzten Signalprozessoren DSP32 erworben werden konnte, was die rechtzeitige Zurverfügungstellung der MASCAM-Coder und -Decoder für die Genfer Vorführung sicherte.

Literatur

/1/ CCIR Report to the Second Session of the World Administrative Radio Conference on the Use of the Geostationary-Satellite Orbit and the Planning of Space Services Utilizing It (WARC-ORB(2)); Part II, Chapter 6. Hersg. ITU, Genf, 1988

/2/ Advanced digital techniques for UHF satellite sound broadcasting. Collected papers on concepts for sound broadcasting into the 21st century. Hersg. v. EBU, 32, ave. Albert Lancaster, B - 1180 Bruxelles, Sept. 1988.

Inhalt:

- Einleitung (P. Ratliff, BBC)
- EBU guiding principles: Satellite sound broadcasting in the frequency range 0.5 - 2 GHz
- EBU technical studies on an advanced digital system for satellite sound broadcasting in the frequency range 0.5 - 2 GHz
- New prospects for high-quality digital sound broadcasting to mobile, portable and fixed receivers (D. Pommier, CCETT and P. Ratliff, BBC)
- Interleaving or spectrum spreading in digital radio intended for vehicles (D. Pommier and Yi Wu, CCETT)
- Principles of modulation and channel coding for digital broadcasting for mobile receivers (M. Alard and R. Lasalle, CCETT)
- Low bit-rate coding of high-quality audio signals - An introduction to the MASCAM system (G. Theile, G. Stoll and M. Link, IRT)
- Real-time software processing approach for digital sound broadcasting (Y.E. Dehery, CCETT)

/3/ G. Schneeberger: Modulationsverfahren für DAB - Frequenz-effektive Bewältigung des Mehrwegeproblems. 8. ITG-Fachtagung Hörrundfunk, 14.-16. Nov. 1988, Mainz sowie 15. Tonmeistertagung, 16.-19. Nov. 1988, Mainz

Jürgen Meyer:

Zur Dynamik und Schalleistung von Orchesterinstrumenten

1. Einleitung

Die Kenntnis des Dynamikumfanges eines einzelnen Instrumentes oder eines ganzen Ensembles spielt bei der Bearbeitung vielfältiger Aufgaben eine wichtige Rolle. Sie reichen von Fragen optimaler Aussteuerung und Dynamikgestaltung bei Tonaufnahmen über die Konzeption und Dimensionierung von elektroakustischen Beschallungsanlagen bis zur Lösung raumakustischer Probleme. Wenngleich es dabei in manchen Fällen genügen mag, die Weite der Dynamikspanne zu kennen, so werden doch vielfach auch Absolutwerte für die einzelnen Dynamikstufen benötigt. Als Absolutwerte sind dabei am besten Angaben über die Schalleistung bzw. den Schalleistungspegel geeignet, weil sie im Gegensatz zu Schalldruckangaben unabhängig vom umgebenden Raum und vom Abstand zwischen Quelle und Betrachtungspunkt nur die Eigenschaften des Schallstrahlers kennzeichnen.

In der Literatur ist eine Reihe von Angaben über die Dynamik von Musikinstrumenten zu finden, die jedoch in sehr unterschiedlicher Art gemessen sind und daher in ihren Werten erheblich differieren. Im folgenden sollen daher die systematischen Abweichungen zwischen den Ergebnissen mehrerer Autoren diskutiert und daraus für die Praxis verwertbare - und hinreichend vertrauenswürdige - Werte für die Dynamik in Form von Schalleistungspegeln abgeleitet werden.

2. Ausgangsmaterial

Die ersten ausführlichen Untersuchungen über die Dynamik von Musikinstrumenten stammen von Clark und Luce (1965), die in einem reflexionsfreien Raum in - je nach Instrument - unterschiedlichem Abstand vor dem Spieler den unbewerteten Schalldruckpegel gemessen und auf einen einheitlichen Abstand von 10 m umgerechnet haben /1/. Gespielt wurden Einzeltöne in chromatischer Folge in den

- von den Spielern im Hinblick auf ihre Orchesterpraxis so empfundenen - Dynamikstufen *pp*, *mf* und *ff*. Die Meßergebnisse sind als Mittelwerte für zwei Spieler sowohl in Abhängigkeit von der Tonhöhe als Kurve wie auch als Mittelwert für jede Dynamikstufe angegeben. Abb. 1 zeigt als Beispiel den Dynamikbereich der Flöte für einen Tonumfang von d' bis c^4 sowie als Nomogrammbalken die Mittelwerte für *pp*, *mf* und *ff*. Letztere lassen sich auf etwa 0,5 dB genau ablesen: es ergeben sich Schalldruckpegelwerte von 49,5 dB für das *pp*, 54 dB für das *mf* und 57 dB für das *ff*. Die Studie enthält entsprechende Werte für alle wichtigen Streich- und Blasinstrumente.

Etwa zur gleichen Zeit wurden von Spelda Untersuchungen mit noch ausführlicherem Programm vorgelegt; sie sind 1966 in tschechischer Sprache veröffentlicht und vollständig in einem 1970 erschienenen deutschsprachigen Buch /2/ wiedergegeben. Gemessen wurden in einem Rundfunkstudio in einer mittleren Zuhörerentfernung bewertete Schalldruckpegel, und zwar in dB(A) für das *pp*, in dB(B) für das *mf* und in dB(C) für das *ff*. Gespielt wurden wiederum Einzeltöne in chromatischer Folge und außerdem eine Kantilene; bei einigen Instrumenten wurde das Programm noch durch besondere Spieltechniken ergänzt. Die Spielanweisung lautete für das *pp* "möglichst zart, aber klingend", für das *mf* "so bequem wie möglich" und für das *ff* "maximal, jedoch nicht roh". Die Ergebnisse für die Einzeltöne sind in Diagrammform dargestellt, und zusätzlich wurden Mittelwerte für die drei Dynamikstufen *pp*, *mf* und *ff* und alle Spielarten tabellarisch zusammengestellt.

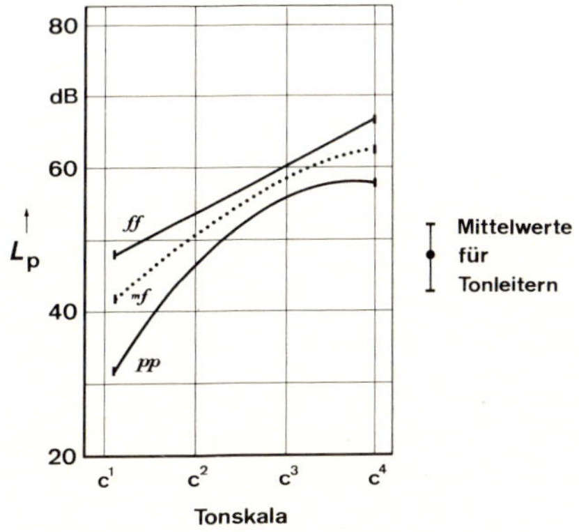

Abb. 1 Dynamikbereich der Flöte (nach Clark und Luce)

Als Beispiel gibt Abb. 2 wiederum den Dynamikbereich der Flöte (bei einem Mikrofonabstand von 9 m) wieder. Die zugehörige Tabelle enthält für die Flöte folgende Werte:

	pp / dB(A)	*mf* / dB(B)	*ff* / dB(C)	Δ
Einzeltöne	63	72	80	17
Kantilene	59	71	78	19

Δ wird dabei als dynamische Spannweite bezeichnet und stellt zahlenmäßig die Differenz zwischen dem dB(C)-Pegel des *ff* und dem dB(A)-Pegel des *pp* dar. Entsprechende Ergebnisse wurden in dieser Studie nicht nur für die Streich- und Blasinstrumente, sondern auch für Tasteninstrumente, Schlagzeug, Gesangsstimmen und einige Zupfinstrumente gesammelt.

Weniger präzise lassen sich die Meßbedingungen von Bouhuys (1965) nachvollziehen, der zur Bestimmung des Wirkungsgrades von verschiedenen Blasinstrumenten teils in einem Wohnzimmer mit bekanntem Volumen und bekannter Nachhallzeit, teils in einem Raum unbekannter Charakteristik C-bewertete Schalldruckpegel gemessen und daraus den Schalleistungspegel berechnet hat /3/. Die Ergebnisse bestehen in Maximal- und Minimalwerten jeweils für einen tiefen und einen hohen Ton der einzelnen Instrumente. Für die Flöte lassen sich aus einer Diagrammdarstellung beispielsweise für den Ton c' Extremwerte von 58 dB und 78,5 dB und für den Ton a"' Extremwerte von 66 dB und 93 dB als Schalleistungspegel ablesen. Für einige weitere Instrumente sind Einzelton-Ergebnisse in Abb. 3 enthalten.

Eine direkte Bestimmung der Schalleistung nach dem Hallraumverfahren mit Referenzschallquelle wurde in umfangreicher Form von Meyer und Angster vorgenommen; die Ergebnisse wurden erst teilweise (1981 und 1983) veröffentlicht/4,5,6/.

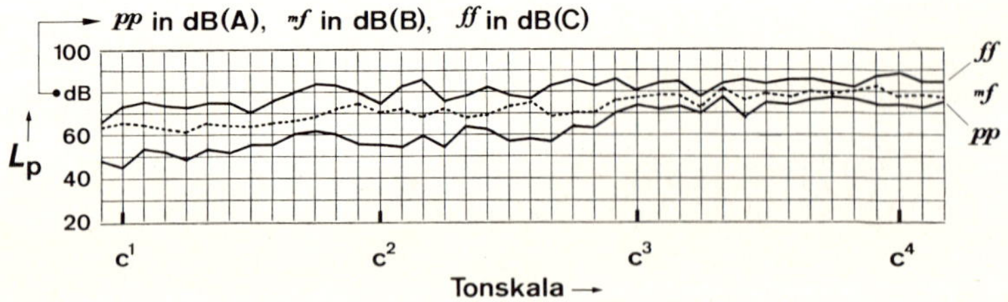

Abb. 2 Dynamikbereich der Flöte (nach Spelda)

Dabei wurden die dynamischen Grenzen für ein möglichst lautes, aber noch wohlklingendes *ff* sowie ein möglichst leises, aber im Ton noch nicht abreißendes *pp* ausgemessen. Gespielt wurden dafür zum einen sehr schnelle Tonleitern über zwei Oktaven entsprechend der Tonlage des jeweiligen Instrumentes sowie einige ausgewählte Einzeltöne. Die in dieser Weise gewonnenen Ergebnisse sind in Abb. 3 als enger Dynamikbereich für schnelle Tonfolgen und als erweiterter Dynamikbereich für einzelne Töne eingetragen; im letzteren Fall beziehen sich die extremen Grenzen auf das *pp* des leisesten Tones und des *ff* des lautesten Tones.

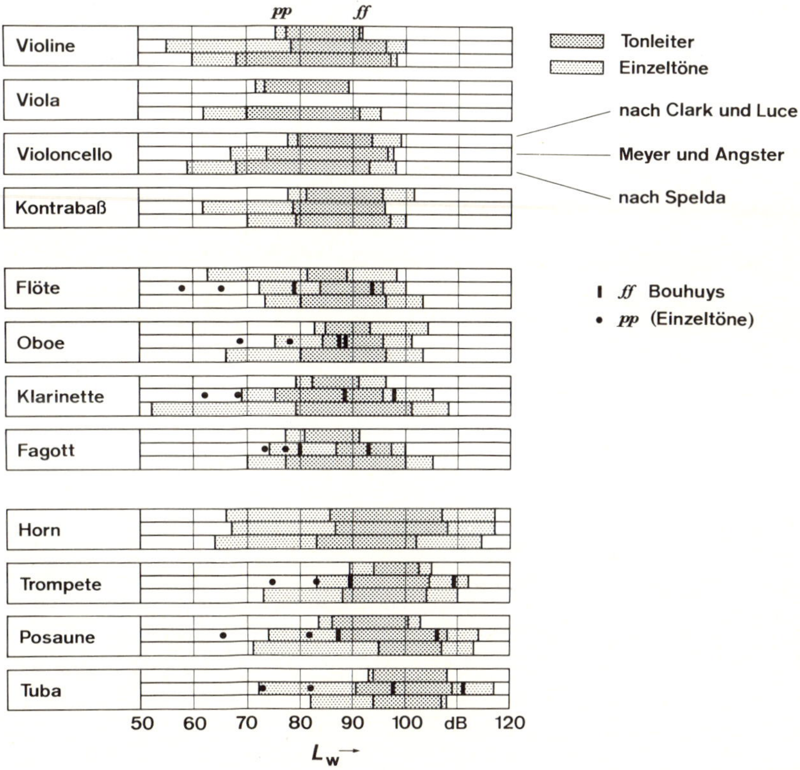

Abb. 3 Dynamikbereich der Orchesterinstrumente nach Messungen verschiedener Autoren

Greift man wieder als Beispiel der Flöte heraus, so erkennt man einen möglichen Bereich des Schalleistungspegels von 83,5 dB bis 95,5 dB für sehr schnelle Tonfolgen und einen Minimalwert von 72 dB (für den Ton d') sowie einen Maximalwert von 100 dB (für den Ton d''').

Ergänzt wurden diese Untersuchungen durch Messungen der Schalleistungsspektren in Terzbereichen, die hier nicht in vollem Umfang erläutert werden sollen, deren Ergebnisse jedoch eine wichtige Grundlage für die nachfolgend beschriebenen Korrekturrechnungen der Angaben von Clark/Luce und Spelda sowie für eine Diskussion der Zusammenhänge zwischen Dynamik und Klangfarbe bilden.

Werte für die maximale Schalleistung und den Dynamikbereich von Instrumenten und Gesangsstimmen sind auch von Ahnert und Schmidt (1980) tabellarisch aufgeführt, ohne daß deren Entstehung näher erläutert wird /7/. Die Flöte wiederum als Beispiel hat danach einen maximalen Schalleistungspegel von 95 dB und einen Dynamikbereich von 19 dB. Anhaltspunkte für die Schalleistung der Orchesterinstrumente im *forte* sind bei Fasold u. M. (1987) ausgehend von den Meßergebnissen aus /5 und 6/ zusammengestellt /8/; die Flöte hat danach einen mittleren Schalleistungspegel im *forte* von 93 dB. Einige Beispiele von Schalleistungswerten, die für ganze Ensembles und Orchester gemessen wurden, finden sich schließlich bei Ahnert (1984) /9/.

3. Koordination der Ergebnisse

Wenngleich eine direkte Schalleistungsmessung natürlich auf zuverlässigere Werte führt als die anderen erwähnten Untersuchungen, so verdienen doch sowohl die Ergebnisse von Clark und Luce als auch die von Spelda in die Betrachtungen einbezogen zu werden, da es sich hierbei um sehr umfangreiches Material handelt. Außerdem wird durch die Koordination der Ergebnisse aus mehreren Untersuchungen auch der Einfluß der an den Messungen beteiligten Musiker besser ausgeglichen. Aus diesem Grunde wurde der Versuch unternommen, die Schalldruckpegelwerte der genannten Arbeiten in Schalleistungspegel umzurechnen. Das Resultat einer derartigen Umrechnung ist naturgemäß wegen der nicht vollständig bekannten Randbedingungen mit einer gewissen Ungenauigkeit behaftet, die sich aber zumindest teilweise durch eine gegenseitige Abstimmung der Ergebnisse der verschiedenen Autoren überbrücken läßt.

Die von Clark und Luce angegebenen Schalldruckpegelwerte L_p sind Freifeldpegel in 10 m Abstand von der Quelle. Daraus läßt sich - zunächst unter der Annahme ungerichteter Schallstrahlung - der Schalleistungspegel als zahlengleich mit dem Schalldruckpegel auf einer Kugel von 1 m^2 Oberfläche berechnen als

$$L'_W = L_p + 31 \text{ dB}$$

Da die genaue Aufnahmerichtung für die einzelnen Instrumente nicht zu rekonstruieren ist, wurde die Richtcharakteristik nur bei einigen stark gebündelt abstrahlenden Blechblasinstrumenten berücksichtigt. Grundlage dafür bildet das Bündelungsmaß für die stärksten Frequenzanteile des betreffenden Schalleistungsspektrums /10/. Da die Hüllkurve des Spektrums bei den Blechblasinstrumenten dynamikabhängig ist, ergeben sich je nach Spielstärke unterschiedliche Korrekturwerte ΔL_d:

	Horn	Trompete	Posaune	
ff	+5	-4	-3	dB
pp	+2	-3	0	dB

Der Schalleistungspegel wird damit als

$$L_W = L'_W + \Delta L_d$$

berechnet. Die in dieser Form bestimmten Dynamikgrenzen für die von Clark und Luce angegebenen Tonleiter-Mittelwerte sowie die aus ihren Diagrammen ablesbaren Extremfälle für Einzeltöne sind in Abb. 3 eingetragen.

Komplizierter gestaltet sich demgegenüber die Bestimmung des Schalleistungspegels aufgrund der Studio-Messungen von Spelda. Nach der bekannten Beziehung

$$L_W = L_p + 10 \lg \frac{V}{V_o} - 10 \lg \frac{T}{T_o} - 14 \text{ dB}$$

würde sich bei einem Volumen des Studios von V = 1460 m^3 und einer mittleren Nachhallzeit von T = 1,45 s eine erste Umrechnung zu

$$L'_W = L_p + 16 \text{ dB}$$

ergeben. Zusätzlich ist jedoch noch zu berücksichtigen, daß die unteren Dynamikstufen über Bewertungsfilter gemessen sind, deren Dämpfung entsprechend der A- bzw. B-Kurve zumindest für die stärksten Spektralanteile wieder zurückzurechnen ist, um auf einen unbewerteten Pegel L'_p zu kommen. Damit ergeben sich vor allem in der tiefen Tonlage höhere *pp*-Pegel. Außerdem ist wieder -

wenn auch in schwächerer Form - die Richtcharakteristik zu berücksichtigen, da der Meßabstand für wichtige Frequenzen der Blechbläser in die Nähe des Hallradius rückt. Folgende Korrekturwerte ΔL_d wurden verwendet:

	Horn	Trompete	Posaune	
ff	+3	-2	-2	dB
pp	+1	-1	0	dB

Versucht man die so erhaltenen Schalleistungspegel mit den Werten von Meyer und Angster zur Deckung zu bringen, so erscheinen die Werte nach Spelda sämtlich als etwas zu niedrig. Eine optimale Zuordnung ergibt sich (unter Berücksichtigung von Bewertungsfilter und Richtwirkung) erst bei

$$L_W = L'_p + 18 \text{ dB} + \Delta L_d$$

Diese zusätzliche Korrektur um 2 dB läßt sich - abgesehen von den bereits erwähnten Imponderabilien bei der Umrechnung - eventuell darauf zurückführen, daß gerade bei Einzeltönen, aber auch bei zügigen Tonwechseln ein zu niedriger Pegel gemessen wurde, weil Instrument, Raum und Meßgerät erst einschwingen mußten. Allerdings haben auch Barron und Lee (1988) in einer soeben erschienenen Arbeit eine ähnliche Differenz zwischen den theoretischen und den gemessenen Werten für den Schalldruckpegel in 15 Konzertsälen gefunden und im Hinblick auf eine Erweiterung der Theorie erörtert /11/, was als eine zusätzliche Rechtfertigung der 2-dB-Korrektur angesehen werden kann. Die mit dieser Korrektur erhaltenen Dynamikgrenzen sind ebenfalls in Abb. 3 - jeweils als unterster Balken für jedes Instrument - eingetragen. Der engere Dynamikbereich basiert dabei auf den für die Kantilene angegebenen Mittelwerten, die Extremwerte sind aus der Darstellung für Einzeltöne entnommen. Übrigens zeigte sich bei der Auswertung der Werte für die Kantilene, daß diese offenbar mit einer Korrektur von 16 dB (s.o.) von Ahnert und Schmidt für ihre Tabelle zugrunde gelegt sind.

Ein Überblick über die in Abb. 3 zusammengefaßten Meßdaten der verschiedenen Autoren zeigt, daß bei den meisten Instrumenten der von Clark und Luce angegebene Dynamikbereich am engsten ist, was vor allem an dem relativ lauten *pp* liegt. Denkbar wäre, daß dieser Effekt auf die in einem reflexionsarmen Raum naturgemäß schlechtere Ansprache der Instrumente zurückzuführen ist. Den weitesten Dynamikbereich weisen die Messungen von Spelda auf; hingewiesen sei besonders auf das extreme *pp* der Klarinette. Die Messungen von Meyer und

Angster kommen in vielen Fällen den Ergebnissen von Spelda recht nahe. Demgegenüber liegen die von Bouhuys für die Blasinstrumente angegebenen Schallleistungspegel im Ganzen deutlich tiefer, was mit den ungünstigen Eigenschaften der zur Messung benutzten Räume zusammenhängen könnte.

4. Mittlere Schalleistung im *forte*

Unter meßtechnischen Gesichtspunkten besitzen die Schalleistungsangaben für das *ff* den Vorteil, daß sie am besten reproduzierbar sind; demgegenüber sind schon die Schwankungen der Werte für das *pp* wesentlich größer /5/. Beide Grenzen können jedoch nicht als typisch bezeichnet werden, wenn man die abgestrahlte Schalleistung eines Musikinstrumentes durch nur einen Zahlenwert charakterisieren will. Deshalb wurde der Versuch unternommen, für das - unter klanglichen Gesichtspunkten - sehr viel repräsentativere *forte* eine eindeutige Pegeltabelle zur Charakterisierung der Instrumente aufzustellen.

Zu diesem Zweck wurde der Dynamikbereich, der bei den einzelnen Instrumenten von den verschiedenen Autoren gemessen war, in vier gleiche Schritte unterteilt, deren Grenzen durch die Dynamikbezeichnungen *pp* - *p* - *mf* - *f* - *ff* zu beschreiben sind. Eine derartige gleichmäßige Aufteilung erscheint sinnvoller als ein Bezug auf die sowohl von Clark und Luce als auch von Spelda gemessenen *mf*-Werte, da gerade diese Dynamik-Stufe von den Musikern sehr unterschiedlich ausgelegt werden kann. Als Beispiel dafür seien die Werte für das *mf* der zusammenhängenden Tonfolgen bei der Oboe genannt: Während bei Clark und Luce das *mf* mit 91 dB zwischen den Grenzen 85 dB und 93 dB deutlich oberhalb der Mitte liegt, befindet sich das *mf* bei Spelda mit 87 dB bei Grenzen von 80 dB und 96 dB unterhalb der Mitte.

Die *forte*-Pegel, die in dieser Weise (als "3/4 *ff*") einerseits für die zusammenhängen Tonfolgen und andererseits für die Einzeltöne (in diesem Fall ausgehend von dem *ff* des lautesten und dem *pp* des leisesten Tones) bestimmt und auf 0,5 dB gerundet wurden, unterscheiden sich bei den einzelnen Instrumenten und Autoren nur verhältnismäßig wenig voneinander: 70 % der Wertepaare liegen innerhalb eines Pegelbereiches von 1,5 %, nur bei 25 % der Wertepaare liegen die Pegel für Tonleitern und Einzeltöne um 3 dB bis 6 dB auseinander. Diese größeren Differenzen treten vor allem bei einigen Bläsern auf, die bei Einzeltönen ein sehr viel stärkeres *ff* blasen konnten als bei Tonfolgen, während die zugehörigen *pp*-Werte einander ähnlicher waren.

Größer sind demgegenüber die Unterschiede zwischen den Resultaten der drei Autoren, wenn man für sie jeweils einen Mittelwert aus Einzelton- und Tonfolgenpegel bildet. Hier liegen für 50 % der Instrumente die (jeweils drei) Werte innerhalb von 2,5 dB-Grenzen, für weitere 25 % innerhalb 4 dB und für die restlichen 25 % innerhalb 7 dB. Diese Unterschiede sind teils auf die verschieden formulierten Aufgabenstellungen an die Musiker (s.o.), teils wohl auch auf qualitative Unterschiede zwischen Musikern oder Instrumenten zurückzuführen.

Dennoch - oder vielleicht gerade deshalb - erscheint es sinnvoll, diese pro Autor gewonnenen Mittelwerte nochmals zu einem Mittelwert zusammenzufassen, um auf einen repräsentativen Wert für das mittlere *forte* zu gelangen. In Tabelle 1 und in Abb. 4 sind diese Werte zusammengestellt; sie sind auf volle dB gerundet, da eine feinere Untergliederung weder für die Verwendung der Werte in der Praxis noch im Hinblick auf den Streubereich der zugrunde liegenden Einzelmessungen sinnvoll wäre. Ergänzend dazu sind in Abb. 4 auch

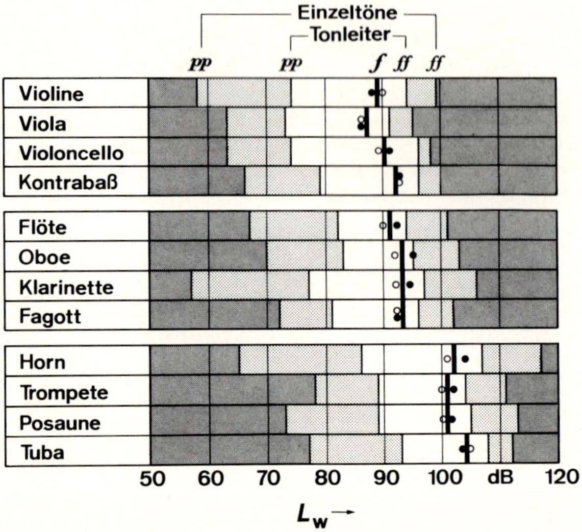

Abb. 4 Schalleistungspegel der Orchesterinstrumente: Dynamikumfang und mittleres *forte*

o mittleres *forte* bei schnellen Tonfolgen
● mittleres *forte* bei Einzeltönen

noch die für die Tonfolgen und für die Einzeltöne aus den Messungen der drei Autoren gewonnenen Mittelwerte eingetragen; da diese noch auf 0,5 dB berechnet wurden, liegen sie teilweise nicht ganz symmetrisch zu dem Zentralwert für das mittlere *forte*. Wie bereits erwähnt, treten Unterschiede vor allem bei einigen Blasinstrumenten auf, bei denen schnellere Tonfolgen nicht so stark wie Einzeltöne gespielt werden.

Die Schalleistungspegel der Tabelle 1 können nun zur Bestimmung der Schalleistung von Ensembles verwendet werden. Da eine "Addition" von Pegelwerten aber nur über eine Rückrechnung auf die nichtlogarithmierten Größen möglich ist, sind zur Vereinfachung in der Tabelle auch Leistungsfaktoren für die einzelnen Instrumente angegeben, die sich auf eine Schalleistung von 10^{-3} W (entsprechend 90 dB) beziehen. Damit läßt sich der Schalleistungspegel eines Ensembles nach der Beziehung

$$L_{Wges} = 90\ \text{dB} + 10\ \lg \sum_i n_i\, k_i\ \text{dB}$$

berechnen, wobei n_i die Anzahl der Instrumente gleicher Art und k_i der zugehörige Leistungsfaktor ist. Mit dieser Beziehung und den Werten der Tabelle 1 ergibt sich beispielsweise für die Schalleistung eines Streichquartetts ein *forte*-Pegel von 95 dB, für ein kleineres Orchester (8,8,6,5,4 - 2,2,2,2 - 2,2,0,0) ein *forte* von 110 dB und für ein großes Orchester (14,14,12,10,8 - 4,4,4,4 - 4,3,3,1) ein *forte* von 114 dB.

Tabelle 1 mittlerer Schalleistungspegel L_{wf} und zugehöriger Leistungsfaktor k für Orchesterinstrumente im *forte*

	L_{wf} dB	k –		L_{wf} dB	k –		L_{wf} dB	k –
Violine	89	0,8	Flöte	91	1,3	Horn	102	16
Viola	87	0,5	Oboe	93	2	Trompete	101	13
Violoncello	90	1	Klarinette	93	2	Posaune	101	13
Kontrabaß	92	1,6	Fagott	93	2	Tuba	104	20

5. Grenzen des Dynamikumfanges

Die dynamischen Möglichkeiten der einzelnen Instrumente hängen offensichtlich davon ab, in welchem Maße sich der Spieler auf jeden einzelnen Ton einstellen kann. Außerdem gibt es auf manchen Instrumenten Töne, die nur relativ laut, und andere, die nur relativ leise spielbar sind. Unter diesen Umständen verdient zunächst der Dynamikumfang, der sich bei schnellen Tonfolgen über einen weiten Tonbereich erreichen läßt, Interesse. Die entsprechenden Meßergebnisse der einzelnen Autoren wurden deshalb zur Bestimmung einer mittleren Dynamikspanne herangezogen. Diese wurde in den meisten Fällen als arithmetischer Mittelwert berechnet, in Ausnahmefällen - wenn die Dynamikspanne bei einem Autor sehr eng, bei anderen jedoch erheblich weiter war - in dieser Richtung um 1 dB bis 2 dB korrigiert.

Die in dieser Weise erhaltenen und auf volle dB gerundeten Werte für die mittlere Dynamikspanne ΔL_W sind in Tabelle 2 zusammengestellt. Sie liegen im Bereich von 12 dB bis 22 dB, wobei die geringeren Dynamikspannen zum Teil damit zusammenhängen, daß sich der spielbare Pegelbereich stark in Abhängigkeit von der Tonhöhe ändert und deshalb nur ein relativ enger Bereich für Bewegungen über große Tonumfänge zur Verfügung steht.

Ausgehend von dieser mittleren Dynamikspanne und dem bereits abgeleiteten mittleren *forte*-Pegel lassen sich nun auch die Ober- und Untergrenze des in schnellen Figurationen spielbaren Dynamikbereiches festlegen. Die entsprechenden mittleren *ff*- und *pp*-Pegel sind ebenfalls in Tabelle 2 enthalten; dabei ist für das *ff* ein um 1/4 ΔL_W über dem mittleren *forte* und für das *pp* ein um 3/4 ΔL_W unter dem mittleren *forte* liegender Pegel - wiederum auf volle dB gerundet - angenommen. Auch diese Werte gelten für schnelle Tonfolgen und sind daher repräsentativ für den ganzen Tonumfang der einzelnen Instrumente.

Daneben ist es natürlich auch von Interesse, welche Leistungspegel bei extremen Tönen auftreten können, wenn sie langsam oder einzeln gespielt werden. Der in Tabelle 2 aufgeführte extreme *ff*-Pegel wurde als Mittelwert der beiden höchsten Werte - also unter Verzicht auf den dritten Autor - bestimmt und auf volle dB nach unten abgerundet. In entsprechender Weise wurde der extreme *pp*-Pegel als Mittelwert aus den beiden schwächsten Werten bestimmt und auf volle dB nach oben aufgerundet; lediglich bei der Klarinette, bei der schon die beiden niedrigen *pp*-Werte um 17 dB differierten, wurde das "extreme *pp*" als 5 dB oberhalb des kleinsten der drei Werte festgelegt. Erwähnt sei, daß die *pp*-Werte praktisch nur auf den Messungen von Spelda sowie Meyer und Angster beruhen, während an den *ff*-Werten alle drei Autorengruppen beteiligt sind.

Tabelle 2 Dynamikumfang der Orchesterinstrumente

	schnelle Tonfolgen			extreme Töne		praktische Dynamik
	ΔL_w dB	L_{wff} dB	L_{wpp} dB	L_{wff} dB	L_{wpp} dB	ΔL_w^* dB
Violine	20	94	74	99	58	30...35
Viola	18	91	73	95	63	25...30
Violoncello	22	96	74	98	63	25...30
Kontrabaß	17	96	79	100	66	25...30
Flöte	12	94	82	101	67	15...20
Oboe	12	95	83	103	70	20...30
Klarinette	20	97	77	106	57	35...40
Fagott	15	96	81	102	72	25...30
Horn	21	107	86	117	65	35...40
Trompete	15	104	89	111	78	25...30
Posaune	16	105	89	113	73	30...35
Tuba	15	108	93	112	77	25...30

Die vorstehend erläuterten extremen Pegel bezogen sich auf das *ff* des lautesten und das *pp* des leisesten Tones. Als spielbaren Dynamikbereich kann man natürlich nur jene Pegelspanne bezeichnen, die sich bei ein und demselben Ton erzielen läßt. Eine Reihe charakteristischer Werte dafür wurden aus den Einzelton-Messungen von Spelda sowie Meyer und Angster ausgewertet. Sie lassen sich für die überwiegende Mehrzahl der Töne nur als abgerundeter Bereich darstellen und sind als praktische Dynamikspanne ΔL_W^* ebenfalls in Tabelle 2 enthalten. Besonders günstig ansprechende Töne können bei einzelnen Instrumenten noch eine um bis zu 5 dB größere Dynamikspanne aufweisen; bei Klarinette und Horn kann die Spanne sogar bis zu 10 dB größer sein. Demgegenüber muß man in den hohen und höchsten Lagen vieler Instrumente damit rechnen, daß sich die Dynamikspanne um bis zu 5 dB verengt, bei der Trompete sind es sogar 15 dB.

Der Dynamikumfang eines Ensembles läßt sich nicht ohne weiteres in analoger Weise angeben, denn ein Teil der Dynamik wird zwar durch die Spieltechnik der einzelnen Instrumente, ein Teil jedoch auch durch die variierende Anzahl der eingesetzten Instrumente erzeugt. So ist die untere Grenze des möglichen Dynamikbereiches eigentlich durch das extreme *pp* eines einzelnen Instrumentes festgelegt, während sich die obere Grenze aus dem Tutti-Klang im *ff* ergibt. Letzterer läßt sich natürlich auch aus den entsprechenden Angaben für die einzelnen Instrumente in Tabelle 2 aufaddieren. Einfacher ist es jedoch - zumindest, wenn man den mittleren *forte*-Pegel ohnehin schon bestimmt hat - entsprechend den Werten für die praktische Dynamikspanne bei den Streichern und Holzbläsern zum *forte*-Pegel 8 dB und bei den Blechbläsern 10 dB hinzuzurechnen.

Damit ergäbe sich für das Streichquartett ein *ff*-Pegel von 103 dB. Bei den Orchestern überwiegt die Schalleistung der Blechbläser gegenüber den anderen Gruppen so stark, daß sich der *ff*-Pegel des Tutti auch praktisch um 10 dB erhöht, man also für die zuvor genannten Besetzungen auf *ff*-Pegel von 120 dB bzw. 124 dB kommt. Diese Werte decken sich recht gut mit den Ensemble-Angaben von Ahnert. Ausgehend von diesen *ff*-Pegeln und den *pp*-Pegeln für eine Violine oder Klarinette, läßt sich bei Orchestermusik ein möglicher Dynamikbereich in der Größenordnung von 65 dB ableiten. Allerdings darf nicht außer acht gelassen werden, daß es die Balance zwischen den einzelnen Gruppen eines Orchesters meist erforderlich macht, die Blechbläser nicht bis an ihre obere Dynamikgrenze herangehen zu lassen. Andererseits enthalten die genannten Zahlenwerte noch nicht die von den Schlaginstrumenten hinzukommende, jedoch mehr impulsartige Schallenergie, sondern sie charakterisieren im wesentlichen den erreichbaren Dauerpegel.

6. Zusammenfassung

Für die wichtigsten Streich- und Blasinstrumente des Orchesters gibt es umfangreiche Untersuchungen über den abgestrahlten Schalldruck- oder Schalleistungspegel und den Dynamikumfang, sie stammen von Clark und Luce, Spelda sowie Meyer und Angster. Da nur die letztgenannten Autoren die Schalleistung direkt gemessen haben, wurden die Ergebnisse aus den anderen Untersuchungen unter Berücksichtigung von Aufnahmesituation und -technik - so exakt, als unter den mehr oder weniger genau angegebenen Randbedingungen möglich - in Schalleistungspegel umgerechnet und aneinander angepaßt. Auf diese Weise können nun zuverlässige Werte für den mittleren Schalleistungspegel im *forte* sowie für die Grenzen des spielbaren Dynamikbereiches vorgelegt werden, wobei letztere auch von der Schnelligkeit der gespielten Tonfolgen abhängen.

Als Ergebnis läßt sich zusammenfassen, daß

- der mittlere Schalleistungspegel im *forte* bei den Streichinstrumenten um 90 dB, bei den Holzblasinstrumenten um 93 dB und bei den Blechblasinstrumenten um 102 dB liegt,

- der Dynamikumfang bei schnell gespielten Tonleitern jeweils etwa 12 dB für Flöte und Oboe, 20 dB für Violine, Violoncello, Klarinette und Horn sowie 16 dB für die restlichen Instrumente beträgt,

- der Dynamikumfang bei langsam gespielten Tönen meist zwischen 25 dB und 30 dB liegt, bei Flöte und Oboe jedoch etwas geringer, bei Violine und Posaune und insbesondere bei Klarinette und Horn dagegen größer ist,

- der Schalleistungspegel eines Orchesters im *forte* in der Größenordnung von 110 dB, im *ff* von 120 dB liegt,

- die von Spelda angegebenen Schalldruckpegel für die in dieser Arbeit nicht behandelten Instrumente in recht guter Näherung dadurch in Schalleistungspegel umgerechnet werden können, daß man 18 dB addiert und für das *pp* zusätzlich die Abschwächung tieferer Klanganteile durch die A-Bewertung zurückrechnet.

Diese Pegelangaben berücksichtigen natürlich noch nicht den zusätzlichen dynamischen Effekt, der durch Klangfarbenveränderungen bewirkt werden kann. Dabei spielt es eine wichtige Rolle, daß die Klangfarbe teils unabhängig von der Spielstärke verändert werden kann, vielfach jedoch unmittelbar durch die Spielstärke bestimmt wird. Im Mittel kann man davon ausgehen, daß bei einem Anstieg der stärksten Spektralkomponenten um 1 dB die Klanganteile im Frequenzbereich um 3000 Hz bei den Streichinstrumenten um 1,1 dB, bei den Holzblasinstrumenten um 1,5 dB bis 2 dB und bei den Blechblasinstrumenten um 2 dB bis 3 dB zunehmen /12/.

Literaturhinweise

/1/ Clark, M. and D. Luce: Intensities of Orchestral Instrument Scales Played at Prescribed Dynamic Markings. Journ. Audio Eng. Soc. 13 (1965) S. 151.

/2/ Burghauser, J. und A. Spelda: Akustische Grundlagen des Orchestrierens. Gustav Bosse Verlag Regensburg 1971.

/3/ Bouhuys, A.: Sound Power Production in Wind Instruments. Journ. Ac. Soc. Am. 37 (1965) S. 453.

/4/ Meyer, J. und J. Angster: Zur Schalleistungsmessung bei Violinen. Acustica 49 (1981) S. 192.

/5/ Meyer, J. and J. Angster: Sound Power Measurement of Musical Instruments. Proc. 11. ICA Congr. Paris 1983, Vol. 4, S. 321.

/6/ Angster, J. und J. Meyer: Zur Schalleistungsmessung bei Musikinstrumenten. Proc. Akust. Konf. Kraslice 1983, S. 5.

/7/ Ahnert, W. und W. Schmidt: Akustik in Kulturbauten. Schriftenreihe des Inst. f. Kulturbauten, Berlin 1980.

/8/ Fasold, W., E. Sonntag und H. Winkler: Bau- und Raumakustik. VEB Verlag für Bauwesen, Berlin 1987.

/9/ Ahnert, W.: The Sound Power of Different Acoustic Sources and their Influence in Sound Engineering. Audio Eng. Soc. Preprint No 2079, Paris 1984.

/10/ Meyer, J.: Akustik und Musikalische Aufführungspraxis. Verlag E. Bochinsky Frkft. a.M., 2. Aufl. 1980.

/11/ Barron, M. and L.-J. Lee: Energy relations in concert auditoriums. Journ. Ac. Soc. Am. 84 (1988) S. 618.

/12/ Meyer, J.: Zusammenhänge zwischen Klangfarbe und Dynamik bei den Orchesterinstrumenten. Fortschr. d. Akustik, DAGA '87, Bad Honnef 1987, S. 693.

MEYER SOUND SYSTEME

Die Referenz im professionellen Lautsprecherbau

Meyer Sound im weltweiten Einsatz

- Theater & Oper
- Schauspiel & Musical
- Bühne & Musik
- Hörfunk & TV-Shows
- Studio-Regieräume

Zum Beispiel:
UPA-1A
Hochleistungs-
Lautsprechersystem
Kompakte Bauform –
überragender Klang.

Bildungswerk des VDT gemeinnützige GmbH
Besuchen Sie uns!
15. TONMEISTERTAGUNG
MAINZ '88
16. bis 19. November
STAND: K 1

Wir liefern komplette Leistungen.

EXCLUSIV—VERTRIEB:

Meyer Sound
Meyer Sound Laboratories, Inc.
2832 San Pablo Avenue
Berkeley
California 94702

JÜRGEN DUDDA
Paffrather Str. 132
D-5060 Berg. Gladbach 2
Tel. 0 22 02 / 5 30 21
Telex 8 873 781 dda d
Telefax 0 22 02 / 2 16 95

Ingolf Bork:

Schwingungen und Schallabstrahlung von Trommeln

Einleitung

Bei der Wahl der optimalen Mikrofonposition muß der Tonmeister die akustischen Abstrahlverhältnisse eines Musikinstruments genau kennen. Für die meisten Instrumente findet man hierzu wertvolle Hinweise in der Literatur [1], bei den Schlaginstrumenten ist der Tonmeister dagegen allein auf Erfahrungswerte und sein gutes Gehör angewiesen. Hier sollen die Ergebnisse von Messungen an Tomtoms vorgestellt werden, die zu diesem Komplex Detailinformationen liefern können. Mit Hilfe der Modalanalyse wurden die Schwingungsformen der Felle gemessen, woraus sich Beziehungen zwischen Klangspektrum und Richtcharakteristik herleiten lassen.

Schwingungen der Trommelfelle

Die Felle der Trommel haben vom akustischen Standpunkt her gesehen zwei Funktionen: Zum einen stellen sie ein selektives Schwingungssystem mit stark ausgeprägten Resonanzen dar, zum anderen sind sie aufgrund ihrer großen Oberfläche in der Lage, die Resonanzschwingungen sehr effektiv als Schall abzustrahlen. Das Klangspektrum ergibt sich aus der Summe aller durch den Anschlagimpuls angeregten Schwingungsformen. Beim idealen homogenen Trommelfell lassen sich die Schwingungsformen genau berechnen [2]. Die radiale Abhängigkeit der Fellauslenkung wird durch Besselfunktionen beschrieben, die Winkelabhängigkeit durch Sinusfunktionen. Charakterisiert werden die einzelnen Schwingungsformen durch die Anzahl der Knotenlinien d.h. die Nullstellen dieser

Funktionen in Form eines Indexpaares: der erste Index gibt die Anzahl der Knotenlinien in Durchmesserrichtung, der zweite die Anzahl der Knotenlinien als konzentrische Kreise einschließlich der Fellumrandung (Nullstellen der Besselfunktionen) an.

Die realen Schwingungsformen lassen sich meßtechnisch mit Hilfe der Modalanalyse erfassen, indem die Fellbewegung an einer Vielzahl von Meßpunkten nach Betrag und Phase aufgenommen und zur Weiterverarbeitung an einen Rechner übertragen werden. Die Ergebnisse der Modalanalyse stehen dann in Form bewegter Bilder zur Verfügung, die hier nur statisch wiedergegeben werden können.

Die einfachste Schwingungsform des Trommelfelles ist die sogenannte 01-Mode: hierbei schwingt das Fell ohne Unterteilung gleichphasig auf und ab. Das Zahlenpaar "01" deutet an, daß kein (0) Knotendurchmesser und nur ein (1) Knotenkreis in Form der Fellumrandung vorliegt. Bei einer Trommel mit zwei Fellen sind die 01-Moden von Schlag- und Resonanzfell stark miteinander gekoppelt, da durch die gleichphasigen Schwingungen des Schlagfelles im Hohlraum ein sehr hoher Schalldruck erzeugt und auf das Resonanzfell übertragen wird. Es ergeben sich zwei Koppelschwingungsformen, die sich nur durch die gegenseitige Phasenlage der beiden Fellschwingungen unterscheiden. Diese sogenannten Hauptschwingungen sind in Abb.1 jeweils in zwei extremen Bewegungszuständen dargestellt, wobei die Verformung stark übertrieben wiedergegeben ist.

1.Hauptschwingung - Trommelgrundton

Bei der 1.Hauptschwingung, die für den Grundton des Trommelklangs verantwortlich ist, führen beide Felle Parallelbewegungen gleicher Amplitude aus. Dies hat zur Folge, daß der vom Schlagfell abgestrahlte Schall gegenphasig zu dem des Resonanzfells ist. Die Trommel stellt damit für diese Schwingungsform einen Strahler 1.Ordnung mit dipolartiger Richtcharakteristik dar. Wie beim Lautsprecher ohne Schallwand wird dann in der Ebene zwischen den

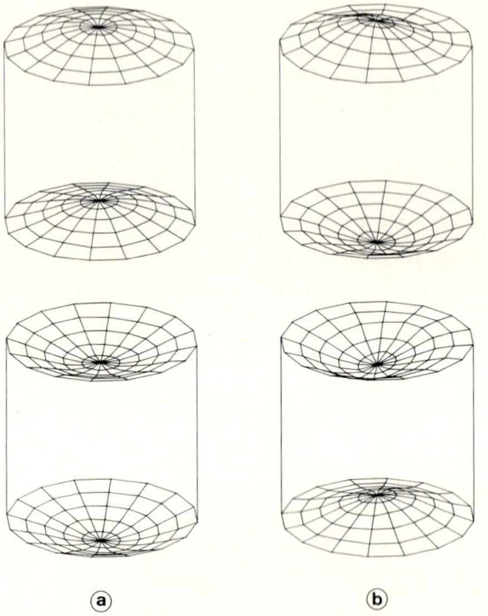

Abb.1 Hauptschwingungsformen einer Trommel

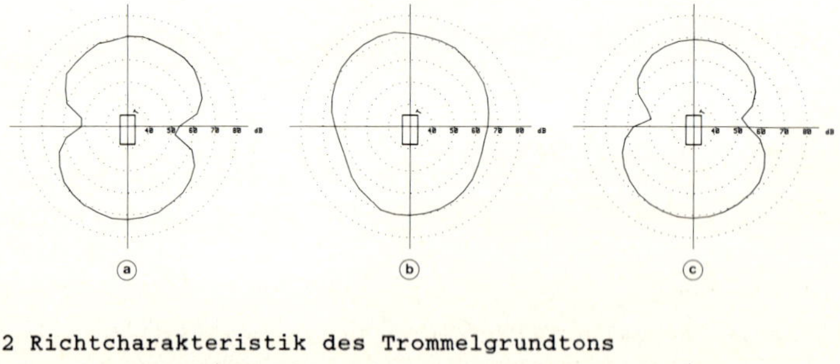

Abb.2 Richtcharakteristik des Trommelgrundtons
a) gleiche Stimmung von Schlag und Resonanzfell,
b) Resonanzfell höher gestimmt, c) ohne Resonanzfell

beiden Fellen kein Schalldruck erzeugt. Abb.2a zeigt die in einer Ebene durch die Mittelachse der Trommel gemessene Richtcharakteristik mit einer Pegelabsenkung um etwa 18 dB seitlich der Trommel. Die Schärfe dieses Schalldruckminimums ist abhängig von der Abstimmung der Felle: wird eines der beiden Felle auf eine höhere Frequenz abgestimmt, so verringert sich dessen Schwingungsamplitude und es kann keine vollständige Auslöschung mehr erreicht werden. Dieser Fall ist in Abb.2b wiedergegeben, wobei hier das Resonanzfell (im Bild unten) höher abgestimmt wurde.

Für die Mikrofonaufnahmetechnik ergeben sich hieraus bereits wichtige Konsequenzen: Soll der Grundton gut übertragen werden, darf das Mikrofon bei gleicher Abstimmung der beiden Felle nicht neben der Trommel aufgestellt werden sondern besser vor einem der Felle. Bei der Verwendung mehrerer Mikrofone ist zu beachten, daß nicht Schallanteile von Schlag- und Resonanzfell zusammengemischt werden, da die umgekehrte Phasenlage bei der Summenbildung am Mischpult zu Auslöschungen führen kann.

Dies gilt ebenso für die Trommel ohne Resonanzfell, die sich in der Grundschwingung ähnlich verhält wie eine Trommel mit zwei Fellen gleicher Abstimmung (Abb.2c) Hierbei wirkt die im offenen Ende des Kessels schwingende Luftmasse wie eine zweites Fell, jedoch ohne die federnde Wirkung der Randeinspannung. Daher sinkt die Grundtonfrequenz bei Entfernung des Resonanzfells um etwa 10%. Da das Abstrahlverhalten nicht durch Verstimmung eines zweiten Felles beeinflußt werden kann, ergibt sich bei der Trommel ohne Resonanzfell immer eine Auslöschung in der Mittenebene.

Ausklingzeit des Trommelgrundtons

Entscheidend für das Klangvolumen einer Trommel ist die Ausklingzeit des Grundtons. Sie wird in erster Linie durch den Strahlungswiderstand der Felle bestimmt und ist damit in starkem Maße von der Abstimmung abhängig. Da der Strahlungswiderstand eines Strahlers 1.Ordnung mit der 4.Potenz der Frequenz wächst [3], steigt auch die abgegebene Schalleistung entsprechend, wodurch die verfügbare Schwingungsenergie schneller verbraucht wird. Die Messung an einem 13"x13" Tomtom ergab den in Abb.3 wiedergegebenen Zusammenhang zwischen Grundtonfrequenz und Ausklingzeit im Bereich von 90 bis 130 Hz. Man erkennt, daß bei Erhöhung der Grundfrequenz um 10 Hz die Ausklingzeit um etwa 1,2s abnimmt.

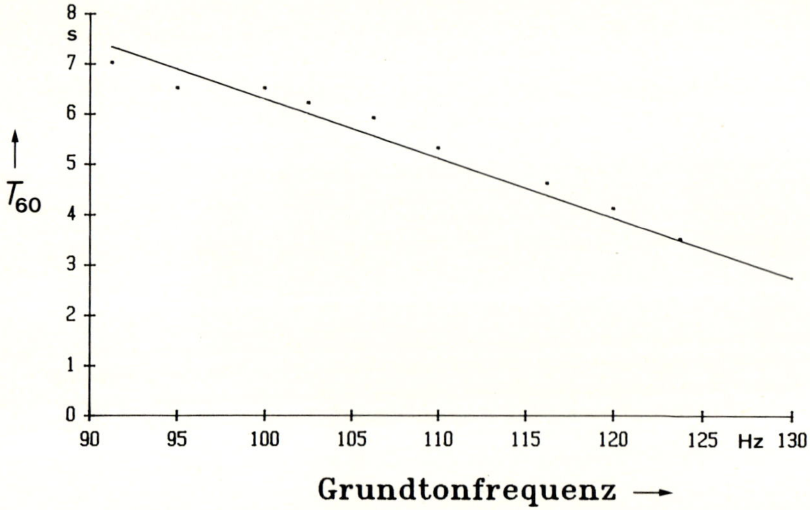

Abb.3 Abhängigkeit der Grundtonausklingzeit von der Abstimmung

Das Ausklingverhalten hängt aber nicht allein von der Abstimmung ab, sondern kann auch durch die Art der Befestigung auf dem Stativ erheblich beeinträchtigt werden. Da durch die parallelen Fellbewegungen in der 1.Hauptschwingung eine Kraft auf das Stativ ausgeübt wird, findet hier eine Energieübertragung statt, die von der mechanischen Eingangsimpedanz des Stativs bei der Grundtonfrequenz der Trommel abhängig ist. Im Frequenzbereich einer Stativresonanz kann sich die Grundtonausklingzeit daher mit der Position des Trommelkessels auf der Stativachse ändern, da hierdurch die Resonanzfrequenz des Stativs verstimmt wird. In Abb.4 ist diese Abhängigkeit für 13"x13" Tomtoms mit unterschiedlichen Kesselmaterialien dargestellt. Man erkennt, daß die starke Verringerung der Ausklingzeit nicht nur von der Position sondern auch vom Material insbesondere dem Gewicht des Kessels abhängt. Dies wird deutlich durch eine Meßreihe, bei der ein Kessel mit Bleigewichten beschwert wurde: durch das hohe Gewicht wird das Stativ so tief abgestimmt, daß kaum noch ein Einfluß des Befestigungsortes festgestellt werden kann.

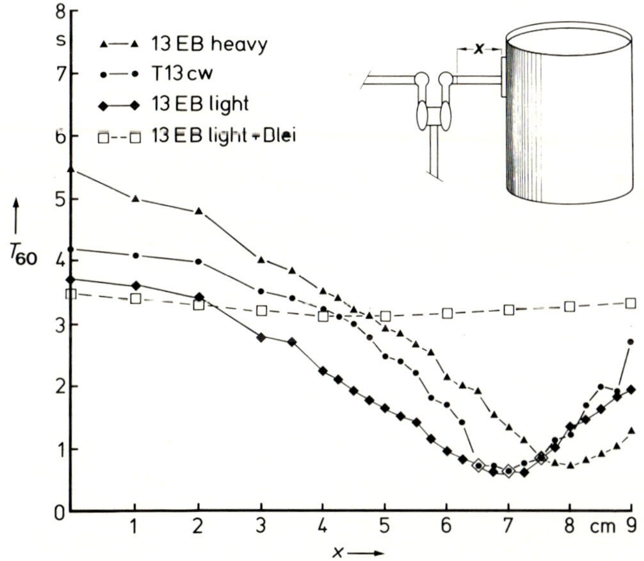

Abb.4 Einfluß der Befestigung auf die Grundtonausklingzeit bei verschiedenen Trommelkesseln

Da der Trommelkessel selbst an der Schallabstrahlung nicht beteiligt ist, kann dieser Effekt eine Erklärung dafür sein, daß Musiker den verschiedenen Kesseln unterschiedliche Klangqualitäten zuordnen. Denn bei gleicher Stativeinstellung (im Diagramm die Größe x) ergaben sich für die verschiedenen Trommelkessel teilweise deutliche Unterschiede in den Ausklingzeiten, obwohl beim Klangvergleich ohne Stativ kein Unterschied feststellbar war.

2. Hauptschwingung

Bedingt durch die entgegengesetzte Schwingungsrichtung der beiden Felle (vgl. Abb.1b) ergeben sich für die 2.Hauptschwingung andere Abstrahlbedingungen. Der vor den beiden Fellen erzeugte Schalldruck ist gleichphasig, wodurch eine annähernd kugelförmige Abstrahlcharakteristik bewirkt wird (Abb.5). Der Vergleich mit der ersten Hauptschwingung zeigt, daß der abgestrahlte Schallpegel um 12 dB geringer ist. Diese Aussage ist zulässig, da bei allen Messungen mit konstanter Anregung gearbeitet wurde. Die Pegelverhältnisse gelten allerdings nur für das Nahfeld der Trommel, da das Meßmikrofon sich in 1 m Abstand vom Trommelmittelpunkt befand. Der Strahlungswiderstand für die 2.Hauptschwingung ist aufgrund der gleichphasigen Schallabstrahlung und der höheren Frequenz erheblich größer als beim Grundton. Da hierdurch die Schwingungsenergie besser in Schallenergie umgesetzt werden kann, klingt die 2.Hauptschwingung sehr schnell aus.

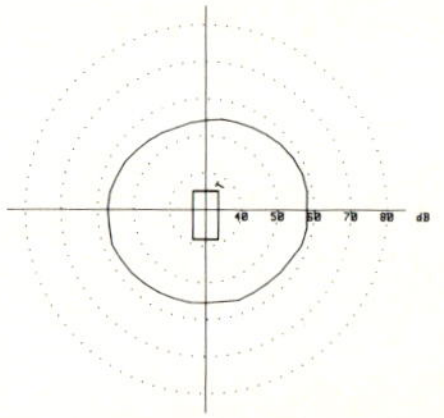

Abb.5 Richtcharakteristik für die zweite Hauptschwingung

Das Verhältnis der beiden Hauptschwingungsfrequenzen (f_{2H}/f_{1H}) hängt von der Abstimmung der Felle ab. Abb.6 zeigt für das 13"x13" Tomtom, wie sich dieses Verhältnis bei Verstimmung des Grundtons verändert. Während bei tiefer Abstimmung der Felle die beiden Schwingungen gerade im Oktavverhältnis (2:1) stehen, wird dieses Intervall mit steigender Abstimmung enger.

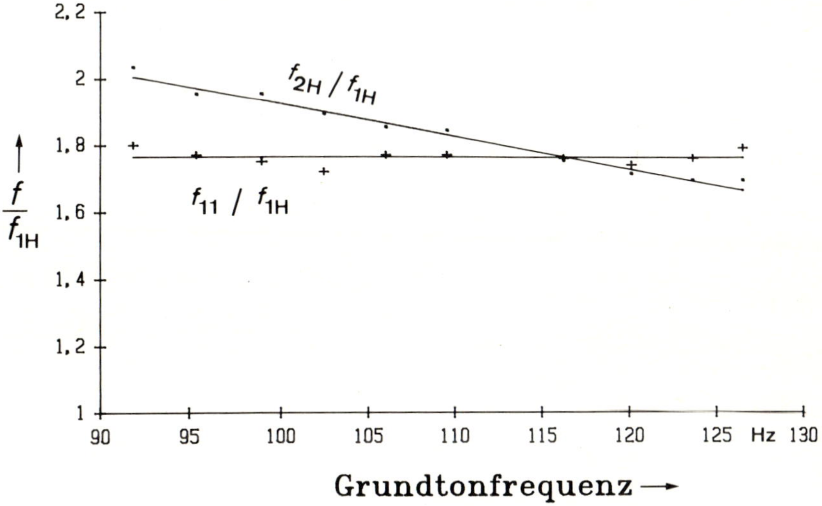

Abb.6 Frequenzverhältnisse beim Tomtom

Höhere Schwingungsformen

Die erste unterteilte Schwingungsform der Felle ist die 11-Mode. Sie ist durch eine Knotenlinie gekennzeichnet, die das Fell in zwei gleiche Hälften teilt (Knotendurchmesser). Jedes der beiden Trommelfelle weist i.a. zwei gleichartige Schwingungsformen auf, die sich in der Lage der Knotenlinie voneinander unterscheiden. Die zugehörigen Frequenzen liegen sehr dicht beieinander und können durch sorgfältige Abstimmung zur Übereinstimmung gebracht werden. Dadurch, daß jeweils zwei Hälften des Felles gegenphasig schwingen, findet direkt vor dem Fell ein Druckausgleich statt, wodurch einerseits die Schallabstrahlung beeinträchtigt wird, andererseits die Kopplung mit dem Resonanzfell vergleichsweise schwach ausfällt. Da jedes Fell zwei 11-Resonanzen hat, sind prinzipiell vier verschiedene Schwingungsformen möglich, die einmal vom Stimmungsverhältnis der beiden Felle und weiterhin von der Homogenität der Fellspannung abhängig sind.

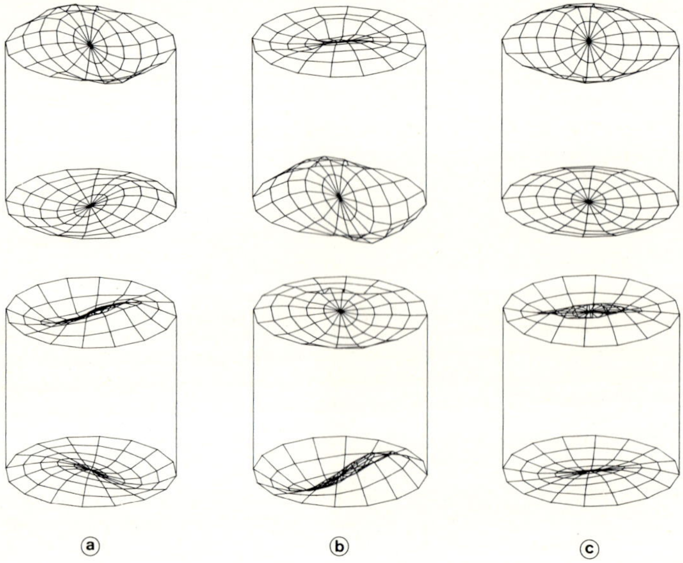

Abb.7 Schwingungsformen der 11-Moden

Abb.7 gibt einige mögliche Schwingungskombinationen wieder, wie sie bei der Modalanalyse eines 14"x14" Tomtoms gemessen wurden. Das Teilbild a zeigt eine Schwingungsform, bei der die Knotendurchmesser von Schlag- und Resonanzfell gegeneinander verdreht erscheinen. Im Falle b liegt eine Resonanz des Resonanzfelles vor, bei der das Schlagfell nur schwach mitschwingt. Die rechts dargestellte Mode (c) zeichnet sich durch gleichphasige

Bewegungen beider Felle aus, bei der die Knotendurchmesser genau übereinander liegen.

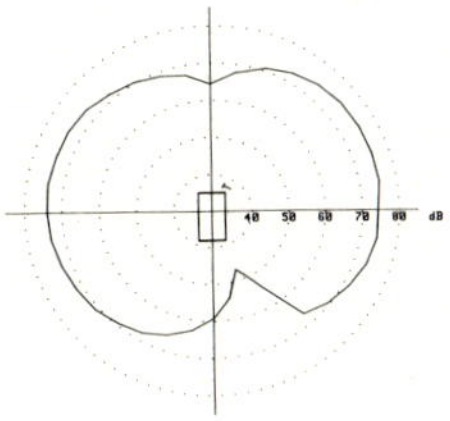

Abb.8 Richtcharakteristik einer 11-Mode

Das Abstrahlverhalten der unterteilten Schwingungsformen wird bestimmt durch die Lage der Knotenlinien auf den Fellen. Da der Knotendurchmesser bei der 11-Mode das Fell in zwei gegenphasig abstrahlende Bereiche teilt, findet in einer Ebene durch die Knotenlinie eine Auslöschung statt; der Schalldruck auf beiden Seiten dieser Ebene ist gegenphasig. Durch die Überlagerung der Anteile zweier Felle ergeben sich im Richtdiagramm Abb.8 nur Minima der Schallabstrahlung vor den Fellen. Im Gegensatz zu den Hauptschwingungsformen liegt hier keine Rotationssymmetrie um die Trommelachse vor. Daher ist die Form der Kurve von der relativen Lage der Meßebene zu den Schwingungsknoten abhängig.

Die Frequenzen der 11-Mode sind, wie aus Abb.6 zu entnehmen ist, unabhängig von der Grundstimmung und liegen etwa beim 1,8-fachen der Grundtonfrequenz.

Weitere Schwingungsformen der Trommel mit zwei Fellen sind in Abb.9 zusammengefaßt. Hierbei fällt auf, daß bei den Schwingungsformen mit Knotendurchmessern das Resonanzfell kaum angeregt wird, nur bei den 02-Moden ist eine Kopplung wie bei den Hauptschwingungen erkennbar. Aus diesem Grunde werden bei Mikrofonpositionen am Resonanzfell in erster Linie tiefe Frequenzen übertragen; der Klang erscheint obertonarm.

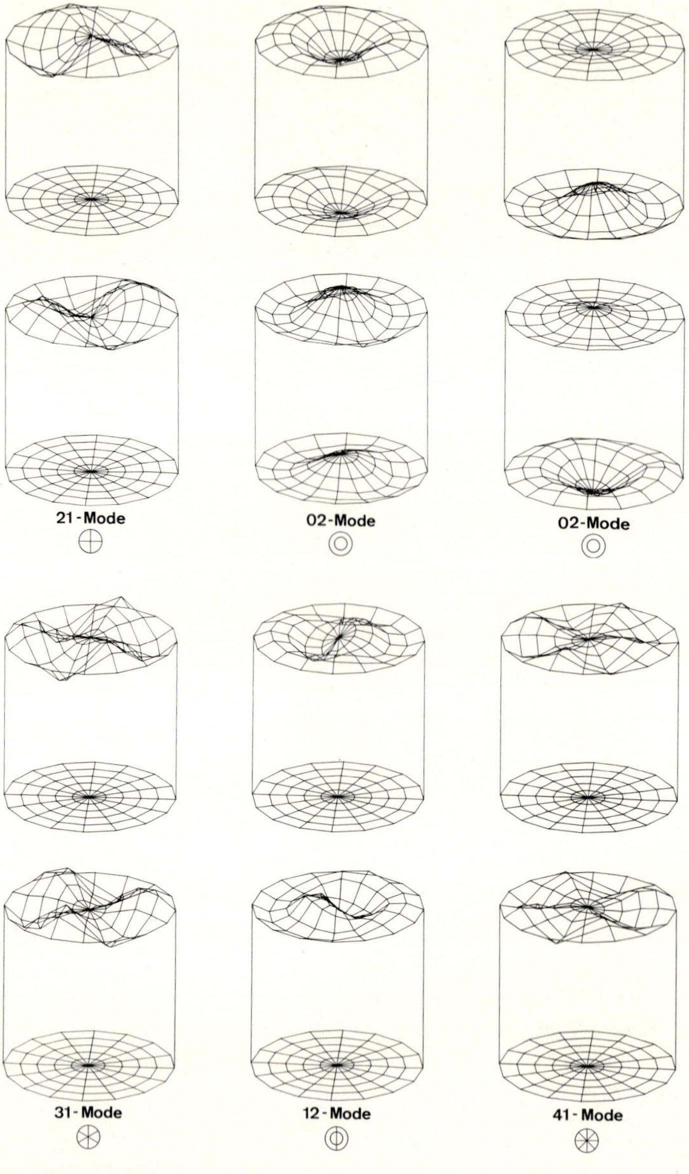

Abb.9 Höhere Schwingungsformen von Trommelfellen

Die gezeigten Schwingungsformen treten in der hier wiedergegebenen Form praktisch nur dann allein auf, wenn die Felle mit einer einzigen Frequenz angeregt werden. Bei impulsförmiger Anregung können dagegen im Prinzip alle Resonanzen gleichzeitig angeregt werden (Abb.10). Die relative Amplitude der einzelnen Schwingungsformen wird dabei durch den Anschlagpunkt vorgegeben: je größer die Amplitude der betreffenden Schwingungsform im Anschlagpunkt ist, desto stärker wird sie angeregt. Aus diesem Grund ist eine Anregung in den Schwingungsknoten nicht möglich. Eine besondere Stellung nimmt der Fellmittelpunkt ein: da sich hier alle Knotendurchmesser schneiden, können sämtliche Schwingungsformen, deren Knotenlinien durch die Fellmitte gehen (z.B 11-,21-,31-Mode) nicht angeregt werden, sondern nur die 0n-Moden. Daher klingt eine Trommel beim Anschlag in der Mitte obertonärmer und impulsiver ("knackiger") als beim Anschlag am Rand. Auch die mechanische Reaktion, die der Schlagzeuger beim Anschlag spürt, ist unterschiedlich: beim Schlag in die Mitte erscheint das Fell härter und der Schlagimpuls wird gut übertragen, am Rand dagegen federt der Schlegel stärker elastisch zurück.

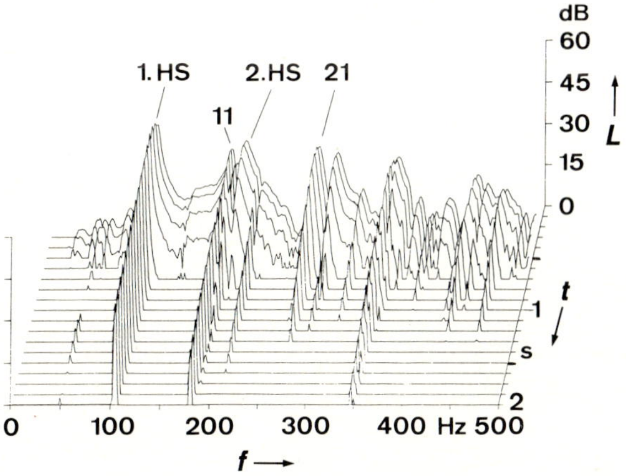

Abb.10 Zeitliche Entwicklung eines Trommelklanges

Schlußbetrachtung

Aus der Analyse der Schwingungsformen von Trommeln ergeben sich für die Aufnahmetechnik folgende Konsequenzen: Bei gleich abgestimmten Fellen verhält sich die Trommel bei der Grundtonabstrahlung wie ein Dipol mit achtförmiger Richtcharakteristik. Da die beiden Felle Schall mit entgegengesetzter Phase abstrahlen, ergibt sich seitlich der Trommel ein Bereich minimalen Schalldrucks. Dies gilt ebenso für die Trommel ohne Resonanzfell. Phasenprobleme können auch bei Verwendung mehrerer Mikrofone auftreten, wenn gegenphasige Anteile von Schlag- und Resonanzfell zusammengemischt werden. Da die höheren Klanganteile nur schwach auf das Resonanzfell übertragen werden, ist der Klang am Resonanzfell relativ obertonarm.

Literatur

[1] Meyer, J.: Akustik und musikalische Aufführungspraxis, Frankfurt/M. 1980, Verlag Das Musikinstrument

[2] Morse, P.M.;Ingard, K.U.: Theoretical Acoustics, McGraw-Hill, New York 1968

[3] Malecki,I.: Physical Foundations of Technical Acoustics Pergamon Press, Oxford 1969

Stephan Peus:

Ein variables Kondensator-Kleinmikrofonsystem

EIN VARIABLES KONDENSATOR-KLEINMIKROPHON-SYSTEM

1. Stand der Technik

Das transformatorlose Mikrophon

Vor fünf Jahren haben wir unser erstes transformatorloses Mikrophon für 48 V-Phantomspeisung auf den Markt gebracht.
Dieses **"TLM 170"** enthält eine recht aufwendige elektronische Schaltung, die aus einem NF-Verstärker und aus einem Gleichspannungswandler besteht. Der Schaltungsaufwand ist notwendig, um nicht nur einfach den bis dahin üblichen Übertrager durch eine symmetrische Ausgangsstufe zu ersetzen, sondern um sicherzustellen, daß dessen positive Eigenschaften erhalten bleiben.

Dies sind zum Beispiel:

- Die Leistungsanpassung der genormten P 48-Speisetechnik *(relativ hohe Spannung bei möglichst kleinem Speisestrom)* an die erreichbare Ausgangsspannung des Mikrophons für hohe Aussteuerungsreserven bei möglichst hohem Ausgangsstrom, um die komplexe Last langer Modulationskabel und niedrige Abschlußimpedanzen treiben zu könnnen.

- Der sehr wirksame Schutz vor HF-Einstreuungen, die über das Kabel in das Mikrophon gelangen können. Dies gilt vor allem, wenn der Übertrager mit einer statischen Schutzwicklung zwischen Primär- und Sekundärseite versehen ist.

Transformatorlose NF-Signalwege werden gewünscht, weil sich auch bei Verwendung von hochwertigem magnetischen Material und bei richtiger Dimensionierung einige

Nachteile bei Übertragern nicht ganz vermeiden lassen, wie z.B.

- o Frequenzabhängige Impedanz,
- o Verzerrungen tiefster Frequenzen bei hoher Magnetisierung,
- o Verzerrungen bei sehr kleiner Magnetisierung,
- o Beeinflußbarkeit durch äußere Magnetfelder,
- o Platzbedarf und Gewicht.

Deshalb führte die transformatorlose Schaltungstechnik im TLM 170 unter anderem

- zu besonders hoher Aussteuerbarkeit im gesamten Übertragungsbereich
- zu besonders sauberer, freier und verfärbungsfreier Klangübertragung sowie
- zu frequenzunabhängiger Abbildungsschärfe, ohne daß sich Teiltöne nach vorne drängen. Komplexe Klänge werden in *einer* akustischen Ebene wiedergegeben.

2. Das neue Kleinmikrophonsystem

Die Hybridtechnik

Um die im TLM 170 erfolgreiche Schaltungstechnik auch für Kleinmikrophone verfügbar zu machen, entwickelten wir sie in Hybridtechnik zu je einem kleinen Baustein, der mit einer Kantenlänge von 17 x 11 mm in ein Mikrophonrohr von 20 mm Innendurchmesser paßt.

Hybridtechnik besagt, daß die Schaltung zusammengesetzt ist aus miniaturisierten Bauelementen *(SMD-Technik)*, aus Widerständen aus leitfähiger, ausgehärteter Paste sowie aus herkömmlichen Bauelementen wie z.B. dem - wie bisher - auf Rauscharmut selektierten Feldeffekttransistor der Eingangsstufe.

Zwei unterschiedliche Hybridbausteine arbeiten als Mikrophonschaltung zusammen: der **NF-Verstärker** und der **Gleichspannungswandler**, der aus der 48 V-Speisespannung zwei stabile Gleichspannungen macht:

10 V zur Versorgung des NF-Verstärkers und
50 V zur Kapsel-Polarisation.

Durch die Verwendung dieser Bausteine ist das komplette Mikrophon mit 92 mm Länge sogar noch 18 mm kürzer als sein Vorgänger KM 84 i (Abb. 1).

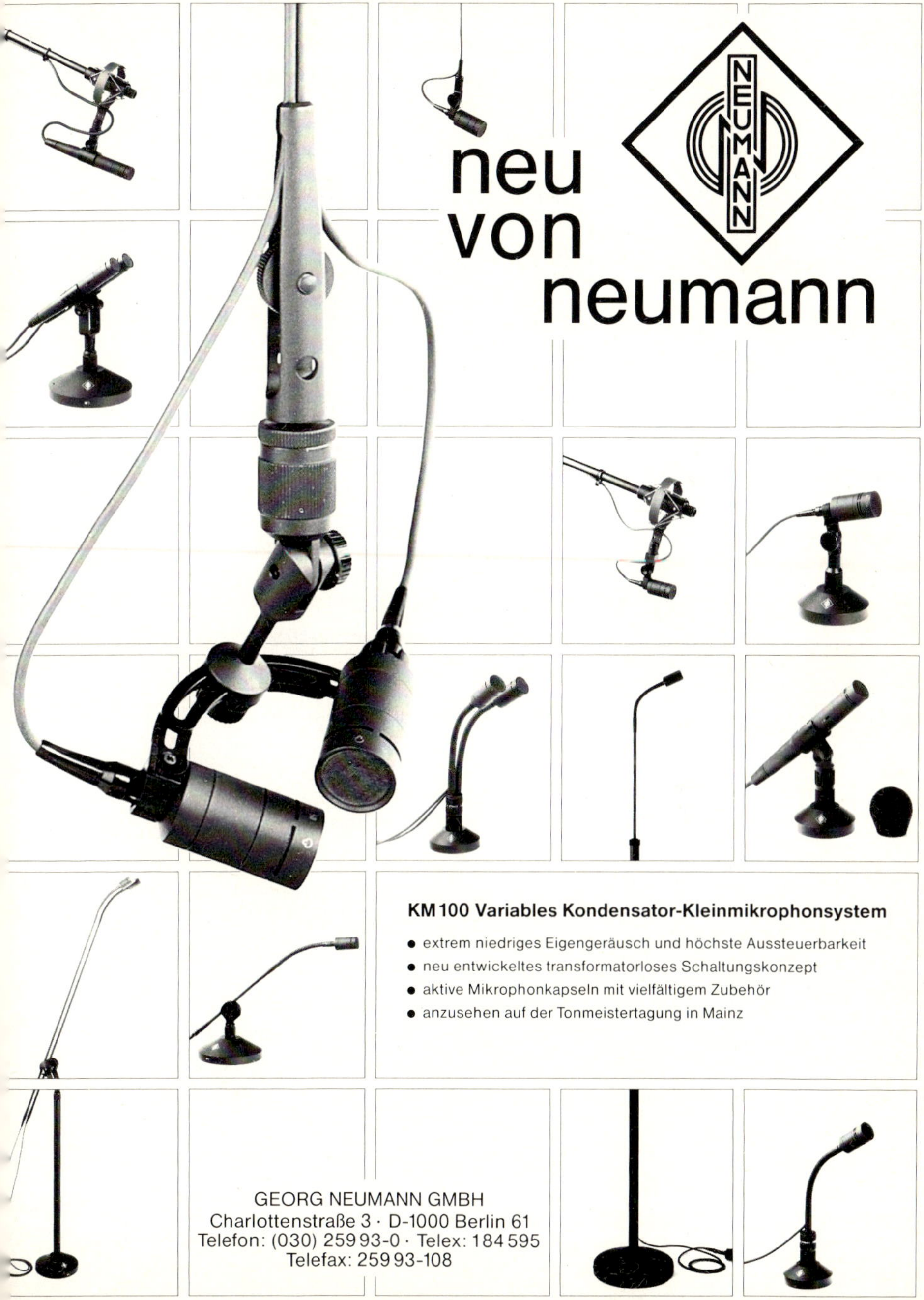
neu
von
neumann
NEUMANN
KM 100 Variables Kondensator-Kleinmikrophonsystem
• extrem niedriges Eigengeräusch und höchste Aussteuerbarkeit
• neu entwickeltes transformatorloses Schaltungskonzept
• aktive Mikrophonkapseln mit vielfältigem Zubehör
• anzusehen auf der Tonmeistertagung in Mainz
GEORG NEUMANN GMBH
Charlottenstraße 3 · D-1000 Berlin 61
Telefon: (030) 259 93-0 · Telex: 184 595
Telefax: 259 93-108

Abb. 1 Das KM 140 und sein Vorgänger KM 84 i (rechts)

Betrieb mit abgesetzten Kapseln

Das neue Kleinmikrophon-System sollte nicht nur austauschbare Kapseln erhalten, um mit unterschiedlichen Richtcharakteristiken verschiedenen Aufnahmesituationen gerecht zu werden, sondern es sollte auch vielfältiges Zubehör als Kapselverlängerung zwischen Kapseln und Verstärker geschraubt werden können, um das System flexibel einsetzbar zu machen.

Die hohe Ausgangsimpedanz einer Mikrophonkapsel in NF-Schaltung erfordert aber bekanntlich die möglichst unmittelbare Nachschaltung eines elektronischen Impedanzwandlers.

Daher ist ein vom Verstärker *abgesetzter* Betrieb einer Mikrophonkapsel, um das Mikrophon möglichst klein erscheinen zu lassen, nur unter zwei Bedingungen möglich:

- Entweder unter Einschränkung seiner elektroakustischen Daten und seiner Störsicherheit (je nach Entfernung vom Verstärker),
- oder durch unmittelbares Nachschalten eines Impedanzwandlers, der im Kopf eines Kabels oder anderen Zubehörs eingebaut ist, das die Mikrophonkapsel mit der Mikrophonschaltung verbindet.

Eine solche Lösung war z.B. das Neumann Kleinmikrophon KMF 4 i mit flexibler Kapselverlängerung. Ein genügend kleiner Impedanzwandler aus diskreten Bauelementen (wie im KMF 4 i) wäre aber für die qualitativ viel bessere transformatorlose Folgeschaltung wie ein Nadelöhr gewesen.

Die Mikrophonschaltung in der Kapsel

Durch den sehr kompakten Aufbau der Mikrophonschaltung als Hybridbaustein konnten wir nun auf einen zusätzlichen Impedanzwandler in Zubehörteilen verzichten und den NF-Verstärker komplett in das Kapselgehäuse mit einbauen.

Dadurch wurde die Mikrophonkapsel zur **"Aktiven Kapsel"** (Abb. 2) .
Das eröffnet die Möglichkeit, beliebiges Zubehör ohne Einschränkung der Übertragungsqualität nachzuschalten.
Die Mikrophonkapsel kann auf Zubehör wie Kabel, Kapselverlängerungen, Stativgelenke, Tischständer, Schwanenhälse, Stereohalterungen und Abhängevorrichtungen geschraubt werden und ist dabei als Kapselteil nur ca. 35 mm lang.

Im restlichen Gehäuseteil des Mikrophons verbleiben die Kondensatoren zur Signalauskopplung, der Gleichspannungswandler, ein Schiebeschalter zur Reduzierung des Ausgangspegels um 10 dB sowie der viel Platz beanspruchende XLR-Steckverbinder. Dieser Mikrophonteil heißt: **Ausgangsstufe** (Abb. 3.).

Abb. 2 Aktive Kapsel AK 40 (Schnittansicht)

Abb. 3 Die Ausgangsstufe KM 100

Störsicherheit

Die Verbindung einer abgesetzten Kapsel mit der Verstärkerschaltung (z.B. KMF 4 i, s.o.) ist eine unsymmetrische Leitung, die normalerweise weniger störsicher gegen Brumm- und Knackeinstreuungen ist als eine symmetrische Leitung zwischen Mikrophonverstärker und nachfolgendem Mischpult.
Das liegt einerseits daran, daß im Kopf des "aktiven Zubehörs" nur wenig Platz ist für aufwendige elektronische Schutzmaßnahmen, kann andererseits aber auch stark durch die gewählte Kabelkonstruktion beeinflußt werden.

Dem neuen Kleinmikrophon-System kommt
erstens zugute, daß es die gesamte Mikrophonschaltung in den Aktiven Kapseln trägt, die einen sehr guten Schutz vor Schaltknacksen und auch z.B. vor Phasenanschnittsteuerungen bietet und
zweitens, daß die Verbindung der Aktiven Kapsel zur nachfolgenden Ausgangsstufe mit einem neu entwickelten Kabel erfolgt.

Dieses ist wie unsere normalen Mikrophonkabel aufgebaut, die sich durch den Schirm in Form einer *Doppeldrall-Umspinnung* als besonders HF-fest erwiesen haben.
Das Kabel ist dabei nur 3,2 mm dick und sehr flexibel. Gleichzeitig wurde aber darauf geeachtet, daß das Kabel frei von innerem Drall ist, um eine z.B. von der Decke frei hängende Aktive Kapsel nicht "nachdrehen" zu lassen. Das neue Mikrophon-System ist durch diese Maßnahmen um etwa 30 dB unempfindlicher gegen HF- und Knackstörungen als ein KMF 4 oder ähnliche Mikrophonkonstruktionen bei vergleichbarem Versuchsaufbau (Abb. 4)[1)].

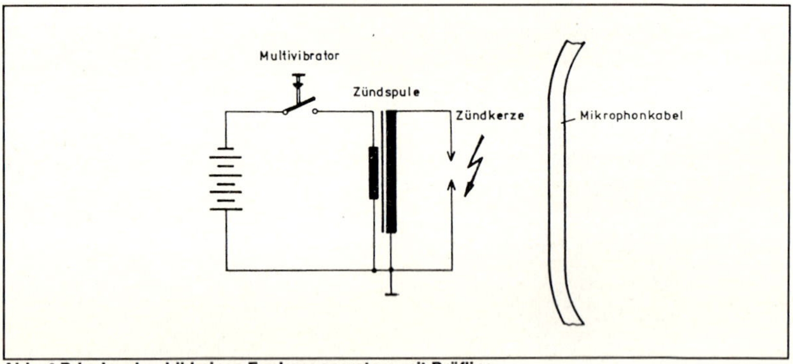

Abb. 4 Prinzipschaubild eines Funkengenerators mit Prüfling

[1)] Funkengenerator als Breitbandstörer 10 cm vom Kabel entfernt.
Messung des unbewerteten Eigenstörpegels vom Mikrophon mit und ohne diesen Funkensender

Die Aktiven Kapseln

Es stehen verschiedene Aktive Kapseln zur Verfügung:

a) Der diffusfeldentzerrte Druckempfänger *(Richtcharakteristik Kugel)* hat einen im freien Schallfeld wirksamen Höhenanstieg von ca. 7 dB bei 10 kHz. Dadurch ist der Frequenzgang im diffusen Schallfeld bis 10 kHz eben. Der in Abb. 5 gezeigte Frequenzgang in Verbindung mit dem Verzicht auf jegliche Nachentzerrungen im Verstärker sorgt für ein nahezu ideales Impulsverhalten dieser und der nachfolgend beschriebenen Kapseln. Das führt unter anderem zu besonders natürlicher und durchsichtiger Übertragung im Baßbereich und zu präziser Wiedergabe auch der Feinstruktur komplexer Klänge.

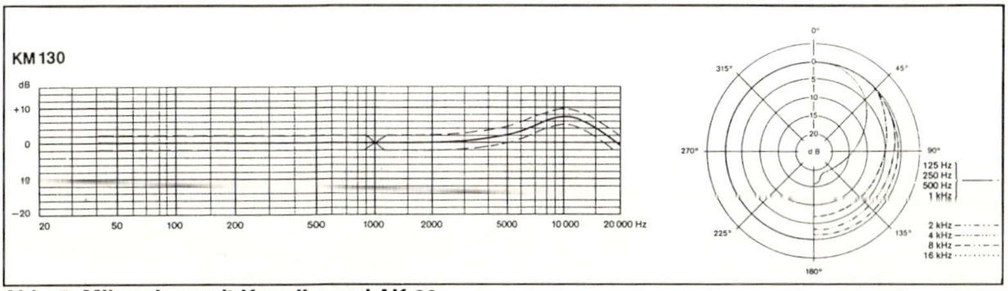

Abb. 5 Mikrophon mit Kugelkapsel AK 30

b) Der Druckgradientenempfänger mit der Richtcharakteristik Niere hat sehr gleichmäßige, zur 0°-Schalleinfallsrichtung parallele Frequenzkurven. Damit wird ein Aufnahmesektor bis ±135° ohne Klangverfärbungen übertragen, und das Mikrophon besitzt einen sowohl im freien wie auch im diffusen Schallfeld ebenen Frequenzgang. Er ist dadurch im Klangverhalten unabhängig vom Hallradius im Aufnahmeraum (Abb. 6). Als Druckgradientenempfänger hat diese Kapsel die Eigenschaft, für sehr nahe Schallquellen den Baßbereich anzuheben ("Naheffekt" [1]). Dadurch werden bei Verwendung als Gesangs- oder Sprechermikrophon geringste Abstandsunterschiede klanglich hörbar und verleihen der Darbietung Lebendigkeit.

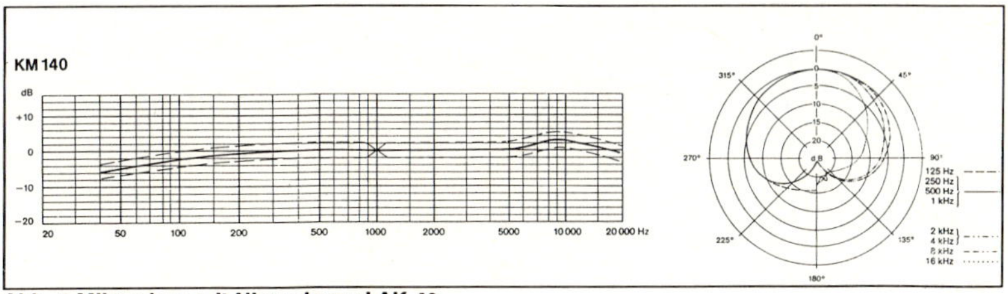

Abb. 6 Mikrophon mit Nierenkapsel AK 40

c) Für besonders kleine Besprechungsabstände und für die Fälle, bei denen die Baßanhebung stört, ist ein Druckgradientenempfänger gedacht, der, bezogen auf das freie, ebene Schallfeld, die tiefen Frequenzen abgeschwächt überträgt ("Sprachniere", Abb. 7). Wiederum infolge des Naheffekts ergibt sich erst in etwa 15 cm Nähe zur Schallquelle eine gleichmäßige Übertragung des gesamten Hörschalls. Auch diese Kapsel hat eine Nieren-Richtcharakteristik und entspricht in ihren sonstigen Eigenschaften dem unter b) beschriebenen Wandler.
Die Tiefenabsenkung wird durch eine straff gespannte Membran ereicht. Daher ist dieser Empfänger für tieffrequenten Störschall wie Windgeräusche und Körperschall deutlich unempfindlicher als ein Nierenmikrophon mit linearem Frequenzgang.

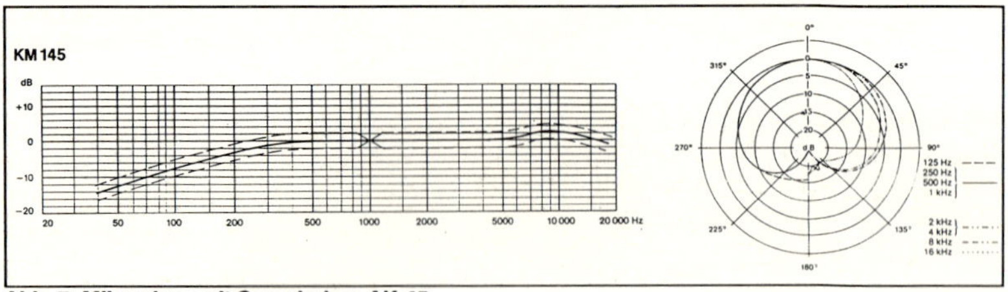

Abb. 7 Mikrophon mit Sprachniere AK 45

d) Während eine "Niere" den seitlich eintreffenden Schall um 6 dB unterdrückt und für Schall von hinten am unempfindlichsten ist (ca. -20 dB rel. 0° Schalleinfall, s.o.), kann es manchmal vorteilhaft sein, im vorderen Halbraum eine stärkere "Bündelung" des Schalls zu erreichen. Dies kann mit einer Hypernierenkapsel erreicht werden (Abb. 8). Sie unterdrückt seitlich eintreffenden Schall um 10 dB und hat als Bereich geringster Empfindlichkeit die Mantelfläche eines 120°-Kegels um die Mikrophonachse herum. Das bedeutet allerdings, daß das Übertragungsmaß dieses

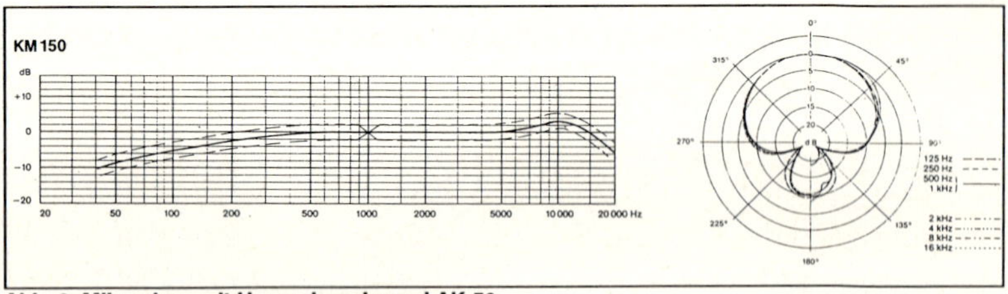

Abb. 8 Mikrophon mit Hypernierenkapsel AK 50

Wandlertyps im hinteren Bereich (120°...180°) wieder zunimmt und rückwärtiger Schall "nur" um 10 dB unterdrückt wird.
Damit eignet sich die Hypernierencharakteristik vor allem dann, wenn es darauf ankommt, von vorne auf das Mikrophon treffenden Schall aus Umgebungsgeräuschen besonders herauszuheben. Außerdem kann für verschiedene Anwendungen der *"Totwinkel"* -Bereich von 120° günstiger sein als der um 180° bei der Nierencharakteristik.

Das Zubehör
Wie bereits oben angedeutet, erlaubt das Prinzip der Aktiven Kapsel die Verwendung vielfältigen Zubehörs, um ein besonders kleines, unauffälliges aber hochqualitatives und störsicheres Mikrophon für die unterschiedlichsten Einsatzbedingungen zu erhalten. So kann die Aktive Kapsel an einem sehr flexiblen, dünnen Kabel senkrecht oder geneigt von der Decke abgehängt werden.
Auch lassen sich zwei Kapseln in einer Stereohalterung als besonders kleines, koinzidentes Stereomikrophon mit beliebigem Versatzwinkel von der Decke abhängen oder auf einem Stativ montieren. Ein Zusatzbügel zu der Stereohalterung gibt zwei Mikrophonkapseln die als *ORTF-Anordnung* bekannte Stereoposition: Membranabstand zueinander 17 cm mit einem Versatzwinkel von 110°. Dies ergibt eine gemischte Intensitäts- und Laufzeit-Stereophonie.
Unterschiedliche Stativgelenke, Neigevorrichtungen, Tischfüße und elastische Aufhängungen runden das Zubehör ab.

Einige technische Daten
Nur in Stichpunkten sollen ein paar weitere Eigenschaften erwähnt werden, die die beschriebene neue Mikrophonfamilie **KM 100** von der vergleichbaren Vorgängerserie **KM 80** unterscheiden:

- Das Übertragungsmaß liegt etwa 3 dB höher, so daß bei gleichem Schalldruck mehr Nutzsignal zum Mischpult gelangt.
- Der Geräuschpegelabstand ist um 3 dB größer.
- Der Grenzschallddruckpegel konnte um ca. 17 dB gesteigert werden, so daß der Dynamikumfang um ca. 20 dB größer als bei den bisherigen Mikrophonen ist.
- Bei gleichem Mikrophondurchmesser wie bisher von 21 mm ist das komplette Mikrophon um 18 mm kürzer geworden. Das von der Ausgangstufe abgesetzte Kapselteil ist nur ca. 35 mm lang.

Walter Rührig und Alexander Fritz:

Miniaturmikrofontechnik für die Instrumententonabnahme

I. Einführung:

Als Ziel für die Entwicklung von Miniaturmikrofonen zur Abnahme von akustischen Instrumenten galt primär die Optimierung der Instrumentenabnahme auf der Bühne - also für den Live-Einsatz (im kleinen, beengten Jazzkeller bis zur großflächigen Open-air Bühne). Dieses Konzept bezieht sich daher vorrangig auf den angeführten Anwendungsbereich, da im professionellen Studio die behandelten Probleme nicht oder nur teilweise relevant sind.

I.1. Ausgangsposition:

Die herkömmliche Abnahme akustischer Instrumente erfolgt grundsätzlich durch stativgebundene Mikrofone. In weiterer Folge werden Kleinstansteckmikrofone, z.B. Lavalier-Mikrofone verwendet, welche direkt am Instrument fixiert werden. Da dieser Mikrofontyp jedoch von nahezu allen Mikrofonherstellern mit einer omnidirektionalen (-kugelförmigen) Richtcharakteristik produziert wird, führt er im Einsatz für den Livebetrieb zwei gravierende Probleme mit sich. Erstens bietet ein Mikrofon solcher Bauart im Bühnenbetrieb mit Monitoring keine Sicherheit gegenüber Rückkopplung. Zweitens - bedingt durch gleich hohe Empfindlichkeit nach allen Richtungen - wird eine optimale Kanaltrennung durch Übersprechen verschiedener Instrumente und damit ein transparenter und klarer Bühnensound unmöglich.

Eine zweite Alternative zu stativgebundenen Mikrofonen stellen piezoelektrische, keramische oder magnetische Tonabnehmersysteme dar, deren Hauptanwendungsbereich sicher die akustische Gitarre ist. Größtes Manko dieser Systeme ist die meist ungeeignete Übertragungsqualität, d.h. keine verzerrungs- und verfärbungsfreie Reproduktion des natürlichen akustischen Klangbildes.

Auch die Verwendung von Grenzflächenmikrofonen bietet auf der Bühne keine ausreichende Sicherheit gegen Rückkopplung und Übersprechen. (Ausnahme: Verwendung dieses Mikrofontyps zur Abnahme von akustischen Klavieren).

I.2. Zielsetzung:

Im modernen Showgeschäft gewinnt eine durchgestylte Choreographie neben der musikalischen Darbietung mehr und mehr an Bedeutung. Mikrofone welche - ohne Einbuße der Übertragungsqualität - direkt am Instrument befestigt werden können, bieten dem Musiker uneingeschränkte Bewegungsfreiheit. Weiters erleichtern solche Systeme das Handling (Auf- und Abbau z.B. des Schlagzeugs) beim Tourbetrieb ungemein, da sie ohne jegliche Stative oder sonstiges Zubehör installiert werden können. Speziell in Verbindung mit Drahtlosübertragung.

Außerdem galt es, ein Tonabnehmersystem hauptsächlich für akustische Saiteninstrumente zu entwickeln, das neben der Bewegungsfreiheit des Musikers auch eine neutrale Übertragung des Instruments - verglichen mit einer herkömmlichen und bewährten Abnahmetechnik - stativgebundenes Mikrofon im Abstand von ca. 1/2 m bis 1 m vor dem Instrument - gewährleistet.

I.3. Qualitätsanforderungen:

An die akustische und technische Qualität von Miniaturmikrofonen werden folgende Ansprüche gestellt:

Da das Mikrofon - direkt am Instrument befestigt - ständig im absoluten Nahfeld betrieben wird, muß es höchste Schalldrücke (Trompete, Baß-Drum) zu verarbeiten im Stande sein.

Weiters muß die akustische Übertragungsqualität mit Mikrofonen herkömmlicher Bauart vergleichbar sein, da die MicroMics (= AKG Typenbezeichnung der behandelten Mikrofonserie) speziell in diesem Punkt am bisherigen Standard gemessen werden.

Ein weiterer Schwerpunkt in der Konzeption war eine wirksame Kompensation bzw. Integration des Körperschalls in die Gesamtakustik der neuen Mikrofonsysteme.

Dies kam speziell bei der Entwicklung eines Körperschallwandlers (C 401) für die Abnahme von akustischen (Saiten-)Instrumenten zum Tragen. Studien des Abstrahlerhaltens der akustischen Gitarre wurden an Hand von Frequenzspektrumanalysen durchgeführt.

II. Konzept:

AKG MicroMic Serie:
C 401: Beschleunigungsaufnehmer (Körperschallwandler)
C 402: Luftschallwandler (in Kombination zu C 401 einzusetzen)
C 408: Drum-/Percussionmic
C 409: Instrumentenmikrofon

II.1. C 408 Drum-/Percussionmikrofon:

Technische Daten:

Arbeitsweise:	Backelectret-Kondensatorwandler mit Permanentladung
Richtcharakteristik:	Hyperniere
Übertragungsbereich:	80 - 20.000 Hz
Empfindlichkeit bei 1000 Hz:	5 mV/Pa = -46 dBV re 1 V/Pa
Äquivalentschalldruckpegel:	34 dB (DIN 45412)
Grenzschalldruck f. 1 % Klirrfaktor:	131 dB SPL
Abmessung/Gewicht:	75 x 35 mm/40 g

Dieses Mikrofon wurde speziell für die Abnahme von Schlagzeugkesseln (Snare Drum, Tom Tom, Baßdrum) sowie von Percussionsinstrumenten (z.B. Bongos od. Congas) entwickelt. Die Abmessungen wurden auf die Durchschnittsgröße solcher Instrumente ausgelegt. Mechanische Stabilität war eine Grundanforderung um z.B. Schläge mit dem Drumstick zu verkraften.

Zur Befestigung erschien der Spannring des Fells am geeignetsten, wo das Mikrofon - möglichst unkompliziert aber effizient und auch anwenderfreundlich - mittels Klammer angeclipst wird.

Die elastische Kapsel- und Gehäuselagerung kompensiert den bei diesen Instrumenten besonders heftig auftretenden Körperschall. Der speziell abgestimmte Frequenzgang - basscut ab ca. 300 Hz - verhindert eine durch den Naheffekt und durch die Eigenresonanz des Instruments auftretende Überbetonung des unteren Frequenzbereichs. Der für diesen Anwendungsbereich konzipierte Kapselaufbau (Empfindlichkeit und technische Daten der nachgeschalteten Impedanzstufe waren aufeinander abzustimmen) - bewirkt verzerrungsfreies Verarbeiten auch höchster Schalldrücke.

Die sehr gut löschende Hyperniere gewährleistet dem Toningenieur eine perfekte Kanaltrennung, was bekanntlich (vor allem bei moderner, schlagzeugbetonter Rockmusik) für einen prägnanten und klaren Drumsound als eine der Grundbedingungen anzusehen ist (bei Breaks "schneidet" das Schlagzeug durch die Musik, ohne verwaschenen, dumpfen Trommelsound).

II.2. C 409 Instrumentenmikrofon:

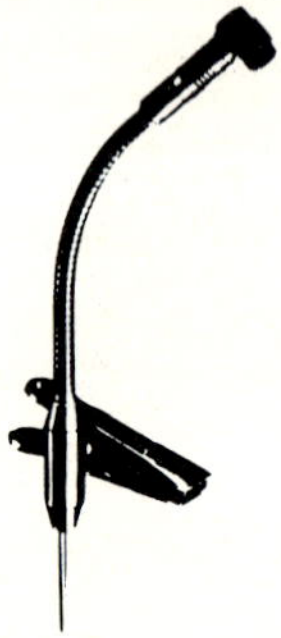

Technische Daten:

Arbeitsweise:	Kondensatorwandler mit Permanentladung
Richtcharakteristik:	Hyperniere
Empfindlichkeit bei 1000 Hz:	10 mV/Pa = -40 dBV re 1 V/Pa
Äquivalentschalldruckpegel:	30 dB (DIN 45412)
Grenzschalldruck f. 1 % Klirrfaktor:	125 dB SPL
Abmessung/Gewicht:	160 x 35 mm/45 g

Mechanik und Akustik dieses Mikrofons wurden primär für die Abnahme von Blasinstrumenten entwickelt. Diverse Tests bewiesen aber auch seine spezielle Eignung für die Übertragung z.B. einer Ziehharmonika und auch als Stützmikrofon,direkt an einem Gitarren- oder Baßverstärker angeclipst, bewährte es sich bestens. Das Schwenkgelenk zusammen mit dem Schwanenhals ermöglicht eine optimale Plazierung und Feinjustierung des Mikrofons am Instrument. Die elastische Kapsel- und Gehäuselagerung sowie die Befestigungsklammer sind identisch zu denen des C 408 Drum Mics.

Der Übertragungsbereich wurde möglichst breitbandig und linear ausgelegt, um eine verfärbungsfreie und damit natürliche Übertragung des gesamten Frequenzspektrums zu gewährleisten.

Natürlich erfordert ein Mikrofonsystem solcher Bauart, verglichen mit der herkömmlichen Abnahmesituation (stativgebundene Mikrofone) eine geänderte Mikrofontechnik oder Mikrofondisziplin des Musikers. Verschiedene Soundvarianten können durch wahlweises Positionieren des Mikrofonkopfes mittels Schwanenhals z.B. im, am Rand oder außerhalb des Schalltrichters erzielt werden. Es zeigte sich, daß neben den Aspekten wie Preisvorteil und unkompliziertes Handling die absolute Bewegungsfreiheit des Künstlers während seiner Darbietung den Umgewöhnungsprozeß sehr rasch und ohne gröbere Komplikationen ablaufen ließ.

Bei beiden Mikrofontypen C 408 und C 409 wurde die Backplate Kondensatortechnik angewandt, welche einerseits eine optimale akustische Qualität garantiert;

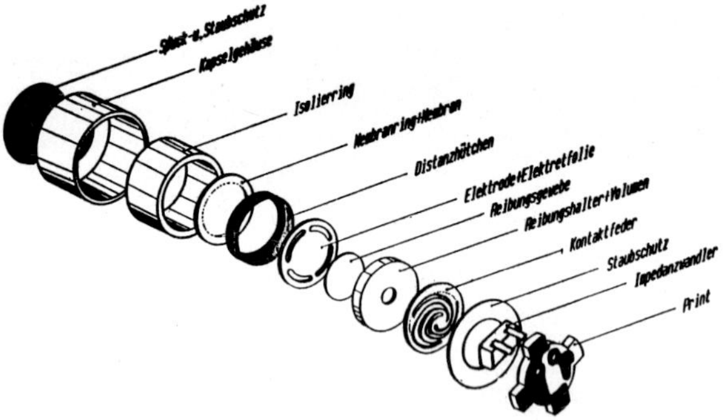

Backplate Wandler (C 408 / C 409)

andererseits konnte, bedingt durch die Ladung der starren, teflonisierten Elektrode für die schwingende Membrane eine Gewichtsreduzierung um das 8-fache erzielt werden, was eine zusätzliche, bei diesen Mikrofonsystemen äußerst wichtige Kompensation von Körperschallgeräuschen bewirkte.

II.3. C 401 / C 402 Körperschallwandler / Luftschallwandler

Technische Daten:

	C 401	C 402
Arbeitsweise:	Kondensatorwandler mit Permanentladung	
Richtcharakteristik:	Achter	Niere
Übertragungsbereich:	10-10.000 Hz	2.500-20.000 Hz
Empfindlichkeit:	bei 1000 Hz: 30 mV/ms (Körperschallwandler!)	bei 4.000 Hz 13 mV/Pa = -37,7 dBV re 1 V/Pa
Abmessungen/Gewicht:	26 x 11,5 x 8,5 mm / 8 g	

Dem Beschleunigungsaufnehmer in Form eines Instrumentenpickups ging die Entwicklung eines Maschinensensors zur Überwachung von Rollenlagern voraus.

I. Lager 6205 in gutem Zustand
Normale axiale Belastung

Spektrum:

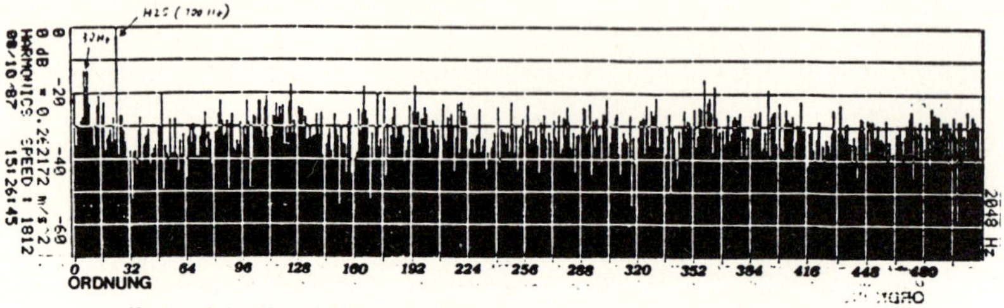

Man sieht deutlich den Einfluß der Drehfrequenz 30 Hz durch die Ordnungen 7 und 8. Die Dominanz der 25. Harmonischen (100 Hz) ist eindeutig dem mit 50 Hz gespeisten Spindelantrieb zuzuordnen. Lagerspezifische Komponenten sind nicht deutlich erkennbar.

II. Lager 6205 in gutem Zustand
Stark verspannt belastet

Spektrum:

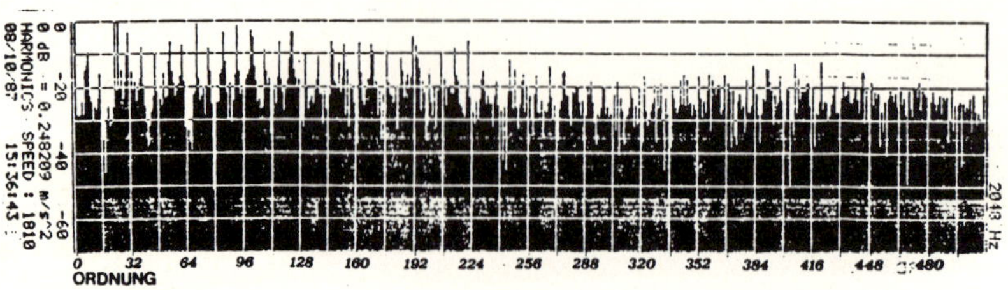

Es treten deutlich Oberwellen der Drehfrequenz in Erscheinung.

III. Lager 6205 mit starkem Fehler am Außenring
Normale axiale Belastung

Spektrum:

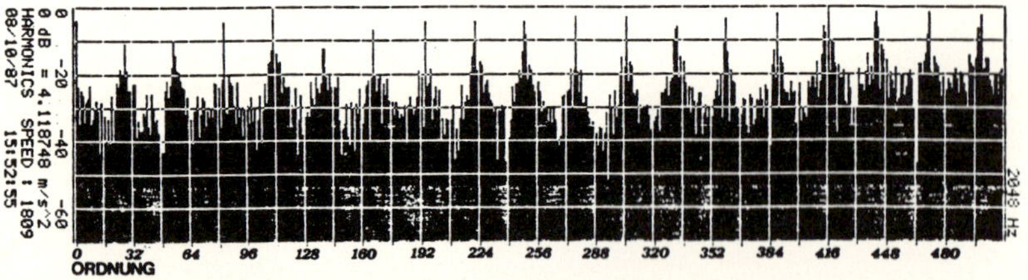

Es treten alle Vielfache der erwarteten Fehlerfrequenz markant in Erscheinung. Das Maximum liegt nicht bei der Grundwelle, sondern bei der dritten und ähnlich hoch bei der vierzehnten Harmonischen (ca. 4 m/s^2).

Bei dem dafür verwendeten Backelectret Kondensatorwandler wird ein spezielles Membranmaterial benützt. Es basiert auf einer von AKG patentierten goldbedampften Gummimembrane - ca. 0,15 mm dünn - durch deren relativ große Masse es gelang, im Vergleich zu herkömmlichem Membranmaterial (=> 62 µg; Gewichtsverhältnisse zu Gummi ~1 : 50!),eine hohe Empfindlichkeit des Wandlers auch im untersten Frequenzbereich zu erzielen.

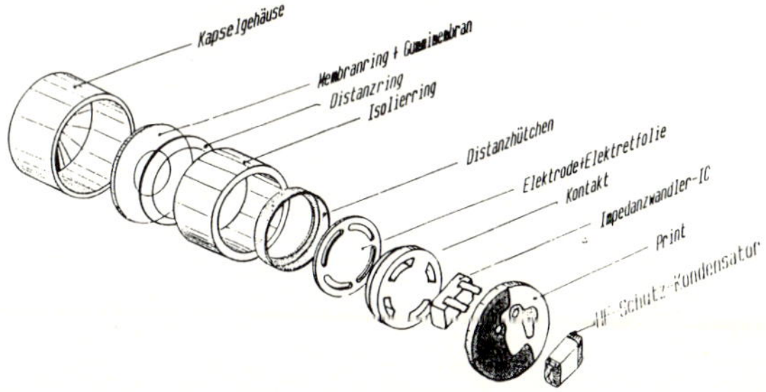

Körperschallwandler (C 401)

Ein weiterer Vorteil dieser Technik gegenüber Tonabnehmersystemen anderer Bauart (z.B. Piezo) liegt in der weitaus höheren mechanischen Stabilität. Ein zusätzliches Problem der piezoelektrischen, keramischen oder magnetischen Tonabnehmertechnik ist die mangelnde akustische Qualität (Frequenzgang zu schmalbandig und nichtlinear).

Die Firma Steyr setzte wegen der guten Übertragungsqualität bei ihrem NTCS Maschinenüberwachungssystem den Körperschallwandler C 401 ein.

Bei Tests mit dem Körperschallwandler an der akustischen Gitarre zeigte sich, daß eine 6 dB Baßanhebung im Bereich ≤500 Hz zusätzlichen "Druck" erzeugt. Da ein Piezoabnehmer durch Anpassungsprobleme sogar einen Tiefenabfall aufweist, erklärt sich daraus auch die nicht überzeugende Tonqualität. Ziel der Entwicklung war es, den Klang der akustischen Gitarre so naturgetreu wie möglich, verstärkt wiederzugeben.

Durch A-B Vergleiche an Klangspektrumanalysen wurden folgende Erkenntnisse gewonnen (gemessen im schalltoten Raum):

A

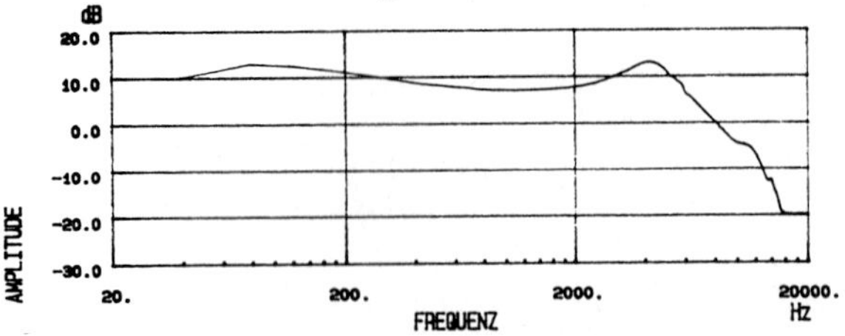

Frequenzgang gemessen auf Schwingtisch / B&K (AKG C 401)

B

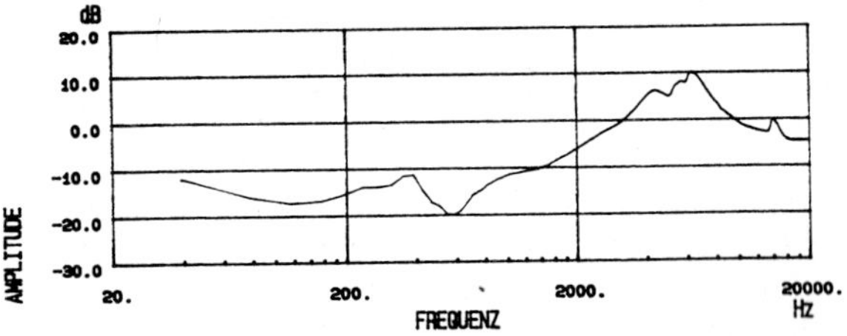

Frequenzgang gemessen auf Schwingtisch / B&K (Piezo Tonabnehmer)

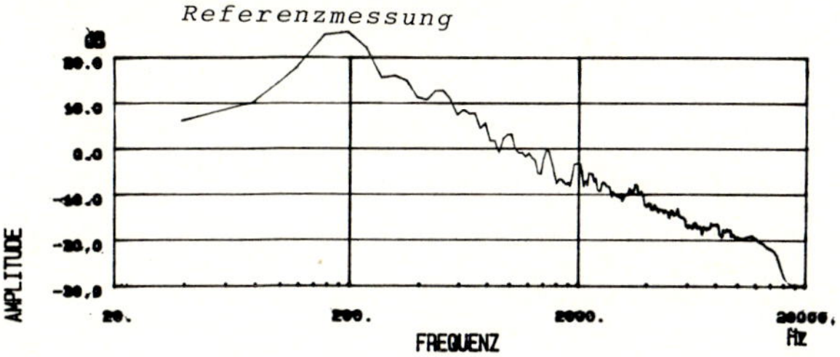

Frequenzspektrumanalyse einer akustischen Gitarre Yamaha FG365S; Referenzmessung mit Studio-Kondensatormikrofon (Entfernung ca. 1/2 m)

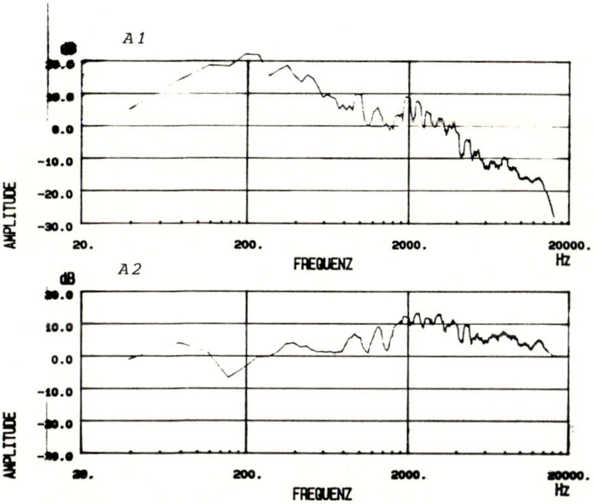

A1: Frequenzspektrumanalyse mit AKG C401 (65%)+C402 (35%)

A2 = $\frac{\text{Referenzmessung}}{\text{A1}}$*; A2 kann mittels B 9 Batteriespeisegerät variiert und damit optimiert werden!*

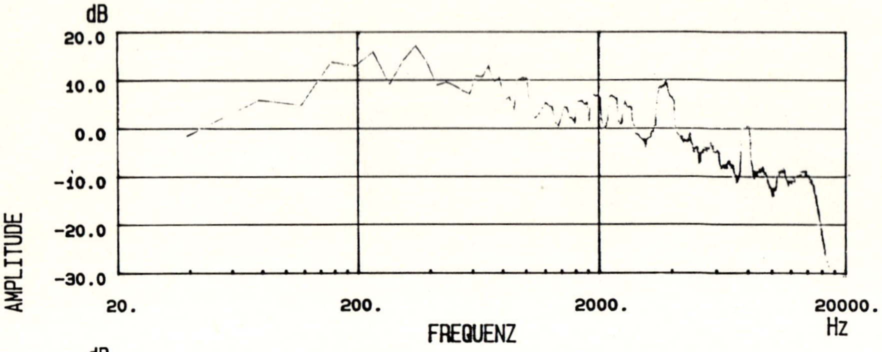

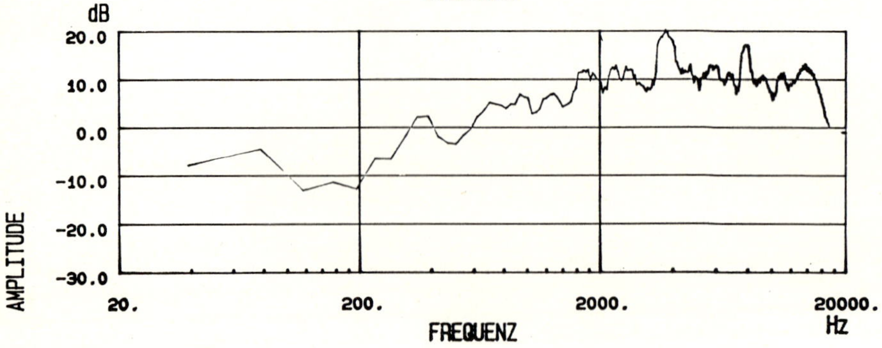

B1: Frequenzspektrumanalyse mit Piezo Tonabnehmer

$$B2 = \frac{Referenzmessung}{B1}$$

Im Zuge dieser A-B Vergleichsmessungen stellte sich unter anderem heraus, daß durch unterschiedliche Abnahmepositionen des Pickups, z.B. im Bereich des Stegs oder auch bei den Stimmschrauben,verschiedene Klangeindrücke entstehen. Gemessen an der Referenzabnahme (Kondensatormikrofon aus 1/2 m Entfernung) stellte sich eine Positionierung nahe dem Steg als optimal heraus.

Ein weiteres Ziel war die Optimierung der Übertragungsqualität des Körperschallwandlers C 401 im Frequenzbereich 8.000 - 20.000 Hz. Dieser Anteil des Frequenzspektrums wird mit einem ≤10 dB leiseren Pegel übertragen, da höhere Frequenzen direkt mit der Luft koppeln.

Mit einem speziell entwickelten Mikrofon, dem C 402, konnte auch dieses Problem zufriedenstellend gelöst werden. Es arbeitet ebenfalls auf Basis der Backplate Kondensatortechnik mit einem Übertragungsbereich von 2.500 - 20.000 Hz als Ergänzung (Soundverfeinerung) zum C 401 Pickup.

Die Frequenzspektrumanalysen ergaben als optimale Positionierung die Befestigung des C 402 Mikrofons mit Hilfe eines Halteplättchens direkt im Schalloch.

Das speziell für die AKG MicroMic Serie konzipierte Batteriespeisegerät B 9 versorgt die Mikrofone mit der nötigen Speisespannung.

Technische Daten:

2 Inputs
1 (Mono) Output 200 Ohm
Ballance Potentiometer
Volumespotentiometer
9 V Batteriespeisung (6F22)

Balance- und Volumespotentiometer dienen einerseits zum Ausgleichen von Pegelunterschieden z.B. zwischen C 401 / C 402, andererseits zur Vorabregelung der Lautstärke direkt am Instrument (Lautstärkevariationen zwischen Solo- und Rhythmusparts). Das Gerät bietet die Möglichkeit der Kanaleinsparung am PA - oder Monitormischpult (2 In - 1 Output!) - was sich bei diversen Testeinsätzen auch auf professionellen Bühnen bewährte. (Salzburger Festspieleröffnungskonzert - Joe Zawinull / Friedrich Gulda; C 408 wurde für Schlagzeug eingesetzt. Dank B 9 mußte kein Submixer zusätzlich zum 32-Kanal(!)-Monitormischpult eingesetzt werden). Varianten der MicroMics mit einem Phantomspeisemodul für Standard-Phantomspeisung 9 - 52 V stehen ebenfalls zur Auswahl.

III. Conclusio:

Testberichte aus aller Welt beweisen, daß das Konzept der Instrumenten-Tonabnahme mit Miniaturmikrofonen bei den Anwendern - Musiker und Tontechniker - großen Anklang findet. Bewegungsfreiheit für den Musiker, unkompliziertes Handling und die professionelle akustische Qualität bewährten sich bereits auch bei Aufnahmen in Tonstudios.

Zur Optimierung dieser Serie sind zur Zeit einige Details in Arbeit wie z.B.:

. Klarinette:	*zwei Abstrahlpunkte am Schalltrichter und am Schaft -> es wird ein Adapter zur Anbringung des zweiten Mikrofons benötigt.*
. Mundharmonika:	*Entwicklung einer speziellen MicroMic Variante für dieses Instrument*
. Becken:	*es gilt vor allem eine geeignete akustische Abstimmung sowie die richtige Distanz zum Becken zu erreichen.*

Mit der Realisation dieser Projekte erwarten wir eine Ergänzung und damit Optimierung der Miniaturmikrofonserie, um auch den übrigen Anwendungsbereich mit Hilfe neuer Technologien und Fertigungsverfahren effizient abdecken zu können.

Klaus Wagner:

Bezugsgrößen für Zusatzinformationen bei digitaler Musikproduktion - eine Chance für die digitale Übetragung von Rundfunkprogrammen

1. Einleitung

Bei der Einführung eines für die Programmabwicklung beim Rundfunk einheitlichen digitalen Sendetonträgers erscheint es zweckmäßig, ausgehend vom derzeitigen CD-Standard, für die Übertragung von Rundfunkprogrammen zusätzliche Informationen festzulegen, die die redaktionelle und technische Programmabwicklung im Interesse einer anspruchsvollen hörerwirksamen Wiedergabequalität deutlich verbessern können.
In diesem Zusammenhang ist zu bedenken, daß infolge der hohen Speicherdichte moderner digitaler Tonträger die Konfektionierung für die Archive auf Grund des geringen Platzbedarfes zwar vorteilhaft ist, daß jedoch viele inhaltliche und technische Begleitinformationen wegen ihres Umfanges als bedrucktes Papier nicht mehr in übersichtlicher Weise dem Tonträger zugeordnet werden können.
Sinnvoll wäre es deshalb, die einmalige Chance mit Einführung eines international einheitlichen digitalen Sendetonträgers zu nutzen, abgestimmte inhaltliche und technische Daten in Menüform der jeweiligen digitalen Tonaufzeichnung voranzustellen. Dabei sollten dem digitalen Tonträger (bzw. dessen Konfektionierung) nur die unbedingt erforderlichen Identifikationsmerkmale optisch lesbar zugeordnet werden.
Für die Festlegung geeigneter Zusatzinformationen ist daher notwendig, die erforderlichen Bezugsgrößen zu ermitteln , zu definieren und festzulegen.

2. Was erwartet der Hörer an technischen Grundvoraussetzungen von einem Rundfunkprogramm

Im Interesse der anspruchsvollen Hörer kann folgende Zielstellung formuliert werden:

a. Unabhängig von der Art der Tonquelle sollte bei Schallwiedergabe für alle Programmarten (einschließlich Musik und Sprache) ein der Hörerwartung entsprechender Lautstärkeeindruck vermittelt werden, ohne daß eine Lautstärkekorrektur erforderlich ist. Es ist davon auszugehen, daß die Einstellung der Lautstärke sprachorientiert erfolgt.

b. Nur bei Programmen mit Magazincharakter sollte das Lautstärkeverhältnis von Sprache und Musik individuell einstellbar sein.

c. Die Wiedergabedynamik muß in Abhängigkeit von der Aufzeichnungsdynamik und der technischen Qualität der Aufzeichnung den Hörbedürfnissen (konzentriertes Hören, Hören bei Paralleltätigkeit Wohnraum-Wiedergabebedingungen) angepaßt werden können, d.h., die Dynamik muß bis auf Ausnahmefälle (historische Aufnahmen) in festgelegten Grenzen vom Hörer aus beeinflußbar sein.

d. Zum Bedienkomfort des digitalen Rundfunkempfangs sollte auch die Sujetwahl (Genrewahl) eine künftig selbstverständliche Forderung darstellen.

e. Weitere für den Hörer nützliche Informationen, wie Angaben zum Inhalt, Zeitinformationen, sollten bei vorhandenem Display zur Anzeige gebracht werden.

Eine Schlüsselfunktion bei der Festlegung von Bezugsparametern für die vom Hörer einzustellende Lautstärke kommt dabei nach unserer Auffassung dem Parameter "Abhörlautstärke" bei der Programmproduktion zu.

3. Zur Lautheitsempfindung bei Musikwiedergabe im Studiobetrieb

Im folgenden sollen die wesentlichsten Parameter dargestellt werden, die Einfluß auf die Lautheit beim Abhören im Studiobetrieb haben:

a. Programmart und Signalzusammensetzung
b. Originalschallpegel im Aufnahmesaal
c. Schalldruck am Hörort, bestimmt durch Kennschallpegel der Lautsprecher, vorgeschaltete Dämpfungsglieder, Hörabstand, raumakustische Bedingungen
d. Aufzeichnungs- bzw. Studiopegel am Ausgang eines Tonregiepultes, der mit Hilfe von Quasi-Spitzenwertmessern mit einer Integrationszeit von 10 ms bewertet, exakt auf den maximal zulässigen Betriebspegel (z.B. + 6 dBu) auszusteuern ist.
e. Häufigkeit der Pegelspitzen im Pegelbereich 0 ... 5 dB unter Vollaussteuerung. Dieser Parameter wird im wesentlichen beeinflußt durch die Art der Mikrofontechnologie (Hauptmikrofon, Polymikrofonie), Pegelregelung von Hand bzw. Regelverstärker.
f. Technische Qualität der Schallwiedergabe. So können z.B. durch nichtlineare Verzerrungen im Aufnahme-, Speicher- bzw. Schallwiedergabebereich Lästigkeiten hervorgerufen werden, die dazu führen, daß der Hörer die Abhörlautstärke verringert.
g. Hörerfahrung (Hörerwartung, Einstellung gegenüber dem Sujet) der Tonmeister und Toningenieure.
h. aktuelle physische und psychische Disposition der Tonmeister und Toningenieure.

Das bedeutet, daß die Abhörlautstärke im Studiobetrieb nur mittelbar von der Originallautstärke im Saal abhängig ist, bzw. anders formuliert, die Originallautstärke im Saal kann nur bedingt als ein Kriterium für eine abgestufte Wiedergabelautstärke beim Hörer ausgewertet werden.

Vom Bundesministerium für Forschung und Technologie wurde unter anderem vorgeschlagen, eine Kennung bei digitalem Rundfunkempfang vorzusehen (1), mit deren Hilfe die Reproduktion der Originallautstärke im Saal bei Heimwiedergabe ermöglicht werden soll. Die Realisierung dieses Vorschlages scheint uns wegen der vorher beschriebenen Wirkmechanismen problematisch zu sein. Im folgenden wird versucht, Kriterien zu finden und zu beschreiben, mit deren Hilfe es möglich ist,dem Hörer abgestufte Spitzenschallpegel zu übertragen, die an der Originallautstärke im Aufnahmeraum orientiert sind.
Zunächst soll jedoch erst einmal der Parameter Lautstärke im Studiobetrieb betrachtet werden.

4. Der Parameter Lautstärke im Studiobetrieb

Entsprechend der derzeit noch gültigen Empfehlung "E 86" der OIRT wird der Wiedergabeschallpegel in allen Musikproduktionsstudios und Abhörräumen einheitlich auf einen Spitzenschallpegel von etwa

93 dB (I)

eingestellt.
Dabei ist folgende Einstellvorschrift verbindlich:
An die Eingänge der beiden Bezugsabhöreinrichtungen ist ein IEC-A-bewertetes kohärentes Weißes Rauschsignal mit einem Pegel von - 10 dB_{eff} aufzuschalten. Am Bezugsabhörplatz ist mit Schallpegelmessung die Dämpfung im Abhörweg so einzustellen, daß ein Wert von

77 dB (As)

gemessen wird.
Somit ergibt sich bei einem zugelassenen maximalen Betriebspegel von 6 dBu etwa der o.g. Wert.
Im Rahmen von Hörgruppenterminen des Rundfunks, wo neben anderen subjektiven Parametern der Parameter Lautstärke mittels Testprotokoll durch Tonmeister und -ingenieure bewertet wird, konnte in der Praxis eine gute Annäherung an die jeweilige Hörerwartung und Bestätigung der Einstellvorschrift der E 86 bei beliebigen Musikprogrammen festgestellt werden.

Bei einer 5-stufigen Bewertungsskala und einer zulässigen Abweichung von ± 0,4 Wertungspunkten vom Optimalwert 3 kann nach 6 ausgewerteten Abhörterminen folgende statistische Angabe gemacht werden:

	zu leise	optimal	zu laut
Ernste Musik	27,0 %	59,5 %	13,5 %
Tanzmusik	10,3 %	79,4 %	10,3 %

Die Auswertung zeigt, daß bei gleichem elektrischen Spitzenpegel die Abweichungen bei Ernster Musik gegenüber Tanzmusik bezüglich des optimalen Lautstärkeeindrucks größer sind.
Eine weitergehende Analyse zeigt u.a. auch, daß, verallgemeinernd, eine Mozart-Sinfonie zu laut und eine Bruckner-Sinfonie zu leise abgehört wurden.
Das bedeutet wiederum, daß z.B. bei Anwendung empfohlener Aussteuerungsrichtlinien von Sprache und Musik in Rundfunkprogrammen mit einer angenommenen Untersteuerung der Sprache gegenüber der Musik von 6 dB, das Sprache/Musik-Verhältnis bei einer An- und Absage zu einer Mozart-Sinfonie bzw. Les Preludes von F.Liszt innerhalb eines Programms nicht als "natürlich" bewertet wird. Es sind also folgende offene Fragen zu klären:

a. Können bereits bei der Musikproduktion Kriterien und Parameter gefunden werden, die es ermöglichen, bei späterem Abhören den Parameter Lautstärke so zu reproduzieren, damit er als "optimal" eingestuft werden kann?
b. Inwieweit korrelieren die gefundenen Werte weitestgehend mit der Originallautstärke im Aufnahmesaal, damit bei digitaler Rundfunkübertragung
   - die Voraussetzungen für die Reproduktion der Quasi-Originallautstärke, falls gewünscht bzw. erforderlich, möglich wird?
   - das Lautstärkeverhältnis von Sprache und Musik gegenüber dem derzeitigen Stand optimiert werden kann?
   - Voraussetzung für die automatisierte Programmabwicklung geschaffen werden können?

5. Durchführung von subjektiven Tests zur Wiedergabelautstärke

5.1. Planung von Tests

Ausgehend von der Fragestellung im Pkt.4 waren mit Hilfe subjektiver Tests folgende Probleme zu untersuchen:

a. Ermittlung des maximalen Spitzenabhörschallpegels von Musik

b. Kann man bei definierten Bezugsabhörbedingungen unabhängig von Titel und Komponisten bereits im Produktionsprozeß eine Angabe zum Spitzenschallpegel der jeweiligen Musik bzw. zur Abhörlautstärke machen?

Es wurde deshalb eine relativ einfache Testmethodik angewandt, wonach bei definierten Abhörbedingungen mit Hilfe von Einzeltests der zu erwartende maximale Spitzenpegel der Musikwiedergabe bei "Ernster Musik" ermittelt werden konnte. Mit analog durchzuführenden Tests kann natürlich auch der Spitzenpegel jeder beliebigen Musik ermittelt werden.

5.2. Auswahl des Programmaterials

Insgesamt wurden 18 auf CD gespeicherte Titel ausgewählt. Von diesen wurden wiederum Ausschnitte von 30 Sekunden bis zwei Minuten Dauer für die Tests vorbereitet. Kriterium für diese Auswahl war, daß diese Ausschnitte vorzugsweise mit Maximalpegel aufgezeichnet worden waren. Bei der Umzeichnung auf ein Testband (U-Matic, PCM 701) wurde eine Pausendauer von ca.15" zwischen den Testbeispielen eingehalten. Der Aufzeichnungspegel wurde unter Berücksichtigung der Übersteuerungsgrenze der Schallwiedergabe beliebig geändert und mit Spitzenwertmesser kontrolliert (sh. Ab. 1, Spalte 3).

5.3. Auswahl der Testpersonen

Die 24 Testpersonen bestanden vorzugsweise aus Tonmeistern und

Abb. 1

1 Motiv Nr.	2 Programm	3 Spitzenwert (10 ms)	4 Impulsschallpegel	5 Mittelwert der abgelesenen Dämpfung von 16 Testpersonen	6 errechneter Impulsschallpegel aus Spalte 4 und 5
		in dB	in dB(I)	in db	in dB
1.	Saint-Saens: Sinfonie Nr. 3	-3	97,5	-3,0	94,5
2.	Tschaikowski: Sinfonie Nr. 5	-4	96	-2,6	93,5
3.	Haydn: Sinfonie Nr. 6	0	100	-9,6	90,5
4.	Liszt: Les Preludes	0	101	-2,5	98,5
5.	Brahms: Sinfonie Nr. 1	-3,5	97	-2,6	94,5
6.	Tschaikowski: Ouvertüre solennell "1812"	+1	100,5	-3,0	97,5
7.	Mahler: Sinfonie Nr. 7	-4	96,5	-3,4	93
8.	Mozart: Sinfonie Nr. 35	-8	92	-2,7	89
9.	Strawinski: Der Feuervogel	-3	96,5	-2,4	94
10.	Haydn: Die Jahreszeiten	0	99,5	-5,4	94
11.	Bruckner: Sinfonie Nr. 8	-4	95,5	-2,0	93,5
12.	V.Beethoven: Sinfonie Nr. 9	+1	102	-5,1	97
13.	Wagner: Ouvertüre zu "Der fliegende Holländer"	-4	97,5	-1,7	96
14.	Schostakowitsch: Sinfonie Nr. 5	0	100	-5,6	94,5
15.	Ravel: Bolero	-3	100	-2,2	98
16.	Mussorgski: Bilder einer Ausstellung	+1	101,5	-4,8	96
17.	Gershwin: Klavierkonzert F-Dur	-5	95	-1,4	93,5
18.	Orff: Carmina burana	0	99,5	-3,5	96

Toningenieuren der Funkhauser Berlin und Leipzig, die im Aufnahmebereich der sog. "Ernsten Musik" tätig sind.

5.4. Testbedingungen

Die individuellen Tests wurden im Bezugsabhörraum des Rundfunks der DDR STAR I durchgeführt. Die Schallwiedergabe erfolgte über 2 Bezugsabhöreinrichtungen vom Typ RL 900 (2). Jede Testperson mußte mit Hilfe eines aktiven, in 1 dB-Schritten geeichten Pegelstellers den Abhörpegel am Bezugsabhörplatz individuell einstellen. Die eingestellten Dämpfungswerte wurden registriert. Die Testpersonen waren vorher dahingehend orientiert worden, daß sie eine den jeweiligen Aufnahmebedingungen bzw. der natürlichen Hörerwartung adäquate Abhörlautstärke einstellen sollten. Mit Hilfe eines Präzisionsschallpegelmessers wurde am Hörort der unbewertete Impulsschallpegel der Testbeispiele bei der Dämpfung 0 dB gemessen, sie konnen Spalte 4 der Abb. 1 entnommen werden.

6. Auswertung der Tests

Die gemittelten bzw. errechneten Werte der Tests können Abb. 1, Spalte 5 und 6 entnommen werden.
Große Aufmerksamkeit wurde der "Streubreite" sowie "Standardabweichung" der Tests gewidmet.
Es zeigte sich bereits bei der Durchführung der Tests, daß einzelne in die Tests einbezogene Programmredakteure des Bereichs "Ernste Musik" sowie Tonmeister und Toningenieure aus dem Bereich "Tanzmusik" eine wesentlich größere Urteilsunsicherheit zeigten als Tonmeister und -ingenieure, die vorzugsweise mit Aufnahmen aus dem Bereich "Ernste Musik" befaßt sind.
Eine gesonderte Auswertung der Ergebnisse aller Einzeltests (24 Personen) sowie der der "Spezialisten" (14 Personen) zeigt nachfolgende Gegenüberstellung.

	14 Personen	24 Personen
Standardabweichung	1-2 dB	2- 3 dB
Streubreite je Einzeltitel	3-5 dB	8-13 dB

Bezogen auf die mit Hilfe der "Spezialisten" gewonnenen Mittelwerte ergibt sich titelabhängig, bei Berücksichtigung der Ergebnisse von 24 Testpersonen, eine Verringerung der gewünschten optimalen Abhörlautstärke um einen Wert, der zwischen 0 und -2 dB schwankt. In der Auswertung wurden deshalb nur die Testergebnisse der 14 "Spezialisten" berücksichtigt, sie können Abb. 2 entnommen werden.

7. Kontrolluntersuchungen

Um sicherzustellen, daß die im Individualtest gewonnenen gemittelten Werte des Spitzenschallpegels einer allgemeinen Hörerwartung entsprechen, wurde das Testband auf Grund der Ergebnisse, die Abb.1, Spalte 6 entnommen werden können, im Pegel korrigiert und einer anderen Hörgruppe, bestehend aus 16 Tonmeistern und Toningenieuren, vorgeführt. In einem Testprotokoll mußten die Hörer ankreuzen, ob das gehörte Beispiel als

wesentlich zu leise	1
zu leise	2
optimal	3
etwas zu laut	4
wesentlich zu laut	5

beurteilt wurde. Das Ergebnis ist in Abb. 2, Fig. 2 festgehalten. Mit einer relativen Abweichung von ± 0,4 Wertungspunkten kann damit nachgewiesen werden, daß die im Individualtest gewonnenen Ergebnisse mit einer durchschnittlichen Hörerwartung bezüglich Lautheit weitestgehend übereinstimmen.
Eine weitere Untersuchung bestand darin, mittels einer geeichten Prüfstrecke Schallpegel im Aufnahmeraum (Saal I, Funkhaus Berlin) und Regieraum auf einem mehrkanaligen Aussteuerungsmes-

Abb.2

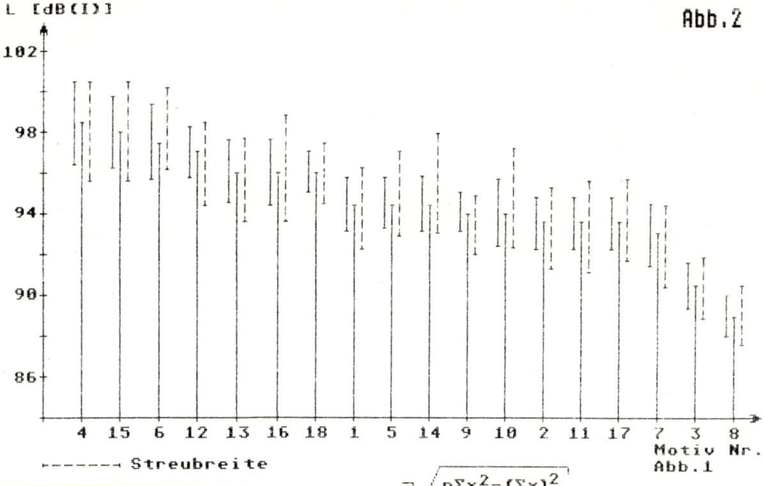

$\sigma = \sqrt{\frac{n\Sigma x^2 - (\Sigma x)^2}{n}}$

Fig.1

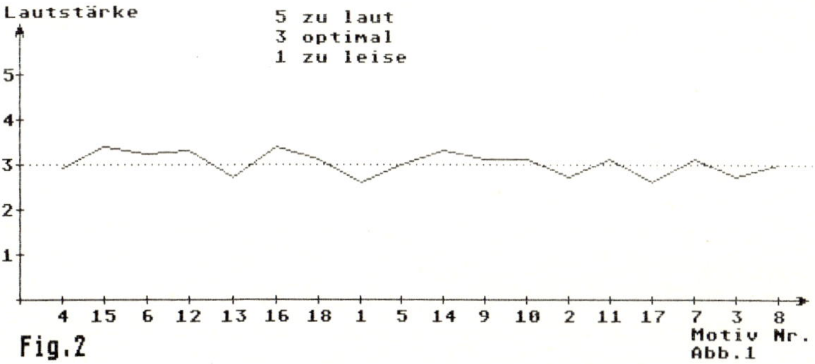

Fig.2

ser zur Anzeige zu bringen und zu vergleichen. Wie die statistische Beobachtung ergab, ist dabei die im Regieraum gewählte Abhörlautstärke an der im Saal orientiert.

8. Schlußfolgerungen

8.1. Schlußfolgerungen aus den subjektiven Tests

a. Der erforderliche maximale angemessene Abhörschallpegel beim Abhören von "Ernster Musik" im Studiobetrieb kann auf Grund der Testergebnisse mit 99 dB (I) angegeben werden.

b. Die titelabhängig unterschiedlichen Spitzenschallpegel innerhalb des Genres "Ernste Musik" wurde von den erfahrenen "Spezialisten" mit relativ großer Sicherheit eingestellt. Das bedeutet, daß erfahrene Tonmeister und Toningenieure befähigt sind, bei voll ausgesteuertem Programmsignal mit einem maximal zulässigen Programmspitzenpegel von + 6 dBu, die Wiedergabelautstärke mit relativ hoher Einstellgenauigkeit subjektiv festzulegen, so daß sie für Abhörzwecke und möglicherweise spätere Sendezwecke genutzt werden kann.

Es lassen sich deshalb daraus folgende erforderliche Maßnahmen für den Studiobetrieb ableiten:

a. Einstellung des Abhörschallpegels in allen Aufnahme-, Cutter-, Bearbeitungs- und Abhörräumen auf einen Spitzenschallpegel von -99 dB (I) nach folgender Meßvorschrift: Anlegen eines B-bewerteten Rosa-Rauschsignals von -10 dB_{eff} an den Eingang des Abhörpegelstellers, der bei der Einmessung auf den Dämpfungswert 0 dB einzustellen ist. Mit Hilfe nachgeschalteter variabler bzw. fester Dämpfungsglieder wird der Eingangspegel an den Lautsprechern dann dahingehend korrigiert, daß am Bezugsbabhörplatz mit Hilfe eines Schallpegelmessers ein Wert von 83 dB (Cs) gemessen wird (sh. Abb. 3). (Dieses neue Einstellverfahren wurde unter Mitwirkung des Autors während der 10. Expertentagung der SG II der OIRT für subjektive Qualitätsbewertung in Helsinki 1988 erar-

Abb.3

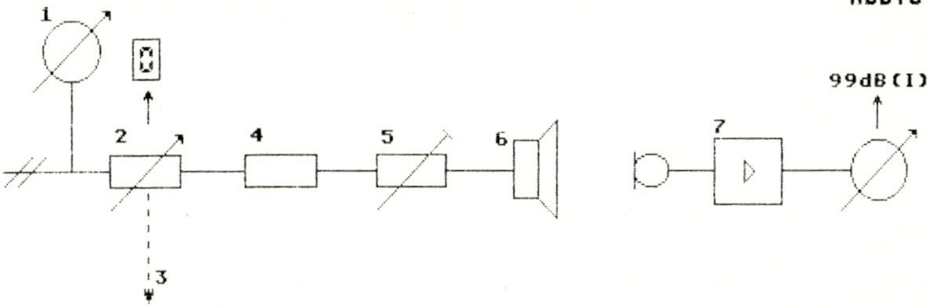

1. Quasi-Spitzenwertaussteuerungsmesser (10 ms, Impuls)
2. Abhörpegelsteller mit Ziffernanzeige 0,1,2...
3. Datenbus
4. Dämpfungsglied zur Vordämpfung des Schallpegels für EM
5. Raumanpassung
6. Bezugsabhöreinrichtung
7. Schallpegelmesser

beitet, muß aber noch von den zuständigen Gremien bestätigt werden.)

b. Der Abhörpegelsteller sollte so beschaffen sein, daß die Dämpfungsschritte im Bereich 0 ... -12 dB 1 dB betragen. Der eingestellte Dämpfungswert sollte dabei mit Leuchtziffern angezeigt werden. Er kann auch mit einem Rechner gekoppelt werden, um die subjektiv gewonnenen Dämpfungswerte abspeichern und einstellen zu können.

c. Die Festlegung der Dämpfungswerte durch Tonmeister und Toningenieure sollte nur im Bearbeitungs- bzw. Cutterraum bei Bezugsabhörbedingungen (2) erfolgen, wo der maximale Pegel der gecutterten Fassung digitaler Aufnahmen exakt mit 6 dBu (10 ms) realisiert werden kann.

8.2. Weitere Überlegungen

8.2.1. Zum Lautstärkeverhältnis von Sprache und Musik bei digitalem Rundfunkempfang

Die größere Systemdynamik beim digitalen Rundfunkempfang macht

es erforderlich, die derzeitigen Empfehlungen für das Pegelverhältnis von Sprache und Musik bei der Programmabwicklung zu korrigieren und den veränderten Empfangsbedingungen anzupassen. Erforderliche Untersuchungen sollten dahingehend orientiert werden, zu prüfen, ob die Sprache unabhängig von der Art der Musik mit einem der Sprachintensität angepaßten Pegel übertragen werden kann. Man muß dabei davon ausgehen,daß die Sprache eine allgemeine und umfassende Hörerfahrung aller Menschen darstellt und daß Rundfunkhörer ihre Abhörlautstärke sprachorientiert einstellen. Demzufolge müssen die Spitzenpegel der jeweiligen Musik mit unterschiedlicher Differenz zum Spitzenpegel der Sprache übertragen werden.Es ist anzunehmen, daß als Kriterien für die unterschiedlichen Spitzenpegel der Musik, die von "Spezialisten" subjektiv festgelegten Dämpfungswerte im Abhörraum verwendet werden können.
Es ist zu vermuten, daß bei allgemeiner Anwendung dieser Verfahrensweise bei Sender- oder Programmquellenwechsel die derzeit häufig erforderlichen Lautstärkekorrekturen gemildert werden, bzw. entfallen können.
Die Aussteuerungsgrenze des digitalen Übertragungsweges würde dann z.B. durch F.Liszt: "Les Preludes" (Dämpfung 0 dB) festgelegt sein, während die Sinfonie Nr. 35 von W.A.Mozart relativ 10 dB untersteuert ist. Tanzmusik würde ebenfalls um einen Mittelwert schwankend, der wiederum dem spitzenbewerteten Pegel der Sprachinformationen entspricht, übertragen werden müssen.

8.2.2. Erforderliche technische Angaben zukünftiger Sendetonträger

Neben inhaltlichen sind auch Angaben technischer Daten in digitaler Form erforderlich, die den zukünftigen digitalen Sendetonträgern als Vorspann (Menü) zuzuordnen sind.
Diese Daten sind z.T. für den internen Gebrauch der Massenmedien bestimmt, müssen jedoch auch z.T. für den Hörer zugänglich sein.
Sie sollten mittels Bildschirm lesbar gemacht werden können und sind Voraussetzung für die Entwicklung und den Bau automatisierbarer Senderegieen.

Nach derzeitiger Erkenntnis sind folgende technische Angaben erforderlich:

Parameter	Erläuterungen	im Studio erforderlich	beim Hörer erforderlich
1. Art der Aufzeichnung	Mono, Stereo, Kunstkopf, historisch-dokumentarische Produktion, Mitschnitt	*	*
2. Aussteuerung/ Pegel	kann bei konsequenter Einhaltung des Spitzenbezugspegels entfallen	*	
3. Abhörpegelstellerdiff. (Lautstärkepegel)	subjektiv ermittelter Dämpfungswert zum Spitzenpegel 0 dB_{rel}	*	
4. Aufzeichnungsdynamik	Differenz des Programmspitzenpegels 0 dB_{rel} zum Minimalpegel (10 ms bewertet)	*	*
5. Anfangspegel der Aufzeichnung	gemessener Wert bezieht sich auf 0 dB_{rel}	*	
6. Schlußpegel der Musik	gemessener Wert bezieht sich auf 0 dB_{rel}	*	
7. Dauer der Aufzeichnung bzw. der einzelnen Teile	mit Hilfe der Zeitinformation soll der Hörer über Dauer des Titels bzw. der Sendung, die abgelaufene und die Restzeit informiert werden können	*	*
8. Startmarkierung	z.B. 0 s	*	
9. Schlußmarkierung		*	
10. Sujetkennung (Genrekennung)		*	*
11. Sprache/Musikkennung		*	*

Lit.: (1) o.V. Radio "Ja/Nein"
Funkschau Heft 22/1986 S. 28 - 31

(2) Wolfgang Lau und Kurt Huhn "Der neue Bezugsabhörraum des Rundfunks der DDR",
Bericht der 14. Tonmeistertagung,
München 1986, S. 216-232
Bildungswerk des Verbandes Deutscher Tonmeister

Roundtable:

Zusatzinformationen im Hörrundfunk –
Aufwand und Nutzen

Gesprächsleitung: Georg Plenge

Gesprächsteilnehmer:
B. Blüthgen, POB (Polygram), Hannover
H. Fritsch, HR, Frankfurt
J. Roth, SWF, Baden-Baden
W. Sieber, HR, Frankfurt
G. Steinke, FTZ, Berlin (DDR)
K. Breh, Stuttgart

KOMPETENZ AUF GANZER LINIE

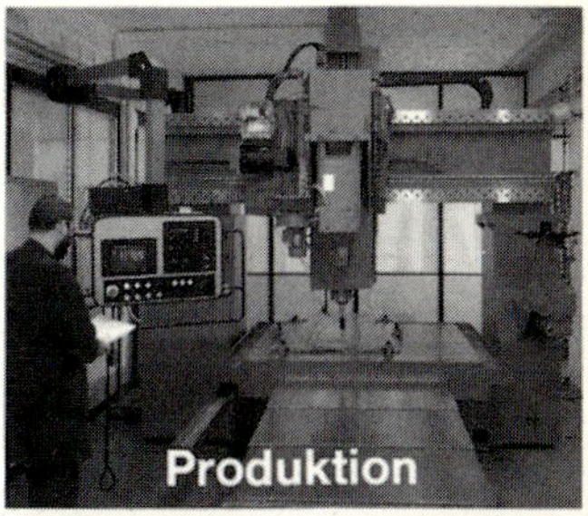

Planung, Entwicklung, Fertigung und Montage von Hörfunk- und Fernsehstudios, Kommunikationssystemen, industriellen Steuerungssystemen.

BFE

*Fernmeldetechnik + Elektronik AG
An der Ochsenwiese 3–6 · Postf. 23 00 80
6500 Mainz-Gonsenheim
Telex: 4187300 bfe-d · Tel.: 0 61 31/4 63-0*

Klaus Harbusch:

Wieviel Luft braucht ein lebendiger Klang? - Beobachtungen aus der Praxis zum Problem der werk-adäquaten elektroakustischen Raumabbildung

"Wieviel Luft braucht ein lebendiger Klang?"

- Beobachtungen aus der Praxis zum Problem der werk-adäquaten elektroakustischen Raumabbildung-

Wenn ein Praktiker über seine Berufserfahrungen berichten soll, verspürt er ein ganz spezifisches Unbehagen, denn diese berühmten "Berufserfahrungen", diese höchst komplexe Mischung aus Gewohnheit, Intuition und einer soliden theoretischen Halbbildung, sind uns zwar hilfreich bei den mancherlei Überraschungen des Berufsalltages, bei einer solchen Gelegenheit wie hier und heute zeigen sie jedoch zwei höchst fatale Eigenschaften:
zum einen entziehen sie sich auf eine ganz spezifisch gehässige Weise der begrifflichen Fixierung und verbalen Formulierung; Sie werden verstehen, was ich meine, wenn Sie jemals versucht haben sollten, eine präzise schriftliche Anleitung zum Binden eines Schuhbandes zu verfassen...

Zum anderen mutmaßt besagter Praktiker - und wird damit der Wahrheit wohl auch ziemlich nahe kommen - , daß zumindest die Fachkollegen, die sich etwa unter Ihnen befinden sollten, alles, was hier gesagt werden könnte, ohnehin selber wissen!

Auch werde ich Ihnen keine systematische Abhandlung bieten, die sich in schöner Logik vor Ihnen entfaltet, so, wie Sie es in diesen Tagen an diesem Ort eigentlich zu hören gewohnt sind, sondern ich werde lediglich über einige persönliche Erfahrungen aus der Praxis plaudern und versuchen, daraus behutsam einige Konsequenzen zu ziehen, wobei meine Blickpunkte - bewußt - stark persönlich gefärbt und somit sicher korrekturbedürftig sind.

Und da ich nun schon das Banner der Subjektivität aufgepflanzt habe, erlaube ich mir auch, ein persönliches Bekenntnis an den Anfang zu stellen:

Meine persönliche Klangvorstellung wird vom Ideal eines räumlichen, "luftigen" Klangbildes bestimmt, und zwar gleichermaßen bei der Rezeption "lebendiger" wie auch elektroakustisch aufbereiteter Musik. Daß dies dennoch nicht eine einzelgängerische geschmackliche Marotte ist, bestätigte mir Herr Dr. Dickreiter in einer der letzten Ausgaben unserer Verbands-Mitteilungen, wo er mir sehr aus dem Herzen sprach mit der Feststellung:

"In Abwandlung einer bekannten Sentenz kann man ohne Übertreibung sagen: Der Raum macht die Musik. Wer jemals die Lächerlichkeit einer Musikwiedergabe ohne Raum erlebt hat, weiß, daß auch die beste Interpretation nicht das Fehlen eines adäquaten Raums ausgleichen kann. Ein in einen nachhallfreien Raum geschleuderter Schlußakkord eines großen Orchesters ist wie ein Schuß 10 m übers Tor, ein reiner Lacherfolg." (TMI 5/6/7 1988, S. 13)

Ich halte es durchaus für denkbar, daß 2 Erfahrungen, die ich in relativ jungen Jahren gemacht habe, meine Klangvorstellung wo nicht geprägt, so doch sicherlich gefördert und bestärkt haben könnten, wenn sich so etwas auch natürlich nie schlüssig "beweisen" läßt:

Meine ersten Eindrücke eines "life" spielenden großen Orchesters empfing ich während meiner Schulzeit in Kassel in dem sehr guten Saal der Stadthalle, einem der zahlreichen Repräsentationsbauten aus der Gründerzeit, die glücklicherweise im Wesentlichen unversehrt den Krieg überstanden hat.

Sodann hatte ich das Glück, als Berufsanfänger, als Toningenieur in der Schallplatten-Industrie, wiederholt in einigen sehr guten Sälen arbeiten zu können: in dem großen Saal der Wuppertaler Stadthalle, die etwa aus der gleichen Zeit stammt wie auch die Stadthalle in Kassel, in der Oetkerhalle in Bielefeld, dem Herkulessaal der Münchner Residenz, und im Wiener Musikvereinssaal. Jedesmal war ich wieder fasziniert von dem in besonderer Weise "luftigen" Klangbild, das diese Räume bei aller Klarheit der Zeichnung vermitteln, und so empfand ich es doch als eine recht einschneidende Veränderung, nach dem Wechsel zum Funk fast nur noch in Räumen arbeiten zu müssen, die zwar für den alltäglichen

Betriebsablauf sehr handlich und praktisch waren, aber eben auch alles andere als "lebendig", geschweige denn "luftig" klangen, sie waren, sozusagen akustisch steril und keimfrei... Meine etwas angestrengten Bemühungen, dennoch die mir vorschwebende Luftigkeit des Klangbildes durch reichlich bemessene Beigabe künstlichen Nachhalls erzwingen zu wollen, führten denn auch nur sehr selten zu dem erträumten Resultat, trugen mir jedoch im Kollegenkreise alsbald den Spitznamen "Herr Hallbusch" ein...

So wurde es für mich zu einer Erfahrung von besonderer Wichtigkeit, als ich zu Beginn des Jahres 1970 mehrere Kammermusik-Aufnahmen im Kammermusiksaal - dem "Gelben Saal" - der Wuppertaler Stadthalle als Aufnahmeleiter betreuen konnte. An einem der ersten Termine spielte das Fine-Arts-Quartett das B-dur-Quartett von Brahms; am Mischfeld einer angemieteten Industrie-Technik saß damals Günter Breest, der heute als Produzent bei der Deutschen Grammophon tätig ist, und wir waren beide von dem rauschenden Klang dieses Raumes (sozusagen nach den Jahren der Trockenheit..) so hingerissen, daß wir meinten, auch der gebührenzahlende Hörer müsse möglichst hautnah an diesem Erlebnis teilhaben; eine gewisse unterschwellige Trotzreaktion bei dem Gedanken an unsere aseptischen Studios daheim mag durchaus auch eine Rolle gespielt haben - kurzum, die Aufnahme enthielt nur noch ein Minimum an konturgebenden Direktanteilen und im übrigen - "Luft"...

Als ich dieses Produkt unserer Begeisterung im Funkhaus meinem Kollegen Eduard Ebert vorspielte, damals mit 1,94 m Deutschlands größter Toningenieur, äußerte mein Freund Eduard immerhin spontan: "Schön, Kleiner! Aber groß kann das Orchester nicht gewesen sein!?!"

Ich schluckte kurz und erwiderte: "Aber Eduard, das ist kein Orchester, das ist ein Streichquartett!!"

Worauf wiederum mein Kollege Eduard kurz schluckte und entgegnete ... aber das sollen Sie erfahren, nachdem Sie ein paar Takte dieser "spektakulären" Aufnahme gehört haben:

- Musikbsp. 1 -

Deutschlands damals größter Toningenieur sagte also hierauf nur knapp: "Nee, Kleiner, das darfst Du aber nicht machen!"
Eine Antwort, die mich weniger wegen der unmißverständlichen Kritik an meinem geliebten Produkt verblüffte, als darum, weil hier ein ästhetisches Gebilde mit einem doch offenbar moralischen Maßstab - "... das darfst Du aber nicht ..." - gemessen wurde?!?
Und viel später erst begann ich zu verstehen, daß dieser alte, erfahrene Toningenieur wohl etwas wußte, was mir selbst damals noch nicht so recht deutlich geworden war.

Ich stelle dieser Erfahrung eine andere gegenüber:

Im Rahmen einer DDR-Reise im vergangenen Jahr, auf der wir historische Orgeln in der Mark Brandenburg aufnahmen, kamen wir auch in die winzige Kirche eines winzigen Dörfchens mit dem treffenden Namen "Klein Glien", unweit der Kreisstadt Belzig, ca. 60 km südlich von Potsdam gelegen, und das kleine einmanualige, pedallose Instrument mit 4 odor 5 Registern, das wir dort antrafen, tönte folgendermaßen:

- Musikbsp. 2 -

Sie dürfen mir glauben, daß wir wirklich den größtmöglichen Mikrofonabstand gewählt hatten, der sich in dem Kirchlein überhaupt verwirklichen ließ - es sind sicher etwa 20 m gewesen! Dennoch wird dieses Klangbild ganz gewiß nicht die Illusion eines Kirchenraumes vermitteln, und dementsprechend unglücklich war unser Toningenieur Fred Gehring, der unserem Orgelchen auch einmal probehalber eine Schleppe elektronischen Halls umhängte...
Wir hatten jedoch gemeinsam mit der Redaktion die ästhetische Grundsatzentscheidung getroffen, keinen künstlichen Hall zu verwenden, jedes Instrument sollte in seinem authentischen Raum gezeigt werden, und diesem Grundsatz blieben wir treu - wenn auch in diesem speziellen Fall mit etwas fatalen Folgen.
Hätte nicht mein alter Kollege Eduard Ebert hier mit der gleichen Berechtigung feststellen können: "Nee, Kleiner, das darfst Du aber nicht machen"?

Die ästhetischen Unstimmigkeiten dieser beiden Beispiele nehme ich zum Anlaß für einige Bemerkungen über die "Raumabbildung" in einer Musikaufnahme.
Immer wieder begegnet uns Aufnahmeleuten die Frage: Warum verwendet Ihr bei E-Musik-Aufnahmen überhaupt elektronischen Hall? Geht es wirklich nicht ohne??
Auf diese Frage kann ich nach meinen persönlichen praktischen Erfahrungen und nach meiner hierauf gegründeten persönlichen Überzeugung nur antworten: Ja, wir brauchen ihn, es geht nicht ohne, denn 95% unserer Arbeit spielt sich in Räumen ab, die von den Qualitäten der Wuppertaler Stadthalle oder des Wiener Musikvereinssaales weit entfernt sind!

Und ich will Ihnen auch die sachlichen Gründe hierfür, die Ihnen bekannt sind, noch einmal in Erinnerung rufen:

Der Begriff "Raumwiedergabe" kann doch sinnvollerweise nur besagen, daß dem Hörer ein Höreindruck geboten wird, durch den er sich in den Raum versetzt fühlt, in dem auch die Musik erklingt, daß ihn dieser Raum "wie in Wirklichkeit" von allen Seiten umgibt. Das ist aber infolge der Begrenztheit unseres zweikanaligen Stereo-Übertragungsverfahrens prinzipiell unmöglich und unerreichbar, weil dieses Verfahren nur 2 der 3 physikalischen Größen wiedergeben kann, die das hörphysiologische Phänomen der Räumlichkeitsempfindung bewirken.
Bekanntlich wird die Räumlichkeitsempfindung hervorgerufen

1. durch Stärke und Laufzeit der ersten Wandreflexionen;
2. durch Stärke und Dauer des diffusen Nachhalls;
3. dadurch, daß in einem "wirklichen" Raum die Schallanteile den Hörer aus unterschiedlichen Richtungen erreichen, was überhaupt erst die Empfindung bewirkt, sich im Inneren eines Raumes aufzuhalten.

Aber gerade dieses entscheidend wichtige Merkmal der Unterscheidbarkeit verschiedener Schalleinfallsrichtungen fällt der Beschränkung des Übertragungsverfahrens zum Opfer, darum kann es keine wirkliche "Raum-Übertragung" geben.

Ich vermeide deshalb auch grundsätzlich die Begriffe "Raumwiedergabe" oder "Raumübertragung" und ziehe Bezeichnungen vor wie "Raum-Abbildung" oder "Räumlichkeitseindruck".
Die Parameter, die in der Stereo-Übertragung erhalten bleiben, vermitteln zwar dem Hörer vor den Lautsprechern durchaus Informationen über den Raum, in dem die Musik spielt - nur kann er selbst ihn leider nicht betreten...
Indes unterliegt auch die verbleibende "Räumlichkeits-Illusion" einer wesentlichen Einschränkung gegenüber den Verhältnissen des natürlichen Hörens:
Da die Richtungsauflösung wegfällt und der Raumschall den Hörer immer aus der gleichen Richtung erreicht wie der Direktschall, nämlich aus der Richtung der Lautsprecher, erfahren diese Rauminformationen eine weit stärkere Verdeckung durch den Direktschall, als es beim natürlichen Hören der Fall wäre.
Strebt man also in der Aufnahme eine halbwegs befriedigende Raumabbildung an - oder gar einen "luftigen" Klang! -, dann muß man diesen Verdeckungseffekt dadurch kompensieren, daß man die Raumanteile entsprechend überbetont. Genau das geben aber unsere Alltagsstudios nicht her, denn hat man sie erst einmal durch die Zweikanal-Übertragung ihrer Richtungs-Diffusität beraubt, dann bleibt meist nur noch ein ästhetisch wenig beglückender Eindruck von Kleinräumigkeit und viel zu kurzem diffusem Nachhall. Dieses Manko macht uns die elektronischen Hilfsmittel so wertvoll, weil wir mit ihrer Hilfe über die einzelnen räumlichkeitsbestimmenden Parameter in sehr weiten Grenzen und unabhängig voneinander frei verfügen können, während sie im "natürlichen" Raum in einer unveränderlichen, eben für diesen Raum charakteristischen Relation fest miteinander verknüpft und vorgegeben sind.
Die unbestreitbare Leistungsfähigkeit dieser Hilfsmittel verleitet nun allerdings manche allzu einseitig technisch orientierten Experten zu dem irrigen Umkehrschluß, dank dieser Hilfsmittel sei man von den akustischen Gegebenheiten des Aufnahmeraumes gänzlich unabhängig und mithin auch jeder Raum als Aufnahmestudio tauglich, der nur genügend Bodenfläche zum Unterbringen der Musiker und ihrer Instrumente biete...

Hierbei wird übersehen, daß die akustischen Eigenschaften des Musizierraumes unmittelbar und wesentlich die Spielweise der Ausführenden beeinflussen, und so wollen wir uns die Verhältnisse auch aus deren Blickwinkel kurz verdeutlichen:
Ein Musiker erwartet von dem Raum, in dem er spielen soll, also auch von einem Aufnahmestudio, vor allem 2 Eigenschaften:
Er muß sich selber hören, d. h. seine Spielweise, in erster Linie Tongebung, Artikulation und Dynamik, mit Hilfe der Raumantwort kontrollieren können, und er muß seine Mitspieler hören; nur dies kann die klangliche Ausgewogenheit und die rhythmische Präzision eines Ensembles gewährleisten. Es liegt auf der Hand, daß künstlerische Mängel, die als unmittelbare Folge akustischer Unzulänglichkeiten des Aufnahmeraumes entstanden sind, nicht nachträglich durch den Einsatz elektronischer Hilfsmittel wieder behoben werden können!
Nun stellen die Anforderungen der Musiker an die Akustik des Musizierraumes aus aufnahmetechnischer Sicht zwar notwendige, aber keineswegs hinreichende Bedingungen dar, denn wieder ist es die Praxis, die uns lehrt, daß ein Raum, der die diesbezüglichen Erwartungen der Spieler befriedigt, keineswegs auch zugleich die Erfordernisse einer guten Aufnahme befriedigen muß, und wenn wir uns bei den Aufnahmen bemühen, diese Unzulänglichkeiten mit technischen Hilfsmitteln zu korrigieren, dann dient das ganz sicher dem Wohl der Hörer, der Spieler und der aufgenommenen Musik, und den Vorwurf der "Manipulation", den ästhetische Puristen stets rasch bei der Hand haben, nehmen wir gern und lächelnd in Kauf...
Natürlich ist uns klar, daß die Verwendung gerade des elektronischen Halls durchaus auch ästhetisch bedenklich sein kann; auch hierfür ein Beispiel aus eigener Erfahrung:
Einer der Musiker unseres Orchesters machte einmal die Bemerkung, unsere Außenübertragungen des Orchesters klängen im Grunde alle gleich, ganz unabhängig davon, in welchen Sälen sie aufgenommen seien, und er führe das auf die wohl weitgehend übereinstimmenden Einstellungen der elektronischen Hallgeräte zurück.

Ich erwiderte darauf zwar, ich sähe es in erster Linie als unsere berufliche Aufgabe an, ein befriedigendes Orchester-Klangbild herzustellen, nicht aber eine Dokumentation der teilweise äußerst mäßigen Qualität der Konzertsäle in Nordrhein-Westfalen zu liefern - aber einen Stachel hinterließ diese - ja durchaus zutreffende - Bemerkung doch ...
Andererseits dürften die beiden Musikbeispiele, die ich Ihnen vorführte, deutlich gemacht haben, daß auch völliger Verzicht auf "künstlichen" Hall und die Abbildung ausschließlich des "natürlichen", "authentischen" Musizier-Raumes keineswegs per se schon eine zufriedenstellende, geschweige denn "ideale" Raumabbildung garantiert, sondern daß hier, ähnlich wie in der Apothekerkunst, einzig die Dosierung die letztendliche Wirksamkeit der Rezeptur bestimmt, und diese Einsicht legt natürlich die Frage nahe: nach welchen Gesichtspunkten bestimmt denn ein Aufnahmeteam bei der Arbeit diese "richtige" Dosierung, und welche technischen Hilfsmittel helfen beim Abwägen der Ingredienzien!?!

Meine Antwort auf diese Frage dürfte zumindest all denjenigen unter Ihnen, die unserer beruflichen Tätigkeit ferner stehen, überraschend, wo nicht paradox, erscheinen:
es gibt keinerlei technische Hilfsmittel, um den Raumanteil in einer fertigen Musikmischung objektiv - quantitativ - beschreiben, geschweige denn ästhetisch optimieren zu können! Und das gilt ganz genau so auch für den zweiten, womöglich noch wichtigeren Parameter einer guten Musikaufnahme: für die Genauigkeit der Mischung, also die Herstellung der Lautstärkebalance der Instrumente oder Instrumentengruppen eines Ensembles.
Ja, es gibt für die Raum-Abbildung nicht einmal den geringsten musikalisch verbindlichen Anhaltspunkt, wie ihn für die Mischung immerhin die Partitur darstellt, in der wir wohl eine Art Pflichtenheft sehen können, das den Soll-Zustand der Klangbalancen beschreibt...
Die Beurteilungsmaßstäbe, aus denen das Aufnahmeteam seine Entscheidungen herleitet, sind rein subjektiv und müssen es sein, weil es dem Wesen der Sache nach gar keine anderen gibt!

"Subjektiv" heißt indes nicht "willkürlich"! Zwar lassen sich die Regeln für künstlerisch-ästhetische Entscheidungen nicht in Begriffen fassen, aber am konkreten Einzelfall erweist sich sehr schnell, ob sie befolgt oder verletzt wurden!
Mir scheinen sie noch am ehesten dem vergleichbar, was man in der Mode unter dem Begriff des "guten Geschmacks" versteht: einer nicht rational begründbaren, intuitiven Sicherheit des Urteils darüber, was zusammen 'paßt' und was nicht, und einen Verstoß gegen eben diesen "guten Geschmack" wollte wohl mein alter Kollege Eduard Ebert rügen mit seinem Verweis: "Nee, Kleiner, das darfst Du aber nicht machen..."

Ist es nicht doch überraschend, daß sich ausgerechnet die beiden wesentlichsten Parameter eines doch angeblich "rein technischen" Reproduktionsvorganges mit rein technischen Kriterien in keiner Weise erfassen und beschreiben lassen?!? Und sollte ja noch einmal die Frage des künstlerischen Leistungsschutzes für unsere berufliche Tätigkeit öffentlich diskutiert werden, dann müßte m.E. gerade dieser Gesichtspunkt nachdrücklich hervorgehoben werden!

Bei allem Lobpreis der Subjektivität möchte ich aber doch zumindest zwei objektive, hörphysiologische Fakten nennen, die für den Räumlichkeitseindruck einer Musikaufnahme bedeutsam sind:

An erster Stelle steht wohl die Abhängigkeit des Räumlichkeitseindrucks von der Abhörlautstärke. Lautes Abhören verleiht jeder Aufnahme einen Zuwachs an "Räumlichkeit", der ihr beim leisen Abhören durchaus abgeht. Das hat für die Einstellung der Raumbalance die fatale Konsequenz, daß verhältnismäßig trockene Aufnahmen zwar laut abgehört befriedigen, leise abgehört aber zu trokken klingen (was heißt: eben nicht mehr "klingen"...), während umgekehrt sehr räumliche Aufnahmen leise abgehört zufriedenstellend, laut abgehört aber zu hallig wirken. Da man bei der Aufnahme jedoch nicht weiß und auch gar keinen Einfluß darauf nehmen kann, welche Lautstärke der "Konsument" zu Hause einstellen wird, bleibt jede Aufnahme in puncto Räumlichkeitswirkung mit einer relativ großen Unsicherheit behaftet, die prinzipiell nicht zu beseitigen ist.

Und ein zweiter objektiver Faktor, der den Räumlichkeitseindruck einer Aufnahme unmittelbar mitbestimmt, ist das aufgenommene Werk selbst, genauer: seine musikalische Faktur, sein "Satz"! Dichte Kontrapunktik mit ihrem gleichmäßig hohen Anteil an Direktschall und ihrer normalerweise eher geringen Dynamik läßt grundsätzlich weniger Platz für Rauminformationen als ein homophoner, "durchsichtiger" Satz. Erschwerend kommt hinzu, daß man der Tendenz zur "Undeutlichkeit", die dem polyphonen Stil grundsätzlich innewohnt, bei der Aufnahme oft durch deutlichkeitsfördernde aufnahmetechnische Maßnahmen entgegenzuwirken sucht, die sich naturgemäß noch weiter zu ungunsten der Raumabbildung auswirken.

Abschließend seien noch zwei Gesichtspunkte erwähnt, die in der Praxis nicht ganz unwichtig sind:
Erstens ist es immer möglich, eine zu trockene Aufnahme nachträglich zu verhallen und mit mehr "Luft" zu versehen, während es für den umgekehrten Fall einer zu halligen Aufnahme noch kein Heilmittel gibt, mit dessen Hilfe man entbehrliche Raumanteile wieder entfernen und die Aufnahme "trockener" machen könnte.
Und endlich sollte zumindest nicht unerwähnt bleiben, daß trockenere Aufnahmen wesentlich leichter zu schneiden sind als sehr räumliche, wobei dann eine nachträgliche leichte Verhallung den zusätzlichen Vorteil einer Verbesserung eventuell hörbarer Schnittfehler mit sich bringen kann.

Mein Loblied auf die Subjektivität und den "luftigen Klang" ist ausgesungen; ganz sicher wäre es aufschlußreich, einmal zu hören, wie dies Lied aus dem Munde eines U-Musik-Experten klingen würde.
Auch ist natürlich die Zeit längst abgelaufen, ich bitte Sie dennoch um 2 Minuten Geduld für 2 Musikbeispiele, die meine "luftige" Klangvorstellung - fast - beglückend verwirklichen, wobei die eine Aufnahme den natürlichen Musizierraum abbildet, die andere einen mit elektrischen Mitteln erzeugten. Welches Beispiel "Kunst" ist und welches "Natur", verrate ich natürlich nicht - aber das werden Sie als ausgefuchste Experten ja ohnehin sofort erkennen!!

Jörg Wuttke:

Betrachtung bekannter Grundlagen und Theorien stereofoner Aufnahmetechnik

Die Zahl interessanter Veröffentlichungen zum Thema "Stereofone Aufnahmetechnik" hat in den letzten Jahren bemerkenswert zugenommen /1/2/3/4/. Dazu bedurfte es nicht der Digitaltechnik, sie hatte aber gewiß Einfluß.

Die meisten Berichte gehen von der Verwendung von nur 2 Mikrofonen aus, beschreiben also die Verhältnisse des sogenannten Stereo-Hauptmikrofonverfahrens, wie es vor allem im Bereich der E-Musik Einsatz findet. Wie schon der Name sagt, ist das Stereo-Hauptmikrofon von fundamentaler Bedeutung. Andere Techniken, die ohne Stereo-Hauptmikrofon arbeiten, bedürfen einer separaten Beschreibung.

Die Möglichkeit, mit Stützmikrofonen ins Interpretatorische einzugreifen, freut natürlich den Tonmeister und meist auch Musiker und Konsumenten, aber es ist sicher, daß unterschiedliche Hörgewohnheiten zu verschiedenen Beurteilungen führen /5/. Über die ästhetischen Gesichtspunkte läßt sich ein eigenes Referat halten und ein Streit über geschmackliche Fragen ist nicht sinnvoll.

Der Tonmeister muß aber eventuell schon aus geschäftlichem Interesse wissen, daß besonders die anspruchsvollen Käufer im sogenannten Hi-End-Bereich allergisch auf allzu erkennbare Stützmikrofone reagieren. Manche beharren sogar auf der Forderung, daß nur mit 2 Mikrofonen natürliche Tonaufnahmen möglich sind. So unmöglich dies in vielen Fällen ist /6/, läßt sich dieser Kundenwunsch doch besonders bei kleineren Ensembles realisieren. Das Stereo-Hauptmikrofon verdient also bestimmt nach wie vor Aufmerksamkeit.

Die eingangs erwähnten internationalen Veröffentlichungen dazu stammen von verschiedenen Autoren, von denen jeder unabhängig seine Erfahrungen und Theorien bekanntgemacht hat. So ist es nicht verwunderlich, daß die Ansätze

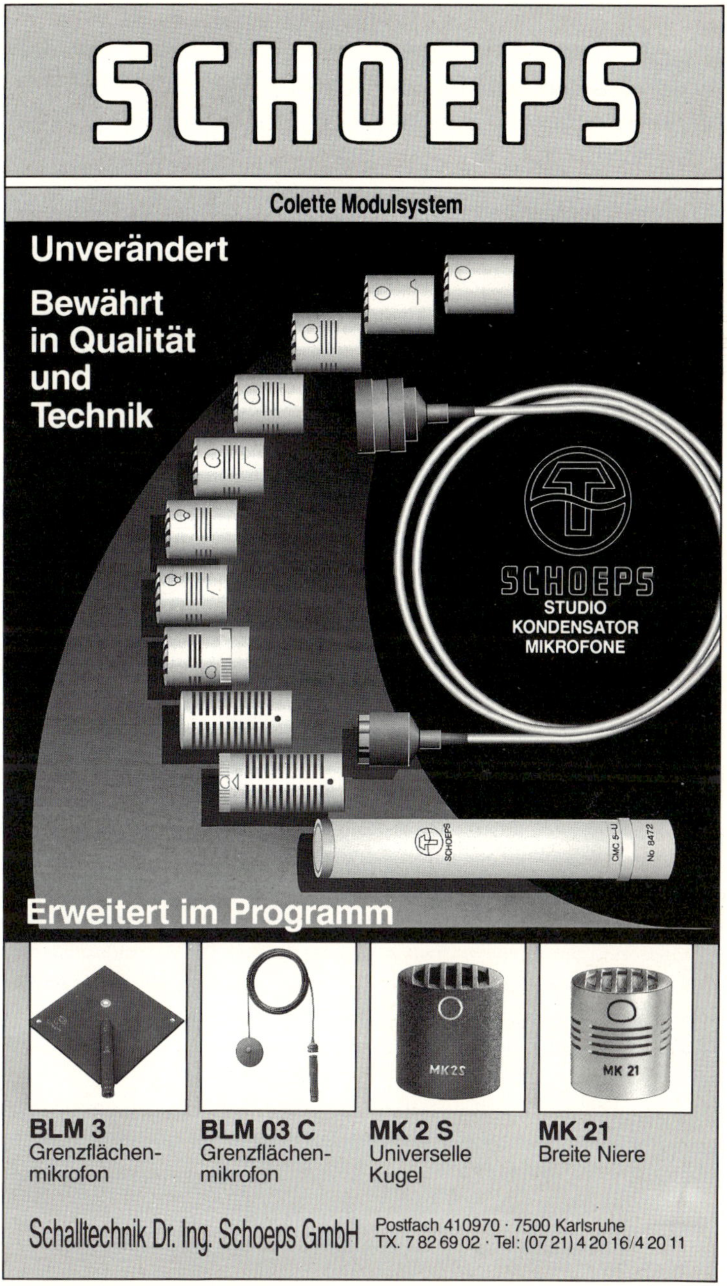
SCHOEPS
Colette Modulsystem
Unverändert
Bewährt in Qualität und Technik
SCHOEPS
STUDIO KONDENSATOR MIKROFONE
SCHOEPS
CMC 5-U
No 8472
Erweitert im Programm
MK2S
MK 21
BLM 3 Grenzflächenmikrofon
BLM 03 C Grenzflächenmikrofon
MK 2 S Universelle Kugel
MK 21 Breite Niere
Schalltechnik Dr. Ing. Schoeps GmbH
Postfach 410970 · 7500 Karlsruhe
TX. 7 82 69 02 · Tel: (07 21) 4 20 16/4 20 11

der Betrachtungen sehr unterschiedlich sind. Das Ziel dieses Aufsatzes ist es, einige wesentliche Aussagen zu konzentrieren ohne Irritation durch unterschiedliche Ansichten im Detail.

Die Gliederung lehnt sich an die Reihenfolge der Kriterien der Herren Nellessen, Prager und Wöhr in ihren Referaten auf der 14. Tonmeistertagung an /2/. Diese beginnt mit dem Gesamteindruck einer Aufnahme, betrachtet dann die Räumlichkeit und zuletzt die Lokalisation.

Der Gesamteindruck ist am schwersten zu erklären, da er Details enthält, die nicht immer einer genauen Analyse zugänglich sind. Ganz sicher spielt hier aber der Klang eine Rolle und so ist natürlich auf der technischen Seite die Wahl der Mikrofone sehr wesentlich.

Dieses Thema wird vermutlich nie ganz abgeschlossen werden, da geschmackliche Beurteilungskriterien einen besonders starken Einfluß haben. Dennoch ist eine grobe Klassifizierung möglich. Man könnte zunächst Mikrofone mit einem mehr oder weniger ausgeprägten Eigenklang (Sound) und Mikrofone mit neutralem, natürlichen Übertragungsverhalten unterscheiden.

Die Übergänge sind kontinuierlich, aber es ist recht allgemeingültig, daß besonders dynamische Mikrofone und große Mikrofone zu einem "Sound-Charakter" tendieren. Der Tonmeister kann diese Eigenschaft gezielt nutzen, indem er die Merkmale des einen oder anderen Instrumentes überzeichnet. Im Endeffekt läuft diese Philosophie aber darauf hinaus, daß man für jedes Instrument ein spezielles Mikrofon braucht, das dann schlimmstenfalls auch nur dafür geeignet ist.

Mit neutral klingenden Mikrofonen kann man dagegen alle Schallquellen aufnehmen, sofern eine natürliche Aufnahme erwünscht ist. Das ist nicht gleichbedeutend mit einheitlichem Klang. Die prinzipbedingt unterschiedliche Aufnahme von direkten und reflektiertem Schall, der Nahheitseffekt und andere physikalische Grundlagen haben kalkulierbare Einflüsse.

Ein verfärbungsfrei aufnehmendes Mikrofon, das nicht die Grenzflächentechnik nutzt, muß so klein wie möglich sein, um das natürliche Schallfeld nicht zu stören. Das gilt für jeden Wandler und ist bei Lautsprechern nur durch die Forderung nach Leistungsabgabe ein praktisch unlösbares Problem.

a	b	c	d	e	f	g
akustisches Arbeitsprinzip	Richtcharakteristik	Schoeps Kapseltyp 1)	Übertragungsmerkmale grafisch 2) —— im direkten Schall - - - im reflektierten Schall	Frequenzgang	Richtdiagramm	Besonderheiten
Druckempfänger	Kugel	MK 2	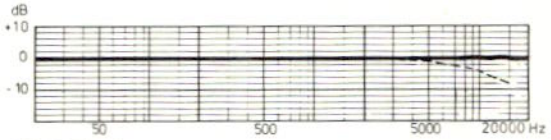	bei tiefen Frequenzen ideal; bei hohen Frequenzen abhängig vom Schalleinfallswinkel	frequenzabhängig; Richtwirkung bei hohen Frequenzen	vergleichsweise wind- und erschütterungsunempfindlich
	Kugel	MK 2 S	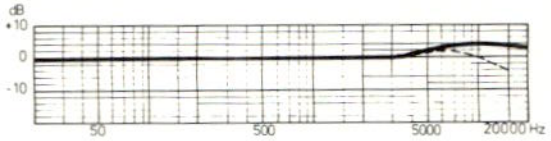			
	Kugel	MK 3	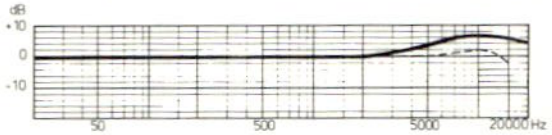			
Druckgradientenempfänger	breite Niere	MK 21	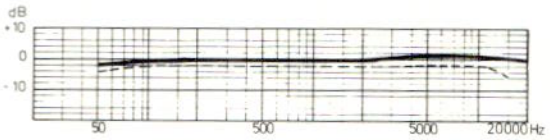	ausgeglichen; tendenziell schwächer werdende Tiefenwiedergabe	frequenzunabhängiger als bei Kugeln, weniger gut verallgemeinbar als andere Angaben der Tabelle 3)	zunehmender Nahheitseffekt
	Niere	MK 4	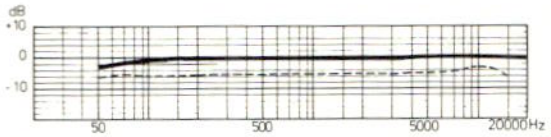			
	Superniere	MK 41	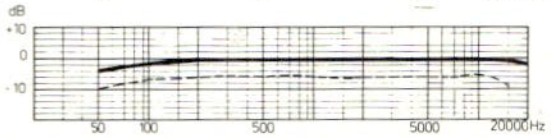			
reiner Druckgradientenempfänger	Acht	MK 8	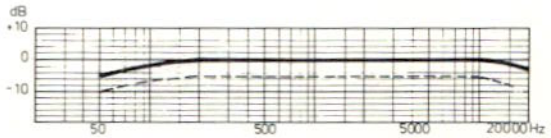	Frequenzgangabfall bei tiefen Frequenzen	bei kleinen Kapseln in idealer Weise frequenzunabhängig	

1) Die beschriebenen Merkmale und Besonderheiten sind physikalischer Natur und gelten ihrer Tendenz nach auch für andere hochwertige, insbesondere kleine Kondensatormikrofone.

2) Das Richtdiagramm und dessen Frequenzabhängigkeit ist besonders aussagekräftig im gestrichelt gezeichneten Diffusfeld-Frequenzgang enthalten.

Tabelle 1

Das qualitative Verhalten kleiner Kondensatormikrofone, die mit dem Ziel naturgetreuer Übertragung entwickelt wurden, geht aus Tab. 1 hervor. Bemerkenswert ist z.B. der Gewinn an Tiefbaß-Aufnahme, wenn Druckempfänger verwendet werden. Nieren neigen zu einer leichten Betonung der Höhen bei schrägem Schalleinfall und im diffusen Schallfeld.

Zur Räumlichkeit des Hörens gibt es sehr detaillierte Analysen /7/. Bei der stereofonen Wiedergabe wird der Entfernungseindruck u.a. vom Anteil und Spektrum des reflektierten bzw. diffusen Schalls beeinflußt. Für ein starkes Räumlichkeitsempfinden ist es aber wichtig, daß die aus dem diffusen Schallfeld aufgenommenen Anteile in beiden Kanälen nicht zu hoch miteinander korreliert sind. Theile hat damit bereits auf der 13. Tonmeistertagung erklärt, weshalb Intensitätsstereofonie nur eine schwache Räumlichkeit ergibt. Die aus dem Raum aufgenommenen Signale werden durch die übereinander angeordneten Kapseln so "gleich" aufgenommen, daß ein Teil der Rauminformation bei alleiniger Verwendung eines Stereomikrofons in der Mitte geortet wird, obwohl der Hall nicht ortbar sein darf. Derart betonte Mittenortung kann aber nur ausnahmsweise erwünscht sein.

Bei Kapseln mit Supernieren, Hypernieren oder Acht-Charakteristik ist der Effekt weniger ausgeprägt, da die zunehmenden Schnelleanteile des Membranantriebs aufgrund ihres vektoriellen Charakters weniger korreliert sind als bei Verwendung von 2 Nieren (Niere ≙ Kugel:Acht = 1:1). Eventuell läßt sich damit auch eine positivere Beurteilung der MS-Technik erklären. Nur im Sonderfall einer Kugel für den M-Kanal können sich nämlich Nieren ergeben, die dann aber immer einen Versatzwinkel von 180° haben. In allen anderen Fällen, bei denen für den M-Kanal eine gerichtete Kapsel verwendet wird, ergibt die Matrizierung Richtdiagramme mit einer rückwärtigen Empfindlichkeitskeule. Das Minimum der Empfindlichkeit dieser Richtcharakteristik liegt im Falle einer Niere im M-Kanal stets bei 180°, bezogen auf die Hauptachse des M-Mikrofones.

Die meisten Berichte zum Thema "stereofones Hauptmikrofon" konzentrieren sich auf die Lokalisation. Dabei ist leider fraglich, ob diesem Merkmal auch in der Praxis die dominierende Bedeutung zugemessen werden kann. Eine kräftige Baßwiedergabe oder prächtiger Raumklang haben meist mehr Effekt. Außerdem ist es oft erschreckend, zu beobachten, mit welcher Sorglosigkeit Hörer ihren Sitzplatz wählen. Es muß immer wieder daran erinnert werden, daß die Symmetrie, die Gleichheit der Lautsprecher, der Abstand und besonders der richtige Hörort entscheidend auf die Lokalisationsmöglichkeiten einwirken. Dabei wäre es ein Thema für sich, die Verträglichkeit mangelhafter Abhörverhältnisse in Abhängigkeit vom Aufnahmeverfahren zu untersuchen.

Unabhängig von der Art des Stereo-Hauptmikrofonverfahrens stellen die Williams-Diagramme eine besondere Hilfe bei der optimalen Mikrofonaufstellung dar /8/. Sie beschreiben notwendige geometrische Bedingungen für das Stereo-Hauptmikrofonverfahren, die sich aus dem vom Tonmeister gewählten Aufstellungsort, der Richtcharakteristik der Mikrofone und der menschlichen Hörphysiologie ergeben.

Es kann nicht Aufgabe dieses Aufsatzes ein, die Verhältnisse genau wiederzugeben, aber es soll doch kurz der grundlegende Gedanke umrissen werden.

Der Toningenieur, der den Aufstellungsort eines stereofonen Mikrofonpaares - z.B. nach Gesichtspunkten der Hallbalance - bestimmt, wünscht in der Regel, daß alle Schallquellen der Originaldarbietung in die Basis der stereofonen Lautsprecherwiedergabe projiziert werden. Wenn also die volle Stereobasis genutzt werden soll, muß das am weitesten links oder rechts plazierte Instrument eines Orchesters bei der Wiedergabe extrem links oder rechts lokalisiert werden, das sind die Orte der jeweiligen Lautsprecher bei γ = +/- 30° (Abb. 1a/1b).

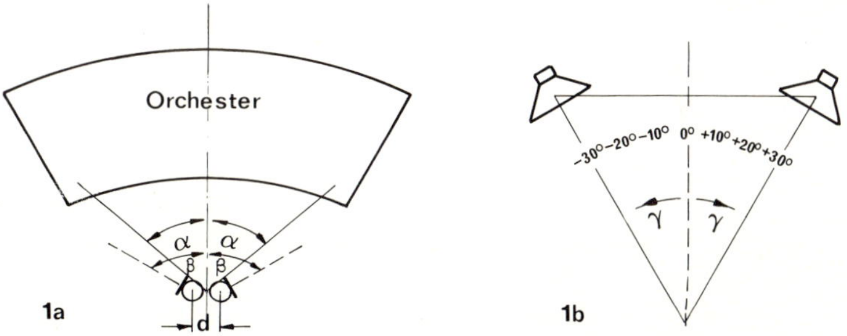

Der "Aufnahmebereich" 2α soll bei der Lautsprecherwiedergabe in den "Wiedergabebereich" 2 γmax = 60° transformiert werden. Daraus ergeben sich nach Williams Versatzwinkel β und Abstand d, von denen einer von beiden in Grenzen wählbar ist.

Dazu sind Intensitäts- und/oder Laufzeitunterschiede erforderlich, die nicht größer und nicht kleiner als notwendig sein dürfen. Eine Mikrofonanordnung mit größeren Kanalunterschieden würde z.B. keine weitere Verlagerung der außen liegenden Schallquellen bewirken, aber weiter zur Mitte hin gelegene Schallquellen würden dann immer noch genügend Intensitäts- bzw. Laufzeitunterschiede ergeben, um ebenfalls extrem links oder rechts geortet zu werden.

Welche Intensitäts- und/oder Laufzeitunterschiede erforderlich sind, um musikähnliche Signale aus verschiedenen Richtungen zwischen den Lautsprechern zu lokalisieren, ist aus hörphysiologischen Versuchen bekannt /9/ (Abb. 2). Andererseits kann man für jedes stereofone Hauptmikrofonverfahren die Intensitäts- und Laufzeitunterschiede, die sich für Schall aus verschiedenen Richtungen ergeben, exakt in Abhängigkeit von Richtcharakteristik, Winkel zwischen den Hauptachsen und Abstand zwischen den Mikrofonen berechnen.

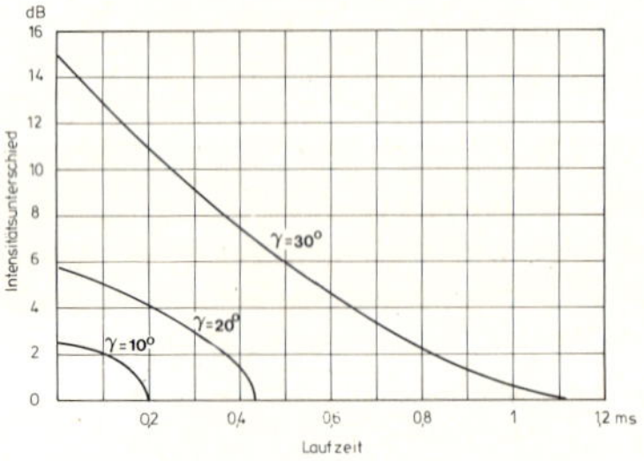

Abb. 2 Notwendige Intensitäts- und Laufzeitunterschiede zur Lokalisation von Phantomschallquellen aus verschiedenen Richtungen der Lautsprecherbasis (Abb. 1b) nach Simonsen /9/.

So lassen sich für jeden Aufnahmewinkel, der vom Stereomikrofon aus gesehen das Orchester einschließt (2α, Abb. 1a), Winkel und Abstand zweier Mikrofone derart ermitteln, daß nur die außenliegenden Schallquellen bei γ = +/- 30° der Lautsprecheranordnung lokalisiert werden. Die anderen Schallquellen erscheinen dann, dem Original entsprechend, z.B. 2/3 oder 1/3 rechts bzw. links (γ = +/- 20°, +/- 10°, Abb. 1b). Die Genauigkeit dieser Transformation läßt sich berechnen. Sie hängt von der gewählten Kombination von Versatzwinkel und

Abstand ab. Der Fehler kann "Lokalisationsverzeichnung" genannt werden.

Um einem "Aufnahmewinkel" von z.B. α = +/- 70°, also insgesamt 140° zu entsprechen, müßten bei einem Intensitätsstereomikrofon mit 2 Nieren die Kapseln in einem Winkel von 120° zueinander eingestellt werden (Versatzwinkel β = 60°) oder aber man bräuchte bei 20 cm Abstand der Kapseln nur einen Winkel von 50° zwischen den Hauptachsen (Versatzwinkel β = 25°). (Abb. 3)

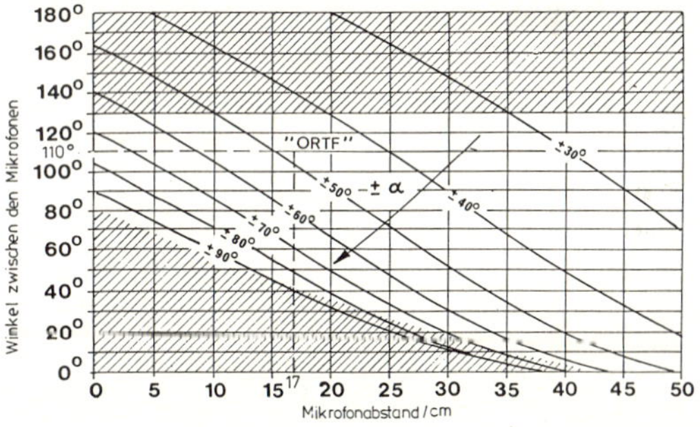

Abb. 3 Halber "Aufnahmewinkel" nach Williams, für Nieren, vereinfacht. Die schraffierten Zonen sollen nicht genutzt werden /8/.

Interessant ist es auch, umgekehrt den Aufnahmewinkel bekannter Anordnungen zu ermitteln. Für ein Intensitätsstereomikrofon, bei dem 2 Nieren im Winkel 90° zueinander eingestellt sind, ergibt sich ein Aufnahmewinkel von 180°. Das Mikrofon müßte also sehr weit vorne, praktisch auf Höhe des Dirigenten stehen. Wenn dies nicht der Fall ist, würden sich keine genügenden Links-/Rechtsdifferenzen ergeben, um Schallquellen ganz links oder rechts bei der Wiedergabe zu orten. Nicht aufeinander abgestimmter Versatzwinkel und Positionierung können also auch eine Erklärung dafür sein, wenn XY eine zu betonte Mittenlokalisation bringt.

Der Aufnahmewinkel nach Williams ist stets kleiner, als er in der deutschen Literatur /10/ angegeben wird. Dort handelt es sich um ein notwendiges Kriterium aus ganz anderer Betrachtungsweise.

Der einzige Hinweis, ob eine koinzidente Technik oder ein "Klein-AB-Verfahren" vorzuziehen ist, ergibt sich bei Williams aus der Angabe der "Lokalisationsverzeichnung". Sie ist bei mittleren Kapselabständen am geringsten.

Aus anderer Perspektive hat Theile bereits auf der 13. Tonmeistertagung für seine "Äquivalenzstereomikrofone" plädiert. Auch diese arbeiten mit Kapselabständen. So ergibt sich die Frage nach einer Obergrenze des Abstandes. Nach Theile sollte er nicht viel größer als Ohrenabstand sein. Nach Williams kann er, je nach Richtcharakteristik und Aufnahmewinkel, auch 50 cm noch überschreiten. Sollte jemand Mikrofone mit Kugelcharakteristik so entfernt vom Orchester aufstellen, daß ein Aufnahmewinkel von nur +/- 30° zu übertragen ist, müßte der Mikrofonabstand 76 cm betragen, bei +/- 50° noch 50 cm.

Für besonders große Distanzen gilt aber Kritik /11/. Gegen diese läßt sich einwenden, daß Lokalisation und empfundene Räumlichkeit gegenläufig sind und daß es Aufnahmen gibt, die keine Lokalisation, aber viel räumliche Tiefe verlangen. So rechtfertigen sich Kapselabstände bzw. AB-Technik, wie sie ohnedies erforderlich sind, wenn man von der guten Tiefbaßwiedergabe von Kondensatormikrofonen mit Kugelcharakteristik Gebrauch machen will. Umgekehrt kann die mittenbetonte Lokalisation von rein koinzidenten Aufnahmen, also mit Intensitätsstereomikrofonen, sehr sinnvoll sein, wenn es sich beispielsweise um die Aufnahme eines Einzelinstrumentes handelt.

Die allgemein positive Beurteilung von Stereo-Hauptmikrofonverfahren, deren Kapseln etwa 5 - 30 cm voneinander entfernt sind, wurde übrigens zu sehr verschiedenen Zeiten und bei unterschiedlichen Ansätzen auch von anderen Autoren eindrucksvoll vermittelt /12/13/14/. Ernstzunehmende Kompatibilitätsprobleme treten in der Praxis nicht auf.

Wenn Begriffe wie Richtungsstabilität und Lokalisationsschärfe angesprochen werden, scheint es sinnvoll, auch die Abhängigkeit der Ortung von der Signalart zu berücksichtigen. "Musik" ist ein sehr weiter Begriff. Besonders in diesem Zusammenhang sind die Ausführungen von Griesinger interessant /15/. Dabei geht es unter anderem um die Frequenzabhängigkeit der Lokalisation. Bei tiefen Frequenzen sind größere Intensitätsunterschiede wünschenswert. Wer sich damit befaßt, stößt schließlich auf das als "Shuffling" bekannte Prinzip /16/17/, eine Art frequenzabhängige MS-Matrizierung.

Als weiterführende Literatur können die bereits genannten, nachstehenden Veröffentlichungen empfohlen werden.

1 G. Steinke, G. Plenge, G. Theile, W. Zahn und H. Püllmanns
in: Bericht zur 13. Tonmeistertagung 1984.
Bildungswerk des Verbandes Deutscher Tonmeister, S. 137 - 196

2 M. Wöhr und B. Nellessen, D. Griesinger, T. Prager und G. Theile, G. Theile
in: Bericht zur 14. Tonmeistertagung 1986.
Bildungswerk des Verbandes Deutscher Tonmeister, S. 106 - 134, S. 234, S. 277

3 AES, An anthology of reprinted articles on stereophonic techniques.
Audio Engineering Society, Inc., New York, 1982

4 S. Bech und O. J. Pedersen (Hrsg.)
Perception of reproduced sound.
Gammel Avernaes, Kopenhagen, 1987

5 I. Harden
Klang und Form - Schallplattenkritische Anmerkungen zur Aufnahmetechnik.
in: Bericht zur 13. Tonmeistertagung 1984.
Bildungswerk des Verbandes Deutscher Tonmeister, S. 45

6 O. E. Wohlert
Binär ad absurdum.
Hi-Fi Stereophonie, Heft 7, 1983, S. 688

7 J. Blauert
Räumliches Hören.
S. Hirzel Verlag Stuttgart, 1974

8 M. Williams
Institut National d'Audiovisuel.
Unified theory of microphone systems for stereophonic sound recording.
AES preprint 2466 (H-6), 1987

9 G. Simonsen
Master's Thesis, Lyngby, Denmark, 1984

10 M. Dickreiter
Mikrofon-Aufnahmetechnik.
S. Hirzel Verlag Stuttgart, 1984

11 S. P. Lipshitz
University of Waterloo, Ontario, Canada
Stereo Microphone Techniques: Are the Purists Wrong?
AES preprint 2261 (D-5) oder J. Audio Eng. Soc., Vol. 34, no. 9, 1986

12 A. L a r a c i n e
Institut National d'Audiovisuel, Thèse 1966

13 C. C e o e n
Comparative Stereophonic Listening Tests.
J. Audio Eng. Soc., Vol. 20, S. 19 - 27, 1972

14 Ch. H u g o n n e t et J. J o u h a n e a u
Comparative spatial transfer function of six different stereophonic systems.
AES preprint 2465 (H-5), 1987

15 D. G r i e s i n g e r
Neue Perspektiven für koinzidente und quasi-koinzidente Mikrofonverfahren.
in: Bericht zur 14. Tonmeistertagung 1986
Bildungswerk des Verbandes Deutscher Tonmeister, S. 122 - 134

16 M. G e r z o n
Stereo Shuffling, New Approach - Old Technique.
Studio Sound, July 1986, S. 122 ff.

17 T. McC o r m i c k
An LF Phase Shuffler.
Studio Sound, March 1986, S. 76 ff.

Manfred Hibbing:

XY- und MS-Aufnahmetechnik im Vergleich

Beide Koinzidenzverfahren gelten als theoretisch äquivalent, d.h. ihre Signale können ineinander überführt werden, wenn man ideale Mikrofoneigenschaften voraussetzt. In der Praxis ergeben sich jedoch zwischen beiden Verfahren charakteristische Unterschiede. Im folgenden werden die theoretischen Zusammenhänge zwischen den beiden Verfahren dargestellt und die praktischen Abweichungen diskutiert, wobei auch die komplexeren Verhältnisse bei Rohrrichtmikrofonen einbezogen werden.

Grundsätzliches zum XY- und MS-Mikrofonverfahren

Bei beiden Koinzidenzmikrofontechniken werden zwei Mikrofone so angeordnet, daß sie vom Schall aus der Aufnahmeebene gleichzeitig erreicht werden. Wegen des Fehlens von Laufzeitunterschieden liefern beide Verfahren Aufnahmen in reiner Intensitätsstereofonie und sind daher uneingeschränkt monokompatibel.
Das XY-Verfahren arbeitet mit zwei gleichartigen Richtmikrofonen, die mit entgegengesetzt gleich großen Versatzwinkeln zur Aufnahmehauptachse angeordnet sind. Das nach links gerichtete X-Mikrofon liefert unmittelbar das L-Signal und das nach rechts gerichtete Y-Mikrofon das R-Signal. Der Aufnahmewinkel hängt von der Richtcharakteristik der Mikrofone und vom Versatzwinkel ab.
Beim MS-Verfahren ist das M-Mikrofon nach vorn gerichtet. Es kann eine beliebige Richtcharakteristik (einschließlich Kugelcharakteristik) aufweisen und liefert unmittelbar das Monosignal. Das S-Mikrofon ist immer ein reiner Druckgradientenempfänger mit Achtercharakteristik, dessen positive Seite nach links gerichtet ist (90 Grad Versatzwinkel). Aus den Signalen M und S gewinnt man durch Summen- und Differenzbildung (Matrizierung) die Signale L und R. Der Aufnahmewinkel hängt von der Richtcharaktersitik des M-Mikrofons und vom relativen Anteil des S-Signals ab.

XY-MS-Äquivalenzen

Die bekannten Standard-Richtcharakteristiken 1.Ordnung lassen sich grundsätzlich als Überlagerung von Kugel- und Achtercharakteristiken mit unterschiedlicher Gewichtung beider Anteile darstellen. Abb.1 zeigt die Zusammensetzung einiger gängiger Richtcharakteristiken aus den zugehörigen Kugel- und Achteranteilen.

Kugel- und Achtercharakteristik repräsentieren als Grenzfälle reine Druck- bzw. Druckgradientenmikrofone, während alle übrigen Richtcharakteristiken dadurch entstehen, daß die Mikrofone teils auf den Druck und teils auf den Druckgradienten des Schallfeldes ansprechen.

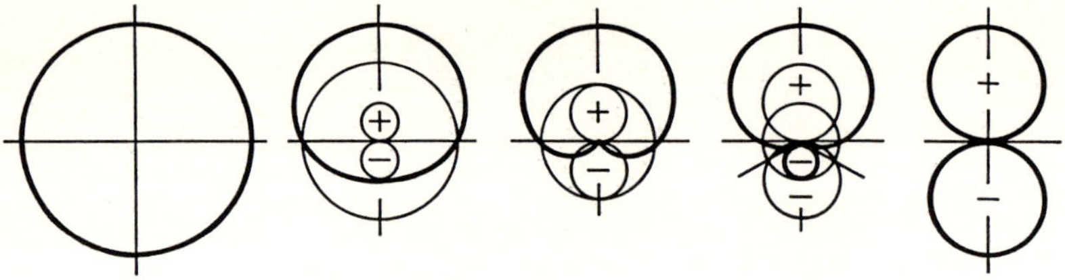

Abb. 1 - Richtcharakteristiken 1. Ordnung mit zugehörigen Kugel- und Achteranteilen:
Kugel (1/0), Breite Niere (0,67/0,33), Niere (0,5/0,5), Superniere (0,33/0,67), Acht (0/1)

Abb. 2A zeigt beispielhaft eine XY-Anordnung mit zwei Mikrofonen mit Nierencharakteristik. Zerlegt man beide Richtcharakteristiken in die zugehörigen Kugel- und Achteranteile, so erhält man Abb. 2B. Die Kugelanteile beider Mikrofone sind identisch. Die Achteranteile sind gleich groß und weisen in X- bzw. Y-Richtung. Die Achteranteile lassen sich gemäß Abb. 2C weiter in Anteile zerlegen, die nach vorn und zur Seite gerichtet sind. Die nach vorn gerichteten Achteranteile beider Mikrofone sind identisch, während die Queranteile zwar gleich groß sind, aber in entgegengesetzte Richtungen weisen. Diese Queranteile stellen den eigentlichen Unterschied zwischen beiden Mikrofonsignalen dar. Aus den gewonnenen Signalkomponenten ergibt sich das MS-Format, indem die identischen Signalanteile beider Mikrofone zum M-Signal und die gegenphasigen Anteile zum S-Signal zusammengefaßt werden, wie es Abb. 2D zeigt. Das geschieht durch Summen- und Differenzbildung (Matrizierung).
Man erkennt unmittelbar, daß die resultierende M- oder Mono-Richtcharakteristik stets breiter als die XY-Richtcharakteristiken sein muß, weil der Achteranteil S bei der Bildung des Monosignals verloren geht. Aus Abb. 2C erkennt man außerdem, daß die Verbreiterung mit dem Versatzwinkel zunimmt, weil dann der nach vorn projizierte Achteranteil geringer wird. Gleichzeitig nimmt der S-Anteil zu, weil der in Querrichtung projizierte Achteranteil größer wird.
Die in Abb. 2 graphisch durchgeführte Umwandlung der XY- in MS-Signale ist auch umkehrbar. Daraus ergibt sich die grundsätzliche Äquivalenz zwischen beiden Mikrofonverfahren für Richtcharakteristiken 1. Ordnung.

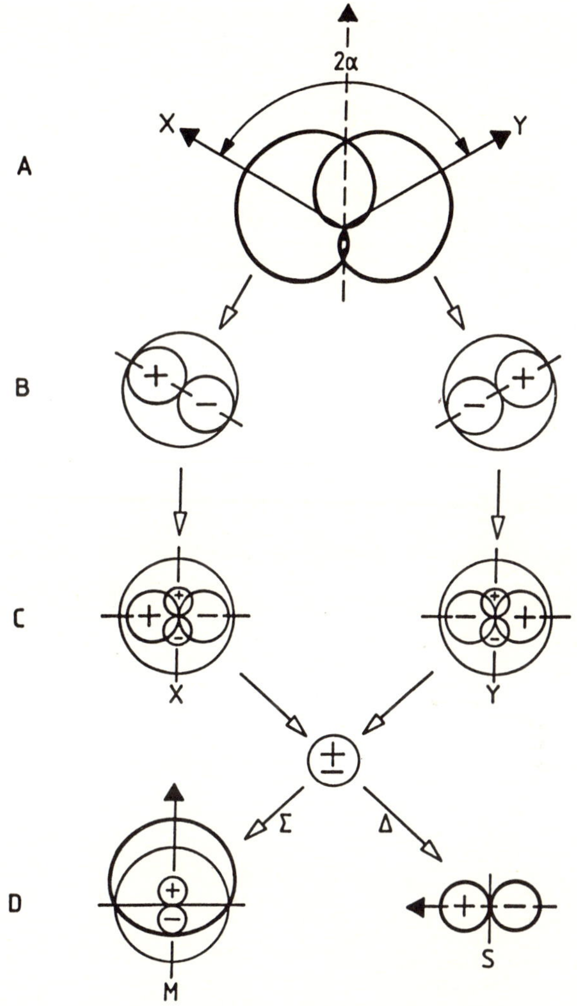

Abb. 2 - Umwandlung von XY-Signalen in MS-Signale durch Zerlegung in Kugel- und Achteranteile und Zusammenfassung gleichartiger Anteile zum M-Signal und unterschiedlicher Anteile zum S-Signal

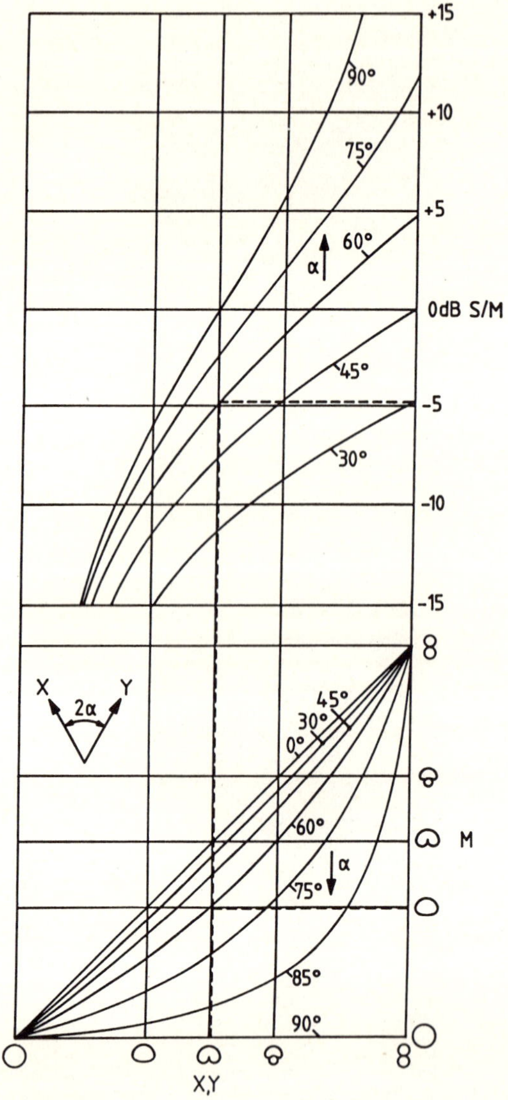

Abb. 3 - Diagramm zur Ermittelung äquivalenter Parameter für XY- und MS-Mikrofonanordnungen

Das Diagramm in Abb. 3 ermöglicht die graphische Ermittlung äquivalenter XY- und MS-Parameter. Am unteren Rand des Diagramms sind die XY-Richtcharakteristiken so aufgetragen, daß der Achteranteil von links nach rechts linear zunimmt, während der Kugelanteil linear abnimmt. Am rechten Rand des unteren Diagramms sind in entsprechender Weise die M-Richtcharakteristiken dargestellt. Die Kurvenscharen repräsentieren verschiedene XY-Versatzwinkel. Korrespondierende Richtcharakteristiken findet man über den Schnittpunkt der zugehörigen Vertikalen und Horizontalen auf den Versatzwinkelkurven. Beispielsweise ergeben zwei XY-Mikrofone mit Nierencharakteristik und einem Versatzwinkelwinkel von 60 Grad eine Breite Niere als Mono-Richtcharakteristik (gestrichelte Linien).
Im oberen Teil des Diagramms kann man den zugehörigen relativen S-Anteil ermitteln, indem man die zur XY-Richtcharakteristik gehörige Vertikale nach oben bis zur betreffenden Versatzwinkelkurve verlängert und dann rechts das Verhältnis S/M abliest. Für das angegebene Beispiel muß die S-Verstärkung 4,8 dB niedriger als die M-Verstärkung sein. Wenn die Übertragungsfaktoren von M- und S-Mikrofon verschieden sind, muß noch eine entsprechende Korrektur hinzugefügt werden.
Die Äquivalenz zwischen der XY- und der MS-Mikrofontechnik wird in der Praxis dadurch eingeschränkt, daß die Richteigenschaften realer Mikrofone frequenzabhängig sind. Insbesondere bei hohen Frequenzen können merkliche Abweichungen auftreten. Im folgenden sollen die Richteigenschaften von Studio-Kondensatormikrofonen deshalb etwas näher untersucht werden.

Richteigenschaften von Studio-Kondensatormikrofonen

Abb. 4 zeigt die Richteigenschaften von Großmembranmikrofonen mit umschaltbarer Richtcharakteristik für die am häufigsten benutzte Nierencharakteristik. Die Frequenzkurven erfassen den Schalleinfallwinkelbereich zwischen 0 und 90 Grad, also den gesamten vorderen Halbraum. Auf die Darstellung der Frequenzkurven für den hinteren Halbraum wurde verzichtet, da dort sehr große individuelle Unterschiede auftreten, die wenig verallgemeinerungsfähig sind.
Obwohl die Mikrofone von verschiedenen Herstellern stammen, verhalten sie sich im vorderen Halbraum recht ähnlich. Man erkennt, daß die Sollcharakteristik nur im mittleren Frequenzbereich näherungsweise erreicht wird (Soll-Dämpfung 6 dB bei 90 Grad). Bei tiefen Frequenzen findet ein für Mikrofone mit Doppelmembranwandler typischer Übergang zur Breiten Niere statt, der sich im hier nicht dokumentierten rückwärtigen Winkelbereich noch deutlicher bemerkbar macht. Charakteristisch ist die Zusammenschnürung der Frequenzkurven im Bereich um etwa 10 kHz und der darüber einsetzende stark frequenz- und winkelabhängige Pegelverlust, der eine deutliche Zunahme des Bündelungsgrades anzeigt. Die Richtcharakteristik wird hier zunehmend keulenförmig. Die Einschnürung bei 10 kHz zeigt an, daß hier zwischen etwa 45 und 90 Grad keine Änderung des Mikrofonpegels mit dem Schalleinfallwinkel erfolgt. Dadurch ist hier sowohl bei der XY- als auch bei der MS-Technik die Vermittlung von Richtungsinformation beeinträchtigt.

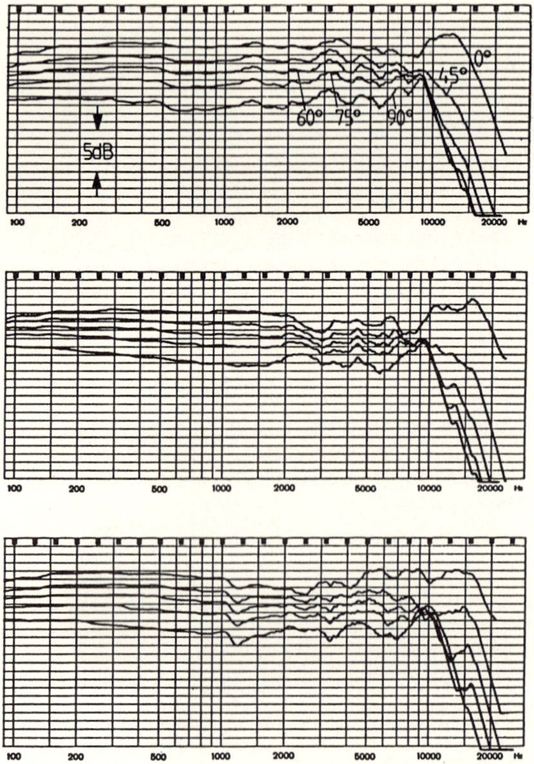

Abb.4 - Richteigenschaften von Großmembranmikrofonen

Abb.5 zeigt die Frequenzgänge kleinerer Studio-Kondensatormikrofone mit etwa 2 cm Durchmesser und Nierencharakteristik. Auch hier treten wieder Einschnürungen im Frequenzbereich um 10 kHz mit anschließenden, stark frequenz- und winkelabhängigen Pegelverlusten auf. Charakteristisch ist aber, daß die Einschnürungen nun in den Winkelbereich zwischen 0 und 45 Grad verlagert sind. An diesem Effekt ist die akustische Gestaltung der Mikrofoneinsprache und des rückwärtigen Wandlerbereichs beteiligt. Insbesondere wirkt sich die häufig anzutreffende Rückverlagerung des Wandlers in den Mikrofonkörper ungünstig aus. Dadurch entsteht vor der Membran ein Raum, der zu Resonanz- und Abschattungseffekten und einer damit verbundenen Bevorzugung des axial einfallenden Schalls bei hohen Frequenzen führt und so den Bündelungsgrad unnötig erhöht.

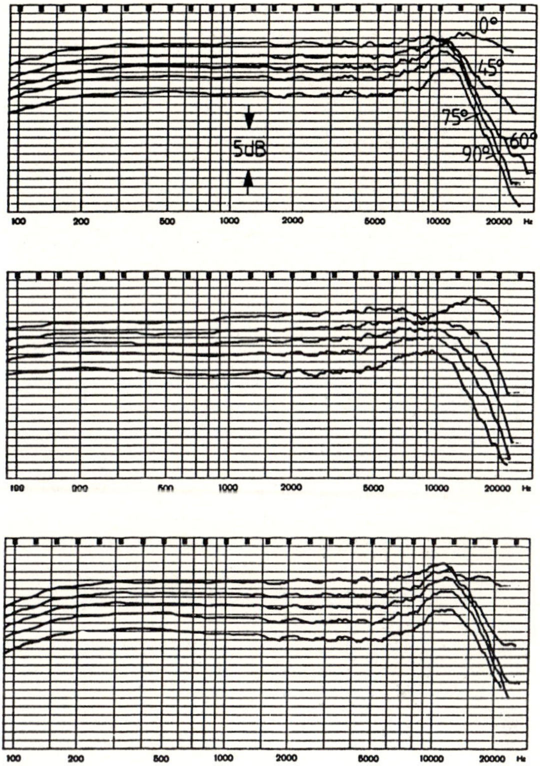

Abb.5 - Richteigenschaften kleinerer Studio-Kondensatormikrofone

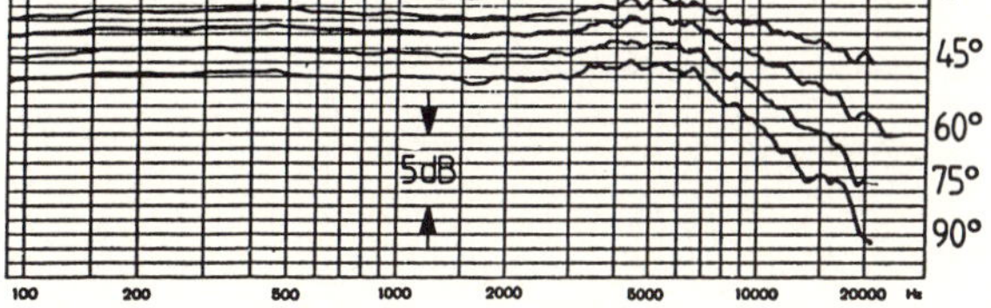

Abb.6 - Richteigenschaften des MKH 40 (Niere)

Im Gegensatz hierzu zeigt Abb.6 die Richteigenschaften eines Mikrofons, bei dem die Wandlerfront bündig mit dem Gehäuserohr abschließt. Für den mechanischen Schutz des Wandlers sorgt eine Gazekappe, die auch für seitlichen Schall durchlässig ist. Außerdem ist der rückwärtige akustische Anschluß des Wandlers an das Schallfeld so gestaltet worden, daß sich die Richteigenschaften bei hohen Frequenzen möglichst wenig ändern. Der Höhenabfall erfolgt mit maximal 6 dB/Oktave bei seitlichem Schalleinfall. Frequenzgangüberhöhungen im Übergangsbereich treten praktisch nicht auf.

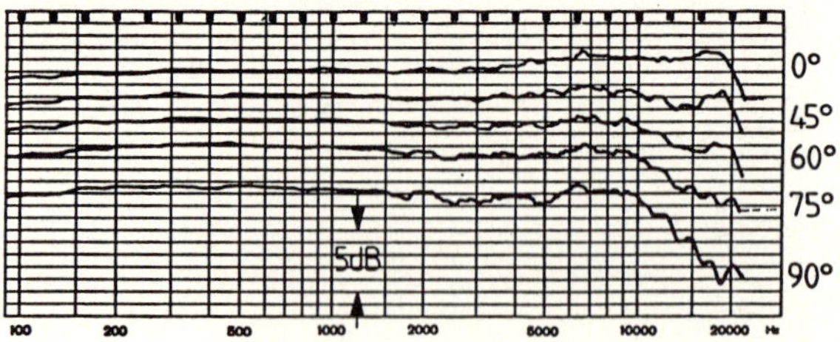

Abb.7 - Richteigenschaften des MKH 50 (Superniere)

Die bei sehr hohen Frequenzen vorherrschenden Richteigenschaften hängen nur wenig von der im übrigen Frequenzbereich realisierten Richtcharakteristik ab und ähneln noch am ehesten einer Superniere. Deshalb liegt es nahe, dem Mikrofon generell eine Supernierencharakteristik zu geben, wenn eine frequenzunabhängigere Richtcharakteristik angestrebt wird. Abb.7 zeigt die Frequenzgänge eines Mikrofons mit Supernieren-Charakteristik, bei dem weitgehend frequenzunabhängige Richteigenschaften erreicht werden konnten.

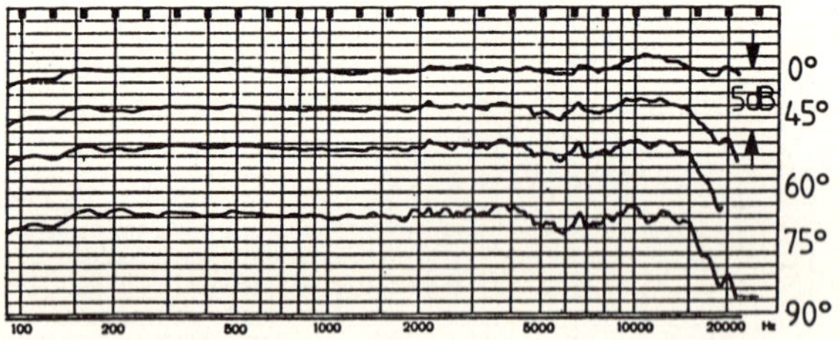

Abb.8 - Richteigenschaften des MKH 30 (Acht)

Am wenigsten frequenz- und winkelabhängige Eigenschaften weisen jedoch reine Druckgradientenmikrofone auf. Abb.8 zeigt die Frequenzkurven eines solchen Mikrofons, das einen symmetrisch aufgebauten Wandler enthält. Die Abweichungen vom Ideal sind so gering, daß bei diesem Mikrofon eine besonders hohe klangliche Neutralität bei allen Schalleinfallwinkeln gewährleistet ist.

Auswirkungen der realen Mikrofoneigenschaften

Berücksichtigt man die Richteigenschaften realer Mikrofone, dann wird offensichtlich, daß mit dem MS-Verfahren grundsätzlich eine höhere Aufnahmetreue möglich ist als mit dem XY-Verfahren. Dafür sind im wesentlichen drei Gründe maßgeblich:

1. Das M-Mikrofon ist auf die Mitte des Klangkörpers ausgerichtet, X- und Y-Mikrofon dagegen auf die Randbereiche (Abb.9). Deshalb ist der maximale Schalleinfallwinkel für das M-Mikrofon nur etwa halb so groß wie für das X- oder das Y-Mikrofon, obwohl von allen Mikrofonen der gleiche Aufnahmewinkel erfaßt wird. Wie zuvor gezeigt wurde, lassen sich aber die Abweichungen von den idealen Richteigenschaften grundsätzlich umso geringer halten, je kleiner der Schalleinfallwinkel ist. Deshalb müssen sich bei der MS-Technik letztlich geringere Fehler ergeben als bei der XY-Technik. Die MS-Technik kann deshalb im Vergleich zur XY-Technik das exaktere Monosignal erzeugen.
2. Bei der MS-Technik wird das S-Signal mit einem Achtermikrofon gewonnen. Da dieser Mikrofontyp aber besonders klangneutral für alle Schalleinfallrichtungen ausgeführt werden kann, können auch die Fehler des S-Signals sehr klein gehalten werden.
3. Da M- und S-Mikrofon symmetrisch zum Aufnahmewinkelbereich angeordnet sind, ist auch eine hohe Abbildungssymmetrie gewährleistet. Bei der XY-Technik kann es dagegen zu Unsymmetrie durch Unterschiede bei den individuellen Frequenzgängen und Richteigenschaften kommen.

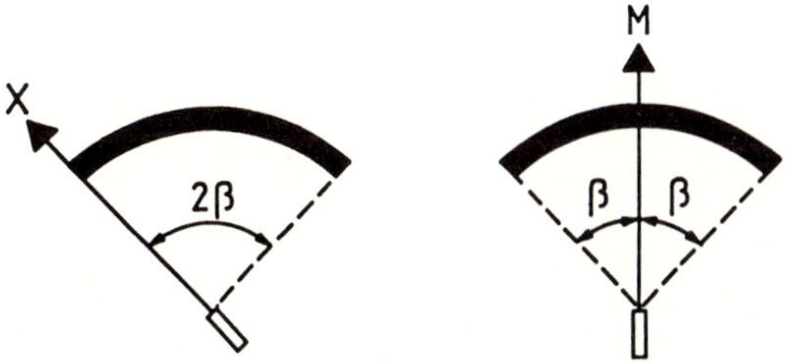

Abb.9 - Beschallungssituation bei X- und M-Mikrofon

Eine Voraussetzung sollte allerdings erfüllt sein, um die Vorteile der MS-Technik voll ausschöpfen zu können:
Die Frequenzgänge von M- und S-Mikrofon sollten weitgehend gleich und möglichst eben sein. Das war bislang nicht selbstver-

ständlich, da mit jeder Richtcharakteristik auch Besonderheiten bei den Frequenzgängen verbunden waren. Das war sicher auch ein Grund dafür, daß die XY-Technik häufig der MS-Technik vorgezogen wurde. Inzwischen stehen aber Mikrofone mit nahezu neutralen und standardisierten Eigenschaften zur Verfügung, so daß damit ideale Voraussetzungen für einen problemlosen Umgang mit der MS-Mikrofontechnik geschaffen werden konnten.

Rohrrichtmikrofone

Rohrrichtmikrofone arbeiten nach dem Interferenzprinzip. Auf diese Weise erreicht man höhere Bündelungsgrade als mit Richtmikrofonen 1.Ordnung. Allerdings nimmt der Bündelungsgrad grundsätzlich bei tiefen Frequenzen ab. Deshalb arbeiten Rohrrichtmikrofone dort im allgemeinen als Druckdifferenzempfänger 1.Ordnung mit Supernierencharakterisik.

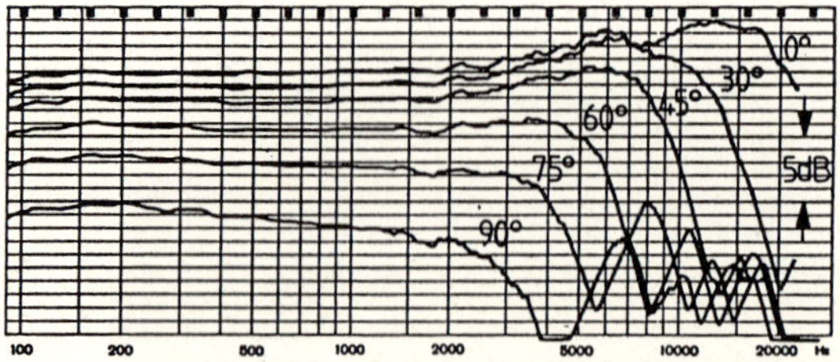

Abb. 10 - Richteigenschaften eines kurzen Rohrrichtmikrofons

Abb. 10 zeigt die winkelabhängigen Frequenzgänge eines kurzen Rohrrichtmikrofons. Man erkennt die Kammfilterstrukturen, die bei nicht axialem Schalleinfall durch Interferenz erzeugt werden. Der Einsatz des Höhenabfalls verschiebt sich mit zunehmendem Schalleinfallwinkel zu tieferen Frequenzen.

XY-Technik mit Rohrrichtmikrofonen

Bei der XY-Technik mit Rohrrichtmikrofonen kann die ausgeprägte Bündelung bei hohen Frequenzen ein "Loch in der Mitte" ergeben, wenn der Versatzwinkel zu groß gewählt wird. Die in dieser Hinsicht zulässigen Winkel sind jedoch zu klein, um bei tiefen Frequenzen einen wirksamen Stereoeffekt zu erzeugen. Deshalb wird die Stereofonisierung im wesentlichen durch höherfrequente Signalanteile (Obertöne, Formanten) bewirkt. Schallquellen abseits der Mitte wandern mit zunehmender Frequenz zur Seite aus bzw. werden räumlich "verschmiert", wenn sie ein breitbandiges Klangspektrum aufweisen. Benachbarte Schallquellen lassen sich daher nur bei hohen Frequenzen hinreichend trennen. Diese Eigenschaften lassen sich anhand von Abb. 11 verdeutlichen.

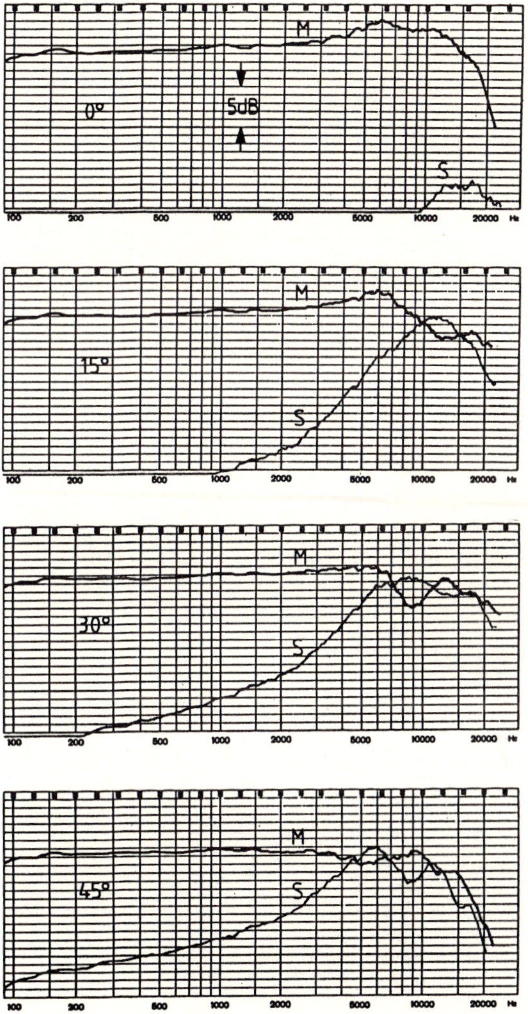

Abb. 11 – Durch elektrische Matrizierung gewonnene MS-Frequenzgänge einer XY-Anordnung mit kurzen Rohrrichtmikrofonen bei 22,5 Grad Versatzwinkel und verschiedenen Schalleinfallwinkeln

Sie zeigt die Frequenzgänge der M- und S-Signale, die mit einer Summen-Differenz-Matrix aus den Signalen einer XY-Anordnung mit zwei kurzen Richtrohren bei verschiedenen Schalleinfallwinkeln gewonnen wurden. Der von den Mikrofonen eingeschlossene Winkel betrug 45 Grad (22,5 Grad Versatzwinkel).
Bereits bei 0 Grad Schalleinfallswinkel bewirken die Richteigenschaften der Mikrofone einen Höhenverlust beim M-Signal oberhalb von 10 kHz. Bei größeren Schalleinfallwinkeln treten in diesem Bereich schon deutliche Verformungen der Frequenzkurven auf. Das S-Signal ist erwartungsgemäß bei niedrigen Frequenzen zunächst sehr klein und wächst bei hohen Frequenzen rasch an. Teilweise ist das S-Signal sogar größer als das M-Signal.
Man erkennt, daß Rohrrichtmikrofone in XY-Anordnung mit einem relativ kleinen Versatzwinkel betrieben werden müssen und nur für kleine Aufnahmewinkel sinnvoll eingesetzt werden können, wenn ein "Loch in der Mitte" vermieden werden soll. Schallsignale aus dem "Off" zerfallen in tieffrequente Anteile, die im wesentlichen in der Mitte geortet werden und in höherfrequente Anteile, die zunehmend nach außen gezogen werden und möglicherweise gar nicht mehr konkret ortbar sind, wenn der S-Anteil größer als der M-Anteil ist.
Anwendungsgebiete für die XY-Technik mit Rohrrichtmikrofonen sind Interviews und ähnliche Situationen. Die Mikrofone werden auf die Interview-Partner ausgerichtet. Bei größeren Versatzwinkeln ergibt sich eine mit der Frequenz zunehmende akustische Trennung mit ausgeprägter Links-Rechts-Ortung (Ping-Pong-Effekt). Umgebungs- und Reflexionsschall werden insbesondere bei hohen Frequenzen stark unterdrückt, so daß eine relativ trockene, auf die Informationsübermittlung gerichtete Aufnahme ohne ausgeprägte Atmosphäre entsteht.

MS-Technik mit Rohrrichtmikrofonen

Anders als bei Mikrofonen mit Standard-Richtcharakteristiken besteht bei der Verwendung von Rohrrichtmikrofonen keine einfache Äquivalenz mehr zwischen XY- und MS-Anordnungen. Das gilt insbesondere bei mittleren und hohen Frequenzen, bei denen das Rohrrichtmikrofon als Interferenzempfänger arbeitet. Die eingangs dargelegte Äquivalenz kann allenfalls bei niedrigen Frequenzen zur Anwendung kommen, weil sich Rohrrichtmikrofone nur dort näherungsweise wie Standard-Richtmikrofone verhalten.
Bei der MS-Technik kann es im Gegensatz zur XY-Anordnung prinzipiell kein "Loch in der Mitte" geben. Eine dort befindliche Schallquelle wird daher immer frequenzunabhängig exakt in der Mitte abgebildet. Schallquellen neben der Mitte erleiden infolge der Bündelungseigenschaften des Rohrrichtmikrofons einen Höhenverlust, der mit dem Schalleinfallwinkel zunimmt. Beim Einsatz der MS-Technik bei Film und Fernsehen muß deshalb eine szenenabhängige Ausrichtung bzw. Nachführung des Rohrrichtmikrofons erfolgen, um einen "Off"-Effekt durch Höhenverlust zu vermeiden, eine Maßnahme, die auch bei Monoaufnahmen üblich ist.
Das Achtermikrofon muß dagegen seine Lage beibehalten, um eine stabile Abbildung des Raumes zu gewährleisten. Eine wichtige Voraussetzung für den richtigen Einsatz der MS-Technik in diesem Bereich ist daher, daß Rohrrichtmikrofon und Achtermikrofon

keine feste mechanische Einheit bilden (vgl. H.J. Haas: Die Kongruenz zwischen Bild und Ton im Fersehen, 14. Tonmeistertagung München 1986).
Da die MS-Technik mit Rohrrichtmikrofon einerseits eine mittenbetonte Abbildung der vom Rohrrichtmikrofon erfaßten Schallereignisse, andererseits aber auch viel zusätzliche, vom Achtermikrofon vermittelte Atmosphäre bieten kann, kommt sie einer Grundforderung der Stereofonie in Film und Fernsehen entgegen. Der Zuschauer soll nämlich, möglichst unabhängig von Sitzplatz und Lautsprecherbasis, den von den Darstellern ausgehenden Schall im Bildbereich orten, damit die Kongruenz von Bild und Ton weitgehend gewahrt bleibt, während Schallereignisse aus der Umgebung außerhalb des Bildes, die hauptsächlich atmosphärischen Charakter besitzen, nicht unbedingt genau lokalisierbar sein müssen.
In diesem Zusammenhang ist noch auf den Vorteil der MS-Technik hinzuweisen, die Stereofonisierung in einfacher Weise durch Veränderung des S-Pegels beeinflussen zu können, ohne dabei das Monosignal zu verändern. Das kann auch noch nachträglich geschehen, wenn zunächst eine Aufnahme im MS-Format gemacht wird. Auf diese Weise kann der Stereoeffekt unter günstigeren Abhörbedingungen, als es "vor Ort" möglich ist, dosiert werden, wobei auf jeden Fall von einer einwandfreien Monoaufnahme auf der M-Spur ausgegangen werden kann.

Tabellarischer Vergleich beider Verfahren

Die wichtigsten Vor- und Nachteile beider Verfahren sollen hier noch einmal in Kurzform dargestellt werden.

XY-Verfahren:

+ LR-Signale direkt verfügbar
- Einstellung des Versatzwinkels muß mechanisch "vor Ort" erfolgen
- Mono-Richtcharakteristik vom Versatzwinkel abhängig

MS-Verfahren:

+ Monosignal direkt verfügbar
+ Mono-Richtcharakteristik unabhängig von S-Signal
+ Einfache mechanische Anordnung
+ Keine mechanischen Einstellungen erforderlich
+ Aufnahmewinkel elektrisch (fern-)einstellbar
+ Hohe Aufnahmetreue
+ Einfache Stereo-Nachbearbeitung nach MS-Aufnahme möglich
- Umformatierung in LR-Signale erforderlich

Cornelis H. van der Gragt:

Gedanken zum Thema Hauptmikrofon

1. Bei der Reproduktion größerer Klangkörper in der klassischen Musik gibt es, unter starkem Einfluß der digitalen Audiotechnik, eine Rückkehr zu der sgn. Hauptmikrofontechnologie.

1.1. Die Untersuchungen, welche sich mit diesem Thema beschäftigten /1,2,3,4,5/ sprachen sich alle für die Verwendung koinzidenter bzw. äquivalenter (=gemischter) Verfahren aus. Nicht nur Wissenschaftler, sondern auch praktisch Arbeitende, vor allem Rundfunktonmeister und -ingenieure, kamen zu ähnlichen Aussagen /6/.

1.2. In direktem Widerspruch hiermit ist die Tatsache, daß es sich oft um Laufzeitstereofonie handelt, wenn die Rede ist von vorbildlichen und preisgekrönten kommerziellen Aufnahmen in diesem Bereich. Die Besprechungen in representativen Zeitschriften lassen uns in dieser Hinsicht wenig Zweifel. Offensichtlich lässt die Mehrheit derjenigen, die bei der Produktion von Tonträgern beteiligt sind, die positive Eigenschaften dieser Technologie prävalieren.

1.3. Auf Grund gesammelter Erfahrungen und der schon erwähnten Literatur könnte man einen Erstversuch zur Analyse der unterschiedlichen Systeme durchführen (siehe Übersicht auf der nächsten Seite).

Hauptmikrofon: Ein objektives Kriterium

2. Wie funktioniert ein Mikrofonpaar im Vergleich mit einem Einzelmikrofon? Zur Beantwortung dieser Frage sind aus der "Übersetzung" akustischer Energie ins totale elektro-akustische (ELA) Bereich vielleicht einige Folgerungen zu ziehen.

PARAMETER	HAUPTMIKROFONSYSTEM		
	A. Koinzidenz	B. Laufzeit	C. Äquivalenz
Abbildungspräzision	sehr gut	mäßig→schlecht	sehr gut→gut
Frontale Verfälschung	abwesend	stark anwesend	abwesend
Tiefenstaffelung	schlecht	gut→sehr gut	gut
Frequenzgang (Tiefen)	mäßig→gut [1])	sehr gut [2])	mäßig→gut [1])
Stabilität des Richtungsfaktors (Höhen)	mäßig→gut [1])	sehr gut [2])	mäßig→gut [1])
Kompatibilität Mono-Stereo	sehr gut	mäßig→schlecht	gut→schlecht

Koinzidenz: X/Y-(90°→180°); X/Y--; X/Y--; M/S--; M/S--
Laufzeit: großes A/B; kleines A/B
Äquivalenz: ORTF; Lipshitz; OSS (Jecklin Scheibe); Kunstkopf
[1]): Abhängig vom Kapseldiameter
[2]): Mit Druckmikrofonen

1.3-1 **Raumbezogene Stereofonie: Mit dem Hauptmikrofonverfahren verknüpfte Attribute der Wiedergabe**

2.1. Unter Voraussetzung einer Schallquelle ohne spezifische Bündelungseigenschaften (wie undenkbar auch immer in der Wirklichkeit der Musikproduktion) wird an jedem Hörerort eines umschlossenen Raumes ein Verhältnis definiert zwischen direkter und reflektierter Schallenergie **(D/R Verhältnis)**:

$$E_D/E_R = (r_H/r)^2 \quad [1]$$

mit: E_D = Direktschallenergiedichte (Jm^{-3})

E_R = Energiedichte des allseitig reflektierten Schalls (id.)

r_H= theoretischer Hallradius ($=1{,}05\sqrt{V/cT}$) (m)

r = Abstand Schallquelle → Hörerort (m)

Zur Vermeidung der Diskussion rundum das Mikrofon als Energiewandler, Vierpoltheorien, usw., wird gleichzeitig der **Hallabstand** eingeführt /7/, dieser entspricht übrigens auch besser dem subjektiven Empfinden:

$$H = 10 \log (r_H/r)^2 \quad [1A] \qquad (dB)$$

2.2. Nach der Zwischenschaltung eines Einzelmikrofons erhält man in der ELA-Kette einen fiktiven, **reproduzierten Hallabstand:**

$$H' = 10 \log (r_H/r)^2 \cdot \gamma \cdot \Gamma^2_\Theta \quad [2] \qquad (dB)$$

mit: γ = Bündelungsgrad nach DIN 45590 (-)

Γ= Richtungsfaktor nach DIN 45590 (-)

Θ= Schalleinfallswinkel (°)

und weil es sich in unserer Praxis nur um rotationsymmetrische Druckmikrofone und Druckgradientenmikrofone 1. Ordnung handelt, auch:

$$H' = 10 \log (r_H/r)^2 \cdot \gamma \cdot (a+b \cos \theta)^2 \quad [2a] \qquad (dB)$$

mit: a = Druckanteil (-)

b = Druckgradientenanteil (-)

(a+b=1)

3. **Ein Hauptmikrofonpaar** unterscheidet sich im Fall der raumbezogenen Stereofonie wesentlich. Nicht nur wegen seiner meistens versetzten Kapselanordnung, sondern auch durch seine Aufgaben:

- eine Schallquellenzone reproduzieren zu müssen statt einer Einzelquelle bzw. kleiner Gruppe.
- häufig diese in einer lateralen Ausdehnung vor zu finden, sicherlich bei großen Klangkörpern.

3.1. In den traditionellen Stereotheorien werden Mikrofonkonfigurationen gewöhnlich zusammen mit dem Begriff Öffnungswinkel vorgestelt. Dieser hat sich in der Praxis als wenig nützlich erwiesen und besser wäre es, einen **Wirkungsbereich** einzuführen mit einem Grenzwert von Φ_{max}=120°. Dieser Wert entspricht dem praktischen Extremfall beim Einsatz von Stereomikrofonen.

3.2. Wenn von koinzidenter X/Y Anordnung die Rede ist, führt diese zu einer fast vollständigen Korrelation von sowohl direktem als auch indirektem Schall in beiden Mikrofonteilen. Deswegen könnte man ein solches Mikrofonpaar durch ein fiktives Einzelmikrofon für die Übersetzung der totalen, an das Mikrofonsystem angebotenen, Schallenergie ersetzen.

3.3. Diese Darstellung, die weitgehend auch für einige quasi-koinzidente Anordnungen *) gültig ist, führt für jede beliebige Konfiguration zu einem neuen Systemrichtungsfaktor:

$$\Gamma_{syst} = \frac{a+b \cos \theta_s . \cos \delta}{a+b \cos \delta} = a_s' + b_s' \cos \theta_s \quad [3]$$

mit: a_s'= Systemdruckanteil ($a_s' + b_s'$ = 1)

b_s'= Systemdruckgradientenanteil

θ_s = Schalleinfallswinkel bzgl. Systemhauptachse

δ = Versatzwinkel

und Liebhaber der herkömmlichen Stereotheorien finden hier leicht die entsprechende Mono-Charakteristik einer Stereoanordnung wieder.

3.3.1. Mit einer der gangbaren Methoden ist es möglich, nachträglich einen Systembündelungsgrad (γ_{syst}) zu definieren.

*) ORTF; Lipshitz

3.4. Für einige gängige und referierte Anordnungen ergibt sich:

Anord-nung	Richtkonfi-guration (2x)	(Dopp.) Versatz-winkel	γ (orig)	Γ_{syst}	System-anord-nung	γ_{syst}	Anmer-kungen
X/Y	Niere	90°	3	$0{,}59+0{,}41\cos\Theta_s$	Breite Niere	≈2,5	
ORTF	Niere	110°	3	$0{,}63+0{,}37\cos\Theta_s$	Breite Niere	≈2,25	d=17cm
X/Y	Niere	135°	3	$0{,}72+0{,}28\cos\Theta_s$	Breite Niere	≈1,8	
X/Y	Niere	180°	3	1,00	Kugel	1	=M/S Kugel+ Acht
X/Y	Superniere a=0,31; b=0,69	127°	≈4	$0{,}5+0{,}5\cos\Theta_s$	Niere	3	=M/S Niere+ Acht
X/Y	Superniere a=0,33; b=0,67	120°	≈4	$0{,}5+0{,}5\cos\Theta_s$	Niere	3	Vorschlag D. Griesinger
quasi-X/Y	Superniere (id.)	105°	≈4	$0{,}45+0{,}55\cos\Theta_s$	Super-niere	≈3,3	Vorschlag S. Lipshitz d=20 cm
X/Y	Acht	90°	3	$\cos\Theta_s$	Acht	3	Blumlein

Tabelle 3.4-1

3.5. Die Leistungsfähigkeit der unterschiedlichen Hauptmikrofonverfahren erhält man jetzt aus dem Wert von H' innerhalb des angenommenen Winkelbereiches (Φ_{max} = 120°) und einer lateralen Schallquellenausdehnung.
(Es sei nochmals erwähnt, daß der Wert von H' keine Aussage macht über die Verteilung der Signale im Ela-Bereich und deren herrührenden Stereo-Effekte). Tatsächlich ergibt sich dann eine andere Korrekturzahl (ß) und diese wird durch den quadrierten Systemrichtungsfaktor definiert; dabei wird jeweils der Direktschallverlust unter Einfluß des sich ändernden Abstands (Mikrofon→Schallquelle) mitberechnet /8/(abb.1).

$$\beta = \underbrace{(a_s'+b_s'\cos\Theta_s)^2}_{A}\cdot\underbrace{\cos^2\Theta_s}_{B} \quad [4] \quad (\beta<1) \qquad (-)$$

A= herrührend vom Systemrichtungsfaktor

B= herrührend von der Abstandsvergrößerung

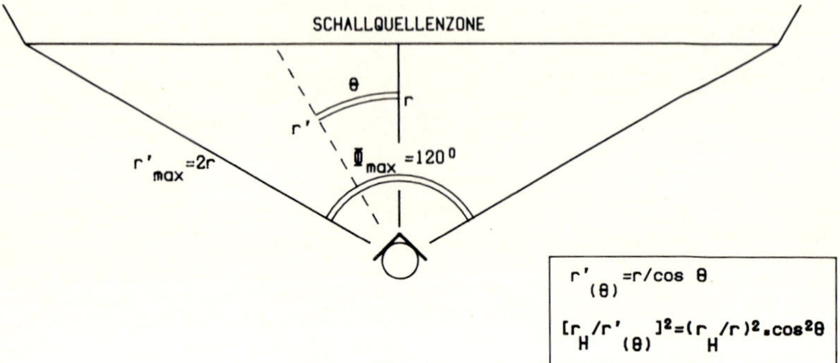

Abb. 1

Auf den ersten Blick sieht dies für die Grenzwerte ziemlich dramatisch aus, ist jedoch keine realistische Darstellung bei einer Zone, aus der die Schallenergie in allen denkbaren Einfallswinkeln gleichzeitig eintrifft. Deswegen wird Gl.[4] über den zutreffenden Winkelbereich (Φ) für alle Werte von θ mit Mittelwertbildung integriert:

$$ß=\int_{0}^{0{,}5\Phi}\overline{[(a_s'+b_s'\cos\theta)^2.\cos^2\theta]\,d\theta} \qquad [4a] \qquad (-)$$

Dieses läßt sich nach Umwandlung in einer Rechnervorschrift mittels EDV schnell auflösen.

3.6. Strikt formell wird als Endstufe jetzt auch das noch unbekannte Bündelungsmaß der Gesamtquelle, wie auch immer ständig wechselnd, als eine "Konstante" hinzugefügt. Für praktische Berechnungen an Mikrofonen hat diese bisher jedoch noch keine Bedeutung. Unter Hinweis auf Gl.[2] bekommen wir die endgültige Formulierung für den **reproduzierten Hallabstand bei Hauptmikrofonbetrieb:**

$$H'=[10\log(r_H/r)^2.\gamma_s.ß]+\text{Konst.} \qquad [5] \qquad (dB)$$

$$= 20\log(r_H/r)+10\log(\gamma_s.ß)+\text{Konst.} \qquad [5a] \qquad (dB)$$

3.6.1. Das Produkt (γ_s.ß), das tatsächlich die Korrektur für H' darstellt, könnte man mit **FRASE** (Front-to-RAndom System Efficiency) benennen.

3.7. Mittels EDV wurden die Verfahren aus 3.4-1, zusammen mit dem "kleinen" A/B *), für einige Wirkungsbereiche analysiert und die Werte für [10 log(γ_{syst}·ß)] in der nachfolgenden Übersicht aufgenommen (die eingeklammerten Werte beziehen sich auf eine kreis- oder teilkreisförmige Ausdehnung).

Hauptmikrofon-Anordnung	**Φ = 60° (dB)**	**Φ = 80° (dB)**	**Φ = 100° (dB)**	**Φ_{max} = 120° (dB)**	**Anmerkungen**
$X/Y_{90°}$ Nieren	3,45 (3,8)	3 (3,7)	2,55 (3,5)	2 (3,3)	
$ORTF_{110°}$ Nieren	3 (3,4)	2,6 (3,25)	2 (3,1)	1,5 (2,95)	
$X/Y_{135°}$ Nieren	2,1 (2,5)	1,75 (2,4)	1,3 (2,3)	0,8 (2,2)	
$X/Y_{180°}$ Nieren	-0,4 (0)	-0,7 (0)	-1,1 (0)	-1,5 (0)	$=M/S_{Acht}$ +Kugel
$X/Y_{120°}$ Supern. $M/S_{(Acht+Niere)}$	4,2 (4,6) ,, ,,	3,8 (4,4) ,, ,,	3,3 (4,25) ,, ,,	2,75 (4) ,, ,,	$=X/Y_{127°}$ Supern.
$Lipshitz_{105°}$ Supern.	4,6 (5)	4,15 (4,8)	3,5 (4,6)	2,9 (4,4)	
Blumlein $X/Y_{90°}$ Acht	4 (4,6)	3,5 (4,1)	2,9 (3,7)	2,2 (3,3)	
A/B klein	-0,4 (0)	-0,7 (0)	-1,1 (0)	-1,5 (0)	r>>d

Tabelle 3.7-1 Logarithmierte Werte für "FRASE" [10 log(γ_{syst}·ß)] (dB)
(= Effektives Systembündelungsmass)

3.8. Mit dieser Übersicht und Gl.[6A] ist es jetzt möglich, praktische Entfernungswerte darzustellen.

3.8.1. Ein nicht einmal so fingiertes Beispiel: Von einer Kirche sind sowohl die Nachhallzeit, das Volumen und deswegen auch der Hallradius unbekannt. Mit einer M/S-Kombination (Acht+Kugel) werden hier seit langem Orgelaufnahmen gemacht, bei einer Entfernung von (r)=5,00 m und einem Wirkungsbereich von Φ=100° (abb.2). Auch die Bündelungseigenschaften der Orgel sind ihrer

*) kleines A/B: Kapselabstand (d)=60 bis 100 cm
großes A/B: Kapselabstand (d)> 200 cm

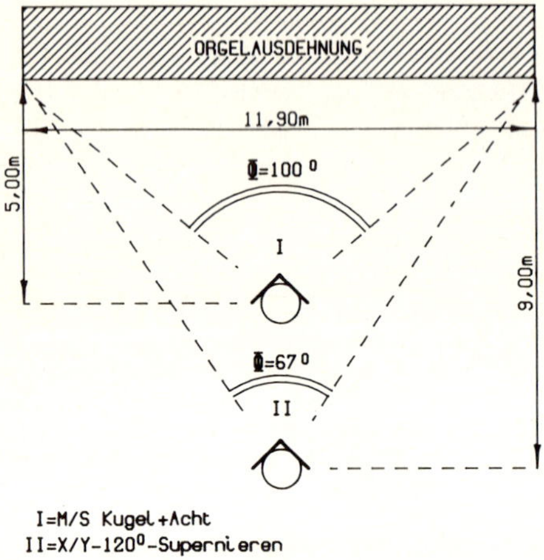

Abb. 2

Natur gemäß unbekannt. Ein Kollege möchte es mal mit einer X/Y-120°(Supernieren) Anordnung versuchen. Um den gleichen reproduzierten Hallabstand H' zu erreichen, erhält man aus 5.7-1 und [5A] nach einigen Interpolationen eine neue Entfernung ≈9,00 m und Φ≈67°. Trotz gleichgemachtem H' (und gleichem S-Anteil!) klingen die beiden Verfahren erwartungsgemäß immer noch verschieden im Sinne der **Durchsichtigkeit**. Gibt es denn noch etwas anderes?

Hauptmikrofon und Raumakustik

4. Gerade in der Diskussion über das Hauptmikrofon könnte man sich fragen, ob es sich lohne, eine weitere Aufteilung der an das Mikrofon angebotene Schallenergie zu introduzieren.

4.1. Es ist schon länger klar, daß früh reflektierte Schallenergie für die Raumakustik eine spezielle Bedeutung hat. Die frühen Reflektionen, d.h. mit einem Grenzwert von 80 milliSekunden für Musik, sind nicht nachhallbildend, sondern unterstützen den Direktschall und fördern vor allem die Durchsichtigkeit. Demnach wurde der Parameter Klarheitsmaß (C80) definiert (=Clarity, =Musikdurchsichtigkeitsmaß), der seinen Platz in der akustischen Meßtechnik fest eingenommen hat /9/.

4.1.1. Als Parameter für subjektive Bewertungen wird die Durchsichtigkeit nach /10/ definiert als:

"Bei Musikdarbietung die Unterscheidbarkeit zeitlich aufeinander folgender Töne und gleichzeitig gespielter Instrumente trotz überlagerten Raumschalls".

4.2. Tatsächlich wird mit der subjektiven Auswahl eines Mikrofonaufstellungsortes noch im Bereich der Raumakustik eine Verteilung gemacht zwischen direkten, frühreflektierten und spätreflektierten Schallanteilen.

4.3. Der Toningenieur sucht bei der Aufstellung eines Mikrofons subjektiv dann auch nicht ein gutes D/R-Verhältnis, sondern er bewertet eine Relation zwischen früher (E_F) und später (E_S) Schallenergie (**F/S-Verhältnis**) oder es werden sogar die 3 zusammensetzenden Teile individuell beurteilt:

$$E_F/E_{S(dif)} = \frac{E_D+E_{80}}{E_R-E_{80}} \quad [6]$$

mit: E_{80}=früh (bis 80 mS) reflektierte Energiedichte (Jm^{-3})

4.3.1. Unter Voraussetzung eines exponentiellen Ablaufes des Nachhalls kann man Gl.[6] umarbeiten in das sgn. **statistische Klarheitsmaß** /8,11/:

$$C80S=10\ \log(E_F/E_{dif})=10\ \log \frac{(r_H/r)^2+1-\exp(-1,1/T)}{\exp(-1,1/T)} \quad [6A] \quad (dB)$$

mit: 1,1= errechnete Zeitkonstante für Δt=80 mS (s)
T = Nachhallzeit (s)

4.4. Für z.B. die Werte T=2,2 s bzw. T=1,6 s *) ergibt sich:

E_D/E_R	Abstands-vergrößerung (x)	H (dB)	C80S (T=1,6s) (dB)	C80S (T=2,2s) (dB)
4	0,5	+6	+9,5	+8,6
2	0,71 ⎤ 1,16x	+3	+7	+6
1,5	0,82 ⎦	+1,8	+6	+4,7
1	-	**0**	**+4,8**	**+3,6**
0,5	1,41	-3	+3	+1,7
0,25	2	-6	+1,8	+0,25

Tabelle 4.4-1

*) den zugehörigen Tonbandaufnahmen beim Vortrag entsprechend

Anschaulich ist der Verlauf von C80S in Abhängigkeit von (E_D/E_R) nicht proportional wie beim Hallabstand H. Deswegen ist es nicht länger möglich, auf die Bündelungseigenschaften der Schallquelle zu verzichten, d.h., daß wir den Hallabstand mit dem sgn. Bündelungsmaß der Quelle (10 logγ_{SQ}) vermehren müssen, um die wirkliche Schallfeldsituation zu erfassen.

4.5. Aus gesammelten Erfahrungen bei der Aufnahme sinfonischer Musik tritt zutage, daß wir in guten Sälen mit T≈2,2 s und einem kleinen A/B als Hauptmikrofon im allgemeinen einen Mikrofonort wählen, der beim Abstand (r) zum 1. Pult dem theoretischen Hallradius ziemlich genau entspricht. Bewerten wir das durchschnittliche Bündelungsmaß eines Sinfonieorchesters mit 3 dB, dann erreicht C80S einen Wert = +6 dB. Um in einem Saal mit T=1,6 s dasselbe F/S-Verhältnis zu erreichen, muß man (auch wenn der Hallradius beträchtlich größer ist!) der Entfernung einen "Zuschlag" von 1,16x mitgeben. Erfahrungen mit demselben Orchester in 2 derartig verschiedenen Sälen in Den Haag *) bestätigen diese Theorie. Anscheinend ist dieser Effekt noch nicht dramatisch. Wenn wir aber die Schallfeldverteilungen in beiden Situationen aus 4.4-1 errechnen, dann ergibt sich für:

Saal I (T=1,6 s) und C80S=+6dB (E_F/E_{dif}=4):

E_F (80%) = E_D(60%)+E_{80}(20%)

E_{dif}(20%) = E_R(40%)-E_{80}(20%)

und für:

Saal II (T=2,3 s) und C80S=+6dB:

E_F (80%) = E_D(67%)+E_{80}(13%)

E_{dif}(20%) = E_R(33%)-E_{80}(13%)

Die offenbar signifikanten Schallanteile E_D und E_{80} verhalten sich in Saal I als 3:1 und in Saal II als ± 5:1.

4.6. Mit ähnlichen Effekten müssen wir rechnen, falls wir das kleine A/B ersetzen durch eine auf Richtmikrofonen basierte Anordnung (ORTF, X/Y, usw.). Der Einsatz eines Richtmikrofons ändert zwar das D/R Verhältnis im ELA-Bereich zugunsten des Direktschalls, aber das Mikrofon kann nicht diskriminieren zwischen früh- und spätreflektiertem Schall.

*) **PWA-Saal** : T= 1,6 s; V= 21.500 m^3; r_H= 6,61 m; r= 7,7 m
Philips Saal : T= 2,3 s; V= 19.000 m^3; r_H= 5,18 m; r= ca. 5,10 m

Es stellt also im fiktiven reflektierten Schall ein Verhältnis dar, daß mit C80S auf den neuen, weiter entfernten, Mikrofonort übereinstimmt. Schon deswegen müssen die unterschiedlichen Hauptmikrofonverfahren alle anders klingen, weil sie (nach 3.7-1) untereinander verschiedene Entfernungskorrekturen aufweisen. Selbstverständlich aber sind die Qualität und Größe des S-Signals in der Stereoauswirkung ebenso verantwortlich für den spezifischen Eigenklang der diversen Verfahren.

4.7. Es würde zu weit führen, diese und noch viele zugehörige Effekte hier weiter mathematisch auszuarbeiten. Gehörmäßig ist es anscheinend so, daß für den Unterbau der Mikrofontheorie, speziell bezogen auf das Hauptmikrofon, das F/S-Verhältnis im Vergleich mit dem D/R-Verhältnis einen besseren Ausgangspunkt bietet. Die Annahme dieses Prinzips wird jedoch beeinträchtigt von:

- der Bedingung eines exponentiellen Nachhallablaufes; offensichtlich ist dieser oftmals nicht der Wirklichkeit entsprechend; Gl.[6a] ist dann nur beschränkt gültig.
- der Grenzwert (80mS) ist keine harte Trennlinie sondern verläuft fließend, abhängig von der musikalischen Stilperiode.
- es wurde schon vieles publiziert über die Richteigenschaften einzelner Musikinstrumente bzw. -gruppen. Dagegen fehlen bisher unterbaute Angaben über die Gesamtabstrahlungseigenschaften von Orchestern und sonstigen großen Klangkörpern.

4.8. Einige Folgerungen sind trotzdem haltbar:

a.) Aus Gl.[6,6A] und 4.5 erhält man, daß sich -sowohl bei gleichem C80S als auch gleichem H für jedes Hauptmikrofonverfahren das ins ELA-Bereich übersetzte, fiktive Verhältnis $E_D:E_{80}:E_{dif}$ ständig ändert. Hieraus geht der spezifische "Sound" der einzelnen Verfahren mitbestimmend hervor.

b.) Der Anteil der spätreflektierten, also diffusen Schallenergie (der eigentliche Nachhall) ist erstaunlich klein, wenn übersetzt in ein reproduziertes Klangbild.

c.) Aus Tabelle 4.4-1 erkennt man, daß Abstandsänderungen (z.B. von Mikrofonen) in ihrer Auswirkung auf das statistische Klarheitsmaß beträchtlich "milder" sind als auf den Hallabstand. Auch dieses entspricht der gehörmäßigen Praxis der Mikrofonaufstellung besser.

d.) Beim Einsatz von A/B Paaren als Hauptmikrofon ist das D/R-Verhältnis am Mikrofonaufstellungsort immer größer als 1. Dies hat Konsequenzen für direkt- oder diffusfeldoptimierte Druckmikrofone.

e.) Die Ergebnisse aus Abschn.3 bleiben bei Umrechnungen in die F/S-Situation gültig.

A/B: Ein Modebild?

5. Aus einer Umfrage, nicht nur in eigenem Kreis sondern auch bei ausländischen Kollegen /12/ wird es deutlich, daß z.Z. auch im Bereich der Rundfunkstereofonie allmählich das kleine A/B-Verfahren seinen Platz bei größeren Klangkörpern eingenommen hat. Ohne Zweifel hat die zunehmende Verfügbarkeit über -auch im Sinne des Phasengleichlaufes- sgn. ultralineare Druckmikrofone hiermit zu tun. Wäre das aber der einzige Grund der Systemwahl, dann könnte man in kurzer Zeit eine Rückkehr zur üblichen Stütztechnik erwarten, weil auch bei Richtmikrofonen von einer stark verbesserten neuen Generation die Rede ist. Auf diesem Grund ist es übrigens zu erwarten, daß die anderen Hauptmikrofonverfahren durch diese Qualitätsverbesserung einen neuen Impuls bekommen werden.

5.1. Diese Umfragen führten zusammenfassend aber zu 2 signifikanten nachträglichen Aussagen und zwar:

- positiv: die kleine A/B Technik ermöglicht es, im Vergleich mit anderen Verfahren, ein besseres und stabileres musikalisches Gleichgewicht darzustellen und zu behalten.
- negativ: Der Einsatz von Stützmikrofonen macht einem der imponierendsten Attribute der A/B Technologie, d.h. der Tiefenstaffelung schnell ein Ende; das A/B Verfahren "erträgt" die übliche Stütztechnik nicht so gut.

5.2. Der Einsatz von ultralinearen Druckmikrofonen als Basis für die A/B Technik führt zu 2 hervortretenden Eigenschaften im Stereoklangbild, d.h. der schon mehrmals erwähnten Tiefenstaffelung *) und der vollständigen Reproduktion der tieffrequenten Schallkomponenten.

*) Die Tiefenstaffelung innerhalb eines reproduzierten Klangbildes wird definiert als: "Differenzierbarkeit des simulierten Entfernungseindruckes der Teilschallquellen in einem reproduzierten Hörereignis".

5.2.1. Mann kann aber die Augen, oder besser die Ohren, nicht schliessen für Mängel wie:

- mangelhafte laterale Lokalisationschärfe
- die "natürliche", aber für Rundfunkstereofonie unerwünschte, entfallende Abbildungspräzision einzelner entfernter Instrumentengruppen (optische Kompensation).
- "wandernde" Schallquellen rundum den Mitteneindruck
- frontale Verfälschung, z.B. Loch in der Mitte bei großem A/B und undeutliche Eckbegrenzungen bei kleinem A/B.

5.3. Es ist jedoch möglich, durch Stützmikrofone mit dem kleinen A/B eine Technik zu entwickeln, die diesen Unvollkommenheiten weitgehend entgegen kommt unter Erhaltung der positiven Eigenschaften. Grundgedanke hierbei wäre dann, daß Stützmikrofone in dieser Technik nicht primär den Auftrag haben ein musikalisches Gleichgewicht auszubessern, sondern nur Akzente anbieten um die Abbildungspräzision zu bereinigen.

5.3.1. Ausgangspunkte bei einen derartigen Verfahren sind:

a.) die Gültigkeit des Gesetzes des 1. Wellenfronts, auch im Schallfeld der raumbezogenen Stereofonie (nach Theile: Gesetz des 1. Reizimpulses).

b.) Anerkennung der Attribute der Entfernung in der Raumakustik bzw.raumbezogenen Stereofonie:

- die D/R- und F/S-Verhältnisse für die einbezogenen Schallquellen am Stütz- bzw. Hauptmikrofonort.
- die Klangfarbenänderung bei Entfernung (Präsenz- oder Formantverlust)
- mit der Frequenz abnehmende Korrelation der reflektierten Schallenergie
- Zeitverzögerung zwischen Quellen und Hauptmikrofonort
- Zeitverzögerung der, von entfernten Schallquellen herrührenden, frühen Reflektionen

5.3.2. Ein solches Verfahren könnte man definieren als **Lokalisationsbezogene Stütztechnik**. Die zugehörige sophistikierte Tonbearbeitung kann in ihrer klanglichen Auswirkung nur funktionieren mit hochwertigen Verzögerungsgeräten und raumsimulierendem künstlichen Nachhall.

5.4. Es ist hier nicht angemessen, die Einzelheiten dieses Verfahrens, die übrigens auf der Hand liegen, ausführlicher zu besprechen. Ein Demonstrationsraum ermöglicht es, dies und jenes mittels Tonaufnahmen vorzustellen und in kleineren Kreisen zu diskutieren.

5.5. Ein Plädoyer für eine angepaste kleine A/B Technologie schließt die Anwendung anderer Hauptmikrofonverfahren keineswegs aus. Denken wir daran, daß für viele Aufgaben die Tiefenstaffelung, wie definiert in 5.2., unwichtig und z.B. die Abbildungspräzision primär ist.

Die Wahl eines Verfahrens kann nicht von einem Modebild abhängig sein!

Hauptmikrofon: "fliegende" Notizen

6. Subjektive Vergleiche an unterschiedlichen Hauptmikrofonverfahren könnte man erst durchführen nach einer Optimierung der Mikrofonaufstellung. Aus "Mikrofonbäumen" gewonnene Ergebnisse /6/ berücksichtigen die Entfernungskorrekturen nur teilweise und sollten deswegen mit Vorsicht interpretiert werden.

6.1. Der Wert subjektiver Beurteilungen wird bestimmt von der Qualität der Testparameter und der Möglichkeit, diese zu objektivieren und über die Landesgrenzen auszuwechseln. Dies im Zusammenhang mit normierten Abhörbedingungen. In dieser Hinsicht muß auf die Arbeit in Gremien wie bei der OIRT und CCIR /14/ hingewiesen werden.

6.2. Auch in der Praxis werden M/S-Kombinationen im allgemeinen besser beurteilt als die übereinstimmenden X/Y-Verfahren. Dies ist nur nachweisbar auf Grund der besseren Stabilität des Richtungsfaktors bei kugel- und vor allem achtförmiger Charakteristik /15/.

6.3. Das kleine A/B wird noch häufig zusammengesetzt aus, auf Kugel umgeschalteten, Doppelmembranmikrofonen. In diesem Fall darf man sich nicht wundern über die Instabilität des Stereoklangbildes und weitere mit dem Druckgradientenprinzip verknüpften Unvolkommenheiten.

6.4. Zum Schluß: Zwar können theoretische Überlegungen behilflich sein, dennoch ist die Problematik rundum das Hauptmikrofon derartig kompliziert, daß in letzter Instanz nur die gehörmäßige Beurteilung und der gute Geschmack des Tonverantwortlichen ausschlaggebend sind bei der Auswahl und Aufstellung eines Verfahrens und

Wer von uns hier auf dieser Tonmeistertagung würde sich darüber nicht freuen?

<u>Literatur</u>

[1] G. Theile: Hauptmikrofon und Stützmikrofone; Bericht der 13. Tonmeistertagung, München 1984

[2] C. Hugonnet u.a.: Comparative spatial transferfunction of six different stereophonic systems; Vortrag zur 82. AES Convention, London 1987, Preprint 2465

[3] C. van der Gragt: Comments on "Practical and aestetic microphone techniques, etc."; J.A.E.S., Mai 1980

[4] D. Griesinger: Neue Perspektiven für koinzidente und quasikoinzidente Verfahren; Bericht der 14. Tonmeistertagung, München 1986

[5] S. Lipshitz: Stereo microphone techniques: Are the purists wrong? J.A.E.S., September 1986

[6] M. Wöhr u.a.: Untersuchungen zur Wahl des Hauptmikrofonverfahrens; Bericht der 14. Tonmeistertagung, München 1986

[7] W. Reichart: Grundlagen der Elektroakustik, 4. Auflage, S.509; Leipzig 1967, Geest & Portig K.-G.

[8] V. Mankowsky: Acoustics of Studios and Auditoria; New York 1971, Hastings House Publ.

[9] O. Abdel Alim u.a.: Definition und Meßgrundlage eines objektives Maßes zur Ermittlung der Grenze zwischen brauchbarer und unbrauchbarer Durchsichtigkeit bei Musikdarbietungen; Acustica 32/3 (1975)

[10] W. Kuhl: In der Raumakustik benutzte hörakustische Termini; Acustica 39 (1977)

[11] W. Ahnert u.a.: Grundlagen der Beschallungstechnik; Berlin 1981, VEB Verlag Technik

[12] --- OIRT Hörgruppenexpertentagungen; Schwerin 1986, Helsinki 1988, eigene Informationen

[14] G. Steinke: Important CCIR-Standards for the Audio World; Vortrag zum 73. AES Convention, Eindhoven 1983, preprint 1984

[15] M. Dickreiter u.a.: Handbuch der Tonstudiotechnik, 5. Auflage, S.321; München 1987, K.G. Saur Verlag.

Martin Wöhr, Hans-Jürgen Goeres,
Christoph Pösselt, Günther Theile:

Raumbezogene Stütztechnik - eine Möglichkeit zur Optimierung der Aufnahmequalität

EINLEITUNG

Auf der TMT '86 ist in einem Vortrag die Frage untersucht worden, welche Hauptmikrofonanordnung hinsichtlich der Darstellung von Richtung und Entfernung im Sinne der Anforderungen des Gehörs optimal sein könnte /1/. Verschiedene Hörversuche (VDT-Seminar in Neuhof und ARD-Rundversuch) ergaben, daß Verfahren, die sowohl Pegel- als auch Laufzeitdifferenzen erzeugen, eindeutig bevorzugt wurden. Koinzidenzverfahren erwiesen sich als ungeeignet bezüglich der Räumlichkeitswahrnehmung (Bild 1).

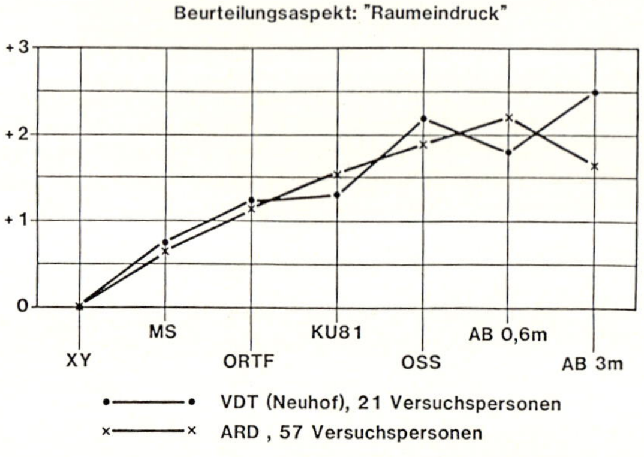

BILD 1: Akzeptanz der Hauptmikrofone

Aber selbst wenn ein Hauptmikrofonverfahren ausreichende Lautsprechersignale hinsichtlich Richtungs- und Entfernungsdarstellung liefert, besteht oft die Notwendigkeit, zur Korrektur bestimmter Mängel Stützmikrofone einsetzen zu müssen. Anzahl und Typ solcher monofonen Stützen variieren je nach den Erfordernissen des Musikwerkes, sowie des Aufnahmeraums und nach der Erfahrung des Tonmeisters. Doch unabhängig vom Standort haben alle Stützmikrofone eine charakteristische Eigenart:

die Mikrofonsignale enthalten zwar viel Direktschall (Nahfeld) der jeweiligen Schallquelle aber keine geeigneten Merkmale von Richtung und Entfernung - also keine Information von der räumlichen Disposition. Für den Tonmeister beginnt nun die schwierige Aufgabe, die klanglichen Unterschiede von Hauptmikrofon und Stützmikrofon zu einer Einheit zu formen.

Ein vielfach strapazierter Satz heute lautet: durch die Einführung der Digitaltechnik ist unser Gehör anspruchsvoller geworden. Der Wunsch nach einer leistungsfähigeren Aufnahmetechnik, die eine ästhetisch befriedigende und gleichzeitig natürlich wirkende Reproduktion des Klangkörpers gewährleistet, wächst. Die folgende Untersuchung entstand aus der Frage:

Soll der qualitative Unterschied zwischen Hauptmikrofon und Stützmikrofon auch in Zukunft weiterbestehen, oder soll das Stützmikrofonsignal mit Merkmalen versehen werden, die denen des stereofonen Hauptmikrofonsignals ähnlich sind ?

PROBLEME DER STÜTZTECHNIK

Die Richtungsabbildung eines Stützsignals erfolgt in der Studiotechnik meist mittels Panoramapotentiometer: dem linken und rechten Kanal werden unterschiedliche Pegel zugeordnet. Es entstehen Phantomschallquellenrichtungen durch Pegeldifferenzen (Bild 2a).
Phantomschallquellen können aber auch durch Laufzeitunterschiede zwischen dem linken und rechten Kanal gebildet werden (Bild 2b).

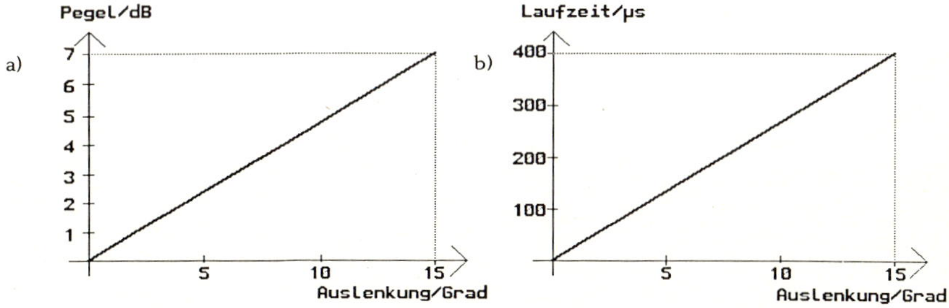

BILD 2: Auslenkung der Phantomschallquelle abhängig von a) Pegeldifferenz
b) Laufzeitdifferenz

In beiden Fällen kann mit der herkömmlichen Stütztechnik die Entfernungswahrnehmung nicht befriedigend erreicht werden.

Das Signal eines Stützmikrofons ist zwar in der Lage, die Präsenz und Durchsichtigkeit einer Aufnahme zu erhöhen, häufig zerstört es jedoch die Klangqualität eines Laufzeit- oder Äquivalenz-Hauptmikrofons (vergl. Bild 1). Die Ursache dafür ist, daß das Stützsignal zeitlich vor dem Hauptmikrofonsignal liegt. Die Wahrnehmung wird im wesentlichen durch die Eigenschaften des Stützsignals geprägt ("Gesetz des 1. Lokalisationsreizes" /2/).
Ein derartig gestütztes Instrument klingt aus seiner räumlichen Umgebung herausgelöst und oft unnatürlich vordergründig. Die raumabbildenden Eigenschaften des Hauptmikrofons sind somit weitgehend verloren (Bild 3).

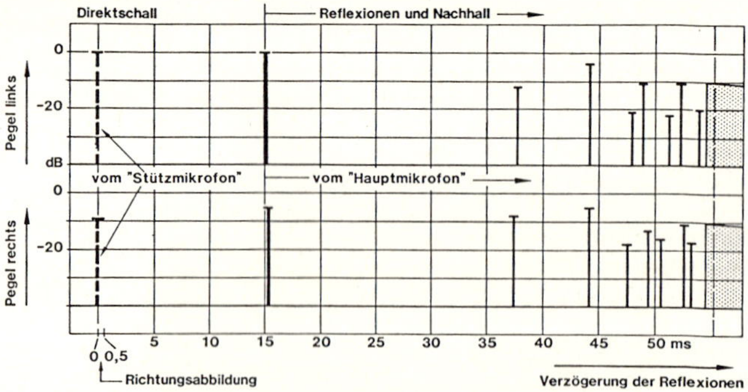

BILD 3: Impulsmuster eines Stereosignals,
Hauptmikrofon plus unverzögertem Stützmikrofon

Um die negative Wirkung eines solchen Hörereignisses zu mildern, benutzt ein Tonmeister schon lange die künstliche Verhallung. Das Stützsignal wird nicht mehr nur als diskretes Signal gehört, sondern ist mit unkorrelierten, quasiräumlichen Anteilen angereichert und somit in der Raumperspektive ein wenig nach hinten gerückt. Durch die künstliche Verhallung wird aber der Bezug zum natürlichen Aufnahmeraum verwischt. Bei schlechten Sälen kann die Verhallung von Vorteil für die Qualität der Aufnahme sein, sofern ein hochwertiges Hallgerät zur Verfügung steht. Bei guten Sälen werden mit dieser Technik jedoch die günstigen raumakustischen Eigenschaften nur ungenügend genutzt. Die räumliche Wahrnehmung wird vom Stützsignal bestimmt und erzeugt einen geringen Tiefeneindruck.

Mit der Entwicklung von digitalen Verzögerungseinheiten wurde die Möglichkeit geschaffen, auf qualitativ gute Weise Stützsignale zu verzögern. Ziel war es, den Laufzeitunterschied zwischen Haupt- und Stützmikrofon auszugleichen.

Jecklin sagte: "...optimal ist es, wenn die Laufzeit für jedes einzelne Stützmikrofon entsprechend seines Abstandes vom Hauptmikrofon nachgebildet wird." /3/. In der Praxis stellte sich aber heraus, daß bei nicht exakt gemessener Entfernung und durch Bewegungen der Musiker unangenehme Kammfiltereffekte entstehen. Sie können durch geeignete Verhallung abgeschwächt werden. Klangverfälschungen werden aber erst vermieden, wenn das verzögerte Stützsignal deutlich hinter dem Hauptmikrofonsignal liegt, also im Bereich der ersten Reflexionen des Aufnahmeraums (vergl. Bild 4).

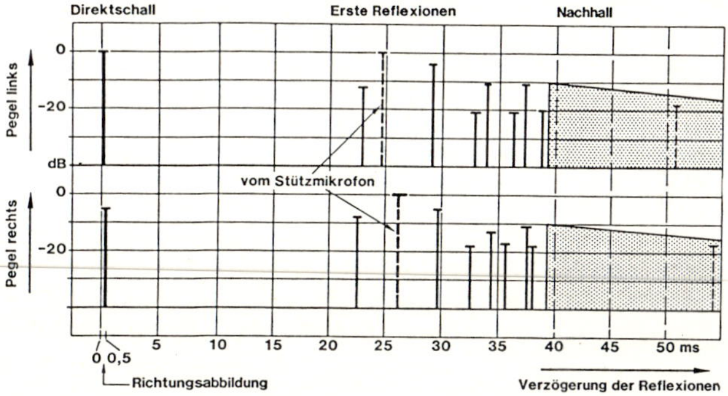

BILD 4: Impulsmuster raumbezogener Stütztechnik, Hauptmikrofon plus verzögertem Stützmikrofon

Während der TMT '84 hat Theile die sogenannte "raumbezogene Stütztechnik" vorgeschlagen /2/. Die Darstellung in Bild 4 zeigt, daß die zeitliche Folge von Direktschall und ersten Reflexionen, die durch das Hauptmikrofon gegeben ist, weitgehend erhalten bleibt, wobei das der Lautstärke dienende Stützsignal später eingeordnet ist. Der Lokalisationsreiz erfolgt nun wieder vom Hauptmikrofon, entsprechend den Bedingungen des Aufnahmeraumes; das Stützsignal trägt zur Pegelerhöhung der zu leisen Schallquelle bei. Die Abbildungseigenschaften des Hauptmikrofons in bezug auf den Raumeindruck werden dabei nicht oder wenig verändert. Aufnahmen, die durch sorgfältige Balancierung von Hauptsignal, verzögertem Stützsignal und Verhallung angefertigt werden, gewinnen somit an ästhetischem Reiz.

OPTIMIERUNG DER STÜTZTECHNIK

Das Grundkonzept der raumbezogenen Stütztechnik ist, die räumliche Struktur des Hauptmikrofonsignals mit der Abfolge

- Direktsignal
- erste Reflexionen
- Nachhall

nach Mischung mit einem Stützsignal zu erhalten. Dies ist möglich, wenn das Stützsignal so bearbeitet wird, daß Seitenreflexionen generiert werden, also Stützreflexionen, die den Hörereignisort nach dem " Gesetz der ersten Wellenfront" nicht beeinflussen.
Die optimale stereofone Repräsentation dieser Stützreflexionen müßte dann vorliegen, wenn die Stützreflexionen die gleiche stereofone Qualität wie die vom Hauptmikrofon aufgenommenen Reflexionen aufweisen. Daraus folgt, daß ein monofones Stützsignal mit entsprechenden stereofonen Eigenschaften versehen werden sollte. Mit Hilfe eines entsprechend ausgelegten digitalen Audioprozessors (CAP = Creative Audio Processor der Firma AKG, Wien) können stereofone Stützreflexionen aus den monofonen Stützsignalen generiert werden (Bild 5).

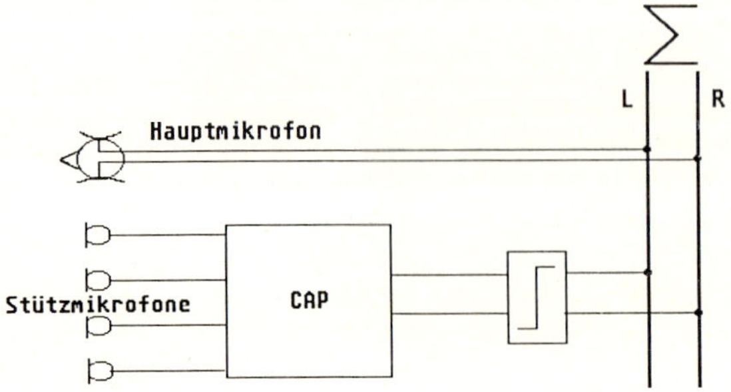

BILD 5: Studiokonfiguration mit CAP

Das monofone Stützsignal kann mit Hilfe dieses Gerätes zur Realisierung des Zeitversatzes der Reflexion verzögert und mit der Außenohrübertragungsfunktion des Kunstkopfes (siehe hierzu auch /4/) oder eines anderen Hauptmikrofons bewertet werden. Die Rechenkapazität des zur Verfügung stehenden Prozessors reicht aus, um aus einem Stützsignal acht Stützreflexionen zu bilden.

VERSUCHSPLANUNG

Bei der Vorbereitung der Untersuchung stand die Frage nach der stereofonen Qualität der Stützreflexionen im Vordergrund. Dabei mußten folgende Detailfragen geklärt werden:

1.) Wie viele Stützreflexionen sind notwendig, bis ein monofones Stützsignal eine ausreichend räumliche Wirkung erzeugt?
2.) Welche Verzögerungswerte müssen für einen entsprechenden Entfernungseindruck eingesetzt werden?
3.) Kann der hohe Rechenaufwand im CAP ohne wesentliche Qualitätseinbuße optimiert werden?

Neben der "Intensitätsstütze" und der "verzögerten Intensitätsstütze" wurden die sogenannte "binaurale Stütztechnik", die "Äquivalenzstütztechnik" und die "Äquivalenzstütztechnik mit Entfernungsentzerrung" in die Untersuchung einbezogen.

STÜTZTECHNIK	MERKMAL
Intensitätsstütze	einfache Summierung von Stützsignal und Hauptmikrofonsignal
verzögerte Intensitätsstütze	Laufzeitausgleich von Hauptmikrofon und Stützmikrofon
binaurale Stütze	Faltung des Stützsignals an der Übertragungsfunktion des Kunstkopfes oder des Kugelflächenmikrofons (siehe /5/)
Äquivalenzstütze	Übertragungsfunktion besteht lediglich aus Pegel- und gleichsinnig wirkenden Laufzeitunterschieden (grobe Annäherung an durchschnittliche interaurale Verhältnisse, ähnlich wie bei dem ORTF-Mikrofon)
Äquivalenzstütze mit Entfernungsentzerrung	Zusätzliche Berücksichtigung der Änderung des Spektrums an Raumbegrenzungsflächen (Höhenabfall)

Als Ausgangsmaterial für die Untersuchung wurden Aufnahmen aus der Philharmonie am Gasteig in München angefertigt. Einzelinstrumentalisten und kleine Ensembles (Duo, Trio) spielten jeweils kurze, identische Musikstücke an acht unterschiedlichen Mikrofonpositionen. Bild 6 zeigt schematisch den Bühnenbereich, sowie die Mikrofonkonfiguration für die Aufnahmen. Als Hauptmikrofon wurden ein Kunstkopf (Neumann, KU81), als Stützmikrofone Druckgradientenempfänger (Schoeps, MK4) verwendet.

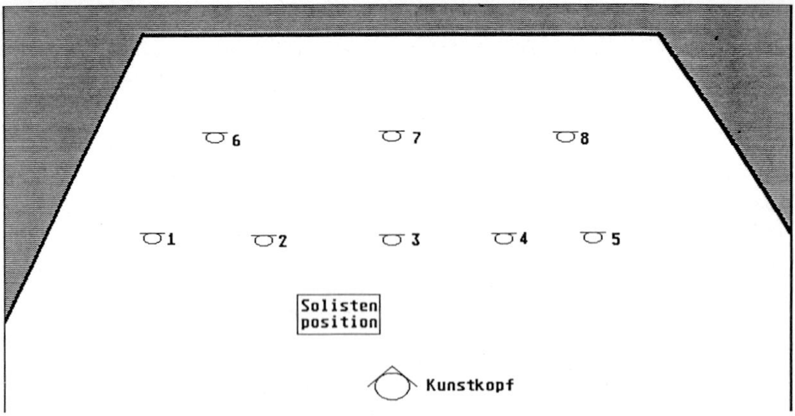

BILD 6: Bühnenbereich des Gasteig, Darstellung von Hauptmikrofon, acht Stützmikrofonen und Solistenposition (nicht gestützt).

Alle Mikrofonsignale wurden direkt und gleichzeitig auf einer digitalen Mehrkanalmaschine (Sony, PCM 3324) aufgezeichnet.

HÖRVERSUCH

In einem orientierenden Vorversuch mußte zunächst festgestellt werden, ab welcher Verzögerungszeit bei den Stütztechniken mit verzögerten Stützmikrofonsignalen Echowirkungen auftreten. Mit dem Musikbeispiel eines stark impulshaltigen Schlaginstrumentes (Claves) konnte präzise der Grenzwert zur Echoschwelle ermittelt werden. Desweiteren mußte geprüft werden, mit wievielen Stützreflexionen der Hörversuch am sinnvollsten durchgeführt werden sollte. Dieses Ergebnis hatte unmittelbaren Einfluß auf die früher gestellte Frage nach der Optimierung des Rechenaufwandes.

Hörversuche ergaben, daß

- die Reflexion nicht später als 27 ms nach dem Direktschall eintreffen darf,
- ein hoher Qualitätsgewinn bereits mit 2 Stützreflexionen zu erzielen ist.

Aufgrund dieser Erkenntnisse erfolgte die Herstellung der zu beurteilenden Programmbeispiele für den Hörtest. Jeweils gleiche Ausschnitte wurden nach den beschriebenen Stütztechniken abgemischt:

<1> **Intensitätsstütze:** Sie stellt dabei die einfachste Methode dar, Stützen einzufügen. Das monofone Stützsignal wird unbeeinflußt zum Hauptmikrofonsignal hinzugemischt (siehe Bild 3), die Richtungseinordnung in der Lautsprecherebene geschieht über Intensitätsunterschiede mittels Panoramapotentiometer.

<2> **Intensitätsstütze mit Verzögerung:** Um den Laufzeitunterschied zwischen Haupt- und Stützmikrofon auszugleichen, wird das Intensitätsstützsignal um den Wert verzögert, der sich aus dem Entfernungsunterschied von Haupt- und Stützmikrofon ergibt.

<3> **binaurale Stütze:** Hier werden Stützreflexionen binaural nachgebildet; gewählt wurde, hier am Beispiel der gestützten Posaune auf Mikrofonposition 8 aufgezeigt, für die erste Stützreflexion eine Verzögerung von 20ms und eine Schalleinfallsrichtung von 60 Grad, für die zweite Stützreflexion eine Verzögerung von 25ms und eine Einfallsrichtung von 295 Grad (vergl. Bild 7).

<4> **Äquivalenzstütze:** Sie unterscheidet sich von der binauralen Stütze durch die fehlende spektrale Bewertung. Zur Richtungsabbildung werden Pegel- und Laufzeitunterschiede eingesetzt, die am Kunstkopf gemessen wurden (vergl. Bild 8, Quelle IRT).

<5> **Äquivalenzstütze mit Entfernungsentzerrung:** Bei der Reflexion von Schall an Wandbegrenzungsflächen treten frequenzabhängig Verluste durch Absorption auf. Abhängig von Kennwerten der Wand können hohe Frequenzen gedämpft werden. Als eine grobe Annäherung an die natürlichen Verhältnisse wurde eine Frequenzgangkorrektur in der Stützsumme, Tiefpaß mit - 4dB bei 7 kHz, vorgenommen. Darüberhinaus entspricht das Stützsignal dem der Äquivalenzstütztechnik.

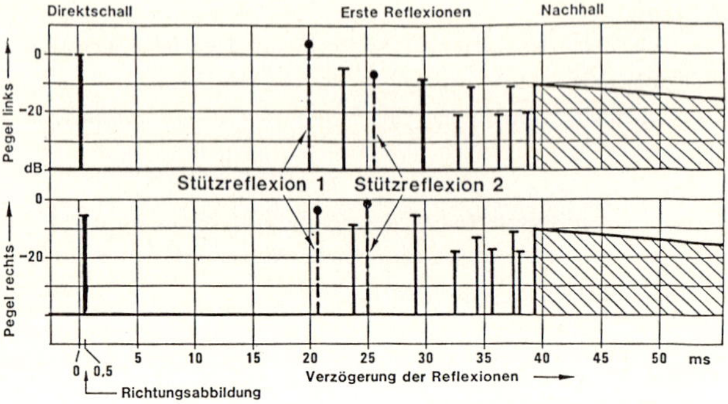

BILD 7: Hauptmikrofonsignal plus 2 künstlich erzeugte Stützreflexionen

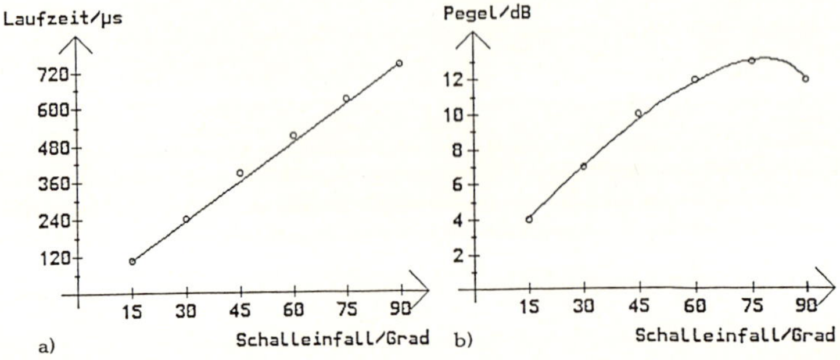

BILD 8: Interaurale Laufzeit- (a) und Pegelunterschiede (b) am Kunstkopf, abhängig von der Schalleinfallsrichtung

Um den Lautstärkezuwachs (Stützgewinn) dieser unterschiedlichen Stütztechniken im Hörversuch vergleichbar zu machen, wurden zunächst die Wahrnehmbarkeitsschwellen der Stützsummen im Hauptmikrofonsignal ermittelt. Von dieser Grenze ausgehend, wurden die Stützsummen um drei verschiedene Pegelwerte (3 dB, 6 dB, 9 dB) erhöht. Im Hörversuch stand somit für jedes Musikbeispiel pro Stütztechnik ein kleiner (3 dB), mittlerer (6 dB) und großer (9 dB) Stützgewinn zur Verfügung. Als Testmaterial wurden die Ensemblebeispiele den Einzelinstrumenten vorgezogen, da die räumliche Staffelung der Instrumente den Versuchspersonen eine bessere Beurteilung der Entfernungsdarstellung ermöglichte.

Aus der Vielzahl unterschiedlicher Instrumentenkonfigurationen wurden zwei besonders geeig Beispiele ausgewählt

- Duo: Trompete auf Solistenposition
  Posaune auf Position 8, gestützt
- Trio: Klarinette auf Solistenposition
  Flöte auf Position 7, gestützt
  Oboe auf Position 8, nicht gestützt

Der Hörversuch, an dem 10 erfahrene Versuchspersonen teilnahmen, gliederte sich pro Musikbeispiel in zwei Sitzungen, den **Hauptversuch** und den **Kontrollversuch**. In beiden Sitzungen wurden die Versuchspersonen nach ihrer Einschätzung der Qualität der Entfernungsdarstellung befragt.

Hauptversuch: Der Hauptversuch bestand aus dem Vergleich der verschiedenen Stütztechniken mit der Intensitätsstütze. Den Versuchspersonen wurden die Musikbeispiele in der Folge A-B-C-B-C angeboten. "A" war das Hauptmikrofonsignal, "B" die Intensitätsstütze <1> und "C" jeweils eine der beschriebenen Stütztechniken <2> bis <5>. Die Musikbeispiele "B" und "C" wiesen je Testsequenz den gleichen Stützgewinn (3 dB, 6 dB oder 9 dB) auf. Den Versuchspersonen wurde die Frage gestellt:
"Welcher Musikausschnitt, B oder C, kommt Ausschnitt A bezüglich der Entfernung der Flöte oder Posaune am n ä c h s t e n ?" Hier sollte eine relative Bewertung zwischen "B" und "C" vorgenommen werden. Den Versuchspersonen stand eine 7-stufige Bewertungsskala zur Verfügung (vergl. Bild 9a); 13 Testsequenzen wurden angeboten.

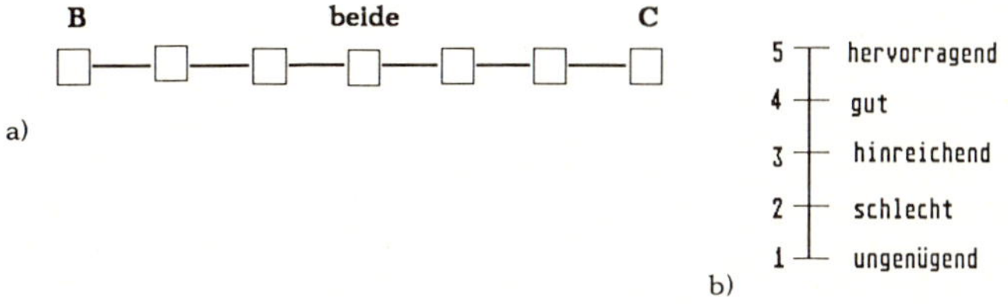

BILD 9: a) Bewertungsskala für Hauptversuch, b) Bewertungsskala für Kontrollversuch

Kontroll-versuch: Im Kontrollversuch sollten die Versuchspersonen eine Absolutbewertung der jeweiligen Stütztechniken <1> bis <5> bezüglich der Referenz "Hauptmikrofonsignal" vornehmen. Deshalb lautete hier die Folge der Musikbeispiele A–B–A–B, wobei "A" das Hauptmikrofonsignal und "B" jeweils eine der fünf Stütztechniken bei mittlerem Stützgewinn (6 dB) war. Die Frage hieß:
"Wie gut entspricht Musikausschnitt B bezüglich der Entfernung von der Flöte oder Posaune dem Ausschnitt A ?"
Den Versuchspersonen wurden 6 Testsequenzen angeboten, sie konnten zwischen 5 Abstufungen wählen. Die verwendete Skala nach CCIR 562-2 zeigt Bild 9b.

VERSUCHSERGEBNISSE

Die Versuchsergebnisse sind in Bild 10 und Bild 11 zusammengestellt, wobei die Koordinatenpunkte die arithmetischen Mittelwerte aus den Urteilen der zehn Versuchspersonen darstellen. Die Kurven der Bilder 10a und 10b fassen die Ergebnisse des Hauptversuchs zusammen. Sie zeigen, wie die Stütztechniken <2> bis <5> gegenüber der einfachsten Methode (Intensitätsstütze), bei gleichem Stützgewinn, beurteilt wurden. Parameter ist der jeweilige Stützgewinn (klein, mittel, groß).
Die Ergebnisse des Kontrollversuches zeigen die Bilder 11a und 11b, sie veranschaulichen, wie der durch die Bearbeitung veränderte Entfernungsseindruck absolut eingeschätzt wurde. Die Pegelerhöhung des Stützgewinns betrug einheitlich 6 dB (nähere Angaben zu den Hörversuchen in /6/).

Hauptversuch: Qualität der Entfernungswahrnehmung

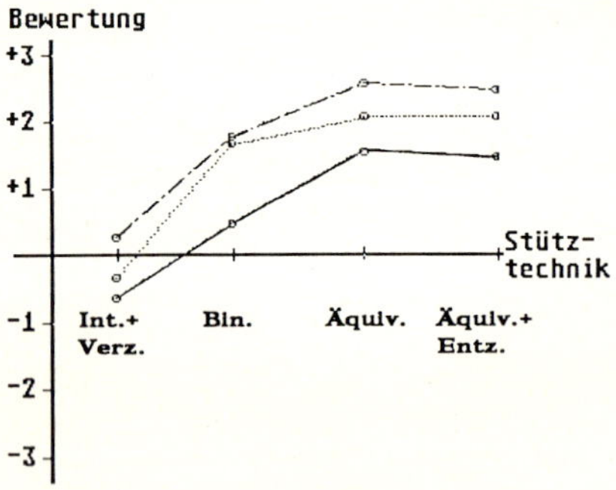

BILD 10a: Duo Posaune und Trompete

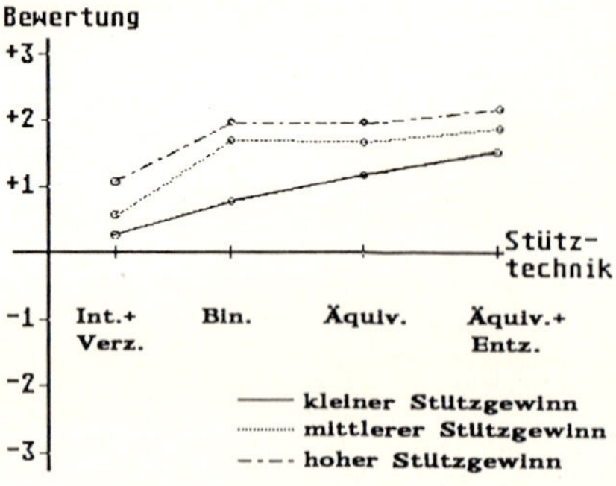

BILD 10b: Trio Flöte, Oboe und Klarinette

Kontrollversuch: Bewertung der Entfernungsänderung

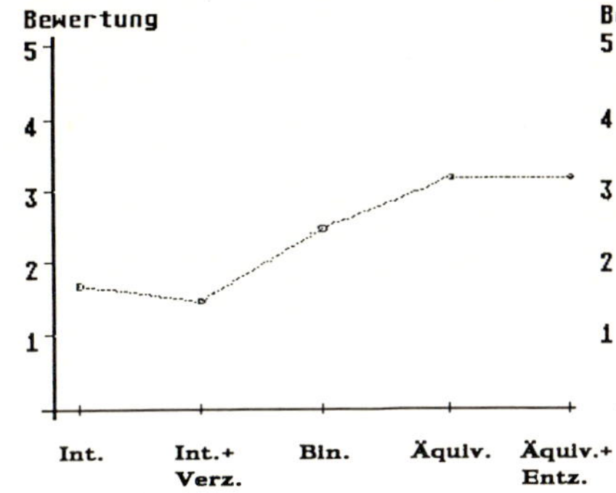

BILD 11a: Duo Posaune und Trompete

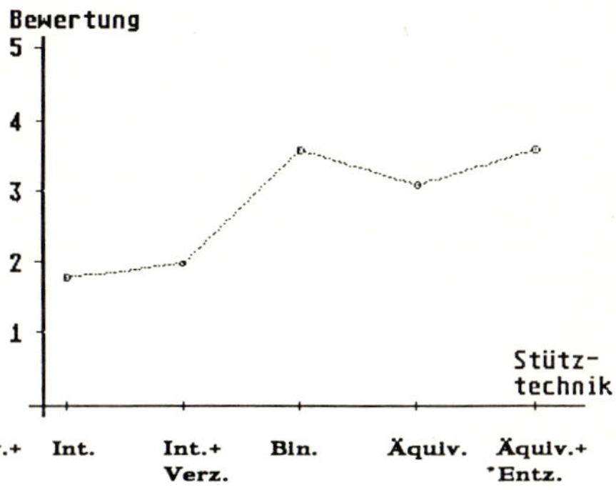

BILD 11b: Trio Flöte, Oboe und Klarinette

DISKUSSION DER ERGEBNISSE

Die quantitative Beurteilung der raumbezogenen Stützen, insbesondere in Abhängigkeit vom Stützgewinn, geht aus den Ergebnissen des Hauptversuchs (Bild 10a und Bild 10b) hervor:

- Die raumbezogenen Stützen <3> bis <5> werden umso mehr bevorzugt, je größer der Stützgewinn gewählt wird. Benötigt also ein Instrument innerhalb eines Klangkörpers einen hohen Stützgewinn (Lautstärkezuwachs), so ist die positive Wirkung der raumbezogenen Stütztechnik besonders deutlich.

- Der Vergleich der drei verschiedenen raumbezogenen Stütztechniken <3> bis <5> ergibt, daß die Äquivalenzstütztechnik ähnlich wie die binaurale Stütztechnik bewertet wird. Dieses Ergebnis war zu erwarten, da die Analyse-Genauigkeit des Gehörs für Reflexionen eingeschränkt ist, folglich für die Nachbildung der Stützreflexionen die vollständigen binauralen Signalbeziehungen nicht notwendig sind. Das Ergebnis war auch deshalb zu erwarten, weil die Abbildungseigenschaften des ORTF-Mikrofons (das näherungsweise mit "kopfäquivalenten" Pegel- und Laufzeitdifferenzen arbeitet) denjenigen des Kunstkopfes nahekommen (siehe auch Bild 1).

– Die Entfernungsentzerrung hat für die hier benutzten Programmbeispiele keine nennenswerte Wirkung erzielt. Es ist aber zu vermuten, daß bei anderen zu stützenden Schallquellen - Instrumente mit hohem Geräuschanteil im Nahfeld oder kritische Signale bei Sologesang - frequenzabhängig Korrekturen zweckmäßig sind. Hierzu sind noch spezielle Untersuchungen notwendig.

– Die deutlich zu erzielende Qualitätssteigerung bei bereits zwei Stützreflexionen sowie "äquivalenter" Verarbeitung des Stützsignals reduziert erheblich den zunächst hoch vermuteten Rechenaufwand. Der Kostenfaktor kann somit gesenkt werden.

Die Ergebnisse des Kontrollversuchs zeigen, daß die wahrgenommene Entfernung des gestützten Instruments bei Einsatz der Intensitätsstütze, auch mit Laufzeitausgleich, abgelehnt wird. Die durchschnittliche Beurteilung derartiger Stütztechniken ergab für beide Testsignale den Wert von ca. 1.7 (fünfstufige Bewertungsskala). Eine qualitativ günstigere Entfernungsdarstellung wird erst erreicht, wenn eine raumbezogene Stütztechnik eingesetzt wird. Bei der gestützten Posaune (Bild 11a) wurde eine Bewertung von ca. 2,9, bei der gestützten Flöte (Bild 11b) von ca. 3,4 ermittelt. Dieses Ergebnis bezieht sich auf einen Stützgewinn von 6 dB.

AUSBLICK

Verbesserungen für eine künftige Aufnahmetechnik sind möglich. Mit Hilfe moderner Rechnertechnologie können die für das Hauptmikrofon gefundenen günstigen Abbildungseigenschaften des Äquivalenzmikrofons konsequent auf die Stütztechnik übertragen werden. Es ist denkbar, daß neu konzipierte Regieeinrichtungen die raumbezogene Signalverarbeitung - im Sinne eines panpotfreien Mischpultes - für jedes Stützmikrofon erlauben. Solche Signalprozessoren in den entsprechenden Mikrofonkanälen sollten darüber hinaus in der Lage sein, den jeweils zweckdienlichen Stützhall zu generieren.
Möglicherweise kann eine derartige Verarbeitung der Mikrofonsignale ebenso die Leistungsfähigkeit der Multimikrofonie steigern - was in letzter Konsequenz der Verzicht auf das Hauptmikrofon bedeuten könnte.

Die Autoren danken für die freundliche und großzügige Unterstützung der Firma AKG in Wien.

Literatur:

/1/ WÖHR, M.; NELLESSEN, B.: Untersuchungen zur Wahl des Hauptmikrofonverfahrens. TMT '86, Tagungsbericht S. 106-120.

/2/ THEILE, G.: Hauptmikrofon und Stützmikrofone - neue Gesichtspunkte für ein bewährtes Aufnahmeverfahren. TMT '84, Tagungsbericht S. 170-184.

/3/ JECKLIN, J.: Musikaufnahmen. 2., erw. Aufl. München: Franzis, 1984, S. 55.

/4/ PÖSSELT, CHR.: Binaurale Raumsimulation für Kopfhörerwiedergabe. Fortschritte der Akustik - DAGA '87, Bad Honnef: DPG-GmbH 1987, S. 725-728.

/5/ THEILE, G.: Das Kugelflächenmikrofon. TMT '86, Tagungsbericht S. 277-293.

/6/ GOERES, H.-J.: Untersuchung zur Optimierung der Stütztechnik bei Lautsprecherstereofonie unter Berücksichtigung psychoakustischer Kenntnisse. Diplom-Arbeit, FH-Düsseldorf (1989).

Hans W. Steickart:

Kopfbezogene Stereofonie - neuere Erfahrungen bei Produktion und Rezeption

Aufnahmeästhetik
----

1. Raumbezogene Stereofonie

Die raumbezogene Stereofonie hat die Aufgabe der elektroakustischen Übertragung, dem Hörer in seinem Wohnraum ein bestmögliches Hörerlebnis zu verschaffen (1) in der Praxis dadurch gelöst, daß man die Mikrofone im Nahfeld der Schallquellen plaziert und durch viele Einzelmikrofone für ein "durchsichtiges" und "präsentes" Abbild der Partitur sorgt (2). Der Originalraum wird weitgehend eliminiert, da der Hörer bei Lautsprecherwiedergabe im Wohnraum die Raumanteile des Wiedergaberaumes zusätzlich hört. Man schuf eine durch Wegfall der visuellen Reize notwendig erscheinende Kontrasterhöhung. Der Lautsprecher ist Repräsentant der Schallquelle (3). Es lassen sich folgende Einschränkungen feststellen:

a. Dynamikeinengung
Bei Lautsprecherwiedergabe in normalen Wohnräumen erscheint die Dynamikeinengung sogar wünschenswert, weil

b. eine Wiedergabe in Originallautstärke nicht möglich ist. Dabei hat die "hörphysiologische" Lautstärkepegelung weitere Nachteile zur Folge (3).

c. Die Richtcharakteristiken von Schallquellen gehen verloren.

d. Eine Überdeckung von Originalraum und Wiedergaberaum findet statt, wobei in der "normalen" Stereofonie der Originalraum auf den vorderen Teil des Wiedergaberaumes beschränkt bleibt.

e. Man erhält verschiedenen Klang in verschiedenen Räumen auch bei Verwendung der gleichen Lautsprecher. Dadurch wird eine qualitative Vergleichbarkeit und der internationale Austausch von Programmen erschwert.

2. Kopfbezogene Stereofonie

Um ein reales Klangereignis, das in einem realen Raum stattfindet, naturgetreu wiederzugeben, erscheint es naheliegend, die Ohrsignale mit zwei Mikrofonen nachzubilden und sie nach der Übertragung an den Ohren des Hörenden zu reproduzieren (4).Dies geschieht mit Hilfe des Kunstkopfes, einer stilisierten Nachbildung eines Kopfes aus relativ weichem Plastikmaterial, ausgebildeten Ohrmuscheln mit den Aufnahmemikrofonen im Ohrkanal. Das Modell Neumann KU 80 nach Kürer/Plenge/Wilkens wurde ursprünglich für Forschungszwecke entwickelt und erlebte seine öffentliche Vorstellung während der Funkausstellung 1973 in Berlin. Bei der Wiedergabe über Kopfhörer ergibt sich praktisch ein Konzertsaalerlebnis, weil die Richtung und Entfernung des Klangkörpers und das spezifische Klangbild des Originalraumes erkannt werden. Einen großen Erfolg erzielten auch Hörspiele, die mit dramaturgischen Mitteln die Eigenschaften des Kunstkopfes nutzten.

Gründe für das Scheitern der ersten Kunstkopfgeneration

Doch bald zeigte sich nach der ersten Begeisterung Ernüchterung, da verschiedene Probleme auftauchten und Kompatibilitäts-Forderungen nicht erfüllt wurden (1/5/6).

a. Die Im-Kopf-Lokalisation. Die Vorne-Ortung war in vielen Fällen ungenügend; bei Hörereignissen in der Median-Ebene wurde die Schallquelle nahe am Kopf empfunden.

b. Eine Richtungsinversion trat besonders bei Schallquellen auf, die sich +-15 Grad vor dem Kunstkopf befanden; sie wurden hinter dem Kopf geortet.

c. Die Elevation, d.h. eine scheinbare Anhebung der Schallquelle, besonders für vordere Schallquellen, wurde beklagt. Eine mögliche Erklärung liegt darin, daß viele Menschen, wenn sie aufmerksam z.B. im Konzert zuhören, unbewußt den Kopf senken. Außerdem werden viele Aufnahmen mit geneigtem Kunstkopf gemacht.

d. Der Kunstkopf besaß hohes Eigenrauschen, verbunden mit Mängeln bei der Hochtonwiedergabe und Verzerrung bei hohen Originalpegeln.

e. Man hörte eine Klangfarbenverfälschung bei Lautsprecherwiedergabe. Da der Kunstkopf von den Rundfunkanstalten stärker als von der Schallplattenindustrie gefördert wurde, hielt man eine Lautsprecherkompatibilität für unbedingt erforderlich. Es besteht allerdings ein Grundwiderspruch: Bei Lautsprecherwiedergabe erreicht jedes Lautsprechersignal beide Ohren, während bei der Kopfhörerwiedergabe das jeweilige Kunstkopfsignal ungestört das entsprechende Ohr trifft (1). Allerdings stellte sich später heraus, daß die aus heutiger Sicht falsche Entzerrung in erster Linie die Ursache für die mangelnde Lautsprecherkompatibilität war (4/5).

Damals untersuchte man hauptsächlich das Kunstkopfaufnahmemikrofon.Es traten auch Fehler bei der Übertragung auf (Rauschen der Rundfunkstrecke, Knistern und Knacken der Schallplatten), die besonders bei Kopfhörerwiedergabe stärker ins Gewicht fallen, weil mit Kopfhörern lauter abgehört wird (8). Der Vorteil der Kunstkopfwiedergabe besteht auch gerade darin, Originallautstärke und -dynamik und damit eine richtige Entfernungs- und Größenortung der Schallquellen wahrzunehmen. Schließlich akzeptierte man die Qualität der damaligen dynamischen Kopfhörer (Sennheiser HD 414 und Beyer DT 440), ohne intensive Versuche bezüglich Frequenz- und Phasenübereinstimmung der Aufnahme- und Wiedegabeapparatur durchzuführen.

Neue Kunstkopfgeneration mit Freifeld- und Diffusfeldentzerrung

1. Aachener Kunstkopf

Klaus Genuit stellte erstmalig zur Tonmeistertagung 1981 den IENT-Kunstkopf vor (7/10), der auf Vorarbeiten des Instituts für Elektrische Nachrichtentechnik der Technischen Hochschule Aachen basiert, die sich in den Berichten zu den Tonmeistertagungen bis 1972 zurückverfolgen lassen (11/12). Der Kunstkopf war zunächst für Geräuschforschung konzipiert und ist u.a. aus diesem Grund, um mit Meßmikrofonen kompatible Ergebnisse zu liefern, freifeldentzerrt. Notwendigerweise besitzt er gegenüber dem stilisiert wirkenden Neumann-Kunstkopf eine genau ausgearbeitete typische

Kopfform mit "Frisur", Schulter und Bauch (34/55). Schallplatten, die mit diesem System produziert wurden, erhielten hinsichtlich der Beurteilung der Aufnahmequalität sehr gute Kritiken (15/16/17/18). Weitere Möglichkeiten des Systems liegen beispielsweise in der Audiometrie. Seit einigen Jahren wird es außerdem in Verbindung mit einem entsprechend entzerrten elektrostatischen Kopfhörer STAX SR-Lambda Professional von der Fachzeitschrift AUDIO als Meßinstrument für Kopfhörertests eingesetzt (19/20). Die aktuelle Version wird während dieser Tonmeistertagung im Rahmen des Neuheitenforum vorgestellt (62).

2. Neumann KU 81i

Die weiter oben dargestellten Mängel des Neumann KU 80 ließen die Wissenschaftler nicht ruhen, ein verbessertes Modell zu schaffen, wobei die leichte Umrüstbarkeit des alten Modells in das neue vorgegeben war (5/9). So wurde seit ca. 1979 am Institut für Rundfunktechnik in Zusammenarbeit mit dem Institut für Allgemeine Elektrotechnik und Akustik an der Ruhr-Universität Bochum mit dem Ziel gearbeitet, die Übertragungseigenschaften zu verbessern. Dieses Ziel sollte nicht nur für Kopfhörerwiedergabe erreicht werden, sondern auch für Lautsprecherwiedergabe im Hinblick auf eine für den Rundfunkbetrieb ausreichende Kompatibilität (4/5/21). Eine wichtige Voraussetzung war die Erkenntnis, daß die richtige Abschlußimpedanz des Ohrkanals nicht wichtig ist. In einer Entfernung von wenigen Millimetern vom Eingang des Außenohrkanals ist jede akustische Maßnahme für die korrekte Richtungsabbildung des Kunstkopfes unschädlich (21). So konnte man daran gehen, statt der bisher üblichen subjektiven Messungen objektive mit Hilfe von Sondenmikrofonen, die 4mm im Eingang des Ohrkanals waren, durchzuführen (22/28/48).
Eine Freifeldentzerrung kann immer nur für eine Schalleinfallsrichtung gelten, beeinflußt aber das Übertragungsmaß für alle anderen Schalleinfallsrichtungen und verfälscht sie für das Kunstkopfsignal (5/9). Da man sich bei Kunstkopfaufnahmen meist in größerer Entfernung zur Schallquelle befindet und um zu anderen Mikrofonen bei Lautsprecherwiedergabe kompatibel zu sein, verzichtete man auf eine bevorzugte Schalleinfallsrichtung und entwickelte eine in den Kunstkopf integrierte Diffusfeldentzerrung. Theiles Assoziationsmodell lieferte eine wichtige theoretische Grundlage (22/27/54). Gleichzeitig wurde die maximale Aussteuerbarkeit um ca. 10 dB erhöht und an der Oberseite des Kopfes Ösen angebracht, um bessere Auf-

hängungsmöglichkeiten zu bieten.

3. Vergleich der Kunstköpfe

Parallel zur Entwicklung bzw. Verbesserung der neuen Kunstkopfgeneration hat es zahlreiche wissenschaftliche Untersuchungen bzw. Tests bezüglich einer optimalen Wiedergabe gegeben. Bei Kopfhörerwiedergabe schnitten am besten elektrostatische Modelle mit der richtigen Entzerrung ab, wohl weil neben einem ebenen Frequenzgang auch ein entsprechendes Phasenverhalten wichtig ist (23/24/25/30).
Der Aachener Kunstkopf wird in einer Kombination mit dem elektrostatischen Kopfhörer STAX SR-Lambda Professional und einem dazu passenden freifeldentzerrten Verstärker geliefert (26/43/55/62).
Das IRT untersuchte die "Standardisierung eines Studiokopfhörers" (27) und empfahl die Diffusfeldentzerrung für die beste Wiedergabe aller Aufnahmen (1/24). Dabei wurde als Bezugskopfhörer das elektrostatische Modell STAX SR-Lambda Professional mit dem diffusfeldentzerrten professionellen Kopfhörerverstärker STAX SRM-Monitor ausgewählt (27/28). Diese Kombination eignetsich auch am besten für die Wiedergabe von Kunstkopfaufnahmen mit dem Neumann KU 81i (30). Das komplette System wird vom Meßlabor der Fachzeitschriften Stereo, Fono Forum und HiFi-exklusiv für Kopfhörermessungen eingesetzt (31). Verschiedentlich wurden beide Kunstköpfe miteinander verglichen (32/55), wobei zuletzt bei der Wiedergabe der gleiche elektrostatische Kopfhörer mit einem Prototyp des Kopfhörerverstärkers für Forschungszwecke, der beide Entzerrungen aufwies, für den Hörvergleich herangezogen wurde (33).
Die insgesamt hervorragenden Ergebnisse gegenüber der ersten Generation lassen sich leicht auf Verbesserungen zurückführen, die das System in allen Bereichen auszeichnet:
a) verbesserter Kunstkopf
b) digitale Speicherung
c) elektrostatischer Kopfhörer mit der gleichen Entzerrung wie der Kunstkopf.

So wird heute hörbar, was Steinke (1) als Vorzüge der kopfbezogenen Stereofonie darstellt.
"Es gelingt damit:
- den Ursprungsraum überzeugend darzustellen, insbesondere hinsichtlich des Raumeindrucks und der Halligkeit;

-die Schallquellen,d.h. Sänger, Sprecher, Musiker und ihre mögliche Bewegung über die gesamte Hörperspektive bis zur unmittelbaren Nähe des Ohres zu verteilen und dabei entfernungs- und richtungsgetreu abzubilden;
-hohe Durchsichtigkeit durch exakte Lokalisation zu vermitteln;
-die Klangfarbe korrekt zu vermitteln und damit auch die Unterscheidbarkeit von Stimmen, Instrumenten u.a. zu unterstützen.
Die Bereicherung des Hörereignisses durch die Übertragung der Raumatmosphäre außerhalb des Kopfes läßt trotz des fehlenden optischen Eindrucks eine Vorstellung entstehen, wirklich im Ursprungsraum anwesend und mit dem Schallereignis verbunden zu sein."

Vorne-Ortung und Lautsprecherkompatibilität

Zwei Fragen sollten bei allen Verbesserungen des Kunstkopfsystems hier besprochen werden: Die Vorneortung und die Lautsprecherkompatibilität.

a. Vorne-Ortung

Immer noch haben einige Hörer, wenn auch deutlich weniger als früher Probleme, ein Signal, das frontal vor dem Kunstkopf aufgenommen wurde, bei der Wiedergabe vorn zu orten. Dieses psychoakustische Phänomen tritt auf, auch wenn ein korrektes Signal das Ohr erreicht. Ein Erklärungsversuch sagt, das ist ein Relikt aus der Urzeit, als der Mensch noch vielen natürlichen Gefahren ausgesetzt war. Sein Gesichtssinn warnte ihn vor Gefahren, die von vorn kamen, während das Gehör für Gefahrenmeldung von hinten zuständig war. Das Gehirn konnte dann die Gefahr räumlich einordnen. Wenn nun also ein Ohrsignal mit der Richtungsinformation "vorn" das Gehirn erreicht, aber das (dominierende) Sehorgan vorn kein adäquates Signal meldet, klappt das Gehirn das Hörereignis nach hinten.
Es ist möglich, Vorne-Ortung zu lernen. Das gelingt am leichtesten bei bewegten Schallquellen und wenn der Hörer ungestört allein in einem Raum mit geschlossenen Augen hört, wobei er Informationen über die Aufnahme wie Fotos, Zeichnungen, Beschreibungen erhalten sollte. Manchmal kommt dann die Vorne-Ortung plötzlich wie bei einem Vexierbild zustande, das man verschieden deuten kann. Das Wissen, daß Vorneortung bei früheren Kunstkopfaufnahmen nicht möglich war, kann bei diesem Lernvorgang hinderlich sein. So hören bei Demonstrationen auf Messen junge Hörer oder Branchenfremde zu einem hohen Prozentsatz richtig. Dabei fällt auf, daß in fast allen Fällen die Vorne-Ortung möglich ist, wenn der Hörer bei der Aufnahme anwesend war und an-

schließend am Aufstellungssort des Kunstkopfes abhört (34).

b. Lautsprecherkompatibilität

Eine der wichtigsten Forderungen an die Kunstkopfaufnahmen war, daß sie ohne Qualitätseinbußen über Lautsprecher abhörbar sein sollten. Dabei muß noch einmal auf den Widerspruch zwischen Kunstkopfaufnahmen, die den Aufnahmeraum einbeziehen und den "normalen" Aufnahmen mit Mikrofonen dicht an der Schallquelle hingewiesen werden. Es läßt sich aber auch bei Lautsprecherwiedergabe der Trend zu Verringerung der Einflüsse des Wiedergaberaumes feststellen (35). Generell ist die Kompatibilität von Kunstkopfaufnahmen umso größer,je näher der Kunstkopf bei der Aufnahme von der Schallquelle entfernt war,je weniger komplex die Schallquelle ist,je näher man bei der Wiedergabe den Lautsprechern ist, bzw. je geringer die Einflüsse des Wiedergaberaumes sind. Dabei haben viele Aufnahmen mit den neuen Kunstkopfsystemen von den Kritikern gute bis sehr gute Beurteilungen hinsichtlich der Lautsprecherwiedergabe erhalten (36/37/38/39). Eine weitere Verbesserung wird während dieser Tonmeistertagung von D. Griesinger vorgestellt (41).

Räume und Klangkörper, die sich besonders für kopfbezogene Stereofonie eignen

Bereits 1975 stellte Schlemm (13) fest, daß die kopfbezogene Stereofonie in Bezug auf die Richtungsabbildung ein Verfahren sei, das eine Authentizität biete wie kein anderes. Aus diesem Grund böte sich besonders Musik an, bei der der Raum eine besondere Rolle spielt; es gäbe ein unerschöpfliches Repertoire der Musik des 16. - 18. Jahrhunderts und auch der avantgardistischen Musik.

Warum sollte man nicht auch die Kompetenz der klassischen und romantischen Komponisten anerkennen, die ihre Musik nicht nur den Sängern "auf die Gurgel" sondern auch für bestimmte Gelegenheiten und Räume komponiert haben. In vielen Fällen waren die Komponisten auch Dirigenten in Personalunion. Sie haben genau ausbalanciert, in welcher Besetzung ihre Werke in bestimmten Räumen gut klingen. Es wäre sicher sehr interessant, Kunstkopfaufnahmen in den entsprechenden Uraufführungsräumen oder diesen akustisch ähnlichen zu machen. Bei Live-Aufnahmen besteht allerdings die Gefahr, aufgrund der Plazierung im oder über dem Publikum dessen Geräusche (Husten etc.) besonders realistisch und damit störend einzufangen. Die Erfahrung zeigt, daß in Kirchen ausgedehnte Klangkörper mit Soli, Chor, Orgel und Orchester ohne Schwierigkeiten aufzunehmen sind, wenn der Kunstkopf relativ hoch und dem Klangkörper zugeneigt plaziert wird. Dann ergibt die Wiedergabe über Kopfhörer nicht nur eine Milderung der extremen räumlichen Tiefe durch Verminderung der Entfernung zu den Einzelquellen, sondern darüber hinaus eine Staffelung in der Höhe, die eine in der Praxis gebräuchliche stufenförmige Aufstellung des Chores akustisch verdeutlicht.

Bei manchen Aufnahmen wird der Hörer und Schallplattenrezensent zu einem Hören gefordert, das nicht mit der gewohnten Konserve, sondern mit der Realität im Konzert verglichen werden soll. Das gilt insbesondere beim Sinfonieorchester, wo die Nebenstimmen nicht überdeutlich herausgearbeitet werden, sondern so klingen wie im Aufnahmeraum. An diesen werden hohe Anforderungen gestellt, da er in die Aufnahme eingeht. Es muß im Interesse einer guten Ortung der Instrumente gewährleistet sein, daß dieser Raum ein dem Klangkörper gegenüber angemessenes Volumen hat, damit die Reflexionen nicht stören. So wurde die Glenn-Miller-CD auf unseren Wunsch hin nicht im Studio 2 von Radio DDR aufgenommen, wo normalerweile die Big Band spielt, sondern im großen Sendesaal 1, der eigentlich dem Sinfonieorchester vorbehalten ist (T5/T8).

Auch ein Konzertflügel klingt anders, als man ihn von der Schallplatte zu hören gewohnt ist, wenn man eine Aufnahme mit Stereoeffekt betrachtet, die mit Hilfe von vielen Mikrofonen entstanden ist. Deshalb ist es bemerkenswert, daß große Pianisten, wie Alfred Brendel (55) und Jörg Demus von der Realistik der Kunstkopfaufnahmen begeistert sind. Es läßt sich immer wieder feststellen, daß Künstler das Verfahren schon beim Abhören der ersten Probeaufnahmen begrüßen. Dabei muß der Tonmeister Technik nicht befürchten, durch die scheinbare Einfachheit des Verfahrens arbeitslos zu werden, denn es bedarf einer gehörigen Portion Erfahrung und akribischer Feinarbeit, um optimale Ergebnisse zu liefern.

Bei einer CD-Produktion mit dem Aulos-Bläserquintett (K3) vor wenigen Monaten dauerte es nach dem ersten Aufstellen des Kunstkopfes noch ca. eineinhalb Stunden und einige Probeaufnahmen, bis sich der Tonmeister Musik, der Tonmeister Technik, der Produzent und die musizierenden Künstler auf eine ausgewogene Balance zwischen dem Direktschall der Instrumente, dem Zusammenklang des Ensembles, dem Raumanteil und dem zulässigen Anteil der Klappengeräusche, die anscheinend für manchen HiFi-Fan eine eminente Bedeutung haben, geeinigt hatten. Dabei wurde die Position des Kunstkopfes insgesamt gegenüber dem ersten Versuch nur um ca. 30cm verändert.

Erfahrungen mit Schnitt und Multitrack

Mit dem Schnitt von Kunstkopfaufnahmen gibt es keine Probleme. Es liegen hierbei Erfahrungen mit 38cm/sec. Band und Telcom C4, Sony F1, übertragen auf PCM 1630 und neuerdings DAT vor, wie in den Musikbeispielen zu hören ist. Dabei wurden, um die Räumlichkeit nicht zu stören, bei der gerade erwähnten Aulos-Quintett-Aufnahme die Pausen bis zum nächsten Einsatz (auch des nächsten Satzes) mit aufgenommen (K3).
Zwei LP's mit Multitrack liegen vor (T25/T46), bei einer spielt die afrikanische Gruppe Kalifi zunächst im Freien auf Trommeln. Bei der zweiten Aufnahme musizierte die Gruppe weiter, während die erste Aufnahme über Kopfhörer zugespielt wurde. Um die Räumlichkeit zu erhalten, ist es wichtig, daß die Position des Kunstkopfes nicht verändert wird. Über Stützmikrofone bei binauralen Aufnahmen berichtet der Vortrag von M.Wöhr und H.J. Goeres (40) während dieser Tonmeistertagung. An die Grenzen des Verfahrens gerät man, wenn ein authentisches Live-Ereignis, wie die Darbietung einer Rock-Jazz-Gruppe mit ihrer PA-Anlage inmitten eines begeistert mitgehenden Publikums übertragen wird (K10). Doch urteilen Sie selbst, nachdem Sie unsere Klangbeispiele gehört haben.

Ausblick

Die kopfbezogene Stereofonie bietet, hochwertiges Equipment bei Aufnahme, Übertragung (Speicherung) und Wiedergabe vorausgesetzt, mit Hilfe von nur zwei erforderlichen Kanälen eine faszinierende Räumlichkeit und ein Live-Dabeisein. Die Begeisterung der Hörer und Kritiker (39/50/56/57/58/60/61) sollte Ansporn zu weiteren Produktionen sein. Dabei ist ein eindeutiger Trend zum hochwertigen Kopfhörer zu konstatieren, zusätzlich sind die neuen Kunstkopfaufnahmen lautsprecher-kompatibel. Es lohnt sich, Vorurteile aufgrund früherer Enttäuschung zu vergessen und sich wieder mit dem Kunstkopf zu befassen.

Danksagung

Für die Hilfe bei der Erstellung der Klangbeispiele möchte ich mich beim IRT, dem Hessischen Rundfunk, dem Norddeutschen Rundfunk, Radio DDR, dem SFB und dem Südwestfunk bedanken.

Klangbeispiele

Bei Eigenproduktionen von CD's und den vorgestellten Klangbeispielen haben wir uns hauptsächlich aus Gründen der Kopfhörerkompatibilität für diffusfeldentzerrte Aufnahmen mit dem KU 81i entschieden (24/46).

1. Rundgang im IRT (CD)
Demonstration von Theile; wie er sie prinzipiell im kleinen Abhörstudio des IRT durchführt

2. Hörspiel (CD, Aufnahme:SWF)
Sie gehen unter die Dusche und fahren mit der Münchener U-Bahn.

3. Bläserquintett (DAT-Kopie von F1 - PCM 1630, Audiostax-Produktion)
Aulos-Bläserquintett, Aufnahme Herbst 1988 in der Filder-Halle (kleiner Saal), Leinfelden-Echterdingen

4. Bläserquintett, Trompete, Violine (DAT-Kopie von F1, A: Steickart)
B.A. Zimmermann: Die fromme Helene, Uraufführung Mai 1988 Hamburg, Live-Sendung des NDR "Sonntakte"

5. Choralkantate (DAT-Kopie von 38cm/Telcom, A:NDR/SFB, Schlemm)
M. Praetorius, Soli Chor,Orchester, J.Jürgens, Trinitatis-Kirche Hamburg

6. Sinfonie-O. des HR (CD, von F1, Aufnahme: Steickart/HR/IRT)
Wagner: Rienzi-Ouvertüre, Zugabe, Alte Oper Frankfurt

7a. Arie b. Chor (CD von F1, Aufnahme: Steickart)
C.P.E. Bach: Die Israeliten in der Wüste, Spering, Köln, Trintatis-Kirche

8. Folklore (CD von Multitrack, Aufnahme: Fortak)
Kalifi, im Freien aufgenommen

9. Big Band (CD vom PCM 1630, Aufnahme: Radio DDR, 1988)
Glenn Miller, Rundfunk-Tanzorchester Berlin, Leitung Martin Hoffmann

10. Jazz-Rock live (DAT-Kopie von F1, Aufnahme: Steickart)
Supercharge in Dortmund, Juni 1988

Weitere Beispiele werden auf Wunsch demonstriert.

Lieferbare Tonträger

Es wird die Bestell-Nr. der CD angegeben; falls nicht lieferbar, erfolgt Hinweis auf LP

1. Diffusfeldentzerrte Aufnahmen mit dem Neumann-Kunstkopf KU 81i

(1) AUDIOSTAX AXCD 90101 "Die Raumklang-CD", 21 Klangbeispiele mit 40-seitigem Begleitheft

(2) AUDIOSTAX AXCD 90201 "Warschauer Barocksolisten Concerto Avenna", Corelli, Scarlatti, Händel mit 44-seitigem Begleitheft

(3) AUDIOSTAX AXCD 90202/3 "Klassik 1 in kopfbezogener Stereofonie", Dvorak, Brahms, Gluck, Bellini u.a. mit 56-seitigem Begleitheft

(4) AUDIOSTAX AXCD 90204/5 "Klassik 2 in kopfbezogener Stereofonie", Kammermusik von Haydn, Mozart, Mendelssohn mit 84-seitigem Begleitheft

(5) AUDIOSTAX AXCD 90301 "Glenn Miller...", Rundfunk-Tanzorchester Berlin, Leitung: Martin Hoffmann mit 32-seitigem Begleitheft

(6) AUDIOSTAX AXCD 91101 "Space Sound-CD", entspricht AXCD 90101, aber mit englischem Booklet

(7) AUDIOSTAX AXCD 91201 "Warsaw Baroque Solists", entspricht AXCD 90201, aber mit englischem Booklet

(8) AUDIOSTAX AXCD 91301 "Glenn Miller...", entspricht AXCD 90301, aber mit englischem Booklet

(9) EMI 667-747 595-8 (2CD) Bach: H-moll Messe, Petite Bande, G.Leonhardt

(10) EMI 157-199 960-3 (3LP) Bach: Sonaten, Partiten, S. Kuijken, Violine

(11) EMI 165-169 504-3 (2LP) Diverse: Consort of Musicke, A. Rooley

(12) EMI 667-747 910-8 (3CD) Händel: Alessandro, S. Kuijken

(13) EMI 157-169 550-3 (2LP) Mayone: Libri..., C. Stembridge, Orgel, Cembalo

(14) EMI 165-99 681/82 (2LP) Monteverdi: Marienvesper, I.Segarra

(15) EMI 567-199 989 2T Mozart: Serenade, Marsch, Collegium Aureum

(16) EMI 567-199 958 2T Mozart: Serenade, Marsch, Collegium Aureum

(17) EMI 567-747 654-2 D. Scarlatti: Sonaten, V. Black, Cembalo

(18) EMI 157-169 509-3T (3LP)Schütz: Geistl. Cormusik, H. Hennig

(19) EMI 567-747 600-2 Schütz: Ital. Madrigale, A. Rooley

(20) EMSCHERLAND ELP 86-2061 Bach: Kunst der Fuge, Lücoson-Streichquartett

(21) EMSCHERLAND ELP 86-2066 Diverse: Oboen- u. Englischhorn-Konzerte
(22) EMSCHERLAND ELP 84-2036 Brahms: 1. Sinfonie, van den Bosch
(23) EMSCHERLAND ELP 84-2042 Dvorak: 9. Sinfonie, van den Bosch
(24) EMSCHERLAND ELP 84-2034-35 Haydn: Die 7 letzten Worte, Lücoson-Quartett
(25) EMSCHERLAND ELP 85-1040 Kalifi: Folklore aus Ghana
(26) HEK 90 1175/8 C (4CD) Cavalli: Xerxes, R. Jacobs
(27) HEK HM 1100/2 C (3LP) Cesti: Orontea, R. Jacobs
(28) HM IOM 792 (LP) Hammerschmidt: 4 Suiten, J. Savall, Hesperion
(29) Midas CD.5087 Div.: Polnische Kammerphilharmonie, W. Rajski
(30) Midas CD.5088 Div.: Warschauer Barocksolisten, Con. Avenna
(31) Midas CD.5089 Div.: Polnische Klavierwerke, K. Gierzod
(32) Motette DDD 10911 Diverse: Romantic Organ-Music, C. Dearnley
(33) Motette DMM 10880 Diverse: Symphonische Orgel., T. Mechler
(34) Motette DMM 10960 Diverse: Orgeln...Mainz, A. Schönberger
(35) Motette DMM 10940 Vierne: 2. Symphonie, G. Dessauer, Orgel
(36) Motette DMM 11030 Guilmant: Werke, A. de Klerk, Orgel
(37) Sennheiser SE CD 185 Scholz: Die unendliche Halle, Hörspiel
(38) Wergo SM 9002-540 Tilgner: Nachtigall, Naturaufnahmen
(39) Wergo SM 9001-50 Tilgner: Waldkonzert, Naturaufnahmen

2. Freifeldentzerrte Aufnahmen mit dem Aachener Kunstkopf

(40) Bauer MFB 008 (LP) Ligeti: Poeme Symhonique für 100 Metronome
(41) Bauer MFB 017-017(2LP) Bach: Das wohl temperirte Clavier, H. Henck
(42) Deutsche Austrophon RRK 715030 Schroeder: Brain Voyager, Filmmusik
(43) Mitra 16 186 DMM Die Orgeln ... Heimbach, M. Führer
(44) Motette DCD 11061 (2CD) Messiaen:...Saint Sacrament, A. Rößler, Orgel
(45) Nabel NBL 8312 DMM Lumpp/Read/Küttner: Midnight Sun
(46) Nabel NBL 8413 DMM Jürgen Sturm: Tango subversivo
(47) Projekt Freies Kunsthaus Kuckartz: Kreuz..., H. Gröges, Orgel
(48) 2001 Verlag Beckers: Anna, Ein neuer Mensch
(49) 2001 Verlag D. Scarlatti: Mie, Miki, Akkordeon

Literatur
----

(1) G. Steinke: Stand und Entwicklungstendenzen der Stereofonie, Teil I, Techn. Mitteilungen des RFZ, Heft 1/1984, S. 1-10

(2) G. Plenge: Vorwort, Rundfunktechnische Mitteilungen, Sonderdruck, Sept. 1981, S. 3-4

(3) G. Plenge: Überlegungen zur Leistungsfähigkeit verschiedener stereofoner Verfahren, VDT-Information Jan./Feb. 1984

(4) G. Theile: Zur Kompatibilität von Kunstkopfsignalen mit intensitätsstereofonen Signalen bei Lautsprecherwiedergabe: Die Richtungsabbildung, RTM Sonderheft 9/1981, S. 11-17

(5) G. Theile: Zur Kompatibilität von Kunstkopfsignalen mit intensitätsstereofonen Signalen bei Lautsprecherwiedergabe: Die Klangfarbe, RTM Sonderheft 9/1981, S. 18-26

(6) H. Hudde und J. Schröter: Verbesserungen am Neumann-Kunstkopfsystem, RTM Sonderheft 9/1981, S. 5-10

(7) K. Genuit: Untersuchungen zum Einsatz eines neuartigen rauscharmen zweikanaligen Aufnahmesystems hoher Dynamik im Rundfunkbereich, NTG Mannheim, 11/1982

(8) G. Spikofski: Signal-To-Noise Ratio Requirement For Digital Transmission Systems (Ermittlung des maximal erforderlichen Geräuschspannungsabstandes für digitale Tonübertragungssysteme), 77th AES-Convention, Hamburg 1985, Preprint

(9) S. Peus: Natürliches Hören mit künstlichem Kopf, Funkschau Heft 6/1983

(10) K. Genuit: Ein Beitrag zur Optimierung eines Kunstkopfaufnahmesystems, 12. Tonmeistertagung 1981, Tagungsband S.218 ff.

(11) P. Laws: Mittel zur Verhinderung der Im-Kopf-Lokalisation bei Kopfhörerwiedergabe, 9. Tonmeistertagung 1972, Bericht S. 65-69

(12) H.-J. Platte: Das Problem der Vorne-Ortung bei der kopfbezogenen Stereofonie, 10. Tonmeistertagung 1975, Bericht S. 91-97

(13) H.-G. Daehn, W. Hirschmann, W. Schlemm, H. Wilkens: Kunstkopf-Stereofonie bei Musikübertragung, Podiumsdiskussion, Gesprächsleitung: H.-L. Feldgen, 10. Tonmeistertagung Köln 1975, Bericht S. 191-200

(14) U. Gerhard, E. Hafner, H.-J. Platte: Kunstkopf-Stereofonie im Hörspiel, Podiumsdiskussion, Leitung: P. Schultes, 10. Tonmeistertagung Köln 1975, Bericht S. 201-205

(15) W. Feld: Köpfchen, Köpfchen, Audio 12/1983, S. 155

(16) H.M. Burr: Die perfekte Aufnahme, Stereoplay, 9/1984, S.126

(17) W. Feld: Tango im Kopf, Audio 9/1984 S.180

(18) M. Gillig: Ballstars, Schallplattenkritik, Audio 9/1984

(19) o. A.: So mißt Audio Kopfhörer, Audio 4/1984, S.106

(20) L. Brandt: Würdenträger, (Vergleichstest: Super-Kopfhörer) Audio 2/1988 S. 66-67

(21) H. Wollherr: Mikrofonankopplung an das Außenohr eines neuen Kunstkopfes, RTM, Sonderheft Sept. 1981

(22) G. Theile: On The Standardization Of The Frequency Response Of High Quality Studio Headphones, AES-Convention, Hamburg März 1985 Preprint

(23) U. Andresen: Diffus klingt natürlich, Funkschau Heft 6/1983

(24) G. Theile, G. Spikofski: Diffus ist abermals Nr. 1, Funkschau, Heft 17/1983, S. 47-49

(25) U. Andresen: Neue Kopfhörer-Norm: Diffus soll's sein!, Musik-Commerz, Heft 6/1983

(26) K. Genuit: Warum Freifeld? Untersuchungen zur Beschreibung von Kriterien bei der Kopfhörerentwicklung, Berlin 1983

(27) G. Theile: Untersuchungen zur Standardisierung eines Studiokopfhörers, RTM 1983 Heft 1

(28) G. Spikofski: Das Diffusfeldsonden-Übertragungsmaß eines Studiokopfhörers, RTM 3/1988 S.101-115

(29) J. Jecklin: Jecklins Aufnahmekurs, 2. Mikrofonanordnungen, Stereoplay 7/1987

(30) G. Nelsen: Für Laute und Baß, Stereoplay 12/1987 S.56

(31) W. Schild: Qualitätsgefälle, Stereo 8/1987, S.48-54

(32) G. Theile, G. Spikofski: Vergleich zweier Kunstkopfsysteme unter Berücksichtigung verschiedener Anwendungsbereiche, DAGA 1984

(33) W. Schild: Diffuse Klangwelt, Stereo 4/1984, S.58+59

(34) K. Genuit, Interview in Studio 2/1988

(35) G. Plenge/H.Püllmanns/E. Rothe/G. Steinke/G. Theile/H. Wollherr, Roundtable: Regieraum und Regielautsprecher, Bericht 14. Tonmeistertagung 1986, S. 496-504

(36) R. Wendemuth: Kopfhörer STAX SR-Sigma Professional, besser als jeder Lautsprecher?, HiFi-exklusiv, Ausgabe 2/1986, S. 74-77

(37) o.A. (Schallplattenrezension): Polnische Kammerphilharmonie, Stereoplay 7/1988

(38) o.A. (Schallplattenrezension): Polnischer Barock, Stereoplay 7/1988

(39) W. Dulisch (Schallplattenrezension): Rundfunk-Tanzorchester Berlin: Glenn Miller, HiFi-Vision 11/1988

(40) M. Wöhr/H. J. Goeres: Binaurale Stütztechnik - ein Verfahren zur Verbesserung der Aufnahmequalität, Vortrag 15. Tonmeistertagung, Mainz 1988

(41) D. Griesinger: Verbesserung der Lautsprecherkompatibilität von Kunstkopf-Aufnahmen durch herkömmliche und räumliche Entzerrung, Vortrag 15. Tonmeistertagung, Mainz 1988

(42) H. W. Steickart: Neuer Monitor-Kopfhörer für den Rundfunk, Bericht 13. Tonmeistertagung München 1984, S. 126-136

(43) W. Feld: Ein stummer Diener, Audio 9/1983, S.58 ff.

(44) B. Whyte: Out on a Lambda, Audio U.S.A. 11/1983, S. 14-16

(45) G. Spikofski, G. Theile: Die Messungen linearer Verzerrungen bei Kopfhörerwiedergabe, DAGA 1984

(46) D. Benn: Schon gehört? Stereoplay 4/1984, S.48-52

(47) G. Theile: Die Bedeutung der Diffusfeldentzerrung für die stereofone Aufnahme und Wiedergabe, Bericht 13. Tonmeistertagung, München 1984, S. 111-124

(48) G. Spikofski/Stoll/G. Theile: Bestimmung von Kopfhörer-Übertragungsmaßen im diffusen Schallfeld: Sonden- oder Lautstärkevergleichsmessungen, DAGA 1985

(49) W. Feld: Raumklang, Audio, Heft 8/1985

(50) W. Feld:Kopfarbeit, Neue Platten in Kunstkopftechnik, Audio, 9/1985

(51) W. Schild: Diffuse Vorstellung, Fono Forum 10/1985, S. 102+103

(52) G. Theile: Das Kugelflächenmikrofon, Bericht 14. Tonmeistertagung München 1986 S. 277-293

(53) M. Wöhr/B. Nellessen: Untersuchungen zur Wahl des Hauptmikrofonverfahrens, Bericht 14. Tonmeistertagung 1986, S. 106-120

(54) A. Ramsteiner: Ermittlung für Wahrnehmbarkeitsschwellen für Klangfarbenunterschiede unter Verwendung eines diffusfeldentzerrten Kopfhörers, Diplomarbeit, Düsseldorf 1987

(55) H. W. Gierlich: Kunstkopfstereofonie (Teil 1+2), Stereoplay 11+12/1987

(56) W. Knobloch: Die Raumklang-CD, ELO 11/1987

(57) K. Breh: Die Raumklang-CD, Stereoplay 11/1987

(58) K. Breh: Stax natürlich (CD-Rezension), Stereoplay 12/1987, S.56

(59) P. Schüller: Rosinen im Kopf (Test Diffusfeld-Equalizer STAX ED-1), Stereoplay 12/1987, S. 54

(60) o.A.: Kopf-Arbeit (CD-Rezension), HiFi-Vision 12/1987, S. 170

(61) H.E. Braun: Die besonderen Platten, Die Audiophile: Die Raumklang-CD, Audio 12/1987

(62) Head Acoustics: Kunstkopf-Aufnahmesystem Aachener Kopf, Neuheitenforum 15. Tonmeistertagung Mainz 1988

(63) H. W. Steickart: Neuer elektrostatischer diffusfeldentzerrter Studiokopfhörer STAX SR-5 Gold mit ED-5 Monitor, Neuheitenforum 15. Tonmeistertagung Mainz 1988

Martin Hömberg:

Die Koordination von akustischer und elektronischer Perkussion in der Popmusik

In der heutigen Popmusik ist die Koexistenz von akustischer und elektronischer Perkussion an der Tagesordnung. Das fing mit den Rhythmus-Maschinen und Sequenzern einer Epoche an, die - obwohl noch kein Jahrzehnt darüber ins Land gegangen ist - heute nostalgisch das "Prä MIDI-Zeitalter" genannt wird. Mit MIDI und der Sampling-Technik, Drumcomputern und Sequenzern erlebte die pure elektronische Perkussion Mitte der 80er Jahre ihren Boom.Viele Schlagzeuger wurden arbeitslos. Mittlerweile ist das "Human Feeling" wieder im Kurs gestiegen. Popmusik-Produktionen bedienen sich akustischer und elektronischer Sounds gleichzeitig, Akustik oder Elektronik - das ist im Endresultat meist nicht mehr zu unterscheiden.

Die Produktionsmethoden die zu solchen Resultaten führen verlangen Spezial-Kenntnisse nicht nur vom Mann oder der Frau hinter dem Mischpult, sondern von allen, die technisch und musikalisch an einer Produktion beteiligt sind, nicht zuletzt von den Perkussionisten selbst.

Hier geht es darum Aspekte von Musikproduktionen aufzuzeigen, bei denen akustische und elektronische Drumsounds gleichzeitig und in aufeinander abgestimmter Form auftreten.

Es geht dabei sowohl um technische als auch um stilistisch-künstlerische Probleme, um Konzeptionen mit praktischem Hintergrund und nicht zuletzt auch darum das kreative Denken im Umgang mit akustischer und elektronischer Perkussion anzuregen.

Vorausgesetzte Spezialkenntnisse:

Grundlagen der MIDI-Technik, Erfahrungen mit MIDI-Sequenzern und der Aufbau des SMPTE- Timecodes. Mit "elektronischer Perkussion" sind Sounds aus Samplern, Drumcomputern und Synthesizern gemeint, die sich via MIDI antriggern lassen - womit wir beim hauptsächlichen Reizwort dieses Vortrags angelangt wären: WER ODER

WAS TRIGGERT WAS ODER WEN? , das ist hier immer die Frage - anders formuliert: Wer oder was ist der Auslöser für ein elektronisches Signal einerseits oder eine menschliche Aktion oder "Re-Aktion" andererseits?

I. DER DRUMMER TRIGGERT - "DRUM TO MIDI"

Der Pop-Drummer, der auf der Höhe der Zeit geblieben ist kann heute "Das Beste von beiden Welten" anbieten: Akustik und Elektronik gleich zeitig, in Realzeit also. Mit anderen Worten: Während des Schlagzeug- Spielens werden Sampling Sounds abgerufen, die dem akustischen Sound zugemischt werden. Es entsteht also ein Mischsound .

Um eine Mischung aus akustischem und elektronischem Drumsound zu erreichen muß man das Drumset zunächst konventionell mit Mikrofonen abnehmen. Hier gibt es - dank verschiedener Geschmäcker - verschiedene Konzeptionen. Für das gleichzeitige Antriggern elektronischer Sounds ist dagegen nur wichtig: Jede Trommel, die einen elektronischen Sound abrufen soll braucht ein eigenes Mikrofon,zwecks Vermeidung von Übersprechen entweder mit Nieren- oder Supernieren-Charakteristik - oder ein Kontakt-Mikro. Die Aufteilung in die akustische und die elektronische Ebene kann man konsequent so handhaben, daß einerseits geeignete Mikrofone für den gewünschten akustischen Sound aufgestellt werden, während z.B. die Kontaktmikrofone überhaupt nicht in das akustische Klangbild eingehen, sondern nur sauber abgegrenzte Trigger für die Elektronik liefern.

PRODUKTE

Dies ist keine Marktübersicht, trotzdem sollen einige zum Teil neue Geräte genannt werden, die die "Übersetzung" eines Audio-Triggers in einen MIDI "Note On"-Befehl besorgen.Dieser Befehl kann einer beliebigen MIDI Ton-Nummer zugeordnet werden. Das Triggern funktioniert zuverlässig nur bei Trommeln, bei HiHat und Becken gibt es aus verschiedenen Gründen keine brauchbare Lösung.

1. "ME 35" von Akai

Dieses Gerät ist ein reiner "Konverter" für Trigger-Signale.Es verfügt über 8 Eingänge, die an beliebige MIDI Note-Nummern addressiert werden können. Ansprechpegel sowie verschiedene Kurven für Bereiche der Anschlags-Empfindlichkeit sind einstellbar.

2. "ADD - One" von Dynacord

Das ADD-One ist in der Hauptsache ein professioneller Drum-Sampler mit einer äußerst reichhaltigen Sound-Bilbliothek. Als eine Art Zugabe verfügt das Gerät über 8

Trigger-Eingänge, die ebenfalls frei zugeordnet werden können. Einstellbar ist hier der Threshold, also die Pegel- Schwelle die überschritten werden muß damit ein Trigger ausgelöst wird ferner eine Mask Time, ein Feature das von komfortableren Noise Gates bekannt ist und von dem gleich noch die Rede sein wird.

3. "PM 16" von Roland

Wie der Name schon richtig vermuten läßt stehen hier 16 Eingänge zur Verfügung. Auch hier gibt es einen Maskierungs-Parameter; da fast jeder Hersteller sich um eine eigene Terminologie bemüht heißt das Feature bei Roland "Retrigger Limit Time", (bei einem anderen Hersteller begegnet uns der Parameter als "Hold-Off" Time.)

4. "Trixer" von Simmons

Diese erst jüngst abgeschlossene Neu-Entwicklung bietet 6 Eingänge, und abgesehen von "an Bord" befindlichen Sampling Sounds und Hall begegnet uns hier ein technisches Procedere namens "Learn". Der Trixer, so heißt es geheimnisvoll "lernt" das Profil, also die Envelope des akustischen Triggers und merkt sie sich. Darauf werden wir später zurückkommen.

5. MIDI Noise Gates

Ein leistungsfähiges Zeikanal- MIDI Noise Gate (das sich mit weiteren Geräten kaskadieren läßt) offeriert seit einigen Jahren der englische Hersteller REBIS. Das Grundprinzip ist einfach: Öffnet das Gate wird zugleich ein MIDI "Note On"-Befehl erzeugt. Dieser kann pro Kanal einer beliebigen Note Nr. zugeordnet werden. Im übrigen kann man hier beim Antriggern elektronischer Sounds vom ganzen Komfort des Noise Gates wie Frequenz-selektives Gating, Mask-Time usw. profitieren. Möglich ist hiermit auch die Bearbeitung von Signalen mit starkem Übersprechen. Gibt es auf einer Mehrspurz.B. eine Snaredrum-Spur, die wegen Übersprechens der Hi Hat unbrauchbar ist kann man mit diesem variablen Bandpaß ein im Mitten- und Tiefenbereich liegendes Frequenzband eingrenzen. Ist das Frequenzband richtig gewählt erzeugt nur die Snaredrum selbst relevante Energie-Anteile die das Gate öffnen und dadurch einen MIDI "Note On"-Befehl erzeugen. Damit kann man eine "saubere" gesampelte Snare abrufen und so die klanglich unbrauchbare Snare ersetzen. Soweit die Theorie, die natürlich ihre praktischen Beschränkungen hat. Im besagten Mitten- und Tiefenbereich treten bei einer Snare Energieanteile erst mit einer kleinen Verzögerung auf. Diese liegen zwar im Millisekunden-Bereich, sind aber völlig ausreichend um eine angetriggerte

Snare unter Umständen als "schleppend", sprich: verspätet erscheinen zu lassen. Im Fall einer Mehrspur- Mischung gibt es eine einfache Kompensation: Während die Bandmaschine ansonsten vom Repro-Kopf wiedergibt greift man die Snare - sprich: den Trigger - vom Sync-Kopf ab und justiert das gewünschte Timing exakt mit einem Digital- oder MIDI- Delay.

Noch einmal sei ausdrücklich erwähnt daß diese Produkt-Liste keinen Anspruch auf Vollständigkeit erhebt.

HÜLLKURVEN UND PARAMETER

Die Hüllkurve etwa eines Toms ist alles andere als ein "idealer" Trigger für ein elektronisches Signal. Wie man in Bild 1 sehen kann besteht sie aus 3 Abschnitten: Einschwingen, Abklingen und Nach schwingen. Die Form der Hüllkurve im Detail ist von vielen Faktoren abhängig: Von der Art der verwendeten Felle, davon, ob nur ein Schlagfell oder auch ein Resonanzfell aufgezogen ist, vom Material aus dem der Kessel der Trommel besteht, davon, an welcher Stelle das Fell angeschlagen wird, ob es sich womöglich um einen Rimshot handelt, ob der Drummer mit einem dünnen oder dicken Stock spielt, ob er die Trommel mit dem dünnen oder nach Manier einiger Heavy Rocker dem dicken Ende traktiert , ob er laut spielt oder leise - undsoweiter.

Im oben erwähnten ADD - One von Dynacord wird diese Hüllkurve gleichgerichtet : Bild 2 - integriert und mit einer abfallenden Zeitkonstante: Bild 3 - versehen. Die Frage ist nun: An welchen Punkt der Hüllkurve wird der Schwellwert, sprich Threshold für den Trigger gesetzt? Setzt man ihn auf den Maximalwert der integrierten Hüllkurve: Bild 4 - wird wahrscheinlich der elektronische Sound hörbar zu spät ausgelöst. Setzt man ihn niedriger, sodaß der Trigger während des Einschwingvorgangs ausgelöst wird bekommt man zwei Trigger-Impulse, also einen Doppel-Trigger, da die Hüllkurve in ihrer Ausschwingphase den Threshold ein zweites Mal überschreitet: Bild 5 . Die Lösung beim ADD - One und sinngemäß auch bei anderen Systemen ist die sogenannte Mask-Time, eine einstellbare Zeitkonstante die ein zweimaliges Triggern während des Ablaufs einer Hüllkurven-Periode verhindert, eine "Blockierzeit" also:

Bild 6 . Beim Roland PM-16 - siehe oben - trafen wir auf diesen "Mask"-Parameter unter dem Namen "Retrigger Limit Time", bei Akai ME 35 heißt es "Recovery Time". Die Zeitwerte für "Mask Time" liegen im Bereich 1,4 mS bis nahezu 4 Sek.

Die Firma Simmons brachte bereits bei früheren Entwicklungen wie dem MTM (MIDI-Trigger-MIDI)-Interface einige zusätzliche Spezial-Parameter ins Spiel. Man machte

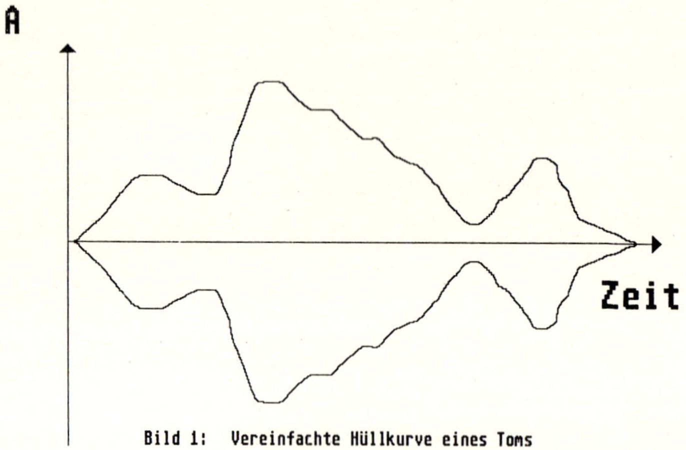

Bild 1: Vereinfachte Hüllkurve eines Toms

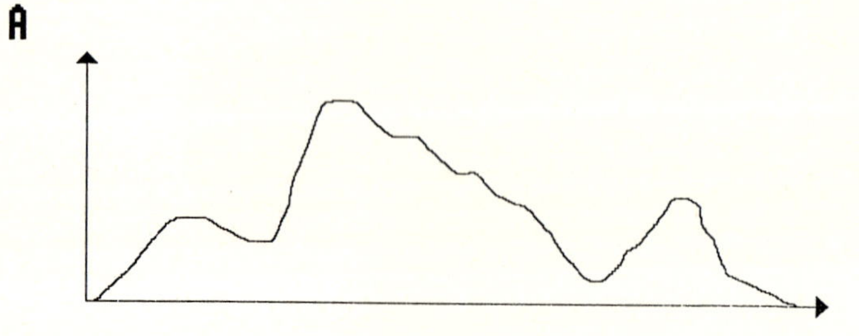

Bild 2: Signal gleichgerichtet

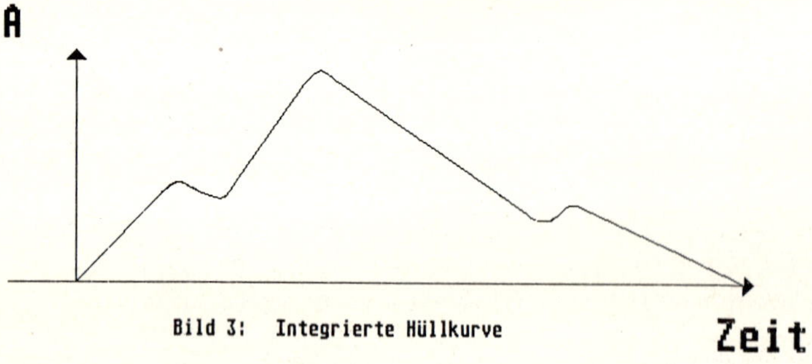

Bild 3: Integrierte Hüllkurve

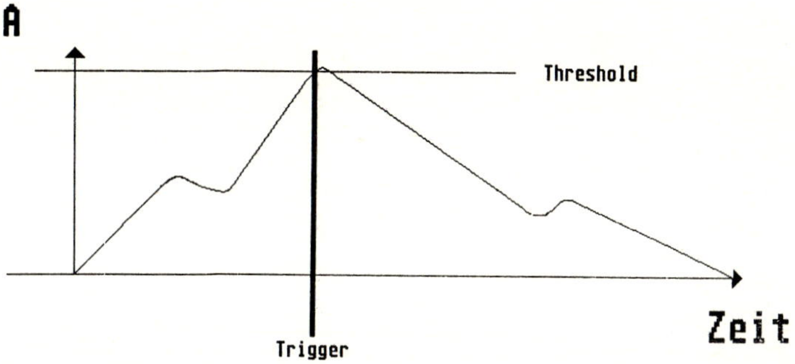

Bild 4: Threshold nahe Maximalwert

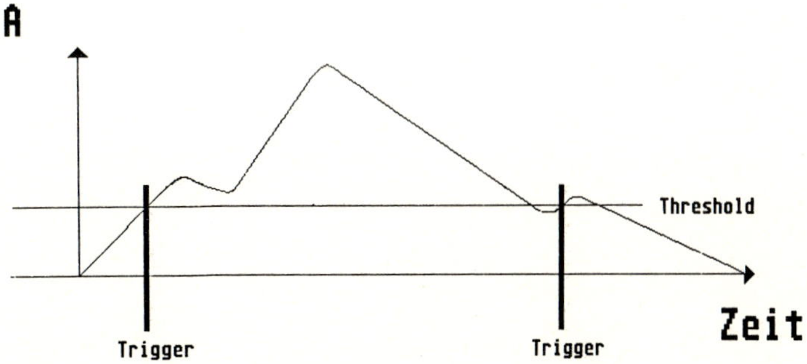

Bild 5: Doppeltrigger

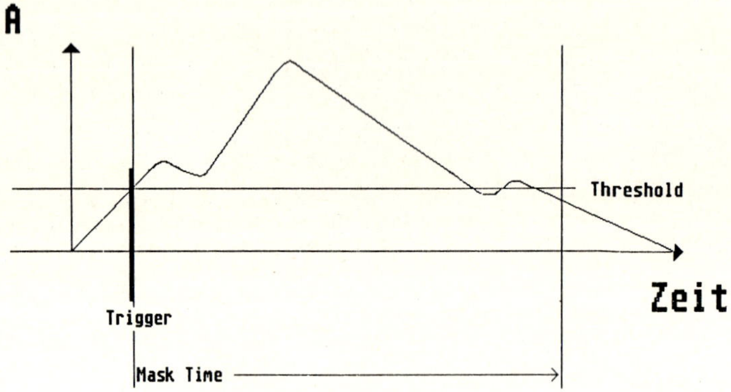

Bild 6: "Mask Time"

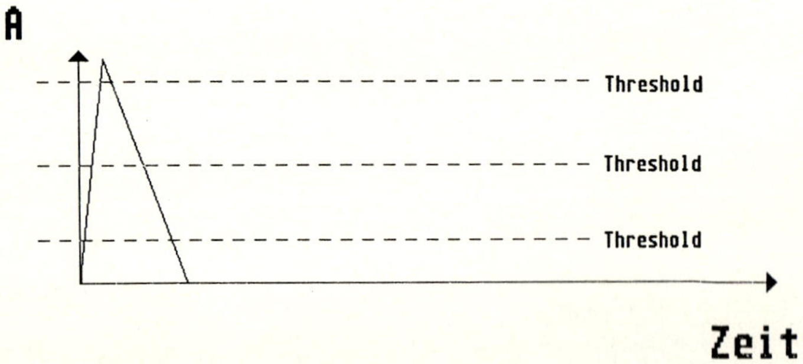

Bild 7: Idealisierte Hüllkurve im Frequenzband 2-5 KHz

sich die Tatsache zunutze, daß eine leise angeschlagene Trommel schneller ausklingt als eine laut angeschlagene und etablierte als Spezial-Feature eine Mask-Zeit, die sich automatisch anpaßte: Bei hartem Anschlag hat sie ihr Maximum, bei leiseren Anschlägen wird die Maskierungszeit geringer. Ein weiterer Parameter des MTM-Interface ist ein Schwellwert für die Trigger-Wiederholung innerhalb der Mask-Zeit: Erreicht ein Anschlag während der Mask-Zeit eine bestimmte Intensität - einstellbar in Prozent relativ zum Threshold - findet ein Trigger trotz noch andauernder Mask-Zeit statt. Eine völlig neue Art der Problemlösung offeriert der o.g. "Trixer" von Simmons: Vereinfacht gesagt wird im Rechner des Trixer die Hüllkurve des jeweiligen Audio-Trigger-Signals "gesampelt". Ihre Werte werden mit den jeweils neu hereinkommenden Audio-Envelopes verglichen und entweder als Trigger-Signal akzeptiert oder "zurückgewiesen". Das System ist so neu, daß z.Zt. noch keine praktischen Erfahrungen vorliegen.

Ein MIDI Noise Gate wie das Rebis MIDI Gate bietet ebenfalls einen "Mask"- Parameter. Zusätzlich gibt es, wie gesagt, hier die Möglichkeit dem Problem des Doppel-Triggers von der Frequenzseite zu Leibe zu rücken. Klar ist daß die Hüllkurve beschränkt auf ein bestimmtes Frequenzband ein u.U. völlig anderes Bild ergibt. Die meisten Energie-Anteile im Höhen- und Präsenzbereich treten beim Anschlag der Trommel auf. Im Frequenzband zwischen 2 KHz und 5 KHz könnte die Hüllkurve (integriert und gleichgerichtet) also etwa so aussehen wie in Bild 7 , und das ist für ein Trigger-Signal schon praktikabler als eine "Overall" - Hüllkurve. Andererseits riskiert man im konkreten Fall bei diesem Frequenzband ein Übersprechen von HiHat und Becken.

Würden die oben erwähnten Hersteller in ihre 6- bis 16-kanaligen Geräte brauchbare variable Bandpaß-Filter mit 18 oder 24 dB/Oct. einbauen wären die Geräte aus Preisgründen wahrscheinlich nicht mehr marktgerecht, zumindest nicht für den großen Konsumenten- Markt.Außerden würde man womöglich auch einen Großteil der musizieren den Kundschaft mit solchen Features technisch überfordern.

ZWEI KONZEPTE

Wenn ein akustischer Drummer mit Hilfe der genannten Systeme und Geräte elektronische Sounds auslöst die dem akustischen Schlagzeugsound in "Realzeit" überlagert werden, muß man sich mit Laufzeitfragen beschäftigen. Zuvor noch muß die Frage entschieden werden welchen Beitrag der Akustiksound aus stilistischer Sicht überhaupt leisten soll.

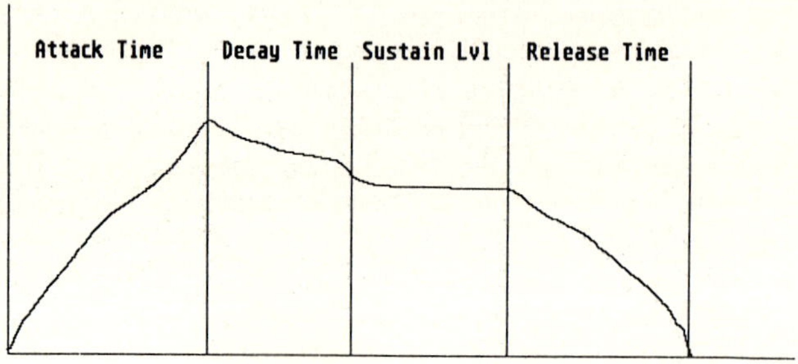

Bild 8: Hüllkurve im ADSR Schema

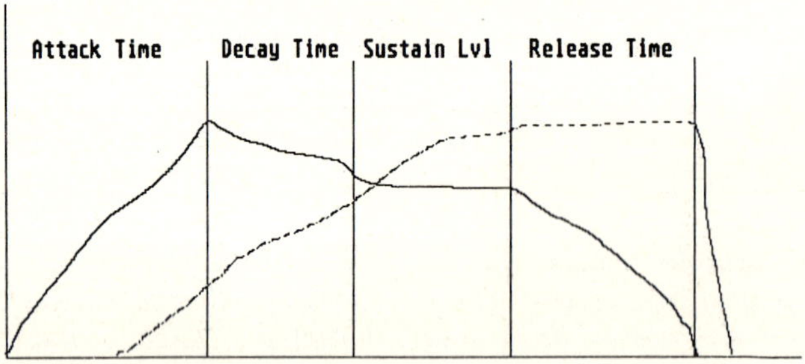

Bild 9: Hüllkurve mit zweiter, zeitlich versetzter Hüllkurve

Es gibt grundsätzlich 2 Wege:

1. Das akustische Set liefert "räumliche Anteile" zu "direkten" und "Vordergründigen" Sampling Sounds. Die Realisierung dieses Konzepts erfordert für den Akustik-Sound ein entsprechend konditioniertes Drumset in einem gut klingenden Aufnahmeraum und Mikrofone in einigem Abstand vom Schlagzeugset, ggfs. mehrere Stereo-Paare hintereinander, gute Erfahrungen gibt es auch mit Sennheiser PZM-Mikrofonen.

Für die Elektronik-Trigger benötigt man zusätzlich Mikros in unmittelbarer Nähe der Felle oder eben Kontaktmikrofone. Baut man die Raum- Mikrofone z.B. 5 Meter vom Schlagzeug entfernt auf hat man eine Laufzeit von 15 mS, bei 3 Metern Abstand immer noch 9 mS. Auch unter Berücksichtigung möglicher System-bedingter Verzögerungen ist der getriggerte Elektronik-Sound früher da als der akustische.

Er liefert bei diesem Setup die eigentlichen perkussiven Impulse, den "Biß", den "Kick",den "Knack" - um es mit ein paar Studio-Slang- Wörtern zu veranschaulichen. Das akustische Set steuert lediglich Raum- oder "indirekte"-Anteile bei. Natürlich gibt es auch "Kochrezepte"bei denen zusätzlich elektronische Delays und zum Beispiel nichtlineare Hall-Programme ins Spiel kommen, und zwar sowohl bei den akustischen als auch bei den elektronischen "Komponenten".

2. Das akustische Set liefert den "Biß", den "Kick" , den Anschlag also,während die Elektronik-Sounds "Körper", "Tiefe", sprich: zusätzliche Anteile in Mitten- und Tiefenbereich beisteuern . Dieses Konzept erfordert, daß der akustische Sound in der Regel durch nahe an den Trommeln plazierte Mikrofone erreicht wird, wobei zusätzliche Raum-Mikrofone natürlich denkbar sind. Der akustische Sound ist "spritzig", das heißt Höhen- und Präsenz-betont. Die überlagerten Elektronik-Sounds wirken im Bereich der Tiefen und unteren Mitten. Sie sorgen dafür daß die Hüllkurven der einzelnen Trommeln um zusätzliche Ein- und Ausschwingvorgänge erweitert werden. Bild 8 zeigt die vereinfachte Hüllkurve eines Toms in einer "Attack - Decay - Sustain - Release" (ADSR)-Hüllkurve, Bild 9 die mögliche Hüllkurve eines überlagernden Elektronik-Sounds auf derselben Zeitachse. Man sieht daß der Sound von Bild 9 eine längere Attack-Zeit hat, sich also langsam aufbaut. Seine Release-Zeit ist ebenfalls sehr kurz, fast schon ein "Gate", das sich aber erst schließt wenn der akustische Sound praktisch schon abgeklungen ist. Von einer resultierenden Hüllkurve beider Komponenten kann man also sagen: Der Elektronik-Sound ist ab der Sustain-Phase dominierend. Es muß hier nicht besonders erwähnt werden daß mit modernen Samplern oder auch Synthesizern die Envelopes für derartige Sounds absolut "maßgeschneidert" werden können.

dem schon mehrere Spuren - auch mit Teilen der Rhythmus-Sektion – bespielt sind. Über SMPTE-Timecode läuft parallel ein MIDI-Sequenzer mit, vom MIDI-Programm selbst bekommt der Schlagzeuger seinen sogenannten "Click Track", also etwa den weltweit anerkannten Rimshot in 1/4-Werten. Hier nun bietet sich die Möglichkeit das Timing- und Spielgefühl des Drummers auf subtile Weise zu beeinflussen.

Wichtig für sein Timing ("Auf", "Vor", "Hinter" dem Beat) ist in erster Linie natürlich eine gute Kopfhörer-Mischung. Von entscheiden der Bedeutung ist jedoch die zeitliche Positionierung des Click- Tracks, der in einem modernen Sequenzer-Programm mit positivem und negativem Delay nach vorn und hinten "geschoben" werden kann. Hier haben die kleinsten mit einem Sequenzer erreichbaren Verschiebungen, die im Bereich von Hundertstel Sekunden liegen einen drastischen Einfluß in retardierender bzw. beschleunigender Hinsicht. Ein wesentlich feineres Raster bietet dagegen der Timecode mit seinen Frames und Subframes. Ein Timecode Frame hat 80 Subframes, für die Dauer eines Subframes ergibt sich bei 25 Frames pro Sekunde:

1 Subframe = 1: (25 x 80) sec.= 1/2000 sec.

Das ist eine sehr feine Zeit-Segmentierung, aber sehr geeignet um darauf den "Trigger" für den Drummer, sprich: den Click-Track nach vorn bzw. nach hinten zu verschieben. In Verbindung mit dem Temperament und der jeweiligen Tagesform des Schlagzeugers motiviert man ihn so zur gewünschten Spielweise: "Laid Back", "Auf dem Beat", "Drive" und "Overdrive". Mitunter verwendet man in dieser Situation ein zweites "Trigger"- Signal, etwa eine Closed HiHat auf den Off-Beats. Haben Rimshot und Closed HiHat getrennte Spuren im Sequenzer kann man mit Plus/Minus- Delay des Sequenzers einerseits und dem Timecode-Offset andererseits arbeiten und so den Drummer sehr subtil und gezielt "antriggern" - ohne daß er dies unbedingt wissen muß.

Willy Buchmüller:

Stereofones Originalton-Aufnahmeverfahren im Fernsehfilm - Erfahrungen bei Aufnahme und Nachbearbeitung

Da die Fernsehsender in zunehmendem Maß, soweit es den Ton betrifft, für zweikanalige Ausstrahlung gebaut werden, muß diesem Umstand auch auf der Produktionsseite Rechnung getragen werden. Stereotonaufnahmen lassen sich etwa bei Opern- und Theaterübertragungen ebenso wie bei Shows etc. relativ einfach realisieren, also bei Produktionen, wo im Mehrkameraverfahren gearbeitet wird.

Beim Fernsehfilm, wo Szene für Szene nacheinander mit nur einer Kamera aufgezeichnet wird, wird auch der dazugehörige Originalton mit all seiner "Umgebungsakustik" Szene für Szene aufgenommen, da Nachsynchronisationen aus Kostengründen tunlichst vermieden werden.
Es sei hier erwähnt, daß das Aufnahmegerät natürlich nicht nur eine Filmkamera sein kann, es kann sich ebenso um eine Videokamera mit Magnetaufzeichnungsgerät handeln.

Um bei der oben erwähnten Aufnahmetechnik ein brauchbares stereofones Klangbild zu bekommen, ergeben sich bei Aufnahme, Schnitt und Mischung einige Probleme, über die ich im folgenden praxisnahe berichten möchte.

Es war die Verfilmung von Ödön von Horvath's "Der jüngste Tag" zu realisieren, und ich mußte eine Aufnahmetechnik wählen, die bei etwaigen später auftretenden "stereofonen" Schwierigkeiten auf alle Fälle eine einwandfreie Monomischung der Produktion garantieren würde. Es kam also nur eine Technik in MS-Stereofonie in Frage, bei der aus dem M-Signal jederzeit ein einwandfreies Monosignal zu gewinnen ist. Ich dachte dabei an die von Haas bei der 14. Tonmeistertagung in München vorgeschlagene Version eines

Abb. 1

Nierenmikrofons mit Richtcharakteristik und eines dahinter angebrachten, drehbar gelagerten Mikrofons mit Achtercharakteristik. Doch zur gleichen Zeit brachte die Firma Georg Neumann das Stereomikrofon RSM 190i auf den Markt. Dieses Mikro vereinigt in einem Gehäuse zwei Mikrofonsysteme, eben eine Keule und eine Acht, ist umschaltbar auf XY- oder MS-Technik und ist nicht viel größer als ein herkömmliches Richtmikro, war also auf einer Handangel mit mitgelieferter gefederter Aufhängung leicht zu montieren (Abb. 1).
Bei dieser Gelegenheit sei für die "Nicht-Film-Kollegen" erwähnt, daß beim Fernsehfilm fast immer auf Originalschauplätzen gedreht wird, und daher aus Flexibilitätsgründen nur die Handangel in Frage kommt.

Die Frage des Mikrofons war gelöst, jetzt ging es an die Frage der Aufzeichnungsart. Um jederzeit das M-Signal getrennt zur Verfügung zu haben, mußten M- und S-Signal auch getrennt aufgezeichnet werden. Ich verwendete dafür die Stereo-Nagra der Firma Kudelski. Da ich aber außer dem Stereomikro gelegentlich auch noch weitere Zusatzmikrofone einsetzen mußte, benötigte ich ein Mischpult, im gegenständlichen Fall ein Stellavox AMI 48 mit vier Eingängen und zwei Summen. Die getrennten Signale des Stereomikros wurden über je einen Eingangsregler der Summe 1 und der Summe 2 zugeführt, jedes weitere Monomikro wurde über Eingang 3 bzw. Eingang 4 nur der Summe 1 zugeführt. Eine mechanische Brücke zwischen Regler 1 und 2 ermöglichte die gleichzeitige Regelung von M- und S-Signal des Hauptmikros (In Abb. 1 am rechten Rand des Mischpultes zu sehen). Vor Beginn einer Aufnahme wurden beide Summenkanäle akustisch kontrolliert, während der Aufnahme selbst wurde nur die Summe 1 abgehört, also ein reines Monosignal. Die Summe 2 wurde nur aussteuerungsmäßig überwacht, da ja ein gleichzeitiges Abhören der noch ungemischten beiden Signale nur irreführend wäre. Es erübrigt sich bei dieser Aufnahmetechnik daher auch vor Ort ein Stereosichtgerät.

Einige Worte über die Technik der Mikroführung:
Während bei der herkömmlichen Mono-Aufnahmetechnik nur darauf geachtet werden muß, daß das Mikrofon in Richtung Schallereignis zeigt, die Lage aber, ob mehr von links oder mehr von rechts, noch keine Rolle spielt, hat der Mikroassistent bei der Stereoaufnahme lange nicht mehr die gewohnte Bewegungsfreiheit. Grundsätzlich muß man trachten, die Mikroposition aus Richtung Kamera - also aus Richtung Zuschauer - zu wählen, denn nur dann bleibt zum Beispiel bei einem Dialog eine Person, die in der Totalen links im Bild ist, auch bei der Großaufnahme akustisch weiterhin links im Bild. Das gleiche gilt auch für den sogenannten Gegenschuß, da nach einem alten Filmgrundsatz der Kameramann sogenannte Achsensprünge tunlichst zu vermeiden sucht. Bei einer Kamerafahrt "um die Achse" muß diese Bewegung vom Mikro mitvollzogen werden, um die tatsächliche Rauminformation unverfälscht an den Zuseher weiterzugeben.
Bei Aufnahmen von Geräuschen, zum Beispiel einem vorbeifahrenden Auto, wird eine Links - Rechtsbewegung desselben umso deutlicher, je starrer das Aufnahmemikrofon eingesetzt wird. Beim Mitbewegen des Mikros mit dem Auto verwischt sich der Links-Rechts-Eindruck deutlich. Man muß sich über die Mikroführung hinsichtlich Stereofonie schon bei der Aufnahme einige Gedanken machen, wobei hier nicht extra erwähnt werden muß, daß großes Können und Einfühlungsvermögen des Mikroassistenten erforderlich ist; ebenso müssen in besonderem Maß Kameramann und Lichtmeister den Tonmeister unterstützen - die Filmtonmeister unter Ihnen werden wissen, daß das wahrlich nicht immer leicht zu realisieren ist!

Manche Szenen lassen sich nur mit von unten geführter Handangel bewerkstelligen. In diesem Fall muß entweder vor der Aufnahme das

Mikrofon in der Halterung um 180 Grad gedreht werden oder ein entsprechender Vermerk im Skript gemacht werden, damit bei der nachfolgenden Überspielung mittels Phasenumkehr des S-Signals die ursprüngliche Rauminformation erhalten bleibt.

Für die "Nicht-Film-Kollegen" vielleicht wieder eine kleine Anmerkung: Das 1/4 Zoll Schmalband ist beim Film nur Zwischenträger, bei der Überspielung gelangt der Ton auf Magnetband, um dann in den Schneideraum zu gelangen.

Bei der gegenständlichen Produktion wurde bei der Überspielung die Trennung der beiden Kanäle beibehalten, es gelangte somit in den Schneideraum ein Magnetband mit noch immer getrenntem M- und S-Signal. Die Cutterin hörte nur das M-Signal ab, und auch der Schnitt wurde ohne Rücksicht auf das vorhandene S-Signal durchgeführt.
Ich hatte bei dieser Produktion das Glück, mit einem Regisseur zusammenzuarbeiten - es war Walter Davy -, der Filmmusik noch als wesentliches Gestaltungsmittel des Films ansieht. Während also der Film geschnitten wurde, war das Tonteam nicht nur damit beschäftigt, sämtliche Umgebungsatmosphären, die am Drehort ebenfalls in MS-Technik aufgenommen wurden, zu bearbeiten und zu überspielen, sondern es wurde auch die eigens komponierte Filmmusik im Studio produziert. Diese wurde wie üblich in Mehrspurtechnik gemacht und stereofon AB abgemischt.

Jetzt zur Tonmischung: Ich halte es bei Film-Tonmischungen immer so, daß ich zuerst - meist ohne Beisein des Regisseurs - die Originalton-Dialogbänder vormische. Die Kollegen vom Film wissen, daß das szenenweise Angleichen der Schnitte, im besonderen was die sogenannten "Atmosprünge" betrifft, oft sehr langwierig ist, und ein oftmaliges Zurückfahren und Neueinsteigen in die Mischung zur Folge hat. Zur Endmischung steht dann ein fertiges Dialogband zur Verfügung und der Tonmeister kann sich mit dem Regisseur voll auf diese konzentrieren.

Für die Stereomischung stand mir eine Konsole der Serie 903 von der Firma Studer mit 30 Mono- und 6 Stereo-Eingängen mit integriertem Synchronizer 4016 und automatischer Abspeicherung der Reglerstellungen zur Verfügung (Abb. 2).

Abb. 2

Abb. 3

Zusätzlich bietet der Tisch auch noch die Möglichkeit, mit einem angeschlossenen Musikaufnahmestudio Untermalungsmusik oder Musikeffekte auf einer 24-Kanal-Maschine aufzunehmen (Abb. 3 und Abb. 4).

Die bis jetzt noch immer getrennt vorhandenen M- und S-Signale wurden über je einen Monoregler und erst dann über einen MS-Richtungsmischer geführt. Dadurch hat man jederzeit den M- und S-Anteil getrennt in der Hand. Der Vollständigkeit halber sei erwähnt, daß der Regietisch alle Mikrofoneingänge soweit vordämpfen kann, daß man mit Leitungspegel in den MS-Mikroeingang gehen kann.

Bei der Vormischung der Dialoge zeigte sich, daß sich die oben erwähnten Atmosprünge natürlich bei Stereo noch viel sensibler als bei Mono verhielten, es kam gelegentlich auch noch zu "Richtungssprüngen". Ich bin dieser Erscheinung zwar nicht näher nachgegangen, hatte aber den Eindruck, daß dafür zum Teil auch

Abb. 4

die schräge Schnittführung am Magnetband verantwortlich war, da die Spur 2 mit dem S-Signal immer um ca. 1 Kader länger vorhanden ist, als die Spur 1 mit dem M-Signal. Hier kam mir der oben erwähnte Synchronizer (Abb. 5) sehr zu Hilfe, er kann kadergenau für einen Einstieg programmiert werden. Ich konnte also an einer Schnittstelle die alte Rauminformation der neuen anpassen, indem ich den Pegel des S-Signals bzw. die Panoramisierung am Richtungsmischer veränderte. Bei der nachfolgenden Endmischung zeigte sich außerdem, daß die Stereo-Geräuschbänder zusätzlich sehr viel zur Plastik der Mischung beitrugen.

Abb. 5

Sehr störend kann sich besonders bei Innenaufnahmen ein etwaiges Kamerageräusch auswirken, da durch die Rückwärtsdämpfung der Niere das Geräusch zwar minimiert wird, die Acht dieses Geräusch jedoch von irgend einer Seite bringt, da der Mikroassistent nie ganz genau hinter der Kamera stehen kann. Es hat für den Zuhörer den Anschein, als gäbe es eine zweite Kamera im Raum! Daß sich diese Störgeräusche bei monauralem Abhören noch addieren, liegt auf der Hand.

Ein paar Worte seien mir noch zur Ästhetik des Stereotones im Fernsehen gestattet:
Grundlegend teile ich die Meinung vieler Kollegen, die Dialoge immer aus dem Bereich des Bildschirmes, also ungefähr aus der Mitte, kommen zu lassen. Geräusche, insbesondere nicht sichtbare, wie etwa Autos oder Züge sowie die Begleitmusik, können die volle Basisbreite einnehmen. Voraussetzung ist natürlich, daß sich die Abhörsituation beim Zuschauer nicht nur auf die zwei im Fernsehgerät eingebauten Lautsprecher beschränkt. Man könnte jetzt einwenden: Wozu dann die Dialoge in Stereo aufnehmen, wenn sie sowieso aus der Mitte kommen? Es zeigt sich aber, daß die Stimmen durch die stereofone Aufnahmetechnik plastischer und daher verständlicher klingen als bei einer reinen Monoaufnahme.

Ich wollte Ihnen mit meinen Ausführungen einen Anstoß geben, auch Spielszenen, die in Einkameratechnik aufgezeichnet werden, stereofon aufzunehmen - wenn auch die Beachtung gewisser Aufnahmegrundsätze beziehungsweise eine etwas mühsamere Nachbearbeitung in Kauf genommen werden muß. In diesem Zusammenhang erinnere ich mich an eine Diskussion eines Tonmeisters mit einem Wiener Zeitungskritiker, der sich nach einer Fernsehsendung abfällig über den Ton geäußert hatte. Der angesprochene Tonmeister, der auf die schwierige Aufnahmesituation des kritisierten Stückes hinweisen wollte, fragte den Kritiker: "Wissen Sie überhaupt, wie eine Fernsehaufzeichnung zustande kommt?" Darauf der Kritiker: "Selbstverständlich, die Kameras nehmen das Bild auf, das auf Magnetband aufgezeichnet wird." "Und wie entsteht der Ton?" wollte der Tonmeister wissen. "Wieso entsteht?" staunte der Kritiker, "der ist doch sowieso dabei!" Ich glaube, solange Meinungen wie diese sogar bei "Halbinsidern" vorherrschen, ist es für den Tonmeister nur legitim, dazu beizutragen, den Ton im Fernsehen noch mehr zu kultivieren.

Wulf Köthe:

Neues Konzept für professionelle Tonregieanlagen

Zu den bisherigen Anforderungen an eine moderne Tonregieanlage für die professionelle Rundfunk-, Fernseh- und Theateranwendung sind in den letzten Jahren Erwartungen von den Anwendern hinzugekommen, die mit herkömmlichen Konzepten nicht mehr erfüllt werden können.
Die wichtigsten der jetzt bestehenden Forderungen sind:

- Uneingeschränkte Erfüllung des Pflichtenheftes der Deutschen Rundfunkanstalten.
- Hohe Verfügbarkeit der Anlage durch große Betriebssicherheit.
- Zusätzliche, in den Kanal integrierte Funktionen wie Dynamikeinheit, schaltbare Einschleifpunkte, höhere Zahl von Auxiliaries, erweiterte Routingmöglichkeiten u.s.w..
- Vollständige statische oder timecodegenaue dynamische Abspeicherung aller Pultfunktionen mit einer nicht rechner-, sondern benutzerorientierten Bedienoberfläche.
- Verringerung der Abmessungen der Konsole mit gleichzeitiger Leistungssteigerung bei platzkritischen Anlagen in Übertragungswagen oder Theaterregieräumen.
- Reduzierung der Wärmeentwicklung des Regietisches.
- Kundenspezifische Planung der Anlage, ergonomische Gestaltung der Bedienfläche -zum Teil nach Kundenwunsch- und weitgehend frei von technischen Zwängen.
- Zweite Bedienkonsole mit Zugriff auf bestimmte oder alle Pultfunktionen

Um diesen Forderungen möglichst vollständig genügen zu können, wurde - basierend auf den Erfahrungen mit den rechnergesteuerten Geräten der 500er-Serie - ein vollständig überarbeitetes Anlagenkonzept entwickelt:

Das System **N 5000** der Firma GEORG NEUMANN GMBH, Berlin.

Es handelt sich dabei um Regieanlagen mit ausschließlich analoger Tonsignalverarbeitung und vollständig digitaler Rechnersteuerung aller Einstellparameter. Um eine höhere Flexibilität in der Planung der einzelnen Anlage zu erreichen, sind Bedien- und

Steuerungsbereich räumlich vom Signalverarbeitungsbereich getrennt. In der Konsole befinden sich nur noch die digitalen Bedien- und Anzeigeeinheiten, die Rechnereinschübe und die dazugehörigen Stromversorgungen. Die analoge Signalverarbeitung wird in 19"-Schränke eingebaut, die bis zu einigen hundert Metern vom Pult entfernt untergebracht werden können. In diesen Schränken befinden sich auch die Stromversorgungen für die analogen Geräte und Zusatzeinrichtungen, wie zum Beispiel rechnergesteuerte Koppelfelder.

Eine komplette Regieanlage des Systems **N 5000** läßt sich in drei Funktionsebenen unterteilen:

- die Bedien- und Anzeigeebene,
- die Steuerebene und
- die Tonsignalverarbeitungsebene.

Die Schnittstellen zwischen den Ebenen sind hardwaremäßig und logisch exakt definiert. Dadurch ist es möglich, Veränderungen in einer Ebene durchzuführen, ohne andere Bereiche der Anlage verändern zu müssen.
Wird zum Beispiel die Bedienung den Forderungen eines Kunden angepaßt, so beschränkt sich die Veränderung auf das Bediengerät. Steuerung und Audioverarbeitung sind davon nicht betroffen.
Ebenso ist der Austausch der Audioverarbeitung gegen eine neue Generation oder sogar gegen eine andere Technologie unter Beibehaltung der Bedienebene - und damit der Bedienphilosophie - problemlos möglich.

Die Steuerebene ist der Schlüssel zum Verständnis des Anlagenkonzeptes. Aufgabe dieser Gerätegruppe ist es, Einstell- und Anzeigedaten zu erfassen, zu verarbeiten und schnell an die entsprechenden Ziele weiterzugeben.
Dies läßt sich am günstigsten mit einem Multiprozessorsystem mit verteilter Intelligenz lösen. Da jeder Prozessor als vollständiger Mikrocomputer mit eigener Peripherie und batteriegepuffertem Datenspeicher aufgebaut ist, können alle Einheiten zeitlich parallel Daten aufnehmen und nach deren Bearbeitung die Geräte steuern.
Auf jeder Rechnerkarte stehen die aktuellen Einstellwerte als Datenblock zur zentralen Erfassung bereit. Ein nachgeordnetes System ist für die Übertragung der vorbereiteten Datenblöcke zuständig. Diese erfolgt über ein eigens dafür vorgesehenes Bussystem. Die zentrale Speicherung der Daten wird in einem nur dafür verwendeten

Rechner durchgeführt, der beliebig viele Pulteinstellungen erfassen kann. Ohne diesen Rechner würde die Anlage konventionell, d.h. scheinbar ohne Rechnerunterstützung arbeiten. Es gibt keinen zentralen Steuerrechner, dessen Ausfall die gesamte Regieanlage außer Betrieb setzen könnte.

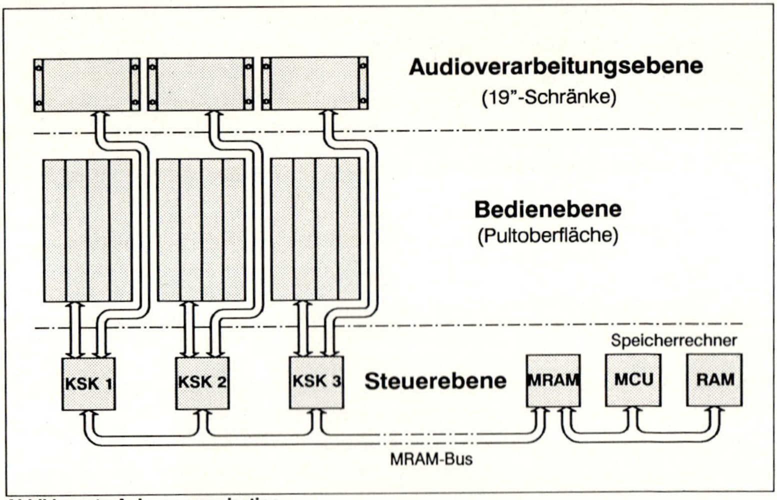

Abbildung 1: Anlagenorganisation

Der gesamte Rechnerteil ist hard- und softwaremäßig aus einer Anzahl gleicher Rechnerkarten - den Kanalsteuerkarten (KSK) - aufgebaut.

Jede dieser Kanalsteuerkarten verwaltet die Bedienebene und die Audioverarbeitungsebene von jeweils vier Kanälen der Regieanlage. Die Steuerung der angeschlossenen Geräte erfolgt für jede Ebene separat über galvanisch getrennte, bidirektionale, serielle RS 485-Schnittstellen mit einer Übertragungsrate von 125 kBaud.

Kanalunabhängige Einrichtungen der Anlage - wie zum Beispiel Zentralbedienungen oder Schnittstellen zur Steuerung externer Geräte - werden über eigene Kanalsteuerkarten verwaltet.

Der Datenaustausch zwischen den einzelnen Rechnerkarten wird über einen gemeinsamen, einzeln gepufferten Bus - den MRAM-Bus - durchgeführt. Jeder Prozessor kann über ihn auf einen gemeinsamen Speicherbereich - das Multiport-RAM - zugreifen. Der Zugriff wird dezentral verwaltet, gestörte oder ausgefallene Teilnehmer werden automatisch am Buszugriff gehindert. Die Informationen werden mit Datensicherung übertragen und auf Plausibilität geprüft.

Der zentrale Speicherrechner hat einen vom MRAM-Bus unabhängigen Zugriff auf das Multiport-RAM. Die Daten aller Bedienelemente, Anzeigen und Signalprozessoren der gesamten Tonregieanlage werden zyklisch alle 40 ms von den Kanalsteuerkarten in das Multiport-RAM übertragen, so daß dort jederzeit das aktuelle Abbild des Pultes abgelegt ist. Der zentrale Speicherrechner übernimmt im gleichen Zyklus die Informationen in seinen eigenen Speicher.
Umgekehrt können abgespeicherte Einstellungen vollständig für die ganze Anlage innerhalb eines 40-ms-Zyklus vom Speicherrechner über das MRAM in die Kanalrechner übertragen und von diesen in der Bedienebene und in der Tonsignal-Verarbeitungsebene ausgeführt werden.
Bei einer dynamischen Abspeicherung werden aus Gründen der Datenreduktion im Speicherrechner nur die Änderungen der Einstellung im 40-ms-Raster abgelegt.

Das System gestattet nicht nur die Speicherung und Rückspeisung von vollständigen Pulteinstellungen, sondern auch die Beschränkung auf vorgegebene Kanäle oder Bedienelemente.
Die RAM-Speicher auf den Kanalsteuerkarten und im Speicherrechner sind durch Batterien gepuffert, die einen Datenerhalt über mehrere Wochen gewährleisten. Bei vorübergehendem Stromausfall oder nach dem Ausschalten der Anlage sind dadurch alle Daten gesichert. Liegt die Stromversorgung wieder an, so werden automatisch alle Komponenten wieder in den zuletzt eingestellten Zustand versetzt.
Zur Archivierung weden die im Speicherrechner abgelegten Pulteinstellungen über eine Normschnittstelle in einen Personal-Computer (PC) übertragen. Sie können dort auf einer Festplatte oder auf Disketten abgelegt werden.

Alle zur Steuerebene gehörenden Geräte sind einschließlich der Netzteile in einem 19"-Einschubträger von 6 HE zusammengefaßt. Dieser Einschubträger wird in der Regel im Untergestell der Bedienkonsole untergebracht.
Jede Kanalsteuerkarte bildet mit den ihr zugeordneten Bedien- und Anzeigegeräten und den analogen Prozessoren in der Verarbeitungsebene eine autonome Gruppe von vier Kanalzügen, die nur über den MRAM-Bus mit anderen Einheiten in der Anlage verbunden ist.
Die vollständige, für den Betrieb von vier Kanälen notwendige Hard- und Software ist innerhalb einer solchen Gruppe vorhanden. Auch die Aufteilung der Stromversorgung entspricht diesem Vierkanalkonzept.
Lediglich Übernahmenetzteile arbeiten gruppenübergreifend.

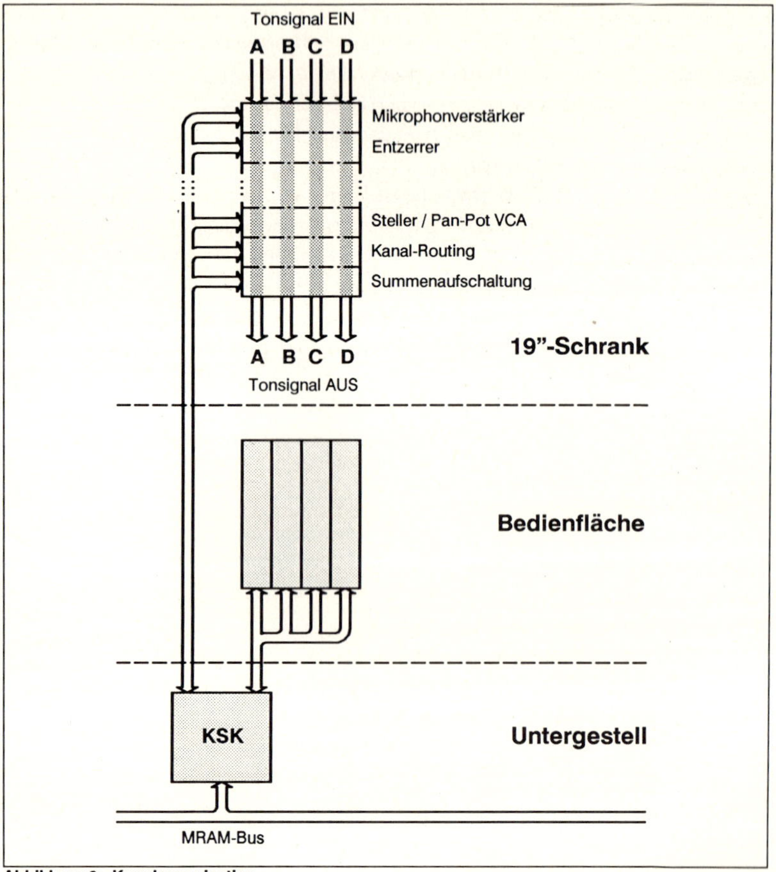

Abbildung 2: Kanalorganisation

Alle Standardgeräte des Systems **N 5000**, die der Tonsignalverarbeitung dienen, sind als Steckblock nach DIN 41494 ausgeführt: Auf einer Doppeleuropakarte mit ca. 280 mm Tiefe sind die einzelnen Funktionseinheiten als Steckmodule angeordnet. Diese werden durch eine Abschirmplatte in ihrer Lage gehalten. Alle Geräte sind vierkanalig ausgelegt und entsprechen in ihrer Funktion der gewohnten konventionellen Aufteilung eines Kanalzugs in Einzelgeräte (z.B. Mikrophonverstärker, Entzerrer, Abzweige, VCA-Steller u.s.w.). Die Steuerung jedes einzelnen Gerätes erfolgt durch die

Kanalsteuerkarte über die bereits beschriebene serielle Schnittstelle. In jedem Vierkanalgerät bedient ein Single-Chip-Prozessor die serielle Schnittstelle und setzt die empfangenen Adress- und Datenwörter in die notwendigen internen Stell- und Schaltfunktionen für die vier Kanäle um. Als Rückantwort an die Kanalsteuerkarte sendet der Prozessor Statusinformationen und gegebenenfalls Fehlermeldungen .
Zur Aufnahme der Tonsignalverarbeitungsgeräte dient ein 19"-Einschubträger von 6 HE. In der Regel werden in einem Einschubträger alle Funktionen angeordnet, die zu vier Kanalzügen gehören. Das sind neben den Standardgeräten für die Signalverarbeitung auch die Stromversorgung und kundenspezifische Sondergeräte.
Die gesamte Elektronik für die Signalverarbeitung von vier Kanälen - vom Mikrophonverstärker bis zur Summenaufschaltung - ist in einem Einschubträger untergebracht. Zur Stromversorgung des Trägers wird eine ungeregelte Gleichspannung von 24 V benutzt. Die intern benötigten Spannungen für Signalverarbeitung, Signalisation und Rechner werden von galvanisch getrennten DC/DC-Wandlern erzeugt.

Der zukünftige Standard-Kanaleinschubträger enthält für jeden Kanal:

- Mikrophonverstärker **V5076** mit Eingangsumschaltung Mikro 1-3 / Line / Tongenerator, schaltbare Phantomspeisung, Phasentausch, Verstärkungseinstellung 0...70 dB in 2-dB-Schritten, Trittschallfilter 80 / 140Hz.
- VCA-Karte **V 5010** für Pegelsteller, Duo-VCA für Pan-Pot.
- VCA-Karte **V 5010** für Inline Monitor, Duo-VCA für Monitor Pan-Pot.
- Entzerrer **W 5091** mit parametrischem Hoch- Tiefpaß, drei parametrischen Mittenfiltern.
- Dynamikeinheit **U 5073** mit Kompressor, Begrenzer, Expander und Noise-Gate.
- Zuschaltbaren Einschleifpunkt.
- Zwölf Auxiliaries pro Kanal, schaltbar vor / hinter Regler oder Monitorweg, mono oder stereo mit DCA-Karten **V 5011/12**.
- Summenaufschaltung mit Mute, Solo, Vorhören u.s.w. .
- Freies Routing von Entzerrer, Dynamikeinheit und Einschleifpunkt vor / hinter Steller- oder Monitor-VCA.

Der Einschubträger enthält außerdem die vollständige kanalinterne Verdrahtung. Eingänge und Ausgänge sind auf Armaturen auf der Rückwand geführt. Der Träger wird fertig geprüft in die Anlage eingebracht und kann ohne Lötarbeit jederzeit für Meßzwecke aus der Anlage entnommen und separat in Betrieb genommen und geprüft werden.

Im System **N5000** ist vorgesehen, daß der Bedienungszugriff auf jede beliebige Funktion der Tonregieanlage sowohl von einem zentralen Bedienfeld aus als auch kanalorientiert gestaltet werden kann. Als dritte Möglichkeit ist die Steuerung von einem externen Personal-Computer aus möglich, wovon normalerweise nur zu Meßzwecken Gebrauch gemacht werden soll.
Nahezu alle Geräte können zentral oder kanalorientiert bedient werden.
Funktionen auf die nur sehr selten zugegriffen wird, können auch für ausschließlich zentralen Zugriff konzipiert werden, ohne daß dadurch die Bedienbarkeit der Anlage eingeschränkt wird.
In der Regel läßt sich in einer Zentralbedieneinheit durch mehr Freiheit in der Anordnung und Gestaltung der Bedien- und Anzeigeelemente eine übersichtlichere Darstellung der Einstellparameter erzielen. Viele Anwender wünschen jedoch zumindest eine qualitative Anzeige für die eingestellten Größen in jedem Kanalzug.

Der Bedienzugriff auf einige ständig benutzte Funktionen muß im Kanal erfolgen können. Dazu gehören zweifellos der Pegelsteller, das Pan-Pot, der Monitorsteller mit Pan-Pot, Solo-, Vorhör-, Mute- und der Bypass-Taster.
Eine weitere Bedienerleichterung entsteht auch durch Zugriff auf zumindest einige Auxiliary-Wege im Kanal.
Insgesamt dient die Oberfläche des Pultes als Bedien- und Anzeigeebene, zusätzliche Datenmonitore sind nicht notwendig und dienen - so vorhanden - nur der übersichtlichen Darstellung kanalübergreifender Funktionen (wie z.B. der Koppelfelder) oder zur Rechnerbedienung bei der Archivierung.
Als Eingabeelement für analoge Größen - wie Verstärkung, Dämpfung und Frequenzen - dienen, vom linearen Pegelsteller abgesehen, ausschließlich Drehgeber in zwei Ausführungen: **rastende Schalter** für stufenweise einstellbare Größen (z.B. bei den Mittenfrequenzen der Entzerrerbedieneinheit) und **nichtrastende, hochauflösende optische Drehgeber** für quasi-analoge Einstellung, beispielsweise der VCA's. Der jeweils eingestellte Wert wird auf einer Leuchtdiodenskala neben dem Drehknopf angezeigt.
Eine Einstellung analoger Größen über sogenannte UP/DOWN-Tasten ist wegen des damit verbundenen ungewohnten Zugriffs *nicht* vorgesehen.

Als Beispiel für die Gestaltung einer Bedienfläche möchte ich eine - in einem Projekt verwirklichte - Lösung vorstellen, die alle der oben genannten Eigenschaften hat.

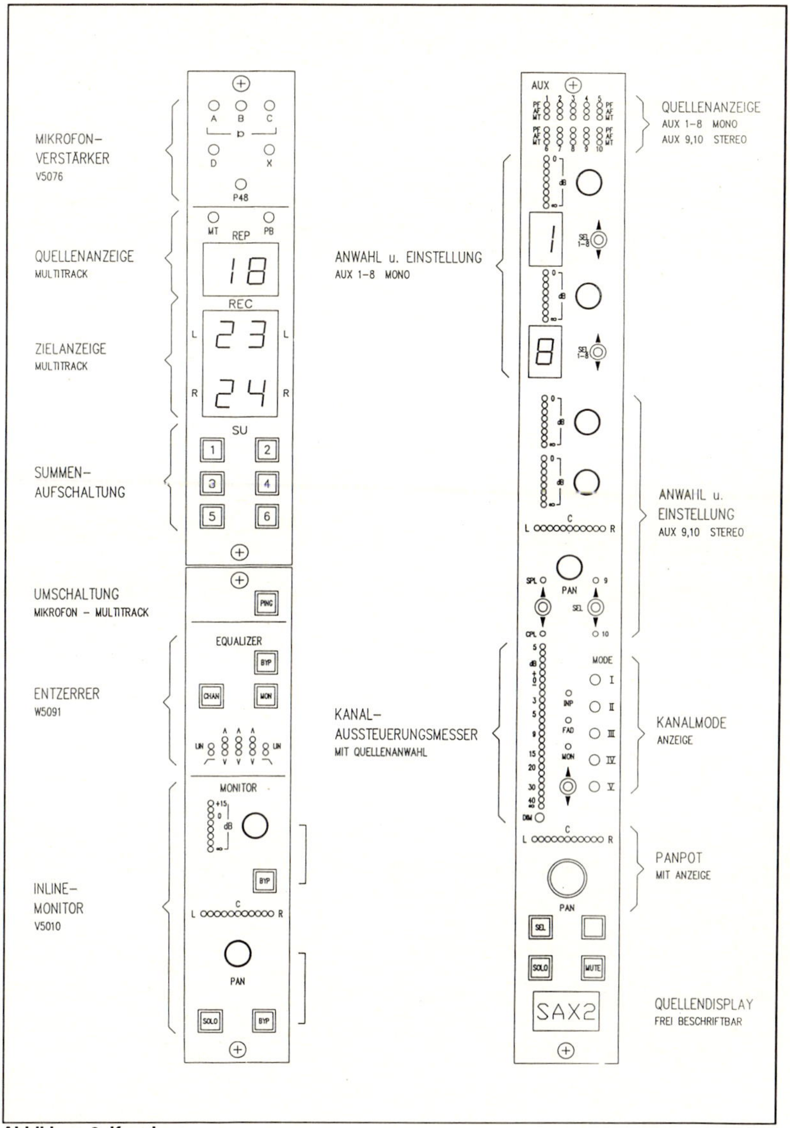

Abbildung 3 Kanalzug

Im Kanalzug, von oben beginnend, die Anzeige der eingestellten Funktionen im **Mikrophonverstärker**: Eingangswahl Mikro A...C, Line (D), Phasentausch und aufgeschaltete Phantomspeisung.
Darunter die Darstellung der über die **Koppelfelder** angewählten Spuren einer Mehrspurmaschine für Wiedergabe und Aufnahme.Als nächstes die sechs Leuchttaster zur Anwahl und Anzeige der **Summenaufschaltung**.
In der zweiten Kassette, nach einer hier nicht zu erläuternden Umschalttaste, die **Equalizer**- und die **Inline-Monitor**-Sektion. Mittelstellung, Anhebung oder Absenkung der einzelnen Filter wird über verschiedenfarbige Leuchtdioden dargestellt.
Die Umschaltung des Equalizers in den Haupt- oder Monitorweg und die Bypass-Funktion werden über Leuchttaster angewählt und angezeigt.
Im **Monitorweg** können Pegel und Panorama eingestellt und abgehört werden.
Im nächsten Bereich - nach der Anzeige der eingeschalteten Auxiliaries, vor/hinter Steller oder Mehrspur - zwei gleiche Abschnitte zur simultanen Einstellung von zwei der acht MONO-AUX-Wegen.
Darunter Pegel- und Panoramaeinstellung wahlweise für einen der beiden Stereo-AUX-Wege. Beide Pegelsteller können im Normalbetrieb parallel benutzt werden.
Wird die Split-Funktion gewählt, werden rechter und linker Weg über beide Steller getrennt beeinflußt. Das Pan-Pot ist hierbei nicht aktiv.
Wird im Stereobetrieb die Couple-Funktion gesetzt, wird für den AUX-Weg die Einstellung des Kanal-Pan-Pots übernommen. Split- und Couple-Funktion sind gegenseitig auslösend.
Neben dem **Kanalaussteuerungsmesser**, der auf drei Meßstellen umgeschaltet werden kann, werden mit fünf Leuchtdioden spezielle, hier ebenfalls nicht interessierende Preset-Zustände für die kanalinternen Schaltmöglichkeiten beschrieben.
Zwischen dem Kanal-Pan-Pot und der frei beschriftbaren Quellenanzeige liegt, außer den Tasten für die SOLO- und MUTE-Funktion noch eine frei belegbare Sondertaste sowie die **SELECT**-Taste. Mit dieser wird die Zentralbedienung auf den angewählten Kanal eingestellt.Eine etwas veränderte Ausführung der beschriebenen Kassette wird in Hochpegel-Stereo-Eingangswegen eingesetzt.
Im Anschluß an diese Kassetten ist - als unterstes Gerät im Kanalzug - der **Pegelsteller** angeordnet. Jeder Steller kann einer von zehn VCA-Gruppen zugeordnet werden. Wird bei einem Steller einer solchen Gruppe die MASTER-Taste betätigt, so übernehmen von diesem Zeitpunkt an alle anderen Gruppenteilnehmer die Veränderungen dieses Stellers als Offset zu ihrer eigenen Einstellung.
Die MASTER-Funktion kann ohne Pegelsprung durch erneutes Betätigen der Taste gelöscht oder durch Aktivieren eines neuen Masters an diesen übergeben werden.

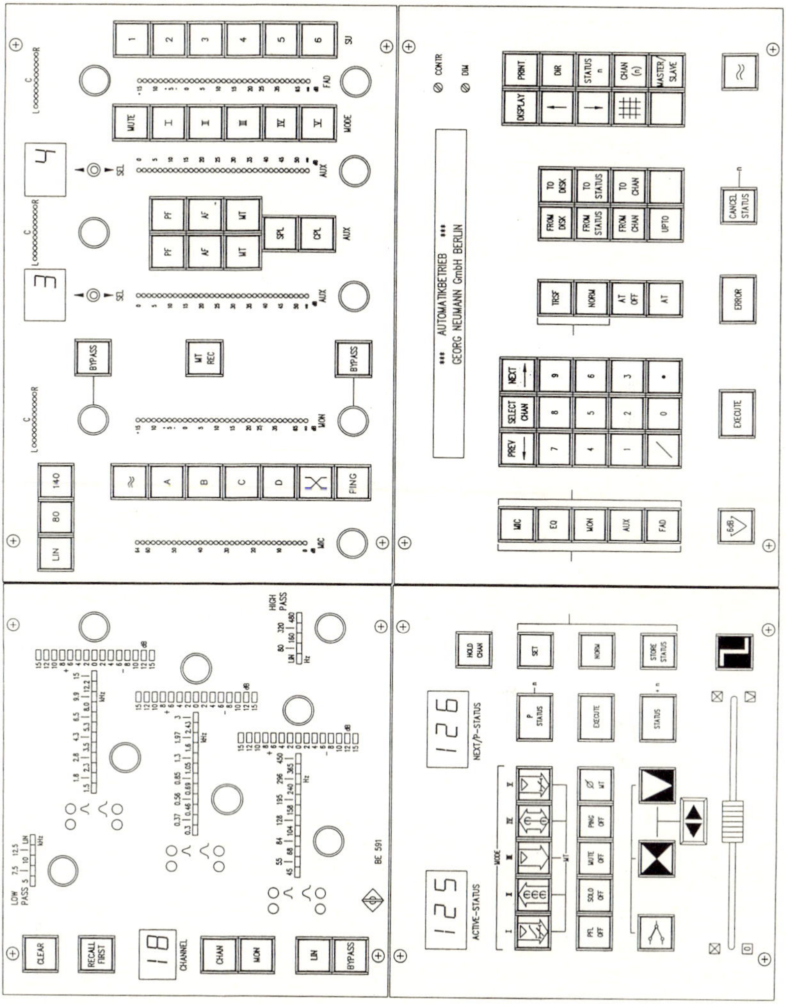

Abbildung 4 Zentralbedienfeld

Im zentralen Bedienfeld der Anlage sind noch einmal die Funktionen abgebildet, die bereits im Kanalzug beschrieben sind. Durch den zur Verfügung stehenden Platz kann die Anzeige hier übersichtlicher als im Kanal gestaltet werden. Alle Funktionen können im Zentralbedienfeld auch eingestellt werden.

In der oberen Hälfte sind - von links nach rechts - Zentralbedieneinheiten abgebildet: der **Equalizer**, der **Mikrofonvorverstärker**, der **Monitorpegel- mit Panoramasteller**, die **Auxiliaries**, die **Mode-Umschaltung**, der **Kanalpegelsteller** mit **Haupt-Pan-Pot** und die **Summenaufschaltung**.
Im unteren Teil des Zentralbedienfeldes sind die Bedien- und Anzeigelemente für die Automatikfunktionen der Anlage angeordnet.
Ich möchte hier nicht auf einzelne Tastenfunktionen eingehen, sondern allgemein die Möglichkeiten einer, in diesem Fall statisch abspeicherbaren, Regieanlage beschreiben.
Die Nummer des aktuellen Pultstatus, des **A-Status**, wird im linken Display angezeigt, die Nummer des nächsten abgespeicherten Status im rechten Display. Der Übergang der Anlageneinstellung zum nächsten abgespeicherten Status kann als Hartschnitt, **V-Blende** oder **X-Blende** ausgeführt werden. Die Blendfunktion wird dabei über den horizontalen Pegelsteller ausgeführt. Die Schaltfunktionen, die bei dem Übergang von einem Status in den nächsten notwendig sind, können zu einem beliebigen Zeitpunkt während der Blende ausgeführt werden.
In einem speziellen Previewmodus der Anlage bleiben die Tonsignalwege dem aktuellen Status entsprechend eingestellt, in der Bedienfläche wird jedoch der nächste Status dargestellt.
Dieser **P-Status** kann zunächst korrigiert und dann als aktueller Status übernommen werden. Jeder in der Bedienfläche angezeigte Status, egal ob aktueller oder P-Status, kann ganz oder teilweise unter einer beliebigen Statusnummer abgespeichert werden. Die Auswahl der abzuspeichernden Funktionen kann horizontal und vertikal erfolgen. Das heißt, daß nur ein Teil der Kanäle oder bestimmte Geräte in die Abspeicherung einbezogen werden.
Wird ein so erzeugter Status später wieder in die Anlage geladen, so werden nur genau die Funktionen eingestellt, die auch gespeichert wurden. Alle anderen werden nicht verändert.
Die in der Anlage gespeicherten Einstellungen können auf einem Datenmonitor angezeigt und auf einem angeschlossenen Drucker ausgedruckt werden. Zur dauerhaften Archivierung dienen Disketten, auf die alle im Pultrechner gespeicherten Daten übertragen werden können. Auch hier kann wieder eine Auswahl auf bestimmte Statusnummern erfolgen.

Egon Heischmann:

Die elektro-akustischen Anlagen und ihre Anwendung in der Semper-Oper in Dresden

Dresden besitzt auf dem Gebiet der Kunst und Kultur eine sehr große Tradition.
Die Staatskapelle Dresden beging in diesen Tagen ihr 440-jähriges Gründungsjubiläum. Mit diesem Klangkörper wuchs auch die Dresdner Operntradition, welche heute auf über 320 Jahre zurückblicken kann.
Namhafte Persönlichkeiten, wie Schütz, Hasse, Weber, Wagner, Schuch, Busch, Strauss, Böhm, Kempe, prägten das Musikleben.
1664 erfolgte die erste Grundsteinlegung für ein Opernhaus in Dresden.
1841 wurde der erste Theaterbau des Architekten Gottfried Semper am Theaterplatz eröffnet, welcher 1869 abbrannte.
1878 wurde der 2. Semperbau mit Webers Jubelouvertüre geweiht.
Viele Opernwerke zogen nach der Premiere in diesem Haus in die Welt. Am 13. Februar 1945 versank der Semperbau in Schutt und Asche.

1976 beschloss der Ministerrat der DDR den Wiederaufbau des bedeutendsten Theaterprojektes unseres Landes, der 3. Semper-oper, deren Grundsteinlegung 1977 erfolgte.
Da der Zuschauerbereich (Vorderhaus) wieder im historischen Sempergewand gestaltet wurde, kann man sich vorstellen, daß in diesem Bereich jeder Einbau eines Lautsprechers oder eines anderen Gegenstandes reichlich Diskussionsstoff lieferte.
Es galt, in die Kubatur des alten Theaterbaues alle der heutigen Zeit und dem modernen Opernbetrieb erforderlichen

Räume, Anlagen und Gerätschaften einzubringen und dies mit den Erfordernissen und der Übereinstimmung des Denkmalschutzes.
Um allen Anforderungen und Raumkonzeptionen gerecht zu werden, wurde eine, dem Dresdner Theaterplatz entsprechende Variante gefunden.
Hinter dem Semperbau entstanden ein Funktionsgebäude, eine Probebühne und ein Gaststättenkomplex, welche untereinander und mit der Oper durch verglaste Brückenübergänge verbunden wurden. Diese Anbauten fügen sich harmonisch dem Semperbau an und ordnen sich dem optischen historischen Bild unter. Durch diese Bauten konnten alle bestehenden Raumforderungen großzügig realisiert werden.

Für mich als Tonmeister war es natürlich eine Sternstunde, für ein solches Projekt an der Aufgabenstellung, der Projektierung, der Bauausführung und seiner Eröffnung maßgeblich mitwirken zu können.
Am 13. Februar 1985, 40 Jahre nach der Zerstörung, wurde die 3. Semperoper festlich mit dem Freischütz eröffnet.
Jetzt galt es zu beweisen, daß wir Theaterleute alles berücksichtigt und ausreichend weitschauend projektiert hatten.
Zur Technik selbst:
Für die Proben- und Vorstellungsbetreuung befindet sich das Einspielstudio (Bild 1) in der Rückseite des Parkettbereiches. Es ist mit 3 Fenstern ausgerüstet, wovon ein Fenster für den direkten akustischen Kontakt geöffnet werden kann.
Das Mischpult besitzt 24 Eingänge auf 8 Gruppenwege und 12 Hauptsummen. Mittels Abzweigregler lassen sich weitere 6 Nebensummen bilden. Da das Pult und die gesamte Anlage mit Schaltklinken sehr kommutierfreundlich aufgebaut wurde, lassen sich viele Schaltungsvarianten realisieren, was bei der Kanalmodultechnik leider nicht mehr gegeben ist.
Die Überwachung der Ausgänge (+6 dB) einschließlich der Leistungsverstärker sowie der Limiter erfolgt über 2 Monitormehrkanalsichtgeräte.

Nicht unerwähnt lassen möchte ich, daß der am Pult arbeitende in normaler Sitzposition die Bedienelemente erreichen und dabei auch die gesamte Bühne übersehen kann.

An Ausgangsleistung stehen 45 x 100 Watt frei kommutierbar zur Verfügung, an Bearbeitungsgeräten; Filter, Richtungsmischer, Equalizer, Harmonizer, Hallgerät, Kompander, Verzögerungsgeräte und weitere Effektgeräte, desweiteren 4 Magnettongeräte, 6 Frequenzen im 70 MHz-Bereich für drahtlose Mikrofone mit der entsprechenden Technik.
Alle im Vorstellungsbetrieb benötigten Mikrofon-, Lautsprecher- und Signalleitungen enden in Kommutierungsfeldern. Zwischen dem Einspiel- und dem Produktionsstudio bestehen ausreichend Querverbindungen. Mehrkanalige Abhörschaltungen garantieren das Überwachen der Anlagen und das Abhören der Handlung auf der Szene. Bei Notwendigkeit kann ein transportables Saalmischpult mit Anschlüssen im 1. Rang eingesetzt werden.

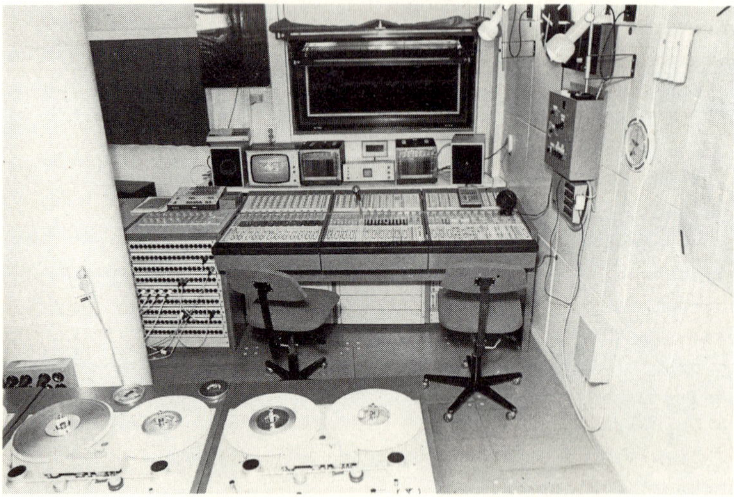

Schallstrahler mit einer Gesamtleistung von 1200 Watt wurden in den Seitenportalen des Zuschauerraumes fest installiert. Zusätzlich lassen sich 4 Strahlergruppen mit weiteren 400 Watt aus der oberen Portalzone elektromechanisch absenken. Wander- oder Punkteffekte ermöglichen eine Panoramaanlage in den Rängen. 52 Lautsprecher a 6 Watt, verteilt auf 3 Gruppen im künstlerisch gestalteten Deckenbereich, Schallstrahler im 5. Rang und in der Deckenkrone ergänzen die Beschallungs-konzeption. Im Bereich der Bühne beträgt die installierte Leistung 2200 Watt. Der Schaltzustand der Strahler wird auf einem Anzeigetableau mittels LED angezeigt. Eine Matrix ermöglicht Beschallungsgruppen zu programmieren und überlappend abzutasten. Dadurch können wir von einem Strahler auf n-Strahler umtasten. In den Beschallungsgruppen wurde vorzugsweise ein gestaffelter 25 VA Typ eingesetzt, die Ansteuerung erfolgt in 100 Volt Technik. Die installierte Beschallung ist so dimensioniert, daß diese auch bei fortissimo des Orchesters voll wirksam wird.

Zum Einsatz der Elektroakustik in der Semperoper:
Die akustischen Verhältnisse des Hauses sind so, daß bei einer Platzkapazität von 1320 Plätzen und einem Raumvolumen von 12366 m^3 eine elektroakustische Unterstützung im normalen Opernbetrieb nicht notwendig ist. Die Nachhallzeit des Zuschauerraumes beträgt 1,6 s, bei eingebautem Konzertsaal auf der Bühne 1,9 s.
Wird die Hinterbühne in den Spielbetrieb einbezogen werden jedoch Entfernungen wirksam (40 m bis Bühnenrampe), welche sich ohne Orchesterzuspiel und elektroakustische Hilfe nicht mehr handhaben lassen. Hervorragende Unterstützung bietet hierbei die Verzögerungstechnik.
Ein weiteres Einsatzgebiet ist die richtungsbezogene Verstärkung einzelner Schallereignisse, deren Verfremdung im Orchester und auf der Szene. Die Verhallung, Verstärkung und Übertragung von Chören, Sängern, der Orgel usw. auf und besonders hinter der Szene.

Besonders in modernen Werken macht sich der Einsatz von drahtlosen Mikrofonen notwendig. Ich möchte hier die Oper "Die Nase" anführen, wo in der Kirchenszene 3 Mikroports im Einsatz sind, zusätzlich der auf der Szene agierende Chor mit stationären Mikrofonen verhallt werden muß.
Da die zum Einsatz kommenden Ansteckmikrofone Kugelcharakteristik besitzen, wird ein sehr feinfühliges Arbeiten vorausgesetzt, zumal der Zuschauer in der Oper einen Vergleich zwischen Original und Lautsprecherübertragung hat.
Desweiteren laufen im Haus bestimmte Ballettproduktionen von Band, Choreinspiele, Bühnenmusiken und Geräusche.
Bei Matineen und Sonderveranstaltungen, welche meist in der Vorbühnenzone auf hochgefahrenem Orchesterpodium stattfinden, macht sich bei der Übertragung von Gesprächen und Interviews trotz der gut mit Schallstrahlern bestückten Portalzone eine dezentrale Beschallungsanordnung notwendig, besonders bei der Zusammenarbeit mit Funk und Fernsehen, um das Klangbild nicht zu räumlich werden zu lassen.
Mit beiden Medien besteht eine sehr gute und vorteilhafte Zusammenarbeit bei gemeinsamen Veranstaltungen wie bei Übertragungen. Ein Ü-Wagenanschlussraum mit Anschlussfeldern, Starkstromanschlüssen, Post- und Videoleitungen und ein verzweigtes Rohrnetz für Kamerakabel garantiert gute und sichere Arbeitsbedingungen.
Bereits in der Eröffnungsphase bewährte sich unsere Konzeption. Mehrere Aufführungen wurden durch Funk, Fernsehen und Schallplatte übernommen. Hier kam unser Mikrofonleitungsnetz zum Einsatz. Das Einspielstudio war der Speise- und Verteilerpunkt. Über unsere Verteilerverstärker gingen 36 Mikrofone zu den einzelnen Medien und jeder Tonmeister konnte sich seine Wunschmischung realisieren.
Für Kommunikationsaufgaben nach allen Räumen steht eine Umfangreiche Inspizientenzentrale mit 2 gleichberechtigten I-Pulten auf der Bühne zur Verfügung. Einsprachemöglichkeit und die Beschallung der Zuschauerbereiche sind gewährleistet. Für die optische Beobachtung wurde umfangreiche Videotechnik im Haus integriert.

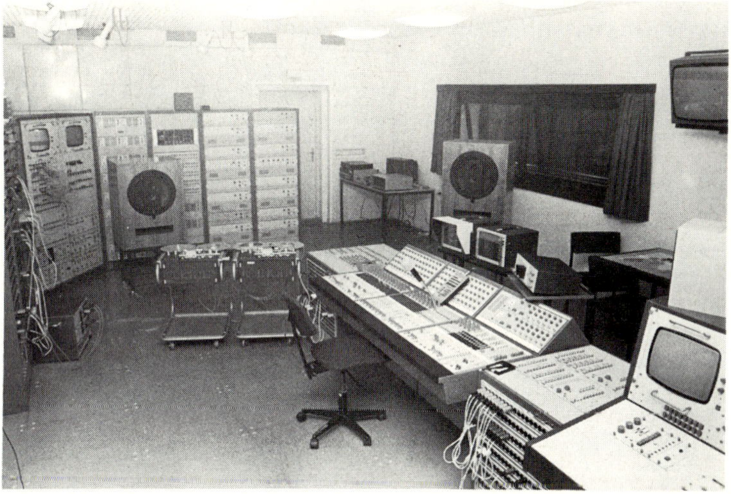

4 bauakustisch behandelte Aufnahmeräume gruppieren sich im Kernbereich des Funktionsgebäudes um das Produktionsstudio (Bild 2). Konzipiert wurde es für Hausproduktionen, Mitschnitte, Überspielungen und kann bei Überforderung des Einspielpultes für die Vormischung eingesetzt werden. Die Probenbetreuung der Probebühnen, des Orchesterprobensaales und anderer Räume erfolgt von hier.
Das installierte Mischpult besitzt 4o Eingänge auf 8 Gruppen und 12 Summen mit weiteren 6 Abzweigwegen. Für die Signalbearbeitung sind gleichartige Geräte wie im Einspielstudio vorhanden, zur Aufzeichnung eine 8 Spur 2 Zoll-Maschine, Telcom, fünf 2 Spur Magnettongeräte, PCM-Audio Processor und diverse HIFI-Technik.

Die Pegelüberwachung erfolgt über Mehrkanalsichtgeräte, die akustische Kontrolle über 4 triaxiale Studioabhörkombinationen. Eine Verstärkerausgangsleistung von 2000 Watt ermöglicht Beschallungsaufgaben aus dem Studio vorzunehmen.

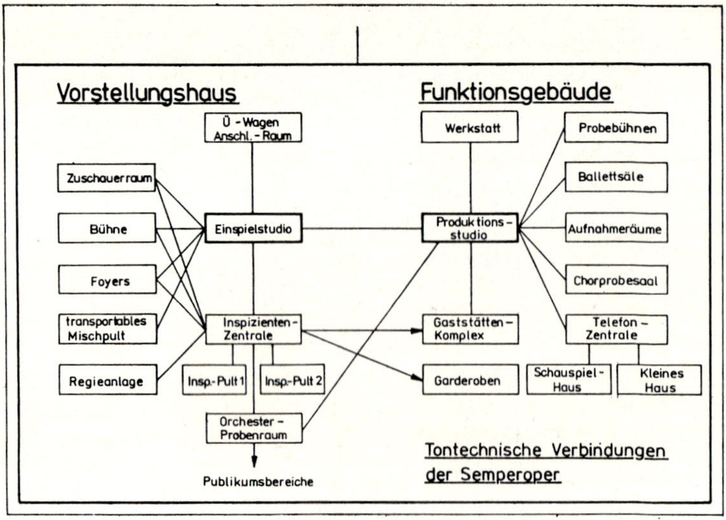

Die Mischpulte und ein Teil der Anlagentechnik sind in der vom Rundfunktechnischen Zentralamt entwickelten 700er Technik ausgerüstet. Die Anlagen wurden durch Geräte der Firmen Musikelektronik Geithain, Nachrichtenanlagenbau Leipzig, Studer, AKG, Sennheiser, Sony, ANT und Eventide ergänzt. Selbstverständlich stehen für die Mess-, Wartungs- und Kontrollaufgaben die erforderlichen Messmittel bereit.
Es kann nach reichlich 3 Betriebsjahren eingeschätzt werden, daß wir bisher vor noch keinem unlösbaren elektroakustischen Problem standen. Das soll nicht heissen, daß es in unserer von Neuheiten reichen Zeit nichts besseres Neues gibt.

Peter Lentz:

Der Einsatz der neuen Kommentatoreinheiten bei internationalen Großveranstaltungen

Euro - was ist das?

Der Internationale Ton - kurz IT - wird in allen Ländern verstanden. Bei Hörfunk und Fernsehen gleichermaßen. (Beim Fußball ist der IT z.B. das Stadiongeräusch.) Nur der sprachentypische unilaterale Kommentarton wird jeweils "draufgesetzt". Hardware der Idee: Die Kommentatoreinheit, fünf von ihnen (= 5 Länder) auf einer Überwachungseinheit von einem Techniker kontrolliert.
1968, unter dem Termindruck der Olympischen Spiele in Mexico, war aus der Idee der Würfel geboren. 1972, beim gleichfalls olympischen Einsatz in München, war das System ausgereift, konsequent die Idee verwirklicht.

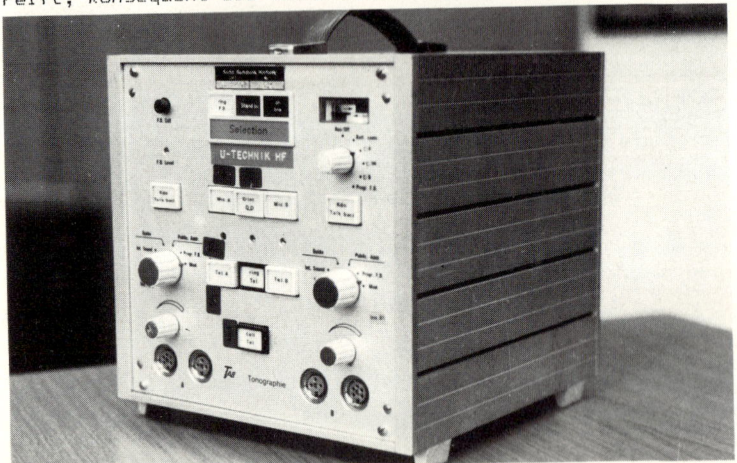

BILD 1: Der Würfel - Kommentatoreinheit der siebziger Jahre

Wie nachhaltig gut diese Erkenntnis war, zeigte sich, als die Würfel Altersschwächen zeigten und ersetzt werden mußten, bis zu 20 Jahre nach dem Ersteinsatz.

Die neue Generation

Eine Arbeitsgruppe der EBU machte sich Gedanken über die neue Generation und gab eine Beschreibung heraus. Und siehe da, die alten Ideen waren kaum zu verbessern.

Verschiedene Hersteller - aber kein einziger in der Bundesrepublik - versuchten sich daran, mit mäßigen Verkaufserfolgen. Aber, wieder einmal stand eine europäische Rundfunkanstalt unter Termindruck: Die BBC hatte 1986 die Commenwealth-Spiele auszurichten. Zusammen mit ihrem ehemaligen Mitarbeiter Glen Davis, der sich inzwischen in Maidstone, in der Grafschaft Kent, mit der Fertigung von Sonderwunsch-Elektronik selbständig gemacht hatte, entwickelte sie das Glensound Kommentatorsystem und bestellte die ersten 95 Stück.

Peter Burkhardt von der SRG bekam Wind von der Sache und testete einen Prototyp. Zusammen mit dem ORF und dem Süddeutschen Rundfunk wurde ein Änderungskatalog erstellt. Soweit das noch möglich war und der Kompatibilität nicht schadete, wurden die Wünsche erfüllt. Die SRG bestellte 70 Einheiten - die Ski-WM in Crans-Montana stand vor der Tür - der ORF zog mit 30 Stück nach: Die Sache kam ins Rollen. Schon heute sind etwa 700 Stück weltweit im Einsatz.

Ein europa- oder gar weltweit kompatibles System ist eine faszinierende Chance für rationelles Arbeiten, für die Austauschbarkeit, für das Zusammenziehen großer Kapazitäten an jedweden Veranstaltungsort und- unter dem Aspekt des Wiedererkennens durch den Reporter - eine problemlose Abwicklung von Eurovisionsveranstaltungen.

Euro-Wagen oder Subzentrum ?

Beim alten TAB-Kommentatorsystem ging der Trend recht eindeutig in Richtung Subzentrum. Das war der Ort, in dem - weit genug entfernt von lärmenden Zuschauern - je fünf Kommentatorplätze in eine Überwachungseinheit mündeten, die ein Techniker betreute. Das war auch der Ort, in dem es möglich war, die bulligen Netzgeräte mit ihren brummenden Lüftern weit genug abzusetzen, um das Abhören nicht zu stören.

Dennoch gab es einige Euro-Wagen. Sie wurden an den Orten benutzt, die keine festen Subzentren hatten. Die Kommentatorplätze wurden fliegend verkabelt. Um bei der Postübergabe der Leitungen flexibel genug zu sein, wurden die Ein- und Ausgänge in einem Kontrollfeld beim Euro-Kommandanten aufgelegt.

BILD 2: überwachungsplatz im ZDF-Eurowagen

Wegen der Gewichte von überwachungseinheiten, Netzgeräten und Kabeltrommeln lag die Obergrenze der Kapazität eines Euro-Wagens bei 25 Plätzen, in Notfällen wurde im Stand auf 30 aufgestockt. WDR und NDR haben ihre Euro-Wagen erst vor kurzem aus dem Verkehr gezogen, das ZDF ist dabei, seinen auf die neue Technik umzurüsten, die "SUSI" der SRG bekam ihr Gnadenbrot bei der Euro 88 in Diensten des NDR.

Was vorteilhaft schien - die Standort-Ungebundenheit der Euro-Wagen - war recht teuer erkauft. Meistens mußte ein Rüstwagen tonnenschweres Zubehör hinterherfahren und - zumindest in den ersten Jahren nach der 74er Fußball-WM - waren unwirtschaftlich lange Standzeiten zu beklagen. Fast noch schlimmer erging es den Subzentren, die teils für die Olympischen Spiele, teils anläßlich jener 74er WM installiert wurden. Totes Kapital über viele Jahre.

Bei der Nutzung des neuen Glensound-Kommentatorsystems ist das Handling einfacher geworden: Ein 20-Fuß-Container beherbergt beim SDR 30 überwachungsplätze mit sämtlichem Zubehör, die SRG hat eine besonders mobile Einheit mit 10 Plätzen in einem LT untergebracht, eine neue "SUSI" mit 30 Plätzen ist im Bau.

In Stadien mit Standortproblemen genügt heute ein Raum in der Haupttribüne mit einer Trasse für fliegende Verkabelung zu den Kommentatorpositionen als Subzentrum. In diesen Fällen lebt man, was das Equipment anbelangt, aus dem Koffer.

Und noch ein wichtiger Punkt: Veranstaltungen, die internationales Interesse wecken, sind häufiger geworden. EBU-Members, -Assoziierte und viele private Kunden addieren sich heute leicht auf 30.

Da die Dienstleistungen der Eurovision auf Gegenseitigkeit beruhen ist es verständlich, daß von den Nur-Nutzern eine Kostenbeteiligung gefordert wird.

Ein privater Kunde, ganz gleich, ob TV Diabolo aus Honululu oder Radio Wolkenstein aus der Theodor-Heuß-Straße um die Ecke, sind im Verständnis der Techniker Unilaterale.

So einfach ist Euro!

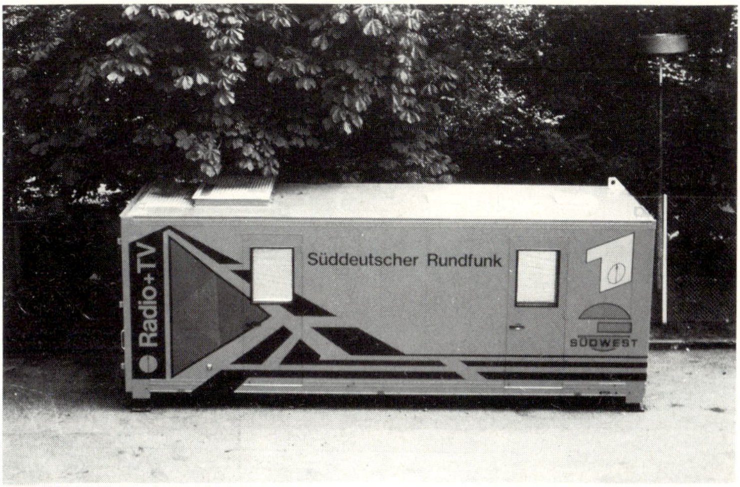

BILD 3: "COSY", der Euro-Container des SDR

Der SDR ging deshalb den Weg, der alle Möglichkeiten offenläßt: Sechs Überwachungseinheiten können in einem vorverkabelten klimatisierten Container zu einem fahrbaren Subzentrum zusammengefaßt werden. "COSY", das meint "Commentary System", kann aufgesattelt an den Übertragungsort gebracht werden oder aber die Einzelgeräte gehen im Koffer auf Reisen - im Winter 1989 zur Ski-WM nach Vail in die USA.
COSY ist noch so jung, daß man sich bisher nicht mal über sein Geschlecht einigen konnte. So wird COSY mal der, mal die, mal das COSY genannt. Einigen wir uns auf das männliche "der"; die kantig-sachliche Form läßt wirklich keinen Gedanken an weibliche Rundungen aufkommen.
COSY war, nur notdürftig beschriftet, Basis-Equipment für die Berichterstattung von den Spielen der EURO 88 in Stuttgart und München, unterstützt von den Kollegen des ZDF, des WDR und des BR. Die "Südschiene" war system-kompatibel. Das Neckarstadion und das Münchner Olympiastadion mußten allerdings wegen teilweise sehr kurzer Umsetz-Zeiten vorverkabelt werden. Nur so war es möglich, nach dem Halbfinale am 22. Juni mit rund 60 Plätzen in Stuttgart bereits drei Tage später das Endspiel in München abzuwickeln.

Ohne die Beschaffung des Glensound-Equipments, dessen Lieferung - vor allem wegen bürokratischer Umwege - gerade noch rechtzeitig erfolgte, wäre die Kommentierung der EURO-88-Spiele gefährdet gewesen. Es sei denn, man hätte sich der (sicherlich nicht kostenlosen) Hilfe der BBC versichert.

Wie haben sich die Geräte, wie hat sich COSY bewährt?

5 Kommentatoreinheiten, zusammengefaßt in Transportgefässen, links und rechts über die Schulter gehängt, so ist ein Kommentatorblock in kurzer Zeit zu bestücken.
Die Verkabelung, dank der dünnen Koax-Kabel, mühelos. Zukünftig sollen "siebenschwänzige" Kabel noch mehr Erleichterung bringen.
Das andere Ende der Kabel wird auf das Eingangsklinkenfeld von COSY aufgesteckt. Damit, vorausgesetzt man hat den Strom eingeschaltet, funktioniert das Kommentatorsystem bereits intern.

BILD 4: "COSY" des SDR - der überwachungsraum

Der nicht gerade üppig große Arbeitsraum im Container reduziert die überwachungsmannschaft zwangsläufig auf 4 Techniker für 30 Plätze, zwingt andererseits aber dazu, dem Euro-Kommandanten Eingriffsmöglichkeiten in die Postleitungen und die allgemeine Kommunikation an die Hand zu geben. Zwei technische Liaison-Officers ergänzen die Mannschaft.
Das überwachungsfeld entfällt, wenn die Geräte aus dem Koffer eingesetzt werden, wie das die SRG bei der Ski-WM in Crans-Montana und das ZDF bei der EURO 88 praktizierte. Hierbei hilft die Konstruktion der überwachungseinheiten, deren Schaltfeld, dem von vorne eingreifenden Techniker entgegengeneigt, sogar das ungeliebte Auskreuzen zweier Plätze ermöglicht.
Für den "General Talkback"- im COSY gibt es einen separaten Raum für ihn - werden die überwachungseinheiten hintereinander geschleift.

Die Akzeptanz des neuen Systems war gut. Sicherlich genoß jeder Reporter die ungehinderte Sicht und das Mehr an Platzangebot durch das vergleichsweise winzige Pultgehäuse, das nur eine Stellfläche von ca. 25 x 25 cm beanspruchte.

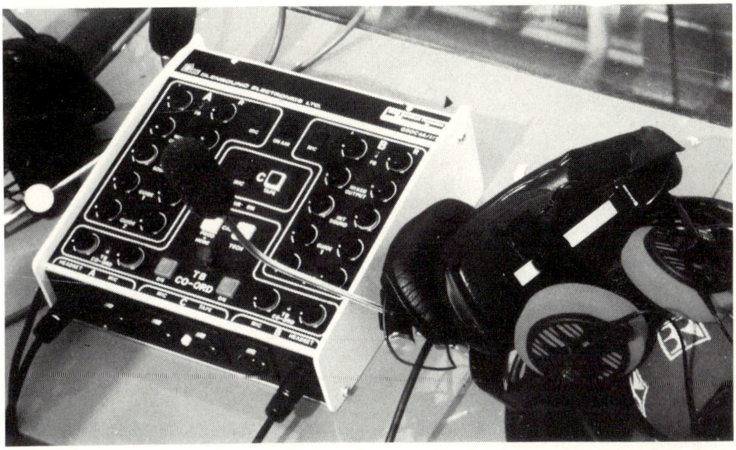

BILD 5: Die GSOC 4 A - Glensound Kommentatoreinheit

Das Design, auf den ersten Blick vielleicht etwas verwirrend, wurde angenommen, denn man erkannte schnell, daß System und Grundgedanke der Kommentatoreinheit erhalten geblieben war: Zwei Reporter, meistens mit Kopfsprechgarnituren ausgerüstet, können sich wechselseitig oder gleichzeitig auf Sendung schalten, ein Hand-Interviewmikro oder ein Bandgerät können zusätzlich eingetastet werden. Aus der Umsetzung der EBU-Diskription resultiert das aufwendige Abhör-Mischfeld, das es beiden Reportern ermöglicht, sich Quellen ihrer Wahl aufs Ohr zu mischen. Feedback und Kommando werden sie jedoch vergeblich versuchen,unhörbar zu machen. Hier ist eine Zwangsabhörlautstärke vorgegeben. Zwei Guides und den eigenen Sendeausgang jedoch kann er nach eigenem Geschmack und Hörvermögen zumischen. Aus dem Entweder-Oder der alten Kommentatoreinheit ist ein Und geworden: Komfort für den Profi, etwas verwirrend für den Hektiker.

Der wesentliche Unterschied des neuen Systems liegt in der Kommunikation: Der Zweidraht ist tot, es lebe der Vierdraht. Diese Änderung war überfällig, wenngleich man in der Praxis sehr schnell erkennt, daß die Bedeutung dieser zusätzlichen komfortablen Kommunikation in den meisten Fällen nur bis zum Subzentrum reicht. Nur wenige Kunden nutzen die Möglichkeiten. Daran schuld sind die Leitungskosten - und das inzwischen bewährte K - F - System bei Eurovisionsübertragungen,

das ja eigentlich ebenfalls eine Art der Vierdrahtkommunikation darstellt. Das K steht dabei für Kommentarleitung, das F für Feedback. Hierbei wird das Feedback nicht nur zum Zurückspielen des Programmtons sondern auch für die Kommandogabe benutzt, während die Antworten des Reporters in der heimatlichen Senderegie gehört oder vorgehört werden.
So werden lediglich zusammen mit sogenannten Musikleitungen Vierdraht-Meldeleitungen bestellt. Der Anteil liegt bei wenigen Prozent, oft sind es nur die britischen Rundfunk- und Fernsehanstalten, die diese Kombination bevorzugen. Vielleicht auch deswegen, weil sie die Segnungen des Glensound-Systems schon ein Jahr länger kennen?

Die Vierdraht-Schnittstelle bereitete bei der Vorführung einer Überwachungseinheit beim ZZF in Saarbrücken erst einmal Probleme. Erst die geänderte Betrachtungsweise der beiden Leitungen brachte die Lösung: Die deutschen Postvorschriften sehen in einem Kommando-Vierdraht eine Fernsprechleitung und unterwerfen ihn genau den dafür geltenden Gesetzen, die z.B. Ansprechschwelle und Ruffähigkeit fordern.
Sieht man diese Leitungsverbindung jedoch als eine Kombination von Sende- und Empfangsleitung in Fernsprechqualität an, darf die Schnittstelle den Bestimmungen für Tonleitungen genügen.
Eurotechniker haben sich daran gewöhnt, auf die Ruffähigkeit zu verzichten, Leitungen werden auf Zeit geschaltet. Um sich über Vierdrahtleitungen dennoch bemerkbar machen zu können, wird der 1,9 kHz-Inbandruf benutzt, den viele Schalträume in Europa auswerten können.
Es sei nicht verschwiegen, daß das Glensound-Kommentatorsystem vom ZZF mit einer Prüfnummer geadelt wurde.

Anläßlich der Fußball-Europameisterschaft wurde die Mobilität des Systems zum ersten Mal voll ausgespielt. Nach einem minuziös ausgearbeiteten Einsatzplan wurde die jeweils nötige Anzahl von Kommentatorplätzen am jeweiligen Spielort zusammengezogen. Die Bundespost spielte bei der Leitungsübergabe hervorragend mit, indem z.B. in Suttgart und München je 5 Leitungspaare auf 30-polige Steckerleisten aufgelegt wurden, ein solcher Stecker also bereits das Leitungsbündel für einen Fünferblock, bzw. eine Überwachungseinheit, enthielt. Diese relativ starre Form bei abweichend vom K-F-System erfolgten Leitungsbestellungen aufzuheben, war, dank der Rangiermöglichkeiten an jeder Überwachungseinheit, möglich.

Fehlerkatalog

Kinderkrankheiten wären bei dem massiven Ersteinsatz anläßlich einer europaweit verbreiteten Veranstaltung schwerwiegend gewesen. Aber vorsorglich ins Team integrierte Meßtechniker waren nahezu arbeitslos. Hier und da klemmte mal eine Taste: Ein, wie sich herausstellte, Problem mechanischer Toleranzen. Manchmal war einer der achtpoligen Neutricon-

Stecker schwer zu lösen: Offenbar eine Serie etwas aus der Toleranz gefallener Armaturen.

Gravierender - für die Euro 88 jedoch nicht relevant - war da schon die Erkenntnis, daß der Betrieb in unmittelbarer Nähe starker Mittelwellensender zu HF-Einstreuungen führte, wie das ZDF im Berliner Olympiastadion feststellen mußte. Besonders kritisch sind Frequenzen im langwelligen Bereich AM-modulierter Sender zwischen 540 und 590 kHz. Und genau alle diese Bedingungen hatte unser aller Murphy nach Berlin verpflanzt: In weniger als einem Kilometer Entfernung vom Olympiastadion arbeitet auf 567 kHz ein 100 kW-Sender des SFB.
Um der Sache auf die Spur zu kommen und Abhilfe zu schaffen, flog Glen Davis zum internationalen Sportfest ISTAF nach Berlin. Aber, er mußte erkennen, daß dieser Fehler nicht 100%ig zu eliminieren war. Das Multiplex-Signal arbeitet mit Frequenzen in diesem Band. Die Empfehlung, doppelt geschirmtes Koax-Kabel zu verwenden, wie es die BBC von Anfang an getan hatte, brachte jedoch Besserung.

Ähnliche Ursachen haben Störgeräusche, die die rote "On Air"-Lampe auf der Kommentatoreinheit erzeugt. Bei neueren Geräten konnte jedoch auch dieser Wert nochmals um 3 dB reduziert werden. Meßtechnisch ist der Störpegel damit nicht mehr von Bedeutung, hörbar ist er noch immer. Das ist eine Verkehrung der üblichen Umstände, bei denen die Meßtechnik fehlende oder zu viele dB bemängelt, die in der Praxis überhaupt nicht ins Gewicht fallen.

Familienzuwachs

Die Familie des Glensound Kommentatorsystems hat eben Zuwachs bekommen. Denn da fehlte noch etwas:

BILD 6: Die GSOC 5 - "Solo Unit"

Eine Kommentatoreinheit ist ein Klein-Mischpult mit 4 Eingängen, die automatisch ausgesteuert werden. Auf sich alleine gestellt ist sie aber nicht funktionsfähig, denn erst die überwachungseinheit speist sie und verarbeitet die Multiplex-Signale.
Aber schon der alte TAB-Würfel wurde im Solo-Betrieb benutzt. In vielen Sportstätten sorgte er und sorgt er auch heute noch zuverlässig für die übertragung der samstäglichen Sportreportage. Allerdings genügte hier eine 24-V-Netzversorgung und ein Kurbelinduktor, um die Kiste zum Leben zu erwecken.

Inzwischen gibt es auch für das neue System die "Solo Unit". Der Familienzuwachs ist die GSOC-Nummer 5 und heißt hersteller-amtlich "Rack Mounted Base Station".
Ein 19"-Gerät, drei Einheiten hoch, bestückt mit Europakarten, enthält Netzteil, Monitorfeld, Pegel-Voreinsteller und die ananlogen Schnittstellen für die angeschlossenen Leitungen für <u>einen</u> oder <u>zwei</u> Kommentatorplätze. Damit ist die "Solo Unit" geeignet zum Einbau in Ü-Wagen - schließlich kann der eigentliche Sprecherplatz bis zu 500 m abgesetzt werden - sie ist brauchbar als automatisches Pult für einen Schnellreportagewagen, als Reporterplatz im Stadion, als Außenstellen-Technik für Stadtbüros und als Sprechstelle für Hörfunk-Ringsendungen.

Damit ist, um im Bild zu bleiben, die Familie komplett. Sie ist dabei, sich zu bewähren: In Crans-Montana, bei der EURO 88, am Nürburgring, beim Formel-1-Rennen in Hockenheim hat sie es bereits getan.

Manche der geistigen Väter von Euro stehen kurz vor der Pensionierung. Ihre Ideen waren gut. Denn auch den Enkeln fällt nichts besseres ein.

Fotos: W. Wenzl (4)
P. Lentz (2)

Heinz Karp:

Meßtechnische Untersuchungen an Hallgeräten

1. Einführung und Vorbereitungen

Der Bericht wird im folgenden die unterschiedlichen Reflexionsstrukturen untersuchen, wie sie von künstlichen Nachhallerzeugern produziert werden.

Bevor darauf im speziellen eingegangen wird, bedarf es noch einer kurzen Einführung in die Thematik.

1.1. *Akustische Eigenschaften von Räumen*

Die akustische Rauminformation, die sich dem Hörer als Nachhall mitteilt, entsteht durch eine Vielzahl von Reflexionen, die zeitlich versetzt und mit immer schwächer werdender Intensität auf ihn eintreffen.

Bild 1.1.1 zeigt ein typisches Schallstrahlenmodell mit einem Schallsender, der Schallstrahlen in alle Richtungen aussendet,

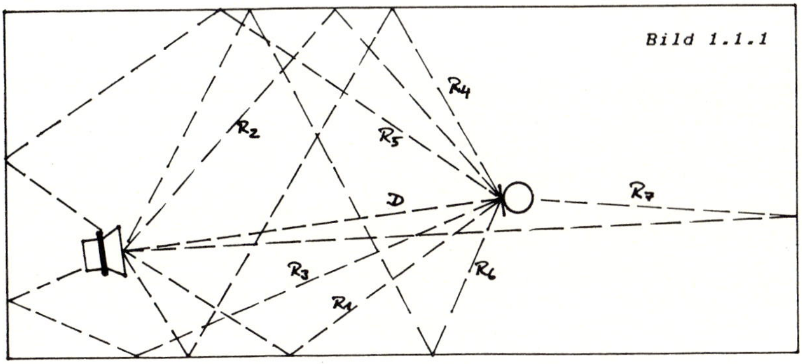

Bild 1.1.1

die teilweise direkt oder von den Wänden reflektiert zum Schallempfänger gelangen.

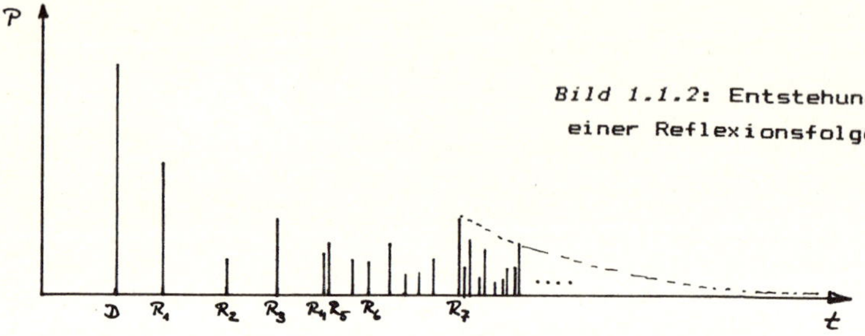

Bild 1.1.2: Entstehung einer Reflexionsfolge

Auf diese Weise entsteht eine Reflexionsfolge (*Bild 1.1.2*), die die unterschiedlichen Laufzeiten der eintreffenden Rückwürfe erkennen läßt; die unterschiedlichen Pegel weisen darauf hin, daß nicht alle Wände die gleichen Reflexionseigenschaften besitzen.

Nach und nach erscheinen immer mehr Reflexionen , deren zeitliche Abstände immer kürzer werden, bis sie schließlich nicht mehr einzeln erkennbar sind. Eine solche Reflexionsverdichtung ist typisch für den jeweiligen Raum, und ihr zeitliches Eintreffen verschafft zusammen mit der Zeitdifferenz zwischen Direktschall und Erstreflexion einen Größeneindruck.

Die Nachhallzeit kann hier aus der Hüllkurve der Reflexionsfolge ermittelt werden.

Für jede beliebige Anordnung von Quelle und Empfänger im Raum ergibt sich eine charakteristische, für den Raum typische Nachhallstruktur.

Wenn in einem speziellen Fall nur 2 gegenüberliegende (planparallele) Wände stark reflektieren, während die übrigen Wände den Schall jedoch nahezu völlig absorbieren, so bleiben nur die Schallstrahlen erhalten, die senkrecht auf die beiden Wände treffen, während alle anderen nach kurzer Zeit verschwinden. Es entstehen sogenannte Flatterechos, die bei einem genügend kleinen Abstand der reflektierenden Wände gar zu Klangechos werden, da das endliche zeitliche Auflösungsvermögen des

Ohrs zu einer Verschmelzung der stets in gleichen Abständen eintreffenden Reflexionen führt.
Im allgemeinen sollte eine Vermeidung solcher Phänomene angestrebt werden, um das zu verhallende Signal nicht zu stark zu verfärben.
Die Hersteller von Nachhallerzeugern stehen nun also vor dem Problem, Nachhall-Algorithmen zu entwickeln, die einerseits über genügend hohe Rückwurfdichten verfügen, die jedoch andererseits auf äußerst komplizierten, unregelmäßigen Strukturen beruhen. Kurzzeitige und regelmäßig wiederkehrende Reflexionen werden vom Ohr sofort als Klangechos entlarvt.

1.2. *Testsignal*

Für die meßtechnischen Untersuchungen wurde ein breitbandiges Testsignal angestrebt, das den gesamten hörbaren Frequenzbereich bis 20 kHz möglichst gleichmäßig anregt.
Zur gehörmäßigen Beurteilung wird häufig weißes oder rosa Rauschen eingesetzt. Ein solches klangfreies statistisches Frequenzgemisch ist sehr geeignet, Klangverfärbungen des künstlich erzeugten Nachhalls zu erkennen.
Im Hinblick auf die Meßtechnik ergeben sich allerdings einige Nachteile. Die hier angestrebte zeitliche Trennung von Testsignal und zu untersuchendem Nachhall bedingt sowohl ein gezieltes Abschalten der Signalquelle als auch eine gezielte Triggerung des Ausgangssignals, insbesondere zur Untersuchung von kurzen Zeitausschnitten des Nachhalls, die im folgenden von Bedeutung sein werden.
Da Rauschen ein nicht determiniertes Signal darstellt, ergibt sich im Abschaltmoment stets ein undefinierter, nicht reproduzierbarer Signalzustand. Das Ziel einer gleichmäßigen Anregung des gesamten Audiospektrums wird zudem nur näherungsweise für sehr große Analysezeiträume erfüllt.
Um diese Nachteile zu vermeiden, wurde für die Untersuchungen als Meßsignal ein kurzer Nadelimpuls gewählt.
Als Kompromiß hinsichtlich der notwendigen Bandbreite einerseits und einer genügend großen Anregungsenergie andererseits

wurde hier ein Rechteckimpuls mit der Impulsdauer T = 25 µs verwendet.

2. Betrachtung der Zeitsignale

Die *Bilder 2.1 bis 2.4* zeigen die Stoßoszillogramme verschiedener Nachhallerzeuger: Aufgetragen sind jeweils die ersten 200 ms nach der Impulsanregung zum Zeitpunkt t = 0.
Auffallend sind die sehr unterschiedlichen Reflexionsstrukturen der 4 untersuchten Geräte, wobei hier jeweils vom Hersteller gewählte Grundeinstellungen zugrunde liegen.
Die beiden unteren Diagramme kommen dem anfangs beschriebenen Modell der allmählichen Reflexionsverdichtung am nächsten, während die oberen Nachhallstrukturen durch eine bzw. zwei starke Erstreflexionen und eine kurze Zeit später einsetzende sehr dichte Rückwurffolge gekennzeichnet sind.
Eine weitere Untersuchung der Zeitsignale, z.B. durch eine Dehnung des dargestellten oder eines anderen Zeitausschnitts, erscheint hier nicht sinnvoll; aufgrund der endlichen Bandbreite der Meßobjekte ist eine höhere zeitliche Auflösung nicht möglich. Die Verschmelzung der einzelnen Rückwürfe läßt lediglich Vermutungen über die zu erzielende Unregelmäßigkeit im Algorithmus zu.

3. Untersuchungen im Spektralbereich

Um den Höreindruck des Nachhalls und die Besonderheiten der unterschiedlichen Reflexionsfolgen meßtechnisch besser zu erfassen, findet im folgenden eine Untersuchung im Frequenzbereich statt. Das Interesse richtet sich hier vor allem darauf, eine mögliche Veränderung der spektralen Zusammensetzung des Nachhallsignals während des Abklingvorgangs aufzuzeigen.

3.1. *FFT-Spektral-Analyse*

Um das vorgegebene Ziel zu erreichen, bedarf es eines Verfahrens, das zur Frequenzanalyse vergleichsweise nur sehr kurze Analysezeiten benötigt. Ein solches Verfahren stellt die FFT-Analyse dar.

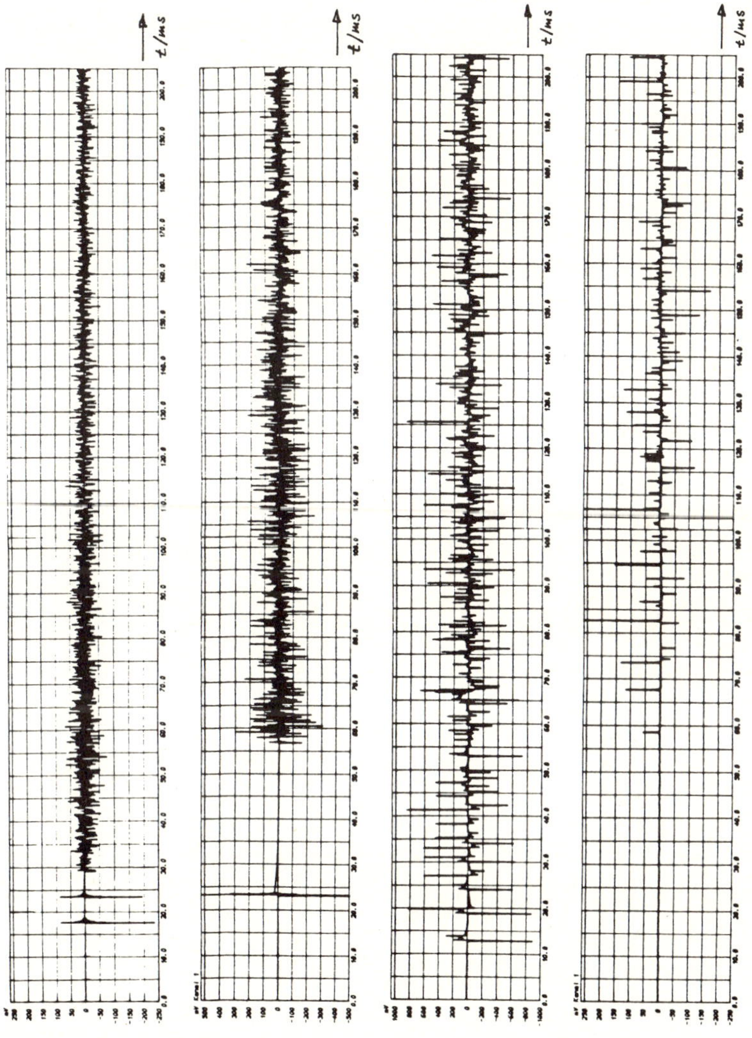

Bilder 2.1 bis 2.4:

Stoßoszillogramme verschiedener Nachhallerzeuger

Das Frequenz-Spektrum S(f) wird hierbei aus einem (kurzen) Zeitsignal s(t) mit Hilfe der diskreten FOURIER-Transformation berechnet. Der hier eingesetzte FFT-Analysator arbeitet folgendermaßen:

```
<---------- gesamter Abklingvorgang --- ··· ---------->
        <-- Zeitfenster -->  o—•  FFT-Spektrum
```

Ein Zeitfenster bewirkt das definierte Ausblenden eines Zeitintervalls ΔT (hier: 200 ms), das zur Berechnung des Spektrums benötigt wird. Das Ergebnis der Transformation wird über einer Frequenzachse mit linearer Teilung aufgetragen.
Die dargestellte Bandbreite umfaßt das gesamte Frequenzspektrum von 0 bis 20 kHz.

3.2. *Zerfallspektrum*
Um die Veränderung des Spektrums in Abhängigkeit von der Zeit zu untersuchen, wird nun ein Verfahren angewendet, welches allgemein als "Analyse mit gleitendem Zeitfenster" bezeichnet wird:

```
<---------- gesamter Abklingvorgang --- ··· ---------->
<- 1. Zeitausschnitt ->  o—•  1.Teilspektrum
   <- 2. Zeitausschnitt ->  o—•  2.Teilspektrum
      <- 3. Zeitausschnitt ->  o—•  3.Teilspektrum
```

Das Nachhallsignal wird scheibchenweise ausgeblendet und analysiert. Auf diese Weise erhält man eine Vielzahl von Einzelspektren, die jeweils verschiedene Zeitausschnitte des Abklingvorgangs repräsentieren.
Eine geeignete graphische Darstellung der Spektren in 3-dimensionaler Form ergibt ein sogenanntes Zerfallspektrum.
Anders als bei vielen anderen Darstellungen dieser Art erscheint es hier sinnvoll, die Zeitachse so zu legen, daß der Nachhallvorgang "hinten" beginnt.

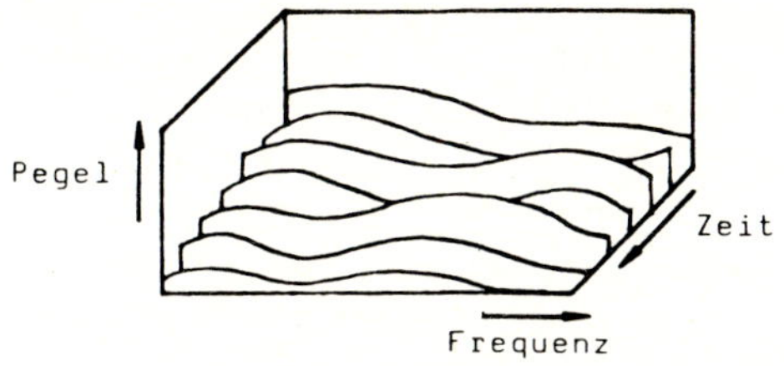

Bild 3.2.1: Schematische Darstellung eines Zerfallspektrums. Der 3-dimensionale Eindruck entsteht erst dadurch, daß verdeckte Linien nicht sichtbar werden. /1/

3.3. *Untersuchung der Zerfallspektren*

Die Vielzahl der nun aufgezeichneten Zerfallspektren zeigte, daß für jedes Hallgerät (bzw. dessen spezielle Betriebsart) jeweils ein sehr charakteristisches Nachhallprofil entsteht, welches ein Abbild des "eingefrorenen" Abklingvorgangs darstellt.

Anhand der *Bilder 3.3.1 und 3.3.2* sollen nun einige markante Unterschiede herausgearbeitet werden:

Die erste wichtige Erkenntnis ist die unterschiedliche Bandbreite der beiden Meßobjekte. Weiterhin erkennt man die unterschiedliche Frequenzabhängigkeit des Nachhalls; im zweiten Beispiel deutet bereits das erste Teilspektrum an, daß das Eingangssignal des Hallgerätes offensichtlich vor der eigentlichen Nachhallerzeugung einer Tiefpaßfilterung unterzogen wird.

In beiden Fällen erkennt man, daß höhere Frequenzen deutlich schneller abklingen. Dies ist bei der Grundeinstellung der Geräte als Parameter "Bewertung der Nachhallzeit" eingegangen.

Der wesentliche Unterschied der beiden Zerfallspektren liegt jedoch in der Struktur der Teilspektren.

Im ersten Beispiel sind die Pegelunterschiede zwischen Minima und Maxima relativ groß. Die ausgeprägte Struktur der Teilspektren setzt sich über den gesamten Bereich fort, d.h. bestimmte Frequenzen dominieren ständig.

Das zweite Beispiel zeigt eine etwas gleichmäßigere Struktur der Teilspektren, die im Laufe des Abklingens immer wieder

1

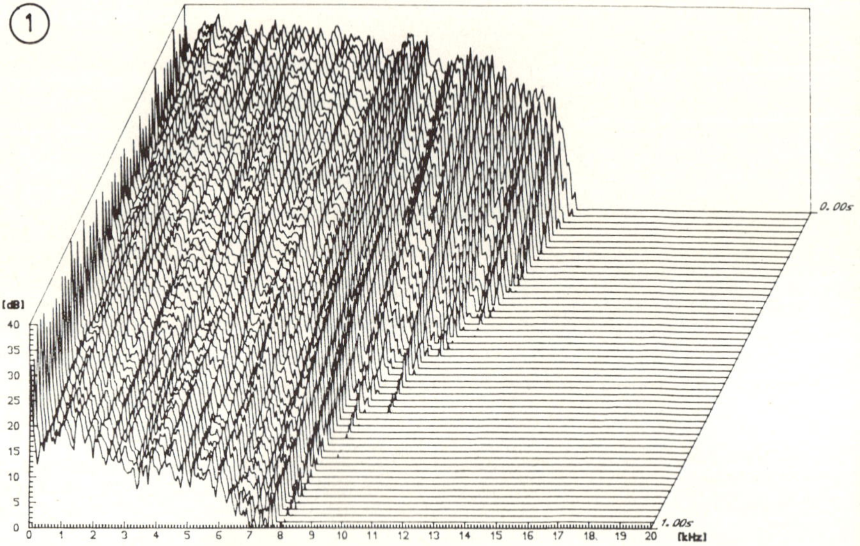

2

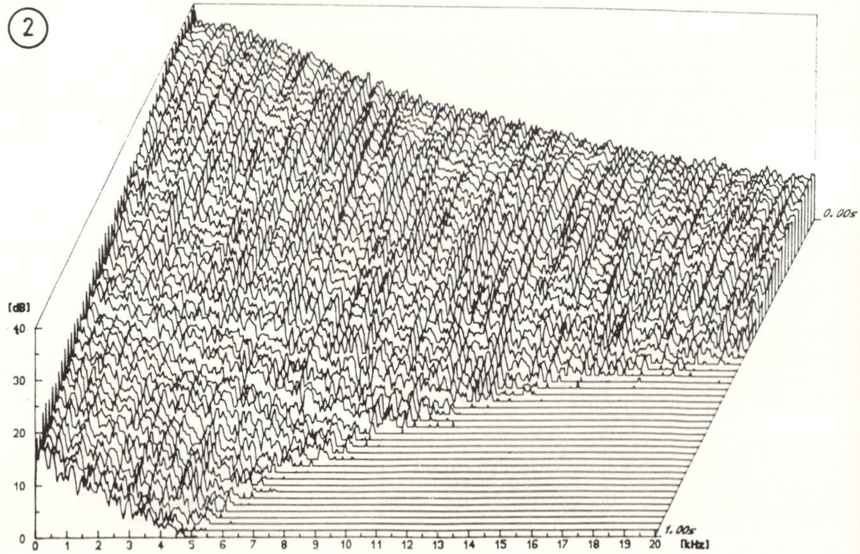

Bilder 3.3.1 und 3.3.2:

Zerfallspektren mit unterschiedlichen Charakteristiken

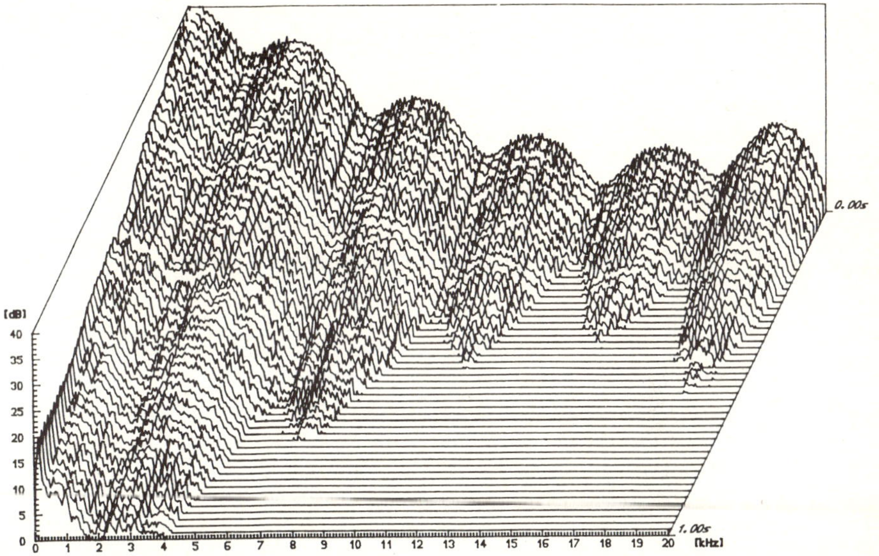

Bild 3.3.3:
Zerfallspektrum mit Kammfilterstruktur

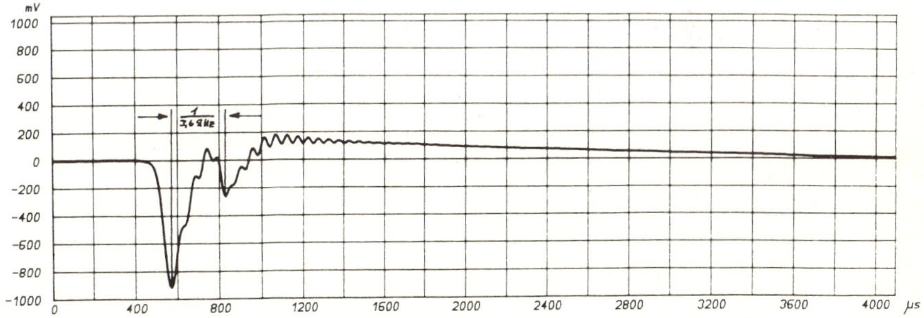

Bild 3.3.4:
Erstreflexion des Nachhallalgorithmus', der die Kammfilterstruktur in *Bild* 3.3.3 erzeugt.

verändert erscheinen; hier findet also eine ständige Veränderung der spektralen Zusammensetzung während des Abklingvorgangs statt.

Der Höreindruck, der durch eine Anregung mit weißem Rauschen entsteht, ist beim zweiten Beispiel sehr klangneutral, während das erste Beispiel durch eine deutlich wahrnehmbare Klangverfärbung charakterisiert ist.

Eine zunächst sehr verblüffende Struktur zeigt das Zerfallspektrum in *Bild 3.3.3*: über den gesamten Abklingvorgang dominiert eine auffallende periodische Wellenform.

Solche Periodizitäten im Spektrum entstehen durch eine Summierung eines Zeitsignals und dessen (kurzzeitiger) Wiederholung und ist als Kammfiltereffekt bekannt.

Hier beträgt der Abstand zweier benachbarter Wellentäler ungefähr Δf = 3,6 khz; dies korrespondiert zu einer Wiederholung des gesamten Nachhallsignals mit einer Verzögerung von $\Delta t = 1/\Delta f$ = 0,28 ms.

Eine derart kurzzeitige Wiederholung im Nachhallalgorithmus ist in den in Abschnitt 2 beschriebenen Stoßoszillogrammen kaum zu erkennen. *Bild 3.3.4* zeigt daher stellvertretend die Erstreflexion, die wie alle nachfolgenden Rückwürfe jeweils immer als Doppelimpuls erscheint.

Auf die Erscheinung von kurzzeitigen Wiederholungen wird speziell in Abschnitt 4 noch einmal eingegangen.

3.4. *Nachhallkurven*

Um die Frequenzabhängigkeit der Nachhallzeit zu ermitteln, wird üblicherweise mit terzbreitem Rauschen in unterschiedlichen Frequenzbereichen gemessen. Aus der Steilheit der Nachhallkurven läßt sich dann die Nachhallzeit bestimmen.

In Anlehnung daran wurde ein vergleichbares Meßverfahren durch eine weitere Auswertung der Zerfallspektren realisiert.

Schneidet man gedanklich das Nachhallprofil senkrecht und parallel zur Zeitachse durch und betrachtet es dann von der Seite, so kann man das Abklingverhalten bei einer bestimmten Frequenz erkennen.

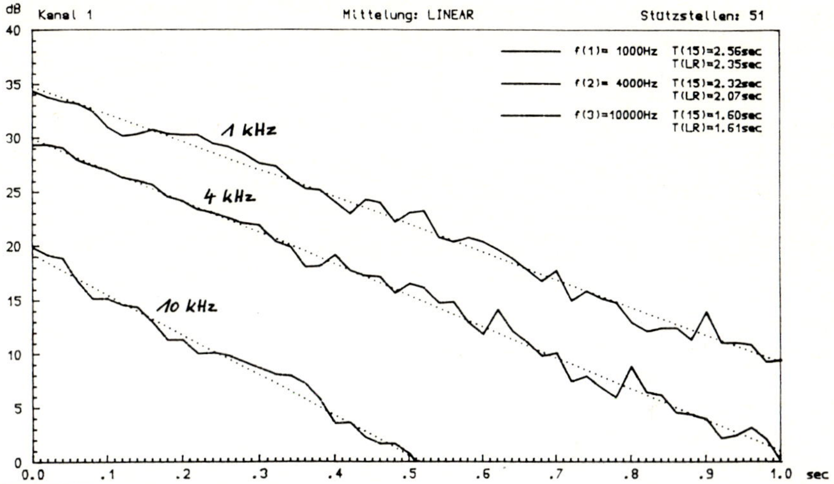

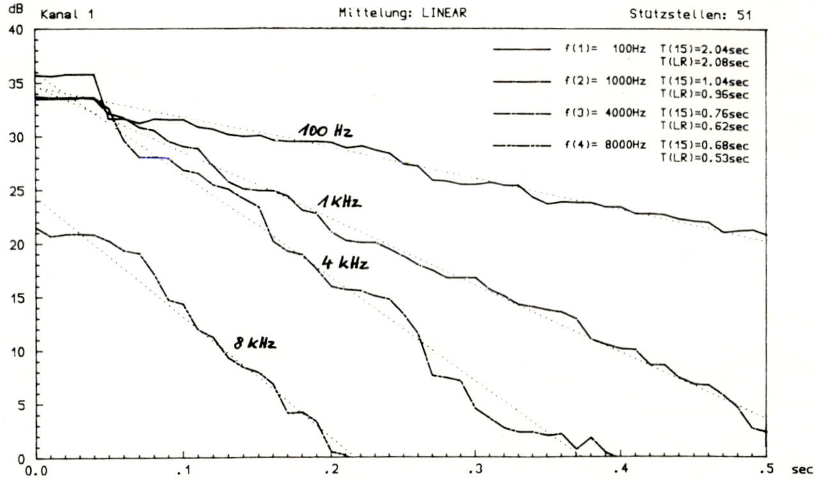

Bilder 3.4.1 und 3.4.2:

Nachhallkurven als Schnitt eines Zerfallspektrums

Die *Bilder 3.4.1 und 3.4.2* zeigen mehrere solcher Schnitte bei verschiedenen Frequenzen in einem Diagramm überlagert.
Aus der gestrichelt eingezeichneten mittleren Steigung der Kurven wird durch eine lineare Regression die Nachhallzeit T_{LR} berechnet.
Die Nachhallzeit T_{15} kann weiterhin aus dem Wert für den 15-dB-Pegelabfall bestimmt werden.
Die Untersuchung verschiedener Hallgeräte zeigt im wesentlichen 2 unterschiedliche Charakteristiken auf:
In *Bild 3.4.1* erkennt man deutlich die unterschiedliche Steigung der Nachhallkurven, während diese in *Bild 3.4.2* nahezu parallel verlaufen. Aufgrund einer Tiefpaßfilterung werden hier höhere Frequenzanteile stärker gedämpft (vgl. auch *Bild 3.3.2*).
Im ersten Beispiel erfolgt also die Bewertung der Nachhallzeit in der Zeitebene, im zweiten findet sie in der Frequenzebene statt.

4. Cepstrum-Analyse

Zur Detektion von kurzzeitigen Wiederholungen im Nachhallalgorithmus wurde hier zusätzlich die Cepstrum-Analyse herangezogen.
Das Cepstrum entsteht durch eine inverse FOURIER-Transformation des logarithmierten Leistungsdichte-Spektrums ($|S(f)|^2$) und ist anschaulich als Spektrum eines Frequenz-Spektrums zu verstehen.
Periodische Schwankungen im Spektrum verifizieren sich demnach als sogenannte "Cepstral"-Linien im Cepstrum.
Bild 4.1 zeigt das Meßverfahren am Beispiel eines Hallgerätes, bei dem gewisse Einstellungen zu kurzzeitigen Wiederholungen im Zeitsignal (*Bild 4.1.1*) und somit zu einer periodischen Struktur im Spektrum (*Bild 4.1.2*) führen (hier: $\Delta f = 500$ Hz).
Im Cepstrum C(q) (*Bild 4.1.3*) erscheint daher ein deutliches Maximum an der Stelle $q = 1/\Delta f = 2$ ms neben dem immer auftretenden Maximum an der Stelle $q = 0$, das gewissermaßen den "Gleichanteil" des Frequenzsignals aufzeigt.

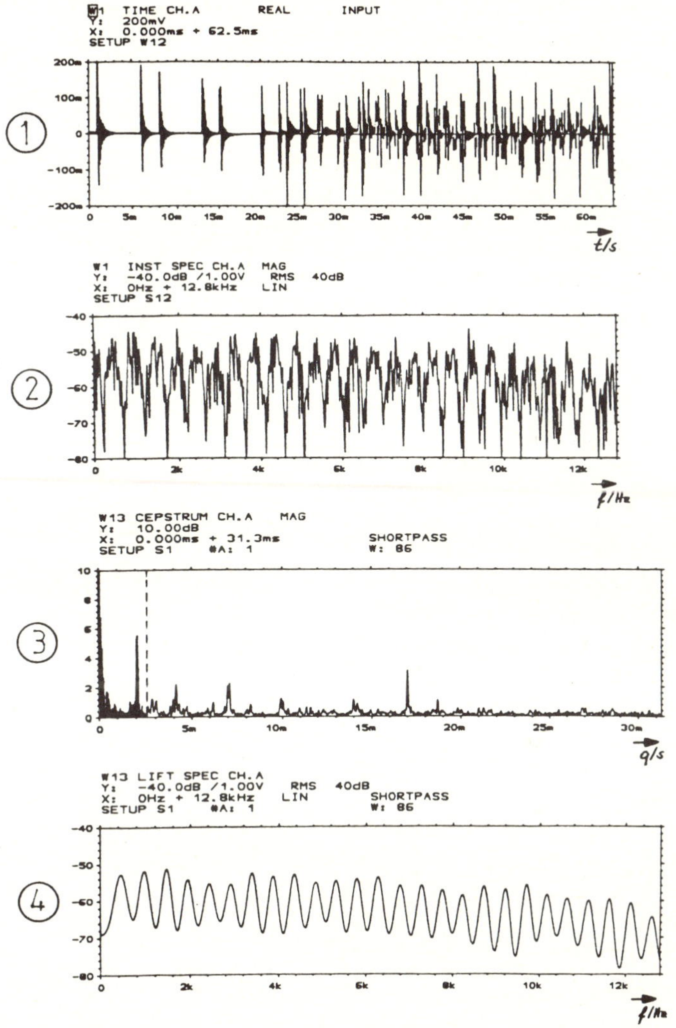

Bilder 4.1.1 bis 4.1.4:

Cepstrum-Analyse zur Detektion von kurzzeitigen Wiederholungen im Nachhallalgorithmus

Wird nun der linke Bereich des Cepstrums von 0 bis 2,5 ms einer weiteren FOURIER-Transformation unterzogen, so erhält man wiederum ein Frequenz-Spektrum (*Bild 4.1.4*), welches jedoch nur noch die Grundschwingung des ursprünglichen Spektrums enthält und die Periodizität deutlicher aufzeigt.

Abschließend kann festgestellt werden, daß die hier untersuchten Nachhallerzeuger sich doch relativ stark unterscheiden.
Was durch die Stoßoszillogramme - wenn überhaupt - nur andeutungsweise erkennbar ist, kann mit den hier dargestellten Meßverfahren sehr viel aufschlußreicher aufgedeckt werden.

/1/ Heinz Karp: Meßtechnische Untersuchungen an digitalen Systemen zur Simulation der akustischen Eigenschaften von Räumen, Diplomarbeit WDR/FH Köln, Juli 1986

Richard Drillkens:

Digitale Filterung von Audiosignalen mit beliebigem Frequenzgang

Auf der letzten Tonmeistertagung 1986 in München habe ich über die Prinzipien des digitalen Tonmischpultes berichtet. Ein wesentlicher Teil war die Beschreibung der Funktionweise der Filter gewesen. Diesen Aspekt möchte ich heute etwas vertiefen.

Wie damals gesagt, unterscheidet man in der digitalen Signalverarbeitung zwei Arten von Filtern:

- mit Rückkopplung = rekursive Filter
- ohne Rückkopplung = nichtrekursive Filter

Rekursive digitale Filter bauen auf den Erkenntnissen der analogen Filter auf und lassen sich auch verhältnismäßig einfach nach diesen Vorbildern konstruieren. Probleme wie Instabilitäten und Rauschen haben zwar jetzt andere Ursachen - nämlich die endliche Rechengenauigkeit - aber die Auswirkungen auf das gefilterte Tonsignal bleiben gleich.

Wegen dieser Probleme wurde für die parametrischen Equalizer auch die Kaskadenstruktur nach analogem Vorbild beibehalten. Die Grenzfrequenzen, Steilheiten und Güten müssen bei der Filterentwicklung sorgfältig abgewogen werden, um nicht doch durch unglückliche Kombination der hintereinander geschalteten Filter instabiles Verhalten zu erzeugen.

Diese Schwierigkeiten treten bei einem nichtrekursiven Filter nicht auf. Wegen der fehlenden Rückkopplung ist es grundsätzlich stabil. Es hat aber kein Gegenstück in der analogen Welt, deshalb kann hier nicht auf bekannte und bewährte Prototypen zurückgegriffen werden. Nicht nur dieser Punkt fordert ein Umdenken in der Konstruktion eines Equalizers. Nichtrekursive Filter können zwar mit der gleichen Übertragungsfunktion berechnet werden wie rekursive Filter, sie erfordern aber für die gleichen Verhältnisse mehr Koeffizienten und damit mehr Rechenzeit. Dies legt den Gedanken nahe, von der historisch gewachsenen Equalizerstruktur wie Tiefpass, verschiedene Bandpässe, Hochpass abzuweichen. Ansätze dazu kann man in der Studiotechnik schon beobachten, wie z.B. die grafische Darstellung einer Filterkurve über den gesamten Frequenzbereich.

Wenn nun nicht mehr fünf Einzelfilter konstruiert werden, sondern nur noch ein einziges für den gesamten Frequenzbereich, ist ein nichtrekursives (in jedem Betriebsfall stabiles) Digitalfilter eine vorteilhafte Alternative zu den bisher verwendeten Lösungen (Bild 1).

Die Berechnung der gefilterten Ausgangstastwerte erfolgt sowohl bei rekursiven wie bei nichtrekursiven Filtern im Zeitbereich durch Multiplikation und Akkumulation von zeitlich vorlaufenden Tastwerten. Dadurch läßt sich eine "kontinuierliche" Filterung sehr einfach erzielen. Für ein nichtrekursives Filter mit N Koeffizienten bedeutet dies jedoch für jeden Ausgangswert einen Aufwand von N^2 Multiplikationen. Um nun ein nichtrekursives Filter für die Tonsignalfilterung mit ihrer relativ hohen Taktrate von 48 kHz interessant zu machen, muß nach einer anderen Berechnungsmethode gesucht werden, um diesen Aufwand zu reduzieren.

Hier hilft ein mathematischer Trick. Einigen von Ihnen ist sicher die Fouriertransformation ein Begriff:

$$X(k) = \sum_{n=0}^{N-1} x(n)\, W^{nk}$$

In diesem Zusammenhang soll aber nicht auf die physikalischen Eigenschaften der Fouriertransformation eingegangen werden, da sie hier ohne Bedeutung sind. Was hier interessiert, ist die Faltungseigenschaft, da bei der Berechnung der Faltung durch die Transformation eine Multiplikation/Addition in eine einfache Multiplikation reduziert werden kann:

$$\begin{array}{ccccc} y & = & x & * & h \\ \Uparrow & & \Downarrow & & \Downarrow \\ Y & = & X & \bullet & H \end{array}$$

Was ist nun eine Faltung?

In die Physik übertragen ist die Faltung nichts anderes als die nichtrekursive Filterung eines Signals. Wir haben also hier eine Möglichkeit gefunden, mit diesem mathematischen Umweg über die Transformation den Rechenaufwand für ein nichtrekursives Filter zu verkleinern. Denn für die Fouriertransformation sind schnelle Berechnungsalgorithmen unter dem Namen "Fast-Fourier-Transform (FFT)" bekannt, die die Symmetrieeigenschaften der Transformationswurzel W optimal ausnutzen. Diese lassen sich auch sehr elegant auf den heute bekannten Signalprozessoren implementieren.

Es müssen allerdings im Unterschied zur direkten Berechnung, bei der Tastwert für Tastwert ein "kontinuierlicher" Berechnungsvorgang erfolgt, Tastwerte zu Blöcken zusammengefaßt werden, die gemeinsam der Transformation zugeführt werden. Die Filterergebnisse liegen dann ebenfalls blockweise vor.

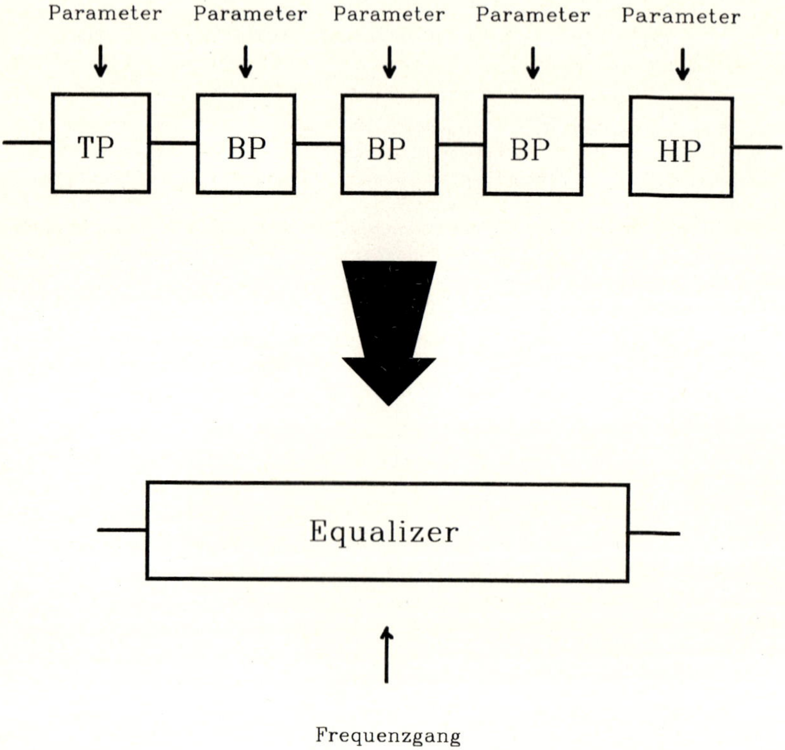
Parameter
Parameter
Parameter
Parameter
Parameter
TP
BP
BP
BP
HP
Equalizer
Frequenzgang

Bild 1

Wie kann man unter diesen Voraussetzungen doch noch zu einem "kontinuierlichen" Betrieb kommen? Es gibt aus der Radartechnik Verfahren, die diese Probleme lösen: Fehler an den Blockgrenzen, die ja zwangsläufig bei der Transformationsmethode auftreten müssen, werden durch Überlappen der Tastwertsequenzen unterdrückt.

Üblicherweise wird eine Überlappung von 50% gewählt, da sie sich sehr einfach in einem binären Rechner realisieren läßt. Vom Prinzip her sind auch andere Überlappungen möglich. Bei diesen Methoden treten im gefilterten Tonsignal dann keine Fehler auf, wenn die Ordnung des Filters nicht größer als die Überlappung ist. Will man mit dem gleichen Rechenalgorithmus Filter unterschiedlicher Ordnung konstruieren, ist diese Einschränkung allerdings ein Hindernis, bedeutet sie doch, daß nur, weil vielleicht einmal ein komplexes Filter benötigt wird, die Rechnerhardware diesem Extremfall angepaßt werden muß, im Normalfall mit einfachen Filtern aber total unterfordert ist.

Hier hilft nun eine Modifikation der bekannten Überlappungsverfahren. Es wird nicht nur das Tonsignal segmentiert, sondern auch die Sequenz der Filterkoeffizienten, die Filterstoßantwort. Die Überlappungen können nun nach der Kapazität des Signalprozessors bestimmt werden. Die Länge des Filters ist kein Kriterium mehr.

Dieses Verfahren sei am Beispiel einer Tiefpaß-Filterung eines Rechtecksignals erläutert:

Wie in Bild 2 dargestellt, wird die endliche Filterstoßantwort h eines Tiefpasses mit 99 Koeffizienten (mit Nullwerten auf ein computergerechtes Format von 128 gebracht) in die vier Segmente h_i der Länge 32 geteilt. 32 Null-Werte ergänzen jedes dieser Segmente h_i zur Transformationslänge 64. Es werden nun die Transformierten H_i der Segmente h_i berechnet.

Bild 3 zeigt, wie ein "unendlicher" Datenstrom eines bandbegrenzten Rechtecksignals in Segmente x_j aufgeteilt wird. Im Gegensatz zum vorherigen Bild haben die Segmente x_j die Länge 64, allerdings überlappen sie ihre Nachbarn um 32 Tastwerte. Hier wird ebenfalls die Transformierte X_j jedes Segments gebildet.

Jede Transformierte X_j wird mit allen Transformierten H_i Wert für Wert multipliziert und mit Hilfe der inversen Transformation in den Zeitbereich zurücktransformiert. Dabei sind die ersten 32 Tastwerte der Filtersegmente y_k Einschwingvorgänge, die bei der Weiterverarbeitung nicht benutzt werden. Die letzten 32 Tastwerte bilden aneinandergefügt das Teilergebnis $y = y_1 + y_2 + y_3 + y_4$, d. h. den mit allen Stoßantwortsegmenten gefilterten Datenblock x_1 (Bild 4). Die ersten 32 Tastwerte entsprechen bereits dem gefilterten Rechteck. Bild 5 zeigt die Verhältnisse für den zweiten Datenblock x_2: die restlichen Tastwerte von y_{1S} werden mit dem neuen Ergebnis y addiert und die ersten 32 Tastwerte wieder als gefiltertes Rechteck an den Ausgang gegeben. Diese Operation, in Bild 7 schematisch dargestellt, setzt sich kontinuierlich fort. Bild 6 zeigt beispielsweise die Verhältnisse für den 11. Datenblock x_{11}.

Verwendet man für die beschriebene Transformationsmethode die Fourier-Transformation, muß man berücksichtigten, daß bei den angewandten schnellen Berechnungsalgorithmen eine Hintereinanderschaltung von einfachen Operationen (Butterfly) auftritt, bei

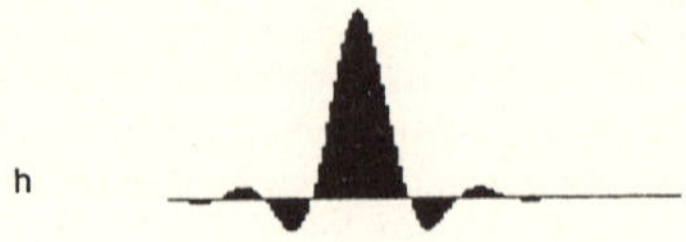

Bild 2

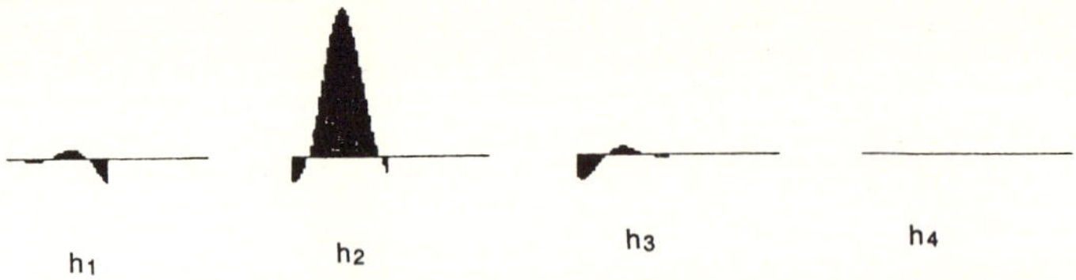

Bild 3

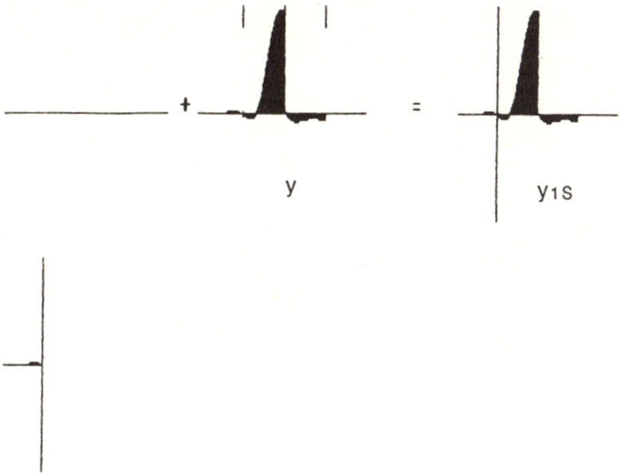

Bild 4

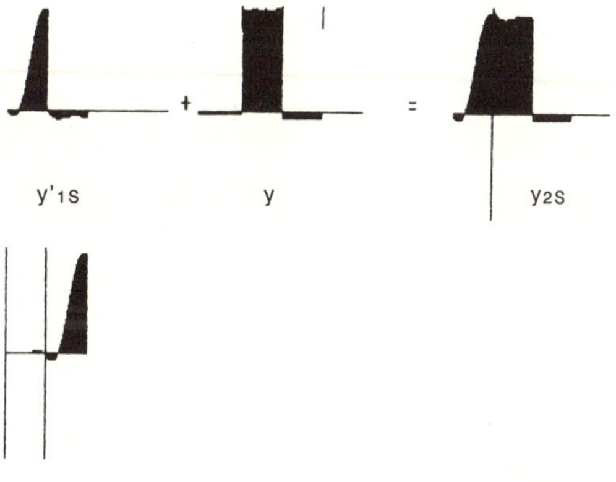

Bild 5

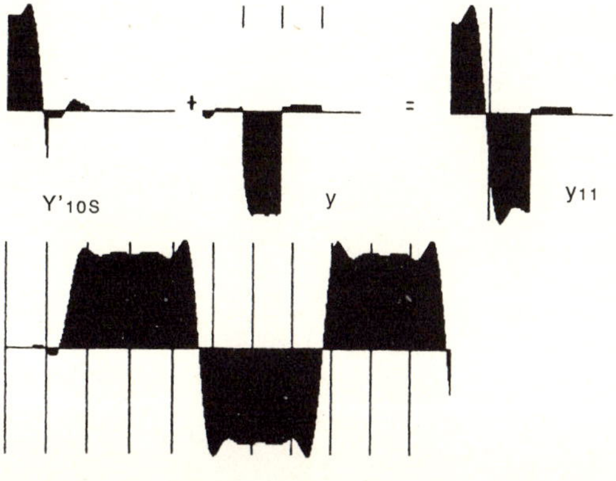

Bild 6

denen durch die Multiplikation eine Verdopplung der Wortlänge erfolgt. In einem Digitalrechner mit Festkomma-Arithmetik (auch heute bieten Festkomma-Rechner noch eine erheblich höhere Rechenleistung als Fließkomma-Rechner) muß das Ergebnis jeder Butterfly-Operation auf die zulässige Wortlänge zurückgeführt bzw. gewandelt werden, was zu Quantisierungsfehlern führt. Dieser Störeffekt äußert sich bei Tonsignalen als Rauschen und sollte möglichst vermieden werden. Hinzu kommt noch, daß die Transformationswurzel W eine genaue Darstellung der Cosinus- und Sinuswerte erfordert, die in einem Digitalrechner ohnehin nicht möglich ist.

In der Codierungstheorie, die bekanntlich für den Fehlerschutz bei der Aufzeichnung von digitalen Ton- und Bildsignalen auf Magnetbändern benutzt wird, werden Methoden benutzt, die eine fehlerfreie Berechnung der Faltung zulassen. Statt der Fourier-Transformation werden zahlentheoretische Transformationen (Number Theoretic Transform NTT) über endlichen Zahlenkörpern verwendet. Da die Analog/Digitalwandler nur ganze Zahlen liefern und auch schnelle Signalprozessoren nur eine endliche Menge von ganzen Zahlen darstellen können, bieten diese Transformationen einen Weg zur Berechnung der Faltung, ohne im Filteralgorithmus zusätzliches Rauschen zu erzeugen.

Wesentlicher Unterschied zur Fourier-Transformation ist, daß die komplexe Transformationswurzel W der Fourier-Transformation durch eine ganzzahlige Transformationswurzel α ersetzt wird:

$$X(k) \equiv \sum_{n=0}^{N-1} x(n)\, \alpha^{nk} \quad \text{modulo } M$$

Der Modulo-Operator verhindert ein Überschreiten des zulässigen Zahlenbereichs. Durch eine spezielle Wahl der Transformationswurzel (z.B. einer Zweierpotenz) kann man so Transformationen bilden, die nur Additionen und statt Multiplikationen Bit-Shifts benötigen. Die bekannten schnellen FFT-Algorithmen können auch hier verwendet werden. Die zahlentheoretischen Transformationen verarbeiten nur reelle Signalwerte, so daß die bekannten Probleme der Transformation reeler Signale mit der komplexen Fourier-Transformation entfallen.

Die hier beschriebene Methode wird in dem im Bild 8 dargestellten Filterrechner benutzt. Aufgrund des modularen Aufbaus des Faltungsalgorithmus ist es möglich, durch Parallelschalten von identischen Rechnersystemen mit gleicher Software beliebig lange Filter zu realisieren. Zur Zeit wird ein Filtersystem auf der Basis von Signalprozessoren des Typs TMS 320C25 aufgebaut.

Die Einstellung der Filter ist bei der beschriebenen Methode völlig von der "Modulationsverarbeitung" getrennt. Es können so je nach Anwendungsfall parametrische oder grafische Eingaben der Filtereigenschaften erfolgen. Bei der grafischen Eingabe (zB. über ein Digitizer) ist zudem eine wesentlich höhere Auflösung als bei den analogen Systemen möglich.

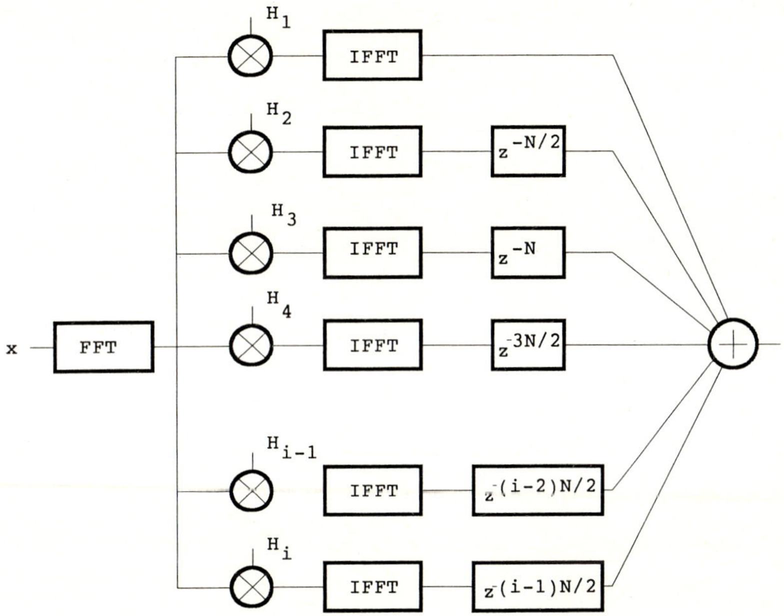

Bild 7

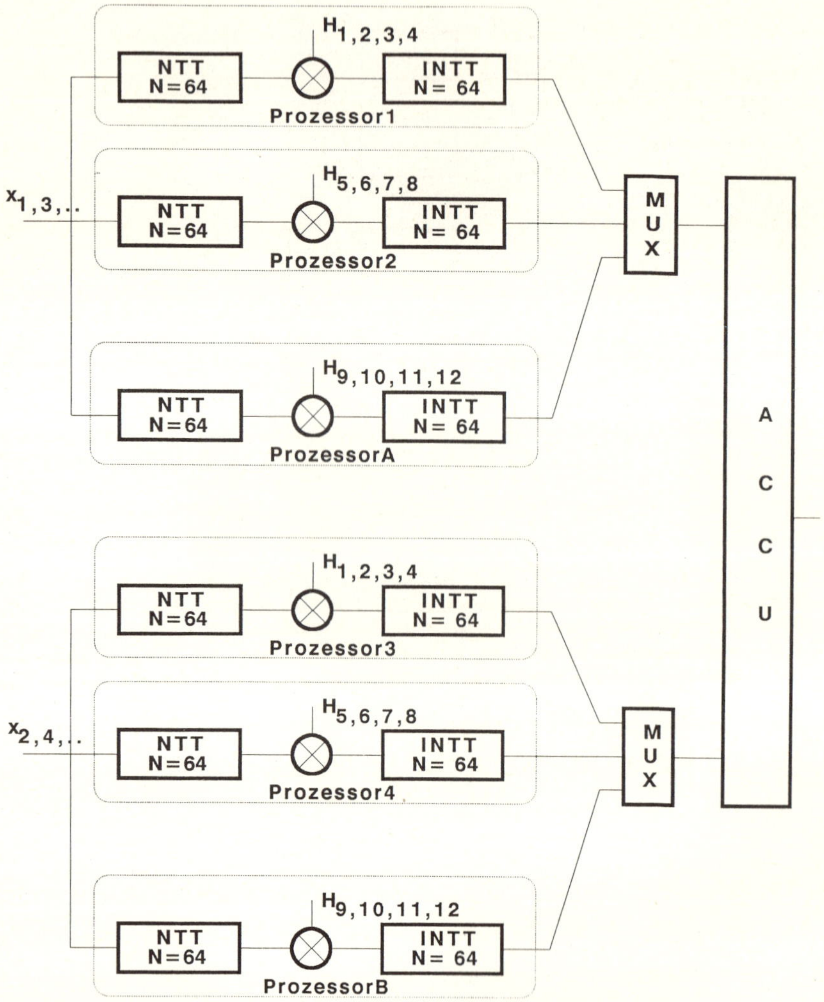

H1,2,3,4
NTT N=64
INTT N= 64
Prozessor1
H5,6,7,8
x1,3,..
NTT N=64
INTT N= 64
Prozessor2
H9,10,11,12
NTT N=64
INTT N= 64
ProzessorA
MUX
ACCU
H1,2,3,4
NTT N=64
INTT N= 64
Prozessor3
H5,6,7,8
x2,4,..
NTT N=64
INTT N= 64
Prozessor4
H9,10,11,12
NTT N=64
INTT N= 64
ProzessorB
MUX

Bild 8

Alexander Persterer:

CAP Creative Audio Processor - ein Hochleistungssystem zur digitalen Audiosignalverarbeitung

1. Einleitung

Die digitale Signalverarbeitung gewinnt eine rasch steigende Bedeutung in allen Bereichen der Akustik. Einerseits hilft sie bei der Entwicklung neuer, nicht digitaler Geräte, andererseits werden neue, digitale Produkte hergestellt, die entweder bisher analoge Lösungen ersetzen oder überhaupt neue Funktionen ermöglichen.

Die Entwicklung von Kopfhörern schließt die intensive Beschäftigung mit der Psychoakustik des binauralen Hörens ein. Insbesondere die Kenntnis der Änderung eines Schallsignals auf seinem Weg von einer Schallquelle bis zum Trommelfell ist hier von ausschlaggebender Bedeutung. Um die für das Hörerlebnis wichtigen Kriterien bei diesem Vorgang untersuchen zu können, ist es notwendig, die natürlichen Gegebenheiten nachvollziehen und bewußt verändern zu können.

Diese Forderung bildete den Ausgangspunkt für die Entwicklung des hier vorgestellten Systems: mit Hilfe der digitalen Signalverarbeitung soll die Simulation komplizierter Übertragungsfunktionen in Echtzeit ermöglicht werden. Fig. 1 zeigt die Außenohrübertragungsfunktionen für linkes und rechtes Ohr bei einer Schalleinfallsrichtung von vorne rechts (60 Grad).

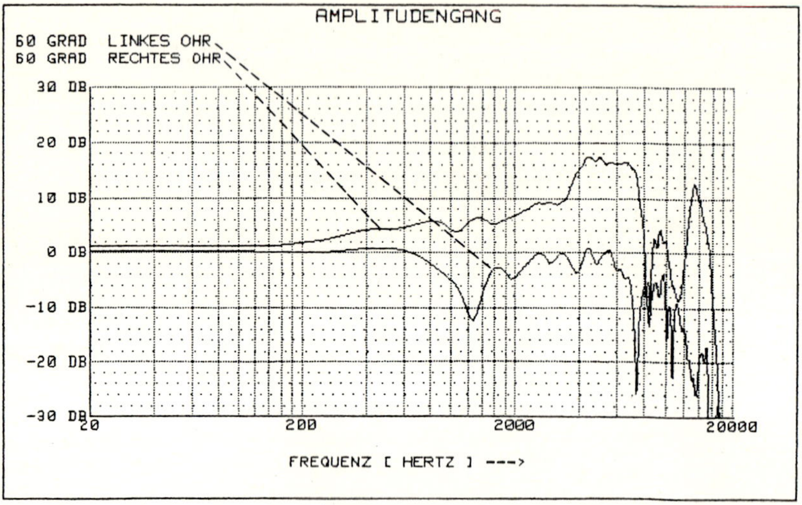

Fig. 1

Außenohrübertragungsfunktionen

2. Aufgaben, Anforderungen, Systemkonzept

Zunächst ist zu untersuchen, welche Struktur ein System zur Bewältigung der gestellten Aufgaben haben soll.
Der einfachste Fall ist die Simulation einer Schallquelle im Freifeld. Dazu ist ein Schallsignal einem Filterpaar zuzuordnen, das die Außenohrübertragungsfunktionen (OETF) für das linke und rechte Ohr simuliert (/1/, Fig. 2).

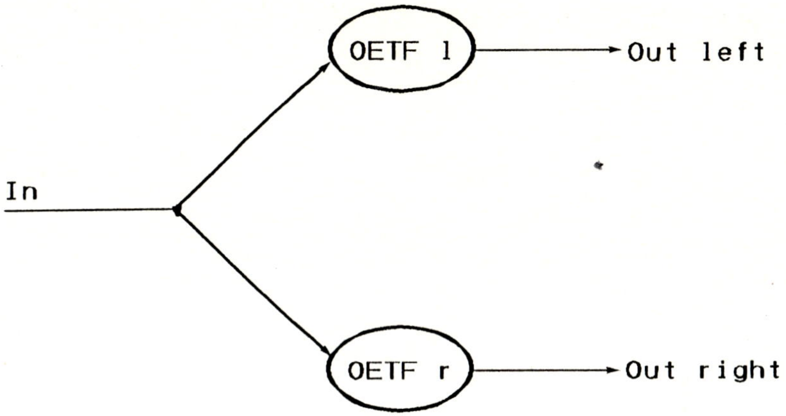

Fig. 2

Binaurale Simulation einer Schallquelle

Die Ausgänge der Filter bilden das Kopfhörersignal.

Sollen zwei oder mehr Schallquellen aus verschiedenen Richtungen simuliert werden, sind außer weiteren Filterpaaren zwei Summierstufen vorzusehen (Fig. 3), die linkes und rechtes Kopfhörersignal bilden.

Sehr oft interessiert der Einfluß von Reflexionen auf ein Klangbild. Um eine Reflexion nachzubilden, muß das Signal verzögert und ansschließend wieder durch ein eigenes Filterpaar einer Richtung zugeordnet werden (Fig. 4).

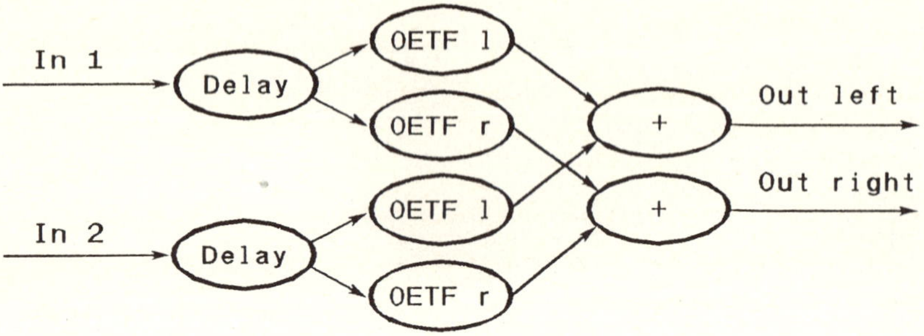

Fig. 3

Binaurale Simulation von zwei Schallquellen

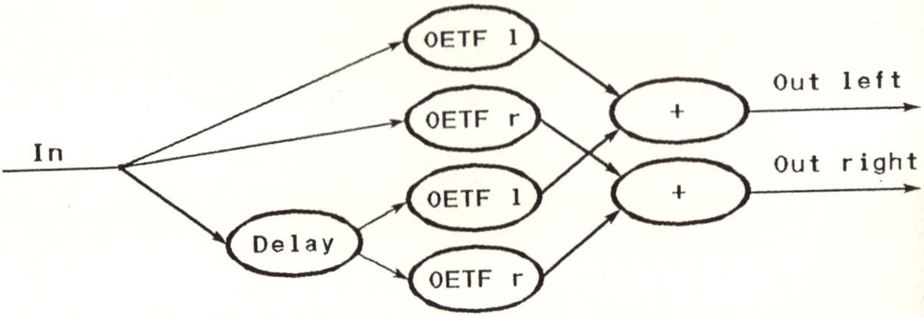

Fig. 4

Binaurale Simulation von Direktschall und Reflexion

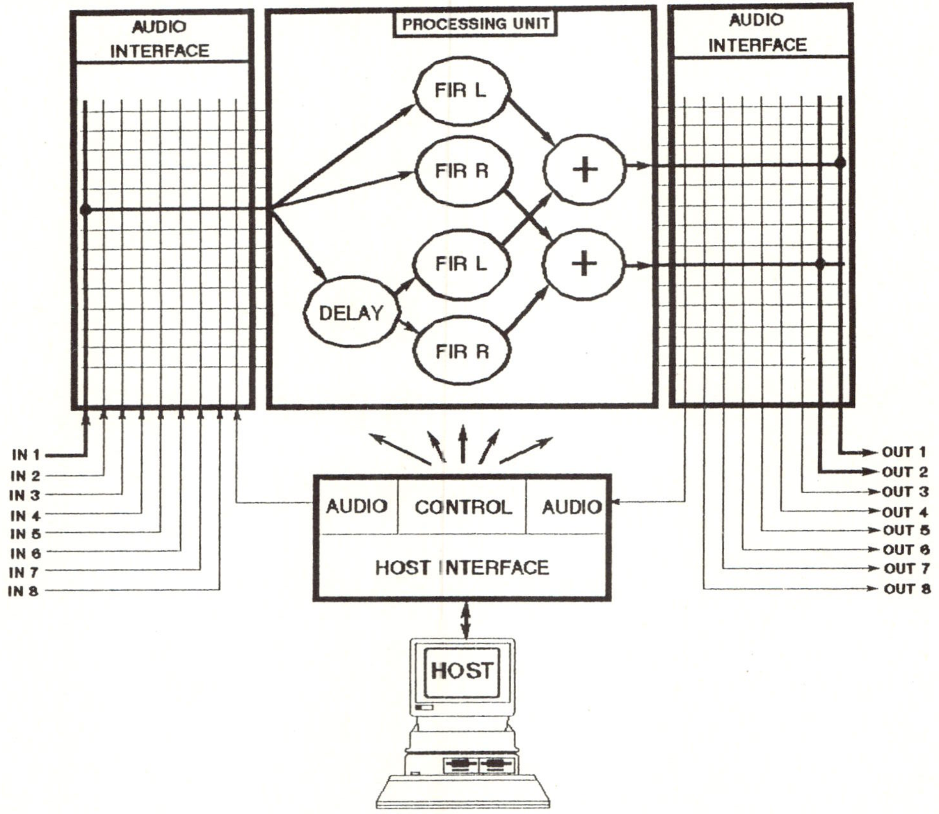

Fig. 5

Konzept für ein System zur digitalen Audiosignalverarbeitung

Natürlich soll die Zumischung von Reflexionen auch für mehrere Eingangssignale möglich sein.

Um die Reflexionseigenschaften von Wänden zu berücksichtigen, wären weitere Filter in den Reflexionszweigen nötig.

Es zeigt sich, daß eine weitgehend flexible Struktur von Signalpfaden mit darin einfügbaren Verarbeitungsprozessen wünschenswert wäre, um verschiedenste Simulationsprobleme bewältigen zu können.

In Fig. 5 ist die sich ergebende Systemstruktur skizziert.

Auf der Ein- und Ausgangsseite ist je eine Schaltmatrix vorgesehen, die die beliebige Zuordnung von Signalen zu oder von Verarbeitungsprozessen zuläßt.

Den Kern des Systems bildet ein frei programmierbares Rechenwerk (Processing unit). Darin können verschiedene Verarbeitungsprozesse, wie rekursive und nicht rekursive Filter (IIR- und FIR-Filter), Verzögerungen, Mischer und Hall, durchgeführt werden. Auch innerhalb dieses Rechenwerks sind Signalpfade beliebig konfigurierbar.

Um die so entstandenen, vielfältigen Möglichkeiten des Systems mit möglichst großem Komfort nutzen zu können, wird über ein geeignetes Interface ein Host-Rechner angeschlossen.

Die Steuerung des Systems erfolgt über das Host-Control-Interface in zwei Schritten:

Zuerst wird die gewünschte Systemstruktur (Signalpfade mit Verarbeitungsprozessen) programmiert. Nachdem das System gestartet wurde, können dann dem laufenden System neue Prozeßparameter, wie z. B. Pegel, Verzögerungszeiten oder Übertragungsfunktionen, übergeben werden.

Über das Host-Audio-Interface können digitale Audio-Signale, die im Host-Rechner generiert wurden, in die Eingangsschaltmatrix gebracht werden, oder Signale aus der Ausgangsschaltmatrix in den Host-Rechner übertragen werden.

Auf diese Art kann das System einerseits automatische Selbsttests durchführen, andererseits aber auch Meßaufgaben bewältigen.

Mit dem vorliegenden Konzept ist nun ein universell einsetzbares System gegeben, das in allen der einleitend angeführten Anwendungsgebiete der digitalen Signalverarbeitung in der Akustik eingesetzt werden kann. Die endgültige Verwendung wird ausschließlich von der Software bestimmt.

3. Realisierung

a) Datenformat

Die interne Signalverarbeitung in der Prozessoreinheit erfolgt im 32 Bit Floating- Point- Format nach IEEE Standard 784. Der Rauschabstand ergibt sich dann mit 144 dB, bei einer theoretisch nutzbaren Dynamik von 1.500 dB.

Dem mit diesem Datenformat verbundenen Realisierungsaufwand stehen einige entscheidende Vorteile gegenüber:

* Beim Filterdesign braucht praktisch keine Rücksicht auf Wortlängeneffekte genommen werden, die mit dem System erzielbaren Übertragungsfunktionen stimmen genau mit den berechneten überein.

* Mit diesem Datenformat werden nicht nur alle heutigen, sondern auch zukünftige Anforderungen der Audiotechnik erfüllt werden können. So sind in nächster Zeit A/D- und D/A-Wandler mit einer Auflösung von mehr als 16 Bit zu erwarten, die digitale Audio-Schnittstelle nach AES-EBU sieht Wortlängen bis zu 24 Bit vor.

Die A/D- und D/A-Wandler verarbeiten ein Floating- Point-Format mit 16 Bit Mantisse und 3 Bit Exponent. Man erhält damit einen nutzbaren Dynamikbereich von 110 dB.

b) Architektur (Fig. 6):

Um eine Außenohrübertragungsfunktion mit einem FIR-Filter simulieren zu können, ist eine Impulsantwortlänge von einigen Millisekunden erforderlich.

Bei der geforderten Verarbeitung von mehreren Schallquellen mit Reflexionen ergibt sich eine notwendige Rechenleistung von einigen hundert Millionen Rechenoperationen pro Sekunde.

Diese Leistung kann nur mit einem Multiprozessorsystem erreicht werden.

Dieses Multiprozessorsystem ist aus gleichartigen, für sich funktionsfähigen Modulen aufgebaut, sodaß die Hardware an die Anforderungen der jeweiligen Anwendung angepaßt werden kann.

Den Kern eines Prozessormoduls bildet ein 32 Bit Floating- Point Addierer-Multiplizierer mit zwei Eingängen, einem Ausgang und integriertem Registersatz (Weitek WTL 3332). Die Zykluszeit beträgt 100 ns.

Die um diesen Baustein herum aufgebaute Struktur ist so ausgelegt, daß alle notwendigen Datentransfers innerhalb eines Zyklus ausgeführt werden können, um die volle Rechenleistung des WTL 3332 zu nutzen.

Die Kommunikation mit dem Host-Rechner ist von der eigentlichen Signalverarbeitung völlig entkoppelt, sodaß der Datenfluß dadurch nicht beeinträchtigt wird. Die Geschwindigkeit bei der Übergabe neuer Prozeßparameter (d. h. die Reaktionszeit auf Benutzereingaben) hängt nur noch vom Host-Rechner ab.

Die Module sind über ein synchrones Bussystem (Audio-Bus) miteinander verbunden.

Bis zu 17 Prozessormodule können in einem 19"-Gehäuse untergebracht werden, dies ergibt eine Rechenleistung von 340 Millionen Floating- Point Operationen pro Sekunde. Damit sind z. B. gleichzeitig 34 linearphasige FIR-Filter der Ordnung 100 oder ca. 600 IIR-Filter zweiter Ordnung bei einer Abtastfrequenz von 48 kHz realisierbar.

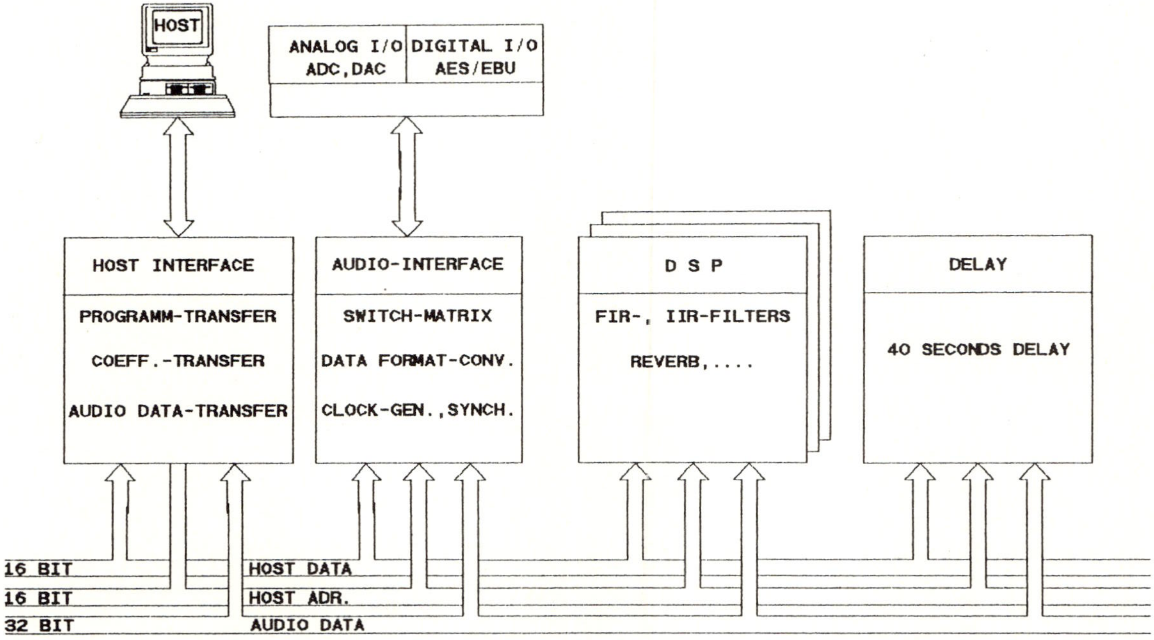

Fig. 6

Blockschaltbild CAP 340 M

Ein eigenes Modul beinhaltet das Host-Interface. Der Systembus des Host-Rechners (Hewlett Packard HP 9000/330) wird praktisch in das Prozessorsystem hinein verlängert (Host-Data, Host-Adr). Damit ist die Funktion des Host-Control-Interface gegeben (s. Fig. 5).

Das Host-Audio-Interface erfordert die Synchronisation von Host-Rechner und Prozessorsystem, diese Aufgabe wird von sehr großen FIFO-Strukturen bewältigt. Bis zu fünf Audio-Signale ((32 Bit) können bei einer Abtastrate von 48 kHz vom Host-Rechner übertragen werden.

Das Audio-Interface erfüllt die Funktion der Eingangs- und Ausgangsschaltmatrix und stellt die Verbindung zu den A/D-und D/A-Wandlern oder zu digitalen Schnittstellen her. Dazu gehört auch die Synchronisation (Master- oder Slave-Betrieb).

Ohne Auswirkung auf die absolute Rechenleistung der Prozessoren können Abtastfrequenzen zwischen 10 und 50 kHz verwendet werden.

Das Audio-Interface kann bis zu 32 Ein- und Ausgänge verwalten.

Signalverzögerungen werden in der Delay-Unit realisiert. In einem solchen Modul ist eine maximale Verzögerungszeit von 40 Sekunden (Abtastfrequenz 48 kHz) möglich, diese Zeit kann auf bis zu 50 unabhängige Prozesse aufgeteilt werden.

Literatur:

/1/ Blauert J: Räumliches Hören, Nachschrift, Neue Ergebnisse und Trends seit 1972. S. Hinzel Verlag, Stuttgart 1985.

Friedrich Richter:

CAP Creative Audio Processor - charakteristische Anwendungen

In den letzten Jahren sind eine Reihe von raum- und aufnahmeakustischen Problemen diskutiert worden, die zwar prinzipiell theoretisch bekannt sind, mangels möglicher schneller Signalverarbeitung aber nicht zufriedenstellend lösbar waren.

Es seien nun einige dieser Probleme, ohne Berücksichtigung der Reihenfolge und Bezug auf ihre Wertigkeit aufgelistet, zum Beispiel:

- *Zumischen von Stützmikrofonen zu beliebigen Hauptmikrofonen ohne Veränderung der Tiefenstaffelung (unabhängig von der Art des Hauptmikrofons - Kunstkopf; XY; AB, ORTF, ...)*

- *Beliebiges Einziehen von Reflexionswänden zur Erhöhung der akustischen Deutlichkeit einzelner Instrumente.*

- *Umarbeitung von Polymikrofonieaufnahmen auf ein fiktives Hauptmikrofon bei beliebiger Richtcharakteristik und frei wählbarem Abhörort im Auditorium, abhörbar mit Monitoren sowie bei binauraler Wiedergabe mit Kopfhörer.*

- *Abhören von Bühnenkonfigurationen in Bezug auf Reflexionen unterschiedlicher Materialien und verschiedener Mikrofonaufstellungen im "Klick-Klack" Verfahren mit LS-Monitor oder Kopfhörer.*

- *Dynamische Regelung von kritischen Instrumenten in Bezug auf ihre spektrale Dynamik.*

- *Berücksichtigung der spektralen Abstrahlcharakteristik von Instrumenten bei der Aufnahme mit Stützmikrofonen.*

- *Echte Raumsimulationen mit der Möglichkeit, verschiedene Orte der Schallquelle (Kugelschallquelle oder richtungsabhängige Schallquelle) oder des Mikrofonaufpunkts (binauraler Aufnehmer- oder beliebige andere stereophonische Konfiguration) zu vergleichen,wobei die akustischen Eigenschaften der Raumwände berücksichtigt werden können.*

- *Künstlerische Gestaltung von Aufnahmen in Bezug auf Breite, Räumlichkeit und Tiefenstaffelung, ohne den Eindruck einer unnatürlichen Verfärbung.*

Diese Liste der Probleme läßt sich beliebig fortsetzen. Dem gegenüber steht eine Reihe von Forderungen der Tonstudios, wie auch der Weiterentwicklung in den Medien Hörfunkt und Fernsehen.

Es sei hier auf einige der auf uns zukommenden Entwicklungen, wie hochauflösendes Fernsehen mit mehrkanaligem Audiosignal, und qualitativ hochwertige Verarbeitung von Signalen für Compact Discs u.ä., hingewiesen.

Der größte Teil der oben genannten Applikationen und Probleme läßt sich heute durch geeignete Geräte rein elektronisch, d.h. unter Ausschaltung von äußeren akustischen Störungen, lösen.

Im Vortrag von Hr. Dipl-Ing. Persterer/AKG wurde ein Gerät auf der Basis eines frei programmierbaren Audiosignalprozessors vorgestellt.

Es sei kurz noch einmal an die Ausführung des Vortrags erinnert, die den gewaltigen Rechenaufwand rechtfertigen, der zur Lösung der oben genannten Probleme notwendig ist.

Vor wenigen Jahren konnte ein Rechengerät mit einer Leistung von 340 Mill-Gleitkommaoperationen/sec, vergleichbar einem Supercomputer, nur mit den etwa hundertfachen Kosten realisiert werden. Diese Leistung ist aber erforderlich, um Richtungsfilterung und Laufzeit schnell genug (sprich: in Echtzeit) und in entsprechend genauer Auflösung durchführen zu können.

Der CAP 340 M macht es nun durch sein Konzept und seine Leistung möglich, die oben angeführten Probleme zu lösen.

Neben der entsprechend hohen Anzahl von Ein- und Ausgängen, der Möglichkeit freien Verfügens über die Anzahl und Art der Reflexionen, Laufzeiten und Filtern, bietet das Gerät eine Reihe von Lösungen, die die Anwendung im Studio interessant werden läßt. Derzeit verfügt das Gerät über 8 Ein- und 16 Ausgänge, ab 1989 wird ein Pool von maximal 64 Ein- oder Ausgängen zur Verfügung stehen.

Zur gesamten Steuerung wurde der Benutzerschnittstelle Mensch/Gerät besondere Aufmerksamkeit geschenkt.

Zur Illustration der Bedienungs- und Anwendungsmöglichkeit sollen nun einige Beispiele diskutiert werden.

1) Digitales Mischpult zur binauralen und monauralen Signalverarbeitung.

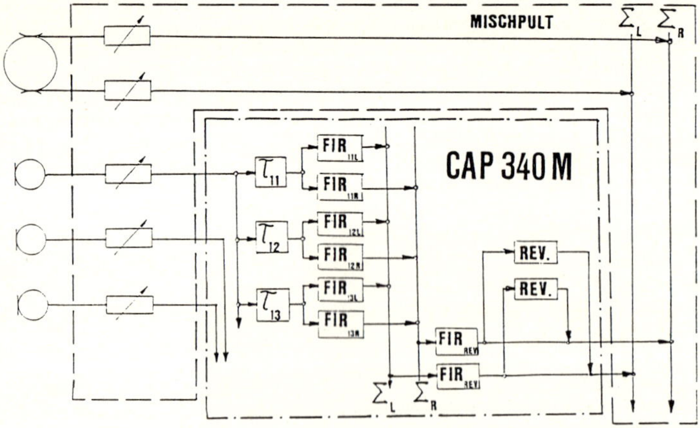

Abb. 1 Möglicher CAP 340M Einsatz
τ ... Verzögerung Stützmikrofon-Hauptmikrofon
FIR ... Richtungsabhängiges Filter + interaurale Zeitverzögerung
FIR_{REV} .. Filterung für Hall
REV ... Hallalgorithmus

Die Abbildung 1 zeigt den Einsatz des ACP in der möglichen Verknüpfung mit anderen Studiogeräten. Das Mischpult dient hier zum Vorabmischen in Gruppen, als Hauptmikrofon ist ein richtungsabhängiges Stereomikrofon in binauraler Technik gewählt. Das Zumischen von Nachhall, die Konfiguration der Echos, werden vom CAP automatisch durchgeführt. Dabei bleibt die Pegelregelung am Mischpult-Fader.

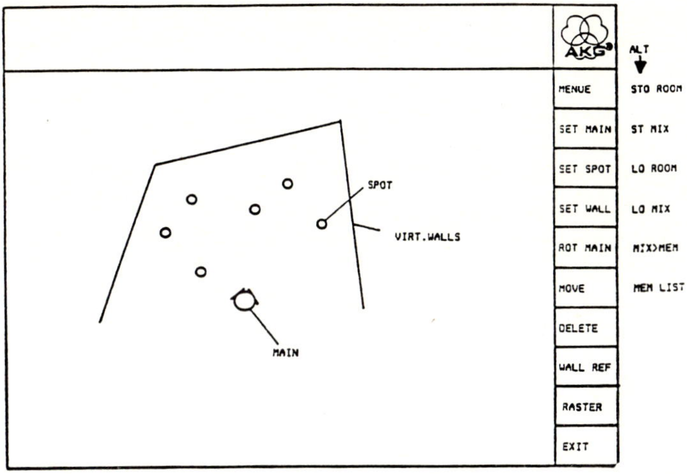

Abb. 2 Einstell-Display am Monitor für Mischpultkonfigurationen

Das Einstellen der Reflexionsparameter wird im Host-Rechner automatisch durchgeführt, d. h. die Berechnung der Spiegelschallquellen und der Parameter des Halls werden ohne Eingriff von Außen durchgeführt. Dabei wird die Richtungsfilterung für beide Hauptmikrofone berechnet, die interaurale Laufzeit und die gesamte Laufzeit vom Schallquellenort bis zum Mikrofon berücksichtigt. Das Positionieren und Verschieben der Mikrofone auf dem virtuellen Bild, wie das Drehen und Verschieben der Wände, wird durch Benutzung der Maus erleichtert; Eine Auflistung der berechneten Parameter und manuelle Korrekturen können in einer gesonderten Tabelle am Monitor erfolgen.

Ziel dieser Applikation ist eine Gesamtdarstellung des Bühnengeschehens und ein schnelles Reagieren auf etwaige Veränderungen.

Dabei können "Sets" eingefroren werden und mehrere Sets können im "Klick-Klack" Verfahren in Echtzeit über den CAP vergleichend abgehört werden.

Daraus ergeben sich nun eine Reihe weiterer Anwendungsmöglichkeiten:

Zur Erzeugung der Räumlichkeit wird üblicherweise ein Hauptmikrofon über den ersten Reihen des Zuschauerraums montiert. Dies kann während einer Live-Aufnahme abgeschaltet werden, um Nebengeräusche, Störungen durch das Publikum u. ä. auszublenden.

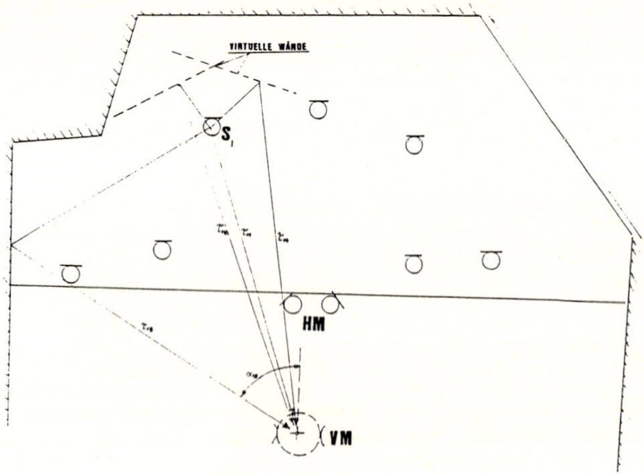

Abb. 3 Beispiel eines realen Einsatzes des CAP bei Berechnung des direkten Anteils τ_{11}, von einer Reflexion von realen Wänden $\tau(13)$ (Winkel $\alpha(13)$) und zwei Reflexionen von virtuellen Wänden des Stützmikrofons S 1 und einem virtuellem Hauptmikrofon VM. Das echte Hauptmikrofon HM kann dann bei der Bearbeitung weggelassen werden.

Mit Hilfe des CAP kann dabei die "Räumlichkeit" der Aufnahme über bekannte Richtcharakteristiken des Hauptmikrofons, Reflexionsbildung und Nachhall leicht nachgebildet werden. Eine entsprechende Verbesserung der Saalakustik durch Einbeziehen weiterer virtueller Reflexionen zur Erhöhung der Deutlichkeit, Richtungs- und Tiefenstaffelung kann dabei durchgeführt werden (Abb. 3). Weiters ist ein Verlegen des Aufpunktes (Ort eines fiktiven Hauptmikrofons) an einen beliebigen Punkt des Publikums und in jeder beliebigen Mikrofonart möglich, d. h. AB, XY, Soundfield, OSS, Kunstkopf, ORTF u. a.; Dabei ist man immer von der winkelabhängigen Transferfunktion des Mikrofons und der "inter-mikrofonalen" Laufzeit (bei Kunstkopf: interaurale Laufzeit) abhängig, die in der Form von Datenblöcke aus Messungen zur Verfügung stehen.

Diese Datenblöcke können aus Messungen der entsprechenden Richtungsfilter sowie in Zukunft möglicherweise auch aus Messungen "vor Ort" ermittelt werden. Kunstkopftransferfunktionen werden am besten im schalltoten Raum gemessen. Die Meßdatenerstellung wird unter (3) "Richtungsfilterung und Laufzeit" erklärt.

2) Phasenunabhängige Entzerrung von Mikrofonen bei erschwerten Aufnahmebedingungen.

Durch die FIR-Filterung und deren Phasenunabhängigkeit ist es möglich, Instrumente "phasenrichtig" über Filterung und Zeitverzögerung zum Signal des Hauptmikrofons zu mischen. Damit ergibt sich eine Reihe von Vorteilen gegenüber analogen Filtern; weiters hat man eine Handhabe gegen das "Phasing" und kann gleichzeitig einen Naheffektausgleich vornehmen (z. B. bei Cardioiden); d. h. die Korrektur, die sich aus der Entfernung des Mikrofons und dem spektralen Verhalten der Schallquelle ergibt.

Dazu ist die Transferfunktion (= Übersetzungsfilter) vom Nahverhalten des Mikrofons zum Entfernungsfrequenzverhalten, natürlich innerhalb des Hallradius, zu bestimmen.

Die Anpassung einer dynamischen Instrumenten Fader-Funktion ist eine interessante Ergänzung in der Ausstattung des CAP-Programms. Dabei kann die echte "spektrale" Dynamik eines Musikinstruments nachgebildet werden und damit echte klangrichtige Korrekturen der Fader-Einstellung (piano-, forte usw.) duchgeführt werden.

Dazu gibt es in der Literatur genügend Hinweise (z. B. FRICKE, TMT 86) und es wäre auch genug Datenmaterial vorhanden, um diese Applikation am CAP 340 M laufen zu lassen.

Erste praktische Versuche am Institut für Rundfunktechnik und beim Bayr. Rundfunk haben nun gezeigt, daß zumindest das Zumischen binauraler Stützmikro-Signale, mit eigenen Reflexionen versehen, eine deutliche Verbesserung der Stütztechnik bieten können. Dabei wird das zu stützende Instrument einiges deutlicher, ohne raummäßig in den Vordergrund zu treten. Die Winkelauflösung bleibt korrekt, weil für beide Kanäle binaurale Entzerrfilter und interaurale Laufzeit auch für dynamische Veränderung (Fader Einstellung) erhalten bleiben.

Letzte Ergebnisse zeigen, daß speziell die "interaurale" Laufzeit und Pegel beim Stützen von Kunstkopfsignalen bereits befriedigende Ergebnisse zeigten. Mit dem CAP ist es nun möglich, auch hier für jede Stütze eine entsprechende Zeitverzögerung zu erreichen - dafür sind aber wahrscheinlich weniger Module notwendig. Will man allerdings eine Aufnahme in AB-Technik als Hauptmikrofon und ORTF-Technik (zur besseren Mittenabbildung) als Stütze auf eine kopfhörerkompatible Mischung umschneiden, so ist dies ohne akustischer Simulation durch den Kunstkopf mit dem CAP leicht möglich. D. h. für die Postproduktion, der Neumischung von stark polymikrofongestützten Aufnahmen u. ä., ist mit dem CAP 340 M keine Grenze gesetzt.

3. Richtungsfilterung und Laufzeit:

FIR-Filter ermöglichen es natürlich, gemessene oder berechnete richtungsabhängige Filter aufzubauen und Signale damit abzuhören bzw. als Mischung zu benutzen. Dabei wird im Fall der Messung eine Person, ein Hauptmikrofon oder ein Instrument polar mit 10° Auflösung vermessen, die Zwischenwerte alle 3° interpoliert und als Datenset gespeichert. Auch die Werte der Transferfilter außerhalb der Meridianebene (d. h. mit Erhöhung) können berücksichtigt werden, nur erhöht sich hier der Datenaufwand. Auch graphische eingegebene oder korrigierte Filter (mono wie binaural) können weiterverarbeitet werden.

Für diese Tätigkeiten ist in der AKG eine Reihe von Software entwickelt worden, die unter der Bezeichnung Filtermanager eine vielfache Bearbeitung von Filtern zuläßt - so können auch meßtechnische Probleme mit dem Programm und dem CAP 340 M gelöst werden.

Die Filterdaten werden nun nach Berechnung in den CAP 340 M geladen und somit können mehrere Mischpultkonfigurationen im Rechner gehalten und im AB-Vergleich untereinander in Echtzeit abgehört werden. Dabei stellt der HOST-Rechner die Daten jeweils dem CAP zur Verfügung, die dann mit dem entsprechenden Programm das Abhören und Abmischen ermöglichen.

4) Raumsimulationsprogramm:

Dieses Programm ist momentan als Demoprogramm in relativ einfacher Weise vorhanden. Ein künstlicher, fiktiver, am Monitor in einer Raumsimulation dargestellter Kugelstrahler und eine fiktive Abhörperson mit den vorher eingeladenen, frei konfigurierbaren Transferfunktionen, werden als Schall-Quelle und Senke definiert. Sie sind mit Hilfe der Maus beweglich (X-Y, oben unten und drehbar). Diese Transferfunktionen können auch die eigenen individuellen Kopfkurven sein, die, ähnlich wie unter (3) beschrieben, vermessen werden.

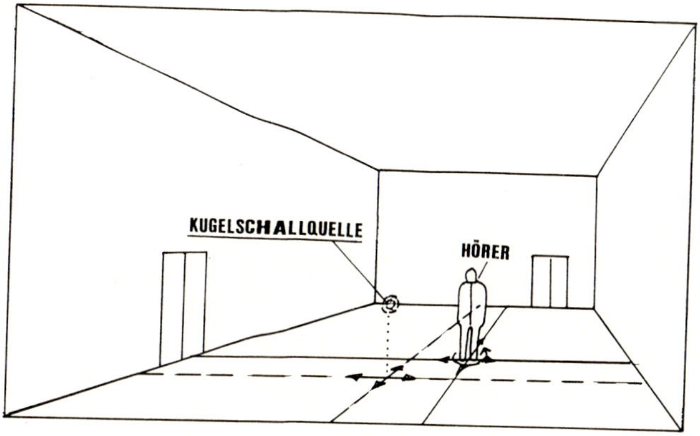

Abb. 4 Raumsimulator
Kugelschallquelle bewegbar XYZ
Hörer bewegbar X, Y, Z, φ

eigenschaften des Gehörs entscheidend eingeschränkt:

- Bei der stereofonen Lautsprecherübertragung werden die fiktiven Schallquellen als sog. Phantomschallquellen durch mindestens zwei Lautsprecher in einer Lautsprecherebene abgebildet.
- Eine räumliche Positionierung der Phantomschallquellen kann nur unter Berücksichtigung der Lautsprechercharakteristik und der synthetischen Schallfeldbedingungen im Wiedergaberaum erfolgen.
- Die fiktiven Schallereignisse lassen sich durch bestimmende Merkmalsbildungen räumlich positionieren.

Diese Merkmalsbildungen werden z.B. durch räumliche Größe und Tiefe, Direkt- und Indirektklang, sowie richtungsorientiert oder diffus etc. wirksam. Sie sind in ihrer quantitativen Zusammensetzung für den musikalischen Informationsablauf nicht einzeln zu bemessen und führen in Verbindung mit dem musikalischen Inhalt zu den unterschiedlichsten Klangbildrealisationen. Die Ursache dafür wird in der Wirkung von Richtung, Raum, Entfernung und Hall als sog. gestalterische Faktoren beim Empfindungsaufbau gesehen. Die Wirkung der gestalterischen Faktoren geht sowohl von orientierenden Merkmalen für das intelligente Hören, als auch von bestimmenden Merkmalen durch die Lautsprechersignale aus:

1. Bei der Richtungsempfindung von Phantomschallquellen kommt es zu einer Intensitätsdifferenz der beiden Ohrsignale für Teilschallquellen, deren Klangfarbe unabhängig von der Richtungszuordnung ist. Intensitäts- und Kurzzeitbeziehungen bilden die bestimmenden Merkmale für Phantomschallquellen, die unmittelbar die Ausgleichsvorgänge darstellen (Abb.1).

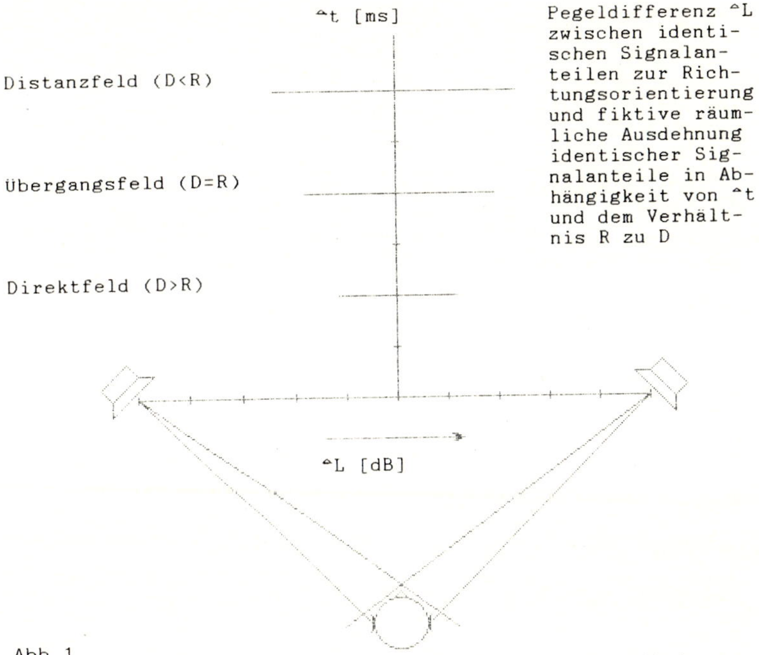

Abb.1
Merkmalsbildungen der räumlichen Orientierung von fiktiven Schallquellen

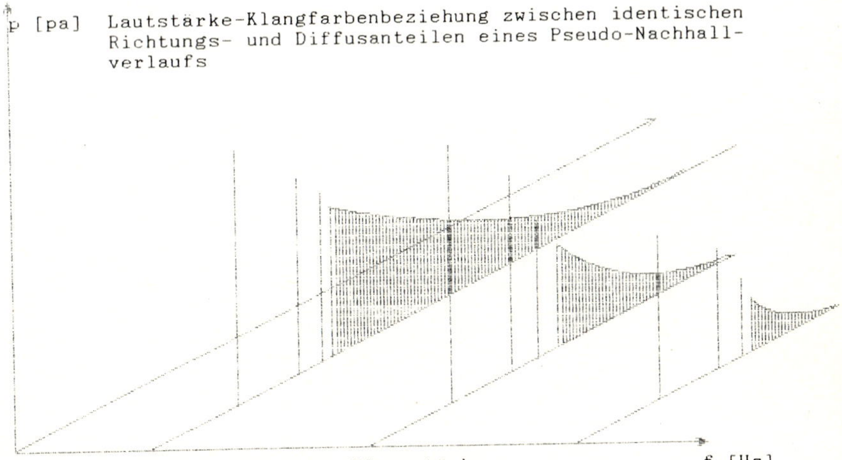

Abb.2 Merkmalsbildungen der Klangstärke

2. Bei der Entfernungsempfindung oder Tiefenstaffelung über Lautsprecher kommt es zu einem ausgedehnten Hörereignis von identischen Signalanteilen durch die unmittelbare Beziehung von charakteristischen Zeit- und Pegelunterschieden aus Direkt- und Reflexionsschallen nach dem Gesetz der ersten Wellenfront, wenn die fiktiven Teilschallquellen in einem gleichen Lautheitsverhältnis zueinander stehen.(2) Spezielle auf eine fiktive Entfernung spektral und laufzeitbezogene Signalanteile bilden die bestimmenden Merkmale für Phantomschallquellen, die unmittelbar die Klangfarbendifferenzierungen bewirken (Abb.1).
3. Bei der Raumempfindung kommt es zur unmittelbaren Lautheitsbeziehung von Richtungs- und Diffusschallen, wenn die damit verbundene Ablauffolge von Direktschall, früheinfallenden Reflexionen und Nachhallereignis auf ein einheitliches Klangfarben-Zeitereignis nach dem Gesetz der ersten Wellenfront bezogen werden kann (2). Mit der fiktiven räumlichen Größe wird gleichzeitig das Volumen eines abzubildenden Schallereignisses simuliert. Spezielle auf den Hörereignisort richtungsmäßig und zeitlich abgestimmte identische Signalanteile von Amplituden und Frequenzen bilden die bestimmenden Merkmale der Phantomschallquellen, die unmittelbar die Klangstärke der entsprechend beteiligten Schallereignisse und die Deutlichkeit ihrer Abbildung bewirken (Abb.2).

Die Simulation der Orientierung bei der musikalischen Hörereignisbildung geht also von sog. gestalterischen Faktoren aus, die eigenschaftliche Merkmalsbildungen der Signale wie ihre Ausgleichsvorgänge, Klangstärke und Klangfarbendifferenzierung besonders berücksichtigen. Sie geben die Voraussetzungen für den Empfindungsaufbau, der nur im musikalisch-kommunikativen Zusammenhang aus den Hörerfahrungen eine assoziative Bedeutung erlangt.

In diesem Zusammenhang kann das Entfernungsempfinden auch mit der Erlebnisnähe eines Schallereignisses verknüpft werden, die den Abstand zwischen Hörer und Schallquelle simuliert und in sozial-determinierten Zusammenhängen steht. Das Hörereignis wird in sog. Kommunikationsebenen eingeordnet und qualitativ in Nah-, Übergangs- und Distanzfeld unterschieden. Sie werden mit den räumlichen Hörereignismerkmalen der R/D-Verhältnisse umschrieben (Abb.1). Musikalische Informationsformen haben sich auf die Kommunikationsebenen eingestellt, wie einerseits z.B. Kammermusik oder Sinfonik, kleine oder große Orchester, Vokalsinfonik etc. in den jeweiligen Raum eingeordnet werden und andererseits verbale Kommunikationsformen wie Unterhalten, Reden, Rufen, Flüstern etc. der akustischen Umfeldsituation angepaßt sind. Ihre entsprechend zeitlich anteilige Vokal-Konsonantenverteilung bezieht sich auf einen Teil der zeitlichen Verhältnisse von Ausgleichsvorgängen zu quasistationären Anteilen.

Ähnliche zeitliche Verhältnisse charakterisieren auch Signalformen der musikalischen Information. Dem mikrozeitlichen Klangaufbau liegen sowohl instrumenttypische Ausgleichsvorgänge als auch Gestaltungsmerkmale wie Tonansatz, -stärke, -dauer etc. zugrunde. Mit der klanglichen Abstimmung auf das Ensemblegeschehen, auf die akustischen Gegebenheiten des Raumes und die stilistischen Gestaltungsmerkmale werden in ihrer Gesamtheit eigenschaftliche Merkmale der Partitur charakterisiert, die für den musikalischen Strukturablauf und die Interpretationsweise eines musikalischen Werkes oder einer Stilepoche typisch sind.

Die musikalische Signalverarbeitung auf der Reizebene

Das musikalische Hören setzt bei der Rezeption eine hohe Stufe der Informationsverarbeitung des Zentralnervensystems voraus. Ursprünglich geht es bei der Informationsverarbeitung um Objektorientierung, Objekterkennung und Eigenschaftlichkeitsdeutung. Diese Art der Informationsauswertung erfolgt nach einer Kaskade von informationsreduzierenden Prozeßstufen (3).
Ausgelöst wird diese Informationsverarbeitung durch klangliche Orientierungsreize. Die Orientierungsreize bilden einen charakteristischen Reizaufbau abhängig davon aus, ob die Ohrsignale laute oder leise, kurze oder lange, helle oder dunkle, amplituden- oder frequenzmodulierte, schmal- oder breitbandige Schalle zur Verarbeitung anbieten bzw. der Primärreiz aus richtungs-, entfernungs- oder raumbezogenen Signalanteilen besteht. Das Gehör unterscheidet sowohl zwischen auswertbaren Signalamplituden, Spitzenpegelwerten und Impulshäufigkeit als auch zwischen einer bestimmten Kontinuität der Impulsdichte durch einen charakteristischen Hüllkurvenablauf. Nun tragen Richtungsschalle im kommunikativen Nahfeld eine zeitlich verteilte Impulshäufigkeit, die sich gegenüber dem räumlichen Übergangs- und Distanzfeld unterscheiden, wenn es zu einer zeitlichen Überlagerung von Direkt- und Diffusschallfeld, von Einzelimpulsen zu einer bestimmten Impulsdichte kommt. Zu einer ähnlichen Betrachtung kommt man bei der Analyse eines musikalischen Schallereignisses als Folge von zeitlichen Ausgleichsvorgängen bzw. Impuls- und quasistationären Überlagerungen. Abhängig von der Signalform lösen diese Orientierungsreize unterschiedliche Auswertungsprozesse aus.
Die Auswertung der Signalform erfolgt durch die Frequenzgruppenbildung und Funktionsteilung bei der Sensibilisierung gegenüber bestimmten Reizformen und Reizänderungen. Im Zusammenhang mit der Intensitätsverarbeitung als Einzelimpuls oder kontinuierliche Impulsfolge kommt es zu einer unterschiedlichen Anpassung an den Reiz durch die spektralen und zeitlichen Verdeckungserscheinungen, durch die Vor-, Simultan- und Nachverdeckung (4). Die Steuerung des jeweiligen physikalisch bedingten Reiz- und physiologisch bedingten Verdeckungsaufbaus

erfolgt durch die Signalform. Demzufolge pegeln sich Intensitäts- und spektraler Musteraufbau auf ein Bezugssystem von zeitlichen Klangfarben- und Lautstärkeänderungen ein.

Der unterschiedliche Orientierungsaufbau durch Intensitäts- und Laufzeitstereofonie

Mit der Intensitäts- und Laufzeitstereofonie stehen uns zwei unterschiedliche Aufnahmetechniken zur Gestaltung der Lautsprechersignale zur Verfügung, die einen unterschiedlichen Orientierungsaufbau bewirken.
Bei der Intensitätsstereofonie führen die bestimmenden Merkmale der Intensitäts- und Kurzzeitbeziehungen zu richtungsorientierenden Lokalisationsreizen der Lautsprechersignale. Sie bewirken die Verdeckung bzw. Unschärfe gegenüber räumlichen bzw. zeitlichen Orientierungsmerkmalen bei der Reizauswertung. Diese Lautsprechersignale werden vorwiegend durch den Spitzenschalldruck-Zeitverlauf wirksam, der den spektralen Verdeckungaufbau steuert (4). Die eigenschaftlichen Merkmalsbildungen werden damit aus Signalformen von Intensitätsspitzen bzw. Einzelimpulsen abgeleitet. Das intelligente Hören orientiert sich primär an einem sog. Intensitäts-Zeitmusteraufbau.
Die Übertragungsspezifik bei der Intensitätsstereofonie liegt in der Darstellung der Gesamtheit durch das Detail. In diesem Zusammenhang gilt die klangästhetische Aufmerksamkeit vor allem:

1. der Impulstreue und zeitlichen Impulsfolge als Rauhigkeits- oder Brillanzphänomen
2. der Registerdurchsichtigkeit und dem Registerzerfall gegenüber der musikalischen Gestalteinheit
3. der Klangstärke und Klangfarbendifferenzierung als dynamisches Problem
4. der spektralen Reizbalance und Qualität der Klangfarben.

Bei der Laufzeitstereofonie führen die bestimmenden Merkmale der spektralen und laufzeitbezogenen Signalanteile zu Entfernungs- und raumorientierten Lokalisationsreizen der Lautsprechersignale. Sie bewirken die Verdeckung bzw. Unschärfe bei der Reizauswertung gegenüber richtungsbezogenen Orientierungsmerk-

malen, indem zeitliche Verdeckungsmerkmale Impulsfolgen zu einem einheitlichen Klangfarben-Zeitereignis verschmelzen lassen. Die eigenschaftlichen Merkmalsbildungen für das intelligente Hören werden primär aus zeitlichen Hüllkurvenformen abgeleitet und profilieren ein sog. Klangfarben-Zeitmuster.
Die Übertragungsspezifik liegt bei der Laufzeitstereofonie in der Darstellung des Details aus dem Gesamtablauf. In diesem Zusammenhang muß u.a. auf folgende klangästhetische Merkmale aufmerksam gemacht werden:

1. Impulsdichte und zeitliche Impulsfolge als Problem der Klangstärke und der Raumgröße, die dem musikalischen Hörereignis angemessen sind
2. Klangfarbendeutlichkeit und Klangfarbendifferenzierung als Problem der Zeit- und Registerdurchsichtigkeit
3. spektrale Reizbalance und Qualität der Klangfarben.

Die musikalische Orientierung bei der Klangbildgestaltung

Im synthetischen Schallfeld lösen die Lautsprechersignale die Orientierungsreize aus. Sie steuern zwei wichtige Eigenschaften des Gehörs:

1. die Fähigkeit der Anpassung durch die Verdeckung und den Aufbau eines Klangfarben- und Intensitäts-Zeitmusters
2. die Fähigkeit der spezifischen Informationsreduzierung durch den spektralen und zeitlichen Verdeckungsaufbau.

Dementsprechend vollzieht sich mit dem Klangbildaufbau die Anpassung der Signalform an ein musikalisches Bezugsniveau von zeitlichen Klangfarben- und Lautstärkeänderungen, die aus den bestimmenden Merkmalsbildungen des musikalischen Strukturablaufs im natürlichen Schallfeld abgeleitet werden. In diesem Zusammenhang fällt auch die Entscheidung über die Mikrofontechnologie aus der musikalischen Sachkenntnis, daß z.B. das "Konzert für zwei Klaviere und Schlagzeug" von B. Bartòk sich primär an dem Intensitäts-Zeitmusteraufbau, bzw. das "Te Deum" von A. Bruckner an dem Klangfarben-Zeitmuster orientiert. Durch die gestalterischen Faktoren werden Amplituden-, Frequenz- und Laufzeitbeziehungen von Signalanteilen über Lautsprecher in einen Zusammenhang gebracht, der den eigenschaftlichen Gestaltungsmerkmalen der Partitur und den Rezeptionsbedingungen des Gehörs gerecht wird. Die eigenschaftlichen Gestaltungsmerkmale müssen als sog. Schlüsselreizfunktion sozial determinierte Hörerwartungen erfüllen. In diesem Zusammenhang finden die eigenschaftlichen Gestaltungsmerkmale bei der elektroakustischen Übertragung durch den sog. Sound die allgemein aktuelle ästhetische Bestätigung der musikalisch und akustisch abgestimmten Lautsprechersignale auf den musikalischen Klangablauf. Diese Zusammenhänge unterliegen den Zwängen einer künstlerisch ästhetischen Wirkung in der Detailabstimmung, die der Tonmeister erbringt und zu einer gemeinsamen Interpretationsleistung mit dem Musiker führt. Bei der traditionellen Musik werden die bestimmenden Merkmalsbildungen auf den natürlichen Klangstrukturablauf bezogen, während sie bei der elektronischen und Rockmusik neu gestaltet werden. Dafür können folgende subjektiv-objektive Bewertungsparameter abgeleitet werden:

I	Klangstärke	dem musikalischen Hörereignis angemessene Lautstärke-Klangfarbenbalance
II	Sound	aktuell musikalische und akustisch-technische Einheit
III	räumliche Orientierung	Richtungsauflösung Tiefenstaffelung Abbildungsbreite
IV	Klangfarbendifferenzierung	Zeitdurchsichtigkeit Registerdurchsichtigkeit Textverständlichkeit
V	Qualität und Balance der Klangfarben	tiefer Frequenzbereich mittlerer Frequenzbereich hoher Frequenzbereich
VI	musikalisches Gleichgewicht	Lautheitsbalance aller fiktiven Schallquellen untereinander
VII	technische Störungen	

Zusammenfassung

Bei der raumbezogenen Stereofonie müssen bestimmende Merkmalsbildungen übertragungstechnisch nachvollzogen werden. Mit der Wahl der Aufnahmetechnologie und dem gezielten Steuerungsablauf von Signalanteilen durch die gestalterischen Faktoren vollzieht der Tonmeister eine Interpretationsleistung. Für ihn setzt die Darstellung des musikalischen Informationsablaufs über Lautsprecher künstlerische Maßstäbe. Durch subjektiv-objektive Wertungsparameter wird die Aufmerksamkeit auf den musikalischen Strukturaufbau gelenkt. Laufzeit- und Intensitätsstereofonie führen zu unterschiedlichen Reiz- und Verdeckungserscheinungen auf der Basilarmembran und bewirken unterschiedliche Voraussetzungen für den Strukturmusteraufbau und das intelligente Hören. Die Polymikrofonie einerseits und die Hauptmikrofontechnologie andererseits sind gleichwertige Aufnahmetechniken, die entsprechend des musikalischen Informationsablaufs und den Schallfeldbedingungen zum Einsatz kommen.

Literatur:

G. Theile: "Zur Theorie der optimalen Wiedergabe von stereofonen Signalen über Lautsprecher und Kopfhörer", in: Rundfunktechnische Mitteilungen, Sonderdruck Sept.1981

J. Blauert: "Räumliches Hören", Hirzel Verlag Stuttgart 1974

F. Klix: "Information und Verhalten", VEB Deutscher Verlag der Wissenschaften, Berlin 1976

E. Zwicker: "Psychoakustik", Springer-Verlag, Berlin, Heidelberg, New York 1982

David Griesinger:

Verbesserung der Lautsprecherkompatibilität von Kunstkopfaufnahmen durch herkömmliche und räumliche Entzerrung

Um eine deutliche Verbesserung der Lautsprecherkompatibilität von Kunstkopfaufnahmen zu erzielen, wurde durch Echtzeitanalyse von Soundfield- und Kunstkopfaufnahmen eine Reihe von Entzerrungskurven entwickelt. Hierbei sind eine Anhebung des L-R-Signals von etwa 10 dB bei 40 Hz und eine Korrekturentzerrung zur Erzielung eines annähernd linearen Frequenzgangs besonders wichtig.

Was ist daran interessant?

Dieser Vortrag stellt ein Aufnahmeverfahren dar, das einen auf dem Markt erhältlichen Kunstkopf als Hauptmikrofon für Aufnahmen benutzt, die auf Standard-CDs veröffentlicht werden sollen. Es ist nicht sofort einsichtig, warum das irgendjemand tun sollte, da viele Hauptmikrofonverfahren, die von Tonmeistern in aller Welt angewendet werden, ausgezeichnete und beinahe identische Ergebnisse erbringen. Trotzdem gibt es viele Gründe für ein neues Verfahren:

1. Die Kopfhörerwiedergabe binauraler Aufnahmen ist wunderbar

Jeder, der noch nie mit einem Kunstkopf gemachte binaurale Aufnahmen gehört hat, wird von diesem einmaligen Hörerlebnis überrascht sein. Moderne Kunstkopfmikrofone und qualitativ hochwertige Kopfhörer sorgen zusammen für faszinierend realistische Aufnahmen. Ortung, Höhe und Tiefe werden sehr gut reproduziert. Wenn die Ohrmuschel vor dem Mikrofon und die Charakteristik des Kopfhörers nicht genau übereinstimmen, stellen sich für den Zuhörer gelegentlich In-Kopf-Lokalisation oder Hinten/Vorne-Verwechslungen ein. Nach unserer Erfahrung kompensiert unser Gehör diese Unzulänglichkeiten schnell und die Aufnahmen wirken unglaublich realistisch. Sie versetzen den Zuhörer tatsächlich zum Aufnahmeort.

2. Genauigkeit der Ortung

Mehrere Wissenschaftler, wie zum Beispiel Theile, Blauert und Cooper, haben gezeigt, daß der Kunstkopf besser als herkömmliche Mikrofonanordnungen in der Lage ist, seitliche Ortungsinformationen zu übertragen. Der Grund dafür ist, daß er nicht nur Amplituden- und Laufzeitunterschiede, sondern zusätzliche Richtungsinformationen liefert, die in den Variationen des Frequenzgangs verborgen sind, die durch die Form des Kopfes und der Ohrmuschel verursacht werden.

3. Ortung über und jenseits der Lautsprecherbasis

Kendall und Martins haben bewiesen, daß bei der Lautsprecherwiedergabe in einem Raum mit nur geringen Reflexionen die durch die Ohrmuscheln des Kunstkopfes verursachten Frequenzgangvariationen geeignet sind, eine Ortung beliebiger Richtung und Höhe zu ermöglichen. Unsere Experimente zeigen ebenfalls, das zwei Stereolautsprecher in einem guten Wiedergaberaum in der Lage sind, die Höheninformation einer binauralen Aufnahme und Richtungen außerhalb der Lautsprecherbasis wiederzugeben.

4. Wiedergabe mit beseitigtem Übersprechen

Wir haben kürzlich ein Gerät zur Beseitigung des Übersprechens gebaut, das dem von Atal und Schroeder entwickelten Gerät ähnelt. Dieses Gerät ermöglicht die Wiedergabe binauraler Aufnahmen über Lautsprecher. Wenn sich der Zuhörer in der richtigen Position befindet und der Abhörraum nicht-reflektierend ist, sind die Ergebnisse erschreckend realistisch. Signalquellen der vorderen Aufnahmeebene werden korrekt reproduziert und mit etwas Übung ist sogar eine Hintenortung möglich. Bei einigen binaural produzierten Hörspielen bewegen sich die Stimmen auf fantastische Art und Weise durch den Raum und die Lautsprecher verschwinden in einem Klangbild, das Signalquellen in allen Ebenen enthält. In gewisser Hinsicht ist diese Art der Wiedergabe sogar besser als die über Kopfhörer, da in jedem Fall eine Außer-Kopf-Lokalisation gegeben ist.

5. Druckempfänger ermöglichen eine erweiterte Tiefenwiedergabe

Einer der Vorteile des Kunstkopfes ist die Verwendung von Druckempfängern, mit denen leicht ein Frequenzgang von 20 Hz oder darunter erreicht werden kann. Dies ist mit richtenden Mikrofonen nicht möglich (Wuttke). Der von uns eingesetzte Kopf verfügt über ein eingebautes, aber entfernbares Tiefpassfilter.

Notwendigkeit einer biauralen Kompatibilität

Angesichts all dieser Vorteile bekommt die Forderung nach einem wirklich kompatiblen binauralen Aufnahmesystem besonderes Gewicht. Wäre es nicht fantastisch, den Realismus einer Kunstkopfaufnahme gleichermaßen über Kopfhörer und ein spezielles Lautsprechersystem zu erleben und gleichzeitig eine Aufnahme zur Verfügung zu haben, die sich auch problemlos und in höchster Qualität über herkömmliche Lautsprecher wiedergeben läßt?

Studiert man die Fachliteratur, findet man nicht nur heraus, daß kompatible binaurale Aufnahmen denkbar sind, sondern sogar schon gemacht wurden. Es gibt ausführliche Literatur (beachten Sie Punkt 1, 2 und 3 meines Literaturverzeichnisses) über die Entwicklung eines Kunstkopfes speziell für die Lautsprecherwiedergabe. Unglücklicherweise waren jedoch unsere ersten Experimente mit diesem Kopf nicht befriedigend.

Um die Probleme zu verstehen, die sich stellen, wenn ein Kunstkopf für die Lautsprecherwiedergabe verwendet wird, muß man wissen, daß sich der Frequenzgang eines Kunstkopfes abhängig von der Schalleinfallsrichtung stark verändert. Bei der Kopfhörerwiedergabe nutzt unser Ohr diese Variationen als Information zur Bestimmung von Richtung, Tiefe oder Höhe einer Schallquelle. Unsere Experimente zeigen, daß diese räumliche Information auch erhalten bleibt, wenn Frequenzgangfehler innerhalb des Systems auftauchen. Man weiß auch von diesen Fehlern, daß sie anfänglich den Zuhörer verwirren und eine In-Kopf-Lokalisierung verursachen. Nach unserer Erfahrung paßt sich das Gehör nach einer gewissen Zeit und Übung jedoch an Frequenzgangfehler an. Diese Anpassung erscheint bei der Lautsprecherwiedergabe nicht so ohne weiteres möglich. In diesem Fall können Frequenzgangveränderungen sehr offensichtliche Abweichungen in der Klangfarbe verursachen, besonders wenn ein Vergleich zu einer konventionellen Aufnahme erfolgt.

Die Entwicklung von Mikrofonen für eine Wiedergabe über Lautsprecher beinhaltete stets einen extrem linearen Frequenzgang im vorderen Schalleinfallsbereich und es gibt eine Menge guter Gründe, warum dieser wünschenswert ist.

Glücklicherweise scheint es in vielen Fällen möglich zu sein, durch eine Korrekturentzerrung des Kunstkopfsignals eine akzeptable Lautsprecherwiedergabe zu realisieren, ohne daß die räumlichen Informationen verlorengehen. Diese Korrektur basiert auf einer Veränderung des Frequenzganges, die dazu geeignet ist, unser Gehör soweit zu beeinflussen, daß es das gesamte Aufnahme/Wiedergabesystem als linear empfindet. Eine derartige Korrektur hängt ihrem Wesen nach mit Sicherheit davon ab, auf welche Weise der Kunstkopf eingesetzt wurde. Für eine einzelne Schallquelle in schalltoter Umgebung ist nur der Freifeld-Frequenzgang von Bedeutung, bei einer breitgefächerteren Quelle müssen andere Richtungen mit einbezogen werden.

REC PLAY STOP « »

GANZ EINFACH!

Kennen Sie die Funktion dieser Tasten? Dann können Sie sich schon (fast) zu den erfahrenen Opus-Anwendern zählen! **LEXICON OPUS -** das ist die digital-modulare Kombination aus **elektronischem Schnittplatz, Perfo/Bandmaschine** und **Mischpult** in einem Paket geballter Hochtechnologie - zu Ihrer Verfügung über eine kompakte Bedienkonsole, an der Sie sich sofort ganz wie zu Hause fühlen werden.

Zugegeben, einen kleinen Unterschied gibt es schon: Sie können auf einmal sehr viel **schneller, flexibler** und in **besserer Qualität** arbeiten. Dabei muß der Preis nicht einmal den einer vergleichbaren analogen Einrichtung überschreiten. Nehmen Sie Platz und drücken Sie die Record-Taste...!

Lexicon OPUS

AUDIO EXPORT GEORG NEUMANN & CO. GMBH
D-7100 HEILBRONN BADSTR. 14 POSTFACH 1180
TEL.: 0 71 31-8 22 75 TELEX: 728 558 FAX: 0 71 31-6 87 90

Einer der genannten Hauptvorteile des in unseren Versuchen benutzten Kunstkopfes ist seine Entzerrung für einen linearen Frequenzgang im Diffusfeld. Wird er mit einem ebenfalls diffusfeldentzerrten Kopfhörer kombiniert (wie von Theile kürzlich als Norm vorgeschlagen), erhält man eine lineare Gesamtübertragungsfunktion. Wird dieser Kopf immer weit genug entfernt von der Schallquelle im indirekten Schallfeld aufgestellt, sollte diese Entzerrung eigentlich für die Lautsprecherwiedergabe richtig sein. Unglücklicherweise bedingt diese Mikrofonaufstellung in der Praxis einen zu großen Abstand von der Schallquelle.

A-B-Vergleiche

Die von uns vorgeschlagenen Korrekturen sind ziemlich einfach zu bewerkstelligen. Wir entschieden uns, gleichzeitig Aufnahmen mit verschiedenen Mikrofonanordnungen zu machen und wählten eine Aufstellung, die einen jeweils gleichwertigen Reflexionsanteil und eine dem Kunstkopf am besten entsprechende räumliche Spreizung ergab. Anschließend überprüften wir die Aufnahmen mit einem Spektrum-Analysator und machten A-B-Hörvergleiche.

Als Referenz wählten wir schließlich ein Soundfield-Mikrofon, das wir für diesen Zweck am geeignetsten erachteten. Das Soundfield hat bei frontalem Schalleinfall einen linearen Frequenzgang. Aufgrund seiner besonderen Konstruktion sind der Frequenzgang bei seitlichem Schalleinfall und der Diffusfeld-Frequenzgang ebenfalls ziemlich linear. Aus diesem Grund ist das Soundfield für einen Hörvergleich sehr gut geeignet. Klangfarbenunterschiede zwischen Soundfield- und Aufnahmen in herkömmlicher Technik sind gering, besonders im Vergleich zur Klangfarbe einer Kunstkopfaufnahme. Da die Stereospreizung des Soundfield-Mikrofones einstellbar ist, besteht die Möglichkeit diese optimal einer Kunstkopfaufnahme anzupassen. In diesem Fall klingt die Soundfield-Aufnahme recht angenehm und ist ein gutes Beispiel moderner Aufnahmetechnik. Wir fanden heraus, daß der Kunstkopf eine sehr hohe Spreizung bewirkt. Das Soundfield mußte bei einem Versatzwinkel von etwa 100 Grad annähernd auf Achter-Charakteristik eingestellt werden.

Die Mikrofonpositionen wurden so gewählt, daß sich Aufnahmen mit in etwa vergleichbarem Verhältnis zwischen direktem und indirektem Schallfeld ergaben. Der Kunstkopf mußte, um dieses Ziel zu erreichen, manchmal etwas näher als das Soundfield an die Schallquelle herangebracht werden, obwohl der gleiche Abstand in einigen Fällen ebenfalls funktionierte. Im Normalfall wurden die Mikrofone etwa einen Meter über und 3 Meter hinter dem Kopf des Dirigenten aufgestellt. Dieser Abstand war wesentlich geringer, als ich ihn ursprünglich erwartete. Größere Abstände machte die Aufnahmen für eine Lautsprecherwiedergabe zu indirekt.

Die Unterschiede

Die Aufnahmen wurden im A-B-Verfahren über Lautsprecher, Kopfhörer und einen Echtzeit-Spektrumanalysator verglichen. Einige Unterschiede waren auffällig:

1. Die Kunstkopfaufnahme zeigt eine zu geringe Spreizung bei tiefen Frequenzen bei Lautsprecherwiedergabe und konnte in Bezug auf Räumlichkeit und Ortungsschärfe nicht befriedigen.

2. Die Kunstkopfaufnahme klang schmal und hohl und wies Abweichungen im Frequenzgang auf, besonders im Vergleich zur Soundfieldaufnahme.

3. Die Kunstkopfaufnahme zeigte ein auffälliges Mittenloch. Schallquellen, die aus der Mitte kamen, waren zu weich und rutschten schnell auf die nahegelegenste Lautsprecherseite, wenn der Zuhörer nicht genau in der Mitte saß. Dieser Effekt war in Zusammenhang mit dem rechten Lautsprecher stärker ausgeprägt.

4. Die Kunstkopfaufnahme zeichnete auch über Lautsprecher ein natürlicheres Bild der Halle beziehungsweise Aufnahmeumgebung. Die indirekten Schallanteile schienen über die Lautsprecherbasis mehr als bei der Soundfieldaufnahme hinauszugehen.

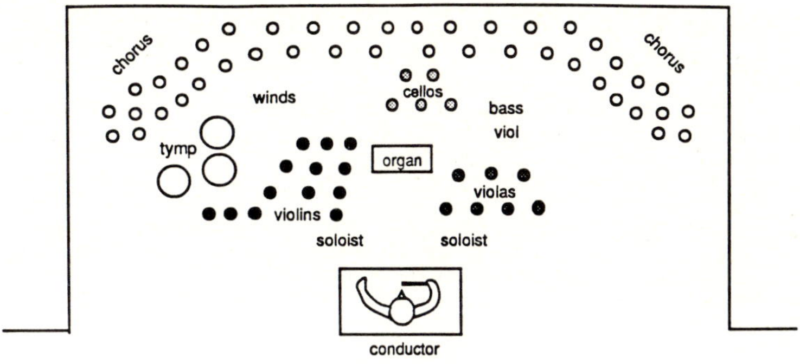

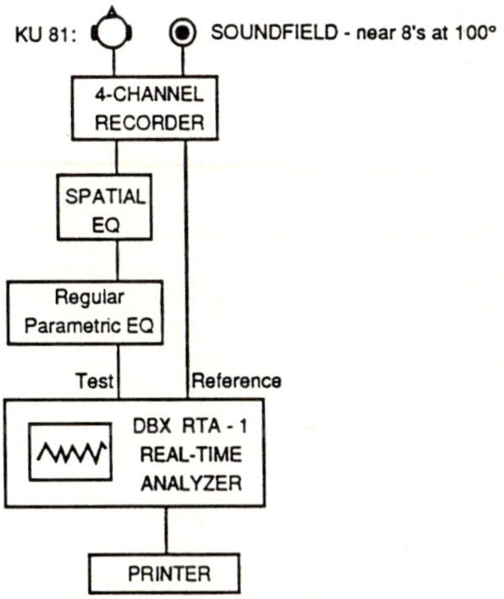

Using Simultaneous Recordings to measure
Dummy-Head Frequency Response

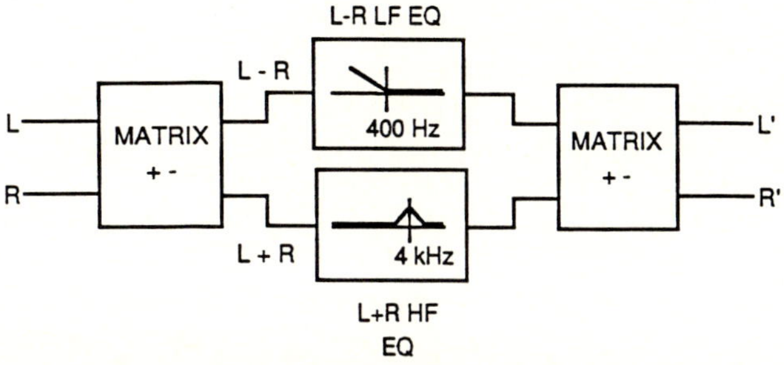

Spatial Equalization (shuffling)

Unsere Beobachtungen wurden im Detail untersucht. Wir fanden heraus:

1. Spreizung bei tiefen Frequenzen

Der Kunstkopf gleicht bei tiefen Frequenzen einer Anordnung vom zwei Kugelmikrofonen, getrennt durch ein akustisches Element. Bei sehr tiefen Frequenzen sind die Ausgangssignale beider Mikrofone nahezu identisch und unterscheiden sich lediglich durch eine geringe Laufzeit, die als Funktion der Schalleinfallsrichtung variiert. Beim normalen Hörvorgang ist der Mensch in der Lage, aus diesem Laufzeitunterschied eine Richtungsinformation zu entnehmen. Unsere Erfahrung hat gezeigt, daß bei einer Wiedergabe über Lautsprecher dieser Laufzeitunterschied nicht mehr zur Richtungsbestimmung herangezogen werden kann. Theiles gedankliches Hörmodell besagt, daß die Laufzeitverzögerung der Ortung dienen sollte, und es wurde gezeigt, daß dies für Frequenzen oberhalb 600 Hz zutrifft. Bei tieferen Frequenzen sind jedoch Amplitudenunterschiede für eine zuverlässige Ortung notwendig. Alan Blumlein benutzte zwei Kugeln in seinen ersten Stereo-Experimenten und er steigerte die Spreizung bei tiefen Frequenzen auf elektronischem Wege. Dasselbe können wir mit einem Kunstkopf machen.

Die Spreizung bei tiefen Frequenzen kann sehr leicht durch eine L-R-Verstärkungsschaltung erreicht werden, so wie sie von Blumlein und in meinen früheren Vorträgen beschrieben wurde. Die Schaltung ist für eine maximale Anhebung von 15 dB mit einer Verstärkung von etwa einem dB bei 400 Hz und einem stetigen Anstieg bis hinunter zu 40 Hz ausgelegt.

Bild 1 zeigt die verwendete Verstärkung.

Nach einem Vorschlag von Gerzion experimentierten wir zusätzlich mit einer Phasenkompensation der Tiefenanhebung und fanden heraus, daß dies zu einer verbesserten Natürlichkeit beiträgt. Gerzion hat analoge Schaltungen für phasenkompensierte Neigungsfilter entwickelt. Im Gegensatz dazu setzten wir regelbare digitale Filter oder die einfache in Abbildung 2 dargestellte L-R-Schaltung ein.

Überraschenderweise reduziert sich durch die Tiefenanhebung die Natürlichkeit des Klanges über Kopfhörer nicht. Ich habe viele Tonmeister gebeten, die Tiefenanhebung während des Hörens über Kopfhörer einzustellen. Alle hielten etwas Tiefenanhebung für angebracht. Möglicherweise sind unsere Ohren im Laufe der Jahre durch das Hören normaler Stereoprogramme so beeinflußt, daß sie sich weigern, die bei Kunstkopfaufnahmen auftretende reduzierte Spreizung bei tiefen Frequenzen zu akzeptieren. Eine mögliche zusätzliche Erklärung gab mir Ken Jacobs: Die nur geringen Laufzeitunterschiede, die unserem Gehör als Richtungsinformationen dienen, könnten durch Phasen- und Amplitudenfehler auf dem Übertragungswege weitgehend verwischt oder verfälscht worden sein.

2. Durchschnittlicher Frequenzgang

Ein DBX RTA-1 Echtzeit-Spektrumanalysator wurde eingesetzt, um den Frequenzgehalt der mit den beiden Mikrofonsystemen gemachten Aufnahmen kanalweise zu vergleichen. Dieses Gerät hat eine Funktion, die es erlaubt, die spektralen Unterschiede zweier Eingangssignale grafisch darzustellen. Diese Einrichtung ist ursprünglich für die Entzerrung eines Lautsprechersystems vorgesehen, macht es aber ebenso leicht, zwei Mikrofone miteinander zu vergleichen.

Wir fanden heraus, daß die am meisten übereinstimmenden Ergebnisse mit Signalen erzielt werden können, die sehr breitbandig sind und einen kontinuierlichen Charakter haben. Die besten Ergebnisse erhielten wir mit einer Passage aus Bachs B-Moll-Messe, der 'Auferstehung', in der Orchester und Chor gleichermaßen stark eingesetzt sind. Der Konzertsaal war gut besetzt, als diese Aufnahme gemacht wurde, so daß der größte Teil der Schallenergie frontal auf den Kunstkopf einfiel. Bild 3 zeigt den gemessenen Frequenzgang des rechten und linken Kunstkopf-Aufnahmekanals.

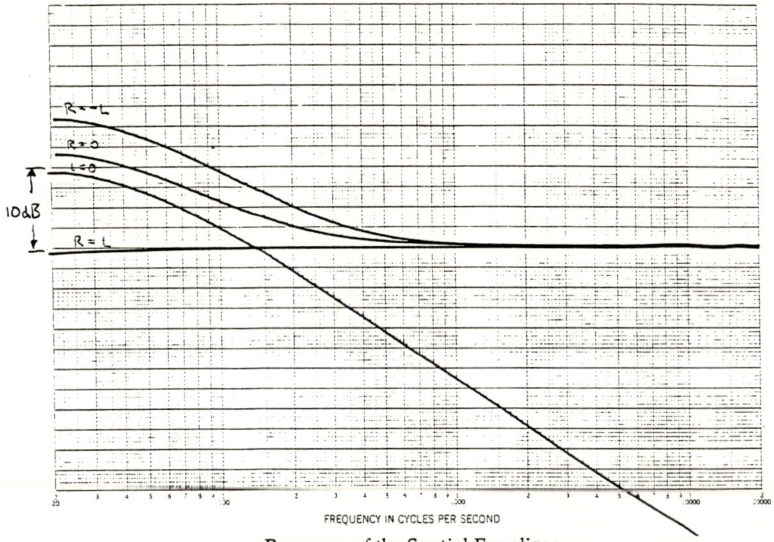

Response of the Spatial Equalizer
Output of left channel with various inputs.

Figure 1

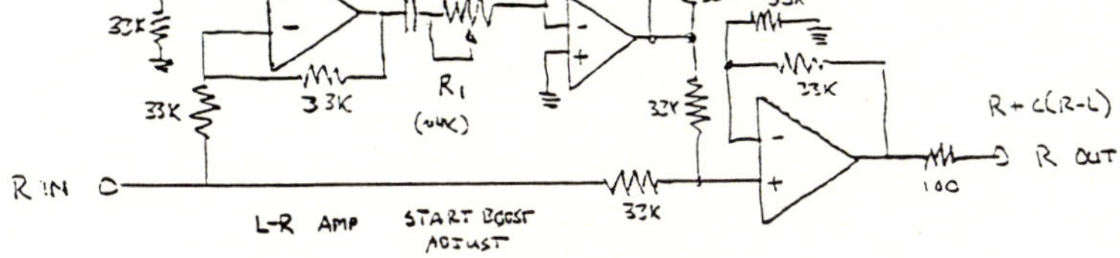

Circuit for L-R bass boost.
For the curve in Figure 1, R1=11k, R2=20k

Figure 2

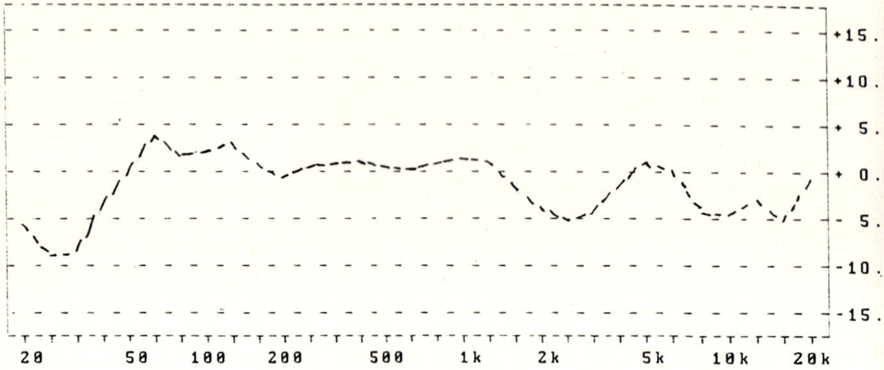

Left

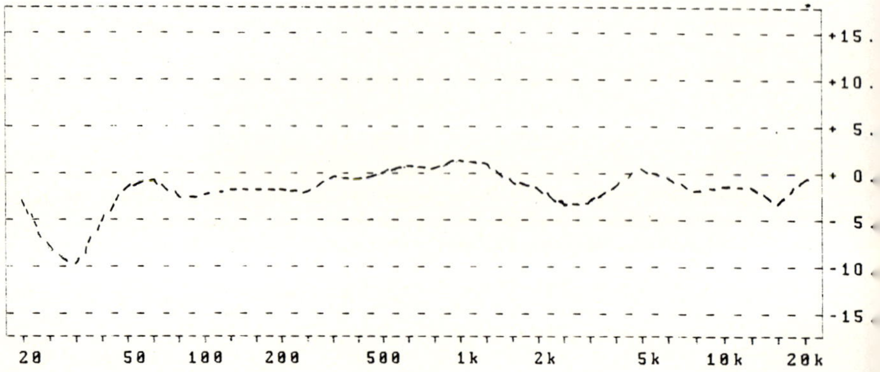

Right

Difference in average frequency response
between Neumann KU-81a dummy head and
Calrec Soundfield MK4. DBX 1/3 octave
spectrum analyzer, Bach B minor Mass,
full chorus and orchestra

Figure 3

Ein vierbandiger parametrischer Entzerrer wurde anschließend benutzt, um den Frequenzgang des Kunstkopfes zu korrigieren. Die korrigierten Kurven können Sie in Abbildung 4 sehen. Nach der Korrekturentzerrung entsprach der durchschnittliche Frequenzgehalt des Kunstkopfsignals dem des Soundfield-Mikrofons.

Für beide Kanäle gelten die gleichen Ansatzfreqenzen und Filterbandbreiten, wobei Anhebung und Absenkung differieren. Die Entzerrereinstellungen ergaben sich folgendermaßen:

Links:
1.1 kHz, Q-Faktor = 2, -4 dB
2.5 kHz, Q-Faktor = 1.3, +6 dB
5.2 kHz, Q-Faktor = 2.5, -4 dB
8.2 kHz, Q-Faktor = 2.1, +6 dB

Rechts:
1.1 kHz, Q-Faktor = 2, -2 dB
2.5 kHz, Q-Faktor = 1.3, +3 dB
5.2 kHz, Q-Faktor = 2.5, -2 dB
8.2 kHz, Q-Faktor = 2.1, +2 dB

Beachten Sie, daß die Entzerrereinstellungen für den linken und rechten Kanal unterschiedlich sind. Es ist also eine bemerkenswerte Asymmetrie bei diesem speziellen Kopf vorhanden. Zumindest ein Teil dieser Asymmetrie ist beabsichtigt und dient dazu, die Vorne/Hinten-Lokalisation im Kopfhörer zu unterstützen. Die Beseitigung führte zu keiner nennenswerten Beeinträchtigung der Kopfhörerwiedergabe, doch verbesserte die Lautsprecherdarstellung erheblich. Dies könnte darauf hindeuten, daß bei unserem Kunstkopf ein Problem im linken Kanal vorhanden war. Untersucht man lediglich die Daten des rechten Kanals, ist die Gesamtkorrektur nicht sehr groß und der unentzerrte Kopf würde auch schon eine ganz zufriedenstellende Lautsprecherwiedergabe bewirken.

A/B-Vergleiche bestätigten, daß die Kunstkopfaufnahme mit der Anpassungsentzerrung viel besser klang und von allen Testpersonen bevorzugt wurde. Da die Entzerrung auf eine bestimmte Aufnahme in einer bestimmten Umgebung abgestimmt wurde, war nicht von vorneherein klar, daß sie auch mit anderen Aufnahmen funktionieren würde. Deshalb machten wir Hörvergleiche im A/B-Verfahren mit verschiedenen anderen Aufnahmen, die ebenfalls mittels Kunstkopf und Soundfield-Mikrofon entstanden waren. Auch hier war das Ergebnis recht gut. Wieder brachte die Korrektur eine deutliche Verbesserung. Weiterhin machten wir Versuche mit einigen CDs, von denen wir wußten, daß sie mit dem gleichen Kunstkopftyp gemacht worden waren. Diese Aufnahmen wurden mit unserer Entzerrung zwar verbessert, doch nicht in dem Maße, wie wir es mit unserem speziellen Kunstkopf erlebt hatten. Es könnte also einige Abweichungen zwischen unterschiedlichen Seriennummern geben.

Wir versuchten, den Diffusfeld-Frequenzgang des Kunstkopfes zu messen. Die Ergebnisse zeigt Abbildung 5. Beachten Sie, daß sich der Frequenzgang des linken Kanals in den unteren Mitten auch in der Diffusfeldmessung zeigt. Diese Messung ist nur sehr schwer in einem normalen Raum durchzuführen und ist vielleicht nicht ganz so akkurat, wie wir sie gerne gehabt hätten. Interessanterweise ist der obere Bereich des Diffusfeldfrequenzganges stark von den seitlich einfallenden Signalanteilen bestimmt. Bei der Aufnahme mit dem Kopf war diese Einfallsrichtung im Vergleich zu mehr frontal einfallendem Schall nicht so stark vertreten.

Die von uns vorgenommene Entzerrung entspricht keiner Diffusfeldentzerrung, sondern repräsentiert eine Bewertung des normalerweise bei Aufnahmen üblichen Richtungsbereichs, also in erster Linie den frontalen Bereich. Eine Diffusfeldentzerrung mag von Bedeutung sein, wenn der Kopf in großer Entfernung von der Schallquelle aufgestellt wird. Bei modernen Stereo-Aufnahmen jedoch richtet sich die Schallenergie in erster Linie frontal auf das Mikrofon und kommt nicht von hinten oder von der Seite. Anhand unserer Ergebnisse kann man leicht zu der Auffassung kommen, daß sich zumindest für eine moderne Aufnahmetechnik die von

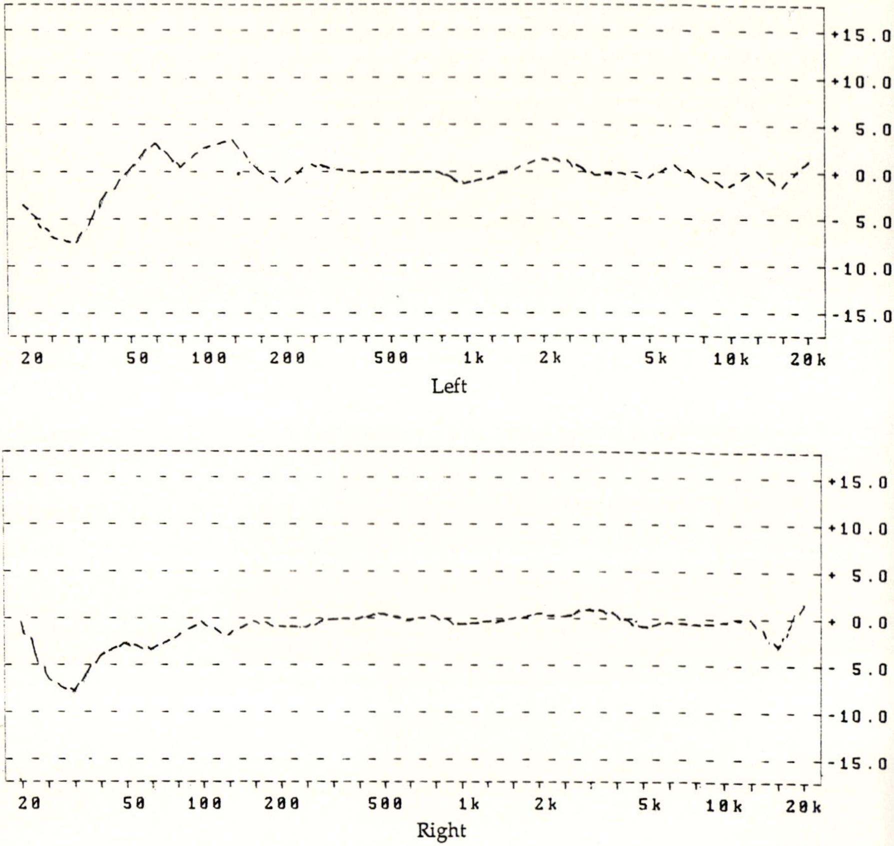

Frequency response difference after equalization with a parametric equalizer.

Figure 4

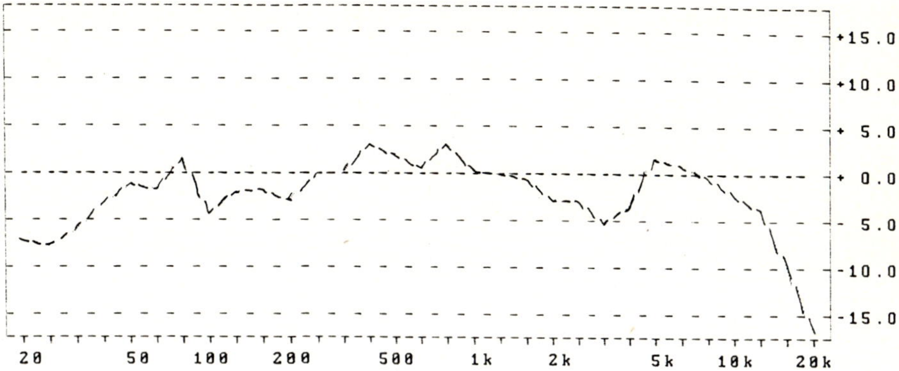

Left

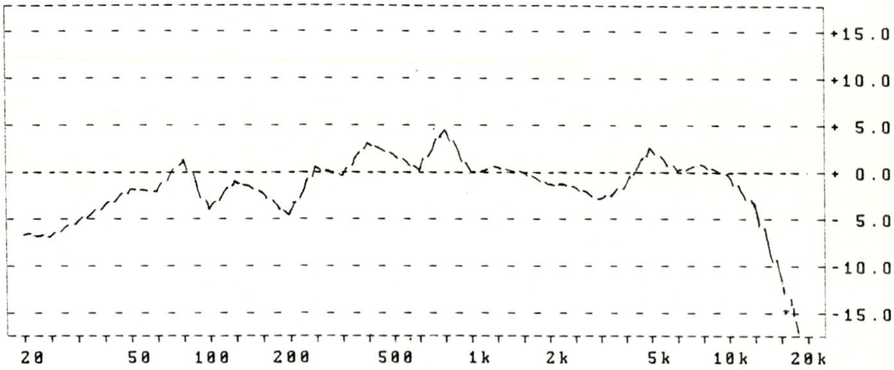

Right

Diffuse field response KU-81a.

Figure 5

uns vorgenommene, für frontalen Schalleinfall bewertete Kunstkopfentzerrung mehr als eine Diffusfeldentzerrung eignet.

Die Wahl einer derartigen Korrekturentzerrung sollte auch bei der Kopfhörerentzerrung zum Ausdruck kommen. Für einen linearen Frequenzgang optimierte Kopfhörer, die in Kombination mit einem korrigierten Kunstkopf gemessen werden, erbringen auch optimale Ergebnisse mit herkömmlichen Stereo-Aufnahmen. Theile empfiehlt eine Diffusfeldentzerrung für Kopfhörer in erster Linie deshalb, weil er für den Kunstkopf ebenfalls eine Diffusfeldentzerrung gewählt hat. Auf der Basis unserer Arbeit empfinden wir diese Empfehlung als vorschnell. Die von uns vorgenommene Gesamtkorrektur, insbesondere des rechten Kanals, ist jedoch kleiner, als die für Kopfhörer typischen Frequenzgangabweichungen.

Unsere Entzerrung ist nicht als perfekt zu bezeichnen. Die Einstellung des parametrischen Entzerrers hat ihre Tücken und viele Einstellungen scheinen zu einem in etwa gleichen Ergebnis zu führen. Ein Zehntel-Oktav-Analysator, vergleichbar zu dem von uns verwendeten Gerät, würde sehr hilfreich sein. Zurückbleibende Unterschiede im Frequenzgang zwischen Kunstkopf und Soundfield können bei A/B-Vergleichen gelegentlich festgestellt werden. In fast all diesen Fällen scheint das Soundfield ein wenig besser zu klingen. Vielleicht können wir mit der Zeit unsere Korrekturentzerrung optimieren.

Das 'Loch in der Mitte'

Die schwache Mittenabbildung wurde durch die Korrekturentzerrung größtenteils beseitigt. Die zusätzliche Energie im Präsenzbereich trägt zur Stärkung und Stabilisierung der Stereomitte bei. Bei einigen Aufnahmen erschien es sinnvoll, zusätzliche Korrekturen im Präsenzbereich des Differenz- und Summensignals vorzunehmen. Eine Reduzierung der Spreizung im Präsenzbereich half ebenfalls, die Stereomitte etwas schärfer ortbar zu machen. Die Tendenz des Wegrutschens in den nahegelegensten Lautsprecher konnte annähernd durch die Entzerrung und damit die Aufhebung der Asymmetrie des Kunstkopfes beseitigt werden, dessen linker Kanal erheblich weniger brilliant als der rechte war. Für den Zuhörer ergab sich durch die Korrektur der Asymmetrie keinesfalls eine Verschlechterung in der Natürlichkeit der Wiedergabe über Kopfhörer - tatsächlich wurde sie sogar noch verbessert.

Ich habe den Kunstkopf bei vielen Aufnahmen erfolgreich in Kombination mit einem oder mehreren Soundfield-Mikrofonen eingesetzt. Das Soundfield-Signal wurde direkt mit dem korrigierten Kunstkopf-Signal gemischt. Diese Methode ergab eine stabile Stereomitte, die sich gut in das bestehende Klangbild einfügte.

4. Indirekte Schallanteile

Die ausgezeichnete Reproduktion des indirekten Schalls durch den Kunstkopf sowohl über Lautsprecher als auch Kopfhörer wurde offensichtlich nicht durch die Korrekturentzerrung negativ beeinflußt. Allgemein gesprochen übertrug der Kunstkopf mehr indirekte Schallanteile als das Soundfield-Mikrofon (mehr wie ein Kugelpaar als eine Koinzidenz-Anordnung), doch der Kunstkopf trennte den indirekten vom direkten Schall in einer Weise, wie sie weder mit einem Paar Kugelmikrofone noch mit dem Soundfield-Mikrofon denkbar wäre. Im Ergebnis klang die Musik mit dem Kunstkopf klarer und direkter, auch wenn mehr Nachhallanteile übertragen wurden. Dieser Effekt war über Lautsprecher und Kopfhörer gleichermaßen feststellbar.

Trotzdem stellten wir fest, daß die Fähigkeit, Unterschiede in der Färbung der indirekten Schallanteile zwischen den beiden Aufnahmesystemen wahrzunehmen, sehr stark vom Zusammenwirken der Lautsprecher und dem Abhörraum - und auch von der Art der Musik abhängt. Außerdem ist ein sehr genauer Abhörpegelabgleich notwendig, da die lautere Aufnahme jeweils als diejenige mit mehr Nachhallanteilen empfunden wird. Wir fanden heraus, daß die Lautsprecher idealerweise auf Stativen mitten in einem großen absorbierenden Raum aufgestellt sein sollten. In einem kleineren Raum konnte die Soundfield- und die korrigierte Kunstkopfaufnahme gelegentlich nicht mehr zuverlässig unterschieden werden. Im größeren Raum hing die Unterscheidungsfähigkeit von der Art der Musik ab. Bei einem kontinuierlichen Ablauf der Musik und einem großen

Anteil an Gesangsstimmen konnten die Aufnahmen nur noch schwer auseinandergehalten werden. Die Unterscheidung fiel bei Solostimmen leichter, da in dem größeren Abhörraum die Merkmale zur Höhen- und Tiefenortung innerhalb des Kunstkopfsignals besser auszumachen waren, das heißt, beim A/B-Vergleich wechselte die räumliche Anordnung der Solisten deutlicher.

Schlußbetrachtung

Die Frequenzgangkorrektur des Kunstkopfs in den regulären Stereokanälen und dem Summen- und Differenzsignal verbesserte die Natürlichkeit der Wiedergabe sowohl über Lautsprecher als auch über Kopfhörer. Im Vergleich zum Soundfield-Mikrofon weisen die Kunstkopfaufnahmen eine realistischere Abbildung der Höhe und Tiefe der einzelnen Schallquellen sowie eine bessere Reproduktion des Aufnahmeraums auf. Gelegentlich konnten diese Aufnahmen wirklich äußerst realistisch sein, besonders über Kopfhörer oder mit Hilfe der Schaltung zur Beseitigung des Übersprechens. Jedoch klangen einzelne Stimmen der Soundfield-Aufnahme trotz Korrekturentzerrung des Kunstkopfes gelegentlich natürlicher und hatten auch eine bessere Mono-Kompatibilität.

Die Diskussion um die richtige Entzerrung eines Kunstkopfes wird sehr kontrovers geführt. Einige Anwender und Hersteller empfehlen einen linearen Diffusfeld-Frequenzgang, einige halten Null-Grad frontal im Freifeld für richtig und einige tendieren zu einer Entzerrung für 30 Grad im Freifeld. Dieser Vortrag möchte die Frage durch die Musik selbst beantwortet wissen. Abbildung 6 und 7 zeigen den 1/3-Oktav-Frequenzgang unseres Kunstkopfes ermittelt nach mehreren Methoden. Die schwarze Kurve entstammt aus der Spektrumanalyse eines Musikprogramms. Die anderen Messungen erfolgten mit demselben Analysator mit Rosa Rauschen und einem Brüel&Kjaer Meßmikrofon des Typs 4133. Der Raum war nicht schalltot und die Meßergebnisse bei tiefen Frequenzen mögen nicht ganz zuverlässig sein, doch ist eine Tendenz eindeutig erkennbar.

Der linke Kunstkopfkanal

Die beste Übereinstimmung mit den Musikmessungen erreicht man durch eine Freifeld-Frequenzgangmessung im 1/3-Oktav-Abstand bei frontalem Schalleinfall. Wo sich die beiden Kurven unterscheiden, bewegt sich die aus der Musikmessung entstandene Kurve zwischen dem 0 Grad Freifeld- und dem Diffusfeld-Frequenzgang. Der 30 Grad Freifeldfrequenzgang ist etwa 3 bis 4 dB brillianter bei hohen Frequenzen. Wird diese insgesamt höhere Brillianz korrigiert, ergibt sich ebenfalls eine gute Übereinstimmung. Der Diffusfeld-Frequenzgang ist ähnlich, unterscheidet sich aber im Bereich von 5 bis 15 kHz. Der Frequenzgang des linken Ohres unseres Kunstkopfes ist im Diffusfeld nicht linear. Dies kann ein Design-Problem sein oder aber eine Abweichung dieses speziellen Kopfes. Wäre der linke Kanal im Diffusfeld linear, würde der Kopf eine bessere Lautsprecherkompatibilität aufweisen. Für die Musikaufnahme würde er jedoch besser sein, wenn er auf einen linearen Frontal-Freifeld-Frequenzgang abgeglichen wäre.

Der rechte Kunstkopfkanal

Bild 7 zeigt die bereits erwähnten Ergebnisse für das rechte Ohr des Kunstkopfes. Hier sind der 0-Grad-Freifeld- und der Diffusfeld-Frequenzgang sehr viel ähnlicher und beide sind sehr dicht an dem Frequenzgang, der über die Musikmessung ermittelt wurde. Der Diffusfeld-Frequenzgang stimmt am besten mit dem Musik-Frequenzgang überein. Wieder hat der 30-Grad-Freifeld-Frequenzgang mehr Höhen als die anderen Kurven. Es scheint, daß die in das System integrierte Entzerrung für das rechte Ohr beinahe korrekt ist. Zusätzliche Korrekturen entweder des Diffus- oder des Freifeld-Frequenzganges führen zu einer noch besseren Übereinstimmung.

Die Frequenzgang des rechten Kanals ist weniger richtungsabhängig als der des linken Kanals. Aus diesem Grunde ist die Lautsprecherkompatibilität des rechten Kanals besser und die binaurale Ortung vielleicht nicht so stark ausgeprägt.

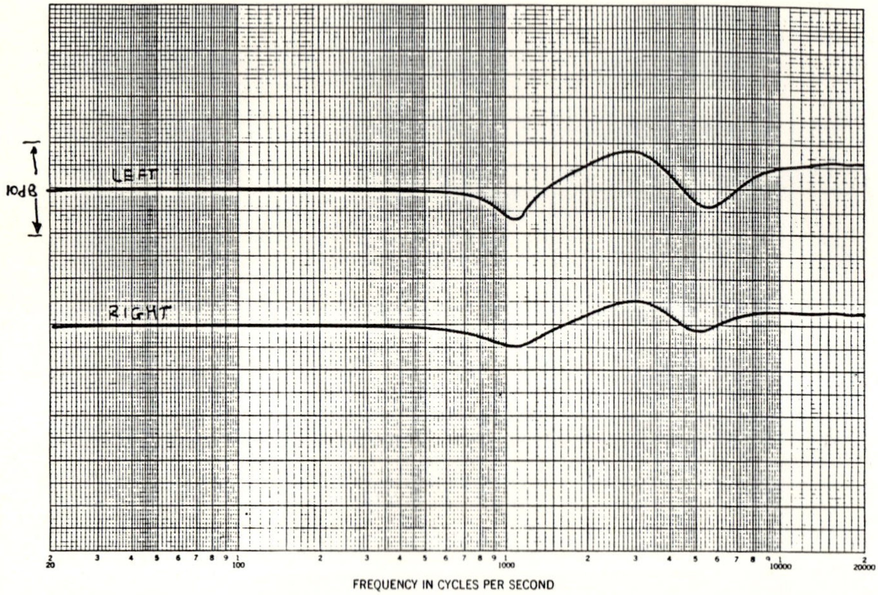

LEFT F=1.1kHz Q=3.Ø -3dB, F=3.ØkHz Q=1.5 +5dB, F=5.5kHz Q=2.5 -6dB, F=8.5kHz Q=3.5 +4dB

RIGHT F=1.1kHz Q=2 -2dB, F=3.ØkHz Q=1.5 +3dB, F=5.1kHz Q=2.5 -3dB, F=8.5kHz Q=4.5 +2dB

Figure 6: Response of Lexicon 48ØL when set to give Neuman KU 81i a linear frequeuncy response, and the settings used

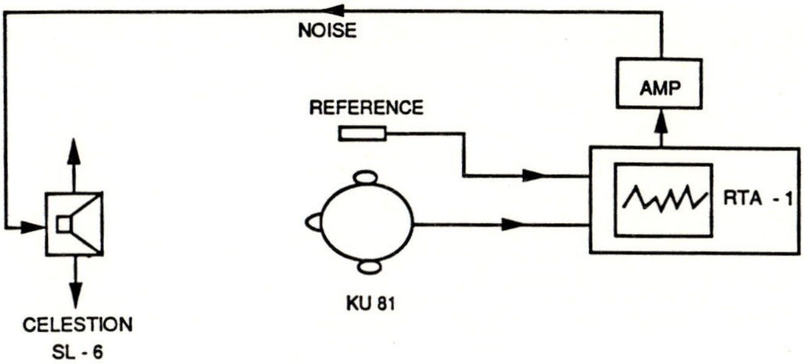

Semi Free-Field measurements
Note no spatial EQ on dummy head

Reference = B & K 4133

Figure 7: Using the RTA - 1 for semi free field measurements

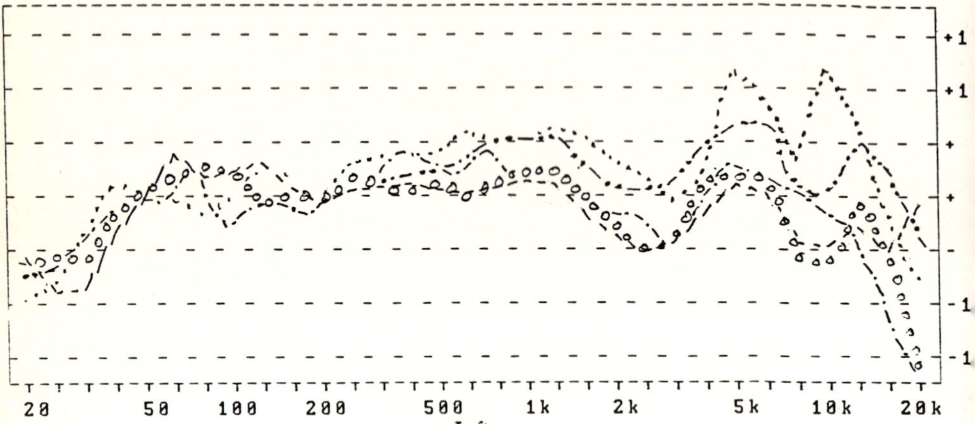

Left

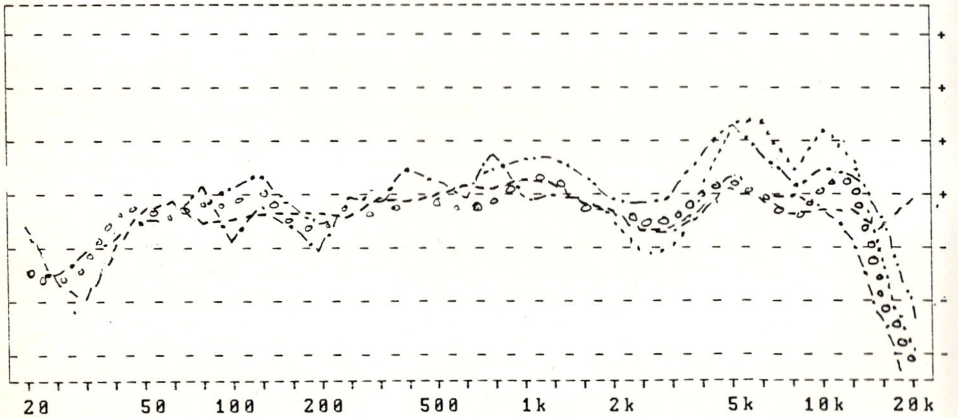

Right

- - - - A/B tests with Music
o o o o 0 degrees Free Field
. — . — Diffuse Field (8 positions)
. . — . . 30 degrees Horizontal Free Field
. . . . . 90 degrees Horizontal Free Field

Figure 8: Frequency response of Neumann KU81i by various methods

Richtung und Frequenzmittelung

Die Schallquelle für die Freifeldmessungen wurde zufällig im Bereich von 10 Grad bewegt, so daß die Kurven eine kleine räumliche Mittelung beinhalten. Zusätzlich existiert die Möglichkeit der Frequenzgangmittelung im Analysator selbst. Beide Formen der Mittelung sind wichtig. Der mit Sinustönen ermittelte Freifeld-Frequenzgang des Kopfes hat einen tiefen Einbruch bei 8 kHz, zusammen mit einigen anderen Eigenschaften, die sehr stark richtungsabhängig sind. Es würde ein Fehler sein, diese Eigenschaften mit einem Entzerrer zu korrigieren, besonders die Einbrüche. Bei der Musikaufnahme sind die Schallquellen normalerweise über ein breites Spektrum von Einfallswinkeln verteilt.

Praktische Aspekte bei der Kunstkopfaufnahme

Bei einem Einsatz als Hauptmikrofon hat der Kunstkopf diverse Eigenschaften, die ihn von herkömmlichen Mikrofonanordnungen unterscheiden:

1. Der Kunstkopf spreizt Stereosignale sehr viel mehr als herkömmliche Mikrofonanordnungen.

2. Schallquellen in der Stereomitte haben weniger Energie im Präsenzbereich als die Schallquellen auf der Seite.

3. Für Nachhallanteile wirkt der Kunstkopf wie eine Kugel. Deshalb werden in Kunstkopfaufnahmen immer mehr Nachhallanteile vorhanden sein, als dies zum Beispiel bei einer ORTF-Anordnung in der Position des Kunstkopfes der Fall wäre.

4. Der Kunstkopf ist nicht justierbar

Normalerweise wird der Kunstkopf relativ dicht an die Schallquelle gebracht oder die Nachhallanteile werden zu stark. Als Konsequenz daraus könnte das Klangbild eine ungewöhnliche Spreizung aufweisen, bei gleichzeitig schwach erscheinender Stereomitte. Die Anhebung des Präsenzbereiches im Summenkanal könnte hilfreich sein, ebenso die Verwendung von Stützmikrofonen.

Nach meiner Erfahrung ist es sehr schwierig, eine einzige Mikrofonposition zu finden, die ein befriedigendes Ergebnis bei der Aufnahme einer großen Gruppe von Musikern bringt. Stützen sind fast immer unverzichtbar. Der Kunstkopf bietet sich für eine Kombination mit Stützmikrofonen sehr gut an und letztere sollten immer eingesetzt werden, wenn sie in irgendeiner Weise hilfreich sein können.

REFERENCES:

1. Hudde, VH.; Schroeter, J.: Verbesserung am Neumann-Kunstkopfsystem RTM 25 (1981), p. 1-6

2. Theile, G.: Zur Kompatibilitat von Kunstkopfsignalen mit intensitatsstereofonen Signalen bei Lautsprecherwiedergabe: die Klangfarbe RTM 25 (1981).

3. Peus, S.: Naturliches Horen mit kunstlichem Kopf Funkschau Heft 6/1983

4. Kendall, G.: Martens, W.: The evaluation of Digital Filters for Controlling Perceived Direction in Stereo Loudspeaker Reproduction - Presented at the 81st convention of the AES Nov. 1986

5. Gerzon, M.A.: NRDC surround-sound system. Wireless World, vol. 83, April 1977, pp36-9

6. Theile, G.: On the Standardization of the Frequency Response of High quality Studio Headphones. Audio Engineering Society Journal vol 34 #12 (1986) pp 956-969

7. Theile, G,: Spikofski, G.; Die Bedeutung des Menschichen Rumpfes fur die Lokalisation in der Medianebene Fortschritte der Akustik - FASE/DAGA '82

8. Theile, G,: Das Kugelflachenmikrofon. Bericht der 14. Tonmeistertagung pp 277-293.

9. Griesinger, D.: Neue Perspektiven fur koinzidente und quaiskoinzidente Verfahren Bericht der 14. Tonmeistertagung pp 122-134.

10. Griesinger, D.: Theory and Design of a Consumer Environment Processor - Presented at the 81st convention of the Audio Engineering Society. 1988 Preprint # 2720 - JAES January 1989.

11. Blauert, J.: Spatial Hearing MIT press Cambridge, MA 1983

12. Wuttke, J.: Herkommliches und Neues zum Thema "Kondensatormikrofon mit Kugelcharacteristik" Bericht der 13. Tonmeistertagung pp 75-84.

13. Cooper, D.H.: Problems with Shadowless Stereo Theory: Asymptomatic Spectral Status. JAES 35:9 p. 629 (1987)

14. Atal, B.S.: Schroeder, M.S. Apparent Sound Source Translator, U.S. Patent Disclosure, Patent # 3,236,949

15. Blumlein, A.D.: British Patent 394,325 (application 1931 Dec. 14; granted 1933 June 14); reprinted in J. Audio Eng. Soc., vol. 6, pp. 91-98, 130 (1958 Apr.)

16. Gierlich H.W., and Genuit K.: Processing artificial-head recordings Presented at the 82 AES convention London Mar. 1987 Preprint 2460

Ludwig Klapproth und Klaus Brokopf:

Ein Entzerrungsfilter zur Verbesserung des Höreindrucks bei der Wiedergabe von Musik und Sprache im Auto

Nimmt man heute hinter dem Volant eines modernen Wagens Platz, so erlebt man ein Cockpit, welches durch gutes Styling und ergonomisch richtige Anordnung aller Bedienelemente dem Fahrer in hohem Maße das Gefühl vermittelt, der überlegene Pilot dieses Fahrzeugs zu sein. Gute Sicht und bequeme Sitze tragen weiter dazu bei, daß man sich in einem solchen Wagen wohlfühlt.

Leider wird dieses gute Gefühl in vielen Fahrzeugen gestört, wenn man das Radio mit Rundfunk oder Cassette einschaltet. Verwöhnt durch die Hifi-Anlage zu Hause erlebt man in vielen Wagen mit üblicher Ausrüstung keinen guten Klang.

Die Wiedergabe erscheint räumlich verschwommen, mittenlastig, ohne Brillanz und mit viel zu dicken Bässen ohne Fundament. Selbst Nachrichtensprecher sind sehr schlecht zu verstehen. Es hilft dann nicht einmal eine höhere Lautstärke, um die notwendige Verständlichkeit zu erreichen. Die Störgeräusche des Wagens beeinträchtigen in den meisten Fällen den Klang ohnehin nicht, denn in der Stadt und auf Landstraßen sind heute die meisten Wagen so leise, daß ein Musikgenuß möglich ist.

Die Ursachen dieser Klangproblematik sucht man üblicherweise bei den Lautsprechern. Analysiert man die verwendeten Lautsprecher, so stellt man fest, daß es sich fast durchweg um hochwertige Lautsprecher handelt, die für sich beurteilt eine ausgeglichene Klangcharakteristik ohne gravierende Verfärbungen zeigen. Der unbefriedigende Klangeindruck muß seine Ursache im Einbau der Lautsprecher und dem Einfluß der Autokabine haben.

Eine Verbesserung der Klangqualität erreicht man durch nachträgliche Ausrüstung eines Wagens mit einem grafischen Equalizer, der aber sehr sorgfältig eingestellt werden muß. Daß es möglich erscheint, damit die Klangsituation im Auto zu verbessern, erklärt, warum Equalizer in Autoklangsystemen wesentlich mehr verbreitet sind als in Heim-Hifi-Anlagen. Damit ist aber auch die sinnvolle Aufgabe eines Equalizers im Auto definiert. Er sollte die im Auto auftretenden Verfärbungen und die schlechte Klangbalance mildern, aber nicht die Höhen- und Tiefensteller ersetzen, die je nach Geschmack und Musikstück eingestellt werden können. Letzteres würde den Autofahrer in hohem Maße überfordern, denn die Einstellung von 5 - 9 Klangstellern kann nur in einer ausgedehnten Hörsitzung im Stand erfolgen.

Dagegen ist ein engagierter Musikhörer durchaus in der Lage, einen Teil der Verfärbungen und schlechten Klangbalance mit einem Equalizer zu eliminieren. Gut geeignet sind 9-Band Front-Rear Equalizer, die eine getrennte Einstellung für die Front- und Heckkanäle erlauben. Dies ist sehr wichtig, da wegen der sehr verschiedenen Einbausituationen und Lautsprechertypen der Klang der Front- und Hecklautsprecher stark verschieden ist. Betrachtet man das Ergebnis, so stellt man fest, daß durch nachträgliche Ausrüstung mit einem sorgfältig eingestellten Equalizer je nach Fahrzeugtyp eine deutliche Klangverbesserung möglich ist, die aber nur dem engagierten Musikhörer zugänglich ist.

Es soll deshalb versucht werden, eine mehr systematische Lösung des Problems zu erarbeiten. Dazu wurden die Arbeiten, deren erste Ergebnisse 1983 auf der AES Convention vorgestellt wurden, weitergeführt mit einem wesentlichen Untersuchungsziel, eine Meßtechnik zu erarbeiten, die den Klangeindruck im Auto objektiv beurteilbar macht. Die früheren Arbeiten gaben einigen Aufschluß über die akustischen Eigenschaften der Autokabine, konnten aber die Wirkung auf den Zuhörer nicht aufzeigen, da für die Schalldruckbestimmung ein "normales" Meßmikrofon eingesetzt wurde.

Bei der Beurteilung einer Wiedergabeanlage im Wohnzimmer kann ein Meßmikrofon den Schalldruckverlauf über der Frequenz bestimmen, da sich der Hörer weitgehend im diffusen Schallfeld befindet.

Die Meßergebnisse und der Höreindruck werden eine gute Übereinstimmung aufweisen. Im Auto, das in wesentlichen Frequenzbereichen klein gegen die Wellenlänge ist und für höhere Frequenzen einen großen Volumenanteil absorbierenden Materials enthält, kann sich kein diffuses Schallfeld ausbilden und die Gesetze der statistischen Raumakustik gelten nicht.

Es soll ein Meßverfahren ausgewählt werden, welches die akustischen Einflüsse beim natürlichen Hören berücksichtigt.

Eine Messung des Schalldrucks im Ohrkanal des Zuhörers ist geeignet, alle Einflüsse beim Hören im mehrdimensionalen Schallfeld zusammenzufassen zu einem Amplituden-Zeit-Signal. Mit zwei vergleichenden Messungen, einmal im Auto und als Bezug im Hörraum zu Hause mit einer guten Wiedergabeanlage, können dann die für den subjektiven Höreindruck wichtigen Einflüsse des Autoinnenraums dargestellt werden. Damit ist als Ziel für eine Klangauslegung im Auto die Wiedergabe mit einem guten Hifi-Lautsprecher im Wohnzimmer definiert.

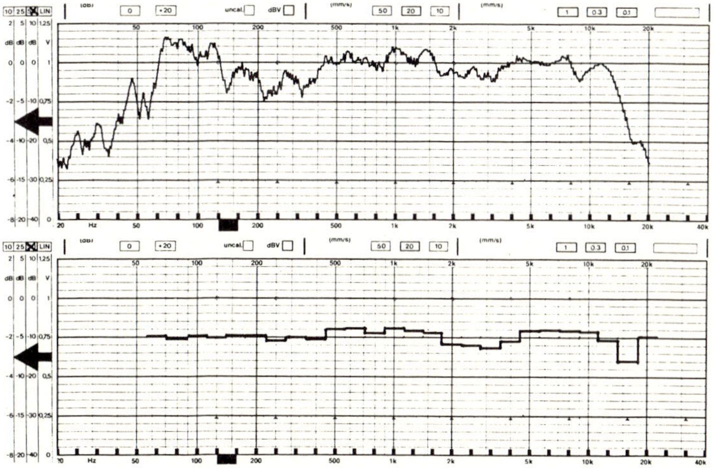

Abb. 1 Frequenzgang einer Heim-HiFi-Anlage gemessen mit Kunstkopf KU81i, Diffusfeldfrequenzgang des KU81i

Ein dem Sondenmikrofon ähnliches Signal liefert der Kunstkopf KU 81i von Neumann, bei dem das Signal auf das Diffusfeld normiert wurde. Die hier beschriebenen Messungen wurden mit dem KU 81i durchgeführt und auf das Diffusfeld bezogen, nachdem nachgewiesen werden konnte, daß ein neutraler Lautsprecher am Hörplatz im Wohnzimmer im Rahmen der hier gefragten Genauigkeit ein diffuses Feld erzeugt.

Die kopfbezogene Messung gestattet nun, alle klangbeeinflussenden Effekte zu ermitteln und bei der Beurteilung zu berücksichtigen. Es sind von den niedrigen zu den höheren Frequenzen hin geordnet:

- Bei sehr tiefen Frequenzen verhält sich das Auto nicht wie eine Druckkammer. Resonanzen der Türverkleidungen, Scheiben usw. rufen ein Schallfeld mit Knoten und Bäuchen hervor, welches sehr stark von der Lautsprecherposition abhängt.

- Das "Gehäuse" der Lautsprecher, zum Beispiel der Kofferraum, die Türen oder das Armaturenbrett, ist in den meisten Fällen ein Resonator, der einer ausgeglichenen breitbandigen Wiedergabe entgegenwirkt.

- In vielen Einbauten bilden Armaturenbrett, die Fenster oder andere Begrenzungen einen Schalltrichter, aus denen heraus der Lautsprecher strahlt. Das führt im mittleren Frequenzbereich zu starken Schalldrucküberhöhungen in der Wiedergabe.

- Staudruckeffekte und Beugungen am Kopf des Hörers haben Einfluß auf die Wiedergabe. Die Wirkung hängt von der Entfernung und Einfallsrichtung der Schallwelle ab.

- Hohe Frequenzen werden teilweise sehr stark reflektiert an der Front- und den Seitenscheiben. Diese Reflexionen rufen Schalldrucküberhöhungen an bestimmten Hörpositionen hervor.

- Verfärbugen entstehen, wenn das Volumen zwischen Gitter und Membrane und das Gitter selbst einen Helmholzresonator bilden. Die Anordnung hat dann die Wirkung eines steilen Tiefpaßfilters.

- Die Einfallsrichtung beeinflußt die Frequenzgangveränderungen durch die Ohrmuscheln. Je nach dem, ob die Lautsprecher hoch (im Armaturenbrett) oder tief (im Fußraum) angeordnet sind, entsteht ein verschiedener Klangeindruck.

- Unregelmäßigkeiten im Frequenzgang der verwendeten Lautsprecher werden natürlich mit der Kunstkopfmessung auch berücksichtigt.

Zur Messung wird der Kunstkopf im Auto installiert, die Lautsprecher mit Meßsignalen und Musikbeispielen gespeist. Die Ausgangssignale des Kunstkopfes können dann meßtechnisch ausgewertet und mit Kopfhörern subjektiv beurteilt werden.

In einem räumlich sehr verschiedenen Schallfeld muß die Position des Kunstkopfes genau an den Hörplätzen sein. Von den in der Regel 4 Hörpositionen sollen die vorderen Sitze ein höheres Gewicht bei der Auswertung bekommen. Um den Einfluß der vorderen und hinteren Lautsprecher für verschiedene Positionen des Überblendreglers berücksichtigen zu können, werden die Kunstkopfsignale der vorderen und hinteren Lautsprecher separat, aber phasentreu, auf einer Mehrkanalbandmaschine aufgezeichnet. Bei der Wiedergabe können dann die Signale im beliebigen Verhältnis gemischt auf den Kopfhörer gegeben werden. Da der Kunstkopf für beide Aufnahmen exakt die gleiche Position hat, entspricht der Höreindruck beim Zusammensetzen genau dem Höreindruck im Auto.

Für die hinteren Hörpositionen wird nur ein Durchlauf aufgezeichnet mit den hinteren Lautsprechern. Wegen des geringen Abstands der hinteren Lautsprecher von den hinteren Hörpositionen ist deren Einfluß klanglich dominierend. Alle Aufnahmen werden von den linken Hörpositionen gemacht und gelten aus Symmetriegründen auch für die rechten Plätze.

Bei der Auswertung der Signale des Kunstkopfes soll nun versucht werden, mit einer Vorentzerrung der Lautsprechersignale den Amplitudenfrequenzgang zu egalisieren, um damit für den Hörer im Auto die Heimhifi-Situation zu simulieren.

Der zu entzerrende Amplitudenfrequenzgang kann mit Terzfiltern aus dem rosa Rauschen ermittelt werden oder direkt aufgezeichnet werden als gewobbelter Gleitsinus.

Zur Ermittlung der individuellen Equalizerauslegung wurden nun die Messungen an ca. 40 verschiedenen Pkws mit Kfz-spezifischen Lautsprecherausrüstungen durchgeführt. Aus den Meßdiagrammen geht hervor, daß verteilt über den Frequenzbereich von ca. 100 - 10 000 Hz mehr oder weniger breite Überhöhungen und Einbrüche im Schalldruckverlauf auftreten.

Ein Grundgesetz über die Hörbarkeit von Verfärbungen besagt, daß Überhöhungen im Frequenzverlauf wesentlich stärker wahrgenommen werden als Einbrüche. So wurden die Frequenzkurven zunächst auf ihre Überhöhungen hin analysiert, um mit entgegengesetztem Filterverlauf die Kurve zu linearisieren. Da die Frequenz- und Filtercharakteristik sehr genau der Überhöhung angepaßt werden muß, wurden als Filter parametrische Typen ausgewählt, bei denen die Frequenz, die Bandbreite und die Absenkung oder Anhebung genau bestimmt werden können. Grafische Equalizer besitzen dagegen eine gewisse Anzahl festen Frequenzen zugeordnete Filter, die in der Regel in Frequenz und Charakter nicht passen und deshalb nur eine Kompromißentzerrung zulassen.

Mit parametrischen Filtern können einzelne Überhöhung sehr genau eliminiert werden, so daß mit 3 Filtern je Kanal eine Klangqualität erreicht wird, die sich mit der Qualität von Heimanlagen messen kann. Kompromisse sind zwischen linkem und rechtem Kanal nötig, da die Ohrsignale in der Regel verschieden sind, aber aus Symmetriegründen nur gleiche Filter verwendet werden können.

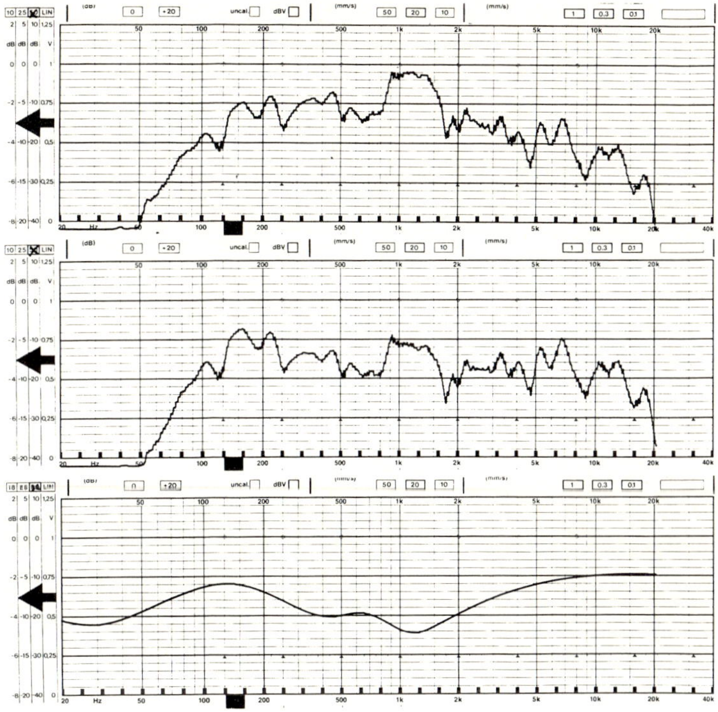

Abb. 2 Frequenzgangentzerrung am Beispiel VW Golf

Das Beispiel in Abb. 2 (VW Golf vordere Lautsprecher) zeigt die erreichbare meßtechnische Verbesserung des Signals am Ausgang des Kunstkopfes. Die Kurve weist zwar immer noch gewisse Überhöhungen und Einbrüche auf, aber sie zeigt über den gesamten Frequenzbereich einen ausgeglichenen Verlauf. Die starken Überhöhungen bei den mittleren Frequenzen und oberhalb der Bässe sind linearisiert. Gehörmäßig drückt sich dies in einer transparenteren Wiedergabe mit guter Klangbalance aus. Alle Instrumente sind auch in größeren Formationen klar herauszuhören. Natürlich ist die Baßwiedergabe auch mit eingeschalteter Entzerrung nur so kräftig, wie es zwei Lautsprecher mit 8,7 cm Durchmesser zulassen. Trotzdem sind die Bässe klar konturiert.

Da das Auto in akustischer Hinsicht einem großen Kopfhörer ähnelt, treten oft auch Im-Kopf-Lokalisationseffekte (IKL) auf, die den guten Höreindruck beeinträchtigen. Die hier beschriebenen Entzerrungen verbessern die räumliche Wiedergabe deutlich. Das Stereopanorama spannt sich in einer gewissen Entfernung vom Hörer vor ihm aus, es erscheint ihm daher natürlich. Dadurch wird auch die Verständlichkeit von Sprache verbessert, so daß eine gute Wiedergabe schon bei geringen Lautstärken zu erreichen ist. Dies gilt auch in Verbindung mit tieffrequentem Fahrgeräusch.

Das Bestreben der Hifi-Technik, alle Wiedergabekomponenten so linear wie möglich auszulegen, kann für Autoanlagen nicht das Ziel der Entwicklung sein. Wie die Untersuchungen klar ergeben, braucht eine hochwertige Autowiedergabeanlage eine ganz individuelle, auf das Fahrzeug zugeschnittene Entzerrung, um die Qualität aller Komponenten darzustellen.

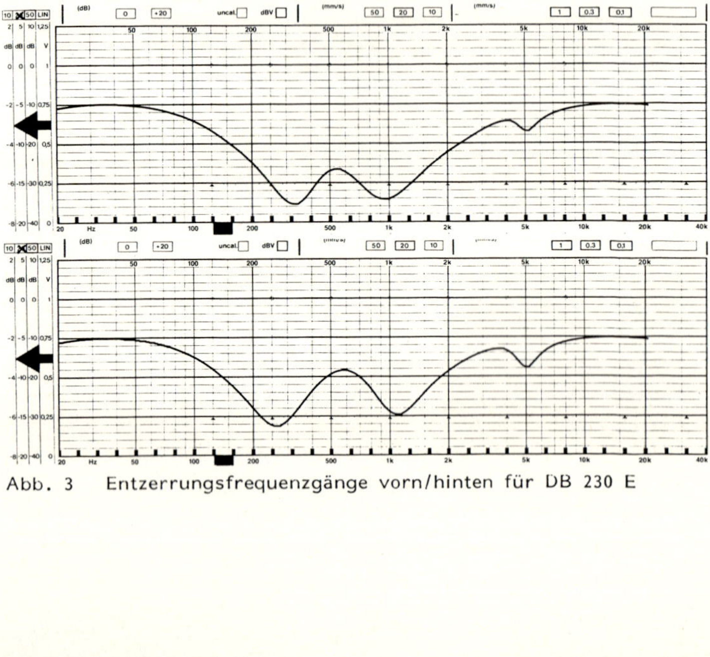

Abb. 3 Entzerrungsfrequenzgänge vorn/hinten für DB 230 E

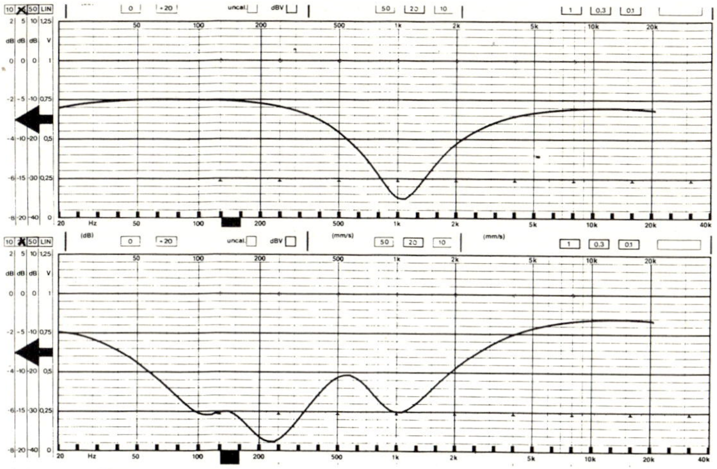

Abb. 4 Entzerrungsfrequenzgänge vorn/hinten für Prosche 944

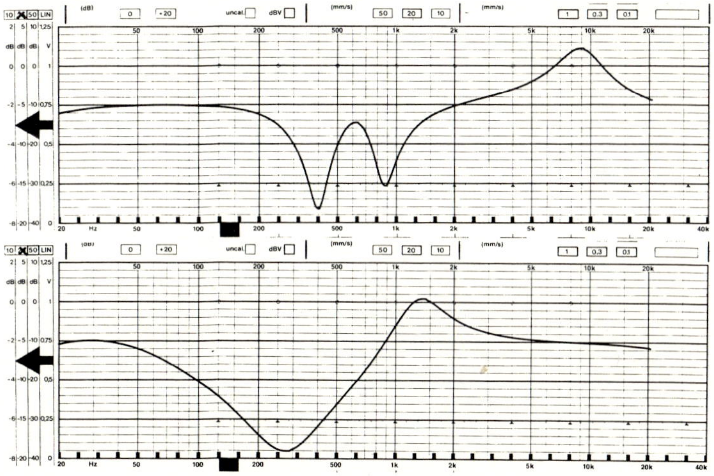

Abb. 5 Entzerrungsfrequenzgänge vorn/hinten für Oldsmobile Delta 88

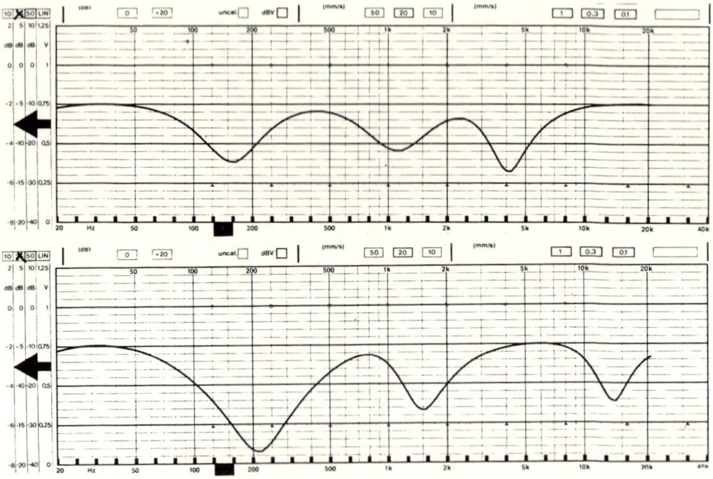

Abb. 6 Entzerrungsfrequenzgänge vorn/hinten für Chevrolet Camaro

Silke Holzkämper und Gerhard Spikowski:

Wahrnehmbarkeit von Reflexionen in Regieräumen - neue Ergebnisse

1. Einleitung

Die Qualitätsparameter von Tonaufnahmen werden entscheidend beeinflußt durch die bei der Produktion bzw. Abmischung gegebene Abhörsituation. Da Kopfhörer für diesen Anwendungsfall äußerst selten eingesetzt werden, ist die Abhörsituation im wesentlichen gekennzeichnet durch Regieraum und -lautsprecher.

Es ist bekannt, daß die Hörsamkeit - allgemein die Eignung eines Raumes für Schalldarbietungen, hier speziell bezogen auf die Situation Regieraum/-lautsprecher - von einer Vielzahl von Faktoren abhängt. In die Beurteilung gehen ein die Eigenschaften der verwendeten Regielautsprecher, die akustischen Eigenschaften des Regieraumes sowie Merkmale, die sich aus dem Zusammenwirken von Regielautsprechern und -raum ergeben.

Es ist festzustellen, daß zur Zeit noch nicht genügend Daten zur Verfügung stehen, die es ermöglichen, den Zusammenhang zwischen raumakustischen Meßergebnissen und der Hörsamkeit ausreichend zu beschreiben. Das führt dazu, daß die in bezug auf die Abhörsituation Regieraum/-lautsprecher wichtige Forderung nach Reproduzierbarkeit des Klangbildes nicht erfüllbar scheint. Insbesondere ist die Reproduzierbarkeit eines Klangbildes auch dann nicht gewährleistet, wenn ein (Bezugs-)Regielautsprecher in unterschiedlichen Regieräumen bzw. unterschiedliche Regielautsprecher in einem (Bezugs-)Regieraum verwendet werden. Eine ausreichende Standardisierung der Abhörsituation Regieraum/-lautsprecher ist dementsprechend bisher nicht erreicht worden /1, 2, 3, 4/. Es wird deshalb nach neuen Möglichkeiten der Definition einer Referenz-Abhörsituation gesucht /5/.

Ein wesentlicher Gesichtspunkt bei der Definition einer Referenz-Abhörsituation ist die Forderung nach Reproduktionstreue bzw. Neutralität der Wiedergabe. Reproduktionstreue bzw. Neutralität der Wiedergabe kann entsprechend /6/ so definiert werden, "daß die Abhörbedingungen (Abhörraum, Abhöreinrichtung, Kopfhörer) keinen oder nur in bestimmten Toleranzen Einfluß haben dürfen bei der Wiedergabe von beliebigen Programmen auf die wesentlichen subjektiven akustischen Parameter, wie insbesondere:

-Klangfarbe
-Hörereignisort
-Tiefenstaffelung
-Raumeindruck
-Musikalisches Gleichgewicht und Klangfarbenbalance
-Einschwingvorgänge
-technische, raumakustische und künstlerische Mängel u.a.".

Ein wesentlicher Gesichtspunkt bei der Definition einer Referenz-Abhörsituation ist die Genre-Kompatibilität /6/, d. h. Musik, Sprache, Gesang, Orchester-, Kammer- und Popmusik etc. sollen in der gleichen Referenz-Abhörsituation wiedergegeben werden. Eine Untersuchung, in der verschiedene Regieraumkonzepte - u. a. das LEDE-Konzept /8/ - beurteilt wurden, kommt im Gegensatz dazu zu dem Ergebnis, daß für das optimale Abhören unterschiedlicher Musikgenres jeweils unterschiedliche Regieraumkonzepte erforderlich sind /7/. Dazu sei angemerkt, daß es nicht nur praxisfremd ist, für unterschiedliche Programmgenres unterschiedliche Regieräume bzw. -lautsprecher zu fordern, sondern daß diese Forderung auch eine Ignoranz gegenüber dem Hörer bedeutet. Denn dieser kann seine Lautsprecher nicht entsprechend dem Programmgenre wechseln.

Für die vollständige Definition der neutralen Lautsprecherwiedergabe sind Beziehungen herzustellen zwischen subjektiven und physikalischen raumakustischen Parametern (Beziehungen zwischen Direktschall, frühen Reflexionen und Nachhall etc.).

In der vorliegenden Arbeit wird ausschließlich der Einfluß früher Reflexionen betrachtet. Aus zahlreichen vorangegangenen Arbeiten, in denen frühe Reflexionen in bezug auf ihre subjektive Wirkung untersucht wurden, ist die besondere

Bedeutung früher Reflexionen für die Hörsamkeit bekannt /9, 10, 11, 12, 13/. Die subjektive Wirkung früher Reflexionen umfaßt positive Merkmale - Vebesserung der Räumlichkeit, speziell durch seitliche Reflexionen - und negative Merkmale - Klangfarbenänderungen, speziell bei kurzen Verzögerungszeiten.

In bezug auf Neutralität der Wiedergabe sind die folgenden Fragen von besonderem Interesse:

Wie groß darf der Pegelunterschied zwischen Direktschall und frühen Reflexionen sein, damit die o. g. subjektiven Parameter nicht beeinflußt werden?
Stellt eine Dämpfung der frühen Reflexionen, die gewährleistet, daß diese unterhalb der Wahrnehmbarkeitschwelle liegen, ein Optimum dar?

Unserer Meinung nach können diese Fragen mit den bisher vorliegenden Daten nicht ausreichend beantwortet werden. Das Ziel der vorliegenden Untersuchung war es deshalb, Daten zu liefern, die als Grundlage für weiterführende Untersuchungen zur Hörsamkeit in Regieräumen dienen können. Als grundlegende Daten worden die Wahrnehmbarkeitsschwellen für frühe Reflexionen angesehen. Bei der Ermittlung dieser Schwellen in der vorliegenden Untersuchung wurde die Abhörsituation Regieraum/-lautsprecher in besonderer Weise berücksichtigt, d. h. es wurde ausgegangen von einem Reflexionsmuster, das sich aus der i. a. stereofonen Wiedergabe und gegebenen Regieraumabmessungen ergibt. Als Meßmethode wurde die relativ neue TDS (Time Delay Spectrometry) /14/ eingesetzt, die es gestattet, frühe Reflexionen in Räumen sehr exakt zu messen.

2. Konzept der Untersuchung

Für die Untersuchung stand ein spezieller Meßraum zur Verfügung, dessen raumakustische Parameter - angepaßt an die Abhörsituation Regieraum/-lautsprecher - variiert werden konnten. In diesem Meßraum wurden die absoluten Wahrnehmbarkeitsschwellen (aWs) für frühe Reflexionen ermittelt. Als absolute Wahrnehmbarkeitsschwelle wird die Schwelle zwischen "gerade wahrnehmbar und gerade nicht wahrnehmbar" bezeichnet, wobei nicht berücksichtigt wird, welches Kriterium maßgebend ist.

Bei der Bestimmung der aWs wurden die folgenden Aspekte untersucht:

- Einfluß zusätzlicher Reflexionsflächen auf die aWs für eine Einzelreflexion
- Spezielle Berücksichtigung der Mischpultreflexion
- Einfluß unterschiedlicher Raumgrößen.

Die Grundausstattung des zur Verfügung stehenden Meßraumes (Maße: Breite = 3.9m ; Länge = 5.3m ; Höhe = 2.4m ; Volumen = 49.6m3) ist dadurch gekennzeichnet, daß die Seitenwände und die Decke mit 25cm dickem Absorptionsmaterial verkleidet sind und die Rückwand durch absorbierende Stellwände abgedeckt werden konnte. Auf dem Fußboden befand sich ein Teppich. Die gewünschten Wandreflexionen wurden durch Einbringen schallharter Reflexionsflächen oder durch Simulation mit Hilfe von Lautsprechern, Verzögerungsgeräten und Pegelstellern erzeugt. Die Mischpultreflexion wurde ebenfalls durch Einbringen einer entsprechend großen schallharten Fläche erzeugt, die Variation dieser Reflexion erfolgte durch Auflagen aus unterschiedlichem Absorptionsmaterial.

Das Prinzip der Untersuchung bestand darin, daß jede raumakustische Testsituation mit Hilfe der TDS-Messung überprüft wurde. Dabei wurden im wesentlichen die Parameter Pegel und Verzögerungszeit der untersuchten Reflexionen, bezogen auf den Direktschall, erfaßt. Danach wurden für jede raumakustische Testsituation Kunstkopfaufnahmen am Abhörplatz erstellt. Diese Kunstkopfaufnahmen, die Versuchspersonen über Kopfhörer dargeboten wurden, bildeten das Testmaterial für die psychoakustischen Messungen.

3. Raumakustische Messungen

Bei der Festlegung der unterschiedlichen raumakustischen Situationen wurde von vereinfachten Voraussetzungen ausgegangen. Eine Absorption an den reflektierenden Flächen wurde nicht berücksichtigt, d. h. es wurde eine Schalldruckabnahme mit der Entfernung r von der Quelle im nicht gestörten Fernfeld eines Kugelstrahlers 0. Ordnung angenommen (1/r - Gesetz). Die Reflexionsflächen wurden entsprechend /15/ so dimensioniert, daß sich eine untere Grenzfrequenz von ca. 350 Hz ergibt. Die Richtung und die Verzögerungszeit der simulierten Reflexionen bei Variation der Raumgröße wurde mit Hilfe von Spiegelschallquellen und der Schallgeschwindigkeit in Luft (c=344m/s) berechnet.

Die untersuchten raumakustischen Testsituationen sind in den Bildern 1 - 5 dargestellt. In den Bildern sind jeweils die Testsituation sowie die zugehörige Referenzsituation schematisch dargestellt. Bei der Simulation einer Reflexionsfläche wurden jeweils die vom rechten Regielautsprecher (Verzögerungszeit τ re) und die vom linken Regielautsprecher (Verzögerungszeit τ li) erzeugte Reflexion berücksichtigt.

Untersucht wurden die folgenden raumakustischen Testsituationen:

Testsituation 1: (Aspekt: Einfluß zusätzlicher Reflexionsflächen)

Situation 1a: Eine Reflexionsfläche (rechte Seitenwand bzw.Rückwand) (Bild 1)

Situation 1b: Eine Reflexionfläche + zwei zusätzliche Flächen (Bild 2)

Situation 1c: Eine Reflexionsfläche + zwei zusätzliche Flächen + Mischpult (Bild 3)

Testsituation 2: (Aspekt: Einfluß der Mischpultreflexionen) (Bild 4)

Testsituation 3: (Aspekt: Einfluß der Raumbreite auf die aWs der rechten Seitenwandreflexionen) (Bild 5)

Variation der Raumbreite:	B/m	V/m	τ re/ms	τ li/ms
	4.9	62.2	11	16
	5.7	72.4	16	20
	6.5	82.6	20	25
	7.3	92.7	25	29

Die Wand hinter den Regielautsprechern (Vorderwand) war schallhart. Reflexionen von dieser Wand mußten jedoch wegen der Richtcharkteristik der verwendeten Regielautsprecher nicht berücksichtigt werden, wie durch die TDS-Messung bestätigt wurde. Das Mischpult wurde simuliert durch eine Holzplatte der Größe (2.5m x 1.0 m), die vor dem Abhörplatz in der entsprecheden Höhe mit einer geringen Neigung angebracht war. Die Abmessungen entsprechen denen gängiger Regiemischpulte.
Alle raumakustischen Testsituationen (Bild 1-5) wurden mit Hilfe der TDS überprüft. Insbesondere wurde überprüft, ob die simulierten Reflexionen jenen entsprechen, die durch die entsprechenden Reflexionensflächen erzeugt wurden. Die entsprechenden TDS-Meßergebnisse weisen eine ausgezeichnete Übereinstimmung auf.

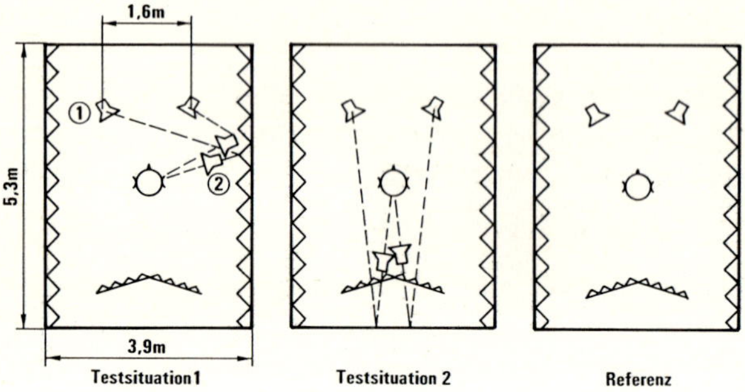

Bild 1: Raumakustische Situation 1a

Abhörposition: Meßpunkt für TDS-Messung
Positon des Kunstkopfes (NEUMANN KU 81)

① 2x KLEIN + HUMMEL 092

② 2x KLEIN + HUMMEL 098

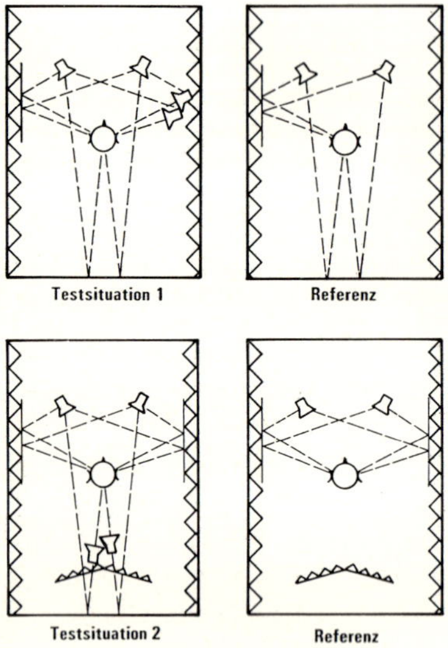

Bild 2: Raumakustische Situation 1b

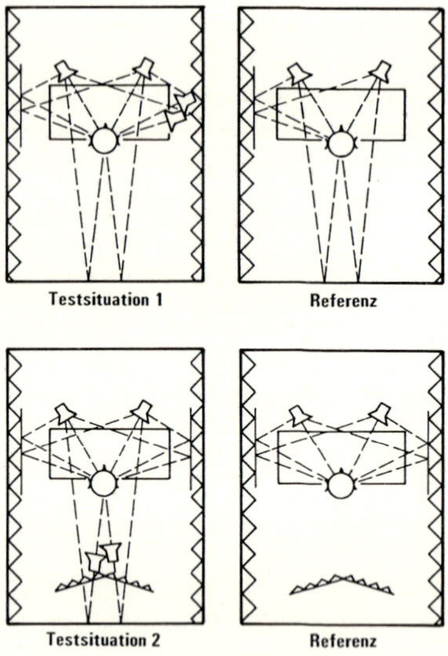

Bild 3: Raumakustische Situation 1c

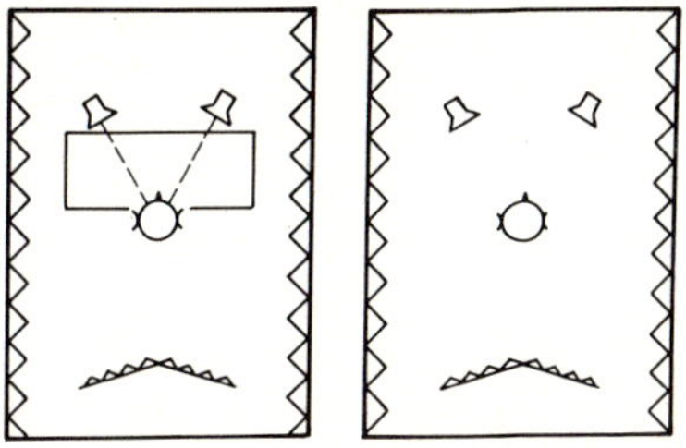

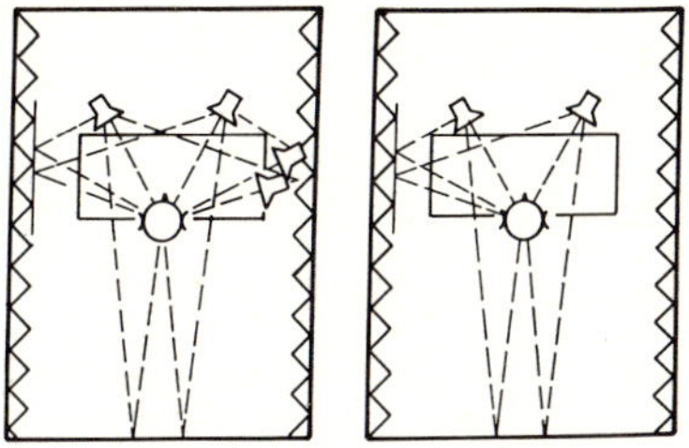

Bild 4: Raumakustische Situation 2

Bild 5: Raumakustische Situation 3

4. Psychoakustische Messungen

Das Ziel der psychoakustischen Messungen bestand darin, für die unterschiedlichen raumakustischen Situationen (vergl. 3.) die aWs für frühe Reflexionen zu bestimmen.

4.1 Meßmethode – A–B–A–B–Vergleich mit Hilfe von Kunstkopfaufnahmen

Die aWs für die jeweilige raumakustische Situation sollte bestimmt werden für den (optimalen) Abhörplatz, d. h. bei Durchführung der Hörversuche im Meßraum hätte jeweils nur eine Versuchsperson je Sitzung teilnehmen können. Wegen des daraus resultierenden nicht zu vertretenden hohen Zeitauwandes wurden für die psychoakustischen Messungen Kunstkopfaufnahmen erstellt. Der verwendete Kunstkopf (NEUMANN KU 81) gewährleistet im Zusammenhang mit qualitativ hochwertigen angepaßten Kopfhörern /16/ sowie einem qualitativ hochwertigen Speichermedium eine Reproduktion, die dem natürlichen Hören mit ausreichender Genauigkeit entspricht. Die Kunstkopfaufnahmen erfolgten digital (SONY PCM 1610 / U–matic VO–2860P) und die Wiedergabe mit an den KU 81 angepaßten Kopfhörern (BEYER DT 990).

Bei der Auswahl der Ton–Testsignale waren folgende Kriterien maßgebend. Um einen engen Bezug zur Praxis zu gewährleisten, sollte das Testmaterial aus kritischem Programmaterial (Sprache, Musik etc.) bestehen und keine Meßsignale (z. B. Rauschimpulse) enthalten. Einflüsse durch unterschiedliche Aufnahmetechniken, Aufnahmeräume, Klangkörper etc. sollten weitgehend ausgeschlossen werden. Als geeignet angesehen wurde das speziell für subjektive Tests aufgenommene und standardisierte Material der EBU SQAM–CD /17, 18/. Speziell die Aufnahmen von Einzelinstrumenten dieser CD zeichnen sich dadurch aus, daß alle in demselben

Aufnahmestudio mit derselben Aufnahmetechnik, die ein hohes Maß an Natürlichkeit der Reproduktion gewährleistet, erstellt wurden. Außerdem gestatten es spezielle Angaben und Meßsignale der SQAM-CD, die Beispiele mit Originallautstärke wiederzugeben. Für die Untersuchung wurden die in Vorversuchen als besonders kritisch ermittelten Beispiele "Claves" (SQAM-CD: Track 26/2) und "Sprache" (SQAM-CD: Track 49) ausgewählt.

Die gesamte Bearbeitung des Testmaterials (Blenden, Pegelanpassung, Erstellung der Testsequenzen etc.) erfolgte in der digitalen Ebene mit Hilfe eines Rechners (HEWLETT PACKARD HP 1000) und speziell für die Bearbeitung von Tonsignalen erstellter Software.

Für die psychoakustischen Messungen wurde die Konstanzmethode /19/ gewählt. Dabei wurden die Testschalle in der Form A-B-A-B angeboten (A=Referenz ; B=Testschall bzw. Testsituation (vergl. 3.)). Die Variation der Testschalle erfolgte in der Weise, daß der Pegel der untersuchten Reflexionen in 4 dB- Schritten angehoben bzw. abgesenkt wurde. Die Versuchspersonen hatten zu entscheiden, ob ein Unterschied zwischen A und B wahrnehmbar war, d. h. die aWs werden in Form von Unterschiedsschwellen ermittelt.

4.2 Ergebnisse

An den psychoakustischen Messungen nahmen 11-14 Versuchspersonen teil. Die Auswertung der Messungen erfolgte in der Weise, daß für jede untersuchte raumakustische Testsituation (vergl. 3.) die relativen Häufigkeiten der Urteile "Unterschied zwischen Testschall und Referenz wahrgenommen" berechnet und daraus der Medianwert (50%-Wert) und die Quartile (25%-, 75%-Wert) ermittelt wurden. Der Medianwert wird definitionsgemäß als aWs der jeweiligen raumakustischen Situation bezeichnet.
In Bild 6 sind die Ergebnisse für die raumakustischen Situationen 1a) - 1c) (vergl. 3.) dargestellt. Die Ergebnisse zeigen, daß in beiden untersuchten Fällen (Seitenwandreflexion und Rückwandreflexion) zusätzliche Reflexionsflächen eine Verschiebung der aWs in Richtung höherer Pegel der Reflexionen bewirken. Die Verschiebung der aWs beträgt im Fall der Seitenwandreflexion ca. 6 dB un im Fall der Rückwandrelexion ca. 10 dB. Beim Vergleich der beiden untersuchten Fälle ist festzustellen, daß seiltliche Reflexionen eher wahrgenommen werden als Reflexionen von hinten (Bild 6).

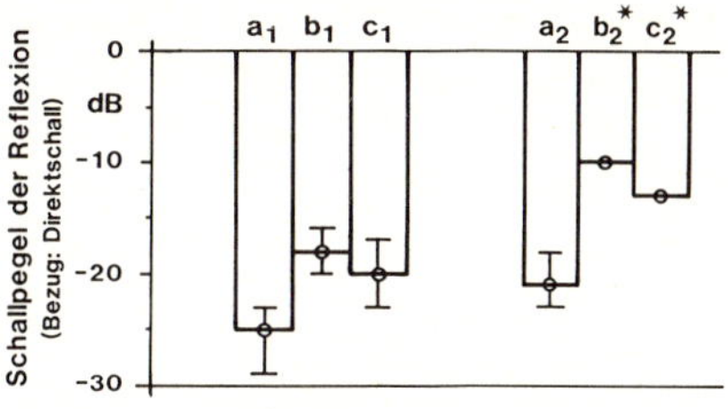

a) 1 simulierte Reflexionsfläche

b) a)+2 zusätzliche Reflexionsflächen

c) a)+b)+Mischpult

* extrapolierte Werte

Bild 6: aWs (Medianwerte/Interquartilbereiche) <a1-c1>: Simulierte rechte Seitenwand(B=4.9m/τre=11ms; τli=16ms) <a2-c2>: Simulierte Rückwand (L=5.5m/τre=τli=17ms)

Die Ergebnisse für die raumakustische Situation 2 (verg. 3.) sind in Bild 7 dargestellt. Die Ergebnisse dokumentieren, daß die Mischpultreflexion im Regieraum von besonderer Bedeutung ist. Die Mischpultreflexion ist deshalb als besonders kritisch anzusehen, da diese durch einen relativ hohen Pegel und eine kurze Verzögerungszeit gekennzeichnet ist. (Die TDS-Messung ergab einen Pegel von -4 dB und eine Verzögerungszeit von ca. 1 ms, bezogen auf den Direktschall, für den Fall, daß das Mischpult nicht mit Absroptionsmaterial abgedeckt war. Durch Auflagen unterschiedlichen Absorptionsmaterials konnte die Mischpultreflexion auf die Werte -7, -12, -15, -21 dB reduziert werden.).

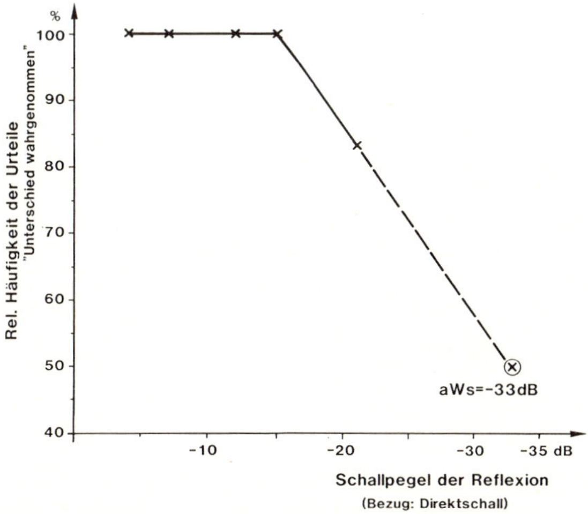

Bild 7: aWs (extrapoliert) Mischpultreflexion

Der hohe Pegel und die kurze Verzögerungszeit der Mischpultreflexion führt dazu, daß die Summe aus Direktschall und Relexion eine Kammfilterstruktur aufweist, die in Form von Klangfarbenänderungen wahrnehmbar werden /20/. Bei einer Dämpfung der Mischpultreflexion von 21 dB wurde diese noch von 83 % der Versuchspersonen wahrgenommen. Die extrapolierte aWs beträgt - 33 dB (Bild 7).

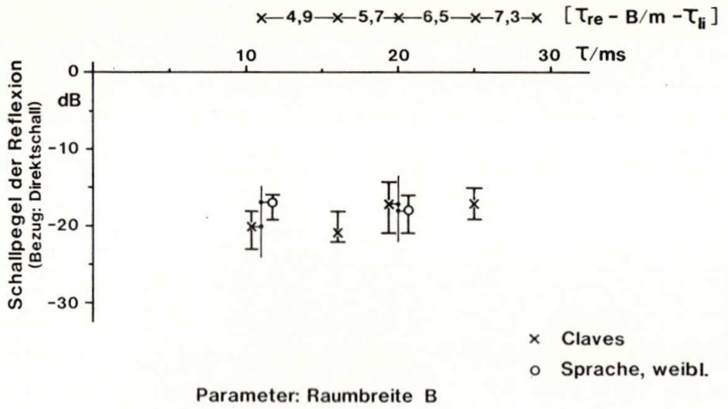

Bild 8: aWs (Medianwert/Interquartilbereiche) - Simulierte rechte Seitenwand + linke Seitenwand + Rückwand + Mischpult

Die Ergebnisse für die raumakustische Testsituation 3 (vergl. 3.) sind in Bild 8 dargestellt. Es zeigt sich, daß die Variation der Raumbreite bzw. der Verzögerungszeiten τ re, τ li nur geringen Einfluß auf die aWs hat. Es ist ein geringfügiger Anstieg der aWs (ca. 4 dB) bei Vergrößerung der Raumbreite feststellbar. Die Ergebnisse für "Sprache" als Testschall zeigen, daß "Sprache" in bezug auf die Wahrnehmbarkeit von Reflexionen als ähnlich kritisch einzustufen ist wie das vorwiegend verwendete Beispiel "Claves".

5. Schlußbemerkung, Ausblick

Welche Folgerungen können aus den vorliegenden Untersuchungsergebnissen gezogen werden?

Vergleicht man diese Ergebnisse mit den Ergebnissen vorangegangener Untersuchungen (Zusammenfassung der Ergebnisse verschiedener Untersuchungen in /9/), so zeigt sich eine gute Übereinstimmung für den untersuchten Bereich (τ = 10 - 30 ms / -20 dB < aWs < -10dB). Der in /6/ vorgeschlagene Dämpfungswert für frühe Reflexionen von $\geq$ 20 dB kann dementsprechend als ausreichend betrachtet werden, um sicherzustellen, daß die frühen Relexionen in Regieräumen - ausgenommen die Mischpultreflexion - nicht wahrnehmbar werden.

Es bleibt die Frage offen, ob diese Situation in bezug aud eine Referenz-Abhörsituation Regieraum/-lautsprecher als optimal zu betrachten ist. Die vorliegende Untersuchung sollte zur Beantwortung dieser Frage Basisdaten liefern. Die weiterführende Untersuchung konzentriert auf die qualitative Beschreibung der subjektiven Wirkung früher Reflexionen in Regieräumen. Die vorliegenden Daten erlauben es, dabei die Pegel der betrachteten Relexionen - bezogen auf die aWs - definiert anzuheben.

Erste Ergebnisse dieser weiterführenden Untersuchung deuten darauf hin, daß durch die Anhebung seitlicher Reflexionen (vergl. 3. - Testsituation 1b) eine Änderung der Hörsamkeit hervorgerufen wird, die mit den Attributen "ausgeglichener, kraftvoller, detailreicher, ausgewogener, natürlicher etc." beschrieben werden kann. Mit anderen Worten, diese ersten Ergebnisse scheinen darauf hinzudeuten, daß die starke Dämpfung der frühen Reflexionen in Regieräumen, speziell der seitlichen, nicht das Optimum in bezug auf die Definition der Referenz-Abhörsituation darzustellen scheint. Es wird erwartet daß als Ergebnis der weiterführenden Untersuchung Dämpfungswerte angegeben werden können, die Neutralität im Sinne der Definition in /6/ gewährleisten und darüber hinaus die Hörsamkeit in Regieräumen positiv beeinflussen.

Bereits im Jahre 1843 hat OHM die analytische Funktion des Ohrs postuliert. Bald darauf stellte v. HELMHOLTZ fest, daß "die Klangfarbe nur vom Amplitudenspektrum und nicht vom Phasenspektrum abhängt". Diese Feststellung gilt auch heute noch. Phasenlagenverschiebungen zwischen hohen und niedrigen Frequenzen sind nur in Sonderfällen und dann bevorzugt mit Kopfhörern wahrnehmbar; die dazu nötigen Verstärker brauchen im allgemeinen kaum problematische Filter.

Ein weiterer Parameter, der bei der Qualitätsbeurteilung elektroakustischer Geräte und Anlagen oft in den Vordergrund gestellt wird, ist der Klirrfaktor. Dabei ist dessen Betrag allein nicht unbedingt ein Gütekriterium.
Ältere Untersuchungsergebnisse über seine Wahrnehmbarkeit sind in Abb. 2 aufgezeigt, dabei ist besonders auf die Abhängigkeit von Frequenz und Absolutintensität des Schallereignisses zu achten.

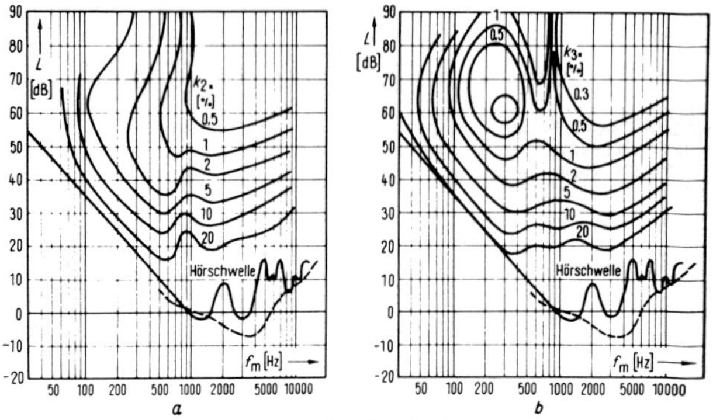

Klirrschwellen bei:
a) quadratischer Verzerrung; b) kubischer Verzerrung

Abb. 2

Eine weitere anschauliche Darstellung wird in Abb. 3 gezeigt.

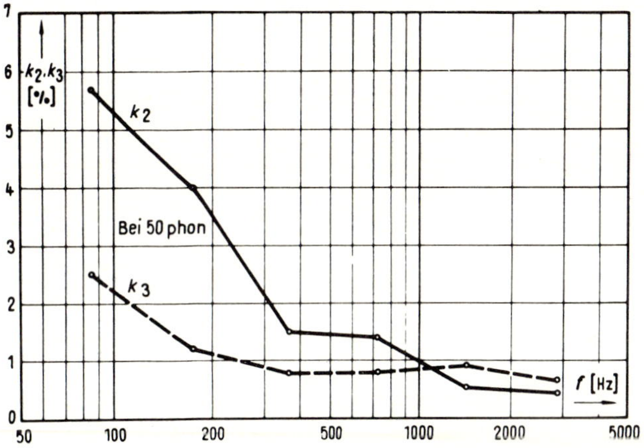

Kritische Klirrfaktoren bei der Übertragung von Tönen im Quintenabstand

Abb. 3

Als Resultat kann man ersehen, daß bei mittleren Frequenzen ein Klirrfaktor von ≤ 0,5 % auch in sehr kritischen Fällen (z.B. reine Sinustöne im Quintenabstand) voll ausreicht. (Bei einzelnen Tönen ist das Gehör wesentlich unempfindlicher, da die Oberwellen ganzzahlige Vielfache des Nutzsignals sind und deswegen wesentlich weniger als die unharmonischen Differenztöne stören).

Gibt man einen zusätzlichen "Sicherheitszuschlag" vor, so dürften Klirrfaktorwerte von max. 0,3 % (entsprechend einer Klirrdämpfung von 50 dB) bei mittleren Frequenzen in jedem Falle keine hörbare Qualitätsverschlechterung verursachen. Daß natürlich bei der Reihenschaltung vieler Einzelgeräte (z.B im Tonstudio oder bei Postleitungen) auf die geometrische Addition der Verzerrungen Rücksicht genommen werden muß, sollte nicht vergessen werden.

Ein sehr wichtiges Argument der Werbestrategen aus der HiFi-Szene ist der möglichst große Übertragungsfrequenzbereich. Das menschliche Gehör empfängt aber nur Schall in einem Bereich von ca. 16 ... 20 000 Hz, wobei sich die obere Grenze mit zunehmendem Alter zu niedrigeren Frequenzen hin verlagert. Da dieser Vorgang allmählich verläuft, wird er dem Hörer im allgemeinen kaum bewußt.
Diese Obergrenze legt auch die maximal mögliche Analysiergeschwindigkeit des Gehörsinnes fest - es ist nicht sinnvoll, wesentlich höhere Frequenzen als 20 kHz zu übertragen, schon unter dem Gesichtspunkt der Störsicherheit. Bei der üblichen Digitaltechnik wird ja auch der Bereich jenseits dieser Grenze durch das sehr steilflankige "Anti-Aliasing-Filter" sehr stark gedämpft (vgl. hierzu Abb. 4).

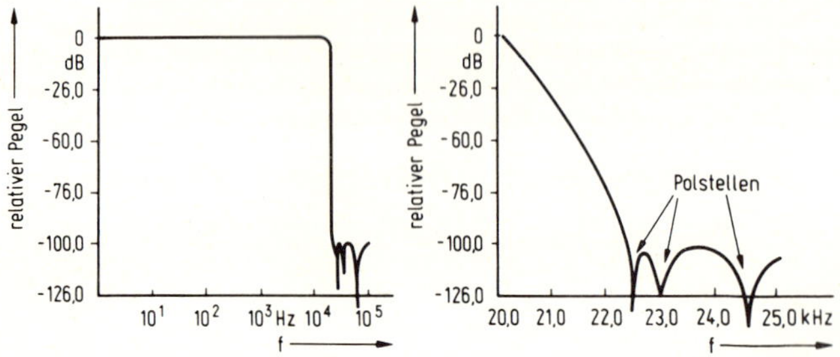

Pegelverlauf im Durchlaßbereich und Sperrdämpfung eines 13poligen LC-Tiefpaßfilters

Abb. 4

Die untere Frequenzgrenze von ca. 16 Hz wird bei üblichen Schallereignissen nie in Anspruch genommen; es gibt auch kaum Musikinstrumente,die sie erreichen. Die Geräte der kommerziellen

Tonstudiotechnik sind aus Gründen der Sicherheit gegen Windgeräusche, Trittschall u.ä. so ausgelegt, daß sie erst ab 30 Hz ungedämpft übertragen.
Eigene Untersuchungen an Industrieschallplatten mit entsprechenden Musikaufnahmen haben gezeigt, daß dort der Anteil von Frequenzen unterhalb von 40 Hz außerordentlich gering ist - bei Stereoaufnahmen sind diese Tiefen wegen ihres Platzbedarfes ohnehin unerwünscht und werden mitunter noch zusätzlich gedämpft (z.B. durch den "Elliptischen Entzerrer").
Was die so oft intensiv empfohlenen "Subwoofer" wiedergeben, dürfte eher Rumpeln von Laufwerken, Brumm und Funkelrauschen von Verstärkern sein, die beiden zuletzt genannten Störungen werden durch die schneidkurvenbedingte starke Tiefenanhebung ohnehin stark in den Vordergrund gezogen (vgl. Abb. 5).

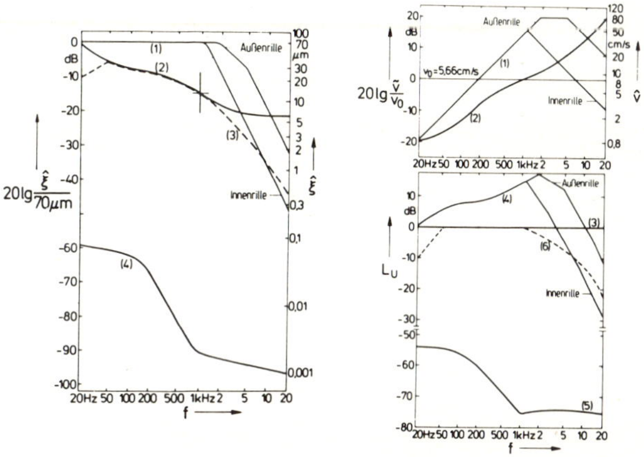

(*1*) Maximal zulässige Rillenauslenkung (Nadelverrundung r = 15 μm). (*2*) Genormte Auslenkungsentzerrung (DIN 45 546, 45 547), entspricht Vollaussteuerung. (*3*) Durchschnittliches Musikspektrum (Langzeitmittelwert). (*4*) Terzbreit gemessenes Störspektrum

Schnellefrequenzgänge: (*1*) Maximal zulässige Schnelle; (*2*) Schnellefrequenzgang bei konstanter Eingangsspannung, entspricht Vollaussteuerung, Bezugswert $\hat{v}$ = 8 cm/s bei 1000 Hz; (*3*) Übertragungsmaß der Gesamtstrecke (Sollverlauf); (*4*) Maximal zulässiger Spannungspegel bezgl. Vollaussteuerung; (*5*) Terzpegelspektrum des Störgeräusches; (*6*) durchschnittliches Musikspektrum (Langzeitmittelwert)

Abb. 5

Aus Abb. 6 kann abgelesen werden, wie der Qualitätseindruck vom übertragenen Frequenzbereich abhängt.(dabei ist "extreme" Effektmusik, wie z.B. Synthesizerklänge allerdings noch etwas anspruchsvoller).

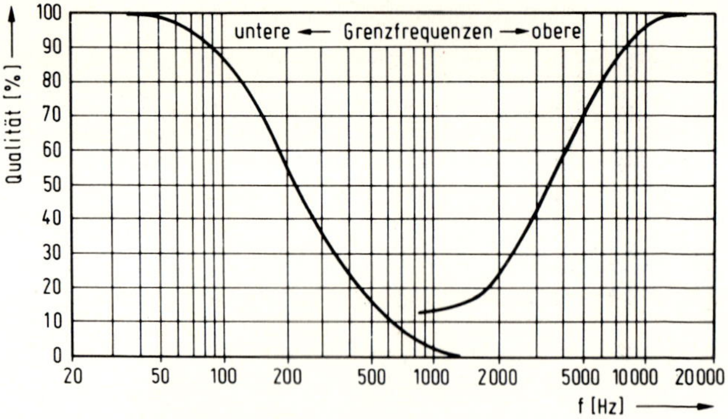

Qualität eines übertragenen Musikwerkes in Abhängigkeit von der oberen und unteren Grenzfrequenz

Abb. 6

Im übrigen wird das Entstehen von "TIM-Effekten" durch eine Begrenzung des Übertragungsbereiches bei 20 kHz wesentlich vermindert.

Nach diesen allgemeinen Hinweisen wären nun einige Anmerkungen zu aktuellen Äußerungen aus dem "High-End"- Bereich (das ist so etwas wie Super-HiFi) zu machen:

"Kondensatoren stören den Klang. Teflon oder Polystyrol macht weniger Klirrfaktor als ein Glimmerdielektrikum"(dabei werden Glimmerkondensatoren heute noch als PTB-beglaubigungsfähige Normalien höchster Konstanz und Verlustarmut verwendet ...).

Ein Autor schlägt zur Untersuchung der Nichtlinearitäten von Kondensatoren die in Abb. 7 dargestellte Prüfschaltung vor.

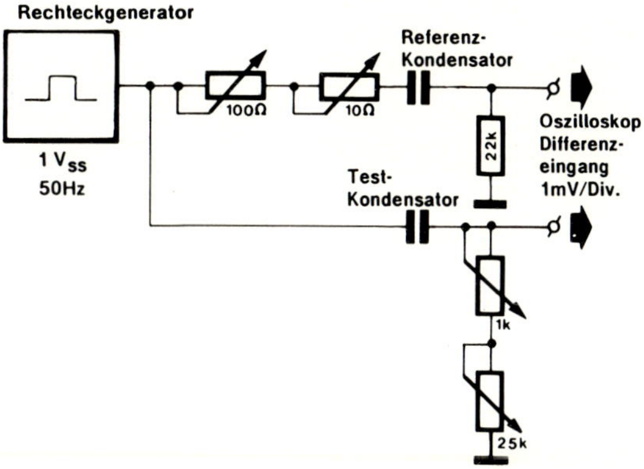

Abb. 7

Für optimale Klanggüte wird vom gleichen Verfasser empfohlen, als Koppelkondensatoren in einem hochwertigen Vorverstärker die Parallelschaltung eines 10 µF - MKT - Kondensators mit einem 4,7 µF - MKP - Typ zusammenzustellen. Erst dann würde die optimale Klangqualität erreicht ...

Kabelprobleme: In einer Publikation eines Herstellers sehr exklusiver High-End - Geräte wird empfohlen, das Verbindungskabel zwischen Vor- und Endverstärker auf der Endstufenseite mit einem Widerstand abzuschließen:"...für die ... äußerst geringen Signalströme bedeuten sowohl die molekulare Struktur des Kabels als auch die Übergangswiderstände selbst hochwertigster Steckverbindungen fast unüberwindbare Hindernisse. Ausgehend von der Überlegung, daß ein höherer Strom damit besser fertig wird und auch weniger beeinflußbar ist, besitzen unsere Vorverstärkerausgänge die Möglichkeit, bei sonst gleichen Pegeln einen höheren Signalstrom zwischen Vor- und Endstufe fließen zu lassen. Für diese Anschlußvariante wird ein spezielles Verbindungskabel benötigt. Es enthält empfängerseitig im Stecker einen Widerstand, der auf das Kabel abgestimmt ist. Dieser relativ geringe zusätzliche Aufwand wird jedoch mit einem erheblichen Gewinn an Musikalität belohnt ".

Leider geht aus dem Artikel nicht hervor, welchen Kabeltyp der Autor benutzt, doch dürfte eine Stoßstelle auf der Empfängerseite bei den an HiFi - Anlagen üblichen kurzen Leitungslängen wohl kaum eine hörbare Qualitätsminderung durch unzureichende Echodämpfung infolge Fehlanpassung bewirken...

Die in der Fernsprech- und kommerziellen Studiotechnik seit Anfang übliche symmetrische Technik hat die High-End - Szene inzwischen auch entdeckt. Eine entsprechende Veröffentlichung schildert als besondere Vorteile: ..." Detailreichtum des Musikgeschehens, Gute Ortbarkeit des Klangkörpers, Warmes Klangbild, Extrem geringes Rauschen, d.h. ein extrem hoher Störabstand, Unverfälschte Dynamik, Transparentes, luftiges Klangbild"...
Natürlich darf die Symmetrierung nicht mit Übertragern durchgeführt werden, denn diese machen ja durch ihre deutlich hörbaren Verzerrungen und Frequenzbandbeschneidungen die Musikalität kaputt... so sagt der echte "Freak" und weiß zum Glück nicht, wieviele Transformatoren die NF vom Mikrofon bis zur CD-Überspielmaschine eigentlich durchläuft.
Natürlich gibt es gute und schlechte Übertrager. Die guten sind heute besser, als es unser Gehör zu beurteilen vermag (richtige Dimensionierung und Beschaltung vorausgesetzt). Sie sind letzten Endes immer noch das sicherste und beste Mittel zur sauberen Symmetrierung und Potentialtrennung und in der kommerziellen Tonstudio- und Fernmeldetechnik unentbehrlich.

Auch der Auswahl des richtigen Leitungsmaterials zwischen Endverstärker und Lautsprecher wird eine große Bedeutung zugeschrieben; man hat manchmal den Eindruck, daß sein Querschnitt kaum groß genug sein kann. Allerdings darf bei großen zu übertragenden Leistungen und höheren Frequenzen der "Skineffekt" nicht völlig vergessen werden. Abb. 8 zeigt, wie die Eindringtiefe des Stromes von seiner Frequenz abhängt, so beträgt sie bei 20 kHz nur mehr ca. 0,5 mm. Einzeldrähte mit mehr als 1 mm Durchmesser sind also strenggenommen sinnlos. Der nötige Kabelquerschnitt braucht nun aber nicht gerade aus feinstdrähtiger HF-Litze zu bestehen.

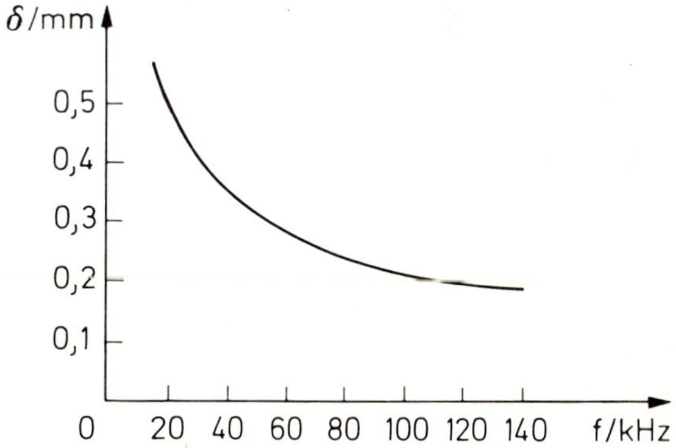

Auswirkung des Skin-Effekts:
Eindringtiefe als Funktion der Frequenz

Abb. 8

Im Zusammenhang mit der - vom Lautsprecher aus gesehen - so niedrig als möglich geforderten Quellimpedanz noch eine Anmerkung, die auch einmal zu diskutieren wäre:

Vergleicht man den dynamischen Lautsprecher mit dem Drehspulgalvanometer, so ergibt sich eine interessante Parallele: die Rolle des Innenwiderstands der Stromquelle. Je nach den elektrischen und mechanischen Eigenschaften des schwingenden Systems gibt es einen ganz bestimmten Widerstandswert, bei welchen ein optimales Ein- und Ausschwingen erreicht wird. Dieser ist aber nicht Null (dann erfolgt kriechendes Einstellen), noch ist er sehr hochohmig (was Überschwingen verursacht), vielmehr muß er individuell bestimmt werden, um die Drehspule (bzw. die Schwingspule mit Membran) im sog. "aperiodischen Grenzfall" zu bewegen.

Dies sollten nur einige kritische Bemerkungen zu den Bemühungen mancher Kreise sein, unter dem Deckmantel "HiFi" bzw. "High-End" um jeden Preis ihren Gewinn zu optimieren. Sie nützen dabei die Unwissenheit des Publikums aus und lassen - ob aus Unkenntnis oder mit Absicht - hörphysiologische und nachrichtentechnische Grundlagen und Gesetzmäßigkeiten außer Acht.

Daß die "Hi-Fi" - Bewegung andererseits auch enorme technische Fortschritte gebracht hat, steht außer jedem Zweifel. Hierzu nur als Beispiel zwei Spektrogramme von Aufzeichnungen eines 1 kHz - Sinustones mit einem sehr guten kommerziellen Analogbandgerät und zum Vergleich mit einer semiprofessionellen 16 Bit - Digitalanlage (vgl. Abb. 9 und 10). Der Unterschied in Bezug des Modulationsrauschabstandes und der nichtlinearen Verzerrungen ist doch sehr auffallend.

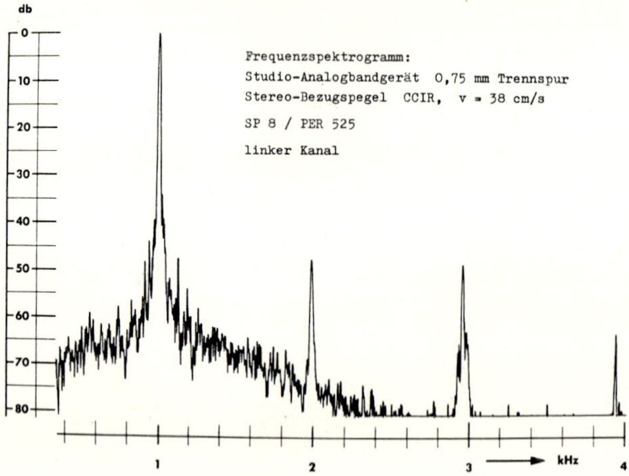

Abb. 9

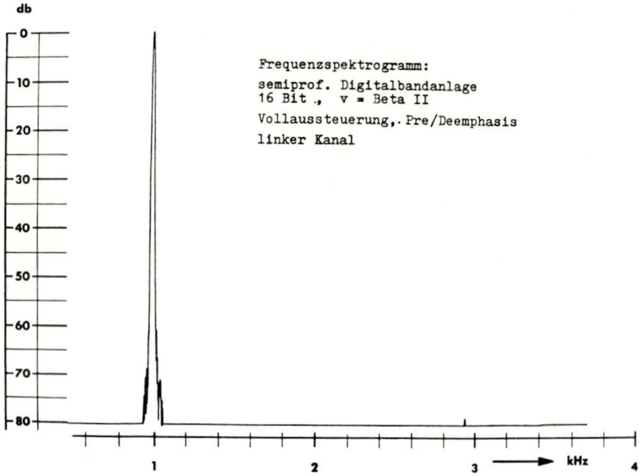

Abb. 10

Abbildungsnachweise:

Abb. 1,5: ZWICKER, E,; ZOLLNER, M.: Elektroakustik
Berlin (Springer) 1987

Abb. 2,3,6: WEBERS, J.: Tonstudiotechnik
München (Franzis) 1985

Abb. 4: THOMSEN, D.: Digitale Audiotechnik
München (Franzis) 1983

Abb. 7: o.Verfasserangabe: "Audiokondensatoren"
Elektor 193, (1/1987) S. 31

Abb. 8: TIETZE, U.; SCHENK, Ch.: Halbleiter-Schaltungstechnik
Berlin (Springer) 1986

Abb. 9, 10: eigene Messungen vom 20.9.1988

Günther Urbanek:

CROSSMATIC D - ein zeitgemäßes, betriebsorientiertes Tondurchschaltsystem

1. Einführung

Die heute an (Ton-) Durchschaltsysteme gestellten Ansprüche steigen nach wie vor an: eine immer noch größere Zahl von Ein/Ausgangsleitungen und parallel zu schaltenden Signalebenen bei umfangreicher, meist gleichzeitig agierender Ansteuerperipherie, wenn nicht sogar vollautomatische Zeitschaltungen verlangt werden. Auf der Tonseite werden als Auswirkung jüngster Bauteile-Technologien trotz gesteigerter Volumsdichte gleichbleibend hohe Tonqualität bei immer kürzeren Schaltzeiten gefordert und die Bedienerseite zeigt sich, was Eingabe, Rückmeldung, Statusanzeige oder Protokollierung anbelangt, von den Möglichkeiten der Datenverarbeitung her verwöhnt. Und zu all dem kündigt der Digitalton trotz einiger, vor allem bei reinen übertragungssystemen noch zu bewältigender Probleme unaufhaltsam sein Kommen an.

Diesen gesteigerten Anforderungen konnte nur durch ein grundlegendes Redesign unseres seit Jahren bewährten Durchschaltsystemes CROSSMATIC wirksam begegnet werden. Das geschah mit den 4 wichtigsten Zielsetzungen

- Modernisierung der Bauelemente durch den Einsatz letzter SMD-Technologien,
- möglichst weitgehende Reduktion von Volumen, Stromverbrauch und Kosten,
- Wahl eines leistungsfähigen Ansteuersystemes, das auch für den nächsten Schritt der digitalen Tondurchschaltung unverändert verwendet werden kann, und
- Konfigurierbarkeit einer Anlage durch Wahl der zum jeweiligen Anforderungsprofil passenden Hardware (HW)-Komponenten, Software (SW)-Module und Systemfunktionen.

Von der ersten Stufe dieser Neuentwicklung, die die vorerst immer noch dominierende, analoge Tondurchschaltung umfaßt, wird im folgenden berichtet. Dabei behandeln die ersten 3 Abschnitte gemäß Bild 1 die drei wesentlichen Systemteile

- analoge Durchschalteteile (DT)
- Steuersystem (SS) und
- Bedienperipherie (BP).

BILD 1 FUNKTIONELLE BLÖCKE DES TONDURCHSCHALTSYSTEMS

2. Durchschalteteile

Diese bestehen im wesentlichen aus den Baugruppen für die verschiedenen zu schaltenden Signale

- Ton (mono, stereo, Rückhörton, Cue etc.)
- Intercom (2-Draht, 4-Draht mit und ohne Konferenzmöglichkeit)
- Begleitsignale (Rotlicht und andere Signalisation, Fernsteuerung, Timecode etc.),

die üblicherweise in getrennten Ebenen geschaltet werden. Hier sind je nach Signalparameter und zugehörigen Spezifikationen verschiedene Eingangs-, Ausgangs- und Aufholverstärker, sowie Schaltplatinen mit elektronischen

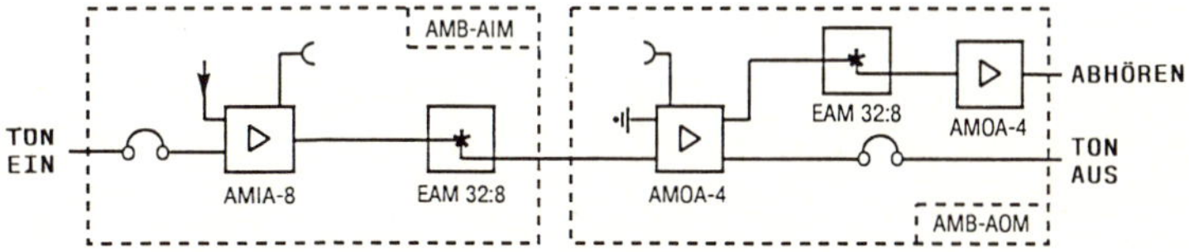

BILD 2 TONSIGNALWEG

und Relais-Koppelpunkten verfügbar. Als Beispiel soll der wohl am meisten interessierende Tonsignalweg nach Bild 2 herausgegriffen werden, dessen drei wesentliche Baugruppen in Doppel-Europa-Format

- o ein 8-fach Eingangsverstärker AMIA-8,
- o eine elektron. Tonmatrix EAM 32:8 (Ein:Aus) und
- o ein 4-fach Ausgangsverstärker AMOA-4

sind. Eingangsverstärker und Matrixplatinen sind in einem Einschubträger mit rückseitiger Trägerleiterplatte AMB-AIM untergebracht und ergeben eine Matrix der Größe 32 Eingänge:96 Ausgänge. Die Ausgangsverstärker befinden sich in eigenen Einschubträgern mit rückseitiger Trägerleiterplatte AMB-AOM für je 32 Eingangskanäle. Nachfolgende Eigenschaften seien speziell hervorgehoben:

- integrierte Eingangs- und Ausgangs-Steckfelder in 2 Varianten
- integriertes Ausgangsabhören über bis zu 8 Schienen - Software gesteuerte Ausgangs-Kurzschlußrelais für optimierte Geräuschwerte
- integrierte Einschleifschiene am Matrixeingang für die ferngesteuerte Umschaltung auf z.B. Testton oder Kennungssignal
- Meßbuchsen an den Verstärkern für jeden Tonkanal
- BUSY-LED's für alle Matrixausgänge
- ERROR-LED's zur Anzeige von Sicherungsausfall und SELECT-LED's zur Adressierungsanzeige an allen Baugruppen

Die technischen Systemdaten entsprechen zumindest jenen des Pflichtenheftes IRT-3/2.

3. Steuersystem

3.1 Hardware

Nach dem 8Bit-System des Vorgängers auf der Basis der INTEL 8080/85-Prozessoren entschieden wir uns nunmehr für die 68000-Familie von MOTOROLA (16Bit) in Verbindung mit VMEbus-Technologie, da sich diese Kombination für die gegenständliche Aufgabe als die aus unserer Sicht leistungsfähigste herausstellte. Das Grundkonzept des Steuersystemes, das die Bedienperipherie mit den Durchschalteteilen verbindet, zeigt Bild 3 (siehe Seite 4).

Während das Einplatinen-Computersystem MVME117 als zentraler Prozesso der Steuerzentrale fungiert, dient auf der einen Seite der intelligente Communication Controller MVME 333 zur Datenvorverarbeitung der Bedienperipherie, auf der anderen Seite der Singleboard Computer MVME 105 (oder 106 mit Floppy Controller) als intelligentes Schrankinterface DIRI in jedem Matrixschrank. Letzteres steuert die einzelnen Durchschalteteile (Verstärker und Matrixplatinen) über einen parallelen CENTRONICS-Bus, wobei nach einer zentralen Optokoppler- und Bustreiber-Baugruppe eine sog. ADEC-C1 Baugruppe in jedem Einschubträger unter anderem zur Adreßdekodierung vorgesehen ist.

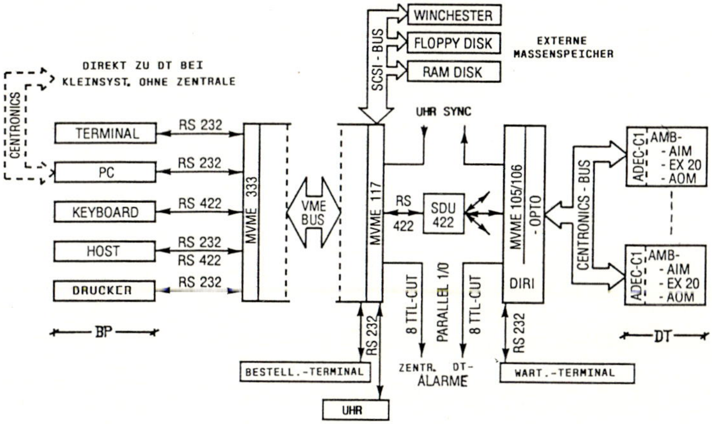

BILD 3 STEUERSYSTEM

Die Steuerzentrale, die bei Mehrschranksystemen zu jeder Zeit die gesamte Information über die Systemkonfiguration und den jeweiligen Systemzustand hat, enthält darüber hinaus:

- eine Echtzeituhr, die von einer zentralen Stationsuhr synchronisiert werden kann (für Protokollierung und vollautomatische Zeitschaltungen)
- einen eigenen Terminal-Anschluß für eine Bestellvorrats-Eingabe
- bis zu 8 TTL-Ausgänge für Alarme mit wählbaren Prioritäten, sowie
- über einen SCSI-Bus steuerbare Massenspeicher wie z.B. eine Floppy Disk für Boot-Programm und Bestellvorratsdaten und eine Festplatte mit Code- und Konfigurationsdaten des Gesamtsystemes sowie, falls gewünscht, eine Kommando-, Aktions- und Fehler-Historie.

3.2 Software

Als Betriebssystem wird das hocheffiziente pSOS der SYSTEMS COMPONENT GROUP eingesetzt, das durch sog. "multitasking" organisierte Realzeit-Anwendungen ermöglicht. Genauer gesagt, setzt sich jede dieser aus einer Gruppe von Prozessen, Unterbrechungssteuerungen und Gerätetreibern zusammen. Ergänzt und unterstützt wird das Betriebssystem durch eine Reihe leistungsfähiger Hilfsprogramme: pRISM als Realzeit-Kommunikations Manager, pHile als FILE-Manager und pROBE als umfassender System-Debugger und Analysator für die ganze SW-Familie. Die Software ist modular und blockstrukturiert und die Programme sind zum weitaus größten Teil in der Hochsprache "C" geschrieben, einzig mit zeitkritischen Unterprogrammen in Assembler derart, daß sie von C-Programmen aufgerufen werden können.

4. Bedienperipherie

Deren verschiedene Möglichkeiten sind der linken Seite von Bild 3 zu entnehmen, wobei auf zwei davon in folgenden etwas genauer eingegangen wird. Die eine Bedieneinrichtung ist das konventionelle Datensichtgerät oder Terminal (schwarz/weiß, Farbe, Grafik) das wir im Hinblick auf dessen Vorteile (spezieller Bedienerdialog, möglicher Einsatz einer Computer-Maus, Darstellung des Matrixzustandes, Fehlermeldungen etc) nach wie vor in erster Linie zur Schaltdateneingabe empfehlen. Das zweite Peripheriegerät mit Keyboard bezeichnet, ist eine funktionsspezifische Tastatur, die speziell zur Matrixansteuerung kleiner bis mittelgroßer Koppelfelder oder zielbezogener Teile größerer Durchschaltsysteme entwickelt wurde. Neben diesen beiden Möglichkeiten ist die Ansteuerung durch einen IBM-XT oder AT-kompatiblen Personalcomputer PC eine kostengünstige und trotzdem elegante Lösung vor allem für kleine bis mittlere Matrix-Koppelfelder bis zur einer Größe von max. 3x 96:96 (3 Schränke), da in diesem Fall die Ansteuerung der einzelnen Einschubträger direkt über die CENTRONICS-Schnittstelle ohne Steuerzentrale und ohne Zwischenschaltung eines Schrankinterfaces DIRI erfolgt. Und schließlich noch die Steuerung durch einen übergeordneten Rechner (Host Computer, z.B. Prozeßrechner oder von VIDEO bei einem audio-follows-video-Betrieb) über ein jeweils passendes Interface und nach einem vereinbarten Übertragungsprotokoll.

4.1 Datensichtgerät

Beim Betrieb mit einem Terminal ist einerseits zwischen

- manueller Sofortbedienung
- vorprogrammiertem Bestellvorrat,
- menügesteuerter Bedienerführung mit "help"-Funktion

und andererseits zwischen

- Primärbefehlen (Verbinden, Trennen, Abhören etc.)u.
- Sekundärbefehlen (Zugriff über Paßwort, für Wartung z. B.ganze Matrix löschen, Stellen der Uhrzeit oder Druckersteuerung etc.)

zu unterscheiden, die über Funktions-, Cursor- und programmierbare "Softkeys" aktiviert werden. Der Bildschirm ist ein wichtiger Teil der Mensch/Maschine-Schnittstelle, da dessen Möglichkeiten ganz wesentlich dazu beitragen, die Ein/Ausgabe für den Bediener zu erleichtern und damit zu beschleunigen und ihn jederzeit sowohl über diese Aktivitäten selbst, als auch über den Systemstatus zu informieren. Hier gibt es eine Reihe optimierter Formate mit speziellen Masken und Symbolen (auch fremdsprachig, für Sofortbedienung, manuelles oder automatisches Abhören, Ensembleschaltungen oder den Bestellvorratsbetrieb) in Verbindung mit unterschiedlichen Farbdarstellungen und gewissen Aufmerksamkeitsfunktionen (erhöhte Leuchtintensität, Blinken mit normaler Intensität etc.) für die verschiedene Betriebsbedingungen inklusive einem speziellen Konzept für Service und Diagnose. Die Erweiterung der Bedienungsmöglichkeiten durch Verwendung einer "Maus" ist optionell gegeben.

4.2 Keyboard

Diese funktionsspezifische Tastatur soll bei Ein- und Mehrplatzsystemen primär bei eher kleinen Matrizen bzw. zielorientierten Segmenten größerer Systeme eingesetzt werden und vor allem dann, wenn es auf rasche Bedienung ankommt. Keyboards werden über einen speziellen Peripherie-Controller PERICO und eine serielle RS 422-Verbindung entweder an ein Schrankinterface MVME 105 oder eine datenvorverarbeitende Prozessorbaugruppe MVME 333 angeschlossen. Die Standardausführung wurde zweckmäßigerweise in das im Bild 4 gezeigte

Basis- und Erweiterungs-Keyboard aufgeteilt. Erstere dient der Quellen- und Funktionseingabe über 40 alphanumerische, 6 festgewidmete und 10 programmierbare Tasten,

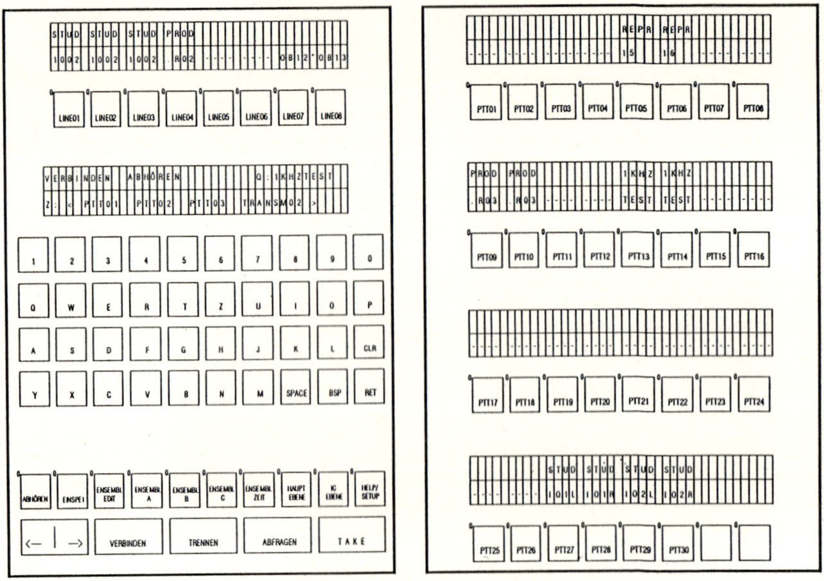

BILD 4 BASIS-UND ERWEITERUNGS-KEYBOARD

sowie der Wahl von 8 Ausgangs-Abhörschienen (im Bedarfsfall auch von 8 Zielen). Bei den "Softkeys" können Funktionen wie beispielsweise gleichzeitiges oder getrenntes Schalten der Matrixebenen, Ensembleschaltungen, Zeitschaltungen, Einschleifsignal oder ein Help-Menü aktiviert werden. Die Rückmeldung erfolgt jeweils über mehrstellige, 2-reihige LCD-Anzeigen bzw. über manchen Tasten zugeordnete LED's. Das Erweiterungs-Keyboard erlaubt durch 4 Reihen mit je 8 Zieltasten die Anwahl von insgesamt 32 Matrixausgängen, wobei auch hier über LCD-Anzeigen wie vorher eine 8-stellige Quellenanzeige je Ziel erfolgt. Da bis zu 8 derartige Erweiterungen an ein Basis-Keyboard angeschlossen werden können, ist in dieser Form die Ansteuerung einer Matrix mit unbegrenzter Quellenzahl, maximal 256 Zielen und 8 Abhörschienen möglich.

5. Systemgrundtypen

Trotz der später noch beschriebenen Konfigurierbarkeit eines Systems zu einer bestimmten Anlage aufgrund der weitgehenden Modularität von HW, SW und damit erfüllbaren Systemfunktionen, wurde eine gewisse Standardisierung durch die Festlegung von 5 im folgenden kurz beschriebenen Systemgrundtypen mit unterschiedlichen Ausbau- und Bedienungsmöglichkeiten als zweckmäßig erachtet.

Grundtype 1: Kleinsysteme entsprechend Bild 5 bis zu einer Größe von 96:96 (d.h. 1 Matrixschrank) und PC-Steuerung über dessen CENTRONICS-Interface. Manueller wie auch Bestellvorrats-Betrieb sind hier standardmäßig bzw. Farbschirm und Drucker sind optionell möglich.

Systemgrundtype 1

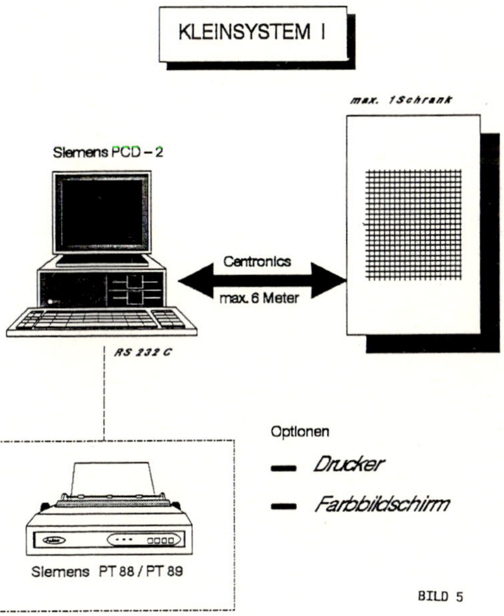

BILD 5

Grundtype 2: erweiterter Typ 1 mit PC- oder Terminal-Steuerung und bis zu 2 Keyboards, die über eine RS 422-Verbindung an ein Schrankinterface angeschlossen werden. Anstelle dieser Bedienperipherie ist auch ein übergeordneter Rechner mit einer Übertragungsprozedur gleich jener des PC's möglich.

Grundtype 3: Mehrbedienplatz-System für Koppelfelder mittlerer Größe in bis zu 8 Matrixschränken mit Ansteuerung über ein Terminal und bis zu 8 Keyboards. Dies ist die erste Systemtype, die aufgrund ihrer Größe eine über VMEbus verbundene Steuerzentrale mit einem Zentral- und einem Bedienprozessor erfordert. Auch hier kann die angegebene Peripherie durch einen Host-Rechner ersetzt werden.

Grundtype 4: dieses Großsystem ist eine Erweiterung der Type 3 zu einem gemischten Mehrplatzsystem. Bild 6 zeigt dessen Konfigu-

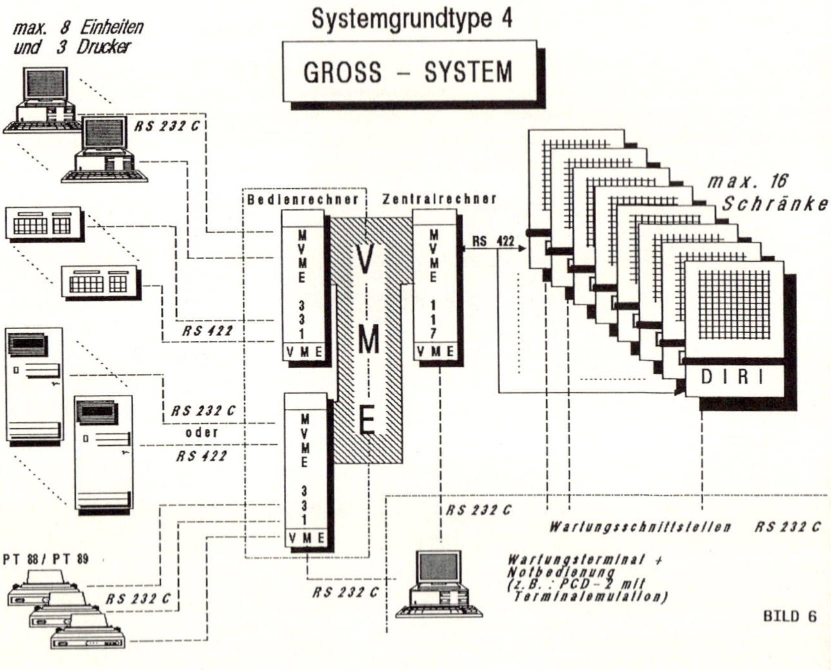

BILD 6

ration zusammen mit den Anschlußmöglichkeiten von Service-Terminals an die Zentrale und die einzelnen Matrixschränke.

Grundtype 5: bezeichnet ein spezielles System mit audio-follows--video-Betrieb und Steuerung von einem VIDEO-Rechner, wobei dieser über RS 422-Verbindungen mit einer eigenen Übertragungsprozedur die Matrixschränke ohne Steuerzentrale direkt ansteuert.

6. Hervorhebenswerte Eigenschaften

Auf einige spezielle Eigenschaften von CROSSMATIC D, auf die im Text nur kurz hingewiesen wurde, soll im folgenden etwas näher eingegangen werden.

6.1 Schaltzeiten

Bezeichnet man die Zeit nach abgeschlossener Dateneingabe bis zum Auftreten der neu durchgeschalteten Modulation mit Reaktionszeit, so setzt sich diese aus der internen Verarbeitungszeit (Prüfung von Plausibilität und Berechtigungen, Umsetzung von Quellen- und Zielnamen, Umwandlung von logischen in physische Koordinaten, Ermittlung korrelierter Knoten und mitzuschaltender Parallelebenen etc.) und der (Um)schaltzeit (Ton-Austastlücke infolge der break-before-make-Schalthandlung) zusammen. Die Reaktionszeit hängt in hohem Maß von der Größe/Komplexität des jeweiligen Systemes ab (Umfang sowohl der Durchschalte- als vor allem der Bedienperipherie) und muß die im worst case-Fall gleichzeitige Dateneingabe an allen Bedienstellen berücksichtigen. Hier sei beispielhaft angegeben, daß bei Kleinsystemen ohne Steuerzentrale mit nur einem Schrankinterface DIRI (analog Grundtype 2) die Reaktionszeit für Einfachschaltungen typisch <10 ms beträgt und bei Systemen mit einer Steuerzentrale, bis zu 8 DIRI's und bis zu 8 Keyboards und/oder 1 Sichtgerät (analog Grundtype 3) mit <40 ms garantiert wird.

6.2 Konfigurationslauf

Wie bereits kurz erwähnt, ermöglicht die modulare Vielfalt der HW-Komponenten den Entwurf von Systemen mit den unterschiedlichsten, von der HW abhängigen Eigenschaften wie z.B. Type von Verstärkern und Art der

Koppelpunkte, Matrixgröße mit mehreren Ebenen für verschiedenartige Signale, Verfügbarkeit und Zahl zusätzlicher, redundanter Signalpfade (Ein- und Ausgänge), die im Fehlerfall eine manuelle oder sogar automatische Umgehung gestörter Koppelpunkte ermöglichen, sowie Anlagen mit und ohne Steckfelder und Abhöreinrichtungen beschränkt wählbarer Größe. Dazu kommmen die unterschiedlichen Möglichkeiten samt Umfang der Bedienperipherie im Zusammenhang mit der dann notwendigen HW-mäßigen Bestückung des Ansteuersystems (Zahl von Prozessoren, Controllern, Speicherbaugruppen, Massenspeichern, Interface-Baugruppen etc.). Alle diese Komponenten können an eine Stromversorgung ohne, mit teilweiser oder voller Redundanz und mit oder ohne automatische Umschaltung auf die Standby-Einheit bei Netzgeräteausfall angeschlossen sein. Und zu dieser Flexibilität der HW kommt jene der modularen, blockstrukturierten SW, die es erlaubt, in einem Konfigurationslauf die den anlagenspezifischen Funktionen entsprechenden Teile dieser zu assemblieren. Einige Beispiele für konfigurierbare Funktionen seien im nachfolgenden angeführt.

Bedienperipherie:
- Etablierung der Schnittstellen für die Kommunikation mit den Bedienelementen
- Zuordnung der Funktionen zu den Bedienelementen (Drucktasten, LED's etc.)
- Wahl des Bildschirm-Formates (z.B. der jeweiligen Masken beim Terminal)

Durchschalteteile:
- Erstellung von Systemtabellen
- Erstellung alphanumerischer Namens- und Verbotslisten

zentrale Verarbeitung:
- Rangordnung von Fehlern und (Geräte/System-)Ausfällen
- Prioritätsreihung von Fehlern/Alarmen und deren Zuordnung zu den 8 verfügbaren TTL-Ausgängen
- Art der Alarmauswertung, -verarbeitung und -anzeige
- Art der Synchronisation der System- durch die zentrale Stationsuhr

Die Summe der Möglichkeiten dieser funktionellen Konfigurierbarkeit des Systemes ergeben eine hohe Flexibilität bei der Planung und vermeiden in den meisten Fällen aufwendige, kundenspezifische SW-Nachentwicklungen.

6.3 Bestellvorrat

Eine drastische Reduktion der täglich manuell zu schaltenden Verbindungen ist durch einen sog. Bestellvorrats-Betrieb gegeben, d. i. ein vollautomatischer, zeitgesteuerter Betrieb durch vorprogrammierte, auf Floppy Disk gespeicherte Schaltvorgänge. Dieser kann gleichsam als eine Erweiterung der manuellen Sofortbedienung aufgefaßt werden, die jedoch mit höherer Priorität immer möglich ist. über ein eigenes Standard-Terminal werden sog. "Bestellzeilen" eingegeben und abgespeichert, die alle Daten eines Schaltvorganges beinhalten (1 Quelle, bis zu 6 Ziele, Zeit für Verbinden und Trennen, mono/stereo/Ensemble-Schaltung, Schaltzyklus etc.). Die Bestellzeilen eines Tages werden jeweils in einen RAM-Speicher hinuntergeladen und können bis zur eingegebenen Verbindungszeit geprüft, verändert und ergänzt werden.

6.4 Selbsttest

Für ein hohes Maß an System-Verfügbarkeit ist das Testen der kritischen Systemteile als vorbeugende und diagnostische Maßnahme außerordentlich wichtig. Zusätzlich zu den verschiedenen Tests der Speichermedien (RAM, EPROM), der Anzeigeelemente (LED, LCD), der Kommunikationswege (Peripherie-Steuersystem-Durchschalteteile) und der Logikteile der Tonweg-Baugruppen (Verstärker, Matrixplatinen) führt die Schrankinterface-Baugruppe einen sog. "Selbsttest" der elektron. Koppelpunkte in Form eines zyklisch während des normalen Schaltbetriebes ablaufenden Hintergrundprogrammes aus. Der Test kann jedoch nicht nur automatisch, sondern auch manuell oder durch Uhrzeit schaltbar ablaufen. Dabei werden durch Einspeisung eines Testsignals über einen separaten, zusätzlichen Test-IC alle zu diesem Zeitpunkt nicht geschalteten Koppelpunkte geprüft, womit also die tatsächlichen und nicht z.B. parallele Tonwege auf ihre Betriebssicherheit getestet werden. Im Falle eines defekten Koppelpunktes wird eine Fehlermeldung mit voller Information

(Fehlerart, Nummer von Schrank, Einschubträger und Matrixplatine) ausgegeben, die eine rasche Lokalisierung und Behebung des Defektes ermöglicht.

6.5 Instandhaltung und Havarie-Strategie

Regelmäßige Wartung soll die Verfügbarkeit des Systemes vergrößern. Zu diesem Zweck wurde ein eigener Satz von Instandhaltungsbefehlen vorgesehen, mit Hilfe dessen über ein eigenes, an die Steuerzentrale und das Schrankinterface anschließbares Wartungs-Terminal mit dem System kommuniziert werden kann. Dazu gibt es eine weitreichende Havarie-Strategie, die alle Maßnahmen zur Minimierung der System-Ausfallzeit umfaßt und das System im Fehlerfall durch z.B. rasche Fehlerkennung und Umwegschaltung in einen ungestörten, teilweisen oder zumindest einen Notbetrieb überführt.

Darüber hinaus wurde ein auf den Methoden der künstlichen Intelligenz (regelbasierte Systeme und objektorientierte Programmierung) fußendes Grundkonzept ARTEX (Automated Routing Test Expert System) entwickelt. Bei diesem Expertensystem wird, ausgehend von gewissen Symptomen und durch logische Verknüpfung gespeicherter Informationen Fehlerursache und wirkungsvollste Gegenmaßnahme identifiziert und auf diese Weise eine wissensbasierte Prüf- und Wartungsunterstützung für Durchschaltsysteme geschaffen.

7. Schluß

Bereits in /1/ wurde darauf hingewiesen, daß wir parallel zu der hier beschriebenen Entwicklung auch an der digitalen Tondurchschaltung arbeiten, daß uns jedoch eine Reihe von Problemen (wie z.B. die techn. Daten heutiger 16/20 Bit-Wandler oder die Frage der wirtschaftlichen Abtastratenanpassung) bis jetzt davon abhielten, ein volldigitales Durchschaltsystem vorzustellen, das mit techn. Daten und Preisen einem guten analogen System zumindest ebenbürtig ist. Auch in der digitalen Ebene haben wir die Probleme im Prinzip gelöst, doch gilt zum heutigen Zeitpunkt noch grundsätzlich die obige Feststellung. Als Zwischenstufe zum volldigitalen Koppler haben wir daher unser bestehendes CROSSMATIC-System völlig neu entwickelt und nun meinen wir auch, daß (Zitat): "Analog doch noch viel mehr Leben in sich hat, als viele glauben" und daß es das Ergebnis doch wert ist, diskutiert zu werden.

Roger Lagadec:

Fortschritte bei der Mehrkanalaufnahme im DASH-Format

In diesem Beitrag möchte ich die wesentlichen technischen Merkmale des neuen 48-Kanalrecorders im DASH Format des PCM-3348 erklären.

1. Warum mehr Kanäle? Warum Kompatibilität? (Bild 1)

Es gibt Gründe, den Versuch zur Erhöhung der Zahl der Kanäle bei Mehrkanalaufnahmen zu unternehmen, zum Beispiel:

- Fortschritte bei der Aufnahmepraxis sowie
- Bedarf für mehr Kanäle in der Post-Produktion und in Filmstudios
- Verwendung von Musik-Synthesizern

Die ersten Digitalrecorder reichten in Bezug auf Leistung, Preis-Leistungsverhältnis und Funktion nicht an Analogrecorder heran. Das hier vorgestellte Gerät zielt darauf ab, soviel wie möglich von der Erfahrung der digitalen Mehrkanalrecorder der ersten Generation zu profitieren.

Warum Kompatibilität nach oben? (Bild 2)

- sie ist kompromißlos möglich
- sie wurde versprochen
- sie erweitert die Unterstützung des vorhandenen Formats

2. Einführung der LSI Technologie

Beim vorhergehenden DASH-Recorder PCM-3324 wurden hauptsächlich diskrete logische TTL-IC's für den Schaltungsaufbau verwendet. Für ein 48-Kanal-Gerät bedeutet dies 48 gedruckte Schaltungen für die Signalverarbeitung, was aufgrund von Kosten, Stomverbrauch, Größe und Gewicht unmöglich ist.

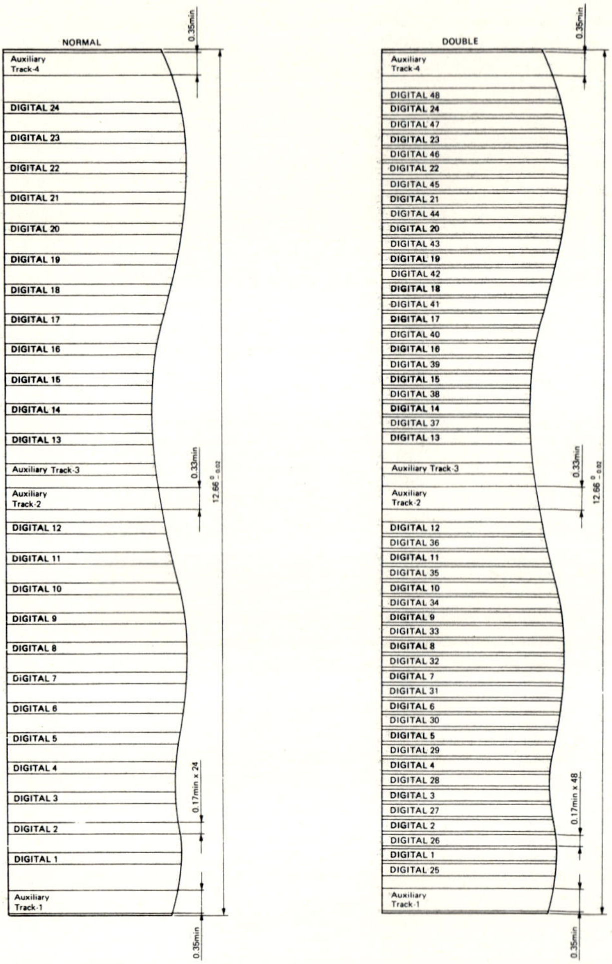

DASH 1/2" NORMAL AND DOUBLE DENSITY FORMAT

LSI NAME	PRODUCTION PROCESS	NUMBER OF GATE	FUNCTION
DASH 001G	CMOS G.A.	8000 Gate	DASH Encoder
DASH 002G	CMOS G.A.	8000 Gate	DASH Decoder
DASH 003AQ	CMOS G.A.	3900 Gate	DASH SYNC. SEP./T.B.C
DASH 004P	CMOS S.C.	400 Gate	Timing Gen.
DASH 005Q	CMOS G.A.	2000 Gate +RAM	EDIT Coefficient Gen.
DASH 006Q	CMOS S.C.	3500 Gate	SONY DIO Format (SDIF-2) D.IN
DASH 007Q	CMOS S.C.	2800 Gate	SONY DIO Format (SDIF-2) D.OUT
DASH 009G	CMOS S.C.	6000 Gate +ROM+RAM	2TIMES Over Sample. Digital Filter
DASH 010	H.I.C	—	P.B. Pre, Amp, Module
DASH 010	H.I.C	—	REC. Pulse Train Driver
DASH 012Q	CMOS G.A.	2000 Gate	REC. Pulse Train Controller
DASH 013P	CMOS G.A.	830 Gate	P.B. Digital P.L.

G.A. :Gate Array S.C. :Standard Cell H.I.C. :Hybrid IC.

DASH LSI LIST

Hieraus ergab sich die Notwendigkeit, bei der Konzeption von PCM-3348 durch Einsatz von dedizierten LSI-Schaltungen folgende Ziele anzustreben:

- Verbesserung der Wartungsmöglichkeit, Reduzierung des Zeitmultiplex auf ein Minimum
- Abdeckung aller DASH-Formatversionen
- Optimierung der Datenverarbeitungsmengen

Für PCM-3348 sind folgende digitalen LSI geschaffen worden:

Encoder

Sync/Sep TBC

Decoder

Digitalfilter

Digitaleingang

Digitalausgang

Impulsserienzeitsteuerungscontroller

Impulsserientreiber

Als Ergebnis läßt sich feststellen:

Der 48-Kanal-Recorder ist mindestens so kompakt wie ein herkömmlicher 24-Kanal-Analog- oder Digitalrecorder. (Bild 3)

Der Gesamtstromverbrauch (1,2 kW) liegt weit unter dem der vorherigen Recorder.

Die Zahl der Teile wurde drastisch reduziert und somit die Zuverlässigkeit erhöht.

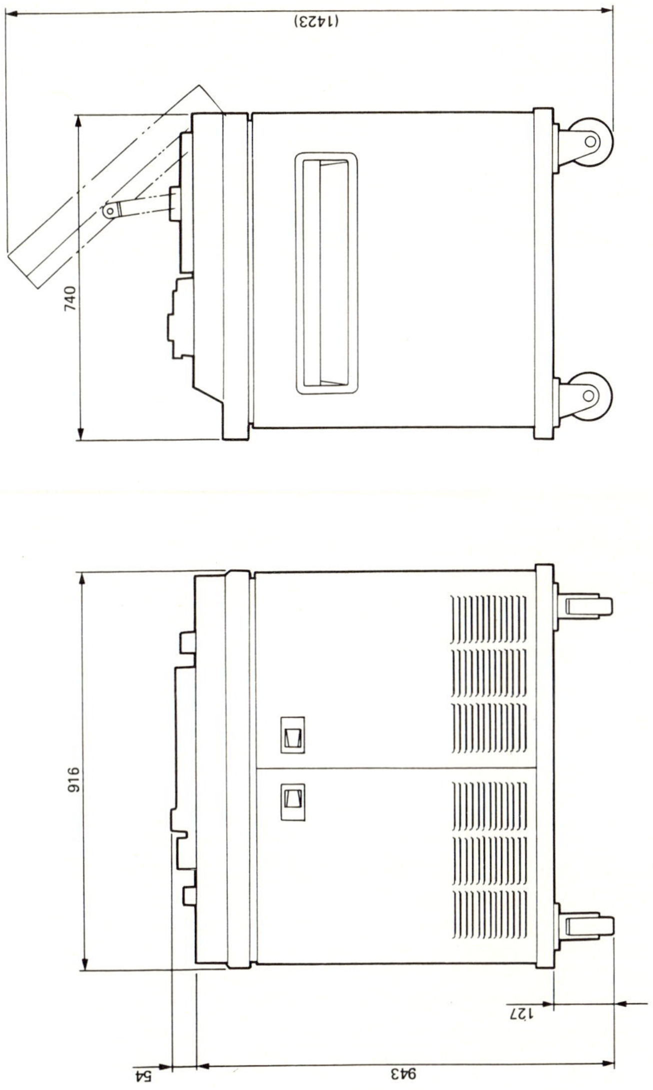

PCM-3348 DIMENSION (MAIN UNIT) (mm)

3. Dünnfilmaufnahmekopf und Ferritwiedergabekopf

Verschiedene Fortschritte in der Technologie waren erforderlich, um 52-Spur-Dünnfilmaufnahmeköpfe und Ferritwiedergabeköpfe herstellen zu können. Darüber hinaus wurden eine neue Schaltung für den Impulsserientreiber für die Aufnahme und ein neuer Wiedergabeverstärker geschaffen.

4. Neuer Mechanismus zum Bandtransport (Bild 4a + b)

Digitale Rekorder zeichnen eine größere Bandbreite auf dünneres und schmaleres Band auf (25 bis 28 Mikron, 1/2 ") als Analogrekorder. Eine Hauptforderung ist schneller und gleichmäßiger Transport des dünnen Bandes. Für den PCM-3348 wurde ein neuer Transportmechanismus entworfen. Nach der Devise "einfacher ist besser" sichert der neue Transportmechanismus unter Verwendung von Hochpräzisionsteilen die gleichmäßige und höchst zuverlässige Bewegung des Bandes in allen Betriebsarten.

Ein System mit 3 Servomotoren ohne Andruckrollen bietet ein sehr einfaches Aufspulen des Bandes. Das Chassis ist eine integrierte Konstruktion aus hochfestem Aluminiumdruckguß.

Auch das Servotransportsystem ist sehr einfach. Es handelt sich um ein Verbundsystem (digital und analog), das auf Reduzierung der Bandbelastung auf ein Minimum ausgelegt ist.

Für den Capstan Motor wurde eine mechanische Kupplung gewählt. (Bild 5). Sie ist beim Spulen ausgekuppelt, so daß das Band allein von den Wickelmotoren angetrieben wird. Die maximale

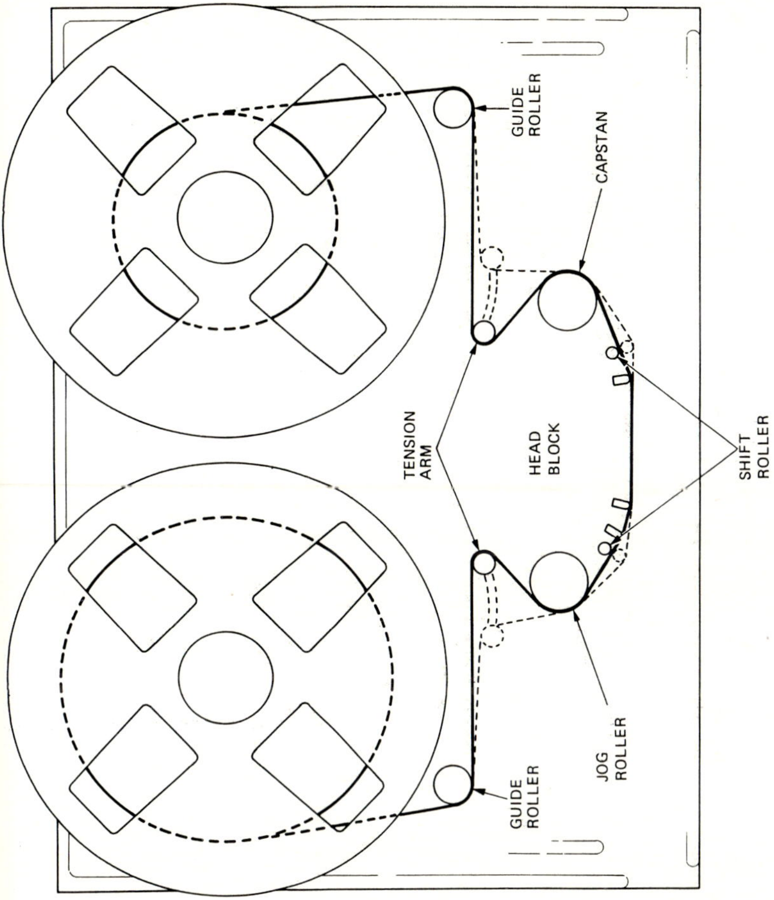

TAPE TRANSPORT MECHANISM

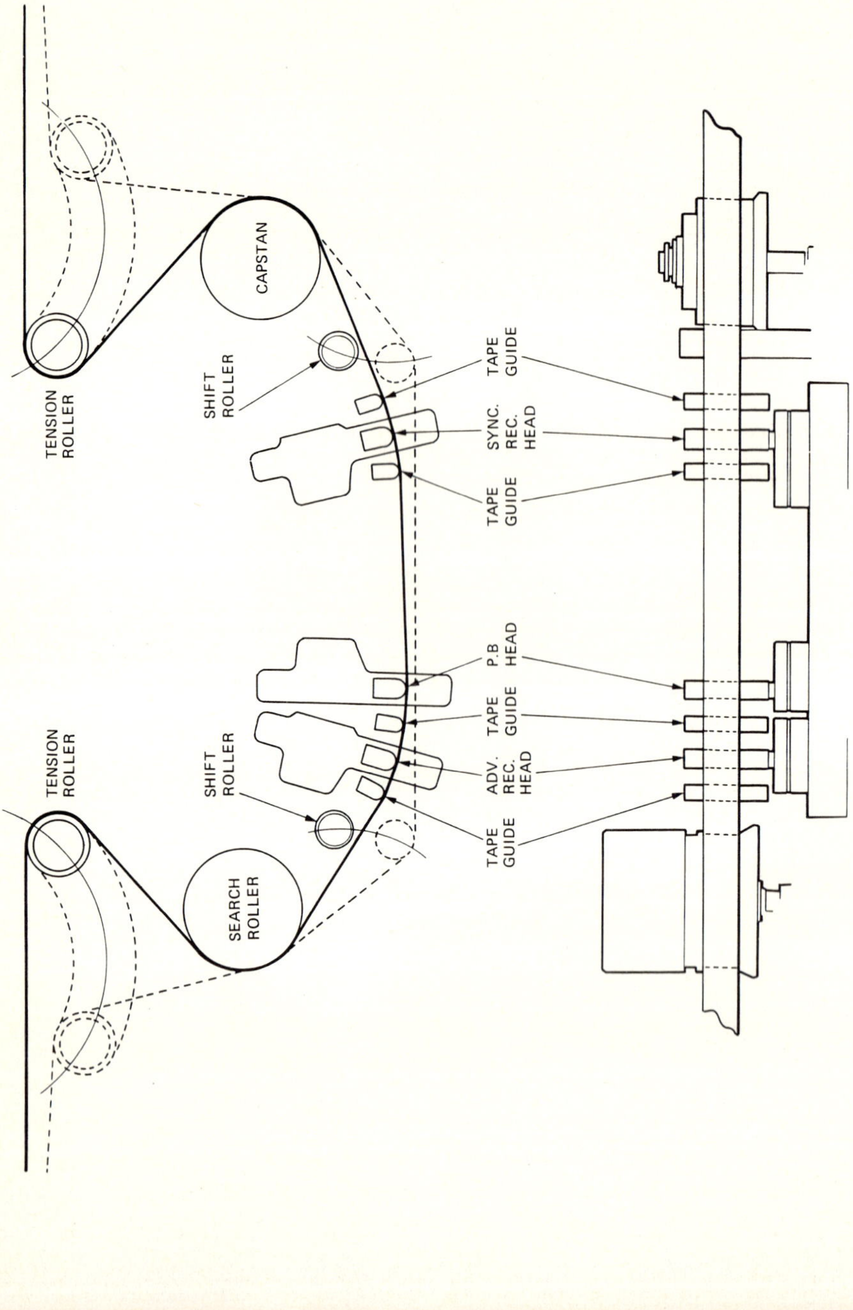
TENSION ROLLER
CAPSTAN
SHIFT ROLLER
TAPE GUIDE
SYNC. REC. HEAD
TAPE GUIDE
P.B HEAD
TAPE GUIDE
ADV. REC. HEAD
TAPE GUIDE
TENSION ROLLER
SHIFT ROLLER
SEARCH ROLLER

Wickelgeschwindigkeit beträgt 16 m/Sek. Das Spulen des Bandes erfolgt 20 % schneller als bei konventionellen Geräten (2 Min. mit einer 10-Zoll-Spule).

Der Bereich des Kopfblockes ist bei einem Digitalrecorder von entscheidender Bedeutung. In der Nähe der Köpfe befinden sich vier Hochpräzisionsbandführungen aus synthetischem Rubin. (Bild 6)

5. Aufbau der Systemsteuerung

In den heutigen Anwendungsfällen sind Recorder normalerweise als Teil eines Systems ausgelegt.

Beim PCM-3348 wird das gleiche Konzept der Steuerstruktur verwendet wie beim PCM-3324. Der APIB Systemnetzbus funktioniert mit hohen Geschwindigkeiten und nimmt Echtzeitfunktionen wahr. Sein Protokoll wurde zur Behandlung der neuen Merkmale des PCM-3348 erweitert. Auch die Kombination mit einem digitalen Audioeditor, wie beispielsweise DAE-3000, wird unterstützt.

Die Kombination mit einer Fernbedienung erfolgt mit dem gleichen DASH-spezifischen SRIF-3 (SONY Remote Interface 3) wie beim PCM-3324. Die Befehle werden auf Sektor Timing synchronisiert und zusammen mit Wortsync, Sectorsync, Sectoradresse und anderen DASH-Timing- und Synchronsignalen übertragen.

Beim PCM-3348 handelt es sich um ein Multiprozessorsystem. Ein 16-Bit-Mikroprozessor wird als Haupt-CPU, ein weiterer als dezidierte Transport-CPU verwendet. Ein 8-Bit-Mikroprozessor wird für Tastatureingabe und Display verwendet.

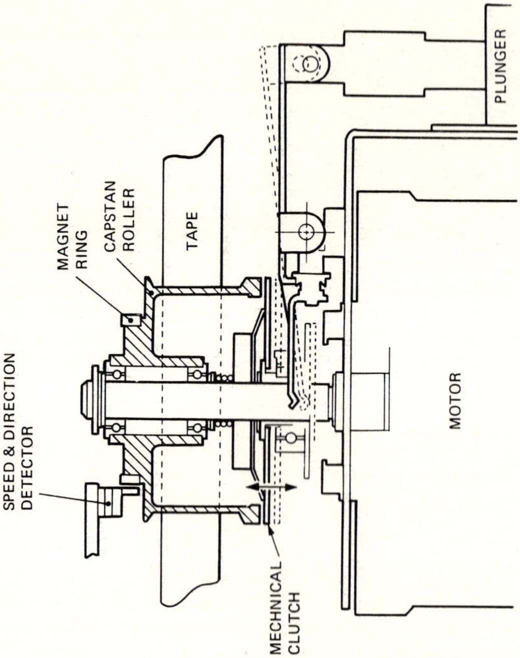

CAPSTAN ROLLER CLUTCH

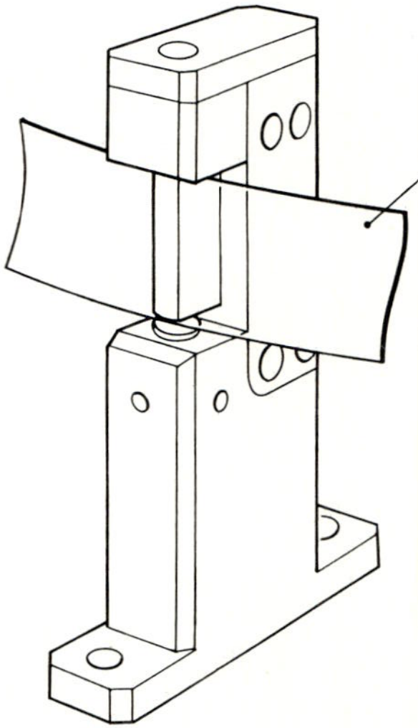

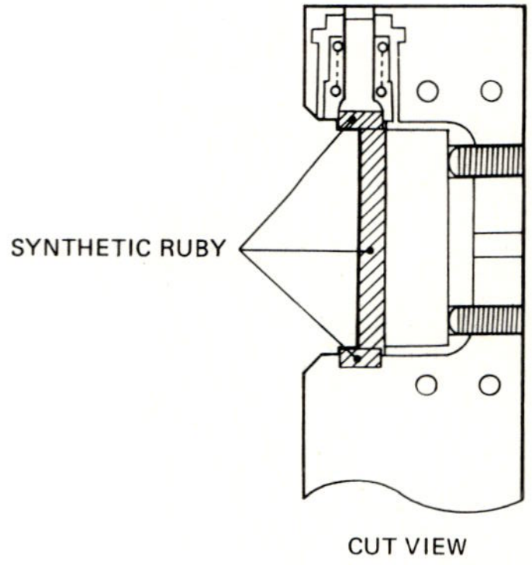

SYNTHETIC RUBY TAPE GUIDE

6. Umriss der Audio-Funktionen des PCM-3348

Völlige Kompatibilität in beiden Richtungen wird sowohl für Aufnahme als auch Wiedergabe für mit DASH 24-Kanal- und 48-Kanalgeräten aufgenommenen Tonspuren gewährleistet.

Hochentwickelte elektronische Editierfunktionen

Hochentwickelte elektronische Editierfunktionen sind möglich. Die Auflösung für Punch In/Punch out beträgt einen Sektor (1 Millisekunde). Die Überblendzeit kann in 16 Stufen von 1,35 Millisekunden bis zu 341,3 Millisekunden gesteuert werden.

Advance-Digital Output Funktion (Bild 7a + b)

Die Advance-Digital-Output ist wichtig, wenn der Digitalrecorder an ein Digitalmischpult oder sonstige digitalen Signal-Prozessoren angeschlossen ist. Die extern für den Recorder erzeugten Signale verzögern sich, und es gibt einen Phasenunterschied in Bezug zu den anderen Spuren. Um dieses Problem zu lösen, müssen die Signale zur Kompensierung der Verarbeitungsverzögerung vom Digitalrecorder vor der normalen Ausgangszeit ausgegeben werden. Diese Ausgabe wird Advance-Digital-Output genannt; beim PCM-3348 kann die Verzögerung in Einzelschritten in bis zu 250 Abtastworten eingestellt werden. Der PCM-3348 ist auf das Zusammenwirken mit künftigen Digitalmischpulten eingerichtet.

Fernbedienung zur einfachen Regelung vieler Funktionen

Die Fernbedienung steuert alle für den Studiobetrieb erforderlichen Funktionen. (Anwahl der Tonkanäle, digitales Kopieren,

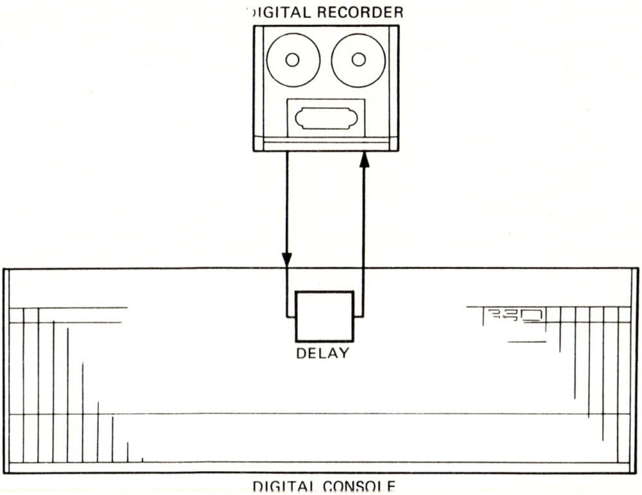
DIGITAL RECORDER
DELAY
DIGITAL CONSOLE

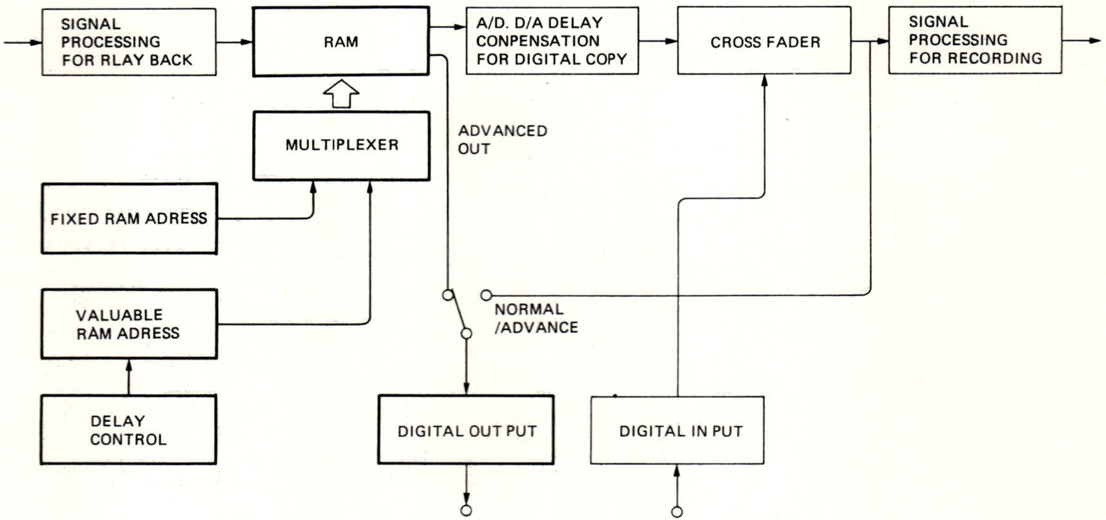

ADVANCED OUT PUT BLOCK DIAGRAM

Sound-Memory, Bandtransport und Zeitcode). Sie funktioniert parallel zum Bedienungsteil des Recorders.

Synchronsystem für Audio/Video-Anwendungen (Bild 8)

Das Synchronsystem des PCM-3348 erlaubt Verkopplung zu PAL- und NTSC-Videosynchronsignalen, Rechteckwellensignalen (für Film), digitalen AES/EBU Audiosignalen, Synchronsignalen von Fernbedienungssystemen und externen Word-Clocks anderer Audiosysteme. Diese externen Signale werden von der CPU überwacht. Bei Feststellung eines Fehlers wird ein Alarm erzeugt.

Eingebauter SMPTE/EBU Zeitcodeleser/-generator

Das Gerät verfügt über einen SMPTE/EBU Standard-Zeitcodeleser/-generator (SMPTE Drop-Frame, SMPTE Non-Drop-Frame, EBU, Film wählbar). Er kann externe Zeitcode-Eingangssignale regenerieren, externe Zeitcodes aber auch direkt aufzeichnen. Der Zeitcodeleser hat sowohl eine Regenerierfunktion als auch Drop-out-Kompensation für Wiedergabe.

Interne Digitale Kopierfunktion

Diese Funktion ermöglicht Kopieren im Digitalbereich ohne Phasenfehler von 2 wählbaren Kanälen auf zwei andere wählbare Kanäle.

Sound-Memory-Funktion

Der PCM-3348 hat ein integriertes digitales Sound-Memory (RAM) von 16 Bit Wortlänge und einer Länge von 23 Sekunden. Signale auf dem Band oder Eingangssignale können vorübergehend gespeichert werden. Eingespeicherte Signale lassen sich mit einer Genauigkeit

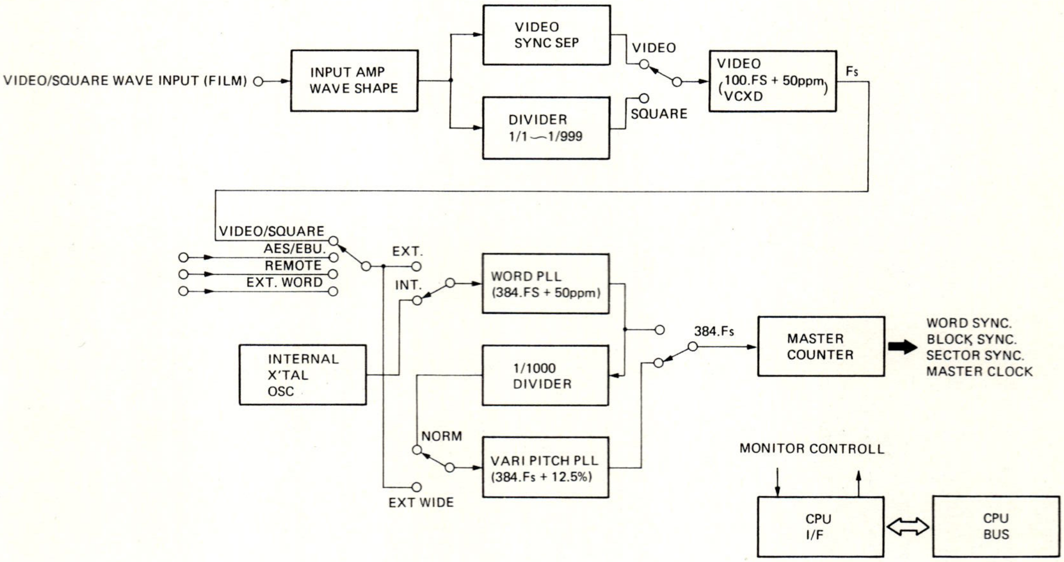

BLOCK DIAGRAM FOR MASTER CLOCK

von 1 Millisekunde trimmen und Zeitcode-gesteuert auf Band übertragen.

Hilfstonspuraufzeichnung/Wiedergabe mit Pulsbreitenmodulation (PWM)

Zur Hilfstonspuraufzeichnung/Wiedergabe wird ein PWM-System verwendet. Mit ihm wird ein Dynamikbereich von mehr als 75 dB erreicht.

AES/EBU, SDIF-2 Format 2 Kanal-Digital-Audio-Schnittstelle

Das Gerät hat digitale Audio-Ein- und Ausgänge für je 2 Kanäle. Signale können zu AES/EBU oder SONY's SDIF-2 Ein- und Ausgängen geleitet werden. Diesen Ein- und Ausgängen können zwei beliebige der 48 Kanäle zugewiesen werden.

Schlussfolgerung

Die Hauptfortschritte der im PCM-3348 DASH-Recorder eingesetzten Technik wurden vorgestellt. Das Gerät verbessert die Merkmale der DASH-Rekorder der vorhergehenden Generation. Die Grundmerkmale, mit denen die Benutzer bereits vertraut sind, wurden beibehalten.

Die Benutzer des PCM-3324 haben uns ihre Vorschläge und Meinungen in großer Zahl mitgeteilt und wir haben uns nach besten Kräften bemüht, diese in die Konzeption des PCM-3348 einfließen zu lassen. Ihnen gilt unser herzlicher Dank.

Unser Dank geht weiterhin an das Haus Studer für Ihre Mitarbeit bei der Gewährleistung voller Kompatibilität.

Peter Kaminski:

Mailboxsysteme für Musik- und Tonstudios

Das neue Medium

Die Mailbox, oft auch als Electronic-Mail (E-Mail) System bezeichnet, ist ein Medium, welches in vielen Bereichen schon intensiv genutzt wird. Für die Tonstudiobranche in der Bundesrepublik gilt dies aber noch nicht - ganz im Gegensatz zu den Vereinigten Staaten. Die starke Konkurenz im Tonstudiobereich macht es eigentlich erforderlich, die modernste Kommunikationstechnik einzusetzen, um im Wettbewerb mithalten zu können. Ich hoffe, dass dieser Beitrag hilft, einen kleinen Einblick in das Medium 'Mailbox' zu bekommen.

Voraussetzungen

Auf der Anwenderseite ist ein Computer notwendig, der eine serielle RS232 Schnittstelle besitzen muss. An dieser Schnittstelle wird ein sogenanntes Modem angeschlossen. Das Modem bereitet die Daten für die Übertragung über das Telefonnetz auf bzw. wandelt die ankommenden Signale in Daten um. Die Übertragung erfolgt mittels Trägertönen, die in der Frequenz und Phase umgetastet werden. Es gibt zwei Arten von Modems. Sie unterscheiden sich in Ankopplung des Systems. Bei akustischer Ankopplung spricht man von Akustik-Kopplern und bei direkter galvanischer Kopplung spricht man einfach von einem 'Modem'. Akustikkoppler werden aufgrund ihrer geringen Übertragungsrate und Störanfälligkeit durch

Umweltgeräusche in der professionellen Anwendung nur in Ausnahmefällen verwendet. Es ist für den Betrieb noch eine 'Terminal-Software' notwendig, die die Kommunikation zwischen Rechner und Modem durchführt sowie das Erstellen, Speichern, Senden und Empfangen von Texten und Dateien erlaubt.

Kommunikation

Die Kommunikation wird im allgemeinen über das Telefonnetz durchgeführt. Bei grossen Datenmengen und häufiger Benutzung empfiehlt sich die Installation eines Datenanschlusses. Dies ist in der Regel aber nicht notwendig. Bei der Kommunikation über das Telefonnetz muss man zwischen zwei Verfahren unterscheiden:

- Verbindung direkt über Telefon,
- Telefonzugang zum öffentlichen Datennetz.

Bei der ersten Methode ist der Mailbox Nutzer direkt über Telefon mit der Mailbox verbunden. Dieses Verfahren macht nur Sinn, wenn Anwender und Mailbox Rechner in derselben Stadt ansässig sind. Durch den Ortstarif und höhere Übertragungsraten kann man in diesem Fall Kosten einsparen. Mittlerweile sind Übertragungsraten von bis zu 2400 Baud, was ungefähr 240 Zeichen pro Sekunde entspricht, zugelassen. Wenn die Mailbox über das Datex-P Datennetz erreichbar ist, muss man die Verbindung mit Hilfe eines der 17 Knotenrechner aufnehmen, welche über das Telefonnetz erreichbar sind. Siehe hierzu auch Abb. 1. Hier werden Übertragungsgeschwindigkeiten von 1200 Baud, was ungefähr 120 Zeichen pro Sekunde entspricht, ermöglicht.

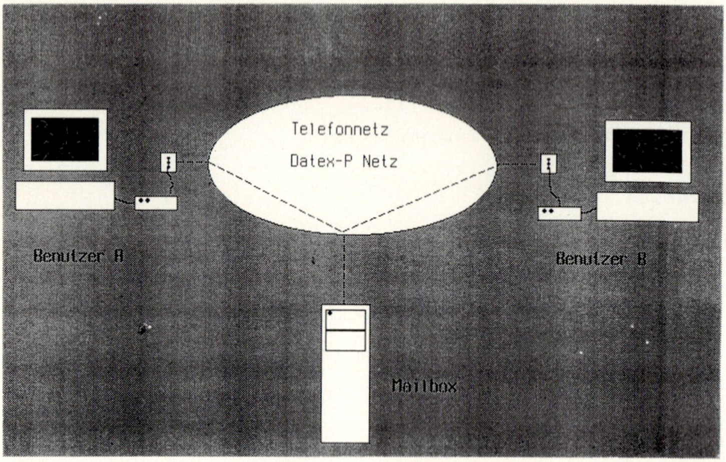

Abb. 1 Kommunikationsweg

Bedienung

Es gibt zwei grundsätzliche Bedienerkonzepte:

- menüorientierte Bedienung,
- direkte Befehlseingabe.

Die menüorientierte Bedienung hat den Vorteil, dass man immer über die aktuellen Bedienungseingaben informiert ist. Doch der Nachteil durch die ständige Wiederholung des Menüs und die damit verbundenen Wartezeiten überwiegt. Aus diesem Grunde arbeiten moderne Systeme befehlsorientiert. Das heisst nach dem Systemeintritt erscheint lediglich eine Aufforderung einen Befehl einzugeben. Schon wenige Befehle reichen aus, um die gängisten Aktionen durchzuführen. Die Befehle können zur schnelleren Eingabe meist abgekürzt werden. Gängige Befehlseingaben sind zum Beispiel: SENDEN, LESEN, ENDE, ANSCHRIFT usw.. Man sieht, die Befehle sind so eindeutig, dass eine Erklärung überflüssig ist. Der Zugang zum System wird in Abb. 2 verdeutlicht. Das Passwort, welches bei jedem Eintritt in das System eingegeben werden muss, schützt vor unbefugtem Zugang zum eigenen Mailboxfach. Das Mailboxfach nennt man den persönlichen Speicherbereich innerhalb der Mailbox.

```
Ablage  Einstellen  Senden  Empfangen  Drucken  Optionen  Hilfe  Ctrl
OFFLINE                    DATEX-P HAMBURG          00:01:40  21:10:28
MODEM: 1200/8/NONE/1             ASCII VOLL  US  WR SCR   ECR   --- ---

Music Mail Service (MMS2) (Port 4)

Name? P.KAMINSKI

Kennwort? .........

Guten Abend, Peter!
Ihr Anruf Nr. 423

Angeschaltet am:    19.10.88, 18:35:13
Letzter Zugang am:  19.10.88, 18:32:52


Neue Einträge in:

STUDIOS          (19.10.)

Nr. ST Datum  Zeit  Absender/Empfänger      Zeichen Betreff
  2 EU 19.10. 18:32 SDA                          48 INFORMATION

Befehl:

Deluxe/Term V2.5                          898141 DTR        DCD
```

Abb. 2 Systemzugang

Übertragen von Dateien

Nun ist es an der Zeit aufzuzeigen, was ein Mailboxsystem leistet. Der Name Mailboxsystem stammt aus der Anfangszeit dieser Systeme. Die Leistungsfähigkeit geht aber mittlerweile über das Versenden von Texten weit hinaus. So können z.B. Dateien übertragen werden. Hier einige Beispiele was diese Dateien beinhalten können:

- Software-Updates für Computer und Tonstudiogeräte,
- Klangparameter für Synthesizer und Effektgeräte,
- kurze digitale Audio Daten für Sound-Sampler,
- Abmischdaten einer Faderautomation.

Einige Firmen bieten z.B. regelmässigen Update-Service via Mailbox-Systeme an. Dies ist nicht nur für die Endverbraucher, sondern auch für die Distributoren von erheblichem Vorteil. Da es sich bei den genannten Daten meist um sehr grosse Datenmengen handelt, werden diese vor dem Senden mittel eines Computer Hilfsprogramms komprimiert. Die erzielte Komprimierung ist erheblich und kann sogar bis zu 50 % betragen. Die Übertragung wird mit einem gesicherten Protokoll, meist X-Modem oder Y-Modem, durchgeführt. Hierbei werden die Daten in Pakete aufgeteilt. Nach senden eines Paketes wird mittels einer 'Check-Summe' der korrekte Empfang von der Gegenstelle bestätigt. Wenn keine Bestätigung erfolgt, wird das Datenpaket wiederholt gesendet. Durch das Protokoll ist eine sehr hohe Datensicherheit gewährleistet. Der Bedienungsablauf ist der Abb. 3 zu entnehmen.

```
  Ablage Einstellen Senden Empfangen Drucken Optionen Hilfe Ctrl
      OFFLINE            DATEX-P HAMBURG         00:06:53  21:25:29
MODEM: 1200/8/NONE/1           ASCII VOLL  US  WR SCR   ECR   --- ---


Befehl: file samples

FILESYSTEM SAMPLES: SAMPLES zum Downloaden
Zuständig: MMS

(FILESYSTEM SAMPLES) Befehl: xmodem

L)esen, S)enden oder P)arameter? lesen

Bitte Dateinamen eingeben: conga.sam

Datei SAMPLES\CONGA.SAM: 18 Blöcke (2304 Bytes).
Bitte Xmodem-Empfang starten. (X)

█
Deluxe/Term V2.5                       898300 DTR        DCD
```

Abb. 3 X-Modem Übertragung

Mailbox als Informationslieferant

Die Mailbox dient auch als Informationslieferant. So stehen sogenannte 'Schwarze Bretter' zur Verfügung. Für jeden thematischen Bereich existiert ein eigenes Brett. Hier sind Informationen über das Mailbox-System, über neue Produkte, Chart-Plazierungen, über neue Technologien sowie Angebote über An- und Verkauf zu finden. Siehe hierzu Abb. 4. Einige Mailbox-Systeme bieten auch den Zugang zu Datenbanken an. Hier kann man dann Informationen über Literatur, Flugpläne, Hotels usw. bekommen.

```
  Ablage  Einstellen  Senden  Empfangen  Drucken  Optionen  Hilfe  Ctrl
         OFFLINE              DATEX-P HAMBURG            00:01:40  21:10:28
MODEM: 1200/8/NONE/1               ASCII VOLL  US  WR SCR   ECR   --- ---



Befehl. brett studios

BRETT STUDIOS: Tonstudios
Zuständig: P.KAMINSKI

(BRETT STUDIOS) Befehl: inhalt *

Nr. Datum  Zeit  Absender                  Zeichen Betreff
  1 28.09. 12:57 P.KAMINSKI                    134 DIGITAL INFORMATION EXCHANGE
  2 28.09. 11:02 MMS                           329 DIGITAL INFORMATION EXCHANGE
  3 28.09. 13:00 P.KAMINSKI                    232 TERMINE
  4 10.10. 13:03 MMS                          4458 EMU -PRESSERELEASE

(BRETT STUDIOS) Befehl: lesen 3
 Deluxe/Term V2.5                            898141 DTR       DCD
```

Abb. 4 Brett

Systemanbieter

Die Anzahl der vorhandenen Systeme, die sich ausschliesslich mit der Musik- und Tonstudiobranche beschäftigen, ist nicht sehr gross. Die Teilnehmeranzahl beträgt aber insgesamt doch einige Tausend. Hier nun eine kurze Übersicht über die vorhandenen Systeme:
esi street (Entertaiment System International) ist eines der grössten Systeme und findet haupsächlich Anwendung in der Tonträgerindustrie und Verlagsbranche sowie in der Filmmusikbranche.

Billboard Information Network (BIN) ist ein System, was zwar auch Textübertragungen zulässt, aber eigentlich stellt es ein umfangreiches Informationssystem für Musikproduzenten und Verleger dar. Das System hat Datenbank Charakter und liefert fast alle amerikanischern Chart-Listen und andere Daten wie z.B. Playlists und Titelrechte.

Performing Artists Network (PAN) ist im amerikanischen Delphi System integriert. Die Anwender kommen aus den Bereichen Musiker, Musikinstrumenteehersteller sowie Musik-Software Anbieter und private Rundfunkstationen. Es sind sehr viele Datenbanken und Anwender-Bereiche vorhanden.

Music-Mail-Service (MMS) ist ein deutsches Mailboxsystem. Hier ist Text und X-Modem Dateiübertragung möglich. Es existieren Bretter aus den Themenbereiche Musik, MIDI, Studiotechnik, Computertechnik usw..

Sonstige Systeme

Darüberhinaus gibt es noch einige Firmen-Mailboxsysteme auf deren Nennung hier verzichtet werden soll. Diese Systeme dienen im allgemeinen der Bestellung, Kundenbetreuung sowie dem Software-Update-Service.

Netzübergreifende Kommunikation

Der Austausch von Nachrichten zwischen Mailboxsystemen ist meist gewährleistet. Bei einigen Systemen geht man aber noch darüberhinaus und es wird der Austausch von Nachrichten zwischen verschiedenen Kommunikationsmedien ermöglicht. So z.B. nach und von BTX und Telex bzw. Teletext. Einige Systeme erlauben das Senden von Fax Nachrichten. In der Bundesrepublik ist der Netzübergreifende Nachrichtenverkehr aufgrund der Deutschen Bundespost Bestimmungen leider nicht gestattet wird aber scheinbar zunehmend toleriert. Aber auch in der Bundesrepublik ist netzübergreifender Verkehr über ausländische Zwischenstellen durchführbar. Nachteile für die Anwender gibt es dadurch nicht.

Fazit

Die Mailbox bzw. E-Mail hat gegenüber den traditionellen Kommunikationsmedien wie Telex, Fax und Briefpost entscheidende Vorteile, die hier nochmals aufgeführt werden sollen:

- schnelle Zustellung,
- die Nachrichten brauchen bei EDV-Verarbeitung beim Empfänger nicht mehr erfasst zu werden,
- geringere Kosten.

Literatur

Music-Mailbox-Systeme, Peter Kaminski, Signum-Verlag, ISBN 3-924767-23-8

Das grosse DFÜ Buch zum Atari-ST, Severin, Data Becker, ISBN 3-89011-142-4

Elke Hastreiter:

Die Möglichkeiten der Subcode-Codierung bei DAT-Aufzeichnungssystemen

Die Codierung der Sub-Codes beim DAT System ist vergleichbar mit der Sub-Code Codierung bei der CD. Allerdings ist die Sub-Code Kapazität beim DAT System um den Faktor 4,6 größer als bei der CD, so daß sich - theoretisch gesehen - weit aus mehr Möglichkeiten ergeben. Theoretisch gesehen heißt, daß bisher nur ein Bruchteil dessen, was möglich ist, in den DAT Recordern realisiert wird.

Die gesamte Sub-Code Kapazität läßt sich, wie aus Abbildung 1 ersichtlich, in zwei große Bereiche unterteilen: zum einen in die PCM-IDs, zum anderen in die eigentlichen Sub-Codes.

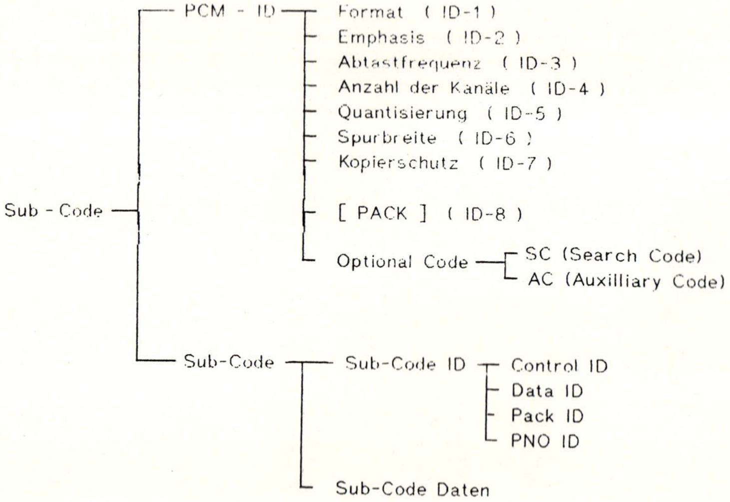

Abbildung 1

Die PCM-IDs (Identifikations-Bits) werden in den Blöcken der eigentlichen Audiodaten aufgezeichnet, während die Sub-Codes in den speziell dafür vorgesehenen Sub-Code Datenblöcken gespeichert werden.

Die PCM-IDs unterteilen sich ihrerseits in ID 1 bis ID 8 und in die sog. Optional Codes, die sich wiederum in Auxiliary Codes (AC) und Search Codes (SC) aufgliedern.
Der Sub-Code in den Sub-Code Datenblöcken unterteilt sich in die Sub-Code IDs, die nicht zu verwechseln sind mit den PCM-IDs, und die eigentlichen Sub-Code Daten.

Im folgenden soll zunächst auf die Sub-Code Codierungsmöglichkeiten in den PCM-IDs eingegangen werden.
Die Gesamtkapazität in diesem Bereich beträgt 68,3 kbit/s, bzw. umgerechnet 1024 bit/Spur.
Wie bereits erwähnt, werden die PCM-IDs in den Blöcken der Audiodaten gespeichert, die sich in der Mitte einer jeden Spur befinden (siehe Abbildung 2). Dabei weist jeder der 128 Datenblöcke dieselbe Blockstruktur auf: 8 bit dienen der Synchronisation, 8 bit stehen für die Sub-Code Codierung zur Verfügung. Die Blockadresse nimmt weitere 8 bit in Anspruch und mit 8 bit werden diese Daten durch ein Paritywort vor Fehlern geschützt. Erst dann erfolgt die Aufzeichnung der Audiodaten

Wichtig für die weitere Betrachtung sind die 16 bit ID-Code (=W1) in Zusammenhang mit der Blockadresse (=W2). Abbildung 2 zeigt im einzelnen die Aufteilung der Daten in 16 aufeinanderfolgenden Datenblöcken.
Die 8 bit für die IDs unterteilen sich in das eigentliche ID und in eine Frame Adresse. Im ersten Block werden die ersten beiden IDs (= ID 1 und ID 2) mit einer Frame Adresse und einer Blockadresse gespeichert. Im übernächsten Block werden die folgenden IDs mit entsprechender Adressierung aufgezeichnet.

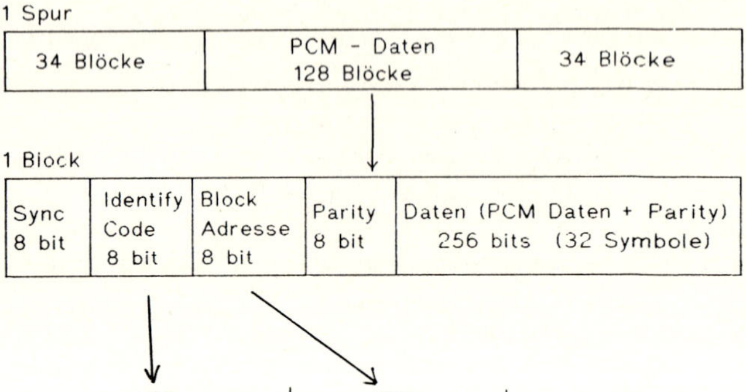

W1		W2	
PCM -ID	Frame A.	Blockadresse	Blöcke
ID-1 ID-2	0 0 0 0	0 X X X 0 0 0 0	1. Block
SC 1		0 X X X 0 0 0 1	
ID-3 ID-4	0 0 0 1	0 X X X 0 0 1 0	
SC 2		0 X X X 0 0 1 1	
ID-5 ID-6	0 0 1 0	0 X X X 0 1 0 0	
SC 3		0 X X X 0 1 0 1	
ID-7 ID-8	0 0 1 1	0 X X X 0 1 1 0	
SC 4		0 X X X 0 1 1 1	8. Block
ID-1 ID-2	0 1 0 0	0 x X X 1 0 0 0	9. Block
AC 1		0 X X X 1 0 0 1	
ID-3 ID-4	0 1 0 1	0 X X X 1 0 1 0	
AC 2		0 X X X 1 0 1 1	
ID-5 ID-6	0 1 1 0	0 X X X 1 1 0 0	
AC 3		0 X X X 1 1 0 1	
ID-7 ID-8	0 1 1 1	0 X X X 1 1 1 0	
AC 4		0 X X X 1 1 1 1	16. Block

Abbildung 2

In den PCM-IDs können nun jeweils mit zwei bit folgenden Informationen gespeichert werden:

- ID 1: Format
- ID 2: Emphasis ("on" oder "off")
- ID 3: Abtastfrequenz (48 kHz, 32 kHz oder 44,1 kHz)
- ID 4: Anzahl der Kanäle (2 oder 4)
- ID 5: Quantisierung (16 bit linear oder 12 bit nicht linear)
- ID 6: Spurbreite (13,59 oder 20,4 Mikrometer)
- ID 7: Kopierschutz (spätere Kopie möglich oder nicht)

Diese IDs stehen in direktem Zusammenhang mit dem aufgezeichneten Signal. Sie stellen so eine Art Kontrollsignal dar, das für die Wiedergabe von besonderer Wichtigkeit ist, da auf diese Art Lesefehler vermieden werden. Das ID 8 nimmt in diesem Zusammenhang eine gesonderte Stellung ein. 32 ID 8 mit gleicher Blockadresse bilden ein zusätzliches freies Datenpaket, ein "Pack", d.h. es wird weiterer Speicherplatz von 64 bit geöffnet. Da die Codierung in diesem Pack der Codierung in den Sub-Code Datenblöcken sehr ähnlich ist, sei hier nicht weiter darauf eingegangen.

In den Zwischenblöcken, d.h. in den Blöcken mit geradzahliger Blockadresse werden die Optional Codes gespeichert (vgl. auch Abbildung 2), die durch Auxiliary Code und Search Code eine interessante Möglichkeit der Codierung bieten. Die Aufteilung der Daten kann Abbildung 3 entnommen werden. Zunächst können in den SC Programmnummern und Indizes, sowie dazugehörige Zeiten festgehalten werden. Durch ein Flag wird die Nummerierung der einzelnen Programmteile aktiviert. Ein Start Flag kennzeichnet den Beginn eines neuen Stückes.

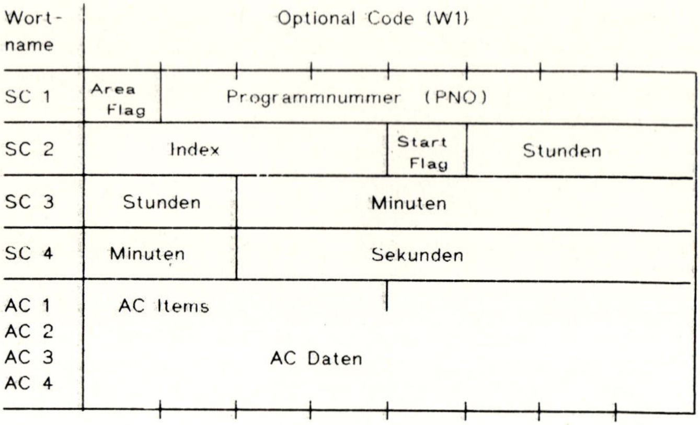

Abbildung 3

In den Auxiliary Codes sieht die Programmierung etwas anders aus: es wird zunächst ein vierstelliges Item angewählt, das bestimmt, welche Daten in den übrigen freien Speicherplätzen aufgezeichnet werden. Es können hier Spielzeiten einzelner Programmteile, Gesamtspielzeit einer Kassette und Indexzeiten programmiert werden.

Es werden Start Flags, Index Flags und einige Zusatz Flags aufgezeichnet.

Mit einem Item kann man festlegen, ob diese Daten zu Beginn in ein Inhaltsverzeichnis eingelesen werden sollen.

Man kann Kalenderdaten, z.B. die Daten einer laufenden Produktion, als auch Katalogdaten auf dem Band festhalten. Ein mühseliges Buchführen bei Produktionen entfällt.

Außerdem kann der ISRC eingegeben werden.

Wie eine Programmierung mit den SC- und AC Daten aussehen kann, zeigt Ab-Bildung 4.

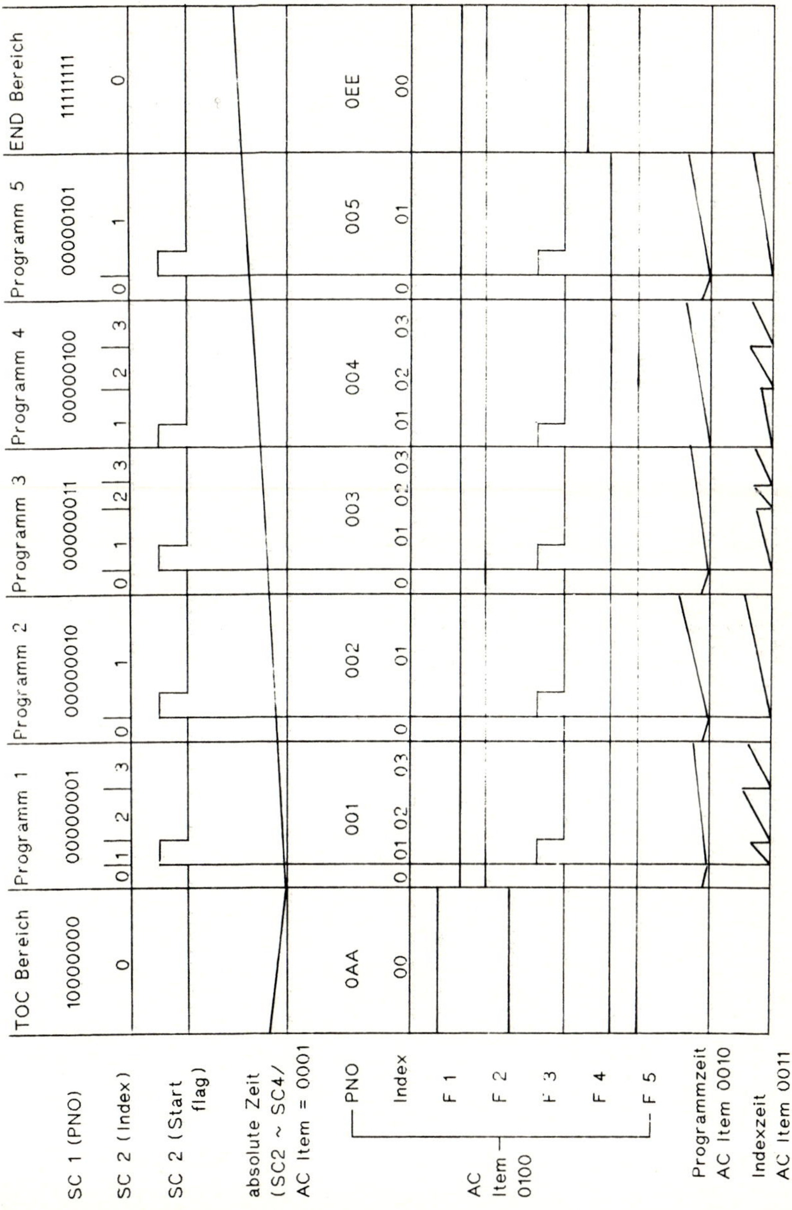
SC 1 (PNO)
SC 2 (Index)
SC 2 (Start flag)
absolute Zeit (SC2 ~ SC4/ AC Item = 0001
AC Item 0100
PNO
Index
F 1
F 2
F 3
F 4
F 5
Programmzeit AC Item 0010
Indexzeit AC Item 0011
TOC Bereich
10000000
0
0AA
00
Programm 1
00000001
0 1 2 3
001
0 01 02 03
Programm 2
00000010
0 1
002
0 01
Programm 3
00000011
0 1 2 3
003
0 01 02 03
Programm 4
00000100
1 2 3
004
01 02 03
Programm 5
00000101
0 1
005
0 01
END Bereich
11111111
0
0EE
00

Diese Abbildung läßt auch erkennen, welche Zusatz Flags gesetzt werden. So kennzeichnet F 1 den sog. Lead In Bereich, d.h. den Bereich, wo die TOC Daten (Table of Content) gespeichert werden. Entsprechend kennzeichnet F 4 den Lead Out Bereich, wo keine Datenaufzeichnung mehr möglich ist.
F 2 beschreibt den umgekehrten Fall: es wird eine "1" gesetzt in dem Bereich in dem eine Aufzeichnung stattfinden kann.
F 3 ist identisch mit SC 2, den Start Flags.
Mit F 5 wir festgelegt, ob zu Beginn des Bandes ein TOC aufgezeichnet werden soll. Wird dieses Flag nicht aktiviert, so ist eine Programmierung der Daten im TOC nicht möglich.
Wenn der TOC genutzt wird, stehen in ihm, wie in Abbildung 5 an einem Beispiel von 5 Programmteilen verdeutlicht, die folgenden Daten:
die Anzahl der eingelesenen Daten, sämtliche Start Flags, Index Flags und Skip IDs mit dazugehöriger Zeitangabe.
Diese Programmierung im TOC ist bereits von der CD her bekannt. Dieselben Daten hat auch die CD auf der ersten Spur gespeichert. Der Anwender kann sich so des gleichen Komforts wie bei der CD bedienen.

Frame	PNO	Point	H.	M.	S. F.	
n	0 2 2	B 0	0.	00.	00. 00	Anzahl der Daten im TOC
n + 1	0 0 1	A 0	0.	00.	04. 26	1. Start Flag = 1. PNO = 1. Flag auf Band
n + 2	0 0 1	0 1	0.	00	06. 03	1. Index in 1. PNO
n + 3	0 0 1	0 2	0.	05	03. 13	2. " "
n + 4	0 0 1	0 3	0.	07	50. 31	3. " "
n + 5	0 0 2	0 0	0.	13	01. 10	2. Start Flag = 2. PNO
n + 6	0 0 2	0 1	0.	13	03. 20	1. Index in 2. PNO
n + 7	0 0 3	0 0	0.	16	45. 01	3. Start Flag = 3. PNO
n + 8	0 0 3	0 1	0.	16	47. 13	1. Index in 3. PNO
n + 9	0 0 3	0 2	0.	19	01. 15	2. " "
n + 10	0 0 3	0 3	0.	27	13. 05	3. " "
n + 11	0 0 4	0 1	0.	30	37. 30	4. Start Flag = 4. PNO = = 1.Index
n + 12	0 0 4	0 2	0.	37	12. 13	2. Index in 4. PNO
n + 13	0 0 4	0 3	0.	47	54. 04	3. " "
n + 14	0 0 5	0 0	0.	53	19. 01	5. Start Flag = 5. PNO
n + 15	0 0 5	0 1	0.	53	24. 05	1. Index in 5. PNO
n + 16	0 0 5	A 1	1.	18	03. 21	2. " " = letztes Flag auf Band
n + 17	0 0 1	C 0	0.	12	50. 30	1. Skip ID auf dem Band
n + 18	0 0 1	C 1	0.	13	01. 09	Skip ID Ende = Beginn 2. PNO
n + 19	0 0 2	C 0	0.	27	00. 15	2. Skip ID
n + 20	0 0 2	C 1	0.	30	37 29	Skip ID Ende = Beginn 5.PNO
n + 21	0 0 3	C 0	1.	16	53. 08	3. Skip ID
n + 22	0 0 3	C 1	1.	18	03. 21	Skip ID Ende = Ende des Programms
n + 23	0 2 2	B 0	0.	00	00 00	Wiederholung
n + 24	0 0 1	A 0	0.	00	04. 26	
	.	.			.	
	.	.			.	
	.	.			.	

Abbildung 5

Betrachtet man sich im folgenden die Möglichkeiten der Sub-Code Codierung in den Sub-Code Datenblöcken, wird man einige Ähnlichkeiten feststellen. Hier steht jedoch eine Sub-Code Kapazität von 273,1 kbit/s zur Verfügung.

Die Sub-Code Datenblöcke setzen sich zusammen aus Sub-Code 1 und Sub-Code 2, die jeweils rechts und links neben den PCM Audioblöcken liegen. Sie nehmen je 8 Blöcke pro Spur in Anspruch. Dabei ist die Blockstruktur mit der Blockstruktur in den PCM Datenblöcken identisch, doch enthalten W1 und W2 unterschiedliche Daten (siehe Abbildung 6).

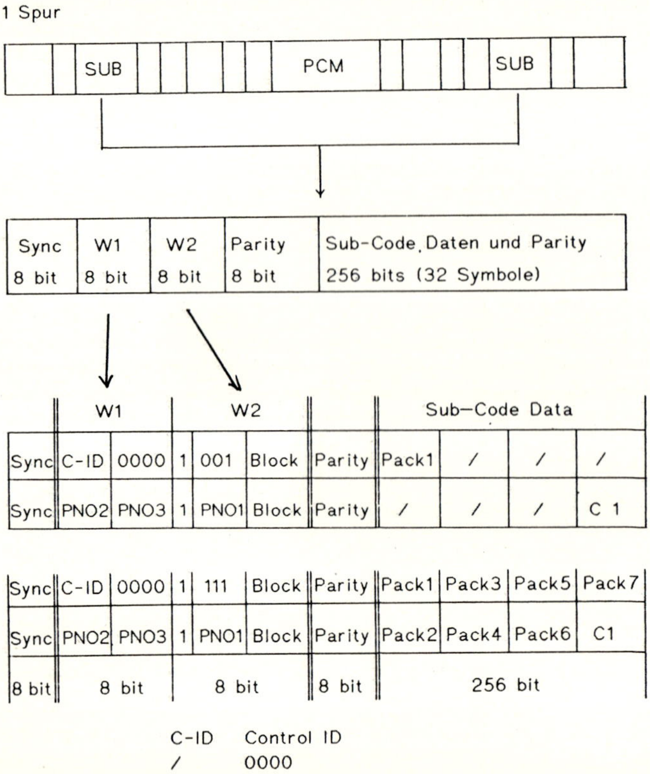

Abbildung 6

Die Informationen in W1 und W2 werden zunächst schon nach jedem zweiten Block wiederholt, und die Blockadresse ist nur vier bit lang; die Frame Adresse entfällt.
In W1 steht ein Control ID (C-ID), das sich aus vier einzelnen bits zusammensetzt, die unterschiedliche Funktionen haben. U.a. wird hier das Start ID und das schon bei den Optional Codes erwähnte Skip ID gesetzt. Mit dem Skip ID kann man unerwünschte Programmteile auf dem Band überspielen, d.h. der Recorder spult im schnellen Vorlauf bis zum nächsten Start ID.
Mit Hilfe der Skip ID können z.B. Fehlstarts bei Produktionen gekennzeichnet werden. Sie werden beim Abhören nicht mit angespielt.

In W2 steht dann zunächst das Pack ID. Dieses ID bestimmt, wieviele Informationen in den Sub-Code Daten gespeichert werden sollen.
Im übrigen werden dreistellige Programmnummern, wobei jede Ziffer einzeln mit vier bit codiert wird, aufgezeichnet.

Die eigentlichen Sub-Codes werden dann in den Sub-Code Datenblöcken aufgezeichnet. Diese Bereiche haben die gleiche Kapazität wie die PCM Datenbereiche, d.h. 256 bit stehen als freier Speicherplatz pro Block für die Sub-Codes zur Verfügung.

Die Aufzeichnung der Daten erfolgt dabei in sog. Packs. Pro Block können 4 Packs aufgezeichnet werden. Jedes Pack hat dabei eine Kapazität von 64 bit. Diese teilen sich, wie bei den Auxiliary Codes, in ein vierstelliges Item, das festlegt, welche Daten aufgezeichnet werden, und die entsprechenden Daten auf.
Die Daten, die hier aufgezeichnet werden können, sind mit denen, die in den Optional Codes gespeichert werden können, identisch.

Im Gegensatz zu den Sub-Codes im PCM Datenbereich können die Daten im Sub-Code Datenbereich auch nach der Aufnahme noch beeinflußt werden. Man kann sowohl Start als auch Skip IDs auch nachträglich setzen oder löschen, ohne daß die PCM Audiodaten manipuliert werden.

Da die Sub-Code Kapazität enorm groß ist, ist für die Zukunft denkbar, auch Grafiken oder Videostandbilder aufzuzeichnen.
Ebenso ist der Einsatz des DAT Systems als Datenträger möglich.
Da sehr viele Daten auf dem Band gespeichert werden können, die bisher eine sehr genaue Buchführung erforderten, bedeutet dies für den Anwender eine enorme Zeitersparnis und eine geringe Fehlerquelle beim späteren Aufsuchen von Bändern.
Eine Archivierung der DAT Bänder ist leicht zu realisieren. Die auf dem Band gespeicherte Katalognummer kann auf die Kassettenhülle übertragen werden. Mittels einer entsprechenden Leseapparatur wäre es möglich, diese Nummer in einen Computer einzulesen. Dieser enthält alle Daten, die in den Sub-Codes der entsprechenden Kassette gespeichert sind. Man kann sehr schnell und unproblematisch erfahren, was auf der Kassette gespeichert ist, ohne das Band im schlimmsten Fall abhören zu müssen. Der Inhalt der Kassette ist eindeutig festgelegt. Es treten keine Verwechselungen durch evtl. Vertauschen von Bändern, durch mit der Zeit unleserlich gewordene Beschriftungen o.ä. auf.

So bieten die Sub-Codes des DAT Systems Möglichkeiten, die heute noch nicht voll erschöpft sind, aber auf eine Erleichterung im professionellen Einsatz hoffen lassen.

Franz-Jürgen Hormann:

Das AVPC-Verfahren zur Bekämpfung der Audio- und Video-Piraterie

AVPC - Ein Schutzcodierverfahren zur Bekämpfung der Audio- und Videopiraterie.
===

Es wird zwar überall davon gesprochen, daß urheberrechtlich geschützte Produktionen im audio-visuellen Bereich illegal vervielfältigt und verkauft werden, über das Ausmaß dieser Kriminalität bestehen aber nur verschwommene Vorstellungen. Beschränkt man den Kreis der Betroffenen nur auf die Hauptgeschädigten, nämlich die Eigentümer der Autorenrechte, so liegt nach Schätzung von Fachleuten der Schaden für diese Gruppe allein in der Bundesrepublik bei 300 bis 500 Millionen DM. Weltweit dürften es mehrere Milliarden DM sein. Indirekt betroffen und geschädigt sind aber schließlich alle Berufsgruppen, die kreativ oder verwertend im Medienbereich arbeiten, so z.B. Kinobesitzer - und auch Tonmeister. Den größten Umfang hat dieser Schaden im Video-Bereich. Die Bekämpfung dieser Piraterie kann bisher nur mäßige Erfolge verzeichnen, da die einschlägige Mafia durch immer neue Tricks den Schutzmaßnahmen wie z.B. fälschungssichere Kassetten-Gehäuse oder Cover ausweicht. Daran hat auch nicht viel ändern können, daß z.B. die GVU im Rahmen durchgeführter Razzien jährlich mehr als 40.000 Kassetten beschlagnahmt. Der Verlust durch Beschlagnahmen ist für die Raubkopierer meist zu vernachlässigen gegenüber dem Gewinn an den Raubkopien, er beschränkt sich auf den Materialwert der Bandkassetten. Schon für zivilrechtliche Schadenersatzprozesse, erst recht aber für strafrechtliche Verurteilung sind den Gerichten die Hände gebunden, weil bei den beschlagnahmten Kassetten der sichere Beweis der Illegalität vor Gericht nicht unanfechtbar erbracht werden kann. Auch die beim Kopieren mit normalen Videorecordern entstehende Verdoppelung der Kopfumschaltimpulse in der Austastlücke ist von technischen Zufälligkeiten abhängig und die Beweiskraft der dann sichtbaren flimmernden, weißen Pünktchen an der bestritten. Nach dem Grundsatz "in dubio pro reo" gibt es keine Verurteilung.

Genau hier bieten wir mit unserem AVPC-Identifikations-Code Abhilfe. Die Chance des Täters, durch die Beweislücke zu schlüpfen, wird beseitigt, es drohen Haftstrafen, der Abschreckungseffekt wird Auswirkungen zeigen. Denn unser AVPC-Ident-Code ist auf keine Weise manipulierbar oder unbemerkbar zu beseitigen, er ist also unanfechtbar.

Es hat nicht an Versuchen und Patentanmeldungen gefehlt, das Weiterkopieren durch technische Modifikationen am PAL-System zu verhindern. Keine dieser Methoden funktioniert bisher zuverlässig. Das wohl bekannteste System dieser Art ist MACROVISION. Damit präparierte Kassetten sind auf einigen Videorekordern überhaupt nicht abspielbar, von anderen hingegen lassen sie sich unbehelligt weiterkopieren. Inzwischen ist für 130,-- DM ein Zwischenschalt-Gerät zu haben, welches MACROVISION und andere derartige Störkomponenten wieder eliminiert.

Bei diesen Bemühungen der Industrie wird zu wenig berücksichtigt, daß sehr viele Videoausgaben aus Kinofilmproduktionen entstammen und erst nach Ablauf der 6-monatigen Sperrfrist für den Video-Vertrieb freigegeben werden. Gerade hier aber machen Raubkopierer ihr Geschäft. So wurden auf dem schwarzen Markt in Hamburg Video-Kopien von Filmen wie "Rambo" oder "Otto" schon vor der Kinopremiere angeboten. Die Beschaffungsmethoden für die Kopiervorlagen reichen von Einbruch über Bestechung von Spediteuren und Filmvorführern bis hin zum Mitfilmen im Kino mittels tragbarer Videokamera und Mikrofon in der Brusttasche. Entsprechend unterschiedlich ist die Technik der Raubkopierer. Illegal ausgeliehene Filmrollen werden mit modernstem Rank-Xintel-Filmabtaster und High-Band-Umatic umgespielt, teilweise wird auch während der Kinovorführung ein Bruchteil des Projektionsstrahls ausgespiegelt und mit einer professionellen Video-Kamera aufgefangen.
Die negative Auswirkung auf den Kinobesuch und den nachfolgenden Video-Vertrieb ist fühlbar. Ein brauchbares Schutz-System muß also beide Quellbereiche, nämlich Film- und Videoproduktion erfassen. Dabei sind die Anforderungen an das Schutzsystem für diese beiden Bereiche genau gegensätzlich und scheinbar miteinander unvereinbar. Weiter ist zu berücksichtigen:
Eine wirksame Bekämpfung der Raubpiraterie ist ohne Mitwirkung des Fachhandels kaum möglich. Dem Videothekar ist aber weder möglich noch juristisch zumutbar, verdächtige Angebote einer ganzen Reihe verschiedener Tests mit großem Aufwand an Zeit und investierten Meßgeräten zu unterziehen. Gefordert wird vielmehr ein einheitliches, umfassendes System, das schnell und unkompliziert eine Prüfung der Ware auf Legalität erlaubt, gleichgültig, von welcher Quelle die evtl.Raubkopie gezogen wurde. Die gestellten Aufgaben werden folgendermaßen gelöst:

1) Raubkopie-Vorlage Kinofilm.

Die bildseitige Schutzkodierung muß innerhalb der sichtbaren Bildfläche von Filmbildern der Theater-Kopie liegen, damit sie nicht manipulierbar ist und bei jeder der erwähnten Kopierarten zwangsläufig in die Kopie mit übernommen wird. Sie darf aber für den Kinobesucher nichtwahrnehmbar sein. Sie soll nicht nur die Aussage der Illegalität liefern, sondern zusätzlich Informationen nach Wunsch des Verleihers, z.B.die laufende Nummer derTheaterkopie, um die undichte Stelle im Vertriebsweg aufzuspüren. Ein solcherCode besteht aus Gruppen kleiner Farbpunkte unterschiedlicher Form, Anzahl und Anordnung, die an geeigneter Stelle des Filmbildes zusätzlich aufbelichtet wird. Geeignet ist eine Stelle mit einer etwa gleichfarbigen Flächeneinheit ausreichender Größe, die weder weiß noch schwarz ist, sondern von roter odergrüner Farbtönung. Diese Bildstelle muß eines der vorgegebenen Rasterfelder überdecken, in welche man sich nach unserem System die Bildfläche aufgeteilt vorstellen muß. In der Filmkopiermaschine wird am Rohfilmeinlauf ein kleiner Baustein angeschraubt, den das Positiv-Material berührungslos durchläuft. Er enthält zwei LED-Matrizen in den Farben grün und rot mit verschiedenen Form-Masken vor den Dioden-Reihen zur Vorbelichtung des Film-Materials. Die Belichtungszeit liegt in der Größenordnung von einer Millisekunde, der Impuls-Strom für die Leuchtdioden bestimmt die Intensität der Belichtung und damit den Kontrast des Farbpunktes. Der gewählte Zeitpunkt des Lichtimpulses bestimmt die Höhenlage im Filmbild, die Wahl einer Matrixspalte bestimmt die Seitenlage. Die richtige Ansteuerung dieser Leuchtdioden übernimmt das Steuergerät, das über ein steckbares Verbindungskabel mit dem Belichtungskopf verbunden wird. Eingriffe in den optisch kritischen Teil der Kopiermaschine werden nicht vorgenommen.

Am Filmeinlauf für das Kopiernegativ wird ein weiterer Baustein montiert, der ebenfalls berührungslos durchlaufen wird und eine Sensor-Anordnung enthält. Sie tastet die Bildfläche nach geeigneten Rasterfeldflächen für Kodierzeichen ab und meldet diese dem Steuergerät. Ein Mikrocomputer im Steuergerät errechnet daraus die optimale Lage, Farbe und richtige Intensität der Kodierpunkte. Ihre Form und Anzahl ist durch den vorgegebenen Informationsinhalt dieser Kodierung bestimmt. Etwa alle 10 bis 20 Sekunden wird ein einzelnes Filmbild kodiert, sofern der Steuercomputer dort ein geeignetes Bild findet. Andernfalls wartet er auf ein solches. Jede Kodierung eines Bildes wird mit allen Daten inclusive der laufenden Bildnummer auf einer Floppy verschlüsselt protokolliert. Dadurch sind bei Bedarf gleichartige Kodierungen von Filmrollen reproduzierbar und Manipulationen an Raubkopien nachweisbar. Auf diese Weise enthält ein kodierter Spielfilm etwa 2000 kodierte Bilder. Bei der Kinoprojektion steht ein Filmbild nur zweimal

1/60 sec. auf der Leinwand und wird vom Menschen daher nicht wahrgenommen. Will ein Profi-Raubkopierer dies beseitigen, so muß er den gesamten Film Bild für Bild auf einer MAZ mit Rangiercomputer nach Kodierzeich n absuchen und jedes kodierte Bild durch das vorhergehende oder nachfolgende Bild ersetzen. Der technische Aufwand für diese Arbeit übersteigt bei weitem den erzielbaren Gewinn. Übersieht er dabei auch nur ein einziges kodiertes Bild, so ist er überführt, denn legale Video-Ausgaben werden niemals von Filmtheater-Kopien gezogen. Überführt ist er aber auch bei perfekter Manipulation, und zwar wegen der Tonkodierung.
Der Videothekar kann verdächtige Videokassetten ohne spezielle Meßgeräte und zumutbar schnell auf Bildkodierung prüfen, er benötigt nur einen Videorekorder mit Einzelbildschaltung. Durch Fortschalten von Bild zu Bild wird er in wenigen Minuten ein kodiertes Bild finden, der maximale Abstand zwischen den kodierten Bildern ist jedoch noch nicht festgelegt. Bei Rekordern mit slow-motion geht es noch schneller, bei drei bis fünf Bildern/sec kann man die Kodierungen erkennen.

Für die Tonkodierung durchläuft der Ton auf dem Weg zur Lichttonkamera für das Ton-Negativ ein Kodiergerät mit digitalen Notchfiltern, welches an geeigneten, wechselnden Stellen des Tonfrequenzbandes Lücken von nur wenigen Hz Breite herausschneidet. Das ist nicht wahrnehmbar, wie Versuche mit erfahrenen Toningenieuren bei verschiedenen Musik-und Geräuschaufnahmen gezeigt haben. Kein Raubkopierer kann diese Lücke wieder auffüllen, da niemand weiß, was dort fehlt, es sei denn, man hat das Masterband des Produzenten in Händen. Mit einem FFT-Analyser ist die Existenz und die Frequenzlage der Kodierlücke aber sofort sichtbar.(Siehe Bild.)
Die Existenz besagt, daß es sich um eine schutzkodierte Produktion handelt. Dann muß die Video-Kopie zwangsläufig den Legalitätsausweis besitzen, den ich später beschreiben will, andernfalls ist es eine Raubkopie. Die exakt meßbare Mittenfrequenz der Kodierlücken, die im Verlauf des Films mehrfach wechseln kann, stellt wiederum einen aussagefähigen Code dar. Das Verfahren eignet sich auch für Dolby-Stereo-Lichtton, da die Filter für beide Kanäle exakt gleichen Phasengang haben.

2) Raubkopie-Vorlage Video-Kassette.

Um legale Video-Kassetten von Raubkopien zu unterscheiden, muß hier umgekehrt verfahren werden. Jede legale Kopie erhält in Form einer unterlagerten Subfrequenz einen "Legalitätsausweis", der vom Videorekorder nicht erkannt und gelesen werden kann und daher auch beim Kopieren nicht an einen weiteren Rekorder weiter gegeben werden kann. Der Raubkopie fehlt er also. Nachträglich kann er auch nicht in eine Raubkopie hineingebracht werden, denn das würde die ganze Kopie zerstören oder löschen. Er kann nur in der legalen Kopieranstalt auf das jungfräuliche Band aufgebracht werden mit einem etwas modifizierten Kopierrekorder. Dieser Eingriff ist von jedem Service-Techniker leicht durchführbar, u.a. wird eine kleine Steckbuchse für den Anschluß eines kleinen Kodier-Zusatzgerätes eingebaut. Jeder Rekorder bekommt einen solchen Zusatz, der u.a. auf den oder die Löschköpfe einwirkt und die Löschfrequenz mit einer Subfrequenz moduliert, welche die Zusatzgeräte über eine Sammelschiene aus einem für die Rekordergruppe gemeinsamen Steuergerät beziehen. Die Zusatzgeräte unterliegen keiner Abnutzung und müssen bei Verschleiß des Kopierrekorders nicht erneuert werden.

Die erzeugte Subfrequenz steht in einem programmierbaren, festen Verhältnis zur Kopftrommel-Drehzahl, die bei der Betriebsart AUFNAHME in fester Relation zur Taktfrequenz steht. Das programmierbare Verhältnis wird durch eine PLL-Schaltung und digitale Teiler genau eingehalten. Jeder Produktion werden wenigsten zwei Teilerschlüssel zugeteilt, die sich nach einem Zufallsprogramm in gewissen Zeitabständen abwechseln. Die Wechsel-Positionen werden protokolliert.

Die sehr langwellige Subfrequenz wird durch den breiten Löschkopfspalt in der untersten Lage der magnetisierbaren Schicht aufgezeichnet, die weit darüber liegende Tonmodulation und die ganz an der Schicht-Oberfläche liegende, kurzwellige Video-Modulation beeinflussen die aufgezeichnete Subfrequenz nicht, denn ihre geringen Kopfspaltbreiten erzeugen nur Magnetfelder von kleiner Eindringtiefe.

Um eine Video-Kopie auf Existenz dieses Legalitätsausweises zu prüfen, benötigt der Videothekar einen Videorekorder, der ebenfalls in leicht durchführbarer Weise modifiziert und mit einem Minitester verbunden wird. In der Betriebsart UMSPULEN erzeugt der Minitester dann aus der abgetasteten Subfrequenz einen hörbaren Summton. Ein etwas aufwendigeres Testgerät liefert auch auch bei normalem Abspielen eine Ja-Nein-Anzeige durch Leuchtdioden.

Ein professioneller Raubkopierer könnte versuchen, die Technik der legalen Kopieranlage nachzubauen und auf jungfräuliche Kassetten ebenfalls den Legalitätscode aufzuzeichnen. Selbst wenn es ihm gelänge, die Subfrequenzen des Originals und ihr Teilerverhältnis zur Kopftrommel-Drehzahl exakt zu messen und zu reproduzieren, so müßte er auch noch den Frequenz-Wechsel an den Original-Positionen durchführen, was aber ohne deren Kenntnis unmöglich ist.

Im Streitfalle steht für ein Gerichtsgutachten das Aufnahme-Protokoll des Steuer-Gerätes zur Verfügung. Die Subfrequenz auf dem Band ist mit dem nötigen Aufwand meßbar und muß an jeder Position dem Protokoll entsprechen, andernfalls ist es eine Raubkopie.

Hinzu kommt folgendes: Nach unserem System sind alle schutzkodierten Kassetten auch im Ton kodiert, wie beim Kinofilm beschrieben. Nur wird für die legale Video-Ausgabe eines Titels nicht genau die gleiche Lückenfrequenz benutzt, wie für den gleichnamigen Kino-Film. Die Lückenfrequenz kann aber nicht verschoben werden. Die Mengen-Herstellung von pseudo-legalen Videokassetten vom Film-Original ist auch aus diesem Grunde nicht möglich, ohne daß die Fälschung nachweisbar ist.

Die AVPC-Schutzkodierung eignet sich für VHS genau so wie für Beta-Kassetten. Sie kann auch für die neuen Schnellkopierverfahren verwendet werden, bei denen von einem spiegelverkehrten Mutterband im direkten Kontakt unter Erwärmung durch Laserstrahl kopiert wird.
Eine gleichzeitige Anwendung unseres AVPC-Verfahrens und der MACROVISION-Kodierung ist ebenfalls möglich, die beiden Verfahren stören sich gegenseitig nicht. Nur läßt sich die MACROVISION-Komponente wieder eliminieren, wie auch alle anderen Kodierungen, die in der Austastlücke vorgenommen werden. Dies ist für AVPC unmöglich.

3) Raubkopie-Vorlage CD-Video-Platte.
Die Bild -und Tonkodierungen vom Kino-Film lassen sich auch für CD-Video-Platten anwenden. Raubkopien von dieser Vorlage sind also gleichermaßen einfach zu identifizieren, wie solche vom Kinofilm.

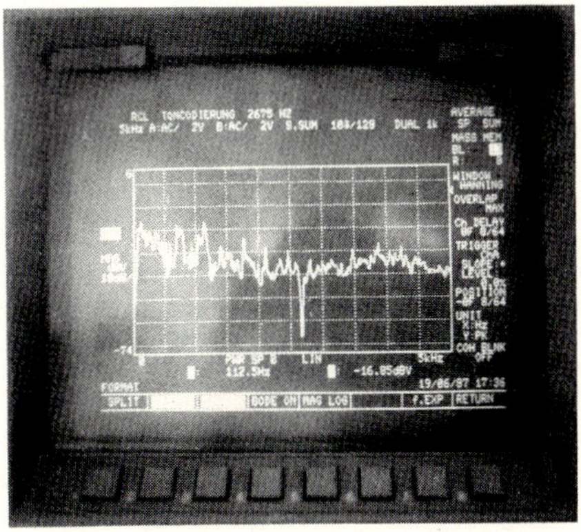

Reiner Oppelland:

Digital Mastering/CD-Premastering: Stand der Technik - Stand der Kunst?

Im jüngst in Neufassung erschienenen Berufsbild "TONMEISTER/ TONMEISTERIN" heißt es im ersten Kapitel unter "Aufgaben" zunächst: >Der Tonmeister ist der verantwortliche Leiter von Tonaufnahmen und -übertragungen, die akustische Kunstformen zum Inhalt bzw. audiovisuelle Kunstformen zum Ergebnis haben.<

Am Ende einer Tonaufnahme steht bislang in aller Regel ein Mutterband, heute oft unter der englischen Bezeichnung >MASTER<. Auch wenn wir als Tonmeister nicht in jedem Einzelfall an den folgenden Schritten bis zum vervielfältigten Tonträger mitwirken, so gibt es doch zu unserer Tätigkeit eine vielschichtige Wechselwirkung.

Im Folgenden möchte ich auf diese Wechselwirkungen eingehen sowie auf die Frage, welche neuen Aspekte und Anforderungen beim >CD-PREMASTERING< im Vergleich zu den konventionellen Tonträgern -insbesondere der Langspielplatte- aus der Sicht des Tonmeisters von Bedeutung sind. Ebenso soll aufgezeigt werden, welche Probleme und Schlußfolgerungen daraus abgeleitet werden können.

Bis vor wenigen Jahren lag bei einem LP-Mutterband die Konzentration auf inhaltlichen Kriterien wie ausgewogene Lautheit der einzelnen Titel, Hallbalance, Frequenzgang. Eine Bearbeitung war mit etablierten analogen Standards und ebensolchen Studioeinrichtungen durchführbar: analoge Bandmaschinen, analoges Mischpult, Filter, Kompressoren, Begrenzer, um die wichtigsten zu nennen. Technische Parameter -z.B. Entzerrung der Magnetbänder nach DIN oder NAB- waren eher untergeordnet und insoweit unkritisch, selbst bei einer Kopplung aus verschiedenen Produktionen.

Heute haben wir als Ausgangsmaterial im CD-Premastering Originalbänder in den verschiedensten, und man könnte meinen, nach Belieben eingesetzten Formaten, analog wie digital. Es liegt außerdem auf der Hand, daß heute auch für LP-Master bzw. deren Vorstufe die Wahl des Aufnahmeformats ähnlich freizügig geworden ist. Die ständig wachsende Zahl kleiner, von technischen Amateuren betriebenen Studios hat zu dieser Entwicklung wesentlich beigetragen. Eine grobe Auswahl der häufigsten Formate sehen Sie auf der Übersicht (Bild 1).

Zu allen Formaten gehören gemeinsame wie spezifische Eigenschaften. Ich nenne hier nur: Sampling Frequenzen, Fehlerkorrekturen und die entsprechende Anzeige, mehrfache Signallagen, nämlich nach der A-D Wandlung PCM-Lage und Videolage, Festkopfaufzeichnung, rotierende Köpfe.

Zur Frage der Preemphases, die von vielen Systemen angeboten wird, möchte ich hier meine Auffassung deutlich machen: es handelt sich eigentlich um ein Fossil aus der Frühzeit der PCM-Technik, das -insbesondere bei 14bit-Wandlern- dem sogenannten Granularrauschen entgegenwirken sollte, mit dem die A-D Wandlung behaftet war. Es erscheint mir als unvertretbar, daß gerade ein semiprofessionelles System wie das PCM-F1 Format von Haus aus keine Abschaltmöglichkeit für die Preemphases vorgesehen hatte.

Im Zweifelsfall verursacht diese Vorentzerrung mehr Probleme als sie je welche vermeiden kann. Der Verlust an Aussteuerbarkeit erreicht bei typischen Klangspektren verschiedener Musikarten leicht die Größenordnung 1 bis 2 bit, eben soviel, wie die Höhen bei den verwendeten Zeitkonstanten angehoben werden. Daneben erfordert die Funktionsweise der CD-Spieler bei einem Wechsel zwischen Titeln mit und ohne Emphase die Umschaltung mindestens zwei Sekunden vor Titelbeginn, in der Praxis eine Pause von 4 Sekunden.

Tonmeister, auch wenn sie mit dem Bereich CD-Mastering nur gelegentlich befaßt sind,, üblicherweise zum Abschluß einer Produktion, kommen nicht um eine umfassende Beschäftigung mit diesen Fakten herum. Schon während einer Produktion wird man sinnvollerweise absprechen, wie die aufgenommenen Werke mit Track-Index auf der CD später unterteilt werden sollen. Auch eine Vorplanung der später auszuführenden Schnitte ist zu überlegen, zumal die heutigen Digital-Editoren sehr komfortable Möglichkeiten bieten. Und: wer bei einer auf DIGITAL-AUDIO-TAPE (DAT) erfolgten Aufnahme mangelnden >Glanz< bei Streichinstrumenten konstatiert, sollte sich vergewissern, daß die Aufnahme nicht zufällig -oder irrtümlich?- mit halber Geschwindigkeit und folglich reduziertem Frequenzgang läuft.

Da das Premastering -ähnlich dem Folienschnitt bei der LP- auch als letzter Schritt der Produktionsphase gesehen werden kann, ist dies auch die letzte Möglichkeit der Klangbearbeitung bzw. Kontrolle des Klangbilds. Es erscheint mir nicht übertrieben zu sagen, daß dieser Schritt beim Premastering jedoch mit wesentlich mehr Aufwand und Verantwortung verbunden ist. Dabei hält die Vielzahl an zu beachtenden technischen Details uns von unseren eigentlichen Aufgaben der verantwortungsvollen Klanggestaltung bzw. Klangbearbeitung im Fall von Wiederöffentlichungen auf CD ab.

Eine typische Situation ist daher heute, daß das technische Hören an erster Stelle rangiert, etwa beim digitalen Transfer von einem ins andere Format. Der kleinste Klick oder eine Übersteuerung, modern mit >Overlevel< bezeichnet, von 2 Samples Zeitdauer -ganze 50 Mikrosekunden lang und hervorragend unhörbar- interessiert oft mehr als die Verfolgung einer sachgerechten Dynamikgestaltung. Oft werden daher Kopfhörer zum Abhören bevorzugt. Zudem ist häufig zu fragen, ob ein Geräusch spieltechnisch oder aufnahmetechnisch zu sehen -zu hören- ist.

Neben dieser Einschätzung spielen auch Service-Fragen eine Rolle. Wenn durch Laufwerkprobleme die Bandkanten beschädigt werden können, steht der Tonmeister mit dem Rücken zur Wand, weil er jederzeit nicht nur mit erhöhten Fehlerraten, sondern auch hörbaren Fehlern zu rechnen hat. Es spielt keine Rolle, ob die Unzulänglichkeiten eher in der Systemtechnik, im Service- oder im Kommunikationsbereich der Hersteller begründet sind. Für den Anwender ist entscheidend, wie schnell und nachhaltig aufgetretene Schwierigkeiten erkannt, analysiert und anschließend behoben werden.

Der heute verfügbare STAND DER TECHNIK mag hoch sein; er hat uns allem Anschein nach bisher aber nicht für alle Situationen die Mittel gegeben, einen entsprechend hohen STAND DER KUNST zu realisieren. Dafür mögen auch folgende Beispiele dienen: Bearbeitungen von Roh- oder Teilaufnahmen über Mischpult, Überblendungen, Nachverhallung, Enzerrrung und Dynamikbeeinflussung waren lange Zeit nur durch den Rückgang in die Analogebene möglich. Obwohl interessante Ansätze erkennbar sind, muß man wohl heute noch sagen, daß die wenigen vorhandenen volldigitalen Systeme in den Kinderschuhen stecken bzw. vor allem nicht kompatibel sind!

PCM-Systeme haben durch die festgelegten Auflösungsschritte der A-D Wandlung einen definierten Wertevorrat, sind also in den Fähigkeiten der Signalübertragung prinzipiell eindeutig limitiert. Auch wenn es nicht unmittelbar mit dieser originären Eigenschaft der PCM-Systeme begründet werden kann, so muß man doch beklagen, daß die alte Frage der Dynamikgestaltung oft sehr einseitig umgesetzt wird: von Ausnahmen in der anderen Richtung abgesehen, wird die eindeutig definierte und leichter erkennbare obere Pegelgrenze -also >0 dB Headroom<- vielfach als Maß aller Dinge genommen, auch wenn dies vom musikalischen Kontext her nicht sinnvoll oder sogar schlicht falsch wäre.

Und selbst wenn: das dicke Ende kommt spätestens, wenn solcherart ausgesteuerte CD's von den Funkhäusern gesendet werden und der allgegenwärtige Begrenzer unter der Hand des Moderators unüberhörbare Dienste tut.

Dabei wäre eher in der anderen Richtung -nach kleinen Pegeln hin- zu erwägen, ob nicht eine Beeinflußung der Wiedergabedynamik angesagt ist, z.B. mittels Transientenlimiter. Die schon fast traditionelle Festlegung der Programmdynamik auf den Wert von 40 dB hatte sicher gute Gründe. Sie erscheint als gleichzeitige Festschreibung der Wiedergabedynamik in Bezug auf die Möglichkeiten der üblichen 16bit-Systeme unvertretbar. Ohne weiteres wäre eine effektive Systemdynamik von mehr als 50 dB einsetzbar, die mancher Produktion bzw. manchem Hörer sicher zugute käme.

Ich möchte nicht den Hinweis versäumen, daß die Lautheitsdiskussion auch unter sehr kommerziellen Gesichtspunkten zu sehen ist. Ein Titel etwa im Genre Volksmusik, der bei der Neuvorstellung im Hörfunkprogramm hörbar leiser gegenüber einem anderen Bewerber erscheint -oder aber zu stark begrenzt-, hat von Haus aus geringere Chancen. Auch hier liegt ganz sicher eine Aufgabe für öffentlich-rechtliche wie private Sendeanstalten, gekonnt ausgleichend zu wirken.

Das Stichwort >kommerziell< wirft aber auch ein Schlaglicht auf eine andere Seite der Mastering-Thematik. Als CD-Tape Master ist -wie schon erwähnt- eine Aufzeichnung auf U-Matic Videokassette nach den einschlägigen Spezifikationen von SONY und PHILIPS eindeutig definiert. Die Anfertigung solcher Bänder ist hinsichtlich des eingesetzten Equipments wie der daran tätigen Mitarbeiter ein komplexer Vorgang, der Zeit und damit Geld kostet.

Angesichts ruinöser Preisentwicklungen bei der CD-Fertigung verwundert es eigentlich nicht, daß auch die Herstellung des CD-Mutterbands unter gleichen Preisdruck geriet. Hieraus entstand und entsteht weiterhin eine ziemlich unheilvolle Situation:

Es werden Aufnahmen mit völlig beliebigen Aufzeichnungsformaten gefahren bzw. Fremdaufnahmen zum Mastering vorgelegt. Die grundsätzliche technologische Ähnlichkeit der digitalen Systeme erlaubt es jedem noch so unbedarften Zeitgenossen, eine >Digitalaufnahme< zu präsentieren, auch wenn sich sein System um mehr als den Faktor 10 im Wert vom Quasi-Weltstandard PCM1610 unterscheidet. Der mit dem Mastering befaßte Tonmeister und seine Kollegen werden es schon richten, ebenso bei dem Analogband, das leider nur die schlecht ausgeblendete Kopie mit hörbaren Klebestellen und Vorechos ist!

Umgekehrt kommt es vor, daß ältere analoge Aufnahmen und dabei auch die Leistung des betroffenen Tonmeisters -durchaus auf dem Stand der Kunst und Technik- durch schlampige Premastering-Arbeit nachhaltig verunstaltet werden. Für völlig indiskutabel halte ich allerdings die Mastering-Leistung eines unbekannten Kollegen, die ich Ihnen im Anschluß an meine Ausführungen auszugsweise zu Gehör bringen möchte!

Zu recht fordert ein namhafter deutscher CD-Hersteller seine Kunden auf, jedes Studio danach zu beurteilen, ob es in der Lage ist, ein spezifikationsgerechtes Band für die CD zu liefern. Dies sollte eigentlich eine Selbstverständlichkeit sein, ist es aber offenkundig nicht. Dabei wäre es auch im Interesse der Produzenten und noch mehr der CD-Käufer, diese Forderung weiter auszudehnen. Man kann z.B.: das Rauschen des alten Analogbandes geschickt ein- und ausblenden, kurze Störgeräusche herausschneiden, das Klangbild einer Aufnahme den heutigen Hörgewohnheiten anpassen, die Preemphase einer PCM-F1 Aufnahme digital entfernen usw.

All dieses ist letztlich ein zeitaufwendiger Vorgang, der Geld kostet. Geld, das zu wenige Produzenten freiwillig investieren, denn angeblich gibt es immer einen Konkurrenten, der es billiger macht. Die Ironie der Geschichte ist, daß an dieser Konkurrenzschraube letztlich auch die CD-Werke mitdrehen. Auch der Hinweis auf Bearbeitungsmöglichkeiten in der digitalen Ebene ändert nichts daran, daß es im zur Zeit herrschenden Trend den Produzenten großenteils auch völlig nebensächlich ist, ob eine CD sich mit dem Attribut schmücken könnte: >digital bearbeitet<. Die eigenständige Problematik des sogenannten Digital-Codes mit der Kennung aus drei Buchstaben A oder D ist ein Fall für sich, auf den ich hier nicht eingehen möchte.

Auf dem Tonträgermarkt ist die CD-AUDIO derzeit ein Renner. Hinsichtlich der geschilderten Situation der inhaltlichen Qualität heißt das auch: wir verfügen über professionelle PCM-Einrichtungen auf hohem technischen Niveau, können sie aber oft nicht in der optimalen Weise einsetzen, weil dies von den Vermarktern der Kunst, aber auch vom Tonträgermarkt selbst kaum erwartet und selten estimiert wird. In diesem Fall bleibt der >STAND DER KUNST< gegenüber dem >STAND DER TECHNIK< im Hintertreffen.

Der Umgang mit den -zugegeben nicht unkomplizierten- CD-spezifischen Begriffen >Spielzeit<, >Prepause<, >Non-Pause<, >Relative Indexzeit< wie auch die Darstellung dieser Werte als NTSC-Timecodes oder CD-Zeitcodes fällt auch dem willigen Zeitgenossen schwer. Erklären Sie einmal dem Jungproducer, daß er die Titelzeit 4 Minuten, 32 Sekunden und 13 Frames nach eigenem Gusto für die Verwendung bei den CD-Drucksachen auf- oder abrunden kann! Andererseits kann jedermann auf seinem CD-Spieler zuhause dank CD-Timecode sekundengenau die gedruckten Spielzeiten nachprüfen, was bei der LP kaum jemanden interessiert hatte.

Die Zuständigkeit des Tonmeisters im Premastering geht bei der Erfassung der CD-relevanten Daten einschließlich der PQ-Daten des CD-Subcodes weit über das hinaus, was für einen analogen Tonträger üblich war. Von letzterem kann sogar die Spielbarkeit einer CD ganz oder teilweise abhängen. Auf dem Bild 2 ist nebeneinander skizziert, welche Schritte bei der LP und der CD vom mehr oder weniger fertigen Mutterband zum fertigen Tonträger führen.

Bei der LP-Entwicklung und -Fertigung ist der Zwischenschritt der Probepressung üblich. Obwohl dieser Vorgang bei der CD technisch ganz ähnlich ist und zur Qualitätskontrolle interne Muster-Exemplare auf mehreren speziellen CD-Spielern und dazugehörigen Auswertegeräten nochmals in zeitversetzten Segmenten abgespielt werden, geht die Entwicklung wohl dahin, die technische Qualitätsprüfung einem wesentlich schnelleren Laser-Scanner zu übertragen, der jedoch nicht den Inhalt "lesen" kann.

Falls bei den vorgeschalteten Stufen vom Mastering bis zum Glas-Masters ein gravierender Subcode-Fehler übersehen würde, würde die Massenfertigung ohne Möglichkeit zum Eingreifen beginnen. Daß dies bei sehr großen Stückzahlen und entsprechenden Regreßforderungen der Ruin des betroffenen Kollegen bzw. seines Arbeitgebers wäre, kann nicht im Interesse der Beteiligten liegen.

Es ist für die Zukunft zu fordern, gerade wegen der Vielfalt ähnlicher digitaler Tonträger von CD-Audio über CD-V und CD-I bis DAT nicht in vermeintlichen Glanzleistungen der Entwicklungsingenieure zu schwelgen, sondern uns Systeme an die Hand zu geben, die uns bei der Erfüllung unserer Aufgabe unterstützen, nämlich eine hervorragende Aufnahme vom ersten Ton bis zum Mutterband hervorzubringen.

Da fast alle Neuentwicklungen von Studioequipment starke Bezüge zur Computertechnologie aufweisen und die Arbeit mit Computer und Bildschirm heute schon Standard im modernen Aufnahmestudio ist, sind Fragen der Bedieneroberfläche oder der Bedienerführung zu essentieller Bedeutung herangewachsen. Auch hier besteht die Forderung nach Technik, die uns unterstützt, statt einen erheblichen Teil unserer Konzentration zu beanspruchen.

Ich komme zum Ende meines Vortrags und bedanke mich für Ihre Aufmerksamkeit sowie bei meinen Kollegen Andreas Neubronner und Hans-Dieter Queren für ihre hilfreiche Unterstützung.

ANALOGE UND PCM FORMATE

****

1. ANALOG

-38 cm/s DIN ¼ Zoll

-38 cm/s NAB ¼ Zoll

-76 cm/s AES ¼ Zoll, ½ Zoll

-HIFI/FM auf ß-MAX

-NOISE REDUCTION:

Dolby A, Dolby SR, Telcom, dBx

2. DIGITAL

-PCM 1600/1610/1630, U-MATIC

-PCM F1/501/601/701, U-MATIC, NTSC oder PAL

-PCM F1/501/601/701, ß-MAX, NTSC oder PAL, BETA I/II

-PCM F1/501/601/701, VHS, NTSC oder PAL,
STANDARD/LONGPLAY

-MX 80 (>PRODIGI<)

-MX 850 (2 SPUREN)

-DMS-4SPUR

-DMS-32SPUR (2 SPUREN)

-JVC

-DASH

-DAT STANDARD/LONGPLAY

3. SAMPLING FREQUENZEN ZU 2.) [in kHz]

-32 -44.1 -48 -50

TONSTUDIO BAUER, 7140 LUDWIGSBURG
DIGITAL MASTERING, 11/88* RO
CDMAST_2.DOC

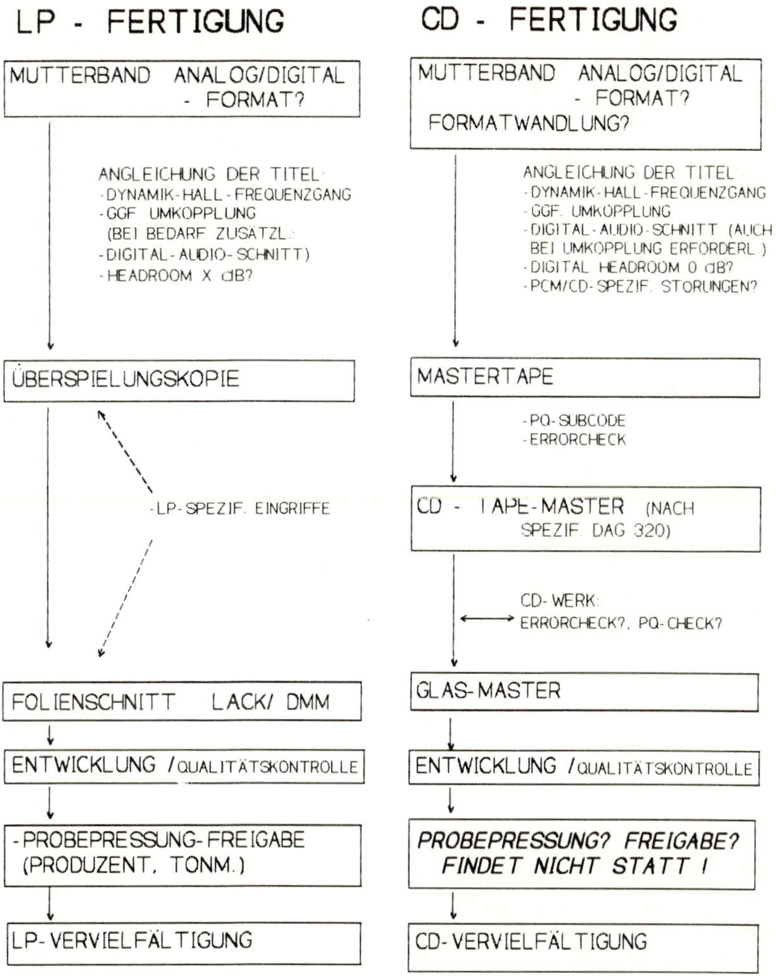

TONSTUDIO BAUER, 7140 LUDWIGSBURG
DIGITAL MASTERING, 11/88' RO

E. Eberlein, H. Gerhäuser, S. Krägerloh, H. Schott,
K.-H. Brandenburg, R. Kapust und D. Seitzer:

Meßgerät auf psychoakustischer Grundlage für die Optimierung von Datenreduktionsverfahren

Während Codierverfahren für Sprache auf Verständlichkeit optimiert werden, steht bei der Codierung von Audiosignalen (Musik, Hörspiele, etc.) die natürliche Wiedergabe im Vordergrund. Datenreduktionsverfahren, wie sie für die Übertragung von Sprache mit geringerer Bandbreite entwickelt wurden, eliminieren im wesentlichen die Redundanz eines Signals. Das entstehende Fehlersignal ist meist breitbandig (weißes Rauschen). Neuere Verfahren, die auf Audiosignale optimiert sind, nutzen zusätzlich auch die Eigenschaften des menschlichen Hörempfindens. Es werden nur solche Signalanteile genau übertragen, die vom Ohr gut wahrgenommen werden. Das durch die ungenauere Übertragung entstehende "Störsignal" wird dabei in seiner spektralen Zusammensetzung so beeinflußt, daß es nicht oder nur sehr schwer hörbar ist. Nur so sind die hohen Kompressionsgrade von 80% bis 90% erreichbar, die für eine digitale Übertragung und Speicherung wünschenswert sind. Bei vielen Musikstücken werden mit konventionellen Meßverfahren wie S/N und Klirrfaktor erhebliche Störanteile gemessen, die aber in den meisten Fällen nicht hörbar sind.

Meßmethoden, die die Eigenschaften des Hörempfindens nicht oder nur in geringem Maße (z.B. einfache Frequenzbewertung) berücksichtigen, liefern kaum Anhaltspunkte für die Qualität dieser Codieralgorithmen. Daher konnten die Verfahren bisher nur durch ausführliche Hörtests beurteilt werden.

Der folgende Beitrag beschreibt ein Meßverfahren, daß für die Bewertung von Datenreduktionsalgorithmen entwickelt wurde. Ein Einsatz für andere Tonsignalkanäle ist aber ebenso denkbar. Ursprünglich wurde das Verfahren an der Universität Erlangen/Nürnberg entwickelt und in der Computersimulation eingesetzt. In Zusammenarbeit mit der Fraunhofer-Arbeitsgruppe für Integrierte Schaltungen ist nun ein kompaktes eigenständiges Meßgerät entstanden, das einen Einsatz auch unter Echtzeitbedingungen ermöglicht.

Psychoakustische Grundlagen

Die Basis des Verfahrens bilden die Mithörschwellen des menschlichen Gehöres wie sie z.B. in /1/ beschrieben werden. In Abb. 1 ist eine solche Maskierungsschwelle beispielhaft dargestellt. Als Maskierer fungiert ein Schmalbandrauschen der Mittenfrequenz 1 kHz mit einem Pegel von 60 db. Man erkennt, daß sich in der Umgebung des Rauschsignals, das selber nicht eingezeichnet ist, eine gegenüber der Ruhehörschwelle deutlich erhöhte Wahrnehmbarkeitsschwelle ergibt. Alle Signale mit einem Pegel kleiner als der gezeichneten Schwelle werden vom menschlichen Ohr nicht wahrgenommen. Für die Hörbarkeit von Störungen ist folglich neben dem Pegel auch die relative Frequenzlage zu den dominanten Signalanteilen entscheidend. Während in dem Beispiel ein Signal mit einer Mittenfrequenz von 500 Hz gut hörbar wäre, wird eines bei z.B. 1.2 kHz verdeckt. Eine einfache S/N-Analyse würde dagegen gleich schlechte Ergebnisse liefern. Zu erkennen ist ferner, daß die Verdeckung zu hohen Frequenzen hin deutlich stärker ausgeprägt ist als zu tiefen (logarithmische Frequenzachse !).

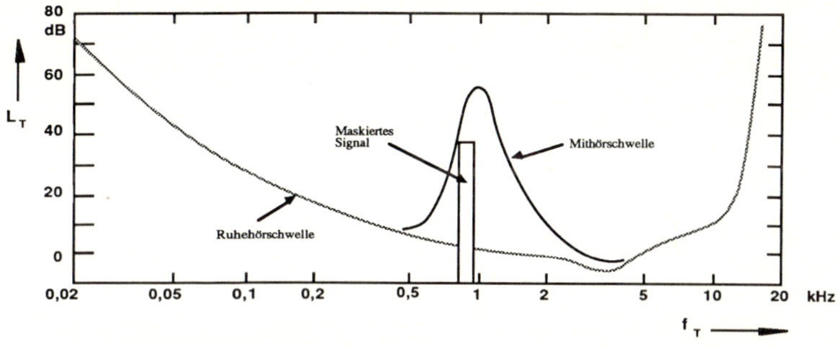

Abb 1: Mithörschwelle für Schmalbandrauschen (L_T = 60 db) der Mittenfrequenz 1 kHz (nach /1/)

Ähnliche Mithörschwellen können auch für spektral reine Töne angegeben werden. Die Verdeckung von Tönen zu Tönen ist jedoch geringer als die von Rauschen zu Rauschen.

Neben dieser Simultanverdeckung, die im eingeschwungenen Zustand gilt, kann für Signale mit großen Pegeländerungen eine Vor- und Nachverdeckung nachgewiesen werden. Die Vorverdeckung macht sich z.B. bemerkbar, wenn Signale eingeschaltet werden. Auch wenn das maskierende Signal kurz nach dem zu verdeckenden Störsignal eingeschaltet wird, bleibt das Störsignal in vielen Fällen unhörbar, d.h. die Verdeckung reicht scheinbar in die Vergangenheit zurück. Ebenso benötigt das Ohr eine gewisse Erholungszeit, bis nach dem Abklingen eines Signals wieder die volle Empfindlichkeit vorhanden ist, wie sie durch die Ruhehörschwelle beschrieben wird (Nachverdeckung). Abbildung 2 gibt den groben zeitlichen Verlauf der Mithörschwellen bei geschalteten Signalen wieder.

Die maximale Empfindlichkeit des menschlichen Ohres wird nur bei ruhiger Umgebung erzielt. Tonsignale rufen erhöhte Hörschwellen hervor, die von der momentanen Zusammensetzung des Signals abhängig sind. Je nach Lautheit des Signals können daher auch mehr Störungen zugelassen werden.

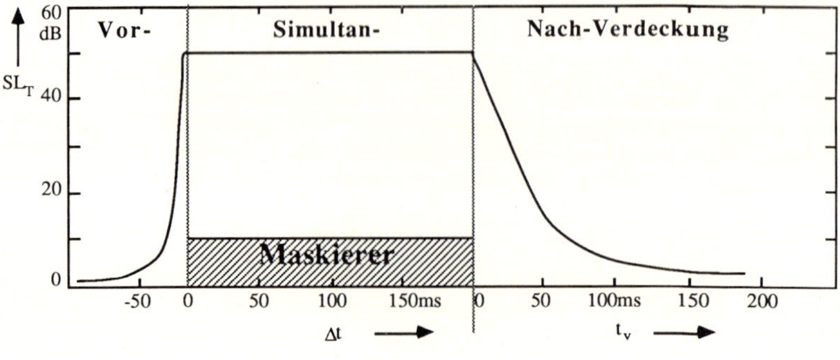

Abb 2: Zeitlicher Verlauf der Mithörschwelle bei gepulsten Signalen (nach /1/)

Meßverfahren

Wie bereits oben erwähnt, konnten Verfahren, die diese Effekte nutzen, bisher nur in aufwendigen Hörtests geprüft werden. Je geringer die Unterschiede werden, desto aufwendiger werden diese Tests. Derzeit ist der Nachweis, daß Unterschiede hörbar sind, oft nur noch mit statistischen Methoden möglich. Die Testperson muß dabei versuchen, zwischen codierten/decodierten und den unbearbeiteten Originalsignalen zu unterscheiden. Sie bekommt das selbe Musikstück mehrfach vorgespielt, wobei nach einem Zufallsmuster zwischen codiertem/decodiertem und dem Originalsignal umgeschaltet wird. Die Testperson muß nun versuchen zu erkennen, ob das Originalsignal oder das codierte/decodierte vorgespielt wird (Blindtest). Liegt die Anzahl der richtigen Antworten im Bereich von 50%, kann davon ausgegangen werden, daß keine Unterschiede wahrnehmbar sind.

Nur wenn Unterschiede wahrnehmbar sind, können die Signale mit statistischer Sicherheit (z.B. bei einem Verhältnis 9:1 oder 10:0 zwischen richtigen und falschen Antworten) eindeutig zugeordnet werden. Bei einer ausreichenden Anzahl von qualifizierten Testpersonen und Versuchen kann damit nachgewiesen werden, daß bei den gewählten Musikstücken keine Unterschiede hörbar sind. Die Auswahl der Musikstücke muß dabei sehr sorgfältig erfolgen, da sich je nach Verfahren unterschiedliche Schwierigkeiten bei der Verarbeitung ergeben können (vgl. Meßergebnisse).

Soll dagegen ein gewisser Sicherheitsabstand von der Hörbarkeitsgrenze eingehalten werden, ist dieser Test nicht ausreichend, weil nur Effekte oberhalb der Hörschwelle erfaßt werden können. Außerdem ist er während der Entwicklung der Verfahren zu umständlich und nicht aussagekräftig genug, da er wenig über die Art der hörbaren Störung aussagt. Während der Verfahrensentwicklung ist es wichtig die Wirkung der Änderungen genau beobachten und analysieren zu können. Ein Meßverfahren, das Eigenschaften des Hörempfindens nachbildet, ist unerläßlich für eine effiziente Verfahrensentwicklung und Optimierung. Es kann die Entwicklung der Verfahren wesentlich beschleunigen und liefert Meßwerte, die als Ergänzung zu den Hörtests für die Beurteilung der Verfahren hilfreich sind.

Eine genaue Nachbildung der Eigenschaften des Gehöres ist derzeit allerdings noch nicht möglich. Zum einen existieren keine genauen Modelle, zum anderen wäre der Aufwand zu groß. Das von uns entwickelte Verfahren berechnet einen angenäherten Verlauf der Mithörschwellen und bestimmt den Abstand der Störsignale von diesen Schwellen. Prinzipiell ist dies in Abbildung 3 angedeutet.

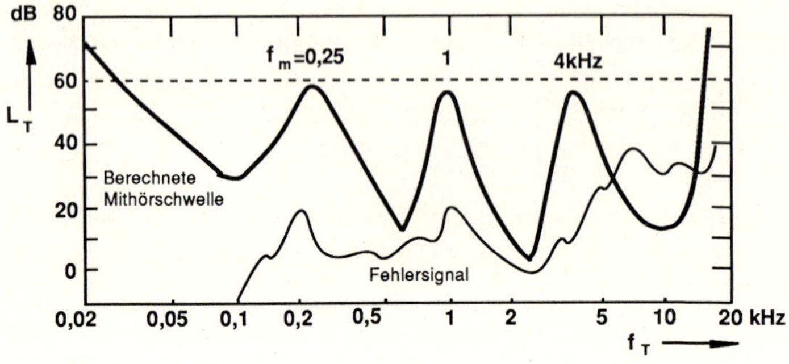

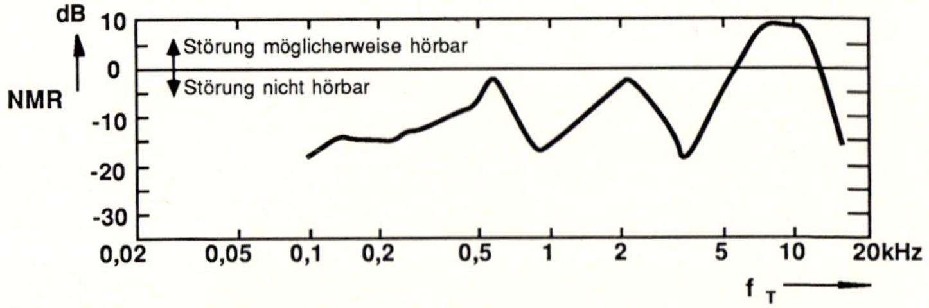

Abb 3: Nur ein Teil des gezeichneten Störsignals wird von der Mithörschwelle verdeckt.

Berechnung der Mithörschwellen

Die Berechnung der Mithörschwellen erfolgt im Frequenzbereich. Dazu wird das Signal mit der Diskreten Fouriertransformation (DFT bzw. FFT) in den Frequenzbereich transformiert. Zur Verbesserung der Frequenzauflösung wird ein Hanningfenster mit 100% Überlappung verwendet. Das Spektrum wird anschließend in Frequenzgruppen zusammengefaßt, indem mehrere Linien der zunächst linearen Frequenzachse in einer der Bark-Skala ähnlichen Einteilung aufaddiert und durch die Anzahl der addierten Linien dividiert wird. Insgesamt werden 27 Frequenzgruppen gebildet. Ausgehend von diesem Grobverlauf der spektralen Zusammensetzung des Signals werden die Mithörschwellen berechnet:

- Im ersten Durchgang wird die Verdeckung in der eigenen Frequenzgruppe berechnet.

- Die Berechnung der Verdeckung zu benachbarten Gruppen erfolgt mit Hilfe von Tabellen, in der die Höhe der Verdeckungen für die benachbarten Frequenzbänder abgelegt sind. Da die Verdeckung zu unteren Frequenzgruppen hin sehr gering ist, wird hier keine Verdeckung angenommen.

- Die errechnete Mithörschwelle wird noch mit der Ruhehörschwelle verglichen. Ist die Verdeckung geringer als die Ruhehörschwelle, wird diese als Mithörschwelle gesetzt.

Die Einbeziehung der Ruhehörschwelle ist besonders schwierig, da diese direkt mit der Abhörlautstärke gekoppelt ist. Im Meßverfahren wird das kleinste mit der Quantisierung von 16 bit noch darstellbare Signal als Ruhehörschwelle definiert, d.h. die Ruhehörschwelle des Meßverfahren ist geeicht, wenn die Abhörlautstärke so eingestellt wird, daß diese Signale gerade hörbar sind.

Aus diesen Rechenschritten ergibt sich ein durch eine Treppenfunktion angenäherter Verlauf der momentanen Mithörschwelle. Diese wird nun auf das Fehlersignal angewandt. Dazu wird das Fehlersignal ebenfalls in den Frequenzbereich transformiert und in die gleichen Frequenzgruppen eingeteilt. Der Energieinhalt in jedem Frequenzband wird zu der errechneten Hörschwelle ins Verhältnis gesetzt, und daraus das sogenannte "Noise-to-Mask-Ratio" (im folgenden kurz NMR) für die einzelnen Frequenzbänder berechnet. Als logarithmisches Maß gibt es den Abstand des Störsignals zur Hörschwelle in diesem Band an. Wird in einem Band die Maskierungsbedingung verletzt, d.h. ist das Störsignal stärker als die Hörschwelle in diesem Band, wird das "Masking-Flag" gesetzt, das angibt, daß in diesem Band möglicherweise eine Störung hörbar ist.

Der gemittelte Abstand der Störung von der Maskierungsschwelle und die Anzahl der Masking-Flag-Anschläge pro Zeiteinheit geben einen ersten Hinweis auf die Qualität der Codierung. Bedingt durch die sehr vorsichtige Berechnung der Mithörschwelle, bedeutet ein Anschlag des Masking-Flags nicht zwangsläufig eine hörbare Störung. Da die Verdeckungskurven frequenz- und pegelabhängig sind, wurde aus Aufwandsgründen eine "worst-case-Kurve", d.h. eine Art Mindestverdeckung genommen. Im allgemeinen ist die Verdeckung wesentlich höher, so daß ein großer Teil der vom Masking-Flag angezeigten Störungen eigentlich noch verdeckt wird. Auch umgekehrt sind mittlerweile Fälle bekannt, bei der das Masking-Flag trotz hörbarer Störungen nicht anschlägt. Trotzdem sind mit diesen Parametern bereits leicht Veränderungen in der Wiedergabequalität erkennbar und Aussagen über die Hörbarkeit von Störungen machbar.

Eine genauere Analyse des zeitlichen Verlaufs von Momentanhörschwelle und des zugehörigen Fehlersignal liefert detailiertere Aussagen. Zusätzlich zum Masking-Flag kann ein Histogramm über die Verteilung der momentanen NMR-Werte gebildet werden. Aus diesem Histogramm können genauere Wahrscheinlichkeitsaussagen über die Hörbarkeit der Störungen abgeleitet werden. Dies ist wichtig, wenn z.B. ein Verfahren über weite Bereiche gute Werte liefert und in kritischen Passagen ständig Störungen erzeugt, die in der Nähe der Hörbarkeitsschwelle liegen. Ein Langzeitmittelwert wäre in diesem Fall nicht aussagekräftig. Ebenso kann der geringste Abstand (bzw. die größte Überschreitung) von der Hörschwelle bestimmt werden. Für die Bewertung der spektralen Zusammensetzung der Störungen wird zusätzlich für jedes Frequenzband ein gemitteltes NMR berechnet.

Einige dieser Meßwerte werden derzeit nur in der Simulation verwendet und ihre Aussagekraft noch näher untersucht. Im eigentlichen Meßgerät werden derzeit noch nicht alle Parameter errechnet.

Realisierung in Echtzeit

Mit Hilfe von modernen Signalprozessoren konnte das Meßverfahren trotz des relativ hohen Rechenzeitbedarfs auch als kompaktes Meßgerät realisiert werde. Die Gesamtfunktion kann in vier Teilblöcke zerlegt werden:

- Bestimmung des Fehlersignals.
- Berechnung der Spektren des Original- und des Fehlersignals.
- Berechnung der Mithörschwellen und eigentliche NMR-Berechnung.
- Anzeige und Speicherung der Ergebnisse.

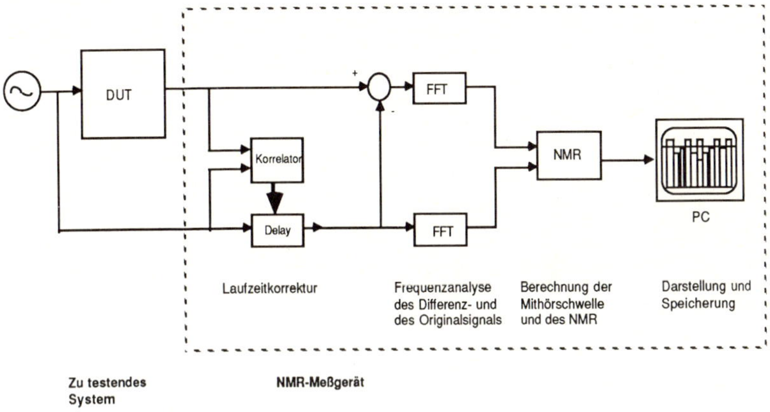

Abb 4: Blockschaltbild des Meßgeräts.

Als Fehlersignal wird die Differenz zwischen den Abtastwerten des Original- und des codierten/decodierten Signals genommen. Das Meßgerät erhält dazu die Abtastwerte beider Signale (liegen diese nicht vor, kann ein A/D-Umsetzer vorgeschaltet werden). Es muß die Differenz zwischen zusammengehörenden Abtastwerten gebildet werden. Im ersten Teil des Meßgeräts wird deshalb die Verzögerung der zu untersuchenden Strecke bestimmt und das eine Signal um den entsprechenden Wert verzögert. In diesem Block können auch triviale Veränderungen des Signals (Invertierung, Verstärkung) korrigiert werden. Eine Korrektur von Phasenverzerrungen wird nicht vorgenommen, so daß Phasenverzerrungen bereits zu einem erheblichen Fehlersignal führen können, das aber möglicherweise nicht hörbar ist. Dies wird derzeit im Sinne einer "Worst-case-Analyse" in Kauf genommen. Die Verzögerung wird mit einer Korrelationsanalyse bestimmt, so daß keine besonderen Testsignale für diese Messung angelegt werden müssen.

Im zweiten Teil werden die Kurzzeitspektren des Original- und des Differenzsignals bestimmt. Dazu wird eine schnelle Fouriertransformation (FFT) der Länge 1024 verwendet. Die Analyse erfolgt mit einer Überlappung von 100 %, d.h. es wird alle 512 Abtastwerte die FFT von 512 vorhergehenden und 512 neuen Punkten bestimmt. Zur Verbesserung der Analyseeigenschaften der FFT wird ein Hanningfenster verwendet. Damit fällt alle 11,6 ms (Abtastfrequenz 44,1 kHz) ein neues Spektrum an. Zur Vorbereitung der Rechenschritte im dritten Teil wird noch das logarithmierte Amplitudenspektrum berechnet. Dies kann auch angezeigt werden, so daß das Gerät auch zur Echtzeitspektralanalyse eingesetzt werden kann.

Die eigentliche psychoakustische Bewertung erfolgt im dritten Teil. Dort werden die Mithörschwellen und das "Noise-to-Mask-Ratio" wie oben beschrieben berechnet und die Anzahl der Masking-Flag-Anschläge gezählt. Außerdem werden die Daten für die Anzeige vorbereitet, um eine möglichst schnelle Darstellung der Ergebnisse zu erhalten.

Die momentanen NMR-Werte und die zugehörigen Spektren werden auf einem Computerbildschirm dargestellt. Dabei kann gewählt werden zwischen einer vereinfachten Darstellung nach Frequenzbändern und einer hochaufgelösten Darstellung der Linienspektren. Bedingt durch die hohe Anzeigegeschwindigkeit, können die NMR-Werte und die Spektren während des Abhörens der Musik ständig beobachtet werden. Auf Tastendruck kann die Anzeige auch gestoppt und die gespeicherten letzten 5 bis 10 Sekunden (je nach Speicherausbau) des Signals genau analysiert werden. Dazu kann Block für Block in die "Vergangenheit zurückgeblättert" werden. So können kritische Stellen eines Musikstücks in "Zeitlupe" genau betrachtet werden.

Meßergebnisse bei Datenreduktionsverfahren

Das Meßverfahren wurde auf verschiede Datenreduktionsverfahren angewandt, die einen Teil der "Irrelevanz" der Audiosignale eliminieren. Irrelevante Signalanteile werden durch die relevanten Anteile verdeckt. Diese könnten entnommen werden, ohne daß Unterschiede hörbar werden. Solche Verfahren sind u.a. in /2/, /3/, /4/ und /5/ beschrieben. Da die Verdeckungseffekte im Frequenzbereich beschrieben werden, nehmen die Verfahren eine Analyse der spektralen Zusammensetzung vor. Bei den Teilbandcodierverfahren, zu denen das in /3/ beschriebene MASCAM-Verfahren gehört, geschieht dies mit einer Filterbank. Bedingt durch die geringe Anzahl an Teilbändern ist eine genaue Berechnung der Maskierungsschwelle allerdings nicht möglich. Bei den anderen Verfahren wird das Zeitsignal mit Hilfe der DFT bzw. FFT (Diskrete Fouriertransformation) oder der DCT (Diskrete Cosinustransformation) zunächst in den Frequenzbereich transformiert.

Mit der bei der OCF (Optimalcodierung im Frequenzbereich /5/) verwendeten Transformation (MDCT = Modifizierte Cosinustransformation), die eine sehr hohe Frequenzauflösung besitzt, ist eine genaue Analyse der spektralen Zusammensetzung möglich. Bei dem Verfahren wird die zur Verfügung stehende Kanalkapazität (z.B. 88 kbit/sec) in zwei ineinander geschachtelten Iterationsschleifen auf die einzelnen Signalanteile verteilt. Mit der äußeren Iterationschleife wird das sich ergebende Differenzsignal nach psychoakustischen Gesichtspunkten untersucht und in seiner spektralen Zusammensetzung so beeinflußt, daß alle Störanteile verdeckt werden. Je nach eingestellten Parametern, Anzahl der zulässigen Iterationen und zur Verfügung stehender Kanalkapazität kann auch ein Sicherheitsabstand von der Maskierungsschwelle erreicht werden. Die sich ergebende erhöhte Abbildungsgenauigkeit ("Studioqualität") erlaubt auch nachträgliche Klangbeeinflußungen (z.B. Anhebung der Höhen), ohne daß die Maskierungsbedingungen verletzt werden. Die maximale Anzahl der Iterationen entspricht der im Coder zur Verfügung stehenden Rechenleistung. Je nach Aufwand im Coder kann dadurch eine unterschiedliche Qualität erzielt werden. Unabhängig davon bleibt der Decoder. Er kann sowohl Studio- als auch HIFI-Qualität rekonstruieren, ohne daß irgendwelche Anpassungen vorgenommen werden müssen.

Zusammengefaßt ergeben sich für die OCF folgende Vorteile:

- hohe Codiereffizienz: 88 kbit/sec (2 bit/ Abtastwert) für CD-Qualität
- geringe Verzögerung, keine Langzeitmittelung
- geringer Realisierungsaufwand: derzeit je ein Signalprozessor für Coder und Decoder (mono), bzw. zwei für den Coder und einer für den Decoder (stereo).
- Der Aufwand für Iterationen nur auf der Coderseite.
- hohe Flexibilität: auf der Coderseite können Verfahrensparameter ohne Änderung der Decoder eingestellt werden.

Abbildung 5 enthält einige beispielhafte Meßergebnisse. Dargestellt ist die relative Häufigkeit der Masking-Flag-Anschläge für drei unterschiedliche Codierverfahren bei drei ausgewählten Musikstücken. Es zeigt sich, wie die Verfahren auf unterschiedliche Musikstücke reagieren. Die Beispiele unterstreichen nochmal, wie wichtig die Auswahl von Musikstücken ist. Das Meßverfahren kann auch hier sehr gut eingesetzt werden, indem damit zunächst kritische Passagen ausgesucht werden, und nur für diese die aufwendigen Hörtests durchgeführt werden. Damit kann die Anzahl der nötigen Hörtests erheblich reduziert werden.

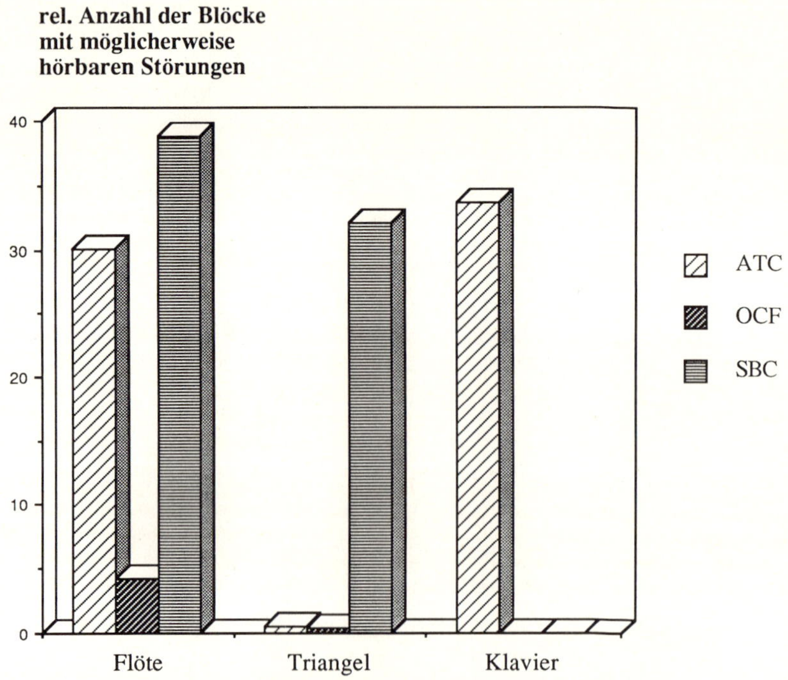

Abb 5: Meßergebnisse der Verfahren LC-ATC (3.5 bit/Abtastwert), OCF (2.5 bit) und einem Teilbandcodierverfahren (SBC) mit fester Bitzuteilung bei durchschnittlich 4.7 bit/Abtastwert für drei verschiedene Musikstücke

Ausblick

Das realisierte Meßgerät stellt einen ersten Ansatz dar. Bedingt durch die gemachten Vereinfachungen wird die Mithörschwelle nur sehr grob berechnet. So wird z.B. nicht ausreichend zwischen der Verdeckung von Tönen zu Tönen und Rauschen zu Rauschen unterschieden. Ebenso wird derzeit die Vor- und Nachverdeckung noch nicht ausreichend berücksichtigt. Problematisch ist auch die feste Einteilung der Frequenzgruppen. Durch die hohe zur Verfügung stehende Rechenleistung können in Zukunft auch aufwendigere Analysen vorgenommen werden, so daß eine genauere Annäherung an die tatsächlichen Mithörschwellen möglich wird. Die Einbeziehung weiterer Eigenschaften des menschlichen Ohres ist ebenso wünschenswert. Es wäre z.B. wichtig, die Zunahme der Rauigkeit zu erfassen, oder die Hörbarkeit der Pegelschwankungen von nicht voll verdeckten Signalanteilen zu erfassen. Für eine Einbeziehung von Kanälen mit Phasenverzerrungen könnte es sinnvoll sein, die Bildung des Fehlersignals im Frequenzbereich durchzuführen. Allerdings muß dann sehr sorgfältig die Hörbarkeit der Phasenverzerrungen mit einbezogen werden.

Das Meßgerät wird bisher überwiegend zur Analyse von Datenreduktionsverfahren eingesetzt. Es kann aber ebenso in anderen Bereichen Verwendung finden. Als Beispiele seien hier nur kurz erwähnt:

- Messung von Verzerrungen, die nur im dynamischen Betrieb von Wiedergabeeinrichtungen (Lautsprecher, Verstärker) auftreten.
- Untersuchung der Hörbarkeit der Übertragungsfehler, insbesondere bei selektiv geschützten Übertragungskanälen.

Zusammenfassung

Das vorgestellte Meßgerät nimmt eine ausführliche psychoakustische Bewertung der Störsignale vor. Damit kann aus den Meßwerten direkt auf die Hörbarkeit von Störungen geschlossen werden. Dies wird insbesondere bei Verfahren benötigt, die die unterschiedliche Hörbarkeit von Störungen ausnutzen (Datenreduktionsverfahren, selektiver Fehlerschutz). Herkömmliche Meßverfahren (S/N, Klirrfaktor,..) liefern hier keine brauchbaren Ergebnisse, so daß bisher nur aufwendige Hörtests blieben. Das Meßverfahren kann zwar diese Hörtests nicht voll ersetzen, aber es stellt eine sehr gute Ergänzung dazu dar, da es Veränderungen quantitativ erfaßt und das Auffinden von kritischen Passagen erleichtert.

Literatur

/1/ E. Zwicker: "Psychoakustik", Springer-Verlag Berlin-Heidelberg-New York 1982

/2/ D. Krahé: "Ein Verfahren zur Datenreduktion bei digitalen Audiosignalen unter Ausnutzung psychoakustischer Phänomene", Rundfunktechn. Mitteilungen, vol. 30 (1986) S. 117- 123

/3/ G. Stoll, G.Theile: "Neue digitale Tonübertragungsverfahren: Wie erfolgt die Beurteilung der Qualität ?", Tagungsband der 14. Tonmeistertagung 1986, S. 427 - 432

/4/ D. Seitzer, K. Brandenburg, R. Kapust, E. Eberlein, H. Gerhäuser, H. Popp, H. Schott: "Real-time implementation of Low Complexity Adaptive Transform Coding", 84th AES convention, Paris 1988, Preprint 2581

/5/ K. Brandenburg: "High quality sound coding at 2.5 bit/sample", 84th AES-Convention, Paris 1988, Preprint 2582

/6/ K. Brandenburg: "Evaluation of quality for audio encoding at low bit rates", 82th AES-Convention, London 1987, Preprint 2433

Vorträge und Demonstrationen des Neuheitenforums

1 ***AEG OLYMPIA***
Video-Nachbearbeitungssystem mit zentraler Steuerung der Video- und Audio-Bandgeräte (Ott)

2 ***AUDIO ELECTRONIC***
Neuer elektrostatischer diffusfeldentzerrter Studiokopfhörer STAX SR-5 Gold mit ED-5 Monitor (Steickart)

3 ***AKAI***
Digitale Aufnahmetechnik und digitales Patching im Studiobetrieb (Hamacher)

4 ***MANGER***
"Präzision in Schall" vom Studio Monitor

5 ***DENON***
Anechoic Orchestral Music Recording (Urbach)

6 ***STEINBERG***
Digitales Aufnahmesystem mit grafischer Bedieneroberfläche (Kaminski)

7 ***LEXICON***
Theorie und Design eines Gerätes zur Verbesserung der Heimwiedergabe von Stereoaufnahmen und Filmstereoton durch Beseitigung von interauralem Übersprechen und/oder durch den Einsatz mehrerer Lautsprecher (Griesinger)

8 ***STUDER***
Digital Editor Studer DE 4003 (Bäder)
Studio Monitor Studer A 723 (Bäder)

9 ***AKG***
ADR 68 K (Fritz)

10 ***SONY***
DAT-Dupliziersystem (Lischker)

11 ***NEUTRIK***
Kompakter NF- und Audiomeßplatz mit grafischem Display (Pfanner)

12 ***HARMAN***
Digitale Audioaufzeichnungsgeräte in der Anwendung im Tonstudiobereich und in der Post-Production (Ploch)

13 ***HEAD ACOUSTICS***
Kunstkopf-Aufnahmesystem Aachener Kopf

14 **PÜLLMANNS**
Spendor 15/1 A - ein aktiver Nahfeldmonitor (Püllmanns)

15 **EMT**
Digitaltechnik ersetzt Endlos-Kassetten (Möller)
Akustische Rückkopplung bei Beschallung - Der EMT 442 P.A. Prozessor: Eine neue Technik bei der Saalbeschallung (Krey)
Solid State Logic 01 - ein integriertes Tonbearbeitungssystem mit digitaler Signalverarbeitung (Vacano)
Flexibilität eines modernen Audio-Produktionssystems am Beispiel des Fairlight CMI Series III (Schellenberg)

16 **AUDIO VERTRIEB MÜLLER (AVM)**
Audio-Signalbearbeitung (Müller)

17 **RCL**
Der Mehrzweck-Anpassungsverstärker CV 305 (Hormann)

18 **NAGRA KUDELSKI**
Digitales Tonaufnahmeformat mit umfassenden Edit-Möglichkeiten (Cellier)

19 **SAVE**
Computergestützte Verfahren der Timecode-orientierten Studioarbeit (Fritz)

20 **PHILIPS**
Dokumentationsanlagen für den Rundfunk mit neuer Kassettentechnik (Krogmann)

21 **YAMAHA**
Anwendungsmöglichkeiten des rein digitalen Mischpultes DMP 70 bei der Abmischung und Nachbearbeitung digitaler Mastertapes (Teschner)

Exkursionen

1 *Technische Einrichtungen des Hessischen Staatstheaters Wiesbaden*

2 *ZDF-Sendezentrum in Mainz-Lerchenberg (I)*

3 *Musikverlag Schott's Söhne in Mainz*

4 *Diamantschleiferei Ruppenthal in Idar-Oberstein*

5 *Erdfunkstelle der Bundespost in Usingen*

6 *Sektkellerei Kupferberg in Mainz*

7 *Technische Einrichtungen der Alten Oper Frankfurt*

8 *Werksführung im Opelwerk in Rüsselsheim*

9 *Weinbrennerei Asbach in Rüdesheim*

10 *Siegfried's Mechanisches Musikkabinett (Spieluhren-Museum) in Rüdesheim*

11 *IBM-Werk in Mainz*

12 *Flughafen Frankfurt*

13 *ZDF-Sendezentrum in Mainz-Lerchenberg (II)*

14 *BTS - Robert Bosch GmbH in Darmstadt*

15 *ESA-Operationszentrale in Darmstadt*

16 *Lufthansa-Basis im Flughafen Frankfurt*

17 *Kloster Eberbach (mit Weinprobe)*

18 *Studios des Hessischen Rundfunks in Frankfurt (evtl. auch Sternpunkt)*

19 *Degussa-Fabrikationsanlage in Frankfurt*

1. INTERNATIONALES FESTIVAL FÜR NEUES MUSIKTHEATER IN MÜNCHEN

BMW zum Hinhören: Münchener Biennale

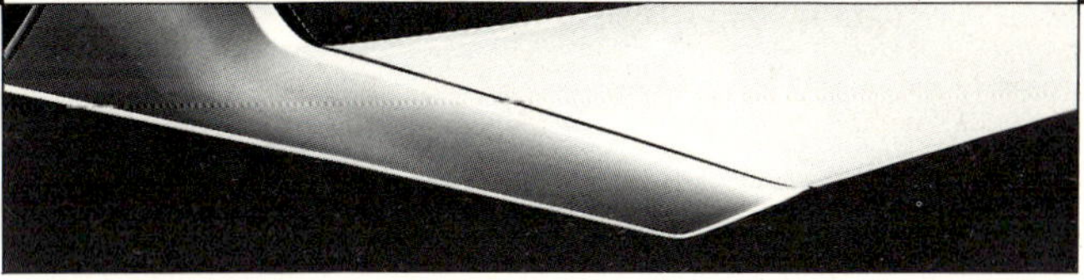

Das erste Internationale Festival des neuen Musiktheaters vom 27.5. bis 23.6.88 in München war eine gemeinsame Initiative der Stadt München und der BMW AG. Das Unternehmen stiftete die Biennale-Preise. Denn BMW ist ein großes, waches und verantwortungsbewußtes Unternehmen, das seit jeher Zeitsignale empfangen, aber auch Zeitsignale gesetzt hat.

Auf kulturellem Gebiet hat sich die BMW AG seit Jahren gerade in München engagiert: mit der experimentierfreudigen Tanztheater- und Musikbühne Alabamahalle (einer ebenfalls gemeinsamen Initiative von Stadt und BMW): mit der großen Retrospektive "Das Auto in der Kunst" 1986 im Haus der Kunst München: mit dem "Design-Process-Auto" 1986 im Staatlichen Museum für angewandte Kunst, der Neuen Sammlung in München.

Wie in der Alabamahalle förderte BMW auch mit der Biennale neue Musik, experimentelles Theater, Innovation. Das ist typisch BMW. Die Designkultur von BMW gehört dazu ebenso wie die Fahrkultur, mit der BMW Automobile und Motorräder bewegt werden, die Baukultur des BMW Hauses am Olympiapark ebenso wie die Unternehmenskultur, die darin lebt. Wer das Neue will, fördert es auch. Das gilt für BMW als Fahrzeughersteller. Das gilt für BMW als Unternehmen.

Motor kultivierter Technik

36/47/88

Referenten, Mitautoren, Moderatoren

Bäder, Karl-Otto, STUDER REVOX, Talstr. 7, D-7827 Löffingen 1
Brokopf, Klaus, Blaupunkt-Werke GmbH, Postfach, D-3200 Hildesheim
Bork, Dr. Ingolf, PTB, Postfach 3345, D-3300 Braunschweig
Buchmüller, Willy, ORF-Zentrum, A-1136 Wien
Cellier, Claude, KUDELSKI S.A., CH-Cheseaux-sur-Lausanne
Corinth, Dr. Götz, Donnersbergstr. 28. D-6500 Mainz-Hechtsheim
Czesla, Prof. Dr. Werner, Im Mittelhain 6, D-4930 Detmold
Danilenko, Dr. Leo, WDR, Appellhofplatz 1, D-5000 Köln 1
Dosch, Christoph, IRT, Floriansmühlstr. 60, D-8000 München 45
Drillkens, Richard, WDR, Appellhofplatz 1, D-5000 Köln 1
Fouqué, Prof. Martin, Berkaer Str. 40, D-1000 Berlin 33
Fritz, Alexander, AKG, Brunhildengasse 1, A-1140 Wien
Fritz, Günther, SAVE GmbH, Berner Str. 91 - 95, D-6000 Frankfurt 56
Gerber, Wolfram, HR, Bertramstr. 8, D-6000 Frankfurt 1
Gierlich, Dr. Hans, HEAD acoustics, Jülicher Str. 336, D-5100 Aachen
Goeres, Hans-Jürgen, BR, Rundfunkplatz 1, D-8000 München 2
Gragt, Cornelis van der, NOB, Postfach 10, NL-1200 JB, Hilversum
Griesinger, David, c/o Audio Export Georg Neumann & Co. GmbH, Badstr. 14, D-7100 Heilbronn
Hamacher, Hans, AKAI, Hertzstr. 2, D-8047 Karlsfeld
Harbusch, Dieter, WDR, Appellhofplatz 1, D-5000 Köln 1
Hastreiter, Elke, Josef-Stick-Str. 2, D-4000 Düsseldorf 1
Heischmann, Egon, Staatsoper Dresden, Theaterplatz 2, DDR-8010 Dresden
Hibbing, Hibbing, Sennheiser Electronic, D-3002 Wedemark
Hömberg, Martin, Ursulakloster 25, D-5000 Köln 1
Holzkämper, Silke, IRT, Floriansmühlstr. 60, D-8000 München 45
Hormann, Franz-Jürgen, RCL ELECTRONIC, Ulzburger Str. 171, D-2000 Norderstedt
Hübner, Lothar, Rundfunk der DDR, Nalepastraße, DDR-1160 Berlin
Jakubowski, Horst, IRT, Floriansmühlstr. 60, D-8000 München 45
Kaminski, Peter, Postfach 5026, D-4709 Bergkamen 5
Karp, Heinz, WDR, Appellhofplatz 1, D-5000 Köln 1
Köhler, Prof. Ernst, Hahngasse 22/15, A-1090 Wien
Köthe, Wulf, Georg Neumann GmbH, Charlottenstr. 3, D-1000 Berlin 61
Klapproth, Ludwig, Blaupunkt-Werke GmbH, Postfach, D-3200 Hildesheim
Krey, Thomas, EMT-Franz GmbH, Postfach 15 20, D-7630 Lahr
Krogmann, Mathias, Philips GmbH, Meiendorfer Str. 205, D-2000 Hamburg 73
Lagadec, Dr. Roger, c/o SONY, Hugo-Eckener-Str. 20, D-5000 Köln 30
Lentz, Peter, SDR, Postfach 106040, D-7000 Stuttgart
Lischker, Thomas, SONY, Hugo-Eckener-Str. 20, D-5000 Köln 30

Lüke, Dr. Friedmar, SDR, Postfach 837, D-7000 Stuttgart
Manger, Josef-W., Karlstadter Str. 30, D-8725 Arnstein
Meier-Engelen, Dr. Egon, DFVLR Porz
Meyer, Prof. Dr. Jürgen, PTB, Postfach 3345, D-3300 Braunschweig
Möller, Gerhard, EMT Franz GmbH, Postfach 1520, D-7630 Lahr
Müller-Römer, Frank, BR, Rundfunkplatz 1, D-8000 München 2
Müller, Mathias, Clevischer Ring 99, D-5000 Köln 80
Oppelland, Reiner, Hauffstr. 30, D-7141 Möglingen
Ott, Dieter, AEG Olympia, Bücklestr. 1-5, D-7750 Konstanz
Persterer, Alexander, AKG, Brunhildengasse 1, A-1140 Wien
Petke, Gerd-Wolf, IRT, Floriansmühlstr. 60, D-8000 München 45
Peus, Stephan, Georg Neumann GmbH, Charlottenstr. 3, D-1000 Berlin 61
Pfanner, Martin, Neutrik AG, Im alten Riet 34, FL-9494 Schaan
Plenge, Prof. Dr. Georg, IRT, Floriansmühlstr. 60, D-8000 München 45
Ploch, Klaus, Harman Deutschland, Hünderstr. 1, D-7100 Heilbronn
Püllmanns, Helmut, Salzstr. 3, D-5000 Köln 80
Richter, Friedrich, AKG, Brunhildengasse 1, A-1140 Wien
Rührig, Walter, AKG, Brunhildengasse 1, A-1140 Wien
Schellenberg, Claus, EMT Franz GmbH, Postfach 1520, D-7630 Lahr
Schlemm, Dr. Wilhelm, SFB, Masurenallee 8-14, D-1000 Berlin 19
Schleyer, Hanns-Eberhard, Staatskanzlei Rheinland-Pfalz, Postfach 3880, 6500 Mainz 1
Schneeberger, Günther, IRT, Floriansmühlstr. 60, D-8000 München 45
Seitzer, Prof. Dr. Dieter, Lehrstuhl f. Techn. Elektronik, Cauerstr. 9, 852 Erlangen
Spikofski, Gerhard, IRT, Floriansmühlstr. 60, D-8000 München 45
Steickart, Hans W., Audio Electronic, Postfach 1401, D-4000 Düsseldorf 1
Steinke, Gerhard, RFZ, Agastraße, DDR-1199 Berlin
Stoll, Gerhard, IRT, Floriansmühlstr. 60, D-8000 München 45
Teschner, Jörg, YAMAHA, Siemensstr. 22-34, D-2084 Rellingen
Theile, Dr. Günther, IRT, Floriansmühlstr. 60, D-8000 München 45
Urbach, Holger, DENON Electronic, Halskestr. 32, D-4030 Ratingen 1
Urbanek, Dr. Günther, SIEMENS ÖSTERREICH, Göllnergasse 15, A-1030 Wien
Vacano, Christopher, EMT Franz GmbH, Postfach 1520, D-7630 Lahr
Virnich, Berhard, HEAD acoustics, Jülicher Str. 336, D-5100 Aachen
Wagner, Klaus, Rundfunk der DDR, Nalepastraße, DDR-1160 Berlin
Weck, Christfried, IRT, Floriansmühlstr. 60, D-8000 München 45
Weyel, Herman-Hartmut, Oberbürgermeister der Stadt Mainz, Postfach 3820, D-6500 Mainz
Wöhr, Martin, BR, Postfach 20 05 08, D-8000 München 2
Wuttke, Jörg, Schalltechnik Dr.-Ing. Schoeps GmbH, Spitalstr. 20, D-7500 Karlsruhe
Ziemer, Dr. Albrecht, ZDF, Postfach 40 40, D-6500 Mainz

Aussteller

(Fördermitglieder des VDT fettgedruckt)

ACOUSTA ELEKTRONIK	*Moosstr. 60* *A-5020 Salzburg* *Telefon: (0043662) 846164* *Telex: 633008 acous a* *Firmenvertretung:* *- ALTEC LANSING* *- BGW* *- MITSUBISHI* *- RANE* *- RTW* *- SYMETRIX*
ADAMS SMITH	*34 Tower Street* *Hudson, MA 01749, USA* *Telefon: (001617) 5623801* *Telex: 920078* *Telefax: (001617) 5680404*
AEG Olympia	*Magnetbandtechnik* *Bücklestr. 1-5* *D-7750 Konstanz* *Telefon: (07531) 86-2370* *Telex: 7531141 aegoly* *Telefax: (07531) 86-2421*
AGFA-GEVAERT AG	*D-5090 Leverkusen-Bayerwerk* *Telefon: (0214) 304956* *Telex: 85104-20* *Telefax: (0214) 304880*
AKAI	*Prof. Music Equipment GmbH* *Hertzstr. 2* *D-8047 Karlsfeld* *Telefon: (08131) 98131* *Telex: 527553* *Telefax: (08131) 96959*
AKG acoustics	*Akustische u. Kino-Geräte GmbH*

	Brunhildengasse 1 *A-1150 Wien* *Telefon: (0043222) 956517-0* *Telex: 131839 akgac a* *Telefax: (0043222) 923458* *Akustische u. Kino-Geräte GmbH* *Bodenseestr. 226-230* *D-8000 München 60* *Telefon: (089) 8716-0* *Telex: 523626 akg d* *Telefax: (089) 8716-200* *Firmenvertretung:* *- APHEX* *- SOUNDCRAFT*
Alpermann + Velte GmbH	*electronic engineering* *Berghauser Str. 62* *D-5630 Remscheid 1* *Telefon: (02191) 379-0* *Telex: 8513549 ksrs d* *Telefax: (02191) 379-19*
alphaton	*Siemensstr. 19* *D-6233 Kelkheim/Ts.* *Telefon: (06195) 74032* *Telex: BTX 1631+ 0619574031 1+* *Telefax: (06195) 8484* *Firmenvertretung:* *- ASHLY* *- CLIFF* *- EMILAR* *- GOLDLINE* *- HAUFE* *- HME* *- MICRO AUDIO* *- WHITE INSTRUMENTS*
Altec Lansing Corp.	*Lärchenstr. 99* *D-6000 Frankfurt 80* *Telefon: (069) 3801036* *Telex: 413847* *Telefax: (069) 386959*
amptown electroacoustic gmbh	*Wandsbeker Str. 26* *D-2000 Hamburg 71* *Telefon: (040) 646004-0* *Telex: 2173385 ampt d* *Telefax: (040) 6412503* *Firmenvertretung:* *- BRYSTON* *- CLEAR COM* *- d&b*

- *MEYER SOUND*
- *ORBAN*
- *SOUNDTRACS*
- *WESTLAKE*

ANT-Nachrichtentechnik GmbH	*Gerberstr. 33* *D-7150 Backnang* *Telefon: (07191) 13-2694* *Telex: 7244060* *Telefax: (07191) 13-4140* *ANT-Nachrichtentechnik GmbH* *Fachbereich Mobilfunk und Audiotechnik* *Lindener Str. 15* *D-Wolfenbüttel* *Telefon: (05331) 83-0* *Telex: 95651* *Telefax: (05331) 83-200*
Audio Electronic GmbH & Co. KG	*Postfach 1401* *D-4000 Düsseldorf 1* *Telefon: (0211) 7335577* *Telex: 8588213 spel d* *Firmenvertretung:* - *AVM* - *NEAL* - *STAX*
Audio-Export Georg Neumann & Co. GmbH	*Badstr. 14* *D-7100 Heilbronn* *Telefon: (07131) 82275* *Telex: 728558* *Telefax: (07131) 68790* *Firmenvertretung:* - *AUDIOPAK* - *CRL* - *dbx* - *GENELEC* - *GOTHAM* - *LEXICON* - *MEDIATOUCH RADIO AUTOMATION* - *NEUMANN* - *SONIFEX* - *SWITCHCRAFT* - *TIMELINE*
audiorecording Karin Dingler	*Schöngeisinger Str. 36a* *D-8080 Fürstenfeldbruck* *Telefon: (08141) 12834*
Audiorent Peter Wolff	*Kurfürstenwall 11* *D-4350 Recklinghausen*

	Telefon: (0236) 59494
Audio-Vertrieb Matthias Müller	Clevischer Ring 99 D-5000 Köln 80 Telefon: (0221) 611620/616711 Telefax: (0221) 614151 Firmenvertretung: - INDUSTRIAL RESEARCH
Audio-Vertrieb Peter Strüven GmbH	Am Mühlenberg 26 D-2085 Quickborn Telefon: (04106) 69999 Telex: 2180633 Telefax: (04106) 69895 Firmenvertretung: - ADAMS-SMITH - BGW - BROOK SIREN SYSTEMS - STRAMP
Audio Video Systeme	Lilienthal GmbH Flinschstr. 61 D-6000 Frankfurt 60 Telefon: (069) 419292 Telex: 4170561 Telefax: (069)419296 Firmenvertretung: - RENKUS - HEINZ
Badger Enterprises (Tannoy)	Barrie L. Denton Postfach 1126 D-3203 Sarstedt/Hannover Telefon: (05066) 5677 Telex: 927250
R. Barth KG	Elektronik und Akustik Grillparzerstr. 6 a D-2000 Hamburg 76 Telefon: (040) 2297447 Telefax: (040) 223209 St.-Veit-Str. 61 D-8000 München 80 Telefon: (089) 4313806 Firmenvertretung: - CCL - DIGITAL CREATIONS - HARRISON - IVIE ELECTRONICS - TEXAR
BASF AG	Gottlieb-Daimler-Str. 10

	D-6800 Mannheim 1 *Telefon: (0621) 60-0* *Telex: 464990* *Telefax: (0621) 6044395*
BCI	*Broadcast Consulting Intern.* *Reichswaldstr. 52* *D-8501 Schwaig* *Telefon: (0911) 5000-35* *Telex: 622921 zeit d* *Telefax: (0911) 5489250* *Firmenvertretung:* *- AUDITRONICS* *- COLUMBINE SYSTEMS* *- FIDELIPAC* *- IGM COMMUNICATIONS* *- ORBAN* *- TOP FORMAT PRODUCTIONS*
Eugen Beyer GmbH & Co.	*Theresienstr. 8* *Postfach 1320* *D-7100 Heilbronn* *Telefon: (07131) 617-0* *Telex: 728771* *Telefax: (07131) 60459*
BFE	*Fernmeldetechnik + Elektronik AG* *An der Ochsenwiese 3-6* *D-6500 Mainz 23* *Telefon: (06131) 463-0* *Telex: 4187300 bfe d* *Telefax: (06131) 463122* *Firmenvertretung:* *- AVITEL* *- DRAKE* *- SAJE*
Brüel & Kjaer GmbH	*Postfach 1160* *D-2085 Quickborn* *Telefon: (04106) 4055*
CAS	*Coach Audio Sales* *Günther Kutsch/Stefan Mayer, GbR* *Schüren 12* *D-6670 St. Ingbert* *Telefon: (06894) 4717 + 4727* *Telefax: (06894) 383379* *Firmenvertretung:* *- AMS* *- AUDIOSCOPE* *- BRÜEL & KJAER* *- CADAC*

	- *CALREC* - *COMPATIBILITY* - *DAG 100* - *FOCUSRITE* - *MASSENBURG* - *QUESTED* - *SANKEN* - *STOCKING SCREEN* - *STUDIO MASTER* - *STUDIO TECHN.* - *SUMMIT AUDIO* - *TUBETECH*
CINE-TV - broadcast systems	*Klaus Weinrich GmbH* *Fraunhoferstr. 11* *D-8033 Martinsried* *Telefon: (089) 8576099* *Telex: 5212800 citv d* *Telefax: (089) 8574676* *Firmenvertretung:* - *ROOD MEGATRONICS*
Konstantin Danner	*Technische Werkstätte* *GmbH & Co. KG* *Akazienstr. 28* *D-1000 Berlin 62* *Telefon: (030) 7811822* *Telex: 184793 kd bln*
dB Magazin *für Studiotechnik*	*Redaktion und Anzeigenverwaltung* *Sachsenring 73* *D-5000 Köln 1* *Telefon: (0221) 336060* *Telex: 8886690 mmv d* *Telefax: (0221) 311977*
Denon Electronic GmbH	*Halske-Str. 32* *D-4030 Ratingen 1* *Telefon: (02102) 4985-0* *Telex: 8585310 deg d* *Telefax: (02102) 472600*
Dolby Laboratories Inc.	*346, Clapham Road* *GB-London SW9 9AP* *Telefon: (00441) 7201111* *Telex: 919109 Dolby c* *Telefax: (00441) 7204118*
Dorrough Electronics	*5221 Collier Place* *Woodland Hills, CA-91364, USA* *Telefon: (001818) 9991132* *Telex: 3791292 dorro*

3M Deutschland GmbH	*Network-Technik* *Carl-Schurz-Str. 1* *Postfach 100 422* *D-4040 Neuss 1* *Telefon: (02101) 14-0* *Telex: 8517511* *Telefax: (02101) 14-2649*
Jürgen Dudda	*Audio Service Beschallung* *Paffrather Str. 132* *D-5060 Bergisch Gladbach 2* *Telefon: (02202) 53021* *Telex: 8873781 dda d* *Telefax: (02202) 21695* *Firmenvertretung:* *- DELTA STEREOPHONIE SYSTEM* *- MEYER SOUND LABORATORIES*
d&b audiotechnik AG	*Steinstr. 40* *D-7054 Korb* *Telefon: (07151) 31018* *Telex: 7262241 db d* *Telefax: (07151) 35943*
D & R Electronica	*Rijnkade 15 b* *NL-1382 GS Weesp* *Telefon: (00312940) 18014* *Telex: 18503 dr nl* *Telefax: (00312940) 16987* *Steinkaulstr. 21* *D-5100 Aachen* *Telefon: (0241) 810078*
Dynacord	*Electronic- und Gerätebau GmbH* *Hirschberger Ring 45* *D-8440 Straubing* *Telefon: (09421) 706-0* *Telex: 65520* *Telefax: (09421) 706265*
DYNAUDIO ApS	*Sverigesvej 15* *DK-8660 Skanderborg* *Telefon: (00456) 523411* *Telex: (63126 dynaud dk* *Telefax: (00456) 523116* ***DYNAUDIO VERTRIEBS GMBH*** *Winsbergring 28* *D-2000 Hamburg 54* *Telefon: (040) 858066* *Telex: 215489 dyna d* *Telefax: (040) 859035*

	Firmenvertretung: *- ADCOM* *- AUDIO CONTROL*
ECOUTON-Audiolabor GmbH	*HiFi-Komponenten* *Entwicklung und Vertrieb* *Verwaltungs-GmbH* *An der Bega 10* *D-4920 Lemgo 1* *Telefon: (05261) 10310*
EELA AUDIO	*Geluidstechnik* *Hondsruglaan 83a* *NL-5628 DB Eindhoven* *Telefon: (003140) 424455* *Telex: 59281*
Electro-Voice	*Unternehmensbereich der Gulton GmbH* *Lärchenstr. 99* *Postfach 831164* *D-6230 Frankfurt/Main 80* *Telefon: (069) 38010-0* *Telex: 413847 voice d* *Telefax: (069) 386959* *Firmenvertretung:* *- CREST AUDIO* *- INNOVATIVE ELECTRONIC DESIGN*
ELMUS GmbH & Co. Vertriebs-KG	*Hohenzollerndamm 58* *D-1000 Berlin 33* *Telefon: (030) 8239961* *Firmenvertretung:* *- AMS* *- AUDIO & DESIGN* *- CALREC* *- SUN RECORDING*
EMS-REHBERG	*Elektronik Musik Studio* *Finkenstr. 4* *D-7257 Ditzingen 3/Heimerdingen* *Telefon: (07152) 53273*
EMT-FRANZ GmbH	*Postfach 1520* *D-7630 Lahr* *Firmensitz: Wilhelm-Franz-Str. 1* *D-7634 Kippenheim* *Telefon: (07825) 1011* *Telex: 754319* *Telefax: (07825) 2285* *Firmenvertretung:* *- FAIRLIGHT* *- NEUTRIK*

	- SSL
EXPOTUS LIMITED	*95, Grays Inn Road GB-London WC1X 8TX Telefon: (00441) 4059665 Telex: 24929 expo g Telefax: (00441) 8316017*
f.f.d.	*Vertriebsgesellschaft für Electronic-Componenten mbH Nordendstr. 3 D-8000 München 40 Telefon: (089) 2780288 Telex: 528592 gtc ffd Telefax: (089) 2724478*
Fraunhofer-Arbeitsgruppe für Integrierte Schaltungen	*Wetterkreuz 13 D-Erlangen Telefon: (09131) 6063-0 Telex: 629953 zmi d Telefax: (09131) 606330*
Ghielmetti GmbH	*Schalt- und Datengeräte Postfach 1161 Siemensstr. 5 D-6392 Neu-Anspach 1 Telefon: (06081) 8041 Telex: 415371 Telefax: (06081) 42334*
Giese electronic KG	*Klaus-Groth-Str. 84/86 D-2000 Hamburg 26 Telefon: (040) 2506064-66 Telex: 211853 giese d*
Gruppe 3 AMSEL CINETON	*Siegfriedstr. 23 D-8000 München 40 Telefon: (089) 362066 Telefax: (089) 390983 Firmenvertretung: - AMSYNC - ANCHOR - AUDIO ENGINEERING ASSOCIATES - AUDIO LTD. - LIGHT WAVE SYSTEMS - OPTICAL & TEXTILE - PROFESSIONAL SOUND CORPORATION - SONOSAX - SQN ELECTRONICS - VDB*

g.t.c. Studiotechnik GmbH	*Nordendstr. 3* *D-8000 München 40* *Telefon: (089) 2780404* *Telex: 528592 gtc ffd* *Telefax: (089) 2724478* *Firmenvertretung:* *- AQUARIUS* *- CMX* *- DOLBY* *- EELA AUDIO* *- NEUTRIK* *- NTP* *- QUANTEC* *- SAVE* *- TASCAM*
ADAM HALL GmbH	*Audio Developments* *Gewerbegebiet Süd* *D-6390 Usingen 1* *Telefon: (06081) 16031* *Telex: 418061* *Telefax: (06081) 6291* *Firmenvertretung:* *- FANE* *- ISOTRACKS* *- OTIS* *- PALMER* *- RAUCH* *- TURBOSOUND*
harman deutschland	*Hünderstr. 1* *D-7100 Heilbronn* *Telefon: (07131) 4800* *Telex: 728433 harm d* *Telefax: (07131) 480254* *Firmenvertretung:* *- JBL* *- RANE* *- REIMS* *- SECK* *- SHURE* *- SYMETRIX* *- SYNCLAVIER* *- UREI*
Harrison Systems Inc.	*P. O. Box 22964* *Nashville, Ten. 37202, USA* *Telefon: (001615) 834-1184* *Vertrieb Deutschland, Schweiz, Österreich:* *R. Barth KG*

	Grillparzerstraße 6a *D-2000 Hamburg 76* *Telefon: (040) 2297447* *Telefax: (040) 223209* *St.-Veit-Str. 61* *D-8000 München 80* *Telefon: (089) 4313806*
HEAD-acoustics GmbH	*Kopfbezogene Aufnahme- und Wiedergabetechnik, Meßtechnik* *Jülicher Str. 336* *D-5100 Aachen* *Telefon: (0241) 1822180* *Telex: 8329659* *Telefax: (0241) 1822100*
Heco GmbH	*Seelenberger Str. 1* *D-6384 Schmitten/Ts. 1* *Telefon: (06084) 544* *Telex: 415313*
Högel Studio-Technik GmbH	*Siemensstr. 2a* *D-8044 Unterschleißheim* *Telefon: (089) 3101188* *Telex: 5215130*
Jellinghaus	*Musik Systeme GmbH* *Martener Hellweg 40* *D-4600 Dortmund 1* *Telefon: (0231) 178841* *Telefax: (0231) 172668*
Klein + Hummel	*Zeppelinstr. 12* *D-7302 Ostfildern-Kemnat* *Telefon: (0711) 455026* *Telex: 723398 khd* *Telefax: (0711) 451517*
Klotz & Co. Elektronik GmbH	*Gronsdorfer Str. 14* *D-8013 Haar* *Telefon: (089) 461000-0* *Telex: 5216839* *Telefax: (089) 461000-52*
Kort Elektronik GmbH	*D-3251 Ottenstein 2* *Telefon: (05286) 407* *Firmenvertretung:* *- WILFRIED KORT ELEKTRONIK*
K + R Gerätetechnik GmbH	*Iltisweg 5* *D-5210 Troisdorf 22* *Telefon: (02241) 41041*

	Telefax: (02241) 41042 *Btx: 0224141041001*
KS - Klein & Steck OHG	*Beschallungstechnik* *Hollergasse 6* *D-6719 Bissersheim b. Grünstadt* *Telefon: (06359) 82942*
Lake People	*Rosgartenstr. 13* *D-7750 Konstanz* *Telefon: (07531) 24428*
LAWO Gerätebau GmbH	*Am Oberwald 8* *D-7550 Rastatt 16* *Telefon: (07222) 10020* *Telex: 786 517 lawo d* *Telefax: (07222) 100224*
Manger Schallsysteme	*Postfach 4* *D-8725 Arnstein* *Telefon: (09363) 283* *Telex: 68650 jwm d*
M 3 C Systemtechnik GmbH	*Eislebener Str. 15* *D-1000 Berlin 30* *Telefon: (030) 2132202/03* *Telefax: (030) 2132203* *Firmenvertretung:* *- FRÖHLICH MUSICONSULTING* *- VOYETRA TECHNOLOGIES*
mgm - cases	*Hardtstr. 96* *D-5600 Wuppertal 1* *Telefon: (0202) 450583* *Telefax: (0202) 4936658*
Monshausen GmbH	*PYRAL-Magnetband-Produkte* *Postfach 100506* *D-5650 Solingen 1* *Telefon: (0212) 205071/205072* *Telex: 8514875 pemo d* *Firmenvertretung:* *- RHONE-POULENC*
MPC - Datentechnik	*Dipl.-Ing. J. Bornemann* *Heerstraße 392* *D-5014 Kerpen-Brüggen* *Telefon: (02237) 61001* *Telex: 1631 btx d* *btx 0223761001 1+*
Music Shop	*Kandler & Greil GmbH*

	Siegesstr. 23 *D-8000 München 40* *Telefon: (089) 341111* *Telex: 5214352 shop d* *Firmenvertretung:* *- AKAI* *- EMU SYSTEMS* *- FOSTEX* *- KORG* *- ROLAND* *- SOUNDTRACS* *- STEWART ELECTRONICS* *- STUDIOMASTER* *- TASCAM* *- YAMAHA*
Musik Produktiv	*Zierenberg GmbH* *Postfach 1665* *Gildestr. 60* *D-4530 Ibbenbüren 1* *Telefon: (05451) 5001-0* *Telex: 94577 musik d* *Telefax: (05451)500140* *Firmenvertretung:* *- BBE* *- CROWN* *- GAMBLE* *- GAUSS* *- HITEC* *- PAS* *- PRODUCTIV STUDIO HIRE*
NAGRA KUDELKSI GmbH	*Tegernseer Landstr. 161/11* *D-8000 München 90* *Telefon: (089) 6971207* *Telex: 529 893 tefo d* *Telefax: (089) 6911964* *Firmenvertretung:* *- AGFA* *- AUDIO DEVELOPMENTS* *- DENECKE* *- KVP* *- NEUMANN* *- SONOSAX*
Georg Neumann GmbH	*Charlottenstr. 3* *D-1000 Berlin 61* *Telefon: (030) 25993-0* *Telex: 184595 neuak d* *Telefax: (030) 25993-108*
Neutrik AG	*Am alten Riet 34*

	FL-9494 Schaan *Telefon: (0041-75) 29666* *Telex: 889571 ch* *Telefax: (004175) 25393*
Neve Electronics Intern. Ltd.	*Melbourn Royston* *GB-Herts SG8 6AU* *Telefon: (0044763) 60776* *Telex: 81381* *Telefax: (0044763) 61886*
NTP ELEKTRONIK A/S	*Theklavej 44* *DK-2400 Kopenhagen NV* *Telefon: (00451) 101222* *Telex: 16378 ntp dk* *Telefax: (00451) 103637*
Otari Electric Deutschland GmbH	*Rudolf-Diesel-Str. 12* *D-4005 Meerbusch 2* *Telefon: (02159) 50861/2/3* *Telex: 8531638 otel d* *Telefax: (02159) 1778*
PA SOUND	*Professional Audio and Light* *for Stage and Stüdio* *Bornheimer Landstr. 49* *D-6000 Frankfurt 1* *Telefon: (069) 446511, 443311* *Telex: 416091 sound d* *Telefax: (069) 4970797* *Firmenvertretung:* *- GALAXY AUDIO* *- KLARK-TEKNIK* *- PRO CO SOUND* *- QSC AUDIO*
Philips GmbH	*Unternehmensbereich Elektronik* *für Wissenschaft und Industrie* *Vertriebsbereich Audio-Video-Systeme* *Meiendorfer Str. 205* *D-2000 Hamburg 73* *Telefon: (040) 6797-1* *Telex: 21146621* *Telefax: (040) 6797383*
PLUS AUDIO	*Langwiesenweg 7-9* *D-6370 Oberursel* *Telefon: (06171) 52053/54* *Telex: 4157002* *Telefax: (06171) 56107* *Firmenvertretung:* *- LYREC*

	- *SAJE* - *TRIDENT*
Pro Sound News	*Magazin (Publication)* *Link House* *Dingwall Avenue* *GB-Croydon Surrey CR9 2TA* *Telefon: (0044-1688) 31651* *Telex: 947709* *Telefax: (0040-1760) 0973*
Protec GmbH	*Professionelle Audio- und Videotechnik* *Mainzer Str. 439* *D-6530 Bingen-Gaulsheim* *Telefon: (06721) 2921/2/3* *Telex: 42296 pro d* *Telefax: (06721) 2244* *Firmenvertretung:* - *AMEK* - *TAC*
püllmanns gmbh	*Import u. Vertrieb elektroakustischer Erzeugnisse* *Salzstr. 3* *D-5000 Köln 80* *Telefon: (0221) 626660* *Telefax: (0221) 612666* *Firmenvertretung:* - *CAMTECH* - *SCHOEPS* - *SPENDOR*
RCL ELECTRONIC	*Hormann KG* *Ulzburger Str. 171* *D-2000 Norderstedt* *Telefon: (040) 5251047* *Telex: 212217*
REINHARDT ELECTRONIC	*Markt-Schwabener Str. 2* *D-8059 Finsing* *Telefon: (08121) 81436/81018* *Telefax: (08121) 81019*
RE-INSTRUMENTS GmbH	*Dürener Str. 19* *D-5170 Jülich* *Telefon: (02461) 4147* *Telex: 833609* *Telefax: (02461) 56831*
Richrath & Schiefer	*Audio Service und Beschallung* *Widdersdorfer Str. 190* *D-5000 Köln 30*

	Telefon: (0221) 543052 Telex: 8882286 stec Telefax: (0221) 5461102 Firmenvertretung: - MARTIN AUDIO
Rohde & Schwarz GmbH & Co. KG	Mühldorfstr. 15 D-8000 München 80 Telefon: (089) 4129-0 Telex: 5237030 rs d Telefax: (089) 4129-2224
Roland	Elektr. Musikinstrumente Handelsgesellschaft mbH Oststr. 96 D-2000 Norderstedt Telefon: (040) 526009-0 Telex: 212279 rolan d Telefax: (040) 52600928
RTW	Radio-Technische Werkstätten GmbH Elbeallee 19 D-5000 Köln 71 Telefon: (0221) 70913-0 Telex: 8885217 Telefax: (0221) 70913-32 Firmenvertretung: - AUDIO-PRECISION - COLLINS AUTOMATIC TAPE JOINERS - GARNER INDUSTRIES - SANIX - TELEX COMMUNICATION
SANDAR Electronics GmbH	Postfach 2008 Renzstr. 2 a D-6520 Worms Telefon: (06241) 87180 Telefax: (06241) 23067
SAVE GmbH	Studio Audio Video Electronic Berner Str. 91-95 D-6000 Frankfurt 56 Telefon: (069) 5077377 Telefax: (069) 5077352 Firmenvertretung: - ALPERMANN + VELTE - f.f.d. - g.t.c.

Schalltechnik Dr.-Ing. Schoeps GmbH

Spitalstr. 20
D-7500 Karlsruhe 41

	Telefon: (0721) 42016 *Telex: 7826902 scho d* *Firmenvertretung:* *- BOOM SHADOW*
Sennheiser electronic KG	*D-3002 Wedemark 2* *Telefon: (05130) 600-0* *Telex: 924623* *Telefax: (05130) 6312*
Siemens AG Österreich	*Göllnergasse 15* *A-1030 Wien* *Telefon: (0043222) 7293-6330* *Telex: 137237* *Telefax: (0043222) 7293-5455* *Firmenvertretung:* *- NEVE*
Solid State Logic Ltd.	*Begbroke* *GB-Oxford OX5 1RU* *Telefon: (0044-8675) 4353* *Telex: 837400 SSL OXG*
SONETIC Tontechnik	*Postfach 60* *D-8759 Hoesbach* *Telefon: (06024) 1379* *Telefax: (06024) 2520* *Firmenvertretung:* *- DELTALAB* *- DELTEC* *- KEITH MONKS* *- RODEC* *- tts*
Sony Deutschland GmbH	*Communication Systems* *Professional Audio Division* *Hugo-Eckener-Str. 20* *D-5000 Köln 30* *Telefon: (0221) 5966-0* *Telex: 8881626* *Telefax: (0221) 5966-349*
Sound Clinic	*Aufhofstr. 5* *D-6507 Ingelheim* *Telefon: (06132) 75414* *Firmenvertretung:* *- d & b audiotechnik*
Sound Service GmbH	*Fasanenstr. 45* *D-1000 Berlin 15* *Telefon: (030) 88430346* *Telex: 186155 sound d*

	Telefax: (030) 88430349 *Firmenvertretung:* *- ADA* *- EVENTIDE* *- VALLEY PEOPLE*
Stage Accompany Deutschland	*Beschallungsanlagen* *Detlef Froning* *Marienburger Str. 29* *D-4460 Nordhorn* *Telefon: (05921) 16196 + 76196* *Telefax: (05921) 77580* *Firmenvertretung:* *- AMB* *- ASL*
W. Steenbeck & Co. *(GmbH & Co.)*	*Hammer Steindamm 27-29* *D-2000 Hamburg 76* *Telefon: (040) 201626* *Telex: 212383* *Telefax: (040) 202863*
Steinberg Digital Audio GmbH	*Billwerder Neuer Deich 228* *D-2000 Hamburg 28* *Telefon: (040) 7898516 + 7898566* *Telex: 17403591 str* *Telefax: (040) 7898514* *Teletext: 403591* *Firmenvertretung:* *- MUSIC MAIL SERVICE* *- STEINBERG HARD- UND SOFTWARE*
Stellavox Deutschland	*Schöngeisinger Str. 36 a* *D-8080 Fürstenfeldbruck* *Telefon: (08141) 26769/12834*
STK Studiotechnik Jürgen KLEVER	*Alter Teichweg 61* *D-2000 Hamburg 70* *Telefon: (040) 6901044* *Telex: 2164333 stk* *Telefax: (040) 6905796* *Firmenvertretung:* *- AGFA* *- AKAI* *- AMPEX* *- ARSONIC* *- AUDIO KINETICS* *- BASF* *- BEYER* *- CAPITOL AUDIOPACK* *- dbx*

- *DDA*
- *DOLBY*
- *DRAWMER*
- *EMT*
- *JBL*
- *KLARK-TEKNIK*
- *LEXICON*
- *MICROFLEX*
- *NEUMANN*
- *OPTIFILE*
- *OTARI*
- *PACIFIC RECORDERS & ENGINEERING*
- *REBIS*
- *RTW*
- *SENNHEISER*
- *SHURE*
- *SONY*
- *STUDER REVOX*
- *SWITCHCRAFT*
- *TASCAM*
- *UREI*
- *VALLEY PEOPLE*

Studer Revox GmbH	*Talstr. 7* *D-7827 Löffingen 1* *Telefon: (07654) 803-0* *Telex: 7722118 rvox d* *Telefax: (07654) 7143*
Studio Box	*Raimund Würtz* *Roonstr. 9* *D-7500 Karlsruhe* *Telefon: (0721) 816612*
TAB Tonographie Apparatebau	*Von Willisen GmbH & Co.* *Postfach 130534* *D-5600 Wuppertal 1* *Telefon: (0202) 447452/53/54* *Telex: 8591742*
TBG Tonstudiotechnik GmbH	*Putzbrunner Str. 56* *D-8012 Ottobrunn* *Telefon: (089) 6017079* *Telex: 5214918* *Telefax: (089) 6013576*
THT AG	*Webergasse 15* *CH-4005 Basel* *Telefon: (004161) 6919193* *Telex: 965797* *Telefax: (004161) 6819221*

Thum & Mahr Audio GmbH	*Konrad-Adenauer-Platz 6-8 D-4018 Langenfeld Telefon: (02173) 78060 Telex: 851600 Telefax: (02173) 81497 Firmenvertretung: - AKAI - AMPEX - ARSONIC - AUDIO KINETICS - BASF - BEYER - CAPITOL AUDIOPACK - dbx - DDA - DOLBY - DRAWMER - EMT - JBL - KLARK-TEKNIK - LEXICON - MICROFLEX - NEUMANN - OPTIFILE - OTARI - PACIFIC RECORDERS & ENGINEERING - REBIS - RTW - SENNHEISER - SHURE - SONY - STUDER REVOX - SWITCHCRAFT - TASCAM - UREI - VALLEY PEOPLE*
Traffic-music	*Stehlig GmbH Kraillerstr. 167 D-8000 München 82 Telefon: (089) 424284/424274 Telefax: (089) 424248*
YAMAHA Europa GmbH	*Abteilung Professional Equipment Siemensstr. 22-34 D-2084 Rellingen Telefon: (04101) 303-0 Telex: 2189170 yama-d Telefax: (04101) 31945*
Zenon GmbH	*Vertrieb Ton-Studio-Technik*

Digitec Paris
Carl-Benz-Str. 16
D-7608 Willstätt
Telefon: (07852) 7025
Telex: 753537
Telefax: (07852) 2077

Niederlassung München:
H. Geiling
Bahnhofstr. 81
D-8032 Gräfelfing
Telefon: (089) 853773

Firmenvertretung:

- *DIGITEC*

Folgende Ü-Wagen wurden gezeigt:

- *THT (Basel)*
- *MEV (München)*
- *SWF (Baden-Baden)*

Teilnehmer

Abé, Gerhard, Bad Mergentheim
Abé, Thomas, Bad Mergentheim
Abel, Andreas, Maratone, Mainz-Budenheim
Abele, Andreas, Abele Unterhaltungselectronic
Ackermann, Werner, Firma Ackermann
Ader, Kurt, PA SOUND, Frankfurt
Ahl, Peter, Sender Freies Berlin
Ahrens, Marion, Bayer.Rundfunk, München
Aigner, Markus, Funkschau, München
Aigner, Rudolf, TU Graz
Akase, , YAMAHA Europa GmbH, Rellingen
Akkermann, Harm-Rolf, Hessischer Rundfunk
Albers, Hubertus, Firma Westfalensale
Albrecht, Bernhard, Tonmeisterinstitut Detmold
Albrecht, Wolfgang, SDR-Stuttgart
Albrecht, Wolfgang, ORF-Wien
Alles, Michael, Sonopress, Gütersloh
Alpert, Hans-Lukas, Deutsche Welle, Köln
Altenhövel, Wolfram, Bochum
Altmann, Heinz, Hessischer Rundfunk
Altmann, Klaus, IRT-München
Altmann, Michael, Altmann Industrieelektronik
Altmann, Wolfram, Hessischer Rundfunk
Amann, Hubert, d & b audiotechnik AG, Korb
Ammann, Franz, Gotham, Uitikon (Schweiz)
Amort, Norbert, ORF-Wien
Andina, Michel, GAM Ton Studio (Belgien)
Andrae, Martin, WDR-Köln
Andreasson, Rune, Schwed.Rundfunk, Stockholm
Andres, Werner, Tonographie Apparatebau, Wupp.
Angerhausen, Brigitte, studio 57, Düsseldorf
Anslinger, Rudolf, Südwestfunk Kaiserslautern
Antusch, Rudolf, SRT-Nürnberg
Apel, Ulrich, Leybold, Köln
Apitz, Werner,Dr. Berlin
Arasin, Peter, Sennheiser electronic KG
Arens, Ursula, FH Düsseldorf
Arenz, Rainer, Sunset-Ton-Studios, Remagen
Arndt, Klaus, Medienzentr.d.Bundeswehr, Bonn
Arnold, Benno, Arnold-Studiotechnik
Arnold, Thomas, Arnold-Studiotechnik
Aschoff, Steve, Mascot-Studio, Köln

Asshauer, Hans-Georg, Städtische Bühnen Lübeck
Aufour, Patrick, PLUS AUDIO
Augustin, Joachim, ZDF-Mainz
Augustin, Wolfgang, AUDIO CONCEPT
Aul, Alois, Aul-Tontechik
Avanzini, Claodio, Teleport AG (Schweiz)
Avelin, Gert, Schwed.Fernsehen, Stockholm
Awater, Peter, 4132 Kamp-Lintfort
Baar, Hans-Joachim, Ev.Kirchenfunk Niedersachsen
Baatrup, Per, NTP ELEKTRONIK A/S, Kopenhagen
Babinetz, Alexander, CRISS Tonstudio, Elchingen
Babo, Rita, Sender Freies Berlin
Bachmann-Bau, Dagmar, THT AG, Basel
Back, Klaus, Nürnberg
Bäder, Karl Otto, Studer Intern.AG, Regensdorf
Baier, Martin, Bernward-Verlag, Hildesheim
Baikowski, Ferdinand, FH Düsseldorf
Ballhorn, Ansgar, 5068 Odenthal
Balluff, Michael, Radio Gong. Nürnberg
Banter, Harald, WDR-Köln
Barden, Werner, WBS Akustik, Stephanshausen
Bars, Wolfgang, Oper Köln
Bartels, Paul, WDR-Köln
Bartels-Kohlmann, Rosemarie, Bartels-Elektronik, Bremen
Barth, Rüdiger, Harrison Systems Inc. USA
Bass, Winfried, W.Steenbeck & Co., Hamburg
Bastin, Hans-Ulrich, Tonmeisterinstitut Detmold
Bätzing, Hans-Bernhard, Hessischer Rundfunk
Bau, Norbert, THT AG, Basel
Bauer, Rolf, Tonstudio Bauer, Ludwigsburg
Bauer-Oppelland, Eva-Maria, Tonstudio Bauer, Ludwigsburg
Bäufer, Carsten, Wiesbaden
Baumgarten, Gerd, 5020 Frechen
Bayer, Andreas, Mainz
Bayer, Ingvild, Heidelberg
Bayerlein, Thomas, Harmonic Design, Vaihingen
Bazin, Gert, RIAS-Berlin
Bechers, Olaf, Krefeld
Beck, Andreas, R & A Records, Bad Kissingen
Beck, Evelyn, 8720 Schweinfurt
Beck, Michael, Radio Regional, Heilbronn
Beck, Richard, R & H Studiosound, Waldkirch
Becke, Thomas, Studio Walldorf, 6072 Dreieich
Beckel, Klaus-Wilhelm, Berlin
Becker, Alexander, Jellinghaus GmbH, Dortmund
Becker, Dieter, WDR-Köln
Becker, Josef, PA SOUND, Frankfurt
Becker, Matthias, bst
Beelen, Dirk J.J., Radio Nederl.Wereldomroep
Begert, Peter, Armeefilmdienst (Schweiz)
Behnke, Kai, Radio Schleswig-Holstein, Kiel
Behrens, Stephan, Musik Produktiv Zierenberg
Behringer, Friedrich, FH Düsseldorf
Behringer, Ulrich, Jellinghaus GmbH, Dortmund
Bein, René, SAE-Wien
Benden, Doris, studio 57, Düsseldorf

Bender, Michael,   FH Düsseldorf
Benseler, Michael,   Solton Music GmbH, Großostheim
Bensley, Brian,   EMT-FRANZ GmbH, Lahr
Benson, Gisela,   AKG acoustics, München
Benz, Alfred,   Staatstheater Stuttgart
Benz, Christian,   KIR-Konzerte (Schweiz)
Benz, Peter,   THT AG, Basel
Bequet, Nicholas,   BFBS Radio Berlin
Berboth, Markus,   FH Düsseldorf
Berczi, Endre,   Ungar.Synchron- u.Videountern.
Berg, Jan,   Schwed.Lokalradio, Stockholm
Berg, Nicole,   6467 Hasselroth
Bergen, Frank,   PLUS AUDIO
Bergner, Oliver,   Groß-Gerau
Berkhout, Piet J.,   Philips (Niederlande)
Bernatzky, Helmut,   4030 Ratingen
Berndt, Lutz,   5060 Bergisch Gladbach
Berndtsson, Berndt,   Schwed.Rundfunk, Stockholm
Bernfeld, Benjamin,Dr.-Ing.   Harmonia Mundi, Freiburg
Bertemes, Fernand,   RTL
Bertram, Klaus,   Radio Bremen
Besirske, Ulrich,   München
Bethge, Günter,   WDR-Köln
Betz, Tilman,   Rohde & Schwarz GmbH, München
Beville, Mike,   ELMUS GmbH, Berlin
Beyer, Felix,   Voss & Partner, Düsseldorf
Beyer, Georg,   Sony Deutschland GmbH, Köln
Beyer, Hans-Werner,   Sender Freies Berlin
Bialas, Gabriele,   Südwestfunk Mainz
Bialy, Dorothea,   AES
Bibens, Russell,   Audio-Export Georg Neumann
Biberger, Georg,   Musikhaus Thomann, Burgebrach
Bichler, Karl,   SDR-Stuttgart
Bieder, Werner,   7404 Ofterdingen
Bielohuby, Karl-Heinz,   Audion Ton-Technik, Stuttgart
Bienert, Peter,   harman deutschland, Heilbronn
Biglmaier, Johannes,   M 3 C Systemtechnik, Berlin
Biltgen, Joe,   RTL
Bilz, Christa M.,   Sonomaster, Stuttgart
Bilz, Reiner,   Sonomaster, 7300 Esslingen
Binder, Johann,   ORF-Oberösterreich
Binder, Stephan,   FH Düsseldorf
Bischke, Klaus,   RIAS-Berlin
Bischof, Ute,   München
Bischoff, Karl-Heinz,   Hess.Staatstheater, Wiesbaden
Bittel, Bertram,   Südwestfunk Baden-Baden
Bitterle, Stefan,   Deutschlandfunk, Köln
Bitzenhofer, Benedikt,   WDR
Bjarnason, Bjarni Runar,   Isländischer Rundfunk
Black, Mathias,   FH Düsseldorf
Blaettler, Armin,   Text - Bild - Ton
Blank, Winfried,   TonArt, Düsseldorf
Bleicher, Uli,   SAE-Wien
Blessing, Toni,   8360 Kempten
Bliesener, Roland,   7530 Pforzheim
Bloching, Karl,   SDR-Stuttgart

Bloos, Norbert, Koch-Rechords, A - Hallein
Blosfeld, Dieter, Städtische Bühnen Frankfurt
Blum, Jochen, F.A.Z.-Frankfurt
Blum, Peter, Blaupunkt-Werke, Hildesheim
Blumauer, Peter, Ghielmetti GmbH, Neu-Anspach
Blümchen, Walter, 3M Deutschland GmbH, Neuss
Blüthgen, Björn, Philips & Dupont Optic., Hann.
Boch, Eugen, Siemens AG, Frankfurt
Bock, Günther, NDR-Hamburg
Bock, Holger, TU Graz
Bock, Stefan, 8011 Kirchheim b.München
Böckenhoff, Ludger, Tonmeisterinstitut Detmold
Böckstiegel, Dieter, Tonstudio, Bielefeld
Boddenberg, Joachim, WWF-Köln
Bodemer, Kurt, Bäder u.Kurverw. Baden-Baden
Bodewig, Joachim, RTW, Köln
Boehm, Patrick, RTV Suisse Romande, Genf
Boelsma, Herman, AEG Nederland
Boenke, Ortwin, WDR-Köln
Bogdanowicz, Detlef, Music-Service-Center, Herten
Bognar, Gyula, Ungar.Synchron- u.Videountern.
Bogner, Matthias, FH Düsseldorf
Boguslawski, Lbigniew, 8128 Polling, Kr.Weilheim
Böhm, Christian, Hochsch.f.Musik, München
Böhner, Frank, SRT-Nürnberg
Bohner, Friedrich, Audiotechnik, Aarau (Schweiz)
Bohren, Peter, SRG-Studio Bern
Bolender, Susanne, Protec GmbH, Bingen-Gaulsheim
Bolewski, Norbert, Fernseh- & Kino-Technik,Berlin
Bollen, Pieter, EELA AUDIO, NL-Eindhoven
Bolling, Helmut, Deutschlandfunk, Köln
Bolte, Herbert, LAWO Gerätebau GmbH, Rastatt
Bolter, Hubert, ORF-Dornbirn
Bolton, Roger, EMT-FRANZ GmbH, Lahr
Bomio, Lino, SRG-RSI, Lugano
Bongaertz, Klaus, Prison Studio
Bongard, Peter, WDR-Köln
Bonn, W., SONETIC Tontechnik, Hösbach
Boothby, Ingo, SAT 1, Hamburg
Bor, Milan, Bavaria Film, Geiselgasteig
Borig, (Frau), ANT, Wolfenbüttel
Bork, Friedrich-Wilhelm, RBT GmbH, Nürnberg
Bork, H., ANT, Münster
Bork, Ingolf,Dr. PTB-Braunschweig
Born, Richard W., Hessischer Rundfunk
Bornemann, Gertrud, MPC-Datentechnik, Kerpen
Bornemann, Jürgen, MPC-Datentechnik, Kerpen
Bornemann, Klaus, Alster Studios, Hamburg
Börner, Dieter, Überschall Vertriebs GmbH
Borowski, Richard, Brunwey Studio, Hamburg
Borré, Heinz, ZDF-Bonn
Borrmann, Daniel, Borrmann Engeneering (Schweiz)
Borrmann, Rolf, Broadcast Systems Engineering
Borud, Arnulv, SANDAR Electronics GmbH, Worms
Boselski, Johann Josef, Schauspielhaus Bochum
Boss, Gidi, Israelischer Rundfunk

Bosshard, Daniel, Generaldirektion PTT, Bern
Bous, Harald, WDR-Köln
Brachthäuser, Sabine, Mainz
Brammann, Michael, TELDEC, Berlin
Brand, Heinz, Sennheiser electronic KG
Brandenburg, Karlheinz, Universität Erlangen-Nürnberg
Brandl, Manfred, SAVE GmbH, Frankfurt
Brändle, Markus,Dr. Saarländischer Rundfunk
Brandmaier, Josef, Musik Bieber
Brandmeier, Werner, Wien
Brandt, Peter, 5650 Solingen
Brauch, Gerhard, EMT-FRANZ GmbH, Lahr
Braun, Dieter,Dr. Deutschlandfunk, Köln
Braun, Harald, 8560 Lauf a.d.Pegnitz
Braun, Wilfried, Ing. Büro Braun, Baden-Baden
Braunewell, Gerd, Mainz
Bräuninger, Kurt, PA SOUND, Frankfurt
Brebeck, Dieter,Dr. Fraunhofer-Institut, Ottobrunn
Breitkreuz, Hans-Heinrich, NDR-Hamburg
Breivik, Froyois, NRK-Oslo
Bremer, Karl-Otto, NDR-Hamburg
Bremm, Peter, Teac Deutschland, Wiesbaden
Brenzel, Klaus, Brenzel AV Technik, Mülheim/R.
Briegel, Peter, Klotz Elektronik GmbH, Haar
Briner, Ermanno,Dr. Breganzona (Schweiz)
Brinkmann, Peter, Klein & Steck OHG, Bissersheim
Brinkmann, Ralf-Peter, Berlin
Bröckel, Klaus, Rail Systems PA-Service
Brocker, , Dynacord GmbH, Straubing
Brokopf, Klaus, Blaupunkt-Werke, Hildesheim
Bronckhorst, Peter van, NOB T.V. Hilversum
Broom, Mike, Schweizer Fernsehen, Zürich
Brotzmann, Alex, SAE, Frankfurt
Browne, Ian.-V., Union/Panne-Studio, Limbg/Ffm.
Brüchert, Harald, Audio-Export Georg Neumann
Bruckmüller, Heinz, Sony, Wien
Bruggeman, Robert, AEG Amsterdam
Brüggemann, Albert, Schallplattenschneidtechn Ffm.
Bruhns, Tim, HdK Berlin
Brühs, Klaus, Südwestfunk Baden-Baden
Brummer, Reinhard, Audiosales
Brummund, Günter, Badger Enterprises (Tannoy)
Brunner, Harald, ORF-Wien
Brunner, Otto, Sennheiser electronic KG
Brunotte, Reinhold,Dipl.-Ing. NDR-Hannover
Bruns, Gisela, Daruf-Tonstudio, Bonn
Brunvoll, Karl, Renkus-Heinz, Oslo
Brüse, Carsten, ITP Tonstudio, Berlin
Bruweleit, Horst, WDR-Köln
Brzezinski, Piotr, Studio STU, Krakau (Polen)
Brzozowski, Gerhard, F.A.Z.-Frankfurt
Bublitz, Roland, Köln
Buchegger, Fredi, SAE-Wien
Buchmüller, Willy, ORF-Wien
Buchow, , Sowjetischer Filmverband
Buegman, Michèle, GAM Ton Studio (Belgien)

Bugmann, Guido, Agna Sound Studio (Schweiz)
Bühler, , Philips GmbH, Hamburg
Bühler, Roland, Evangeliums-Rundfunk, Wetzlar
Buhlert, Peter, NDR-Hamburg
Bühlmann, Michael, AEU-Studio AG, Bern
Büllmeyer, Norbert, Studio 57/ Zweizoll Music
Bultmann, Horst, Radio Bremen
Burg, Gisela, EXPOTUS LIMITED, London
Bürgel, Peter, PBS-electronic, Leverkusen
Burger, Hans, Münchner Olympiapark
Burghardt, Andreas, Tonstudio Burghardt, Schwerte
Burghardt, Siegfried, WDR-Köln
Burghauser, Horst, AKG acoustics, Wien
Burkhard, Mahlon, Audio-Vertrieb M.Müller, Köln
Burkhardt, Delf, Sound Workshop, Stuttgart
Burkhardtsmaier, Berthold, harman deutschland, Heilbronn
Burkhart, Dieter, Rohde & Schwarz GmbH, München
Bürmann, Ulrich, Deutschlandfunk, Köln
Busch, Lawrence, Vereinigte Bühnen Graz
Byrith, Claus, Musikhochschule Aarhus, Dänem.
Cade, Cherles, Opera du Rhin, Strasbourg
Caesar, Marvin, AKG acoustics, München
Cämmerer, Andreas, Transatlantic-Film
Cap, Alain, Aldana-Tonstudio
Caplinski, Igor, Barth Impex, Stuttgart
Carben, Rainer, Bayer.Rundfunk, München
Carls, Lawrence, Rail Rec.Studio, Konstanz
Carroll, John, amptown, Hamburg
Cassidy, David, T.C. Electronic (Dänemark)
Castle, Robert, Neue Electronics, GB-Melbourn
Caston, Ross, Audio Kinetics (Thum & Mahr)
Cavaglieri, Stefano, Fonoteca Nazionale Svizzera
Cedilnik, Rado, RTV Ljubljana
Cellier, Claude, Kudelski SA, Cheseaux Schweiz
Charrière, Maurice, RTV Suisse Romande, Genf
Choat, Rene, Mobil Record, Basel
Christ, Günther, Sound Clinic, Ingelheim
Christensen, Peter, Musik Produktiv Zierenberg
Christiaanse, Paul, H.F. Systems (Niederlande)
Christoph, Robert, 7030 Böblingen
Chrostek, Rolf, harman deutschland, Heilbronn
Claes, Johannes, FH Düsseldorf
Claßen, Christoph, HdK Berlin
Clauder, Otheinrich, Multimedia, 7320 Göppingen
Claus, Andreas, CM Altensteig
Clausen, Christine, ANT, Wolfenbüttel
Clemens, Hannspeter, Light & Sound, Braunschweig
Clemens, Rolf, Beyer, Frankfurt
Clemo, Roger, Siemens AG Österreich, Wien
Clowes, David, EXPOTUS LIMITED, London
Coelle, Gunter, d & b audiotechnik AG, Korb
Constantin, Peter, Novacek Tonstudiotechnik, Wien
Constantin, Rudolf, ZDF-Mainz
Cook, Nick, EMT-FRANZ GmbH, Lahr
Coppers, Arnd, Düsseldorf
Cordier, Carl, Westfalen Sound

Corinth, Götz,Dr. Mainz
Coster, Marie Catherine de, A.C.D. (Belgien)
Costerus, William, Tonographie Apparatebau, Wupp.
Coulon, Birgit, Bayer.Rundfunk, München
Creydt, Michael, ANT, Wolfenbüttel
Crivelli, Claudio, SRG-RSI, Lugano
Crosina, Niki, SAE-Wien
Cueni, Tobias, Frankfurt
Culiberg, Jure, RTV Ljubljana
Curtis, Adrian, AKG acoustics, München
Czech, Gerhard, Südwestfunk Mainz
Czekalski, Rainer, RIAS-Berlin
Czesla, Werner,Prof.Dr. Tonmeisterinstitut Detmold
Daberto, Reinhold, BDP, München
Dabringhaus, Werner, MDG, Detmold
Dabrowska, Halina, Polnischer Rundf.+TV, Warschau
Daehn, Hans-Georg,Prof. WDR-Köln
Daehnert, Hans-Wilhelm, Deutschlandfunk, Köln
Dägele, Edgar, RIAS-Berlin
Dalchow, Christian, Studio Hamburg
Damgaard, Erik, Dänischer Rundfunk
Danilenko, Leo,Dr. WDR-Köln
Darmann, Gottfried, TU Graz
Dasch, Werner, Text - Bild - Ton
Daubert, Jürgen, d & b audiotechnik AG, Korb
Dean, Dany, Publison (Frankreich)
Decher, Ulrich, FH Frankfurt
Decker, Martin, Südwestfunk Baden-Baden
Dehler, Axel, Bayer.Rundfunk, München
Dekker, Henk, NOB T.V. Hilversum
Delaistier, Louis, Monshausen (Rhône-Poulenc)
Delareaux, Günther, Lemosa SA, Darmstadt
Delion, Richard, Siemens AG, München
Demgensky, Manfred, WDR-Köln
Demuth-Schütz, Rudolf, WDR-Köln
Denton, Barrie-L., Badger Enterprises (Tannoy)
Denton, Gisela, Badger Enterprises (Tannoy)
Deppe, Manfred, SDR-Stuttgart
Derner, Martin, Tonmeisterinstitut Detmold
Derrer, Walter, Studer Revox GmbH, Löffingen
Deschler, Herbert, Augsburg
Desinger, Hans-Dieter, IRT-München
Desmet, Roland, B-9720 De Pinte
Deußen, Wolfgang, Düsseldorf
Diaz, Modesto, D & R Electronica, NL-Weesp
Dickopp, Klaus, Gruppe 3 AMSEL CINETON, Mchn.
Dickreiter, Michael,Dr. SRT-Nürnberg
Diederichs, Gudrun, Otari Electric Deutschl. GmbH
Diefenbach, Iris, FH Düsseldorf
Diehl, Christoph, Evangeliums Rundfunk, Wetzlar
Diehl, Uwe, F.A.Z.-Frankfurt
Diener, Kai, HdK Berlin
Dietrich, Rainer, Studiosound & Music,Bad Hombg.
Dingler, Gisbert, Stellavox Deutschland
Dingler, Karin, Stellavox Deutschland
Disselkoen, Niko, Audio Electronic, Düsseldorf

Dittel, Volker, WDR-Köln
Dittmar, Manfred, SRT-Nürnberg
Dittrich, Gerd, AEG AG, Wedel
Dixon, Lucian, Stuttgart
Djurdjevic, Srboljub, ILR Yugoslavia, Beograd
Dobers, Thomas, DK-8654 Bryrup
Döbertin, Ansgar, Frankfurt
Dochat, Rolf, Session Music, Bad Schönborn
Doerr, Dieter W., 6200 Wiesbaden
Dombrowski, Peter, FH Düsseldorf
Donat, Siegfried, WDR-Köln
Donath, Alexander, Romann & Donath, Stuttgart
Donner, Edgar, ORF, Studio Vorarlberg
Dörfler, Dieter, ZDF-Mainz
Döring, Thomas, SAE-Wien
Dörr, Claus-Dieter, WAV, Wiesbaden
Dosch, Christoph, IRT-München
Dourough, Kay, Gruppe 3 AMSEL CINETON, Mchn.
Dourough, Michael, Gruppe 3 AMSEL CINETON, Mchn.
Drautzburg, Martin, Schoeps GmbH, Karlsruhe
Draws, , EMT-FRANZ GmbH, Lahr
Drechsler, Georg, FKTG
Drecker, Bernd, WDR-Köln
Dresbach, Peter, WDR-Köln
Drewanz, Viola, Tonmeisterinstitut Detmold
Dreyke, Irene van, WDR-Köln
Drillkens, Richard,Dr. WDR-Köln
Drivas, Terry, Touchdown, 8051 Kranzberg
Drucks, Alexander, SAE-Wien
Dubbeldam, Arie, NOB T.V. Hilversum
Dubell, Winfried, RIAS-Berlin
Duchesne-Jantunen, Laila, Audio-Export Georg Neumann
Dudas, Bela, Multimedia, Budapest
Dudda, Jürgen, Jürgen Dudda, Berg.Gladbach
Dudek, Lothar, SRT-Nürnberg
Dunchem, Horst, Heidelberg
Dunlop, Ralph, Brüel & Kjaer, Quickborn
Dünnes, Thomas, RPR Studio Rheinland, Koblenz
Dürholz, Ralf, Siemens AG, Hagen
Dusch, Hans-Ludwig, EMT-FRANZ GmbH, Lahr
Dützer, Christoph, Siemens AG, Duisburg
Dützer, Edith, Duisburg
Ebel, Rüdiger, Ebel-Tonstudiotechnik, Kassel
Ebelt, Norbert, RE-INSTRUMENTS GmbH, Jülich
Ebelt, Rüdiger, Sound Clinic, Ingelheim
Eberhard, Michael, FH Düsseldorf
Eberlein, Ernst, Fraunhofer-Arbeitsgr. Erlangen
Eberts, Birgitta, Tonstudio J.Offermann, Wiesb.
Eckhardt, Stefan, 8011 Baldham
Eenbergen, Franz van, EELA AUDIO, NL-Eindhoven
Eggert, Werner, IBM
Egli, Simon, Studer Revox GmbH, Löffingen
Ehlenbeck, Michael, WDR-Köln
Ehlgen, Heinz-Werner, 6272 Niedernhausen (Taunus)
Ehrenholz, Wilfried, Dynaudio ApS, DK-Skanderborg
Ehret, Andreas, FH Düsseldorf

Eichenseher, Peter, 3490 Bad Driburg
Eichentner, , Philips GmbH, Hamburg
Eicher, Michael, Voss & Partner, Düsseldorf
Eickholt, Werner, Deutsche Welle, Köln
Eigen, Marcus, Köln
Eijken, Hans van, NOB T.V. Hilversum
Einsfeld, Heinz, Firma Greim
Einsfelder, Thomas, Deutsche Welle, Köln
Eisler, Walter, Sony (Österreich)
Elflein, Dieter, F.A.Z.-Frankfurt
Ellingsen, Ole, NRK-Oslo
Ellwanger, Michael, G.H. Studios, München
Elmendorff, Stefanie, M 3 C Systemtechnik, Berlin
Elmenreich, Rainer, ORF-Dornbirn
Elsner, Marc, Berlin
Elwart, Frank, amptown, Hamburg
Endemann, Michael, TVS, Bonn
Enderle, Oskar, Zürich
Enders, Anton, Baden-Baden
Engel, Friedrich, BASF AG, Mannheim
Engel, Winfried, Südwestfunk Baden-Baden
Engelbrecht, Friedemann, TELDEC, Berlin
Engelmann, Ingmar, Deutschlandfunk, Köln
Englert, Albrecht, CM Altenstein
Engmann, Friedrich-Wilhelm, euroradio, Bad Kissingen
Enzinger, Jerzy, Polskie Radio, Krakau
Erbacher, Günter, Ohick Represent Rio de Janeiro
Ercegovac, Radoslav, RT Beograd
Erdl, Thilo, FH Düsseldorf
Erhard, Ralph, ZDF
Erikstad, Arild, NRK-Oslo
Erler, Peter-Michael, Hessischer Rundfunk
Ernerth, Horst, BFE AG, Mainz
Erni, Peter, PTT, Bern
Ernst, Edgar, Deutschlandfunk, Köln
Ernst, Martin, PME Audio, Bad Friedrichshall
Ernst, Siegbert, Gramofon AB BIS, Schweden
Ertner, Jörgen, Dänischer Rundfunk
Eschenauer, Gisbert, Rhein-Neckar Ferns., Ingelheim
Esefeld, Klaus, WDR-Köln
Etzel, Emet, Tonstudio, Aschaffenburg
Eulefeld, Hanno, Tonmeisterinstitut Detmold
Euler, Karl,Dr. Siemens AG, München
Evers, Horst, ZDF-Mainz
Eydenberg, Stef, Radio Nederl.Wereldomroep
Eyding, Jörg, 4320 Hattingen
Faber, Reinhard, Faber Akustik
Fabritius, Hans-Michael, EMT-FRANZ GmbH, Lahr
Fackler, Helmut, SR \51, St.Ingbert
Fahnert, Klaus, Sony Deutschland GmbH, Köln
Fahrner, Wolfgang, ORF-Wien
Fahrum, Wilfried, Fachblatt Musik Magazin, Köln
Faika, Klaus, Organum Records, Neuenstein
Falk, Manfred, Bäder u.Kurverw. Baden-Baden
Falk, Tina, Professional Production
Fallmert, Joachim, Stadttheater Bremerhaven

Fallscheer, Frieder, Hartmann&Fallscheer, Esslingen
Fandrich, Stephan, SAE, München
Fanselow, Siegfried, WDR-Köln
Faric, Susanne, FFS
Farrenkopf, Christoph, München
Fasbender, Achim,Dr. Willi Studer AG, Regensdorf
Fasbender, Lars, Calren Studios, Freiburg
Federhofer, Maximilian, Düsseldorf
Fegert, Johanna, Bad.Staatstheater Karlsruhe
Feige, Klaus, RE-INSTRUMENTS GmbH, Jülich
Feigl, Roland, FH Düsseldorf
Feil, Peter, Augsburg
Feld, Wolfgang, Audio, Stuttgart
Felder, Andrea, SAE-Wien
Feldgen, Hans,Prof. Sender Freies Berlin
Feldhoff, Willi, Stadthalle Hagen
Feldmann, Klaus, Westd.Rundfunkwerbung, Köln
Feldmann, Klaus, Sony Deutschland GmbH, Köln
Feldweg, Kurt, Arge Telebild, Mainz
Fernhomberg, Burkhard, WDR-Köln
Feß, Wolfgang, RBT GmbH, Nürnberg
Fesseler, Ulrike, Countrylane
Fett, Christian, Rock Shop GmbH, Karlsruhe
Feulner, Ronald, WDR-Köln
Feuser, Michael, FH Düsseldorf
Fich, Uwe, BSF
Fickel, Hans-Jürgen, ZDF-Mainz
Fink, Karl-Heinz, IQ-Hifi-Technik, Essen
Fischer, Andreas, Fischer Tontechnik, Wiesbaden
Fischer, Detlef, Bayer.Rundfunkwerbung, München
Fischer, Elke, Lake People, Konstanz
Fischer, Jörg, SAE, Frankfurt
Fischer, Karl-Heinz, Klotz Elektronik GmbH, Haar
Fischer, Martin, Sennheiser electronic KG
Fischer, Peter, WDR-Köln
Fischer, Roland, WBS, Stephanshausen
Fleck, Horst-Dieter, 6550 Bad Kreuznach
Fleißner, Christian, SAE, Frankfurt
Flesch, Franz, Flesch & Kraft, Baden-Baden
Flesch, Ursula, Studer Revox GmbH, Löffingen
Flicker, ,Dr. Siemens AG Österreich, Wien
Flock, Stephan, FH Düsseldorf
Flohr, Martin, 8012 Ottobrunn
Florczak, Andreas, Berlin
Flueckiger, Peter, SRG TV DRS (Schweiz)
Fohlert, Karlheinz, CRISS Tonstudio, Elchingen
Fokken, Meenhard, HdK Berlin
Föller, Peter, Protec GmbH, Bingen-Gaulsheim
Ford, Peter, Europ.Patentamt, München
Forstner, Manfred, Münchner Olympiapark
Fortak, Gerd-G., Audio Electronic, Düsseldorf
Fortin, Günther, SAE-Wien
Fouqué, Martin,Prof. TELDEC, Berlin
Fousek, Hubert, 8222 Ruhpolding
Frank, Ulrich, München
Franke, Christoph, HdK Berlin

Franz, Christel, Münchner Kammerspiele
Franz, Oliver, Wiesbaden
Freiberger, Werner, 8952 Marktoberdorf
Freudenberger, Martin, MEM, Ettlingen
Freyberger, Roland, WDR-Köln
Fricke, Almuth, PLUS AUDIO
Fricke, Dieter, ECOUTON-Audiolabor, Lemgo
Fricke, Ulli, NDR-Hamburg
Fridl, Oliver, SAE-Wien
Frieburg, Ruth, Sony Deutschland GmbH, Köln
Friedenburg, Wolfgang, WDR-Köln
Friedrich, Aleksandar, Radio Zagreb
Friedrich, Alexander, Rail Rec.Studio, Konstanz
Fritsch, Daniel, Straßburger Oper
Fritz, Alexander, AKG acoustics, Wien
Fritz, Guenter, Alpermann & Velte, Remscheid
Fritz, Günter, SAVE GmbH, Frankfurt
Fritz, Klaus, Musikhochschule Stuttgart
Fritzsche, Bernd, Polygram, Hannover
Frobeen, Christian, Universität Köln
Frobeen, Dieter, vormals WDR-Köln
Frobeen, Martin, Universität Köln
Fröhlich, Anne, M 3 C Systemtechnik, Berlin
Fröhlich, Martin, SDR-Stuttgart
Fröhlich, Peter, M 3 C Systemtechnik, Berlin
Fröhlich, Uwe, SAVE GmbH, Frankfurt
Frohn, Jochen, harman deutschland, Heilbronn
Froning, Detlef, Stage Accompany Deutschland
Frühbauer, Herbert, Bayer.Rundfunk, Nürnberg
Fuchs, Dieter, YAMAHA
Füg, Andreas, FH Düsseldorf
Funk, Gudrun, BFE AG, Mainz
Funk, Jörg, FH Düsseldorf
Fuss, Georg, REINHARDT ELECTRONIC, Finsing
Gall, Andreas, Total Harmonic Design, München
Gallagher, Ron, SONY Broadcast Ltd., Köln
Gallitz, Gerald, Otari Electric Deutschl. GmbH
Gampell, Guy, YAMAHA, London
Gangolf, Gerhard, RTL-Productions
Ganner, Peter,Dipl.-Ing. ORF-Wien
Garbe, Horst, Schwarzwaldradio, Freiburg
Garbotz, Walter, Bayer.Rundfunk, München
Garcin, Bernard, 3M Deutschland GmbH, Neuss
Gareis, Wolfgang, TON AUDIO S 6, Mannheim
Garnier, Kai von, Hybrid Arts, Frankfurt
Garnier, Michael von, Hybrid Arts, Frankfurt
Gast, Klaus-J., Wilaton-Studio
Gasteiner, , Philips GmbH, Hamburg
Gebauer, Jan, Constantin, München
Gebauer, Markus, SAE-Wien
Gebhardt, , Philips GmbH, Hamburg
Geese, Heinz, WDR-Köln
Geiling, Hermann, Zenon GmbH, Gräfelfing
Geller, Reinhard, Südwestfunk Kaiserslautern
Gellèrt, Tibor, Multimedia, Budapest
Gelo, Angela, NAGRA KUDELSKI GmbH, München

Geluk, Ronald, Felixson audio (Niederlande)
Gemperle, Hans, 8137 Berg (Starnberger See)
Gensthaler, Jochen, Südwestfunk Baden-Baden
Genuit, Klaus,Dr.-Ing. HEAD-acoustics GmbH, Aachen
George, Wolf-Dieter, ADAC-Hörfunk, München
Geppert, Michael, Radio Free Europe, München
Gerber, Kurt, Hessischer Rundfunk
Gerber, Volker, Soundtechnik V.Gerber, Kehl
Gerber, Wolfram, Hessischer Rundfunk
Gerdes, Hartwig, AGFA-GEVAERT AG, Leverkusen
Geres, Michael, SAE-Wien
Gerhardt, Ewald, WDR-Köln
Gerhäuser, Heinz, Fraunhofer Arbeitsgr. Erlangen
Gering, Udo, Big Band der Bundeswehr
Gerke, Walter, Tonstudio Witten
Gerl, Gunther, Music Shop Kandler&Greil,Mchn.
Gerlach, Henning, Sennheiser electronic KG
Gerlach, Michael, AEC Studio, Wiesbaden
Gernemann, Andreas, FH Düsseldorf
Gerstengarbe, Johannes, ARRI Contrast, Berlin
Gesing, Uwe, Radio Bremen
Geukes, Peter, Dynaudio ApS, DK-Skanderborg
Geyersberger, Stefan, Würzburg
Gierlich, Hans-Wilhelm,Dr.-Ing. HEAD-acoustics GmbH, Aachen
Giese, Daniel, Südwestfunk Baden-Baden
Giese, Wolfgang, Giese electronic KG, Hamburg
Gietz, Alexander, All-4-U Entertainment, Rösrath
Gihr, Bernard, Opera du Rhin, Strasbourg
Gilde, Norbert, WDR-Köln
Gillhofer, Engelbert, SAE-Wien
Giulini, Hannu, Sample & Hold Tonst. Heidelbg.
Glagowski, Kerstin, EVM
Glagowski, Olaf, EVM
Glapa, Birgit, ANT, Hanau
Glieco, Sergio, Radio Gong Mainland, Würzburg
Glisovic, Branko, Pyrol-audio systeme, Böblingen
Gloos, Karl-Rudolf, ZDF-Mainz
Glosemeyer, Jürgen, HdK Berlin
Glückert, Johannes, Bibo TV, Mainz
Gneipelt, Hugo, Gneipelt-Schallaufzeichn. Köln
Gobbel, Christian, München
Göbecke, Friedrich-Wilhelm, ANT, Braunschweig
Godsmark, Dave, Audio-Vertr. Strüven-Quickborn
Goebels, Karl, WDR-Köln
Goeres, H.-Jürgen, IRT-München
Goerlitz, W., Hoechst AG
Goetze, Dieter von, Hessischer Rundfunk
Gogh, Birgit van, SONETIC Tontechnik, Hösbach
Gogh, Hans van, SONETIC Tontechnik, Hösbach
Gökler, Gernot, ORF-Oberösterreich
Göldl, Peter, Regensburg
Goller, Rolf, ANT, Wolfenbüttel
Gollnow, Christian, Philips GmbH, Hamburg
Gollwitzer, Walter, Bayer.Rundfunk, München
Gonska, Lothar, 6080 Groß-Gerau
Goosen, J.B.M., N.O.B.-Hilversum

Gorke, Manfred, ORF-Wien
Griesinger, David, Lexicon, Cambridge (USA)
Gragt, Cornelius v.d., NOB T.V. Hilversum
Graumann, Klaus, WDR-Köln
Göttel, Thomas, Tonmeisterinstitut Detmold
Götze, Gerald, NDR-Hamburg
Grübl, Bernhard, FH Düsseldorf
Groh, Jens, IRT-München
Groll, Peter, IRT-München
Grobe, Michael, Gasteig Betriebs GmbH, München
Grosch, Roland, FH Düsseldorf
Grundauer, Walter, RIAS-Berlin
Götz, Roger, FH Düsseldorf
Großmann, Dieter, Sender Freies Berlin
Griewisch, Günter, Sender Freies Berlin
Gruber, Peter, FH Düsseldorf
Grahmann, Thilo, Berlin
Grieme, Rüdiger, SAE-Wien
Grabinger, Werner, Südwestfunk Baden-Baden
Groß, Klaus Peter, Fernsehen der DDR, Berlin
Groove, Christoph, Deutsche Welle, Köln
Gottschall, Jochen, RSI Lugano
Götz, Elmar, FH Düsseldorf
Gritsch, Oswald, Austrophon (Österreich)
Grube, Martin, Mainz
Grauzow, Roland, Elfi's Musikstudio, Zirndorf
Graichen, Hans Peter, ZDF-Mainz
Götzinger, Winfried, Saarländischer Rundfunk
Gruensfelder, Joerg, Hofbauer/Musikhaus, Ffm.
Gruber, Gerhard, Bayer.Rundfunk, München
Gronarz, Christoph, WDR-Köln
Grasmäher, Matthias, AFN
Grooth, H. de, YAMAHA
Grohé, Reinhard, 6050 Offenbach
Gruß, Gerd, Rock Shop GmbH, Karlsruhe
Grzeskowiak, Klaus, Audio Service ASG, Hamburg
Grandjean, Henry, GAM Ton Studio (Belgien)
Grunwald, Johannes, Medienzentr.d.Bundeswehr, Bonn
Gröpke, Heiner, AKG acoustics, München
Götz, Klaus, BASF AG, Mannheim
Gormsen, Sven, d & b audiotechnik AG, Korb
Grosser, Andreas, EXPOTUS LIMITED, London
Grill, Bernhard, Fraunhofer Arbeitsgr. Erlangen
Graewert, Wolfgang, Klein + Hummel, Ostfildern
Greil, Lupo, Music Shop Kandler&Greil,Mchn.
Gülich, Wolfgang, EMI-Electrola, Köln
Grape, Manfred, Bayer.Rundfunk, München
Gross, Franz, E+E Ingolstadt
Gostek, Josef, Wuppertal
Grimm, Reimund, MDG, Detmold
Grandjean, Frank, 6676 Mandelbachtal
Greil, Fr., Music Shop Kandler&Greil,Mchn.
Groß, Thomas, Tonographie Apparatebau, Wupp.
Götz, Wolfgang, NDR-Hamburg
Grunow, Ullrich, Berlin
Günther, Detlef, Bayer.Rundfunk, Nürnberg

Günther, Jens, Sender Freies Berlin
Günzel, Dietmar,Dr. Daimler Benz AG, Stuttgart
Güra, Paul, Hessischer Rundfunk
Gurdan, Robert, BIT-Recording
Guszinsky, , Elektro-Voice, Frankfurt
Gutberlet, Rainer, LAWO Gerätebau GmbH, Rastatt
Guyomarch, Jean-Baptiste, Zenon (Digitec), Willstätt
Gysin, Alfred, A.Gysin & Co.
Haanschoten, Ron, NOB T.V. Hilversum
Haas, Dirk, AEM Giessen
Haas, Hans-Joachim, Südwestfunk Mainz
Haas, Ingmar, Tonmeisterinstitut Detmold
Haas, Luc de, Köln
Haas, Wieland, Südwest-Tonstudio, Stuttgart
Haasch, Burkhard, Musik Sound, Oldenburg
Haase, Margret, FH Düsseldorf
Habelitz, Alfred, Südwestfunk Baden-Baden
Haberkorn, Ingrid, d & b audiotechnik AG, Korb
Habermehl, Hans-Weigand, 6300 Gießen
Hacker, Eva, Sony Deutschland GmbH, Köln
Hackner, Bernd, Sennheiser electronic KG
Hackspiel, Stefan, WDR-Köln
Haderer, Herbert, ORF, Studio Burgenland
Haesen, Wolfgang, WDR-Köln
Hafner, Erhard, WDR-Köln
Hafner, Wolfgang, Feldweg Institut, Rödermark
Hagby, Dag,Dipl. Kfm. SANDAR Electronics GmbH, Worms
Hagen, Andreas, Bayer.Rundfunk, Freimann
Hahmann, Nils, Marburg
Hahn, Stephan, Jürgen Dudda, Berg.Gladbach
Haldemann, Ueli, Gospel-News, Diessenhofen
Half, Günther, TVS, Bonn
Hall, Daimon, BFE AG, Mainz
Hallstein, P., Electro-Voice, Frankfurt
Halpin, Ysabell, London
Halter, Patrick, Musikverlag Halter, Karlsruhe
Halvé, Helge, Recording Service Halvé, Hbg.
Hamacher, Anja, MPC-Datentechnik, Kerpen
Hamacher, Hans, AKAI Professional, Karlsfeld
Hambach, Helmut, WDR-Köln
Hamm, Ortrud, FKTG
Hammer, Hans, ORF-Dornbirn
Hammes, H.J., Electro-Voice, Frankfurt
Hampel, Harald, WDR-Köln
Hamstedt, Oliver, SAE, München
Hanacker, Hans, AKAI Professional, Karlsfeld
Hanamura, Naoja, Otari Electric Deutschl. GmbH
Handstein, Klaus, F.S.M., Ismaning
Hanel, Reinhard, Mozarteum Salzburg
Hanke, Bernhard, Tonmeisterinstitut Detmold
Hanke, Norbert, Zug (Schweiz)
Hann, Wilfried, ANT, Velbert
Hans, Ernst-Wilhelm, ZDF-Mainz
Hans, Peter, Deutsche Welle, Köln
Hanusch, Helmut, Südwestfunk Baden-Baden
Hapig, Georg, Locomotion, Essen

Harada, Kioji, Otari Electric Deutschl. GmbH
Harassin, Horst, Österr.Philips GmbH, Wien
Harbusch, Klaus-Dieter, WDR-Köln
Harding, Guido, Ensoniq, Dorsten
Hardt, Hanno, F & V B.Gürtler, München
Harenberg, Peter, ham Audio Mastering, Hamburg
Häring, Roland, Studio Bür, Nürnberg
Harms, Wolfgang, Audio-Vertr. Strüven-Quickborn
Hartkorn, Werner, Theater der Stadt Trier
Hartmann, Ernst, SAE-Wien
Hartmann, Horst, SDR-Stuttgart
Hartmann, Stephan, Hartmann&Fallscheer, Esslingen
Hasegawa, Yutaka, YAMAHA, Rellingen
Häseler, Christian, RTL, Düsseldorf
Haßler, Markus, FH Düsseldorf
Hasselberg, Johannes, 3M Deutschland GmbH, Neuss
Hastreiter, Elke, Düsseldorf
Hastreiter, Eva, Sony Deutschland GmbH, Köln
Hattori, Atsundbu, YAMAHA, London
Hattori, Koichiro, Tonmeisterinstitut Detmold
Haub, Ulrike, FH Düsseldorf
Hauck, Bernd, WDR-Köln
Hauck, Richard, Hessischer Rundfunk
Hauer, Wilfried, Bayer.Rundfunk, München
Haupt, Ralf, WIR, Frankfurt
Haußner, Helmut, RBT GmbH, Nürnberg
Havekost, Elke, Hessischer Rundfunk
Hawel, Hubert, ORF-Oberösterreich
Haydon, Dave, Audio-Vertr. Strüven-Quickborn
Hayo, Peter, 6652 Bexbach
Hechenrieder, Anna Milena, Universität Köln
Heckel, Frank, Audio Electronic, Düsseldorf
Heckenast, Gabor, Ungarischer Rundfunk, Budapest
Hees, Paul van, EML (Belgien)
Hegedüs, Gabor, Multimedia, Budapest
Hegele, Johannes, FH Düsseldorf
Heil, Christoph, Dierks-Studios
Heil, Peter, Radio Regional, Heilbronn
Heil, Stefan, Mannheim
Heiland, Markus, Tonmeisterinstitut Detmold
Heiligenstühler, Klaus, Eugen Beyer GmbH, Heilbronn
Hein, Folkmar, TU Berlin
Hein, Ulrike, Hessischer Rundfunk
Heinemann, Dieter, Hessischer Rundfunk
Heinen, René, FH Düsseldorf
Heinrich, Armin, Hannover
Heintzeler, Andreas, Radio Bremen
Heinz, Bruno, Grothusen GmbH, Wien
Heinzl, Michael, ORF-Wien
Heischmann, Egon, Staatsoper Dresden
Heister, Pauline, Tonmeisterinstitut Detmold
Heisterkamp, Roland, EMI-Electrola, Köln
Hekman, Albert, Monshausen (Maban Nederland)
Helbig, Joachim, FH Düsseldorf
Held, Robert, AEG Olympia, Konstanz
Heller, Hans Georg, Geyer Synchron, Berlin

Hellhake, Rotraud, HdK Berlin
Hellwig, Edgar, Ensoniq, Moers
Hellwig, Frantz-Günter, Hellwig Tonanlagen
Helmdorf, Bernhard, Kurbetriebe Wiesbaden
Helmet, Bert, Eugen Beyer GmbH, Heilbronn
Hendricks, Martin, Tinosound, Odenthal
Henke, Klaus, Zentrum f.audiovisuelle Medien
Henker, Klaus, Zentrum f.audiovisuelle Medien
Henriksen, Helge, Dänischer Rundfunk
Henschel, Martin, G.H. Studios, München
Hensel, Horst, Berliner Philharmoniker
Hensel, Rolf, 6109 Mühltal (Hess)
Hensmann, Curt, Firma Hensmann
Hentschel, Burkhard, Schauspielhaus Köln
Henzel, Werner, Darmstadt
Herbst, Ulrich, Kort Elektronik, Ottenstein
Herda, Volker, Deutsche Welle, Köln
Hergenröder, Elmar,Dipl.-Ing. Bayer.Rundfunk, München
Hergesell, Jens-Helge, FH Köln
Herla, Siegbert, IRT-München
Hermann, Erich, AEG Olympia, Konstanz
Hermann, Robert, Theater Freiburg
Herr, Christoph, Südwest-Tonstudio, Stuttgart
Herr, Robert, Südwestfunk Baden-Baden
Herr, Robert, Evangeliums Rundfunk, Wetzlar
Herrer, Wolfgang, 6607 Quierschied
Herrmann, Jürgen, WWF-Köln
Herrmann, Klaus, WDR-Köln
Hertel, Wolfgang, Hessischer Rundfunk
Herzog, Marcus, Tonmeisterinstitut Detmold
Hessel, Manfred, Taunus Film, Wiesbaden
Hessert, Wolfgang, Audioservice, Saarbrücken
Hettesheimer, Martina, 7515 Linkenheim-Hochstetten
Hettich, Manuela, Studer Revox GmbH, Löffingen
Heuer, Jürgen, WDR-Köln
Heuring, Hernert, VVMD e.V., Würzburg
Heuwekemejer, Peter, Polygram Philips Class. Baarn
Heyna, Herbert, ORF-Wien
Heynold, Andreas, Hessischer Rundfunk
Hibbing, Manfred, Sennheiser electronic KG
Hickethier, Hermann, Köln
Hickmann, Wilhelm,Dr. Pikatron, Usingen
Hierse, Werner, Rhein-Main-Halle, Wiesbaden
Hilbich, Peter, Tontechnik/Wien
Hildebrandt, Matthias, 6103 Griesheim (Hess)
Hillebrand, Alfons, Harrison Systems Inc. USA
Hiller, Jochen, FH Ulm
Hiller, Rainald, BASF AG, Mannheim
Himmelsbach, Michael, Südwestfunk Baden-Baden
Himmler, Hanns, ORF-Innsbruck
Hindl, Dieter, 8078 Eichstätt (Bay.)
Hinogost, Joso, Mainz
Hinz, Bertram, Session, 7110 Öhringen
Hiron, Caryn, Zenon (Digitec), Willstätt
Hirsch, Frank,Dr. Thosens, 7630 Lahr
Hirschmann, Frank, Broadcast Consulting Internat.

Hochapfel, Wolfgang, Ghielmetti GmbH, Neu-Anspach
Hochradl, Renate, ACOUSTA ELECTRONIC, Salzburg
Hock, Manfred, Sender Freies Berlin
Hodgkinson, Jan, Audio Kinet_cs (Thum & Mahr)
Hodonicky, Christian, SAE-Wien
Hoevel, Horst ten, RE-INSTRUMENTS GmbH, Jülich
Hofbauer, Erich, ATEC, Wien
Hofer, Alfred, THT AG, Basel
Hofer, Arthur, Bavaria Film, Geiselgasteig
Hofer, Bruce, RTW, Köln
Hoff, Dieter,Dr. WDR-Köln
Hoffmann, Lutz, Audio-Export Georg Neumann
Hoffmann, Norbert, Mainz
Hoffmann, Peter, Hopla, Lüneburg
Hoffmeister, Josef Alf, 6719 Kirchheimbolanden
Hofgaard, Lars, Norwegian Broadcasting Corp.
Höfliger, Christof, Fernsehen DRS, Zürich
Hofmann, Johannes, ROLAND Elektr.Musikinstr.
Hofschneider, Udo, K.Hofschneider, Berlin
Högel, Carlos, Högel Studio-Technik GmbH
Hohl, Harald, PA SOUND, Frankfurt
Hohn, Mark, Freiburg
Hohn, Werner,Dr. Siemens AG, Erlangen
Höhne, Jürgen, EMT-FRANZ GmbH, Lahr
Höhr, Günther, WDR-Köln
Holländer, Karl-Heinz, ANT, Berlin
Höllering, Gerd, SAE, München
Hollstein, Henning, Offenbach
Holt, Hannes von, Condor Productions, Zürich
Holzkämper, Silke, IRT-München
Holzweg, Jürgen, Musik-Hochschule Hannover
Hömberg, Martin, MusikMagazin, Köln
Homeyer, Wolfgang, tv-mobil, Köln
Hommelsheim, Hanspeter, Musikverlag, Köln
Honegger, Franz, Wien
Hönning, Marinus, BRN
Hörbarth, Christian, SAE-Wien
Hormann, Franz-Jürgen, RCL ELECTRONIC, Norderstedt
Hornacek, Gregor, ORF-Wien
Horvath, Janos, Hungaroton, Budapest
Hosenseidl, Wilhelm-Peter, Broadcast, Frankfurt
Hosselbarth, Klaus, Media Vision Rhein Neckar
Houpert, Jörg, Bremen
Hoyer, Karl-Heinz, DEWE-Studios, Hildrizhausen
Huber, Ernst, ORF-Wien
Huber, Frank, Digital Proc., Stuttgart
Huber, Josef, Videcom (Schweiz)
Huber, Martial, Bruitson Musique, Strasbourg
Hubertus, Claus, Protec GmbH, Bingen-Gaulsheim
Hübner, Lothar, Staatl.Komitee f.Rundfunk, DDR
Hückstädt, Bernd, Hückstädt Musikproduktion
Huebsch, Rainer, Radio Euroherz, 8670 Hof
Huff, Alfred, Studio Tonmeister, Mainz
Hüffmeyer, Wilhelm, ANT, Wolfenbüttel
Hughes, Cathy, püllmanns gmbh, Köln
Hughes, Derek, püllmanns gmbh, Köln

Hugonnet, Christian, Conservatoire Musique, Paris
Hühn, Otto-Günter, Radio Bremen
Hülf, Martin, Imatel GmbH, Stuttgart
Hummel, Walter, Klein + Hummel, Ostfildern
Hüttl, Gerhard, ORF-Graz
Igel, Silke, 8562 Hersbruck
Iguchi, Koichi Nick, P.I.A. GmbH, 6108 Weiterstadt
Immerheiser, Gerd, Sound Clinic, Ingelheim
Inove, Th., SONETIC Tontechnik, Hösbach
Irnich, Martin, Skytrak-Studio, Berlin
Irrgang, Thomas, Klotz Elektronik GmbH, Haar
Irro, Hans Peter, A-4061 Pasching
Isajczuk, Peter, Video Company, Bonn
Isermann, Christoph, PPC, Hannover
Ivan, Fece, Radio Novi Sad
Jäckel, Heinz,Prof. Staatl.Komitee f.Rundfunk, DDR
Jacob, Karl, München
Jacob, Wolfgang, AV-Studio, Dortmund
Jaeger, Burkhard, Otari Electric Deutschl. GmbH
Jaeger, Stephan, Promotional Compaigns, Ffm.
Jaenicke-Schlüter, Rüdiger, Rock City, 6501 Udenheim
Jäger, Bertold, Hessischer Rundfunk
Jäger, Hans Uwe, Düsseldorf
Jahn, Ernst, E.A.R. Tonstudio, Wiesbaden
Jahn, Frank, Gruppe 3 AMSEL CINETON, Mchn.
Jahnicke, Norbert, Audio-Vertr. Strüven-Quickborn
Jahnke, Eckehard, Glashaus Tonstudios, Oberursel
Jahrmann, Bernhard, SAE-Wien
Jakubowski, Horst, IRT-München
Jamer, Ralf-Bernd, München
Janczyk, Dietmar, BASF AG, Mannheim
Janda, Peter, Wien
Jankowski, Rainer, Radio FFN, Isernhagen
Jansen, Karl-Heinz, 4170 Geldern
Jansky-Kim, Andre, Professional Sound, Basel
Janssen, Horst, Inst.f.Theater-, Studio, Bln.
Jaquet, M., Priv.Rundf.Veranst.Rheinl-Pf.
Jarmer, Manfred, Studio Union, 6333 Braunfels
Jäschke, Andreas, mgm-cases, Wuppertal
Jauch, Rolf, EMT-FRANZ GmbH, Lahr
Jedamski, Jörg, Stadttheater Ingolstadt
Jellinek, Karl, ORF-Salzburg
Jemersic, Josip, Radio Zagreb
Jennrich, Sönke, White Noise Tonstudio, Hamburg
Jensen, Bernd, Deutschlandfunk, Köln
Jesuadian, Noel, BFE AG, Mainz
Jochum, Peter, Hessischer Rundfunk
Jodl, Walter, WDR-Köln
Jodlauk, Herbert, Deutschlandfunk, Köln
Joerns, Helge, RIAS-Berlin
Johannson, Adolf, NDR-Hannover
Johnsen, Hans, Scheck Audio, Altlußheim
Joisten, Edith, FH Düsseldorf
Jong, J. de, NOB T.V. Hilversum
Jorda, Siegfried, ANT, Wolfenbüttel
Jorde, Lothar, Philips GmbH, Hamburg

Jorg, Peter, ORF-Wien
Jörns, Tilman, SDR-Stuttgart
Jossé, Harald, Radio RPR, Ludwigshafen
Joswig, Rainer, Siemens AG, Köln
Joveng, Jahn Erik, NRK-Oslo
Joyce, Mike, Sound Clinic, Ingelheim
Junck, Bernd, ZDF-Mainz
Jung, Jack, Westfilm Medien-GmbH, Essen
Jung, Manfred, Südwestfunk Baden-Baden
Jung, Peter, YAMAHA Europa GmbH
Junge, Gerald, Gasteig Betriebs GmbH, München
Jungeburth, (Frau), Siemens AG Österreich, Wien
Jüngling, Gerd, A.D.T. Gladbeck
Jungnitsch, Michael, Ludvika (Schweden)
Jüngst, Berthold, Imatel GmbH, Stuttgart
Junkermann, Axel, FH Düsseldorf
Jvancevic, Momcilo, RT Beograd
Kahnert, Andrea, IQ-Hifi-Technik, Essen
Kaiser, Ernst, A-9551 Bodensdorf (Oss.See)
Kaiser, Harald, harman deutschland, Heilbronn
Kaiser, Oliver, SAE-Wien
Kaiser, Reinhard, Jürgen Dudda, Berg.Gladbach
Kakspitz, Mike, Dierks Studios, Pulheim
Kalafatic, Milivoj, Jugoton Zagreb
Kalb, Rudolf, SRT-Nürnberg
Kalthöfer, Norbert,Dipl.-Ing. HEAD-acoustics GmbH, Aachen
Kaminski, Peter, Steinberg Digital Audio GmbH
Kaminski, Peter, Steinberg Digital Audio GmbH
Kammerer, Leopold, SRT-Nürnberg
Kamp, Klemens, FH Düsseldorf
Kamrath, H. J., WDR-Köln
Kapp, Christian, FH Düsseldorf
Kapust, Rolf, Fraunhofer Arbeitsgr. Erlangen
Karl, Norbert, Tonstudio Karl, Passau
Karp, Heinz, WDR-Köln
Karreth, Wolfgang, Bayer.Rundfunk, München
Karrow, Bernd, Karrow Record, Bregenz
Karwatky, Reinhard, DGG
Karwatky, Reinhard, DGG
Kasper, Gerhard, ORF-Graz
Kasper, H.-Günther, Sound Studio N, Köln
Kastner, Martin, Stadthalle Pforzheim
Kathan, Günter, Stadthalle Feldkirch
Kaufmann, Matthias, FH Düsseldorf
Kaulbach, Eberhard, Studer Revox GmbH, Löffingen
Kayser, Manfred, Musik Produktiv Zierenberg
Keh, Georg, Südwestfunk Baden-Baden
Keinert, Christa, ELMUS GmbH, Berlin
Keinert, Heinrich, ELMUS GmbH, Berlin
Keller, Reinhard, Rhein-Main-Halle, Wiesbaden
Keller, Werner, ANT Nachrichtentechnik
Kellermann, Willy, NDR-Hamburg
Kellner, Christian, SAE-Wien
Kellner, Martin H., 6503 Mainz-Kastel
Kelly, Chuck, BFE AG, Mainz
Kelter, Alfons, WDR-Köln

Kemmler, Reiner, Ampex, Hamburg
Kempff, Michael, Bayer.Rundfunk, München
Keremidtschieff, Ivo, Sofia (Bulgarien)
Kernstock, Günter, Bayer.Rundfunkwerbung, München
Kerper, Hilmar, Wuppertal
Kersten, Fred, Firma Kersten
Keßler, Andreas, HR-Records, 6703 Limburgerhof
Kessler, Erich, Deutsche Welle, Köln
Kessler, Wolf, FH Düsseldorf
Kettelhake, Richard, vormals WDR-Köln
Ketterle, Toni, Bavaria-Film, Geiselgasteig
Kickark, Werner, Jellinghaus GmbH, Dortmund
Kiegelmann, Stephan, WDR-Köln
Kienbauer, Franz,Dipl.-Ing. Siemens AG Österreich, Wien
Kiendl, Reinhard, Radio Tele 1, Augsburg
Kieninger, Gerd, RNB, 7211 Mariazell
Kiess, Günter, W.Albrecht GmbH, Berlin
Kietzke, Manfred, NDR-Hannover
Kindermann, Norbert,Dipl.-Ing. Siemens AG Österreich, Wien
Kindler, Ulrich, Mobile Rec.Studio, Nienburg
Kipfer, Hans, Tonmeisterinstitut Detmold
Kirby, David, ADAM HALL GmbH, Usingen
Kirchberger, Elvira, MEV
Kirchberger, Florian, MEV
Kirchebner, Christian, Kongresshaus Innsbruck
Kirchner, Leo, LK Elektronik, Braunschweig
Kirk, Edgar, BMW AG, München
Kirschbichler, Hans-Heinz, ORF-Wien
Kittler, Detlev, Hessischer Rundfunk
Klaasen, Jan, EELA AUDIO, NL-Eindhoven
Klag, Axel, RIAS-Berlin
Klapproth, Ludwig, Blaupunkt-Werke, Hildesheim
Klar, Siegfried, IRT-München
Klein, Dieter, Klein & Steck OHG, Bissersheim
Klein, Karl Heinz, BTS
Klein, Michael, PLUS AUDIO
Kleinbeck, Klaus, 3M Deutschland GmbH, Neuss
Kleine, Helmut, Südwestfunk Mainz
Kleine-Sötebier, Rolf, EAW, Bad Rothenfelde
Kleinhenz, Matthias, FH Düsseldorf
Kleinschmidt, Stephan, Bavaria Film, Geiselgasteig
Kleinschmidt, Werner, SRT-Nürnberg
Kleinsorge, Hartmut, AMK-Berlin
Klenke, Willi, Radio Bremen
Klimpt, Wolfgang, Radio Gong, Nürnberg
Klingel, Ulrich, FH Düsseldorf
Klinkmüller, Irene, Heco GmbH, 6384 Schmitten
Klippel, Reinhard, Stadtbibliothek Spandau
Klose, Reinhard, Jürgen Dudda, Berg.Gladbach
Kloss, Clemens, A-2500 Baden bei Wien
Klotz, Reinhard, Bayer.Rundfunk, München
Klotz, Thomas, Klotz Elektronik GmbH, Haar
Klövekorn, Norbert, Südwestfunk Baden-Baden
Klug, Christoph, Blaupunkt-Werke, Hildesheim
Klug, Heiner, FH Düsseldorf
Kluge, Heinz-Günter, TMB-KEM, Hamburg

Klupsch, Joachim, AGFA-GEVAERT AG, Leverkusen
Klütsch, Peter, MPC-Datentechnik, Kerpen
Kmieziak, Marie-Louise, Dynaudio ApS, DK-Skanderborg
Knaf, Michael, AFN
Knappe, Karl-Ferdinand, Südwestfunk Baden-Baden
Kneisel, Rolf, RTW, Köln
Kniemeyer, Giesela, Radio Bremen
Kniemeyer, Gisela, Radio Bremen
Knipp, Marion, V.D.T.-Organisationsbüro Köln
Knöß, Wolfgang, Hessischer Rundfunk
Knoth, Matthias, Klotz Elektronik GmbH, Haar
Knothe, Jörg, RIAS-Berlin
Koal, Detlev, amptown, Hamburg
Kobiolka, Wilfried, Feick
Koch, Dieter, König & Mayer, Wertheim
Koch, Harald, FH Köln
Koch, Manfred, Electro-Voice, Frankfurt
Koch, Martin, Tonst.Martin, Bad Reichenhall
Kock, Maximilian, FH Düsseldorf
Koglin, Martin, IPA-RTL, Frankfurt
Kohlbrenner, Stefan, Südwestfunk Baden-Baden
Köhler, Ernst,Prof. ORF-Wien
Kohlhammer, Werner, Klein + Hummel, Ostfildern
Kohlmann, Peter, Bartels-Elektronik, Bremen
Kohnemann, Rolf, 5100 Aachen
Kohr, Werner, Südwestfunk Baden-Baden
Koizumi, Shunji, Otari Electric Deutschl. GmbH
Kölbl, Hans-Jürgen, Radio Free Europe, München
Kolboom, Uve, RBT GmbH, Nürnberg
Koller, Dietmar, Siemens AG Österreich, Wien
Koller, Thomas, 8440 Straubing
Koller, Thomas, Rhein-Main-Halle, Wiesbaden
Konecny, Günther,Dipl.-Ing. ORF-Wien
König, , Rohde & Schwarz GmbH, München
König, Andreas, Schauspielhaus Bochum
König, Helmut, Thorofon, 3002 Wedemark
König, Martin, König & Meyer, Wertheim
Kontio, Matti, Tonstudio Königsforst, Rösrath
Kontos, Georgos, Uni Thessaloniki
Kontos, Kosta, Uni Thessaloniki
Kopp, Siegmar, Ghielmetti GmbH, Neu-Anspach
Koreneef, Barbara, Südwestfunk Baden-Baden
Kornacher, Bertram, HdK Berlin
Körner, Peter, R & H Studiosound, Waldkirch
Korpinen, Pertti, Yleisradio, Helsinki
Korrodi, Hansueli, Schweiz. Radio- & Fernsehges.
Kort, Angelika, Kort Elektronik, Ottenstein
Kort, Eckehard, Kort Elektronik, Ottenstein
Kort, Wilfried, Kort Elektronik, Ottenstein
Korthals, Thomas, d & b audiotechnik AG, Korb
Kosalik, Milan, M.K.Studios, Stuttgart
Kosfeldt, Michael, ECOUTON-Audiolabor, Lemgo
Kossack, Tanja, Musikhaus Hofbauer, Oberursel
Kosselt, Norbert, Audio Electronic, Düsseldorf
Kössinger, Jürgen, Stuttgart
Kossmann, Klaus, Deutsche Welle, Köln

Köster, Dietram, Radio Bremen
Koster, René C., NOB T.V. Hilversum
Köthe, Wulf, Georg Neumann GmbH, Berlin
Kottsieper, Gerd-Jürgen, NDR-Hamburg
Kounov, Konstantin, Bulgarischer Rundfunk
Kowalski, Beate, FH Düsseldorf
Kox, Bardo, WDR-Köln
Kraemer, Uwe, FH Düsseldorf
Krafft, Wolfgang, IRT-München
Kraft, Erich,Dr. FH Düsseldorf
Krahl, Alfons, Siemens AG, Essen
Krajnc, Milan, Radio Maribor
Kramny, Thilo M., PPU, München
Krank, Wolfgang,Prof. Dr. Südwestfunk Baden-Baden
Kränkl, Hanni, Sennheiser electronic KG
Kranz, Michael, Bavaria Film, Geiselgasteig
Kranz, Michael, Theater Freiburg
Krätz, Gerhard, Music-Shop Pro Audio, Koblenz
Kraus, Ulrich, Tonstudio U.Kraus, München
Krause, Manfred,Prof.Dr.-Ing. TU Berlin
Krauspenhaar, Philipp, München
Krauth, Michael Horst, TV Berlin
Kreisköther, Kurt-D., WDR-Köln
Kreissl, Jürgen, Bayer.Rundfunk, München
Kremer, Andreas, Tonstudio Hix, Idstein
Kremer, Pierre, Konservatorium Luxemburg
Kreuels, Heinz, BASF AG, Mannheim
Kreutzfeld, Rüdiger, NDR-Hamburg
Kreuzer, Norbert, Tonst. Norbert Kreuzer, Mchn.
Krey, Thomas, EMT-FRANZ GmbH, Lahr
Krichel, , Freiburg
Krieg, Tilman, Südwestfunk Baden-Baden
Krippner, Michael, Hückstädt Musikproduktion
Kröckel, Eberhard, Teac Deutschland, Wiesbaden
Krogmann, Mathias, Philips GmbH, Hamburg
Kronawitt, Fritz, SDR-Stuttgart
Kronenberg, Gabriele,Dr. Schauspielhaus Zürich
Kropf, Emil, ORF-Eisenstadt
Krug, Herrmann, Professional Production
Krüger, Helmut, Bayerische Staatsoper, München
Krüger, Klaus, RIAS-Berlin
Krüger, Uwe, Radio Bremen
Krummel, Thomas, Frankfurt
Kruse, Achim, Audio-Vertr. Strüven-Quickborn
Kruse, Kl-P., Verw-BG, Mainz
Krüsi, Hans, ICM Switzerland
Kruska, Peter, Constantin, München
Krutzen, Peter, Sony Deutschland GmbH, Köln
Krzeminski, Henryk, Mainz
Kubide-Hecht, Heike, Audio-Export Georg Neumann
Kubin, Sven, Light & Sound, Wolfenbüttel
Kuckenberg, Heinz, 3M Deutschland GmbH, Neuss
Kuckertz, Martina, FH Düsseldorf
Kugelmann, Anton, 7917 Vöhringen (Iller)
Kugler, Bernd, 4044 Kaarst
Kühl, Jürgen, WDR-Köln

Kuhlmann, Birgitt, Studer Revox GmbH, Löffingen
Kuhlmann, Herbert, WDR-Köln
Kühn, Hans, Sennheiser electronic KG
Kühn, Hans-Barthel, RTW, Köln
Kuhn, Roland, Firma Kuhn (Luxemburg)
Kühnbaum, Ralf, Hybrid Arts, Münster
Kühne, Heinz, Glashaus Tonstudios, Oberursel
Kühne, Thomas, 6239 Eppstein (Taunus)
Kühnl, Gerhard, G.K.Audio, Bielefeld
Kühnl, Gerhard, G.K.Audio, Bielefeld
Kuhnle, Peter, AUDIO CONCEPT
Kuipers, Hendrik, Delta System GmbH, Rödermark
Kull, Horst, 4030 Ratingen
Kunzmann, Thomas, München
Kuralt, Igor, Radio Koper Capodistria
Kurland, Knut, SEEM Audio A/S, Norwegen
Kuroczik, Peter, Söllner Dynacord, München
Kürten, Bernd, Fraunhofer Arbeitsgr. Erlangen
Kurz-Solaro, Manfred, Bayer.Rundfunk, München
Kusava, Klaus, BMG Ariola, MÜNCHEN
Kutsch, Günther, Coach Audio Sales, St.Ingbert
Kutscher, , Rohde & Schwarz GmbH, München
Kutter, Hans-Rudolf, Aarau (Schweiz)
Kyas, Joachim, WDR-Lokalfunk, Dortmund
Laar, Herman van, Sennheiser electronic KG
Labonte, Ulrich, RTL PLUS, Köln
Lackner, Thomas, SAE-Wien
Lagadec, Roger,Dr. Sony (Japan).
Lamers, Jürgen, 4178 Kevelaer
Lampart, Ulrich, Hamburg
Landa, Kurt, Thespis Filmproduktion, Köln
Landa, Peter, Wien
Landgraf, Rudolf, TVN-Television, Hannover
Landmann, Christopher, Stuttgart
Landsiedel, Paul-Gerhard, Audiolab Tonstudio, Oberursel
Lang, Alexander, A.Lang & Partner, München
Lang, Margrit, Tonstudio Bauer, Ludwigsburg
Lang, Wolfgang, LAWO Gerätebau GmbH, Rastatt
Lange, Kay, d & b audiotechnik AG, Korb
Langenbahn, Dieter, WAT 1 Tonstudio, München
Langer, Klaus, Mobile Tontechnik, Düsseldorf
Langer, Norbert, WDR-Köln
Langjahr, Fritz, Radio DRS, Studio Zürich
Langner, Werner, ANT-Nachrichtentechnik
Laque, Christian, Ludwigshafen
Laszlo, Andras, Ungar.Fernsehen, Budapest
Laszloffy, Geza,Dipl.-Ing. ORF-Wien
Latz, Willi, Saarländischer Rundfunk
Lau, Wolfgang, Studiotechn.-Hörf. Berlin DDR
Laube, Rüdiger, Creative Studios, Hamburg
Laubengeiger, Gerd, SDR-Stuttgart
Laufer, Joachim, Calren Studios, Freiburg
Launer, Paul, Hoechst AG
Lauritzen, Georg, Dänischer Rundfunk
Law, Mike, Siemens AG Österreich, Wien
Lawo, Helga, LAWO Gerätebau GmbH, Rastatt

Lawo, Peter, LAWO Gerätebau GmbH, Rastatt
Leaser, Dieter, MAM Tonstudio, Zülpich
Lechner, Thomas, TU München
Lee, Bernie, M.K.Studios, Stuttgart
Lehmann, Günter, Hessischer Rundfunk
Lehmann, Norbert, FH Düsseldorf
Lehmann, Rudolf, Hansa Tonstudios, Berlin
Lehnhoff, Harald, R.Bosch GmbH, Berlin
Lehrhofer, Klaus, SAE-Wien
Lehser, Bruno, MAM Studios, Zülpich
Leidler, Andreas, WDR-Köln
Leisner, Karl, WWF-Köln
Leitner, Freddy, Firma Leitner, München
Lemcke, Herbert, FH Düsseldorf
Lemke, Andreas, SDR-Stuttgart
Lensen, H.C.L., Polygram, NL-Baarn
Lentz, Peter, SDR-Stuttgart
Lenz, Horst, Bayer.Rundfunk, München
Leppert, Matthias, 7635 Schwanau
Lerber, Jean-Daniel von, KIR-Konzerte (Schweiz)
Lerbs, Frank, SDR-Stuttgart
Leser, Helmut, TBS
Letens, Uwe, Daimler-Benz AG, Stuttgart
Leubner, Rudolf, E.A.R. Tonstudio, Wiesbaden
Leuchter, Otmar, Eurogress Aachen
Leupin, Thomas, THT AG, Basel
Leuschner, Christian, SDR-Stuttgart
Leverkus, Michael, FH Düsseldorf
Levesley, Antony, NAGRA KUDELSKI (Audio Devel.)
Leyrer-Schlosser, Herbert, ORF-Wien
Lichtenecker, Hermann, Klagenfurt
Liebscher, Gerhard, Electr.Components Consultans
Liehn, Thomas, Radio City, Berlin
Liehr, Walter, Siemens AG
Lilli, Franz, Bayer.Rundfunk, München
Limon, Jules, Studer Revox GmbH, Löffingen
Linde, Olaf, PRO.VIDEO, Hemer
Lindemann, Joachim, Lindemann-Tontechnik, Ffm.
Lindert, Anke, AGFA-GEVAERT AG, Leverkusen
Link, Martin, IRT-München
Linke, Klaus, Professional Production
Linnenbach, Erwin, THT AG, Basel
Linßen, Gregor, FH Düsseldorf
Lipfert, Jan, 6425 Hainburg (Hess)
Lipovscak, Veljko, Jugoton Zagreb
Lippert, Christoph, München
Lischker, Thomas, SONY Broadcast Ltd., Köln
Lissy, Erwin W., SAT 1, Hamburg
List, Andreas, Pilz Compact Disc, Freising
Litmanowitsch, Andreas, Zone 33, Wabern
Lloyd-Hughes, Jon, Coach Audio Sales, St.Ingbert
Lödige, Gerd, 5460 Linz am Rhein
Loebner, Helmut,Dr. GSP Sprachtechnologie, Berlin
Loeken, Michael, Köln
Lohmann, Martin, Duisburg
Lohmar, Albert, Music Store, Siegburg

Lohmeier, Günther, MTT
Löhnert, Heinz, Hoechst AG
Lohrey, Christoph, SAE-Wien
Loibel, Anton, YAMAHA Europa GmbH, Rellingen
Long, Thiemy, Zenon (Digitec), Willstätt
Lopata, Richard, RTL-PLUS, Köln
Lorenz, Reinhard, Geyer-Synchron, Berlin
Lorenzen, Hans, HL-Records, 8878 Bibertal
Losett, Richard, Delta System GmbH, Rödermark
Louis, Katrin, Otari Electric Deutschl. GmbH
Louvenberg, Wiel M. H., Philips
Lübbe, Manfred, SDR-Stuttgart
Lucas, Heinz, Protec GmbH, Bingen-Gaulsheim
Lüders, Joachim, EMT-FRANZ GmbH, Lahr
Lüdke, Bernd-Detlef, RIAS-Berlin
Ludwig, Wilfried, Acustic-Ludwig
Lueg, Jochen, BMG Ariola, München
Lüghausen, Kurt, WDR-Köln
Luibrand, Annette, Sound Clinic, Ingelheim
Lüke, Friedmar,Dr. SDR-Stuttgart
Lumiella, Toni, SAE, München
Lusky, Jürgen, 6240 Königstein (im Taunus)
Lutsch, Horst-Michael, Radio Media GmbH, Böblingen
Lutz, Reinhard, 5340 Bad Honnef
Luznar, Janus, RTV Ljubljana
Maas, Stefanie, Studio Funk, Hamburg
Maass, Monika, Monshausen GmbH, Solingen
Macanovic, Milovan, Radio Zagreb
Madreiter, Harald, Innsbruck
Magchielse, Tom, NOB T.V. Hilversum
Maier, Dietmar, TU München
Maier, Manfred, Südwestfunk Baden-Baden
Maihöfer, Reinhard, WDR-Köln
Maillard, Rainer, Berlin
Mair, Helmut, 8034 Germering
Malech, P., Altec Lansing Corp., Frankfurt
Malingre, Luc, N.O.B.-Hilversum
Malkowski, Konrad, Sender Freies Berlin
Mall, Ulrich, d & b audiotechnik AG, Korb
Malow, Sigmar, AEG Olympia, Konstanz
Manger, Daniela, Manger Schallsysteme, Arnstein
Manger, Josef-W., Manger Schallsysteme, Arnstein
Mangold, Bernhard, Südwestfunk Baden-Baden
Manthey, Georg, ZDF-Mainz
Manzei, Rolf, Studio Funk, Hamburg
Marchlewitz, Jürgen, WDR-Köln
Mareff, Schivko, Bulgarischer Rundfunk
Marell, Ernst-Hermann, Fils Sound Poof. Hamburg
Marinkovic, Zoran, RT Beograd
Marko, Milos, MTM Ing.-Büro, Taufkirchen
Marquardt, Markus, FH Düsseldorf
Marquardt, Torsten, Hessischer Rundfunk
Marschall, Günter, Bayer.Rundfunk, München
Marschner, Wilfried, Bayer.Rundfunk, München
Martens, , Sonopress, Gütersloh
Marterer, Walter, ORF-Oberösterreich

Martikainen, Ilpo, Audio-Export Georg Neumann
Martin, Alan, YAMAHA
Martin, Horst, Werbung im Hessischen Rundfunk
Martin, Manfred, IN-Akustik
Martion, Heiner, Martion Audiotechnik, Berlin
Marx, Bruno, RTW, Köln
Marx, Eduardo, FH Düsseldorf
Mäser, Manfred, Tonstudio Mäser, A-Dornbirn
Masko, Jarmo, Eifastudio AB (Schweden)
Mastykarl, Jacek, Studio ZPR-STV, Krakau (Polen)
Matkowitz, Jürgen, JM-Tonstudio, Berlin
Matschey, Heribert, Music-Electronic MAX, Gelsenk.
Matschuk, Chin, Jellinghaus GmbH, Dortmund
Matschuk, Dirk, Jellinghaus GmbH, Dortmund
Matthes, Joh.-Nikolaus,Prof. HdK Berlin
Matthes, Peter, amptown, Hamburg
Matuschek, Jörk, Eugen Beyer GmbH, Heilbronn
Mauermann, Friedrich, Tonst.Mauermann, Ostfildern
Mauß, Peter, PME Audio, Bad Friedrichshall
Mauthe, Willi, WDR-Köln
Mayei, Rolf, IFB
Mayer, Ralf, Tonstudio Tucan
Mayer, Rudolf, Bäder u.Kurverw. Baden-Baden
Mayer, Stefan, Coach Audio Sales, St.Ingbert
Mayer, Walter, Studio Gong, München
Mayer-Förster, Thomas, Tonst.M.-Förster,A-Eugendorf
Mayerhofer, Brigitte, München
Mayerhuber, Margarete, SAE-Wien
Mc Lohon, Susan, d & b audiotechnik AG, Korb
Megay, Alexander, SAE-Wien
Meibeck, Werner, Meibeck KG, Essen
Meier, Rolf, Arnold Studiotechnik
Meier, Stefan, Giese electronic KG, Hamburg
Meier-Engelen, Egon,Dr. DFVLR, Köln-Porz
Meili, Bernhard, SRG-Bern
Meincken, Christian, Tonmeisterinstitut Detmold
Meinhard, Cord, SRT-Nürnberg
Meinken, Dieter, Radio Bremen
Meister, Paul, Polygram, Hannover
Meister, Wilhelm, Bayer.Rundfunk, München
Meitz, Hermann, 4400 Münster
Melekjants, Robert, Zeitgenössische Oper, Moskau
Meller, Karl-Heinz, March-Tonstudio-Musikverlag
Meng, Katja, Wonderland-Studio
Meng, Rüdiger, Wonderland-Studio
Menning-Pusta, Klaus, IPA-RTL, Frankfurt
Menzel, Joachim, ZDF-Mainz
Merget, Richard, ANT, Wolfenbüttel
Merkel, Richard, Südwestfunk Baden-Baden
Merse, Egon, 3M Deutschland GmbH, Neuss
Mertens, Antonius, AV Studio, 7012 Fellbach
Mertens, Doerte, FH Düsseldorf
Mertens, Norbert, RTL
Merz, Roland, ATIS
Meschonat, Wolfgang, Medien Center Wehrheim
Mestars, Frank, 4800 Bielefeld

Meszaros, Imrich, ELACO, Zürich
Metke, Christoph, FH Düsseldorf
Mettal, Fritz, Darmstadt
Metzger, Dietrich, Hessischer Rundfunk
Metzger, Heinz-Gerhard, Metzger Audiolog.Akust. Karlsr
Meulner, Hans, Nürnberg Messe
Meurer, Christian, WDR-Köln
Meurer, Georg, WDR-Köln
Meurer, Manfred, WDR-Köln
Meyer, Andreas, Tonmeisterinstitut Detmold
Meyer, Daniel, Studio M+M, 5014 Gretzenbach
Meyer, Herbert, Sennheiser electronic KG
Meyer, Jürgen,Prof.Dr. PTB-Braunschweig
Meyer, Marcus, MEM, Ettlingen
Meyer, Werner, MEM, Ettlingen
Meyer-Goldenstädt, Günter, BFBS, Köln
Mias, Ludger, ZDF-Mainz
Michael, Frank, Realistic Sound, Frankfurt
Michalski, Peter, PME Audio, Bad Friedrichshall
Michel, Dieter, Ruhr-Universität, Bochum
Michel, Jan, 2000 Norderstedt
Michels, Joseph, Amel (Belgien)
Michna, Harro, Cassetton GmbH, Geretsried
Miekley, Dieter, ZDF-Berlin
Miele, Andreas, Düsseldorf
Mikutta, Andreas, Media Management, Bad Homburg
Milev, Peter, 4900 Herford
Milius, Norbert, alphaton, Kelkheim
Milly, Alexander,Ing. Radio Bratislava
Miokovic, Miomir, 6074 Rödermark
Miron, Werner, Ludwigshafen
Mittag, Rolf, Radio Bremen
Mittelmann, Thomas, Musik Produktiv Zierenberg
Mittermaier, Wolfgang, Tonmeisterinstitut Detmold
Mnich, Bernhard, TELDEC, Berlin
Modler, Paul, TU Berlin
Modzel, Joachim, Music-Sevice-Center, Herten
Moeck, Reinhard, Bayer.Rundfunk, Nürnberg
Mogge, Britt, 7133 Maulbronn
Möginger, Josef, Stadthalle Deggendorf
Mohnfeld, Barbara, T.C. Electronic (Dänemark)
Mohr, Volker, Hessischer Rundfunk
Mohrmann, Detlef, Tonstudio, Witten
Mölders, Jürgen, FH Düsseldorf
Molitor, Jörg, AGFA-GEVAERT AG, Leverkusen
Moll, Peter, A.D.T. Gladbeck
Möller, Dan, Sennheiser AB (Schweden)
Möller, Gerhard,Dipl.-Ing. EMT-FRANZ GmbH, Lahr
Möller, Heidelore, Kellerer & Partner, München
Mollweide, Michael, AEG Olympia, Konstanz
Monberg, Erik, Dänischer Rundfunk
Monitor, Bernd, Steinberg Digital Audio GmbH
Monshausen, Peter W., Monshausen GmbH, Solingen
Monshausen, Ulrike, Monshausen GmbH, Solingen
Monteux, , Frankfurt
Montoya, François, EMT-FRANZ GmbH, Lahr

Morell, Charly, Hessischer Rundfunk
Morgenfurt, Andreas, SAE-Wien
Morier, Iradj, Analog + Digital Systeme
Morlock, Volker, Morlock & Co, Mainz
Moser, Jörg, Tonmeisterinstitut Detmold
Mostert, Thomas, mgm-cases, Wuppertal
Motan, Brigitte, 8027 Neuried (Kr.München)
Movimann, Peter, ORF, Studio Vorarlberg
Mrokwa, Christoph, Tonmeisterinstitut Detmold
Mueller, Frauke von, FH Düsseldorf
Mühlbauer, Hans, 7910 Neu-Ulm
Mühling, Bernd, 3578 Schwalmstadt
Müll, Kurt, FH Stuttgart
Müller, Alfred, Deutschlandfunk, Köln
Müller, Benno, 4044 Kaarst
Müller, Clemens, Musikhochschule Frankfurt
Müller, Erdmann, Sender Freies Berlin
Müller, Hans-Christian, 8036 Herrsching a.Ammersee
Müller, Herbert, Ton + Bild, Düsseldorf
Müller, Horst, WDR-Köln
Müller, Iris, Studio Box, Karlsruhe
Müller, Joachim, Dynacord GmbH, Straubing
Müller, Johannes, Tonmeisterinstitut Detmold
Müller, Juliane, Audio-Vertrieb M.Müller, Köln
Müller, Karola, HdK Berlin
Müller, Klaus, AKAI Professional, Karlsfeld
Müller, Martin, Tonstudio Müller, Karlsruhe
Müller, Matthias, Audio-Vertrieb M.Müller, Köln
Müller, Robert, 7300 Esslingen (am Neckar)
Müller, Thomas, Hansa Tonstudios, Berlin
Müller, Ulrich, amptown, Hamburg
Müller, Ute, SAE, Frankfurt
Müller, Volker, WDR-Köln
Müller, Wolfgang, Berlin
Müller-Rahn, Joachim, 6239 Kriftel
Müller-Römer, Frank, Bayer.Rundfunk, München
Mulstrup, Arne, NTP ELEKTRONIK A/S, Kopenhagen
Muncan, Monika, Innline-Tonstudio, Innsbruck
Münchmeyer, Sebastian, HdK Berlin
Murzin, Diana, Kellerer & Partner, München
Muschke, Thomas, 2200 Elmshorn
Muth, Gunther, Tonmeisterinstitut Detmold
Muthesius, Andreas, Südwestfunk Baden-Baden
Myrvang, Oystein, NRK-Oslo
Nadorp, Ronald, Bob Kommer Studios, DEN HAAG
Nagel, Dierk, Schauspielhaus Köln
Nagel, Peter, 6700 Ludwigshafen (Rhein)
Nahs, Karl-Heinz, ANT, Berlin
Nakamura, Nick, YAMAHA Europa GmbH, Rellingen
Nandor, Feher, Radio Novi Sad
Näser, Manfred, Tonstudio Mäser, A-Dornbirn
Natzel, Gerhard, Bayer.Rundfunk, München
Neelsen, Wolfgang, NDR-Kiel
Neher, Peter, ASR-Studio
Nehls, Wolfram, HdK Berlin
Neidhardt, Ernst, AUDIO CONCEPT

Neis, Frank, TTV, Berlin
Nellessen, Bruno, ARRI-Contrast, Berlin
Nelson, Terry, Studiosound (Schweden)
Nemeth, Attila, Agna Sound Studio (Schweiz)
Nemeth, Laszlo Janas, Agna Sound Studio (Schweiz)
Nerger, Ulrike, R.Barth KG, Hamburg
Nes, Jan van, Studer Revox GmbH, Löffingen
Neubauer, Ruodlieb, HdK Berlin
Neubronner, Andreas, Tritonus Musikproduktion, Stgt
Neuhäuser, Wolfgang, Monitora
Neumaier, Rolf Günter, Studer Revox GmbH, Löffingen
Neumann, , ELMUS GmbH, Berlin
Neumann, Birte, FH Düsseldorf
Neumann, Gerald, Elrond's House Tonstudio, Ddf.
Neumeister, Ingbert, FH Düsseldorf
Neuner, Manfred, 8561 Ottensoos
Neuschäfer, Volker, YAMAHA, Hamburg
Neuspiel, Ernst Christian, ORF-Wien
Neusser, Thomas, SAE-Wien
Neuwirther, Erich, SAE-Wien
Nickel, Reinhold, WDR-Köln
Niebugull, Michael, Sound/Recording, Bad Kreuznach
Niederehe, Horst, Sony Deutschland GmbH, Köln
Niederlein, Horst, NSM, Bingen
Niehoff, Wolfgang,Dr. Sennheiser electronic KG
Niehusmann, Georg, FH Düsseldorf
Nielen, Otto, WDR-Köln
Nielsen, Per, Danmon, Aarhus-Dänemark
Nielsen, Peter, Radio Bremen
Niemann, Reiner, R.Barth KG, Hamburg
Nienhaus, Willi, ASW Lautsprecher, Vreden
Nigro, Monika, Mona Music, 7580 Bühl
Nigro, Natale, Mona Music, 7580 Bühl
Nink, Karl-Heinz, Südwestfunk Mainz
Niron, Werner, 6710 Frankenthal (Pfalz)
Nishimura, Tatsuo, Denon Electronic, Ratingen
Noack, Thomas,Dipl.-Ing. Bühnen der Stadt Bielefeld
Noia, Marco, HdK Berlin
Noll, Anne-Elisabeth, Hessischer Rundfunk
Noltemefer, Stefan, Göttingen
Nomura, Shigeto, YAMAHA, Hamburg
Nonn, Hans-Jörg, Steinberg Digital Audio GmbH
Nosko, Zdenko,Dipl. Ing. Radio Bratislava
Novacek, Kurt, W.O., Wien
Novacek, Kurt, Novacek Tonstudiotechnik, Wien
Novak, Mladen, ANT, Wolfenbüttel
Nowacki, Klaus, SDR-Stuttgart
Nowak, Anton, 5413 Bendorf (Rhein)
Nowak, Thomas, Düsseldorf
Nungesser, Günter, Sound Clinic, Ingelheim
Nurmann, Gerhild, püllmanns gmbh, Köln
Nyerges, Andras, Ungar.Synchron- u.Video-Untern
Nyqvist, Bengt, Schwed.Lokalradio, Stockholm
Nyssen, Hans, Tangostudio, NL-Eindhoven
Oberbichler, Helmut, ORF-Graz
Obergfeil, Erich, Studer Revox GmbH, Löffingen

Obermaier, Christian, SAE, München
Obermeier, Bernd, Stadt Wuppertal
Ochs, Nikolaus, München
Oelschlegel, Marcus, Tellux-Film, München
Oertel, Rainer, Altera Pars, Wendelstein
Offermann, Jürgen, Tonstudio J.Offermann, Wiesb.
Ohlenbusch, Kai, FH Düsseldorf
Ohmayer, Wilfried, 8878 Bibertal (Schwab)
Oien, Von Ivar, NRK-Oslo
Oleschkewitz, Klaus, AEG Olympia, Konstanz
Olhagen, Tage, Schwed.Rundfunk, Stockholm
Onda, Harno, TEAC Deutschland, Wiesbaden
Oppelland, Reiner, Tonstudio Bauer, Ludwigsburg
Oral, Cem, Glashaus Tonstudios, Oberursel
Orban, Martin, Fantasy-Studio, Landshut
Orio, Lubo d', Sound Service GmbH, Berlin
Orland, Troels, Orland Audio Eng.
Ort, Wolfgang, FH Düsseldorf
Orth, Rüdiger, Hessischer Rundfunk
Orthaber, Gerhard, SAE-Wien
Ostermann, Ernst, Studio Hamburg
Ostermann, Harald, Theater Offenbach
Oswald, Karlheinz, Graz
Ott, Dieter, AEG-Olympia, Konstanz
Ott, Hans, Radio DRS, Studio Zürich
Otte, Ulrich, Audio-Export Georg Neumann
Ottenbreit, Manfred, Audio-Vertr. Strüven-Quickborn
Otterbach-Wohlert, Ortrud, 3012 Hannover-Langenhagen
Otto, Michael, ECOUTON-Audiolabor, Lemgo
Otto, Wolf-Rüdiger, W.Steenbeck & Co., Hamburg
Overbeck, Peter, Tonmeisterinstitut Detmold
Oxenstierna, Gabriel, Decihd Studio, Stockholm
Öztürk, Devran, RFE-RL, München
Paananen, Esa, Audio-Export Georg Neumann
Paes, Henry, Studer Revox GmbH, Löffingen
Paganin, Carlo, Radio DRS, Studio Basel
Pagels, Wolfram, Berlin
Pagenstedt, Michael, Bremen
Panhofer, Michael, SAE-Wien
Pankow, Peter, Sony Deutschland GmbH, Köln
Panler, Günter, Tonst.St. Blasien, Northeim
Pannel, Charles, Audio Tech Magazine, Paris
Pannier, Peter, CINE-TV, Martinsried
Pape, Norbert, Chateau du Pape, Hamburg
Papp, János, ORF-Wien
Pappa, Andre, Sender Freies Berlin
Pascher, Kurt, ORF-Wien
Paschke, Gerhard, München
Passian, Peter, Passian & Partner, Regensburg
Pastega, Giorgio, I-36061 Bassano
Paul, Tobias, Marburg
Paulsen, Friedrich, Digital-Schnittstudio, Ffm.
Pauly, Hilmar, Tonstudio Pauly, Giessen
Pawera, Norbert, AKG acoustics, München
Pechan, Rudolf, Mafilm, Budapest
Pecsi, Ferenc, Hungaroton, Budapest

Pehlke, Peter, RE-INSTRUMENTS GmbH, Jülich
Pehrs, Sören, RIAS-Berlin
Peill, Klaus, TU München
Peitersen, Steen, Kinovox, Lynge (Dänemark)
Peliak, Fritz, Fraunhofergesellschaft
Pelicin, Marcel, Constantin, München
Peljak, Fritz, Fraunhofer-Institut, Ottobrunn
Pellaton, Gilbert, SRG-Bern
Pemsl, Peter, 8480 Weiden (Oberpf.)
Peppel, Fridolin, RIAS-Berlin
Peretti, Ursula, 4020 Mettmann
Perey, Franz-Rudolf, freelance, Köln
Perlep, Werner, Wiener Stadthalle
Persterer, Alexander, AKG acoustics, Wien
Pertack, Jürgen, Wonderland-Studio
Peschke, Ulrich, HdK Berlin
Peschko, Michael, 5060 Bergisch-Gladbach
Pestel, Heinz, Stadtgarten Schwäbisch Gmünd
Peter, Carsten, Mainz
Peterreins, Wilhelm, Bayer.Rundfunk, München
Peters, Andreas, 6208 Bad Schwalbach
Peters, Christian, 6208 Bad Schwalbach
Peters, Niels-Wolfgang, Dänischer Rundfunk
Petersen, , AEG Olympia, Konstanz
Petersen, Lise, np Elektroakustik (Dänemark)
Petersen, Niels-Peter, np Elektroakustik, Skanderborg
Petke, Gerd-Wolf, IRT-München
Petras, Marcel, SAE, München
Petronic, Slobodan, RT Beograd
Petter, Reinhard, Bayer.Rundfunk, Nürnberg
Peus, Stephan, Georg Neumann GmbH, Berlin
Pfanner, Martin, Neutrik AG, FL-Schaan
Pfeiffer, Jeanine, Garmisch-Partenkirchen
Pfeiffer, Werner, AEG Olympia, Konstanz
Pfeiler, Heide, BIT-Recording
Pfleger, Christian, HdK Berlin
Pflug, Heidi, ASR-Studio
Pflüger, Klaus, RM-Musik, Leonberg
Pfurtscheller, Mark, 6251 Holzheim (Rhein-Lahn-Kr.)
Philippi, Bernhard, Saarländischer Rundfunk
Pichl, Thomas, 6050 Offenbach
Pichlap, , SAVE GmbH, Frankfurt
Pichler, Rupert, ORF-Salzburg
Pieper, Frank, Ghielmetti GmbH, Neu-Anspach
Pieper, Wigbert, Cottage Music
Pieroth, Christian, Protec GmbH, Bingen-Gaulsheim
Piesker, Sven, Mega Music, Berlin
Pietsch, Jürgen, Hannover
Pill, Roland, Audion Ton-Technik, Stuttgart
Pillekamp, Hans, WDR-Köln
Pilnei, Werner, ANT, Wolfenbüttel
Pintar, Erich, A-4210 Gallneukirchen
Piontkowski, Hans-Jürgen, 3M Deutschland GmbH, Neuss
Piront, Pierre, GAM Ton Studio (Belgien)
Plachetka, Otto, 3017 Hannover-Pattensen
Planta, Jürg, Jugendkulturhaus Zürich

Plenge, Georg,Prof.Dr.   IRT-München
Plitz, Hermann,   5060 Bergisch Gladbach
Ploch, Klaus,   harman deutschland, Heilbronn
Ploetz, Hans-Jürgen,   Stadttheater Gießen
Plogstedt, Jürgen,   EMT-FRANZ GmbH, Lahr
Pocsik, Ferenc,   Ungarisches Fernsehen, Budap.
Poets, Herberts,   5350 Euskirchen
Pohle, Gerd,   SDR-Stuttgart
Pohlmann, Reinhard,   HdK Berlin
Pollmann, Ralf,   R.Barth KG, Hamburg
Pommerenke, Olaf,   Funk Tontechnik, Berlin
Pompetzki, Wulf,   HEAD-acustics GmbH, Aachen
Pons, Erwin L.,   ZDF-Mainz
Pons, Kurt,   Hessischer Rundfunk
Popp, Walburga,   WDR-Köln
Pöppl, Reiner,   vormals Südwestfunk
Portheine, Richard,   Stage Accompany Deutschland
Portscheller, Horst,   Studer Revox GmbH, Löffingen
Portune, Evi,   Total Harmonic Design, München
Porzia, Klaus,   B.C.S. Darmstadt
Poschta, Gerhard,   Hessischer Rundfunk
Posewang, Wolfgang,   Kellerer & Partner, München
Pösl, Franz,   Bayr.Landesz. Neue Medien
Pospech, Robert,   Wiener Stadthalle
Post, Martin,   6239 Kriftel
Post, Peter,   Hamburg
Potyka, Sepp-Rainer,   ANT, Wolfenbüttel
Prager, Tobias,Dipl.-Ing.   6072 Dreieich
Preidl, Karl,   Scheck Audio, Altlußheim
Preker, Peter,   ZDF-Mainz
Prenzel, Lutz,   3590 Bad Wildungen
Preyot, Jean Jaques,   A.C.D. (Belgien)
Pridun, Nestor,   SAE-Wien
Priemer, Andreas,   SDR-Stuttgart
Prigent, Gilles,   Yamaha Musique
Priha, Pekka,   Yleisradio, Helsinki
Primbs, Udo,   Janßen light+sound line, Bln.
Prince, Michel,   PLUS AUDIO
Prinz, Helmut,   Deutsche Welle, Köln
Privora, Tomislav,   Television Zagreb
Probst, Ludwig,   Bayer.Rundfunk, München
Prochnow, (Frau),   ANT, Wolfenbüttel
Prohmann, Arend,   Radio France, Paris
Prugger, Hubert,   ORF-Innsbruck
Przybilla, Theodor,   AMK-Berlin
Puhlmann, Geert,   RIAS-Berlin
Püllmanns, Helmut,   püllmanns gmbh, Köln
Püttmann, Heinz,   Siemens AG, Köln
Putzhammer, Karl-H.,   ACOUSTA ELECTRONIC, Salzburg
Putzi, Gerald,   SAE-Wien
Puziak, Peter,   ANT, Recklinghausen
Queren, Hans-Dieter,   Sonopress, Gütersloh
Quetting, Hermann,   amptown, Hamburg
Quick, Ralph,   SAE-Wien
Quinten, Karl-Heinz,   Studer Revox GmbH, Löffingen
Raabe, Britta,   FH Düsseldorf

Rackl, Gerhard, 8011 Kirchheim b.München
Rädler, Anton, München
Radwan, Renate, FH Düsseldorf
Raebel, Stefan, CRISS Tonstudio, Elchingen
Rafailov, Peter, Wiesbaden
Raghop, Cornelius, Polygram Philips Class. Baarn
Raisig, Thomas, Alte Oper Frankfurt
Raitz, Willi, Delta-System GmbH, Rödermark
Rajic, Divna, Televizija Beograd
Rakow, Michael, DDR-Fernsehen, Berlin
Ramoser, Nikolaus, Radio Hamburg
Ramsteiner, Anton, Südwest-Tonstudio, Stuttgart
Randlinger, Ludwig, Musik Bieber
Rankenhohn, Joe, AKG acoustics, München
Ränsch, Helmut, vormals ZDF
Raphael, Raymond, Rotterdam
Rapp, Joseph, vormals Bayerischer Rundfunk
Raschle, Fredy, Studer Revox GmbH, Löffingen
Rasmussen, Bent-Erik, Dänischer Rundfunk
Rasmussen, Jan, Danmon, Esbjerg-Dänemark
Raspl, Monika, Högel Studio-Technik GmbH
Rast, Michael, Tonmeisterinstitut Detmold
Ratajczak, Klaus, ZDF-Berlin
Rath, Hubertus, FH Düsseldorf
Rauer, Harald, G.H. Studios, München
Raupp, Wolfgang, Hessischer Rundfunk
Rausch, Johann, ANT, Wolfenbüttel
Rausch, Vera, Wien
Rautenbach, Gerd, RTL-PLUS, Köln
Rauterberg, Christian, Düsseldorf
Rave, Peer, Tangostudio, NL-Eindhoven
Rebscher, Roland, FH Düsseldorf
Redl, Karl, SDR-Stuttgart
Regal, Stan, Audio-Studios, Berlin
Regatschnig, Georg, ORF-Klagenfurt
Regelin, Boris, Wyrwas Studio Technik
Reh, Stephan, Tonmeisterinstitut Detmold
Rehberg, Ludwig, EMS-REHBERG, Ditzingen
Rehor, Stefanie, ECOUTON-Audiolabor, Lemgo
Reichrath, Wilhelm, Hessischer Rundfunk
Reifel, Hartwig, HR-Records, 6703 Limburgerhof
Reim, Alexander, Wiesbaden
Reim, Fried, Lake People, Konstanz
Reimo, , YAMAHA Europa GmbH, Rellingen
Reinelt, Ulrich, Sen Bau Wohn, Berlin
Reinhardt, Jutta, REINHARDT ELECTRONIC, Finsing
Reinhardt, Rudolf, REINHARDT ELECTRONIC, Finsing
Reinke, Olaf, Hessischer Rundfunk
Reiß, Jörg, Television Frankfurt
Reis, Raimund, Hessischer Rundfunk
Reiter, Gerhard, Siemens AG Österreich, Wien
Renfer, Franz, Ghielmetti GmbH, Neu-Anspach
Renner, Eberhard, Konstantin Danner GmbH, Berlin
Renner, Stefani, FH Düsseldorf
Renois, Manfred, WDR-Köln
Rentel, Elisabeth, Siemens AG, München

Rentel, Gerhard, Siemens AG, München
Resch, Andreas, FH Düsseldorf
Rest, Philipp, FH Düsseldorf
Reusch, Matthias, FH Düsseldorf
Reuter, Andreas, Saturn-Hansa, München
Rexin, , Philips GmbH, Hamburg
Reyer, Thomas, SAE-Wien
Reyer, Wolfgang, SAE-Wien
Rheinemann, Uwe, Siemens AG, Bruchsal
Rhenius, Volker, Sennheiser electronic KG
Ribbeck, Brigitte,Prof.Dr.-Ing. FH Niederrhein, Krefeld
Richter, , AKG acoustics, München
Richter, Claus, 8703 Ochsenfurt
Richter, Friedrich, AKG acoustics, Wien
Ridder, Willy de, BRT, Belgien
Riebutsch, Bernd, Tonmeisterinstitut Detmold
Riederer, Sebastian, FH Düsseldorf
Riedl, ,Dr. M 3 C Systemtechnik, Berlin
Riedl, Helmut, Siemens AG Österreich, Wien
Rieger, Elisabeth, Garmisch-Partenkirchen
Riehs, Paul, SAE-Wien
Ries, Wolfgang, 3M Deutschland GmbH, Neuss
Riess, Bent, Dänischer Rundfunk
Rietdorf, Axel, tv mobil
Rietzel, Claus Wilfrid, NDR-Hannover
Riis-Vestergaard, Peter, Dänischer Rundfunk
Rijk, Duco de, D & R Electronica, NL-Weesp
Rijk, Mary de, D & R Electronica, NL-Weesp
Rilling, G., Altec Lansing Corp., Frankfurt
Rindsfüsser, Heino, 6551 Traisen
Ringleb-Voss, Steffanie, Staatl.Schauspielbühnen, Bln.
Rinnebach, Kurt-Werner, AGFA-GEVAERT AG, Leverkusen
Rißel, Herbert, 8263 Burghausen (Salzach)
Ritter, Gerhard, 6803 Edingen-Neckarhausen
Ritter, Sigrid, 3M Deutschland GmbH, Neuss
Riva, Sergio, Monzino, Mailand
Rockstroh, Rolf, Radio Bremen
Rodde, Werner,Dr. Georg Neumann GmbH, Berlin
Rödding, Friedrich Wilhelm, Tonmeisterinstitut Detmold
Rödel, Leo, K+R Gerätetechnik, Troisdorf
Rogge, Werner, Audio-Export Georg Neumann
Röhm, Ernst, 8130 Starnberg
Röhn, Helmut, Studio Funk, Hamburg
Rohne, Volker, LAWO Gerätebau GmbH, Rastatt
Romahn, Götz,Dr. RIAS-Berlin
Rombach, Thomas, Audiolab Tonstudio, Oberursel
Römer, Claus, Südwestfunk Baden-Baden
Rooke, Ted, EXPOTUS LIMITED, London
Rosen, Günther, Eugen Beyer GmbH, Heilbronn
Rosenbaum, Heinrich, BFE AG, Mainz
Rosenthal, Klaus, Soundstudio, 5912 Dahlbruch
Rößler, Anselm, FH Düsseldorf
Rößler, Lothar, FH Düsseldorf
Rösner, Frank, Music Store, Köln
Roßner, Michael, Denon Electronic, Ratingen
Rosset-Zoboli, Lucienne, Breganzona (Schweiz)

Roth, Hanspeter, Evangeliums Rundfunk, Wetzlar
Roth, Joachim,Dr. Südwestfunk Baden-Baden
Roth, Rogé, Theater Offenbach
Roth, Sebastian, FH Düsseldorf
Roth, Werner, SDR-Stuttgart
Roth-Profenius, Bernhard, SAVE GmbH, Frankfurt
Rothe, Ernst, EMI-Electrola, Köln
Rothe, Matthias, Klein & Steck OHG, Bissersheim
Rothe, Wolfgang, SDR-Stuttgart
Rothermich, Edgar, HdK Berlin
Röthinger, Hermann, Siemens AG, Mannheim
Rott, Thomas, Stadttheater Heilbronn
Rowehl, Dirk, Georg Neumann GmbH, Berlin
Rözel, Dietmar, Südwestfunk Baden-Baden
Rubelowski, Horst, Siemens AG, Köln
Rubin, Peter, MEV
Rübsamen, Eva-Maria, Alte Oper Frankfurt
Rückgauer, Eric, 6078 Neu-Isenburg
Rudi, Herbert, Rudi-Musikelektronik
Rüdiger, Kurt-Walter, Eugen Beyer GmbH, Heilbronn
Rudolf, Bernhard, Lake People, Konstanz
Rudolf, Walter, Vereinigte Bühnen Graz
Rudolph, Herbert, Orion Tonstudio, Ludwigshafen
Rüede, Karl-Heinz, AGFA-GEVAERT AG, Leverkusen
Ruetz, Christoph, FH Düsseldorf
Rüfer, Rüdiger, Musikhochschule Hannover
Rügamer, Michael, PLUS AUDIO
Rühl, Wilfried, Evangeliums Rundfunk, Wetzlar
Ruhrberg, Peter, TonArt, Düsseldorf
Rührig, Walter, AKG acoustics, Wien
Rürup, Manfred, Steinberg Digital Audio GmbH
Ruscher, Ute, Braunschweig
Ruschin, Leonardo, BETA-Technik, München
Ruschmann, Margarete, Mainz
Rüssmann, Helmuth, Tonst.Rüssmann, 5202 Hennef
Rüther, Ludger, Radio Charivari, München
Rybnikow, Alexej, CO - Moskau
Rydningen, Kjell, NRK-Oslo
Rydzewski, Ulrich, Düsseldorf
Rzepkowski, Hartmut, Dynaudio ApS, DK-Skanderborg
Sabirowsky, E.-Uwe, FH Düsseldorf
Sachs, Markus, Höller & Waldes, Linz (Österr)
Sack, Lothar, Bayer.Rundfunk, München
Sager, Jutta, AKG acoustics, München
Sahr, Reinhard, Sennheiser electronic KG
Saladin, Hans-Jörg, RIAS-Berlin
Salamanis, Mathias, SALA Tonstudio, Göppingen
Salminen, Seppo, Yleisradio, Helsinki
Salzbrenner, Wolfgang, Firma Salzbrenner
Sandal, Viktor, Norwegischer Rundfunk, Oslo
Sander-Rötcher, Harald, Sennheiser electronic KG
Sandler, Gerhard, Firma Salzbrenner
Saner, Thomas, SRG-Zürich
Sanojca, Reinhard, Studio Walldorf, 6072 Dreieich
Santis, Phil De, Sound Service GmbH, Berlin
Sarro, Annamaria, München

Sarton, Carel, NOB T.V. Hilversum
Sass, Roland, Radio F, Nürnberg
Sattler, Andreas, ORF-Wien
Sattler, Andreas, ORF-Graz
Saubert, Kristian, FH Düsseldorf
Sauer, Florian, Stuttgart
Sauer, Gernot-S., Neufeld an der Leitha (Österr)
Sauer, Martin, Tonst.van Geest, Sandhausen
Sauer, Walter, ZDF-Mainz
Sauermann, Klaus, AGFA-GEVAERT AG, Leverkusen
Sauter, Alwin, ORF-Oberösterreich
Sax, Jaques, NAGRA KUDELSKI (Sonosax)
Schaak, Karl-Heinz, Audio-Export Georg Neumann
Schabert-Mertke, Dorothee, 7401 Nehren
Schacht, Manfred, Trion Sound Tonstudio, Ffm.
Schacht, Salomon Stroby, Dänischer Rundfunk
Schachtsieck, Friedel, Sonopress, Gütersloh
Schackmann, Ernest, RTL, Düsseldorf
Schade, Rainer, SAT 1, Hamburg
Schadl, Peter, Strösser, Stuttgart
Schaefer, Peter, NDR-Hamburg
Schaeffer, Susanne, Hessischer Rundfunk, Kassel
Schäfer, Achim, ERF, Wetzlar
Schäfer, Alfred, Stadtverwaltung Pforzheim
Schaffner, Heinz,Dr. DP Rundf.-Fernsehtechn. (DDR)
Schales, Walter, RIAS-Berlin
Schaller, Werner, Berlin
Schalli, Petra, FH Düsseldorf
Schaper, Gerhard, Südwestfunk Freiburg
Schärer, Heinrich, KIR-Konzerte (Schweiz)
Schattenburg, Thomas, Badger Enterprises (Tannoy)
Schatz, Paul, Mobil Record, Basel
Schatz, Ute, Staatstheater Wiesbaden
Schaul, Gerd R., Staatstheater Stuttgart
Scheck, Christian, CRESTEC - Brüssel
Scheck, Hans, Bayer.Rundfunk, München
Scheck, Hermann, Scheck Audio, Altlußheim
Scheid, Hermann, Sender Freies Berlin
Schellenberg, Klaus, EMT-FRANZ GmbH, Lahr
Schellenberger, Rolf, Schellenb.& Partn. Remscheid
Schepman, Paul, Bob Kommer Studio, DEN HAAG
Scherzer, Alexander, SAE-Wien
Scheuermann, Eberhard, WDR-Köln
Scheufler, Michael,
Scheuritzel, Thomas, Hoechst AG
Schick, Mattias, München
Schieber, Reinhold, 8044 Unterschleißheim
Schierbecker, Ulrich, Audio-Service, Hamburg
Schiermeier, Karl, Münchner Olympiapark
Schill, Hilmar, Sennheiser electronic KG
Schiller, Ulrich, Prison Studio
Schillert, Ernst, Music Shop Kandler&Greil,Mchn.
Schillinger, Dietmar, GAM Ton Studio (Belgien)
Schimke, Manfred, SRT-Nürnberg
Schimmel, Hans, ZDF
Schindler, Michael, 6238 Hofheim (am Taunus)

Schipke, Ralf, HdK Berlin
Schiske, Stefan, HdK Berlin
Schittner, Klaus, Rohde & Schwarz GmbH, München
Schlandt, Sebastian, Bayer.Rundfunk, München
Schleckat, Thorsten, Rohde & Schwarz GmbH, München
Schlegel, Holger, Detmold
Schlegel, Uta, Berliner Synchron
Schleichert, Stefan, THT AG, Basel
Schleindl-Steuerwald, Elfi, Südwestfunk Mainz
Schleiwe, Dieter, Musik Produktiv Zierenberg
Schlemm, Wilhelm,Dr. Sender Freies Berlin
Schlensak, Hans, Stadt Bochum
Schleyer, Hanns-Eberhard, Staatskanzlei Rheinland-Pfalz
Schlicher, Arno, Audio Service, 6601 Heusweiler
Schlichthörlein, Renate, 8034 Germering
Schlienz, Holger, NDR-Hamburg
Schlitz, Andre, Radio Luxemburg
Schlosser, Hans, studio 57, Düsseldorf
Schloter, Ralph, DEWE Studios, Hildrizhausen
Schlünz, Kai, Katapult Tonstudio, Karlsruhe
Schlüter, Herbert, Sender Freies Berlin
Schmid, Christian, Audiosales
Schmid, Horst, T.B.f.E.-Planung, Wien
Schmid, Lutz, 8480 Weiden (Oberpf.)
Schmid, Michael, Media Vision Rhein Neckar
Schmidt, , Philips GmbH, Hamburg
Schmidt, Bernd, Rudas-Studios, Düsseldorf
Schmidt, Hartmut, Studio Walldorf, 6072 Dreieich
Schmidt, Klaus, LAWO Gerätebau GmbH, Rastatt
Schmidt, Marcel, Hochschule für Musik
Schmidt, Oskar, RBT GmbH, Nürnberg
Schmidt, Ricobert, amptown
Schmidt, Thomas, FH Düsseldorf
Schmidt, Wolfgang, Tonstudio Tucan
Schmidt-Theißen, Hanns, Tonstudio, Rodgau
Schmieder, Marc, Südwestfunk Baden-Baden
Schmithüsen, Peter, FH Düsseldorf
Schmitt, Christian, Tonmeisterinstitut Detmold
Schmitt, Jürgen, Düsseldorf
Schmitt, Rudolf, 6601 Riegelsberg
Schmitz, Franz-Gert, WDR-Köln
Schmitz, Hans, WDR-Köln
Schmitz, Hubert, Trefiton
Schmitz, Martin, ADAM HALL GmbH, Usingen
Schmitz, Martin, Theater "Haus der Springmaus"
Schmitz, Renate, Schmitronic, Pulheim
Schmuk, Wolfgang, ORF-Wien
Schnakenberg, Friedr. Wilhelm, Radio Bremen
Schneckenaichner, Heinz, Neutrik AG, FL-Schaan
Schneeberger, Günther, IRT-München
Schneider, Andreas, IAKW AG Austria Center, Wien
Schneider, Eberhard, Südwestfunk Baden-Baden
Schneider, Frank, HdK Berlin
Schneider, Heike, Monshausen GmbH, Solingen
Schneider, Manfred, Südwestfunk Baden-Baden
Schneider, Manfred, MB-Electronic, 6952 Obrigheim

Schneider, Martin, TU Berlin
Schneider, Michael, 8480 Weiden (Oberpf.)
Schneider, Monika, SRT-Nürnberg
Schneider, Thomas, Berlin
Schneider, Thomas, AEG Olympia, Konstanz
Schneider, Wilfried, Grundig electronic, Frankfurt
Schneider, Wolfgang, ANT, Wolfenbüttel
Schnitzer, Joachim, Calren Studios, Freiburg
Schnitzler, Bernhard, München
Schnitzler, Harry, Union Studios, München
Schnorr, Volker, Visoton, Bonn
Schober, Gaby, FH Düsseldorf
Schober, Ingrid, Deutsche Welle, Köln
Schober, Wolfgang, Deutschlandfunk, Köln
Schoene, Karin, Touchdown, 8051 Kranzberg
Schoeps, Ulrich, Schoeps GmbH, Karlsruhe
Scholl, Jens, BASF AG, Mannheim
Schöller, Bernd, ibs, Karlsruhe
Scholler, Peter, Thalia Theater, Hamburg
Scholtes-Tempski, Heribert, Theater Mainz
Scholz, Werner, NDR-Hamburg
Schöne, Christa, BASF AG, Mannheim
Schönhaar, , ANT, Wolfenbüttel
Schöniger, Dietmar, Monitona, 5030 Hürth
Schönleitner, Josef, Tonstudio Koch (Österreich)
Schott, Dagmar, Dynacord GmbH, Straubing
Schoulz, Johann von, PLUS AUDIO
Schrader, Wolfgang, Text- und Tonstudio
Schramm, Thomas, 7407 Rottenburg (am Neckar)
Schreiber, Herbert, RBT GmbH, Nürnberg
Schreiber, Michel, SAE-Wien
Schreiber, Thomas, SDR-Stuttgart
Schreier, Matthias, 8411 Brennberg
Schreiner, Anton, Südwestfunk Baden-Baden
Schröder, Andreas, Hamburg
Schröder, Rolf-Peter, Beta Technik, München
Schroedter, Rainer-Maria, Schwarzwaldradio, Freiburg
Schrutz, Gerold, 8440 Straubing
Schubert, Hans, Deutsches Rundfunkarchiv, Ffm.
Schubert, Jan-Eike, FH Düsseldorf
Schuchmann, Richard, WAV, Wiesbaden
Schucht, Conrad,Dipl.-Ing. Braunschweig
Schude, Herbert-F., WDR-Dortmund
Schuldt, Henning, Radio Schleswig-Holstein, Kiel
Schulte, Annett, HdK Berlin
Schulte, Christoph, HdK Berlin
Schulz, Christian, CS Elektronik, Berlin
Schulz, Frauke, Radio Bremen
Schulz, Horst-Walter, Siemens AG, München
Schulz, Joachim-Fr., RIAS-Berlin
Schulz, Michael, Josef Heim KG, Berg.Gladbach
Schulz, Wolfgang, Konstantin Danner GmbH, Berlin
Schulze, Claudia, Konstantin Danner GmbH, Berlin
Schulze, Manfred, Delta System GmbH, Rödermark
Schulzki, Jochen, FH Düsseldorf
Schumacher, Friedrich, RTSI-Lugano

Schumacher, Martin, NAGRA KUDELSKI GmbH, München
Schumacher, Michael, Feick
Schumeckers, Hans, Südwestfunk Mainz
Schürenberg, Bernhard, Meibeck KG, Essen
Schurhert, Andreas, Leverkusen
Schüssler, Wilfried, SAE-Wien
Schuster, Udo, Südwestfunk Baden-Baden
Schütte, Heinz Günther, Tonographie Apparatebau. Wupp.
Schütz, Josef, ORF-Wien
Schwacke, Andreas, Berlin
Schwanekemp, Franz, ASW Lautsprecher, Vreden
Schwartz, Karl-Günter,Dr. W.Genest u.Partn.,Ludwigshafen
Schwartz, Matthias, Worms
Schwarz, Harald, AUS
Schwarz, Karin, WDR-Köln
Schwarz, Michael, Rail Rec.Studio, Konstanz
Schwarz, Thorsten, NDR-Hamburg
Schwarzbach, Peter, Hessischer Rundfunk
Schwarze, Wilhelm, SRT-Nürnberg
Schwarzer, Meinhard, Deutschlandfunk, Köln
Schwarzlmüller, Johannes, SAE-Wien
Schwarzmüller, Heinz, harman deutschland, Heilbronn
Schweiger, Gerald, Arge Telebild, Mainz
Schweiger, Josef, ORF-Klagenfurt
Schweinfest, Norbert, RCL ELECTRONIC, Norderstedt
Schweitzer, STefan, Berlin
Schweizer, Hans, Sound of Music, Stuttgart
Schwenk, Hannelore, Broadcast Consulting Internat.
Schwerdtfeger, Peter, Studio Service, Berlin
Schwierzock, Werner, Berlin
Seagger, Peter, Dolby Laboratories, London
Sechting, Manfred, Westside Sound
Sedlmeyer, Robert, IRT-München
Seekamp, Jens, Pro-Audio Systems, Frankfurt
Seevers, Dietrich, Bremer Theater GmbH
Segschneider, Stephan, Hessischer Rundfunk
Seidel, Willy, Mainz
Seidenberg, Günter, vormals WDR-Köln
Seifert, Christian, Tonstudio Eins A, Köln
Seifert-Kraft, Ulrike, Uni-Klinik Düsseldorf
Seiffge, Marc, Hochschule f.Musik, Karlsruhe
Seifried, Wolf-Hannes, ORF-Graz
Seikritt, Wolfgang, Heer GmbH, Usingen
Seiler, Hansjörg, HdK Berlin
Seiler, Roland, Südwestfunk Baden-Baden
Seipel, Michael, Traffic-music, München
Seitz, Sabine, Broadcast, Frankfurt
Seitzer, Dieter,Prof.Dr. Universität Erlangen-Nürnberg
Sell, Günther, ZDF-Mainz
Selles, Franz, A-6200 Jenbach
Sellin, Ulrich, Siemens AG, Hamburg
Sellmeier, Wilfried, 5190 Stolberg (Rheinl.)
Semler, Kurt, 7910 Neu-Ulm
Semrau, Eckhard, Studio-u.Industr.-Elektr. Hbg.
Sengpiel, Eberhard, TELDEC, Berlin
Serafini, Peter, SAE, München

Servany, Mike, Sound Service GmbH, Berlin
Settgast, Bernd, Lagoon, Ludwigsburg
Seycek, Vaclav, Tschechisches Fernsehen, Prag
Seyfert, Uwe, FH Düsseldorf
Shibata, Stefan, Polygram, Hannover
Sieger-Hallmann, Ilona, AGFA-GEVAERT AG, Leverkusen
Siegmann, Volker, Audio-Export Georg Neumann
Sigurdsson, Einar, SAE-Wien
Simon, C., SDS Beschallungstechnik, Stgt.
Simschitz, Harald, SAE-Wien
Singer, Ursula, Polygram, NL-Baarn
Sinn, , YAMAHA Europa GmbH, Rellingen
Six, Gerhard, 8037 Olching
Sjöberg, Sylve, Schwed.Rundfunk, Stockholm
Skjerdal, Ragnvald, Norwegian Broadcasting Corp.
Skolik, Dieter, Hessischer Rundfunk
Smith, Robert, Penny & Giles, GB-Wales
Sobol, Norbert, AKG acoustics, Wien
Sobotka, Hans,Dipl.-Ing. Ing.-Büro H.Sobotka, Wien
Sola, Helmut, Radio Ostalb, 7080 Aalen
Sole, Tommaso, Osvaldo GmbH, Frankfurt
Somieski, Hans, RBT GmbH, Nürnberg
Sommer, Martin, SAE-Wien
Somrei, Arno, ANT, Wolfenbüttel
Söndergaard, Morton, T.C. Electronic (Dänemark)
Söntgen, Ernst, EMI-Electrola, Köln
Sorger, Hans Peter, Audiolab Tonstudio, Oberursel
Sorn, Manfred, SDR-Stuttgart
Sorokowski, Joszi, White-Noise Tonstudio, Hamburg
Söte, Heinz, WDR-Köln
Spaeter, Elisabeth, Funk Media, München
Spanier, Thomas, FLO P.A. SERVICE, Mainz
Späth, Martin, Video Company, Bonn
Spath, Tony, Dolby Laboratories, London
Spatz, Johannes, Daimler Benz AG, Stuttgart
Speckmeier, Ronald, Rock City, 6501 Udenheim
Speda, Christian-Andreas, Schimpf & Speda Audio Service
Speich, Wolfgang, Ludwigshafen
Spethling, Michael, Intern.Christl.Rundfunkgem.
Spiegel, Dagmar, FH Düsseldorf
Spiehs, Gerhard, Professional Production
Spikofski, Gerhard, IRT-München
Spohr, Dieter, FH Düsseldorf
Spohr, Hans-Peter, Tonstudio Audicom, Eberbach
Sponagel, Andrea, 7637 Ettenheim
Sporer, Thomas, Fraunhofer Arbeitsgr. Erlangen
Spreer, Andreas, Intercord, Stuttgart
Sprenger, Peter, Siemens AG, Wiesbaden
Springen, , Siemens AG
Springer, Peter, Intercord, Stuttgart
Springer, Sabine, Stuttgart
Spurny, Gerhard, ORF, Studio Burgenland
Stadelmann, Günther, München
Stamm, Walter, Anadig 1224, Boppard
Stämpfli, Jakob,Prof. Folkwang-Hochschule, Essen
Stange, Andreas, Tonmeisterinstitut Detmold

Stasch, Erich-J., Stasch-Tontechnik, Berlin
Steck, Wolfgang, Klein & Steck OHG, Bissersheim
Stedem, Holger, 6620 Völklingen
Stefan, Josef-Franz, WDR-Köln
Steffens, Alfons, Berlin
Steffens, Hans, Steffens K.G., Köln
Stehlig, Elke, Traffic-music, München
Steickart, Hans-Wilhelm, Audio Electronic, Düsseldorf
Stein, Markus, Studio Gong, München
Stein, Udo, 3M Deutschland GmbH, Neuss
Steinbach, Arno, AGFA-GEVAERT AG, Leverkusen
Steinböck, Andreas, SAE-Wien
Steinebach, Jörg, S & S tronic, Koblenz
Steiner, Helmut, Kongresshaus Innsbruck
Steinert, Ulrich, AG-O-Ton, Berlin
Steininger, Konstantin, SAE-Wien
Steinke, Gerhard, RFZ, DDR Berlin
Steinmetz, , YAMAHA Europa GmbH, Rellingen
Steinmetz, Otmar, ORF-Wien
Steins, Ralf, Arenz
Steinwandel, Martin, SAE, München
Steiwa, Josef, Steiwa, Schweinfurt
Stelzig, Helmut, Badger Enterprises (Tannoy)
Stemper, Rene, RTL
Stenzel, Dieter, DK-Tonstudio, Bernkastel-Kues
Stenzel, Elfriede, DK-Tonstudio, Bernkastel-Kues
Stephan, Rolf, AV-Video Service, Heidelberg
Stephan, Werner, Orion Tonstudio, Ludwigshafen
Sterling, , Dynacord GmbH, Straubing
Stetter, Elmar, Dolby Laboratories, London
Steuer, Johannes, SDR-Stuttgart
Stevens, Karl-Heinz, Deutschlandfunk, Köln
Steyer, Martin, Berlin
Stiehler, Matthias, Gewandhaus Leipzig
Stilke, Peter, VDE, Frankfurt
Stingel, Klaus-D., Tonstudio 2000, Mannheim
Stock, Bert, NL - Moerkapelle
Stock, Joachim, Sound Service GmbH, Berlin
Stöckel, Dieter, SDR-Stuttgart
Stöcker, Joachim, Camco GmbH, Kreuztal
Stockmann, Hans-G., AEG AG, Wedel
Stoffel, Roger, RTL
Stoldt, Ulrich,Dipl.-Ing. AEG AG, Wedel
Stoll, Gerhard, IRT-München
Stolpmann, Isabel, Evangeliums-Rundfunk, Wetzlar
Stolzlechner, Egon, Audiosales
Storm-Johannsen, Oystein, NRK-Oslo
Stössel, Friederich, Dynaudio ApS, DK-Skanderborg
Stöters, Hermann, WDR-Köln
Stöwe, Armin, Stöwe Klang-design, Mainz
Strack, Andreas, Mainz
Strasser, Horst, Neutrik AG, FL-Schaan
Strasser, Norbert, SAE-Wien
Stratil-Sauer, Gernot, Wien
Straus, Volker, Polygram, NL-Baarn
Stricker, Peter, Berlin

Stroetz, Inge, 8910 Landsberg am Lech
Strohmeyer, Gerhard, HdK Berlin
Stroppa, Fritz, ORF-Dornbirn
Strüben, Claus, VEB Deutsche Schallpl. (DDR)
Strüven, Peter, Audio-Vertr. Strüven-Quickborn
Stückrath, Rudolf, WDR-Köln
Stumm, Willi, Tonst.Rüssmann, 5202 Hennef
Stummer, Oliver, SAE-Wien
Subbe, Ulrich, Münster
Suhr, Ole, NTP ELEKTRONIK A/S, Kopenhagen
Sult, Werner, Elektro-Voice, Frankfurt
Sunkel, Heinz-Peter, Duisburg
Surkau, Brigitte, 3M Deutschland GmbH, Neuss
Süßer, Christoph, Sonopress, Gütersloh
Suter, Charles, Radio DRS, Studio Basel
Svavarsson, Antonius,
Svedberg, Orjan, PLUS AUDIO
Svoboda, Albert, AGFA-GEVAERT AG, Leverkusen
Sydow, Reinhard, Skytrak Studio, Berlin
Szemcsik, Marcus, FFS
Tabuchi, , YAMAHA Europa GmbH, Rellingen
Tacken, Peter, FH Düsseldorf
Talbot, Monique, Tonmeisterinstitut Detmold
Tamborini, Peter-Claudio, PA SOUND, Frankfurt
Taneda, Morio, Karlsruhe
Taniguchi, Keisi, YAMAHA, London
Tauer, Jürgen, 7410 Reutlingen
Tausch, Hans-Peter, Akad.d.Sanitätsw.d.Bundeswehr
Tautz, Herbert, Medienzentr.d.Bundeswehr, Bonn
Telsnig, Almut, Bayer.Rundfunk, München
Temmer, Stephen, New York
Tepperwien, Rolf, THT AG, Basel
Terjung, Julia, FH Düsseldorf
Teschner, Jörg, YAMAHA Europa GmbH, Rellingen
Teufel, J., Electro-Voice, Frankfurt
Tews, Dietrich, Hessischer Rundfunk
Thannheiser, Georg, Gasteig Betriebs GmbH, München
Theelen, Gerrit, Theelen Studio (Niederl.)
Theelen, Jan, Theelen B. V. (Niederl.)
Theile, Günther,Dr. IRT-München
Thelen, Helmut, 5010 Bergheim
Thewes, Martin, dB-Magazin, Köln
Thielemann, Rolf, ZDF-Mainz
Thielman, Gary, Harrison Systems Inc. USA
Thielman, Tina, Harrison Systems Inc. USA
Thiemann, Klaus-Martin, Sender Freies Berlin
Thies, Uwe, SAE, Frankfurt
Thim, Veronika, SAE-Wien
Thoma, Jean, RTL
Thomalla, Lothar, Gewandhaus Leipzig
Thomann, Elisabeth, Theater Basel
Thomann, Gabi, Musikhaus Thomann, Burgebrach
Thomann, Hans, 8602 Treppendorf (Kr.Bamberg)
Thomas, Helmut, Städtische Bühnen Dortmund
Thomas, Michael, IRT-München
Thomsen, Dieter, Sony Deutschland GmbH, Köln

Thönnissen, Edgar, Aachen
Thor, Johannes, FH Düsseldorf
Thorenz, Manfred, Theater Freiburg
Thorer, Sebastian, München
Thorup, Marc, Dynaudio ApS, DK-Skanderborg
Thosan, Dietrich, Bayer.Rundfunk, München
Thumann, Harry, Countrylane
Thumann, Jolette, Countrylane
Thunig, Manfred, Bayer AG
Thurau, Peter, Pro Acoustic Münster
Thust, Manfred, München
Tibai, Stevan, Radio Novi Sad
Tichy, Oldrich,Dipl.-Ing. Film- u.Fernsehfakultät, PRAG
Tiefenbrunner, Johannes, Bad Vöslau (Österreich)
Tilger, Jürgen, Wachtturm Gesellschaft,Selters
Tilgner, Walter, 7753 Allensbach
Tilse, Ulrich,Dr. Hessischer Rundfunk
Timmermann, Wolfgang, Studer Revox GmbH, Löffingen
Tinkl, Thomas, HdK Berlin
Tippelmann, Almut, Tonmeisterinstitut Detmold
Tjondropurnomo, Petrus, Bochum
Tjondropurnomo, Tomas, Dortmund
Toellner, Wolfgang, SDR-Stuttgart
Toman, Heiko, FH Düsseldorf
Tomasch, Marion, Licht & Ton, München
Tona, Marco, Tecnad SA (Schweiz)
Tor, Frits, Radio Nederl.Wereldomroep
Traber, Tanja, 6467 Hasselroth
Träger, Monika, Konstantin Danner GmbH, Berlin
Traub, Lothar, harman deutschland, Heilbronn
Traub, Werner, Siemens AG, Karlsruhe
Traupel, Matthias, ZDF-Mainz
Trautmann, Wolfgang, ZDF-Mainz
Trebus, Robert, Sound Service GmbH, Berlin
Tressel, Karl, Sender Freies Berlin
Trifkovic, Dobrivoj, Radio Beograd
Tromet, Karl, ORF-Wien
Tschöpe, Herbert, ZDF-Düsseldorf
Tschur, Thomas, Medientechnik C.Tschur, Langen
Tuchtenhagen, Gisela, Hamburger Staatsoper
Tuczai, Ernst, SAE-Wien
Tukic, Mirsad, Radio Sarajevo
Tupeit, Wolfgang, Musik & Service, 7410 Neu-Ulm
Turgay, Gevikogullari, Turgay Audio
Türke, Friedrich, Deutsche Welle, Köln
Turunen, Martti, Yleisradio, Helsinki
Twelker, Rudolf, RTW, Köln
Tzaud, Jean-Pierre, RTV Suisse Romande, Lausanne
Tzschetzsch, Klaus, AEG Olympia, Konstanz
Ueli, Mona, Shanti Studio (Schweiz)
Üffink, Ansgar, München
Ulfig, Volker, Thomann, Würzburg
Ulikowski, Philip, TV-Studio, Hamburg
Ullrich, Dietmar, LAWO Gerätebau GmbH, Rastatt
Ulrich, Günther, AKG acoustics, Wien
Unger, Rudolf, Audio Video Serv. Unterföhring

Unger, Udo,Dr.   Südwest-Tonstudio, Stuttgart
Unkelbach, Wilhelm,   Studioplanung, 6501 Zornheim
Unrath, Wilfried,   BASF AG, Mannheim
Urbach, Holger,   Denon Electronic, Ratingen
Urban, Rüdiger,   Südwestfunk Mainz
Urbanek, Günther,Dr.   Siemens AG Österreich, Wien
Urschel, Norbert,   Kapstadt/ Essen HV
Utikal, Harry,   Sender Freies Berlin
Vacano, Christopher,   EMT-FRANZ GmbH, Lahr
Valentin, Barbara,   WDR-Köln
Valentyn, Hajo van den,   Sennheiser electronic KG
Van De Lest, C. P. J.,   Heynen b.v. (Niederlande)
Vandamme, Hugo,   EMT-FRANZ GmbH, Lahr
Vandrey, Wolfgang,   RIAS-Berlin
Vanneste, Miriam,   7523 Graben-Neudorf
Vanwelkenhuysen, Jan,   John Price & Partners (Belg.)
Vardopoulos, Stefan,   Tonstudio Vardas, Frankfurt
Vasilescu, Paul,   Stadttheater Bern
Vecera, Christian,   Sony, Wien
Veith, H.-J.,Dr.   Tonographie Apparatebau, Wupp.
Veith, Jochen,   SAE, München
Veits, Ivar,Dr.   Sennheiser electronic KG
Velasco-Schwarzenberger, Daniel,   WDR-Köln
Ven, Steven van der,   D & R Electronica, NL-Weesp
Veronesi, Manuel,   Tonmeisterinstitut Detmold
Verschoor, Willem C.,   Moordrecht (Niederlande)
Vervagen, Kjell,   Norweg.Rundfunk, Lillehammer
Vester, Henning,   Dänischer Rundfunk
Vielhuber, Karl,   Charly's Musikladen, Unterhach
Vieren, Hans,   WDR-Köln
Viering, Harald,   Otari Electric Deutschl. GmbH
Villgrater, Andreas,   SAE-Wien
Viranyi, Attila,   Musikhochschule Freiburg
Virnich, Bernhard,Dipl.-Ing.   HEAD-acoustics GmbH, Aachen
Virnich, Martin,   Mönchengladbach
Vizintin, Livio,   Radio Koper Capodistria
Vogel, Hildegard,   EMS-REHBERG, Ditzingen
Vogel, Peter,   Staatstheater München
Vogellehner, Thomas,   CRISS Tonstudio, Elchingen
Vogelsang, Richard,   NDR-Hamburg
Vogg, Dietmar,   Radio Tele 1, Augsburg
Vogl, Erich,   EMT-FRANZ GmbH, Lahr
Vogler, Klaus,   Sender Freies Berlin
Vogt, Hans,   Dynacord GmbH, Straubing
Volgmann, Thomas,   VKY, Köln
Völker, Ernst-Joachim,   Inst.f.Akustik u.Bauphysik
Völker, Klaus,   6090 Rüsselsheim
Völlinger, Thomas,   Südwestfunk Baden-Baden
Vollmer, Carsten,   IRT-München
Völlmicke, Helmut,   Württembergische Landesbühne
Vonwald, ,   Sennheiser electronic KG
Vorwig, (Frau),   YAMAHA Europa GmbH, Rellingen
Voß, Bernhard,   ERD-Tonstudio, Berlin
Vosahlik, Jan,Dipl.-Ing.   Rundfunk CSSR
Vößing, M.,   Electro-Voice, Frankfurt
Vries, Gerard de,   CINE-TV, Martinsried

Vrolyks, Willem, Heynen b.v.
Wabnig, Ewald, ORF-Innsbruck
Wabnik, Stefan, FH Düsseldorf
Wadewitz, Eikmar, Maratone, Mainz-Budenheim
Wagener, Roger, Lion Sound Tonst. Remscheid
Wagner, Christiane, Frankfurt
Wagner, Ernst, SAE-Wien
Wagner, Klaus, Rundfunk der DDR, Berlin
Wagner, Wolfgang, Broadcast Consulting Internat.
Wahner, Brigitte, W.Steenbeck & Co., Hamburg
Waldes, Heinz, Höller & Waldes, Linz (Österr)
Waldinger, Ivan, Chemcolor Zagreb
Wallaszkovits, Nadya, SAE-Wien
Walser, Walter, ORF-Dornbirn
Walter, Jörgen, NTP ELEKTRONIK A/S, Kopenhagen
Wane-Rowley, Colin P., Brüel & Kjaer, Quickborn
Warlo, Christian, AUDIO ARTE MUSIKPRODUKTION
Wasskönig, Thomas, Jellinghaus GmbH, Dortmund
Wautier, Emmanuel, B-5000 Namur
Wawrok, Carola, Jürgen Dudda, Berg.Gladbach
Weber, Albrecht, WETO Verlag, Meersburg
Weber, Andrea, MPC-Datentechnik, Kerpen
Weber, Helmut, HdK Berlin
Weber, Joachim, NAGRA KUDELSKI GmbH, München
Weber, Michael, FH Düsseldorf
Weber, Roger, AV-Video Service, Heidelberg
Weber, Rupert, A-2500 Baden bei Wien
Webers, Johannes, Bavaria Film, Geiselgasteig
Weberstedt, Michael, PK-Berlin
Webster, David, EXPOTUS LIMITED, London
Weck, Christfried, IRT-München
Weckerle, Eberhard, Radio Gong, Würzburg
Wedel, Alexander von, WAT 1 Tonstudio, Ingolstadt
Weghofer, Herbert, ORF-Wien
Wehinger, Werner, ORF-Dornbirn
Wehr, Michael, amptown, Hamburg
Weichsel, Jürgen, 6300 Gießen
Weigert, Klaus, Radio System GmbH, Abenberg
Weih, Annemarie, 7140 Ludwigsburg (Württ)
Weihe, Heinz, Staatstheater Wiesbaden
Weihrauch, Rainer, Digital Equipment, Salzgitter
Weimann, Wulf, Colleque, München
Weimer, Volker, SDR-Stuttgart
Weis, Wolfgang, Galaxis Studiotechn. Ettenheim
Weise, Clemens von, Deutsch.Schauspielhaus, Hbg.
Weiske, , YAMAHA Europa GmbH, Rellingen
Weiss, Alois, Siemens-Albis, Bern
Weiss, Norbert, Siemens AG, München
Welge, Frank, Hamburg
Weller, Chris, R & H Studiosound, Waldkirch
Weller, Jürgen, NDR-Hamburg
Welzel, Ute, HdK Berlin
Welzenbach, Siegfried, W.Steenbeck & Co., Hamburg
Wemheuer, Erich, Hessischer Rundfunk
Wemmje, Wulf, 2900 Oldenburg (Oldb)
Wende, Klaus-Peter, WDR-Köln

Wendel, Eugen,Dr. WDR-Köln
Wendt, Klaus, Deutsche Oper, Berlin
Wendt, Lothar, Bayer.Rundfunk, München
Wengerowski, , Sowjetischer Filmverband
Wenzel, Elke, Ghielmetti GmbH, Neu-Anspach
Werff, Miek v.d., NOB T.V. Hilversum
Wermund, Harald, HdK Berlin
Werner, Angela, Stöwe Werner, Rüsselsheim
Werner, Erhard,Dr. Sennheiser electronic KG
Werner, Franz, Hellwig Tonanlagen
Werner, Hans Ulrich, WDR-Köln
Werner, Ingo, Stöwe Werner, Rüsselsheim
Werner, Monika, Städt.Bühnen, Frankfurt
Werner, Wolfgang, Polygram, Hannover
Werres, Hans Leo, RTW, Köln
Werwatz, Hans, Radio Tiroli
Wesolowski, Andreas, Universität Essen
Wesselink, Jan, `s-Gravenhage / Niederlande
Westerdaal, Gerard, Nederlandse Omroep
Westhäuser, Gernot R., Unitel Film + FS, Unterföhring
Westphal, Marlies, Hamburg
Weyh, Heike, Südwestfunk Baden-Baden
White, Adrian, EXPOTUS LIMITED, London
Wichert, Joachim, Sound of Music, Ludwigsburg
Wichmann, Dieter, Giese electronic KG, Hamburg
Wichmann, K.-Hinrich, Sennheiser electronic KG
Widmer, Eduard-N., Gallus Tonstudio, St.Gallen
Widmer, Stefan, Generaldirektion PTT, Bern
Wiebe, Andreas, 5450 Neuwied
Wiebelitz, Ulrike, FH Düsseldorf
Wiedenbeck, Hubertus Christian, PLUS AUDIO
Wieland, Martin, SDR-Stuttgart
Wienhöfer, Wolf,Dr. Sennheiser electronic KG
Wiesbauer, Karl, Bayer.Rundfunk, München
Wieschhoff, Reinhard, Blaupunkt-Werke, Hildesheim
Wiese, Detlef, IRT-München
Wiesemann, Bodo, 3590 Bad Wildungen
Wiesenmüller, Thomas, Musikladen Goethestraße, Essen
Wieser, Gerhard, ORF-Wien
Wieser, Helmut, HMK Stephanusbotschaft
Wieser, Herbert, Sesam-Tonstudio, München
Wiesner, Alfred, Informax
Wietfeldt, Hermann, Akustik-Schallschutz, Burgdorf
Wihler, Urs, RIAS-Berlin
Wilbs, Wolfgang, SDR-Stuttgart
Wilcke, Klaus-J., Frankfurt
Wild, Frank, Südwestfunk Baden-Baden
Wildgruber, Ulrich, 8090 Wasserburg am Inn
Wildmeister, Florian, Tonstudio Wildmeister,Würzburg
Wilhelm, Wolfgang, ZDF-Mainz
Wilinski, Norbert, FH Düsseldorf
Wilkens, Henning,Dr. IRT-München
Willems, Bart, EML (Belgien)
Williges, Heinrich,Prof. Berlin
Willmer, Hans, ANT, München
Wilschke, Dirk, Frankfurt/Main

Wimmers, Artur, Tonographie Apparatebau, Wupp.
Winckel, Fritz,Prof.Dr. TU Berlin
Winheller, Willfried, WDR-Düsseldorf
Winkler, Rudolf,Dipl.-Ing. Siemens AG Österreich, Wien
Winter, Rudolf, Cortex Electronic
Wintermeier, Torsten, OPUS 80, Frankfurt
Wintermeier-Liersch, H., OPUS 80, Frankfurt
Wintterer, Henriette, Überschall
Wirth, Hans-Jürgen, Deutschlandfunk, Köln
Wischgoll, Klaus-J., Eugen Beyer GmbH, Heilbronn
Witt, Wolfgang, FH Düsseldorf
Witte, Jürgen, NDR-Hamburg
Wittke, Wilfried, Staatl.Komitee f.Rundfunk, DDR
Witzstein, Anton, Stadthalle Deggendorf
Wohlert, Otto Ernst, Deutsche Grammophon
Wöhr, Martin, Bayer.Rundfunk, München
Woitzyk, Karl, Mainz
Wojtowicz, Krzysztof, Polnischer Rundf.+TV, Warschau
Wolf, Andreas, Tonstudio Wolf
Wolf, Max, RBT GmbH, Nürnberg
Wolf, Thomas, Wolf-Cassetten
Wolff, Peter, d & b audiotechnik AG, Korb
Wolfrum, Cornel, SAE, Wien
Wollersheim, Günther, NDR-Hamburg
Wolter, Herbert, LAWO Gerätebau GmbH, Rastatt
Wolter, Renate, Radio Bremen
Wolters, Alfons, WDR-Köln
Wolters, Jürgen, püllmanns gmbh, Köln
Wostal, G., SONETIC Tontechnik, Hösbach
Wosylus, Gunther, amptown, Hamburg
Woywod, Gerhard, Hamann Elektroakustik, Essen
Wrobel, Walter, Record Service GmbH, Alsdorf
Wtorczyk, Wolfgang, Südwestfunk Baden-Baden
Wunderlich, Rainer, Broadcast Consulting Internat.
Wurm, Adolf, Tonmeisterinstitut Detmold
Wurster, Christof, Düsseldorf
Würtz, Raimund, Studio Box, Karlsruhe
Wurzer, Manfred, Kühnl & Wurzer, A-Linz
Wüstendörfer, Udo, Berlin
Wuttke, Jörg, Schoeps GmbH, Karlsruhe
Wyrwas, Jan, Wyrwas Studio Technik
Wyss, Denis, RTV Suisse-Romande, Genf
Yamashita, Saburo, CRESTEC - Brüssel
Yonge, Mark, EMT-FRANZ GmbH, Lahr
Zagler, Christian, ORF-Graz
Zahn, Klaus, NDR-Hamburg
Zahn, Wilfried, 2876 Berne, Kr.Wesermarsch
Zakowski, Zdzistaw, Polnischer Rundf.+TV, Warschau
Zambelli, Diego, Digital Equipment (Schweiz)
Zanacchi, Hans-Josef, Hessischer Rundfunk
Zapf, Jürgen, WDR-Köln
Zarifopoulos, Konstantin, Radio Gong, Nürnberg
Zech, Michael, Elektroakustik Zech, Wiesbaden
Zech, Stephan, Elektroakustik Zech, Wiesbaden
Zeigermann, Volker, Hamburg
Zelmer, Hartmut, NDR-Hamburg

Ziegler, Erika, 6074 Rödermark
Ziegler, Nicolas, N.Ziegler Software, Karlsruhe
Zielke, Dietmar, Schellenb.& Partn. Remscheid
Zielski, Lutz, Lumitas Essen
Ziemer, Wolfgang, Stadttheater Lüneburg
Zierenberg, Günter, Musik Produktiv Zierenberg
Zimmer, Jürgen, Radio Chorioni IBSE
Zimmer, Ulrich, 6097 Trebur
Zimmerl, August, Siemens AG Österreich
Zimmerli, Christian, FH Düsseldorf
Zimmermann, Franz Josef, WDR-Köln
Zimmermann, Georg, CME-Lautsprecher, Köln
Zimmermann, Hans, R & H Studiosound, Waldkirch
Zimmermann, Peter, Bavaria Film, Geiselgasteig
Zink, Peter, Wachtturm Gesellschaft,Selters
Zipp, Elisabeth, Videothek electronic TV-Prod.
Zischka, Rolf, Stuttgart
Zoegal, Anton, Tonstudio Karl, Passau
Zolner, Brian, Audio-Export Georg Neumann
Zölzer, Udo, TU Hamburg
Zorkoczy, Levente, FH Düsseldorf
Zrenner, Dieter, SRT-Nürnberg
Zügner, Janos, ZMC
Zühlke, Heinz, WDR-Köln
Zuleeg, Ralf, d & b audiotechnik AG, Korb
Zürrer, Willi, SRG-Fernsehen DRS
Zvelc, Martin, RTV Ljubljana
Zwingelberger, Karl, ORF-Wien

Inserenten